少自由度并联机器人机构动力学

Dynamics of Lower-Mobility Parallel Manipulators

刘善增　著

科 学 出 版 社

北　京

内 容 简 介

21世纪以来，少自由度并联机器人机构学成为国际机构学界研究的热点，受到了各行各业的广泛关注。少自由度并联机器人与6自由度并联机器人相比，具有机械结构简单、制造成本低和容易控制等优点，在工业、生活中具有广泛的应用前景。少自由度并联机器人的动力学研究是其高精度控制和应用的前提与基础。本书的主要内容包括：机构学的基础知识，少自由度并联机器人机构运动学和动力学，柔性并联机器人机构的动力学建模与分析等8章内容。同时，为了方便读者阅读和进行机器人机构学的相关研究，本书还特别在附录中编入了与机器人机构学有关的数学基础知识、物体转动惯量以及微分方程求解等内容。

本书可以作为机械工程、自动化、机器人技术和智能控制等行业从事机构学或机器人研究和应用开发的科研工作者、工程技术人员和高等院校师生的学习、科研参考书。

图书在版编目(CIP)数据

少自由度并联机器人机构动力学/刘善增著. —北京：科学出版社，2015.11

ISBN 978-7-03-046390-6

Ⅰ. ①少… Ⅱ. ①刘… Ⅲ. ①机器人－结构动力分析 Ⅳ. ①TP242

中国版本图书馆 CIP 数据核字(2015) 第 274916 号

责任编辑：李涪汁 孙 静／责任校对：张怡君
责任印制：徐晓晨／封面设计：许 瑞

科学出版社 出版
北京东黄城根北街 16 号
邮政编码：100717
http://www.sciencep.com
北京教图印刷有限公司 印刷
科学出版社发行 各地新华书店经销
*
2015 年 11 月第 一 版 开本：787 × 1092 1/16
2015 年 11 月第一次印刷 印张：20 7/8
字数：450 000

定价：129.00 元

(如有印装质量问题，我社负责调换)

序　言

20 世纪 50 年代以来，人们发射卫星，建立空间站，观测月球、火星乃至河外星系，积极探索遥远星体上的生命迹象，以及搜寻人类未来可能生存的环境。同时，人们也在加速对自身以及其他生物体的探究，比如克隆技术、人造器官、基因工程、神经网络、模式识别、仿生机器人等，正极力扩展对生物智能和进化遗传的认知与应用。机器人则是人类设计出来的与人类自身功能相似的一种智能机械装置，在现代工业生产、生活中，机器人已经逐渐成为人类不可或缺的重要助手。据预测，2050 年前后人类将进入机器人时代。

我国早在公元前几百年就有了机器人的传说。例如，公元前九百多年的西周时期，巧匠偃师就做了一个能歌善舞、“千变万化，惟意所适” 的 (木偶) 机器人；春秋晚期的木匠鲁班曾惹母亲生气，为了哄母亲开心，他用木材制造了一只会飞的大鸟，《墨子》里称其 “成而飞之，三日不下”；东汉时期的张衡发明的指南车，可视为世界上最早的机器人雏形；三国时期的诸葛亮制作的用来运输军事粮草的 “木牛流马”，可以说就是一种栩栩如生的仿生移动机器人。1738 年，法国人杰克 · 戴 · 瓦克逊发明了会嘎嘎叫、游泳、进食、排泄的机器鸭；1768~1772 年，瑞士钟表匠德罗斯 (Jaquet Droz) 父子制造出了写字偶人、绘图偶人和弹风琴偶人，世界哗然。1959 年第一台工业机器人 (可编程、圆坐标) 在美国产生，接着 Unimation 公司于 1961 年造出了第一台商用工业用机器人，标志着机器人发展进入了新纪元，从此机器人研究在世界范围内拉开了序幕，机器人的应用迅速扩展到了人类活动的各个领域。

目前，机器人学 (robotics) 已经成为当今世界极为活跃的研究领域之一，它涉及机构学、机械动力学、电子学、自动控制、人工智能、计算机技术等多个学科，代表了机电一体化的最高成就。机构学在广义上又称为机构与机器科学 (mechanism and machine science)，是机械设计及理论二级学科的重要研究分支，在机械工程一级学科中占有基础研究地位；同时，机构学又是一门古老的学科，距今已有数千年的历史，一直伴随以及推动着人类社会文明的发展。机器人机构学的研究对象主要是机器人的机械系统以及机械与其他学科的交叉点。机器人的机械系统是机器人重要的和基本的组成部分，是机器人实现各种运动、操作任务和指令等的主体，是机器人研究和应用的基础。因此，进行机器人机构学和机械动力学的研究，对机器人技术的发展具有重要意义。

20 世纪 80 年代以来，国内学者在 (机器人) 机构学、机械动力学方面取得了世界瞩目的丰硕成果，也出版了一些优秀的学术著作，例如《空间机构的分析与综合 (上册)》(张启先编著)、《高等机构学》(白师贤编著)、《机器人学》(熊有伦、丁汉、刘恩沧编著)、《高等空间机构学》(黄真、赵永生、赵铁石著)、《柔顺机构学 (中文版)》(Larry L. Howell 著，余跃庆翻译)、《并联机器人机构学理论及控制》(黄真、孔令富、方跃法著)、《机器人机构拓扑结构学》(杨廷力著)、《弹性连杆机构的分析与设计 (第 2 版)》(张策、黄永强、王子良、陈树勋等著)、《机械动力学》(唐锡宽、金德闻编著)，等等。本人在学习、教学、科研的过程中阅读这些书籍，受益匪浅。

机构学和机械动力学的主要研究内容为结构学、运动学、动力学三大部分。随着现代机械向高速 (以提高效率)、精密 (以适应精密作业)、重载 (以提高性价比)、轻型 (以降低能耗) 方向的发展，机构或机械动力学问题显得特别重要，已经成为直接影响机械装备性能的关键因素。机构及机器人动力学领域的重点研究方向有弹性机构动力学、柔性机器人动力学、机器人机构动平衡等。

本书就是针对机器人机构学和机械动力学展开的，更确切地说，本书阐述的是少自由度并联机器人机构的动力学问题，内容涉及刚体动力学、弹性机构动力学、柔性机器人动力学、运动规划以及机构动平衡和设计等相关知识，较为全面地涵盖了机器人机构动力学的研究内容。本书也可以说是本人近年来的一些教学、科研、实践经验的总结。出版此书的缘由在于，在本人的教学、科研、工作过程中，时常会有校内外的研究生、工程技术人员等提出或询问机器人机构动力学的问题或柔性机构的振动问题等，特别是空间柔性并联机构的动力学建模问题；目前这方面的参考书籍稀少，在一定程度上妨碍了相关人员的学习、工作或科研进度，因此，本人希望通过出版此书对其提供些许帮助。当然，对本人来说，也需要进行学习、教学、科研实践经验的总结，以便将来更好地服务于教学和科研工作。

本书的编写力求结构清晰、通俗易懂；在动力学分析过程中，采用的方法简明、易于掌握；公式推导严谨、详尽，为了便于读者理解，给出了大量算例分析。通过阅读或学习本书，读者对并联机器人机构动力学的认知能够提高，有利于深刻理解机器人机构学的动态特性。希望本书对读者的学习、工作和科研等有益。

本书第 2 章内容主要根据熊有伦等 (1993)、于靖军等 (2009)、孙桓等 (2006)、杨义勇和金德闻 (2009)、叶敏和肖龙翔 (2001)、约翰 · J. 克拉格 (2005)、克来格 (2006)、张启先 (1984) 等的文献编写，第 4 章第 4.3 节的内容主要根据张策等 (1997)、杜兆才 (2008)、Yang 和 Sadler(1990)、Piras(2003) 等的文献编写，附录 A、B 和 D 主要根据巴特和威尔逊 (1985)、哈尔滨工业大学理论力学教研室 (2006)、日本机械学会 (1984)、机械工程师手册编委会 (1990) 等的文献编写。这些内容是特地为了方便读者阅读本书而编排的，同时，也为了方便学习或从事相关内容研究的读者查阅，以免去其查找文献资料的辛劳 (这一点本人深有体会，有时为了查阅一份资料要耗费几天的时间，而有些资料根本无从查起)。

本书可作为机械工程、自动化、机器人等专业高年级本科生、研究生以及相关工程技术人员的学习、科研参考书。希望本书能为机械工程以及自动化等学科的学生、研究者以及工程技术人员的学习、科研起到抛砖引玉的微薄作用。

在此，首先对北京工业大学的余跃庆教授表示诚挚的感谢，余跃庆教授是本人攻读博士学位时的导师，对本书相关内容的研究给予了很大帮助。同时，本人也要特别感谢中国矿业大学的朱真才教授、李艾民教授和李威教授等对本人教学、科研工作的支持和帮助。

其次，感谢父母和弟弟，他们一直辛勤劳作，生活俭朴，在精神和物质上都给予了本人强大支持。

再者，特别感谢妻子刘春梅和儿子刘嘉明，尤其是妻子贤惠勤俭、任劳任怨，一直为家庭默默付出，他们是我学习、工作的动力源泉。

最后，感谢本人主持或参与的国家自然科学基金资助项目 (No.50575002、No. 51475456、

No.51575511)、北京市自然科学基金资助项目 (No.3062004)、中国博士后科学基金面上项目 (No.20100481178)、国家留学基金项目、中国矿业大学青年科技基金项目 (No.2010QNA26、No.2014QNB18、No.2015XKMS022) 和北京工业大学第六届研究生科技基金重点资助项目 (ykj-2007-1069)，以及江苏高校优势学科建设工程项目、机械电子工程江苏省重点学科、江苏省矿山机电装备重点实验室 (中国矿业大学)、江苏省矿山智能采掘装备协同创新中心等的资助和支持。此外，还向本书参考或引用过的文献的所有作者表示真诚的谢意，尽管某些文献在本书中没有被直接引用，但本人学习、工作过程中通过阅览这些论文或著作，或多或少地得到了一些启发，这些文献对本人学习、工作的顺利开展起到了很大的促进作用。

由于本人能力和经验的限制，书中存在的缺点或错误在所难免，敬请读者和各方面专家批评指正。

著 者

2015 年 3 月

目　录

第1章 绪　论

1.1 机　器　人

机器人学 (robotics) 是人类进入 20 世纪以来具有代表性的多学科交叉的边缘科学，是正在蓬勃发展的一个重要领域。它包括机构学、机械动力学、电子学、控制工程、传感技术、计算机科学、模式识别、人工智能、仿生学等广泛的领域。其中，机器人机构的运动学和动力学是机器人研究与开发的基础。

1961 年，美国 Unimation 公司推出第一台实用的工业机器人 Unimate(图 1-1)，标志着第一代机器人 (操纵型机器人) 的诞生。接着，第二代机器人 (自动型机器人) 和第三代机器人 (智能型机器人) 相继出现并投入应用。现今，机器人已经广泛应用于汽车工业、电子工业、核工业等工业部门，在娱乐服务、医疗卫生、采掘建筑、农林业等行业也有较为广泛的应用，特别在海洋开发、宇宙探测等人类能力极限以外的环境中也逐渐出现了机器人的身影。所以，对机器人的研究和应用已经成为世界各国科学研究工作者和相关行业单位的重要研究课题。机器人智能化的高低反映了一个国家科学技术的发展水平；机器人的应用状况则是一个国家工业自动化水平的重要标志。

图 1-1　Unimate 工业机器人

1.2 并联机器人

根据组成机器人机械结构的连接形式，机器人一般可以分为串联机器人 (如图 1-2，组成机器人的机械结构以串联形式连接，即串联机构)、并联机器人 (如图 1-3，组成机器人的机械结构以并联形式连接，即并联机构) 和串并混联机器人。串联机器人一般由基座、腰部 (或臂部)、大臂、小臂、腕部和手部构成，大臂、小臂以串联方式连接。并联机器人的机械结

构为并联机构 (parallel mechanism，PM)，并联机构即运动平台与固定平台之间由两个或两个以上分支相连，机构具有两个或两个以上的自由度，且以驱动器分布在不同的支路上 (以并联方式驱动) 的机构。

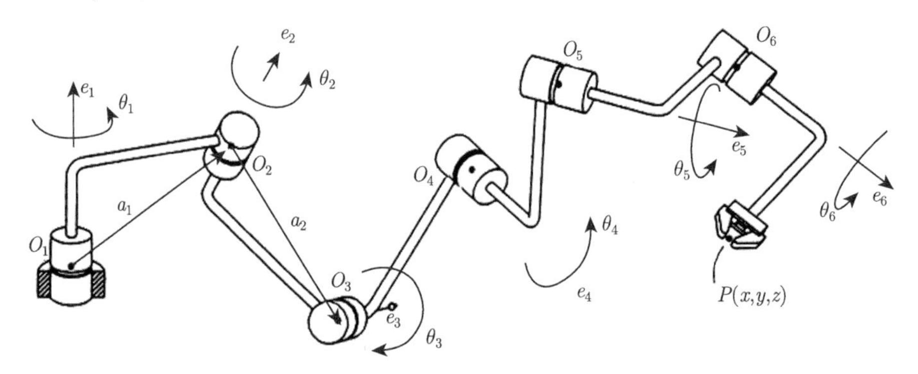

图 1-2　串联机器人

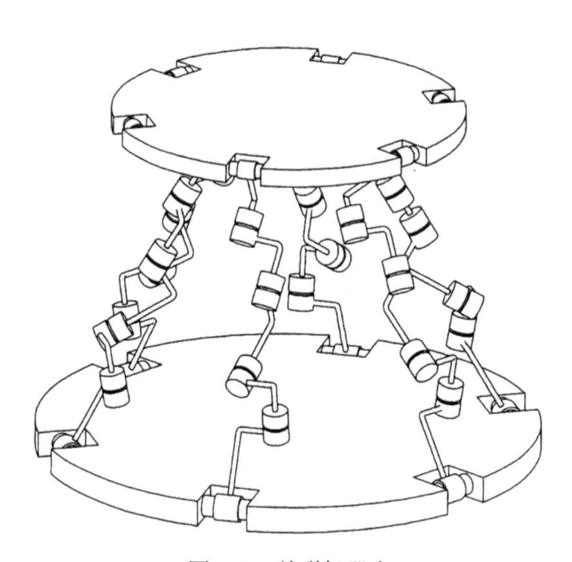

图 1-3　并联机器人

并联机构的构想最早可追溯到 1895 年，那时，数学家 Cauchy 就开始研究一种 “用关节连接的八面体”，这是目前知道的最早的并联机构。并联机构的研究最早可追溯到 20 世纪。1931 年，Gwinnett 在其专利中提出了一种基于球面并联机构的娱乐装置 (图 1-4)。1938 年，Pollard 提出采用并联机构 (图 1-5) 为汽车喷漆。1949 年，Gough 提出用一种并联机构的机器 (如图 1-6，即 Stewart 平台机构) 检测轮胎，这是真正得到运用的并联机构。1962 年，美国高级工程师 Cappel 也独立发明了类似于 Gough 的并联机构并申请了专利 (图 1-7)，并于 1964 年将机构的专利授权给飞行模拟器制造公司 Link，从而生产了世界上首台商用飞行模拟器 (图 1-8)。1965 年, 英国高级工程师 Stewart 提出了用于飞行模拟器的 6 自由度的并联机构——Stewart 平台 (图 1-9)，它是一个三角形的运动平台，由 6 个液压缸驱动，可以模拟 6 个自由度的空间运动。Stewart 设计的平台显然与我们现在所熟知的 Gough-Stewart 并联机构 (也称 Gough-Stewart 机构或 Stewart 机构) 完全不同 (图 1-10)。

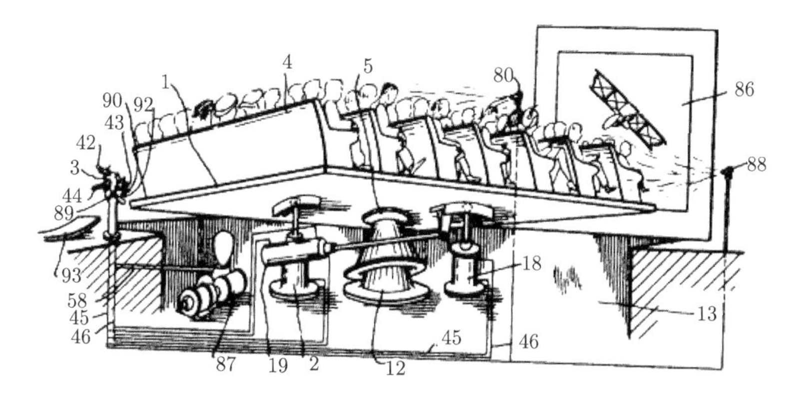

图 1-4 并联娱乐装置

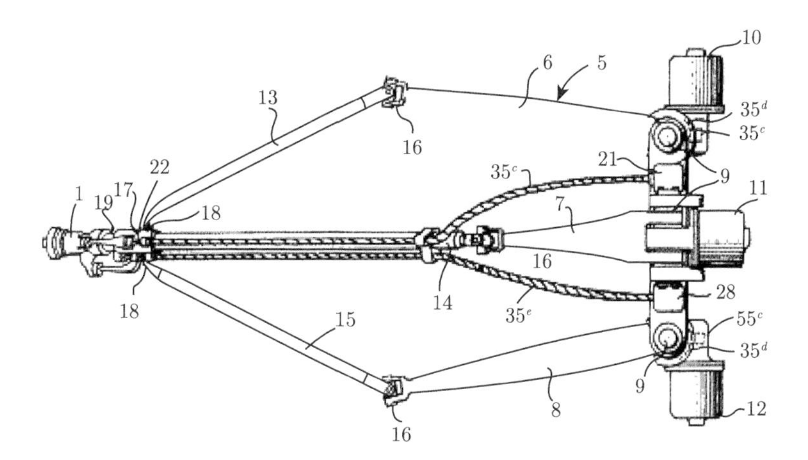

图 1-5 Pollard 提出的并联机构

图 1-6 Gough 提出的并联机构

从结构上看，Stewart 机构的动平台通过六个相同的独立分支与定平台相连接，每个分支中含有一个连接动平台的球铰、一个移动副和一个连接定平台的球铰，为避免绕两个球铰中心连线的自转运动，通常也用一个万向铰来代替其中一个球铰。自 1978 年澳大利亚著名机构学教授 Hunt 提出把 6 自由度的 Stewart 平台机构作为机器人机构以来，并联机器人技术得到了广泛推广。

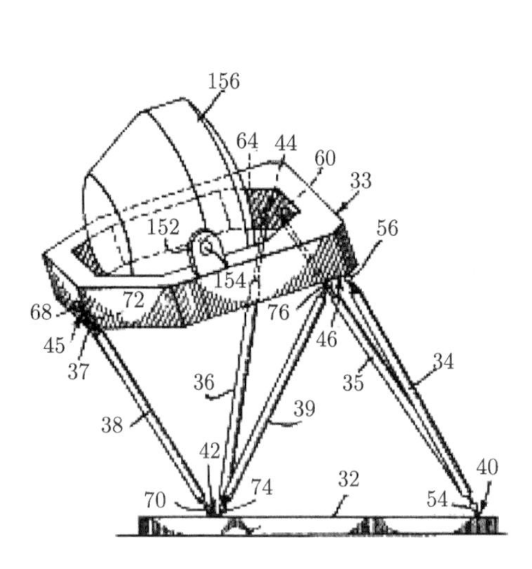

图 1-7　Cappel 提出的并联机构

图 1-8　首台商用飞行模拟器

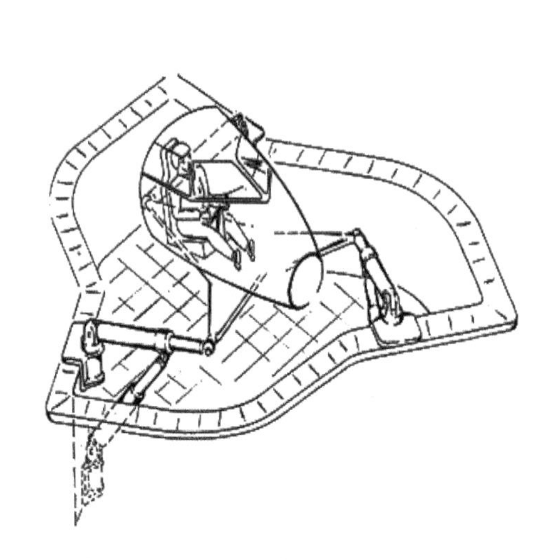

图 1-9　Stewart 提出的并联机构

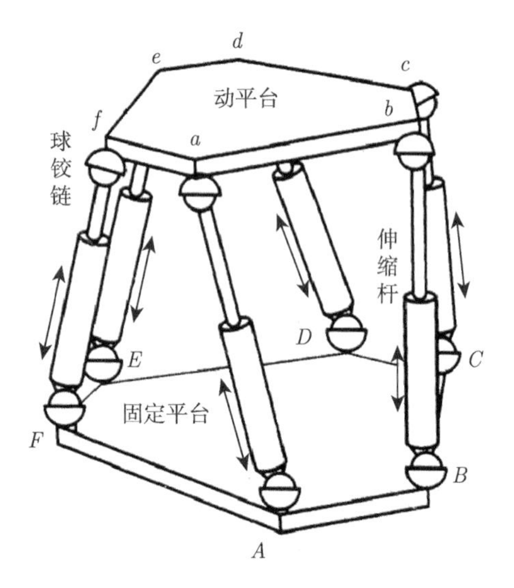

图 1-10　Gough-Stewart 并联机构

并联机器人特殊的结构形式，使得并联机器人相比于串联机器人具有四个主要优点。第一，由于并联机器人的累计误差少，其运动精度较高；第二，由于并联机器人的驱动器固定在机座上或靠近机座，其运动惯量小；第三，由于并联机器人系统的构件以并联方式运动，其结构刚度更大，并且系统中不存在悬臂梁式负载；第四，并联机器人的运动学反解较简单，这对计算机实时控制有利。因此，并联机器人在需要高刚度、高精度和高运行速度以及良好的动态特性而无须较大工作空间和高可操作性的场合 (如航空航天、制造装备以及医疗等领域) 具有广泛的应用前景，例如 Delta 并联机器人 (图 1-11) 就是较为典型的并联机器人之一。迄今为止，并联机构的应用涉及飞行模拟器 (图 1-12)、精密数控机床 (这类机床又称为并联机床或虚拟轴机床，英文名为 parallel kinematic machine，简称 PKM，如 VARIAX 虚拟轴机床，图 1-13)、微动机器人 (如 Nonapod 微动并联机器人，图 1-14)、医疗器械 (图 1-15)、光学仪器 (如灵巧眼，图 1-16)、空间对接机构 (如飞船对接装置，图 1-17)、集成电路加工、高速自动化生产线等诸多现代高、精、尖技术领域以及需要被隔离的复杂环境和军事行业。

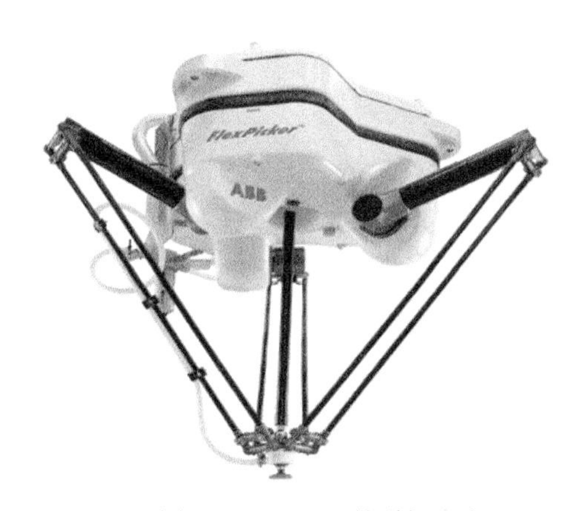

图 1-11　Delta 并联机器人

图 1-12　飞行模拟器

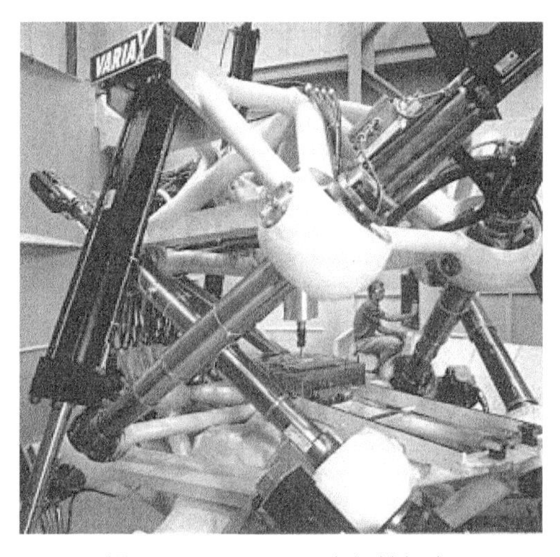

图 1-13　VARIAX 虚拟轴机床

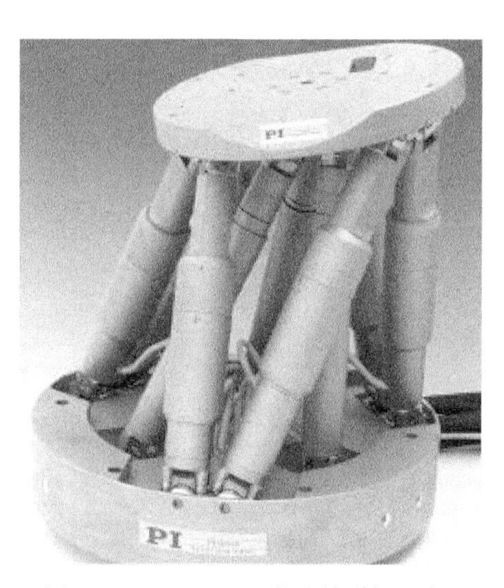

图 1-14　Nonapod 微动并联机器人

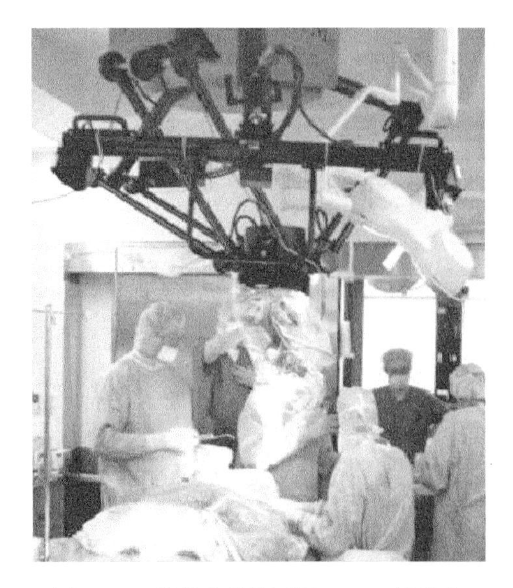

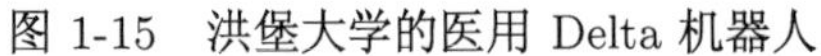

图 1-15　洪堡大学的医用 Delta 机器人　　图 1-16　灵巧眼

另外，20 世纪 80 年代，NIST(美国国家标准和技术研究所) 研制开发了第一台并联柔索机器人 Robocrane(其实验装置如图 1-18 所示)，从而进一步扩展了并联机器人的类型，开启了并联机器人研究和应用的新领域。

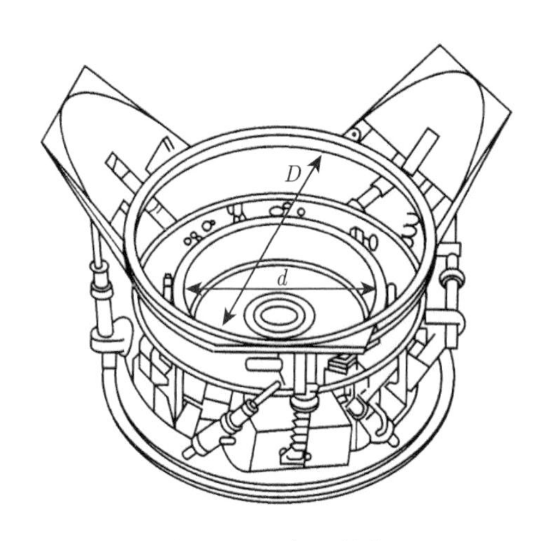

图 1-17　飞船对接装置

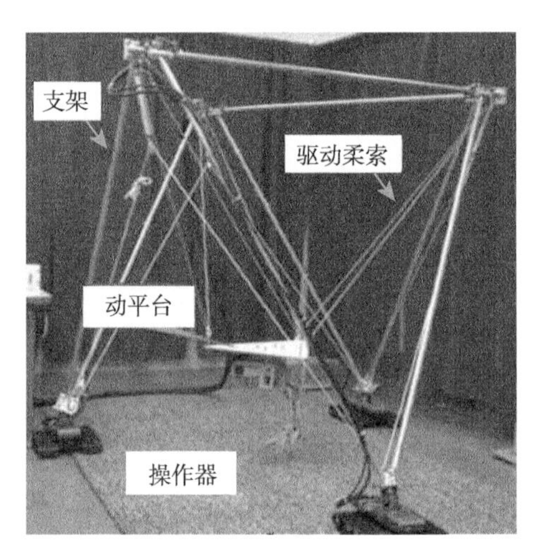

图 1-18　Robocrane 并联平台

大多数 6 自由度并联机器人的机构都可以根据 Stewart 平台的基本结构形式进行设计。然而，在许多场合 (如焊接、医疗、切削加工、搬运等) 应用的机器人往往只需要部分自由度 (2~5 个自由度) 就可以满足使用要求。因此，自 20 世纪 80 年代以来，世界各国的机构学学者先后开展了对少自由度 (一般自由度数为 2~5) 并联机器人的研究，特别是 3 自由度并联机构成了机器人技术研究的新热点，像著名的 Delta 并联机器人、3-RRR 平面并联机器人 (图 1-19)、3-RPS 并联机器人 (图 1-20) 等。国内一些高校和科研院所的大批学者也相继开展了少自由度并联机器人的研究工作，提出了大量新机型并已研制出了多台样机。一般来说，对称的、分支不再含有闭环的少自由度并联机构才会具有最典型的性质。如果不特别要求各向同性，或仅针对某种具体情况，非对称的机构可能更合适一些，如 Tricept 并联机器人 (图 1-21)。

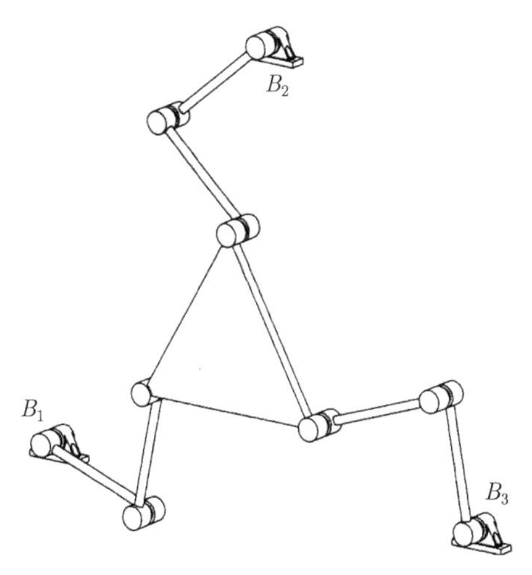

图 1-19 3-RRR 平面并联机器人

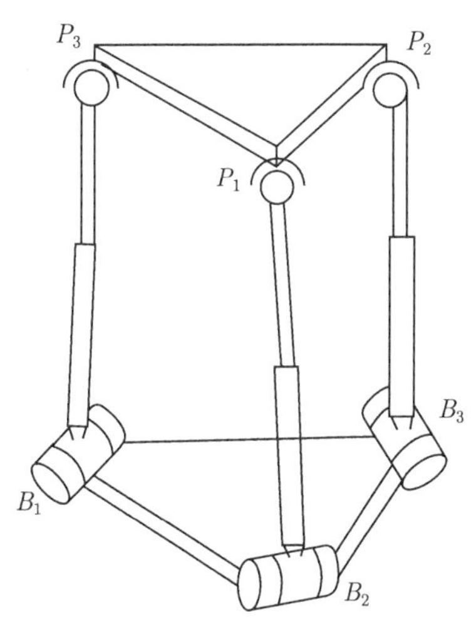

图 1-20 3-RPS 并联机器人

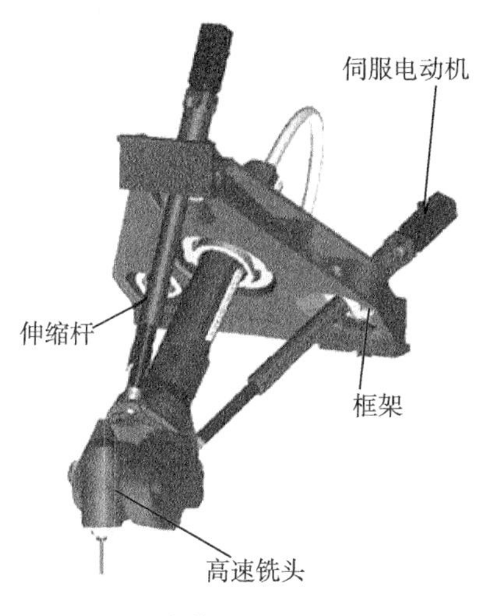

(a) 实物图

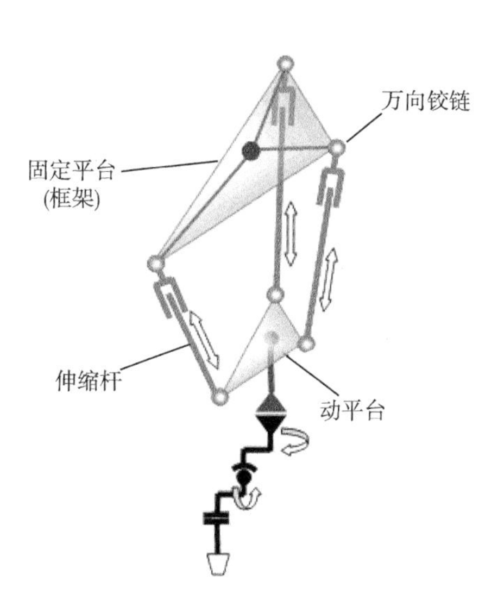

(b) 高速铣头机构简图(不含被动支链)

图 1-21 Tricept 并联机器人

少自由度并联机器人与 6 自由度并联机器人相比的主要优点为：可以满足大多数工业操作的需要，机构的复杂度和成本较低，运动学和动力学模型较简单，控制较容易。因此，少自由度并联机器人具有广阔的应用前景。目前，关于少自由度并联机器人的研究、开发和应用工作正在日益广泛深入地进行中，许多研究成果已经逐步应用于科研实验和生产中，取得了很好的经济和社会效益。

1.3　柔性机器人

随着现代机械不断向轻量化、低能耗和高效率等方向的发展，高速、高精度和高承载能力的串联机器人相继出现。在这种情况下，把机器人的机械结构当作刚性系统处理已不能满足其运动学和动力学特性分析的需要，这就产生了考虑构件弹性变形的柔性串联机器人。柔性串联机器人中构件的弹性变形不可避免地带来两方面的影响：①机器人末端轨迹偏离理想轨迹较大，导致运动失真；②机器人发生弹性振动，使其动力性能降低。同时，柔性串联机器人又具有结构紧凑、质量轻、能耗低、操作速度快、负荷自重比大、综合费用低等优点。目前，国内外学者在柔性串联机器人动力学建模、振动抑制、运动规划及优化设计等方面取得了大量成果。

同样地，随着并联机器人向轻量化方向的发展，构件的柔度加大；随着并联机器人向高速、重载方向的发展，系统惯性力急剧增加。在这种情况下，并联机器人中构件的柔性变形会引起系统的弹性振动，导致系统的运动精度降低，使得并联机器人系统的运动学、动力学性能受到影响，也为并联机构系统的精确控制带来更大困难。因此，对于具有较高精度和高性能要求的并联机器人，必须研究分析计入构件弹性变形时系统的运动学和动力学问题，这就是考虑构件弹性变形柔性并联机器人研究的缘由。

诚然，构件的弹性变形并非只是一种不利因素，如果能充分认识并发挥其特性，在系统设计和运动控制时充分考虑并利用构件的弹性变形，柔性并联机器人相比于传统的刚性并联机器人具有结构紧凑、重量轻、能耗少、灵活性大、响应速度快、综合费用低等优越性。这些已在弹性机构和柔性串联机器人的研究和应用中得到体现。

因此，柔性机器人在未来社会发展中具有被广泛应用的潜质。目前，柔性机器人的主要应用有微外科手术的操作机、自动化去毛刺的柔性机械手、磨削机器人、油漆机器人以及空间站的大型机械臂等。

1.4　机构学的发展阶段与机器人机构学的研究内容

1.4.1　机构学的发展阶段

机械的使用减少甚至代替了人类的劳动，改善了人类的生活条件，促进了人类社会的进步与发展。机构学的发展基本上经历了三个飞跃阶段。

第一阶段，17 世纪的文艺复兴和 18 世纪初期的工业革命，促成了机械工业的空前发展。这时迫切需要机械的理论指导生产的发展，德国人勒洛 (Reuleaux) 于 1875 年出版了《机械运动学》，奠定了机构学的基础。同时期的俄国人切比雪夫 (Chebychev) 应用代数法解决了机构的近似计算问题，使得机构学逐渐成为一门独立的技术基础学科。

第二阶段，第二次世界大战结束后，工业生产的恢复和电子计算机的研制成功，发展并完善了机构学中的分析方法和综合方法，诸如平面连杆机构、凸轮机构、齿轮机构、间歇运动机构等机构的分析与设计理论，机械平衡、机械动力学响应等传统机构学内容基本发展成熟。

第三阶段，20 世纪中后期以来，计算机技术、自动控制技术和传感技术的发展，促进了工业自动化和机器人技术的迅速崛起，从而带动了机构学的飞速发展。空间闭链机构、空间开链机构的理论研究基本成熟，考虑动力学因素的综合机构得到了发展。传统机构学与仿生学、生物力学、电磁学、控制理论相结合，使得机构学的内涵不断扩大。微机械、生物机械以及机械电子的结合对机构学的传统理论带来了严峻挑战。当前机构学正处于第三阶段的发展工程中。

机构学的发展主要体现在研究方法和研究内容两大方面。解析方法与计算机算法语言的结合促进了机构学研究方法的进步，航空、航天、微机械以及各领域高新技术的发展促进了机构学研究内容的不断深入和扩展。总体来讲，机构学领域的研究内容主要包括三个方面：一是机构的构型原理与新机构的发明创造；二是机构的运动学与动力学分析；三是基于运动学与动力学性能的机构设计。这三个方面的研究内容，在机器人机构的研究中尤为突出。

1.4.2 机器人机构学的研究内容

现代机构学发展的重要标志之一就是机器人机构学的诞生。机器人机构学的研究对象主要是机器人的机械系统，机器人的机械系统是机器人的重要组成部分，也是机器人实现操作任务的主体。机器人机构学是一个庞大的体系，它包括机器人结构学、机器人运动学 (kinematics)、工作空间 (working space) 和奇异位形 (singular configuration)、轨迹规划 (path planing) 和机器人动力学 (dynamics) 等内容。

机器人机构学已成为机构学中最活跃的一个分支，机器人机构学的研究与发展是现代机构学研究与发展的主要组成部分。例如，由研究串联机器人机构发展到研究并联机器人机构；由研究刚性机器人机构发展到研究含有柔性构件或柔性体的机器人机构；由研究全自由度/全驱动的机器人机构发展到研究少自由度机器人 (low-DOF manipulator) 机构、欠驱动机器人机构以及冗余机器人机构；由研究宏机器人机构发展到研究微机器人机构，等等。总之，机器人机构学的研究为机构学的发展注入了新动力，机器人机构学也必将是机构学的主要研究内容和主要发展方向。

概括来讲，机器人机构学的主要研究内容为机构与机器人的结构分析与综合、机构与机器人的运动性能评价指标、机构与机器人动力学以及机构与机器人的设计理论。随着现代机械向高速、高精密度、高负载、轻质量、低能耗等方向发展，对机构动力学的认知必将成为决定机械产品性能的关键问题，对机构动力学的研究必将日益重要。

1.4.3 机器人机构动力学

机器人机构动力学 (或称为机器人动力学) 是机器人机械结构设计、动态特性分析以及控制策略设计等的基础。机器人机构动力学的主要研究内容包括惯性力计算、受力分析、动力平衡、动力学模型建立、计算机动态仿真、动态参数识别和弹性动力分析等几个方面。进行机器人动力学研究的常用方法有 Newton-Euler 法、Lagrange 法、D'Alembert 原理、虚功原理、Hamilton 原理、Kane 方程、旋量 (对偶数) 法和影响系数法等。随着对机器人研究的深入，代数几何、微分几何、分析力学和神经网络等新理论、新方法也逐步应用到机器人机构的运动学和动力学分析中来，提高了机器人机构动力学研究方法的多样性。

机器人机构动力学有正反两类问题，即动力学正问题和动力学反问题。动力学正问题

(direct dynamics) 是指已知操作机各关节提供的广义驱动力的变化规律，求解机器人手部或操作端的运动轨迹以及轨迹上各点的速度和加速度；动力学反问题 (inverse dynamics) 是指已知机器人手部或操作端的运动路径和路径上各点的速度、加速度，求解各驱动器应施加的广义驱动力的变化规律。机器人动力学正问题一般要用数值方法求解微分方程。在计算机上求解机器人动力学正问题的过程也称为机器人动态仿真。动力学反问题是机器人系统进行动态控制时的控制策略与算法设计的基本依据，因此具有更大的实际意义。

1. 刚体机器人动力学

串联机器人问世不久，对其的动力学研究就开始了。最先发展起来的是刚体动力学反问题计算方法的研究，研究的焦点是提高计算效率以适应系统实时控制的需要。据分析，机器人要实现实时控制，其采样频率不应低于 50 Hz，也即微机要在 20 ms 内完成其动力学反问题的求解计算。

关于并联机器人机构动力学的研究，由于并联机构自身的复杂性，其动力学模型通常是一个多自由度、多变量、高度非线性、多参数耦合的复杂系统，因此，进行并联机构动力学的研究一般更为困难或繁琐。

在机器人动力学仿真方面，被广泛应用的软件有 MATLAB、ADAMS 等。

目前，国内外学者在刚体串、并联机器人动力学方面都已取得了较为丰硕的研究成果。

2. 柔性机器人动力学

柔性机器人动力学研究的内容主要包括运动误差分析、振动特性研究、构件应力计算、驱动力/力矩的确定、动力规划、动态仿真、机构优化设计、振动控制等。

由于柔性机器人系统中的柔/弹性构件的弹性变形在空间上连续存在，所以柔/弹性构件是分布参数系统，具有很小的刚度系数和结构阻尼，细长构件接近于 Euler-Bernoulli 梁，而短粗构件则接近于 Timoshenko 梁。整个柔性机器人系统则是由驱动器等集中参量部分与柔/弹性构件分布参量部分组成的混合系统，因而描述其运动规律的方程是偏微分方程。除极个别情况外，很难得到精确解。一般不将其作为分布参数系统处理，而是设法将偏微分方程化成常微分方程，用常微分方程来求解系统构件的弹性变形。

1) 建模方法

常用的离散化建模方法有集中质量法 (lumped parameter method)、有限元法 (finite element method)、有限段法 (finite segment method)、假设模态法 (assumed mode method) 等。

集中质量法将柔性体的质量分布按一定的简化原则聚缩于若干离散点上，形成集中质量和集中转动惯量，在这些集中质量之间用无质量的弹性元件连接，用这些点处的有限自由度代替连续弹性体的无限自由度。集中质量法对密度和质量不均匀的物体很有效。按集中质量法建立起来的动力学模型是常微分方程，对质量分布形式简化较多，精确度较低。

有限元法将具有无限自由度的连续弹性体理想化为有限自由度的单元集合体，使问题简化为适合于数值解法的结构型问题。这种方法以结点 (或节点) 的弹性位移作为广义坐标，在结点之间建立起关于结点坐标的弹性位移场或形状 (型) 函数，并以此假设为基础导出单元的动力学方程，经过单元动力学方程的装配得到系统动力学方程。在单元划分数目相同的情况下，有限元法模型一般比集中参数模型精确。随着有限元理论和技术的发展，现已提供了多种平面和空间单元，可模拟任意复杂形状的构件。

有限段法是将具有无限自由度的连续体离散为有限刚性梁段，将系统的柔性等效至梁段结点。它的本质在于将柔体系统离散化为多刚体–铰链–弹簧及阻尼器系统，再利用建立多刚体系统动力学方程的矩阵方法导出离散化模型的非线性系统动力学方程。此方法的最大特点是无须对梁结构的变形场进行假设，也不受小变形的限制，容易计入几何非线性的影响，比较适合于含细长构件的柔性机器人系统。

假设模态法以 Rayleigh-Ritz 法为基础，采用模态截断技术舍去柔性体的高阶模态部分，再利用 Langrange 方程、Hamilton 原理等建模方法得到离散化的动力学方程。假设模态法的优点为建立的动力学方程规模小，计算效率高，有利于系统仿真与实时控制。模态函数的选取有约束模态法和非约束模态法两种。约束模态法采用瞬时结构假定，忽略刚体惯性力及科氏力的影响，根据梁的自由振动方程确定模态函数。非约束模态法以柔性机器人的振动方程为基础，直接由几何、物理边界条件推导出系统的频率方程及相应的模态函数。约束模态法较简单，但精度不如非约束模态法，而非约束模态法计算复杂，很难用于多构件系统。

2) 建模原理

由于柔性机械臂本身所具有的高度非线性、强耦合和时变等特点，建立精确的动力学模型成为柔性机器人研究的一个重点。柔性机器人建模原理主要有两类，即矢量动力学方法与分析动力学方法。矢量动力学的基础是牛顿运动定律的直接应用，主要集中在与系统的个别部分相联系的力和运动以及各部分之间的相互作用上。而分析动力学则更多地把系统看作一个整体，并且利用如动能、势能之类的纯量来描述函数，得到运动方程。主要的建模原理有 Newton-Euler 法、Lagrange 方程、Hamilton 原理和 Kane 方程等。

Newton-Euler 法描述了柔性机械系统完整的受力关系，物理意义明确，易于形成递推形式的动力学方程，但方程数量大，包含系统的内力项，约束力/力矩的消除困难。

Lagrange 方程和 Hamilton 原理从能量的观点建立系统的动力学方程，避免了系统内力项的出现，动力学方程形式简洁，便于动力学分析向控制模型的转化，适用于结构简单的柔性多体系统动力学建模分析 (对于复杂结构，微分运算将变得非常复杂)。

Kane 方程通过引入偏速度和偏角速度的概念，使得动力学方程由形式简单的广义主动力和广义惯性力表示。广义主动力和广义惯性力有较清楚的物理意义，可消除方程中的内力项，避免繁琐的微分运算，且计算步骤程式化，便于实现动力学方程的计算机符号推导，适合解决大型复杂的动力学问题。

3) 分析方法

普遍使用的分析方法有弹性动力分析和柔性多体系统动力学方法。弹性动力分析是运动弹性静力分析、运动弹性动力分析的总称。

运动弹性静力分析 (kineto-elasto-static analysis，KES)，亦称准静态分析 (quasi-static analysis)，把机构作为一个运动着的弹性系统，研究把外力和刚体惯性力假想为静载荷情况下系统的变形，并在此基础上求出机构的位移、速度、加速度、应力、应变等运动学、动力学参数。在此基础上，国内外机械学研究者提出了目前在机械动力学中已广泛采用的运动弹性动力分析 (kineto-elasto-dynamic analysis，KED) 方法。

运动弹性动力分析把机构作为一个运动着的弹性系统，研究其在外力和刚体惯性力激励下的振动，并在此基础上求出机构的位移、速度、加速度、应力、应变等运动学、动力学参数。KED 研究的一个主要目的是在给定机构名义运动 (即机构刚体运动) 规律的前提下，确定机构的弹性运动响应。因此，在 KED 分析中均采用机构弹性运动不影响机构名义运动的基本假设。由于忽略了弹性振动对大范围刚体运动的影响，KED 方法也是一种近似分析方法，它适合于运行速度不太高、柔度较小的机构弹性动力学建模，对高速运行的大柔度机构则会产生大的误差。

柔性多体系统动力学 (flexible multibody dynamics，FMD) 方法产生于航天领域，此方法的研究对象为含有柔性构件的多体系统，考虑了柔性构件的动态变形以及这种变形和系统大范围刚体运动之间的耦合影响。所以，在 FMD 分析中，系统的弹性运动变量和刚体运动变量都被作为待求的广义坐标来处理，这是 FMD 方法与 KED 方法的不同之处。

1.5 本书主要内容

针对前述分析，本书主要进行少自由度并联机器人机构动力学方面的阐述，主要包括两大方面的内容：①少自由度并联机器人机构的动力学分析，即刚性并联机构动力学问题；②考虑构件弹性变形的少自由度并联机器人机构的动力学分析，即柔性并联机构动力学问题。章节的具体安排如下：

第 2 章 机构学的基础知识，对机构学与机器人学方面的基本内容进行介绍，对后面章节涉及的建立机械系统动力学模型的原理与方法进行简要陈述。这部分内容主要来自参考文献，编入这些内容的主要目的是方便读者阅读。

第 3 章 少自由度并联机器人机构的运动学和动力学，以刚性平面五杆机构、3-$\underline{\text{R}}$RR、3-$\underline{\text{R}}$RS 和 3-$\underline{\text{R}}$RC 并联机器人机构为研究对象，阐述了利用 Lagrange 方程法建立并联机构动力学模型的过程，进行了并联机器人机构运动学和动力学问题的研究。

第 4 章 柔性并联机器人机构的动力学建模与求解，以平面 3-$\underline{\text{R}}$RR 柔性并联机器人机构和空间 3-$\underline{\text{R}}$RS 柔性并联机器人机构为研究对象，详细介绍了柔性并联机器人机构的建模过程和方程的求解方法。

第 5 章 柔性并联机器人机构的动力分析，基于单元的运动微分方程，进行了柔性并联机器人机构的动态力分析，并讨论了柔性并联机器人机构中构件动应力的求解问题。

第 6 章 柔性并联机器人机构的虚拟样机仿真，以有限元仿真软件 SAMCEF 为分析平台，分析了柔性并联机器人的虚拟样机建模及仿真方法，分别进行了 3-RRS、3-RSR 和 3-RRC 等柔性并联机器人的虚拟样机仿真分析，对柔性并联机器人机构的运动学和动力学特性进行了深入分析。

第 7 章 柔性并联机器人机构的动态特性分析与优化设计，对柔性并联机器人动态特性中的频率特性进行了分析，探讨了系统固有频率与机构基本参量 (构件厚度、构件宽度等) 之间的内在关系。接着，以系统固有频率为优化目标，进行了系统构件横截面参数的尺度优化设计。

第 8 章 柔性并联机器人机构的运动规划与动力规划，以系统绝对运动误差平均值最小为目标，进行了系统初始位形的选择。在此基础上，进行了柔性并联机器人系统的输入运动规划和动力规划等问题的研究和数值算例仿真分析。

第 2 章　机构学的基础知识

2.1　机构学与机器人学的基础知识

机构和机器人都是由一系列构件通过运动副连接而成的，更确切地说，机器人机构是众多机构中的一种。为了便于后续章节的阅读，下面对机构学和机器人学的有关概念和知识进行简要介绍，主要内容包括构件、自由度、运动副、运动链、机构和活动度，以及机器人机构的分类、机器人机构学的主要研究内容和坐标变换等。

2.1.1　构件及其自由度

构件 (link)：机构中能做独立运动的单元体。构件可以是一个零件，有时为了制作和装拆方便，构件也可由几个零件刚性连接组成。构件是组成机构的基本要素之一。机器人系统中的构件多为刚性构件 (rigid link)。但在某些特定的应用场合，构件的弹性或柔性可能不可忽视，或者构件本身即为弹性或柔性元件，也就是说，在有些机械系统中尚有弹性构件 (elastic link) 或柔性构件 (flexible link)。

对在三维空间内自由运动的刚性构件 (图 2-1)，由物理学或理论力学知识可知，它可沿 3 个坐标轴 x、y、z 做独立的自由移动和绕这 3 个坐标轴做独立的自由转动。由于自由构件在三维空间内具有 6 个独立的基本运动，或者说要用 6 个独立自由的参数 (即广义坐标，如 s_x、s_y、s_z、θ_x、θ_y 和 θ_z) 来描述这些运动，所以，做空间自由运动的构件具有 6 个自由度 (degree of freedom)，而做平面自由运动的构件具有 3 个自由度。

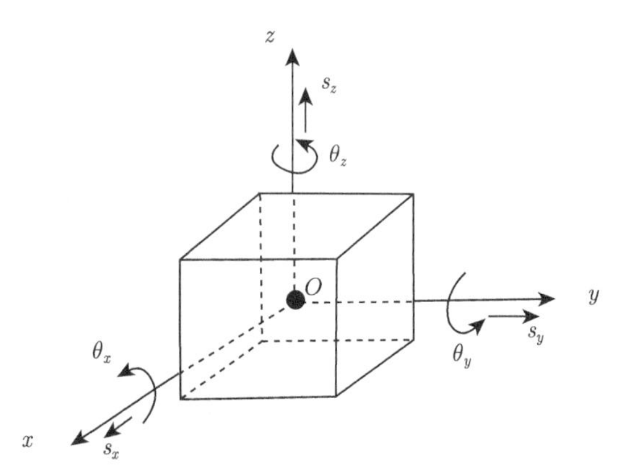

图 2-1　构件的空间运动

2.1.2　运动副及其分类

当由构件组成机构时，需要以一定的方式把各个构件彼此连接起来，为了使构件和构件之间有相对运动，必须采用活动连接。这种由两个构件直接接触而组成的可动的连接称为运

动副 (kinematic pair/joint，也称关节)。把两构件上能够参加接触而构成运动副的表面称为运动副元素 (pairing element)。运动副也是组成机构的基本要素之一。

两构件在未构成运动副之前，在三维空间中共有 6 个相对自由度。当两个构件通过运动副连接后，各自的运动都会受到不同程度的限制，这种限制称为约束 (constraint)。也就是说，当两构件构成运动副之后，它们之间的相对运动将会受到约束 (constraint kinematic pair)。运动副的自由度 (以 f 表示) 和约束数 (以 s 表示) 的关系为 $f=6-s$。空间机构中常见的运动副，可按其自由度 f 等于 1、2、3、4、5 而分别称为 Ⅰ、Ⅱ、Ⅲ、Ⅳ、Ⅴ类副。

运动副还可以根据构成运动副的两个构件之间的相对运动情况进行分类。把两构件之间的相对运动为转动的运动副称为转动副 (revolute pair/joint/hinge，也称回转副、旋转副、铰链，简记为 R)；相对运动为移动的运动副称为移动副 (prismatic joint/sliding pair，也称滑动副，简记为 P)；相对运动为螺旋运动的运动副称为螺旋副 (helical pair/screw joint，简记为 H)；相对运动为球面运动的运动副称为球面副 (spherical pair，简记为 S)。还有沿着轴线能移动又能转动的圆柱副 (cylindric joint，简记为 C)；绕球心能有两个转动的球销副 (universal joint，也称虎克铰，简记为 U 或 S′)，等等，见表 2-1。

运动副还常根据构成运动副的两构件的接触情况进行分类。凡两构件通过单一点或线接触而构成的运动副统称为高副 (higher pair)；通过面接触而构成的运动副统称为低副 (lower pair)。

表 2-1　常用运动副的类型及其符号

运动副名称及代号		运动副模型	运动副级别	运动副符号	
				两运动构件构成的运动副	两构件之一为固定件时的运动副
平面运动副	转动副(R)	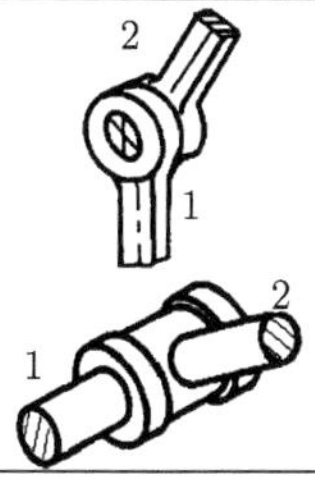	Ⅴ级副几何封闭	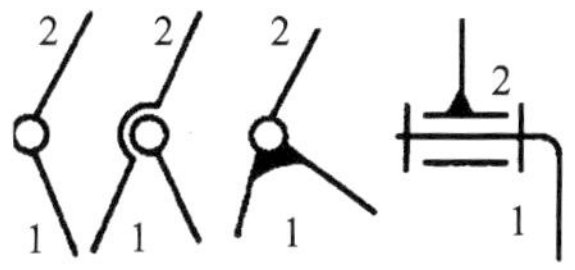	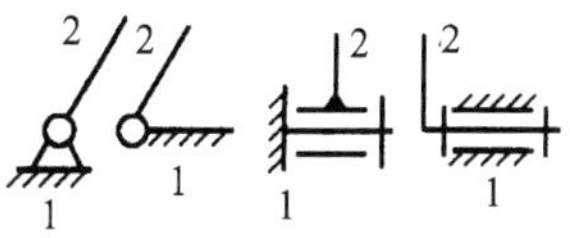
	移动副(P)	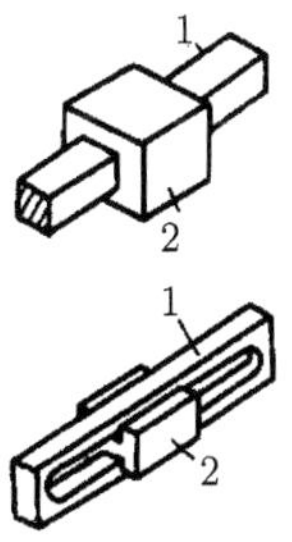	Ⅴ级副几何封闭	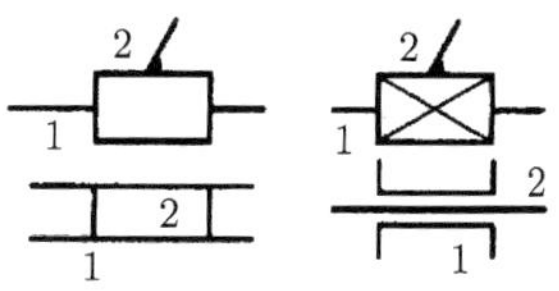	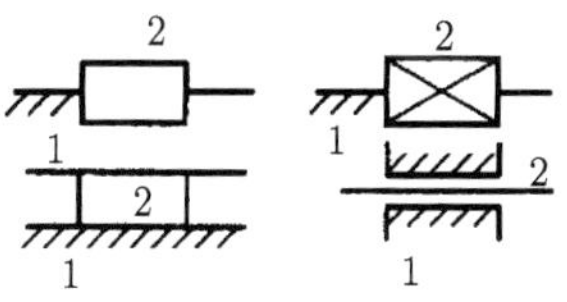
	平面高副(RP)	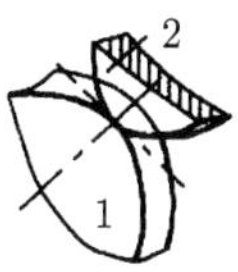	Ⅳ级副力封闭	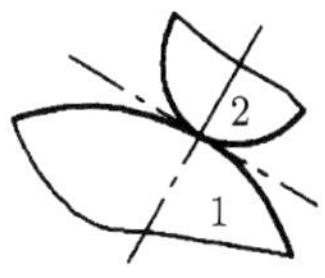	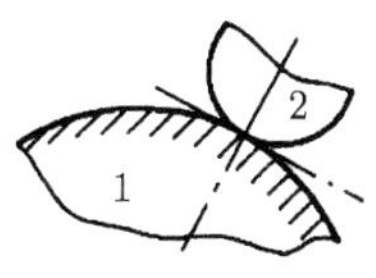

续表

	运动副名称及代号	运动副模型	运动副级别	运动副符号	
				两运动构件构成的运动副	两构件之一为固定件时的运动副
空间运动副	点高副		Ⅰ级副 力封闭		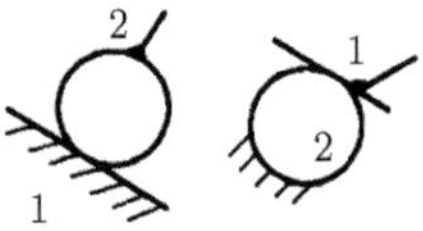
	线高副	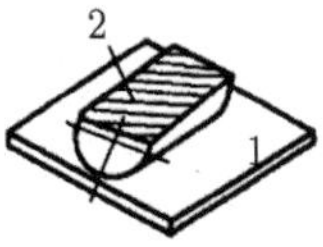	Ⅱ级副 力封闭	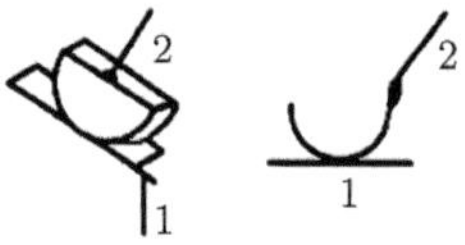	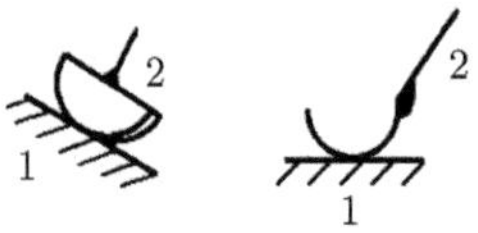
	平面副 (F或E)	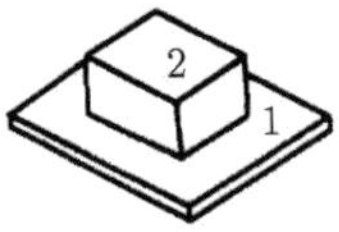	Ⅲ级副 力封闭	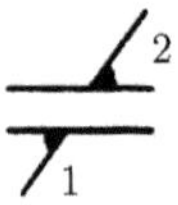	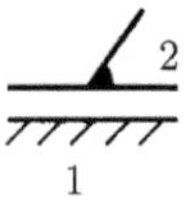
	球面副 (S)		Ⅲ级副 几何封闭	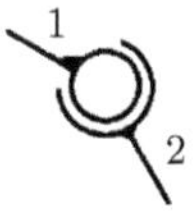	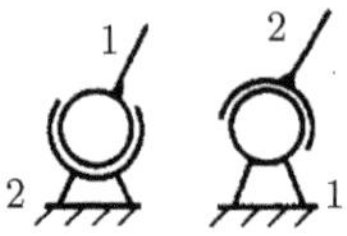
	球面副 (S′)		Ⅳ级副 几何封闭	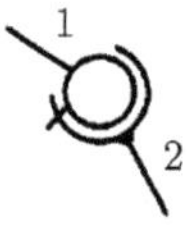	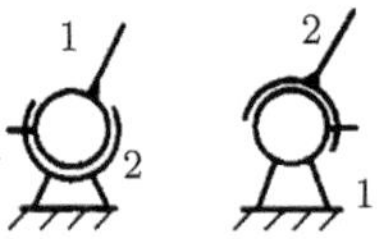
	圆柱副 (C)	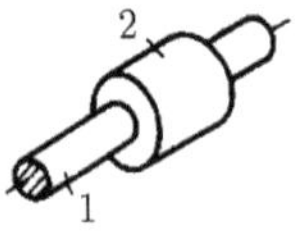	Ⅳ级副 几何封闭	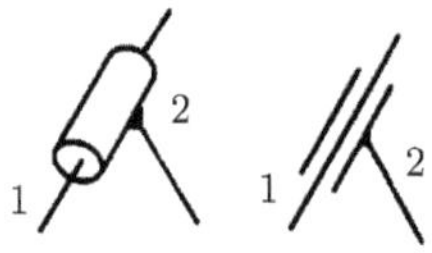	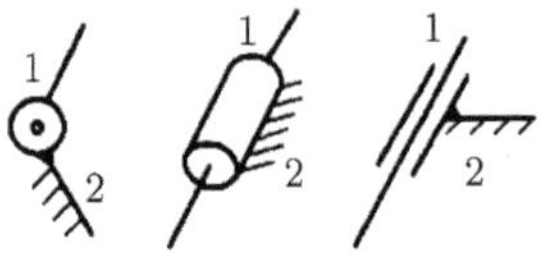
	螺旋副 (H)	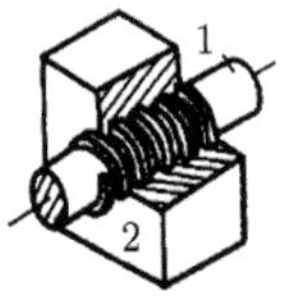	Ⅴ级副 几何封闭	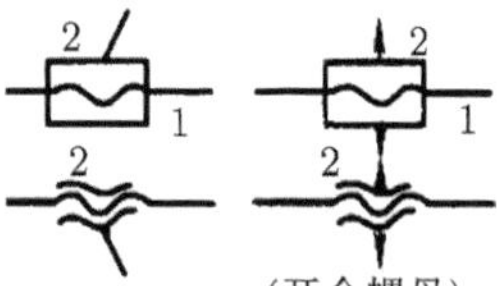 (开合螺母)	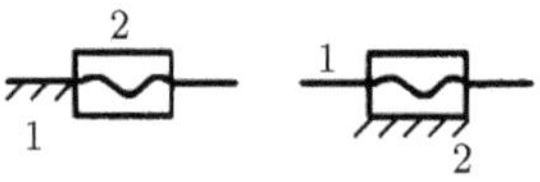
	虎克铰 (U)	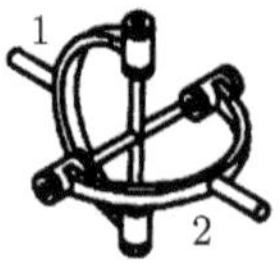	Ⅳ级副 几何封闭	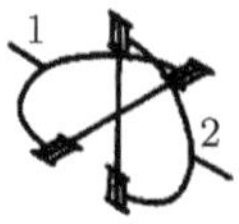	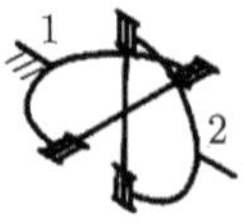

同时，还可把构成运动副的两构件之间的相对运动为平面运动的运动副统称为平面运动副 (planar kinematic pair)；两构件之间的相对运动为空间运动的运动副统称为空间运动副 (spatial kinematic pair)。

在机构运动的过程中，为了使运动副元素始终保持接触，运动副必须封闭。凡借助于构件的结构形状所产生的几何约束来封闭的运动副称为几何封闭或形封闭运动副 (form-closed pair)；而借助于重力、弹簧力等来封闭的运动副称为力封闭运动副 (force-closed pair)。

运动副还有一些其他分类方式，如根据运动副在机构运动过程中的作用可分为主动副 (或积极副 (active joint)，或驱动副 (actuated joint)) 和被动副 (或消极副 (passive joint)) 等。

机器人机构中比较常见的运动副主要有转动副、移动副、球面副、圆柱副和虎克铰等。

2.1.3 运动链与机构

1. 运动链

构件通过运动副连接而构成的可相对运动的系统称为运动链 (kinematic chain)。组成运动链的各构件构成了首末封闭系统的运动链称为闭式运动链 (closed kinematic chain/ closed-loop)，简称闭链，如图 2-2(a) 和 (b)；反之，称为开式运动链 (open kinematic chain/open-loop)，简称开链，如图 2-2(c) 和 (d)。

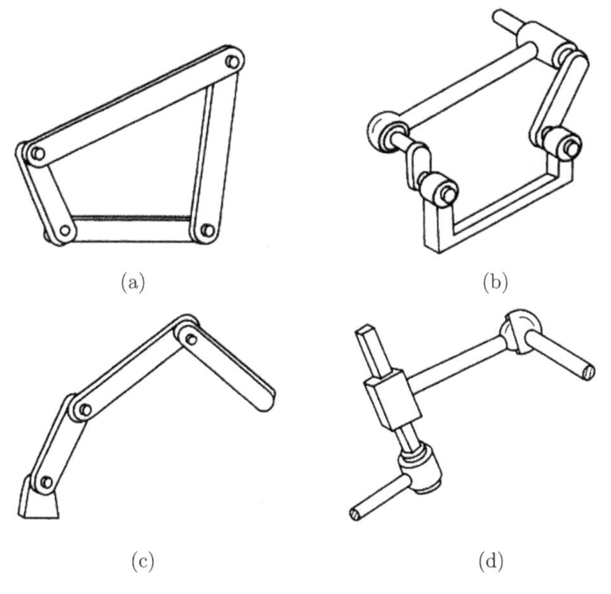

图 2-2 运动链

根据运动链中各构件间的相对运动是平面运动还是空间运动，又可以把运动链分为平面运动链 (planar kinematic chain) 和空间运动链 (spatial kinematic chain) 两类。

2. 机构及其自由度

在运动链中，如果将某一构件指定为相对固定的而成为机架 (fixed link/base)，而其余所有可动构件又均具有确定的相对运动，则这种运动链就成为机构 (mechanism)。机构中按给定的已知运动规律独立运动的构件称为原动件 (driving link，也称驱动构件或输入构件)，常在其上画箭头予以表示；而其余活动构件则称为从动件 (drived link)。

根据构件的运动情况，机构可以分为平面机构和空间机构。

根据运动链是否封闭的特征，机构也可以分为闭链机构和开链机构。开链机构中，机构中的活动构件数目和运动副数目相等；闭链机构又可分为单环闭链机构和多环闭链机构。

单环闭链机构是指机构中各构件组成一个封闭形，如图 2-3(a)，其构件数目 n 与运动副数目 p 相等，即 $n = p$。多环闭链机构是指机构中各构件组成两个或两个以上的封闭形，如图 2-3(b) 为两环闭链机构。在多环闭链机构中不仅含有两个运动副连接的构件，而且还包括有多个运动副连接的构件 (即多副构件)。在多环闭链机构中，组成第一个封闭形所需要的构件数等于该封闭形中运动副的个数。接着，每添加一个封闭形时，新添加的构件数则比新出现的运动副个数少 1。

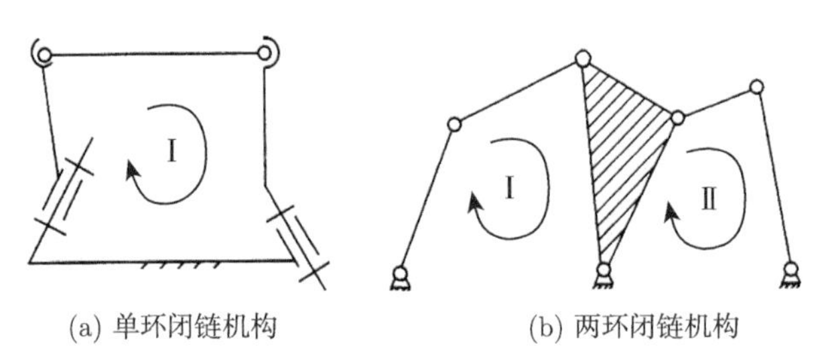

(a) 单环闭链机构　　(b) 两环闭链机构

图 2-3 闭链机构

因此，机构中的封闭环数 l、机构中的构件数 n 和运动副数 p 存在如下关系：

$$l = 1 + p - n \tag{2-1}$$

式中，l 为机构中的环数；n 为机构中的构件数目 (包括机架)；p 为机构中的运动副数目。

一般地，由开链组成的机器人称为串联机器人 (serial manipulator/robot)；完全由闭链组成的机器人称为并联机器人 (parallel manipulator)；开链中含有闭链的机器人称为串并联机器人 (serial-parallel manipulator) 或混联机器人 (hybrid manipulator)。

机构具有确定运动时所必须给定的独立运动参数的数目 (亦即为了使机构的位置得以确定，必须给定的独立广义坐标的数目) 称为机构的自由度 (degree of freedom of mechanism)，其数目常以 F 表示。自由度 (degree of freedom，DOF) 是机构学中最为重要的概念之一。

机构自由度的计算公式很多，如 Grübler-Kutzbach 公式，即

$$F = 6\,(n - p - 1) + \sum_{i=1}^{p} f_i \tag{2-2}$$

式中，F 为机构自由度；n 为机构中的构件数目 (包含机架)；p 为机构中的运动副数目；f_i 为机构中第 i 运动副的相对自由度数。

对于平面机构，机构自由度的计算公式式 (2-2) 变为

$$F = 3\,(n - p - 1) + \sum_{i=1}^{p} f_i \tag{2-3}$$

机构中所有构件均受到的共同约束称为机构的公共约束 (common constraint of kinematic pair)。在有些机构中，某些构件所产生的局部运动并不影响其他构件的运动，称这种局部运

动的自由度为局部自由度 (passive degree of freedom)。在有些机构中，某些运动副引入的约束对机构的运动只起到重复约束的作用，把这类约束称为虚约束 (redundant constraint，也称冗余约束或过约束 (over-constraint))。

因此，综合考虑机构中冗余约束、局部自由度等情况的一般机构自由度计算公式 (即修正的 Grübler-Kutzbach 公式) 为

$$F = d(n - p - 1) + \sum_{i=1}^{p} f_i + p' - F' \tag{2-4}$$

式中，F 为机构自由度；d 为机构的阶数，d=6-λ，λ 为机构的公共约束数 (如对于一般形式的空间机构，λ=0、d=6；对于平面机构和球面机构，λ=3、d=3 等)；n 为机构中的构件数目 (包含机架)；p 为机构中的运动副数目；f_i 为机构中第 i 运动副的相对自由度数；p' 为机构中的冗余约束数目；F' 为机构中的局部自由度数。

把式 (2-1) 代入式 (2-4)，可以得到更为简便的自由度计算公式

$$F = \sum_{i=1}^{p} f_i - d \cdot l + p' - F' \tag{2-5}$$

对于一般空间机构，由于 d=6，所以式 (2-5) 可表示为

$$F = \sum_{i=1}^{p} f_i - 6l + p' - F' \tag{2-6}$$

对于一般平面机构，由于 d=3，式 (2-5) 可表示为

$$F = \sum_{i=1}^{p} f_i - 3l + p' - F' \tag{2-7}$$

例如，利用式 (2-7) 计算图 2-3(b) 中两环闭链机构的自由度，则

$$p = 7, f_i = 1(i = 1, 2, \cdots, 7), l = 2, p' = 0, F' = 0$$

所以

$$\begin{aligned} F &= \sum_{i=1}^{p} f_i - 3l + p' - F' \\ &= (1+1+1+1+1+1+1) - 3 \times 2 + 0 - 0 \\ &= 1 \end{aligned}$$

考虑虚约束和局部自由度情况的平面机构自由度的计算公式，还可表示为

$$F = 3n - (2p_{\mathrm{L}} + p_{\mathrm{H}} - p') - F' \tag{2-8}$$

式中，F 为机构自由度；n 为机构中的活动构件数目 (不包含机架)；p_{L} 为机构中的低副数目；p_{H} 为机构中的高副数目；p' 为机构中的虚约束数目；F' 为机构中的局部自由度数。

如果利用式 (2-8) 计算图 2-3(b) 中两环闭链机构的自由度，则

$$n=5, p_{\mathrm{L}}=7, p_{\mathrm{H}}=0, p'=0, F'=0$$

所以

$$\begin{aligned}F &= 3n-(2p_{\mathrm{L}}+p_{\mathrm{H}}-p')-F' \\ &= 3\times 5-(2\times 7+0-0)-0 \\ &= 1\end{aligned}$$

2.1.4　机构的活动度

机构的活动度 (mobility) 是指构件相对于机架所具有的最大独立变量数，有时也称为机构的自由度数 (number of DOF)。

机器人的自由度一般是指机器人末端操作器 (end-effector) 的自由度。机器人的自由度对串联机器人而言是指末端执行器相对于基座的自由度，对并联机器人而言是指动平台的自由度。

对机器人而言，大多数情况下，其活动度和自由度的数值是一样的，但有时候两者并不相同。例如，一个具有 7 个运动副的串联冗余机器人机构的活动度是 7，但其末端执行器的自由度却是 6。

2.1.5　机器人机构的分类

根据机器人机构的结构特征，机器人可分为串联机器人 (如 SCARA 机器人，图 2-4)、并联机器人 (如 3-RPS 机器人，图 2-5) 以及混联机器人。串联机器人结构简单、工作空间大、动作灵活，在工业等各个方面应用广泛，其缺点主要表现在刚度低、累计误差大、承载能力弱上。相对于串联机器人来说，并联机器人具有刚度高、误差小、承载能力强等优点，但并联机构的工作空间一般较小，结构也较为复杂，这正好同串联机器人形成互补，从而扩大了机器人的应用的选择范围。混联机器人则兼有串、并联机器人两者的特点，但其特性的分析更为复杂。

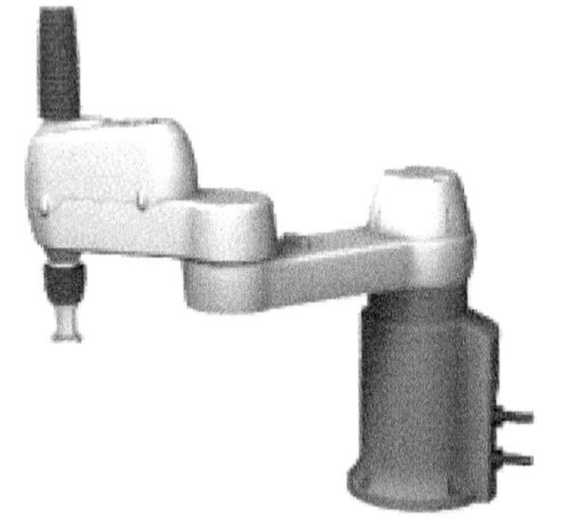

图 2-4　SCARA 机器人

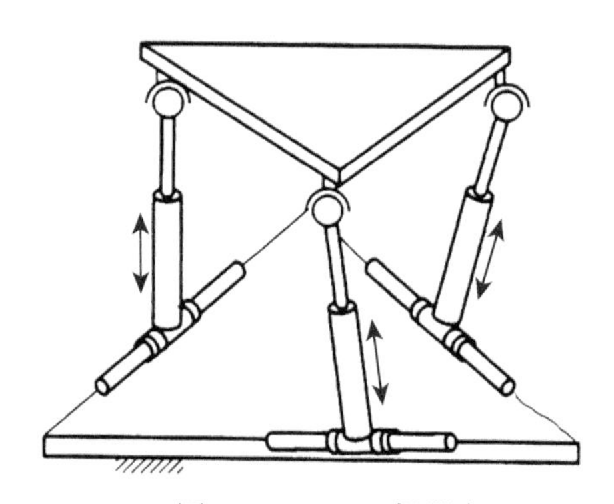

图 2-5　3-RPS 机器人

根据机器人的运动特性，机器人可分为实现平面运动的平面机器人机构 (如 3-RRR 机器人，图 2-6) 和实现空间运动的空间机器人机构 (如 3-RRC 机器人、3-RRS 机器人、Hexa

机器人、Gosselin 球面机器人，图 2-7)。平面机器人机构多为平面连杆机构，运动副多为转动副和移动副。

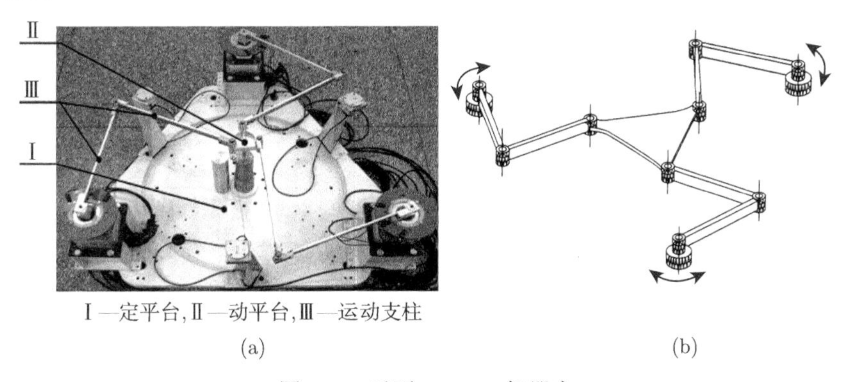

Ⅰ—定平台, Ⅱ—动平台, Ⅲ—运动支柱

(a) (b)

图 2-6 平面 3-RRR 机器人

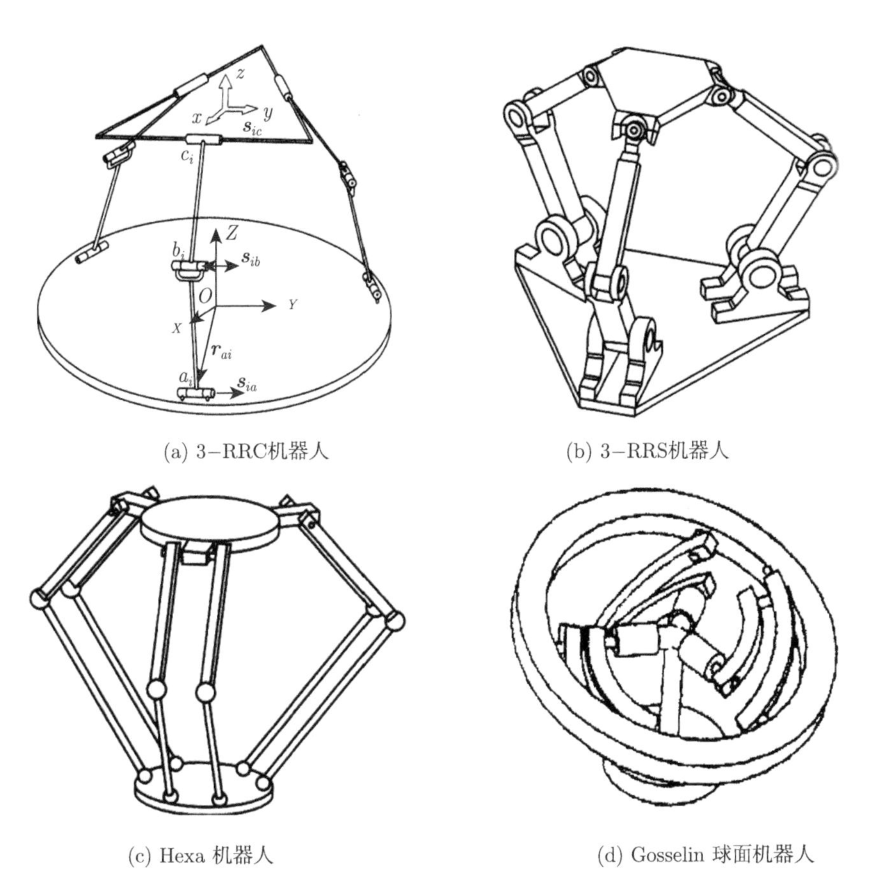

(a) 3−RRC机器人 (b) 3−RRS机器人

(c) Hexa 机器人 (d) Gosselin 球面机器人

图 2-7 空间机器人

根据机器人的运动功能分类，有定位 (positioning) 机器人、调姿 (orienting) 机器人，前者即为传统意义上的机械臂 (arm)，后者通常称为机械腕 (wrist)。如 PUMA560 系列机器人 (图 2-8) 和 Cincinnati Milacron 公司的 T^3 机器人 (图 2-9) 有 6 个自由度，前三个关节用于控制机械手的位置 (position)，而剩下的三个关节用于控制机械手的姿态 (orientation)。机器

人末端的位置与姿态共同构成了机器人的位形空间 (configuration space)。

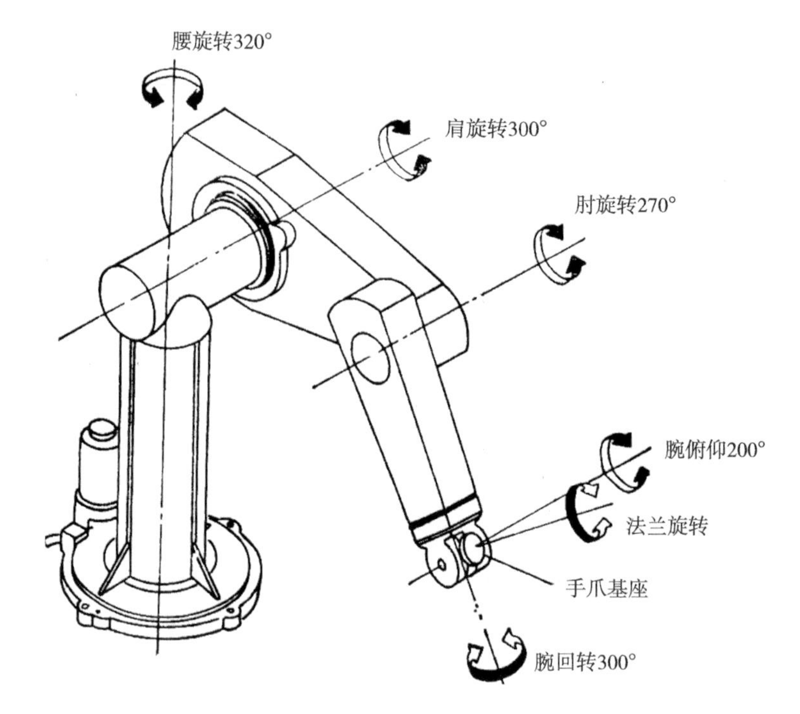

图 2-8　PUMA560 系列机器人

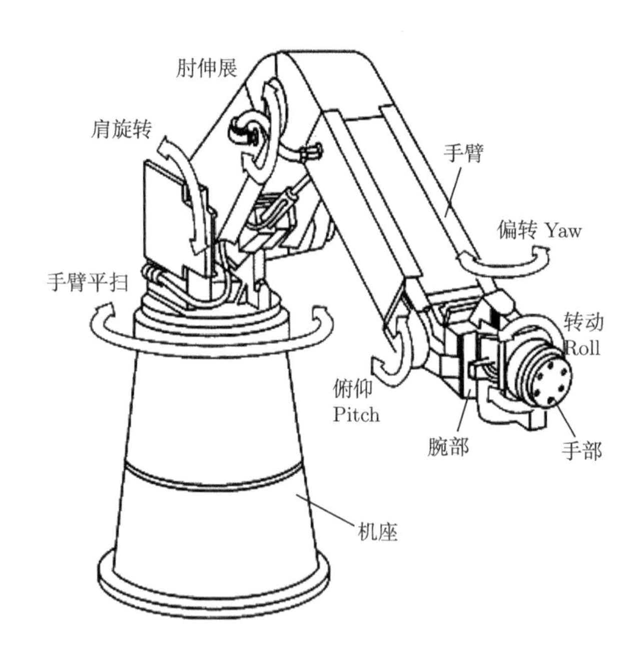

图 2-9　Cincinnati Milacron 公司的 T^3 机器人

根据工作空间 (workspace) 的几何特征 (仅针对 3 自由度机械臂)，可分为直角坐标机器人 (cartesian coordinate robot)、球面坐标机器人 (spherical coordinate robot)、圆柱坐标机器

人 (cylindrical coordinate robot) 与关节式机器人 (articulated robot) 等，如图 2-10 所示。

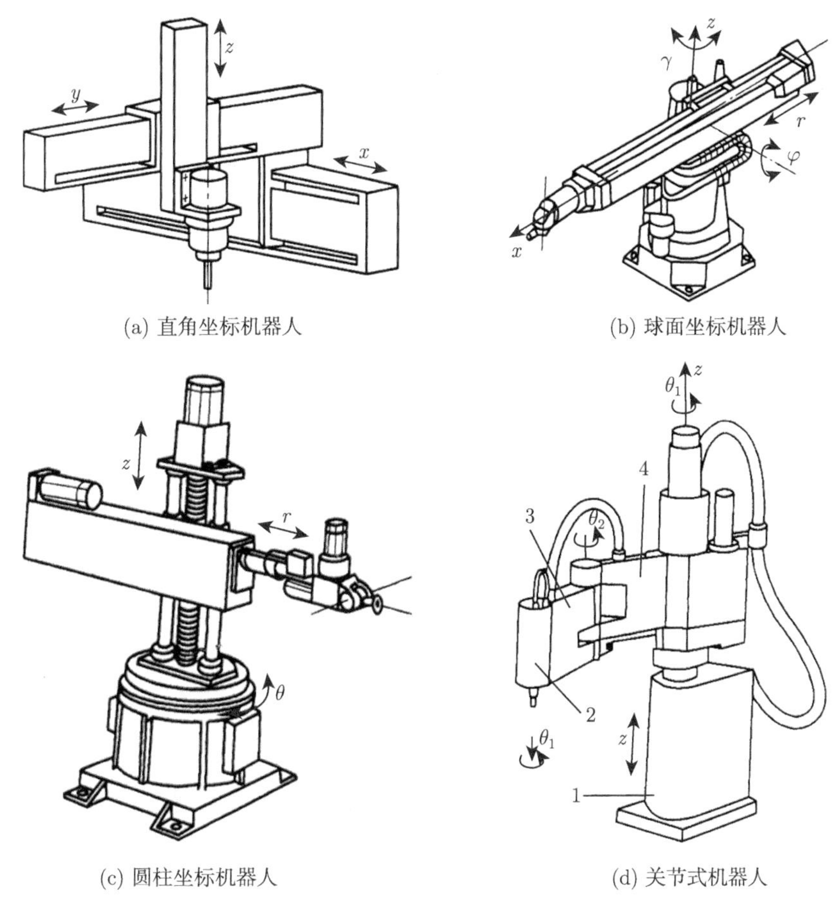

(a) 直角坐标机器人

(b) 球面坐标机器人

(c) 圆柱坐标机器人

(d) 关节式机器人

图 2-10 其他机器人

根据驱动数目与机构自由度数目的多少，机器人可以分为全驱动机器人、欠驱动机器人 (underactuated manipulator/robot)、冗余驱动机器人 (redundant actuation manipulator/robot) 等。欠驱动机器人是指系统自由度多于驱动数目的一类机器人，它在减轻系统重量、降低成本与能耗、增加结构紧凑性等方面具有优越性。冗余驱动机器人是指系统驱动数目多于自由度数目的一类机器人，它具有驱动灵活性、克服奇异性、改善系统动态特性等方面的优势。另外，从运动学的观点讲，完成某一特定的操作任务时，具有多余自由度的机器人称为冗余度机器人 (redundant robot)。这类机器人可通过多余的自由度改善系统的运动及动力学特性，如可增加操作灵活性、躲避障碍等。

根据移动性，可分为平台式 (也称固定式) 机器人和移动机器人 (mobile robots)。典型的移动机器人有步行机器人 (仿人机器人，机器蛇，机器狗，如图 2-11)、轮式机器人 (火星探测器，月球车，如图 2-12)、履带式机器人 (排爆机器人，如图 2-13) 以及推进器和喷射器式机器人等。

(a) 仿人机器人

(b) 机器蛇

(c) 机器狗

图 2-11　步行机器人

(a) 火星探测器

(b) 月球车

图 2-12　轮式机器人

图 2-13　排爆机器人

根据构件或关节的刚度大小，机器人可分为刚性机器人和柔性/弹性机器人。柔性/弹性机器人具有重量轻、操作速度快、能耗低等优点，但也具有振动大、难于精确定位等不足。另外，还有一种柔顺机构 (compliant mechanism)，柔顺机构 (图 2-14) 是一种利用机构中构件自身的弹性变形来完成运动和力的传递及转换的机构。柔顺机构不像传统刚性机构那样靠运动副来实现全部运动和功能，而主要是靠机构中柔顺构件的变形来实现机构的主要运动和功能，具有无摩擦磨损、容易装配、高精度、易维护、轻质量及易实现微型化等优点。图 2-15 为平面 3-RRR 柔顺并联机构。

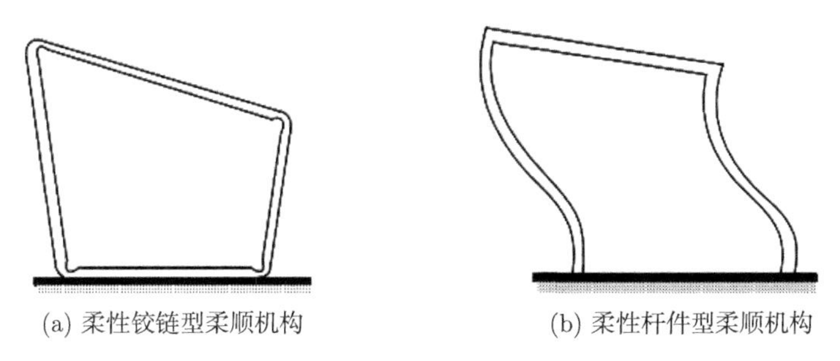

(a) 柔性铰链型柔顺机构　　(b) 柔性杆件型柔顺机构

图 2-14　柔顺机构示意图

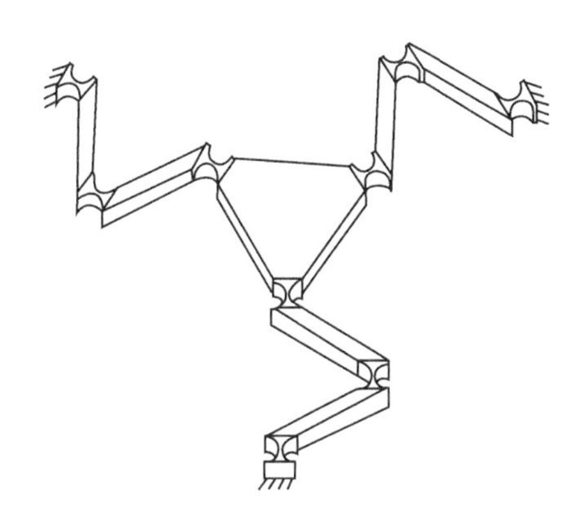

图 2-15　平面 3-RRR 柔顺并联机构

另外，还有可重构机器人机构，它是一类可实现机构重组或构态变化的机构，如目前兴起的变胞机构 (metamorphic mechanism)，图 2-16 为一种含有可重构虎克铰链副 (rT 铰链副) 的 3-(rT)C(rT) 变胞并联机构。

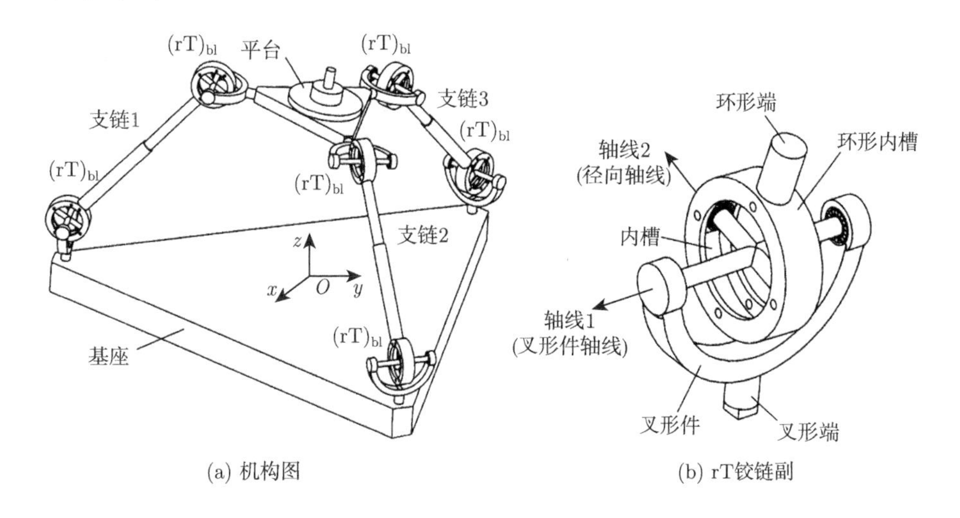

(a) 机构图　　(b) rT铰链副

图 2-16　3-(rT)C(rT) 变胞并联机构

根据机器人的具体用途，机器人又可分为工业机器人 (如应用于焊接、喷涂、搬运、加工、装配等，如图 2-17(a))、海洋或水下机器人 (如应用于海洋测量与观测、海底施工、管道维修、资源开发等，如图 2-17(b))、农牧林业机器人 (如喷洒农药、施肥、果实采摘、挤奶等，如图 2-17(c) 为澳大利亚的一种农场机器人)、军事应用机器人 (如侦察、搜索、布雷、扫雷、排爆、装填弹药等，如图 2-17(d) 为美国的一种排雷机器人)、宇宙开发机器人 (如星球探索、人造卫星的施放与回收、航天器与空间站对接、航天飞机与空间站的故障排除及维修等各种服务，如图 2-17(e))、医疗与服务机器人 (如手术治疗、盲人导航、假肢、病人护理等，如图 2-17(f))、极限环境机器人 (如放射性物资搬运、污染物处理、设备检修等)、类人机器人、娱乐竞赛机器人，等等。

(a) 焊接机器人

(b) 水下机器人

(c) 农场机器人

(d) 排雷机器人

(e) Canadarm2 机器人

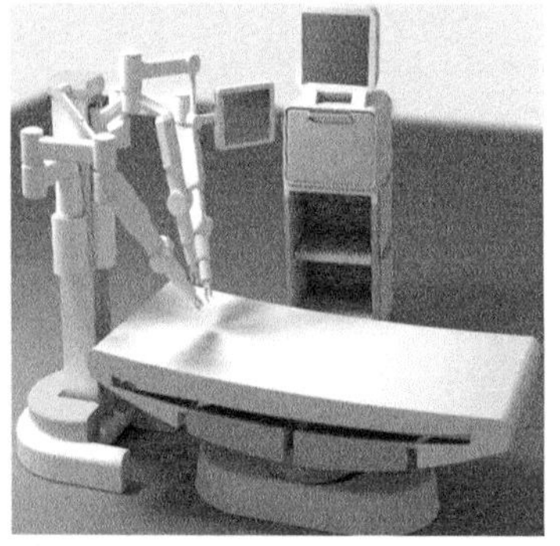

(f) 医疗机器人

图 2-17 不同用途的机器人

2.2 机械动力学的研究内容与方法

机械 (machinery) 是机器 (machine) 和机构 (mechanism) 的总称。机构是用来传递与变换运动和力的可动的装置。机器则是执行机械运动的装置，是用来变换或传递能量、物料和信息的机械装置。但在研究构件的运动和受力情况时，机器与机构并无差别，习惯上用“机械”一词作为机器和机构的总称。本书中的机械一词更接近机构。

机械动力学 (machinery dynamics) 是研究机械在力的作用下的运动和机械在运动中产生的力，并从力与运动相互作用的角度进行机械设计和改进的学科。

人类使用机械系统是为了实现某种工作需要。在机械设计中，往往需要首先进行运动学分析与设计。但是为了使机构系统能按人们的意愿工作，只有运动学分析和设计是远远不够的。运动学 (kinematics) 分析以主动件的位置为自变量，分析机械运动；运动学设计是从几何概念上提供实现这种运动方式的可能性。动力学分析研究的是机械在时间域中的状态，因此，机械系统能否实现预期的运动或在运动过程中会发生什么问题，以及如何保证机械系统正常工作等都取决于动力学的分析与设计。

2.2.1 机械系统中常见的动力学问题

从应用的角度讲，一般机械系统中常见的动力学问题有如下几个：

1) 机械振动

机械振动是机械系统运转过程中普遍存在的现象之一。引起机械振动的因素很多，如惯性力不平衡、运动副间隙、构件变形、外载荷的变化、系统参量的改变以及外界环境的干扰等。改善机械系统振动的方法有平衡的方法、优化结构的方法、主动控制的方法等。

2) 机械运行状态

对机械运行状态分析不仅可以了解机械正常工作的状况，也可以为机械系统的工作状态监测、故障分析、运动性能的改善等提供信息支持。

3) 机械动态精度

对于高速、轻质、高负载等的机械系统来讲，其构件的弹性变形或运动副间隙等因素往往对其系统的运动特性起着决定性影响。这时，机械系统的运行精度不仅和作用力有关，而且与机械系统的运动速度、运动加速度、驱动方式等密切相关。

4) 机械动 (态) 力分析

机械运动过程中引起的动载荷是机械系统零部件磨损或破坏的重要因素，确定运动副间或构件等的受力以及构件的动应力状态，必须进行机械动力学分析。

5) 机械系统的动态设计

进行机械系统的动态设计是机械系统具有优良特性的基础。这包括通过机械动力学分析了解系统结构参量与系统特性之间的内在关系，确定合理有效的优化设计准则以及指标等，为机械系统的动态设计提供数据支持和理论基础。

6) 机械系统的主动控制

许多机械系统的工作环境是变化的或复杂的，因此需要采用相应的控制策略或算法以保证系统按预期要求工作。这就需要进行机械系统的动力学分析，为控制策略和算法的制定提供模型参考以及理论依据。

2.2.2　机械动力学分析的一般过程

机械动力学和机械运动学一样，包括分析和综合两方面的问题。机械动力学分析就是进行现有机械系统的研究；机械动力学综合就是设计机械使之达到预期的运动学和动力学要求。分析是综合的基础。机械动力学的分析过程一般包括以下几个部分：

(1) 对机械系统中相关组成部分进行运动约束分析和力分析等，建立系统的力学模型；

(2) 运用相应的力学原理或方法，建立系统的动力学方程 (即系统的数学模型)；

(3) 运用数学方法或工具求解系统动力学方程，进行系统特性分析；

(4) 用实验的手段或仿真的方法检验理论，分析结果的合理性，验证理论模型的正确性。

机械动力学的分析过程，按其任务的不同，又可分为两类问题：

(1) 动力学反问题 (inverse dynamics)：已知机构的运行状态和工作阻力，求解输入力/力矩和各运动副反力及其变化规律 (即已知运动求力)；

(2) 动力学正问题 (forward/direct dynamics)：给定机器的输入力/力矩和工作阻力，求解机构的实际运动规律 (即已知力求运动)。

2.2.3　机械系统中的元件组成

机械系统的动力学模型 (dynamic model) 是根据系统本身的结构以及进行动力学研究的目的而定的。一般情况下，机械结构的组成不同，机械系统的动力学模型也不同，即使是同一机械系统不同的分析目标或分析项目，建立的模型也可能千差万别。

一个机械系统往往由不同性质的元件/构件组成。显然，组成机械结构的这些元件/构件的性质决定了机械动力学分析的建模方法或手段。机械结构中常见的元件/构件类型如下：

1. 刚性构件

刚性构件 (rigid body) 在机械系统中可能做移动、绕固定轴线的转动，或一般运动 (既转动又移动)。仅做移动的刚性构件，其动力学特性一般与其尺寸大小无关，可把构件视为一集中质量处理，或把构件质量集中于其质心。绕某一固定轴线转动的构件，其动力学特性不仅与其质量大小、质心位置有关，还与其质量的分布情况 (即转动惯量) 有关。对于做一般运动的构件，其动力学特性一般与其质量、转动惯量、质心位置、构件尺寸等都有关联。

2. 柔/弹性元件

随着科学技术的发展，柔/弹性元件在机械系统中的应用越来越广泛。建立柔/弹性元件的力学模型，关键在于如何处理其变形、质量与刚度等的问题。常用的柔/弹性元件的模型有如下几种：

1) 无质量的柔/弹性元件

机械中常见的如弹簧之类的元件，由于其质量与其他构件的质量相比很小，故可视为无质量的元件处理。

2) 连续质量 (continuous mass) 模型

在某些情况下，柔/弹性元件的质量不可忽略，有时它们甚至是机械系统中的传动或执行元件。这时要把元件的质量、弹性均看成连续的系统进行模型的建立。如果柔/弹性元件的形状或连接状态较为复杂，难以推导相关模型，常常要进行适当的简化处理。

3) 集中质量法 (lumped-mass method) 模型

集中质量法 (也称作凝聚参数法或集中质量–弹簧法) 是把连续的弹性元件离散为多个集中质量和转动惯量的一种处理方法，这些集中质量之间通过无质量的弹性段相连接。外部载荷与分布力等均集中作用于结点上。这种处理方法可使机械动力学方程易于求解，但精度一般较低。集中质量的数目可根据柔/弹性元件的尺寸以及研究问题的精度要求而定，一般来讲，离散的数目越多，求解精度越高；但太多的离散质量会增加方程的维数，也会带来计算求解误差的加大。

4) 有限元 (finite element) 模型

有限元方法把连续体划分成有限个单元，把单元的交界结点 (节点) 作为离散点，用结点处的有限个自由度代替连续柔/弹性体的无限自由度，在结点上引进等效力以代替实际作用于单元的外力。选择单元结点的位移为基本未知量，称其为广义坐标。选择位移函数或位移模式近似描述单元上的真实位移分布。根据弹性力学中的基本关系式导出用结点位移表示的单元体任意一点的位移、应变和应力的表达式。利用这些表达式，在单元体上推导总位能关于结点位移的表达式，把各个单元的总位能加起来就得到整个弹性体的总位能。最后，利用弹性力学的最小位能原理得到一组以所有结点位移为未知量的代数方程。由这些方程求出结点上的位移分量，进而可以求出各个单元中各点的应变和应力。在单元划分数相同的情况下，有限元模型比集中质量模型精确。

有限元法可以分为两类，即线弹性有限元法和非线性有限元法。其中线弹性有限元法是非线性有限元法的基础，二者不但在分析方法和研究步骤上有类似之处，而且后者常常要引用前者的某些结果。线弹性有限元法是以理想弹性体为研究对象的，所考虑的变形建立在小变形假设的基础上，材料的应力与应变呈线性关系，满足广义胡克定律；应力与应变也是线性关系，线弹性问题可归结为求解线性方程问题，所以只需要较少的计算时间。非线性有限元法主要应用于分析系统的材料非线性问题、几何非线性问题和非线性边界问题等。

有限元方法是处理连续系统的有效手段，具有理论基础简明、物理概念清晰、灵活性和适用性好等特点，目前已广泛地应用到了机械、土木建筑、石油化工和航空航天等各个领域。

3. 阻尼 (damping)

阻尼是指阻碍物体的相对运动，并把运动能量转化为热能或其他可耗散能量的一种作用。阻尼是机械结构的重要动力特性之一。在机械系统中，有三种不同形式的阻尼，它们的共同特征是使机械系统产生能量消耗。

1) 黏性阻尼

黏性阻尼 (viscous damping) 是振动系统的运动受大小与运动速度成正比而方向相反的阻力所引起的能量损耗。黏性阻尼发生在物体内振动而产生形变的过程中。物体振动时，部分振动能量损耗在材料内部的黏性内摩擦作用上，并被转换为热能。

在机械系统中，线性黏性阻尼是最常用的一种阻尼模型。阻尼力的大小与运动质点的速度的大小成正比，方向相反。在某些情况下，黏性阻尼并不能充分反映机械系统中能量耗散的实际情况。因此，在研究机械振动时，还建立有迟滞阻尼、比例阻尼和非线性阻尼等模型。

2) 干摩擦阻尼

物体在干燥表面上相对滑动时所受到的摩擦阻力称为干摩擦阻尼 (又称库仑阻尼，dry friction/Coulomb damping)。干摩擦阻尼来自相对运动表面之间由于凹凸不平而产生的啮合，且接触表面之间的塑性变形及相互黏着力也起着一定的作用。干摩擦阻尼力的大小与正压力成正比，而与相对运动速度的方向相反。

在工程现实中，并不存在真正的干摩擦，因为任何零件的表面都不仅会因氧化而形成氧化膜，而且多少会被含有润滑剂分子的气体所润滑或者受到“油污”。在机械设计中，通常把未经过人为润滑的摩擦状态当作“干摩擦”处理。

3) 结构阻尼

结构阻尼也称迟滞阻尼或固体阻尼 (hysteresis/solid damping)，是由非完全弹性材料在振动过程中的内摩擦造成的。实验指出，对于大多数结构金属 (如钢、铝等)，结构阻尼在加载和卸载的一个周期内消耗的能量近似地与应变幅度的平方成正比，并且在很大频率范围内与频率无关。结构阻尼力的大小与位移成正比，方向与速度方向相反。

2.2.4 建立动力学模型的原理与方法

动力学是研究物体的运动和作用力之间的关系的学科，动力学模型也即动力学方程 (或运动方程)，是表示系统输入、系统参量与系统状态三者之间关系的数学表达式。一般机械系统动力学模型的建立都要利用一些力学原理或方法，如牛顿第二定律、虚位移原理、达朗贝尔原理、拉格朗日方程、哈密顿原理和凯恩方程等。基于前述原理的还有一些建立动力学模型的方法，如影响系数法、传递矩阵法、动态子结构法以及实验建模法、虚拟样机技术等。

为了便于后文理解，这里把有关力学的基本概念加以简述。

2.2.4.1 力学中的基本概念

1) 质点、质点系和刚体

在力学中有三种理想模型：质点、质点系和刚体。质点是具有一定质量而几何形状和尺寸大小可以忽略不计的物体，即只有质量、没有大小的物体；质点系是由几个或无限个相互有联系的质点所组成的系统，即由若干质点组成的、有内在联系的集合；刚体则是一种特殊的质点系，在这种质点系中，任意两质点的距离始终保持不变，也称为不变的质点系。

如果某质点在空间的位置和运动不受任何限制，这种质点就称为自由质点。由自由质点组成的、有内在联系的集合称为自由质点系或自由系统。如果某质点在空间的位置和运动受到某些限制，则称为非自由质点。由非自由质点组成的、有内在联系的集合称为非自由质点系或非自由系统。

2) 约束及其分类

非自由质点系在空间的位置以及运动中受到的限制称为约束。用数学方程表述各质点所受的限制条件称为约束方程。

在质点系中，只能限制各质点在空间的位置或只能限制质点系位形的约束称为几何约束或位置约束。在约束方程中，显含时间 t 的约束称为非定常几何约束或非稳定几何约束，否则称为定常几何约束或稳定几何约束。约束方程为等式的几何约束称为双面几何约束或固执几何约束。约束方程为不等式的几何约束称为单面几何约束或非固执几何约束。

在质点系中，不仅限制各质点在空间的位置，而且还限制各质点运动速度的约束称为运动约束，或速度约束/微分约束。根据运动约束方程是否可积分，还可以把运动约束分为可积分的运动约束和不可积分的运动约束。

几何约束和可积分的运动约束实质上属于同一范畴的，称为完整约束 (holonomic constraint)。不可积分的运动约束称为非完整约束 (non-holonomic constraint)。

3) 实位移与虚位移

在质点系中，为约束所允许的运动称为可能运动。质点或质点系在可能运动中为约束所允许的位移称为该质点或质点系的可能位移。

实位移是指质点或质点系在其真实的运动中，在一定的时间间隔内发生的位移。通常用 $\mathrm{d}\boldsymbol{r}_i$ 表示质点系中第 i 个质点的实位移。虚位移是指在给定的瞬时和位形上，在约束允许的条件下，质点或质点系的无限小位移。通常用 $\delta\boldsymbol{r}_i$ 表示质点系中第 i 个质点的虚位移。

约束对质点或质点系的限制，在力学中归结为约束力的作用。具有约束力在质点系的任何虚位移中所做的元功之和等于零的性质的约束称为理想约束。

2.2.4.2 牛顿第二定律

牛顿第二定律可以表示为

$$\frac{\mathrm{d}\,(m\boldsymbol{v})}{\mathrm{d}t}=\boldsymbol{F} \tag{2-9}$$

式中，m 为质点质量，kg；$\boldsymbol{v}$ 为质点速度，m/s；t 为时间，s；$\boldsymbol{F}$ 为作用于质点的力，N。

在经典力学范围内，质点的质量是守恒的，式 (2-9) 可以写为

$$\boldsymbol{F}=m\boldsymbol{a} \tag{2-10}$$

这里，$\boldsymbol{a}$ 为加速度，$\mathrm{m/s^2}$。

式 (2-10) 即牛顿第二定律的数学表达式，它是质点动力学的基本方程，表述了质点的加速度、质量与作用力之间的定量关系。

做平面运动的刚体，相当于由多个质点组成的质点系。由牛顿第二定律的表达式可以得到

$$\begin{cases}\boldsymbol{F}=m\boldsymbol{a}_{\mathrm{s}}\\ \boldsymbol{M}=J_{\mathrm{s}}\boldsymbol{\varepsilon}\end{cases} \tag{2-11}$$

式中，$\boldsymbol{F}$ 为作用力，N；m 为刚体质量，kg；$\boldsymbol{M}$ 为外力矩，N·m；J_{s} 为刚体绕其质心的转动惯量，$\mathrm{kg\cdot m^2}$；$\boldsymbol{a}_{\mathrm{s}}$ 为加速度，$\mathrm{m/s^2}$；$\boldsymbol{\varepsilon}$ 为角加速度，$\mathrm{rad/s^2}$。

2.2.4.3 虚位移原理

假设作用于某质点系第 i 个质点的主动力为 $\boldsymbol{F}_i$，在给定的位形上，第 i 个质点的虚位移为 $\delta\boldsymbol{r}_i$，其表达式分别如下

$$\boldsymbol{F}_i=X_i\boldsymbol{i}+Y_i\boldsymbol{j}+Z_i\boldsymbol{k}\qquad(i=1,2,\cdots,n)$$
$$\delta\boldsymbol{r}_i=\delta x_i\boldsymbol{i}+\delta y_i\boldsymbol{j}+\delta z_i\boldsymbol{k}\qquad(i=1,2,\cdots,n)$$

则虚位移原理的表达式为

$$\sum_{i=1}^{n}\delta A_F=\sum_{i=1}^{n}\boldsymbol{F}_i\cdot\delta\boldsymbol{r}_i=0 \tag{2-12}$$

或

$$\sum_{i=1}^{n}(X_i\delta x_i + Y_i\delta y_i + Z_i\delta z_i) = 0 \tag{2-13}$$

虚位移原理的含义为具有完整、定常、理想约束的质点系，其平衡的充分必要条件是在给定的位形上，作用于该质点系上的所有主动力在任何虚位移上所做的元功之和为零。主动力在虚位移中所做的元功称为虚功，虚位移原理也称为虚功原理 (virtual work principle)。

2.2.4.4　达朗贝尔原理

质点的达朗贝尔原理 (D'Alembert's principle) 的数学表达式为

$$\begin{cases} \boldsymbol{F} + \boldsymbol{F}_{\mathrm{N}} + \boldsymbol{F}_{\mathrm{I}} = 0 \\ \boldsymbol{F}_{\mathrm{I}} = -m\boldsymbol{a} \end{cases} \tag{2-14}$$

式中，$\boldsymbol{F}$ 为作用于质点的主动力，N；m 为质点质量，kg；$\boldsymbol{a}$ 为加速度，m/s^2；$\boldsymbol{F}_{\mathrm{N}}$ 为质点的约束力，N；$\boldsymbol{F}_{\mathrm{I}}$ 为质点的惯性力，N。

设某质点系由 n 个质点组成，第 i 个质点的质量为 m_i，第 i 个质点的位置相对于固定参考点 O 的矢径为 $\boldsymbol{r}_i$；质点系的总质量为 M，总质心在点 C 处，矢径为 $\boldsymbol{r}_C$，质心加速度为 $\boldsymbol{a}_C$。则质点系的达朗贝尔原理表述为质点系运动的任意瞬时，作用于各质点的外力与虚加于各质点的惯性力组成一平衡力系，从而这些力的矢量和为零，这些力对任意点 (如 O 点) 的力矩之和等于零。数学表达式为

$$\begin{cases} \displaystyle\sum_{i=1}^{n}\boldsymbol{F}_i + \sum_{i=1}^{n}\boldsymbol{F}_{\mathrm{N}i} + \sum_{i=1}^{n}\boldsymbol{F}_{\mathrm{I}i} = 0 \\ \displaystyle\sum_{i=1}^{n}\boldsymbol{M}_O(\boldsymbol{F}_i) + \sum_{i=1}^{n}\boldsymbol{M}_O(\boldsymbol{F}_{\mathrm{N}i}) + \sum_{i=1}^{n}\boldsymbol{M}_O(\boldsymbol{F}_{\mathrm{I}i}) = 0 \end{cases} \tag{2-15}$$

式中，$\boldsymbol{F}_i$ 为作用于第 i 个质点的主动力，N；$\boldsymbol{F}_{\mathrm{N}i}$ 为作用于第 i 个质点的约束力，N；$\boldsymbol{F}_{\mathrm{I}i}$ 为作用于第 i 个质点的惯性力，N；$\boldsymbol{a}_i$ 为第 i 个质点的加速度，m/s^2。

应用力系简化理论，可以将刚体的惯性力系向简化中心 O 进行等效简化，可得到该惯性力系等效作用于简化中心的主矢 $\boldsymbol{F}'_{\mathrm{I}}$ 和主矩 $\boldsymbol{M}_{\mathrm{I}O}$，即

$$\begin{cases} \boldsymbol{F}'_{\mathrm{I}} = \displaystyle\sum_{i=1}^{n}\boldsymbol{F}_{\mathrm{I}i} = -\sum_{i=1}^{n}m_i\boldsymbol{a}_i = -M\boldsymbol{a}_C \\ \boldsymbol{M}_{\mathrm{I}O} = \displaystyle\sum_{i=1}^{n}\boldsymbol{M}_O(\boldsymbol{F}_{\mathrm{I}i}) = \sum_{i=1}^{n}[\boldsymbol{r}_i \times (-m_i\boldsymbol{a}_i)] = -\sum_{i=1}^{n}\left[\boldsymbol{r}_i \times \frac{\mathrm{d}}{\mathrm{d}t}(m_i\boldsymbol{v}_i)\right] \end{cases} \tag{2-16}$$

由于 $\dfrac{\mathrm{d}\boldsymbol{r}_i}{\mathrm{d}t} = \boldsymbol{v}_i$，$\dfrac{\mathrm{d}\boldsymbol{r}_i}{\mathrm{d}t} \times m_i\boldsymbol{v}_i = 0$，所以主矩 $\boldsymbol{M}_{\mathrm{I}O}$ 也可表达为

$$\boldsymbol{M}_{\mathrm{I}O} = -\frac{\mathrm{d}}{\mathrm{d}t}\left(\sum_{i=1}^{n}\boldsymbol{r}_i \times m_i\boldsymbol{v}_i\right)$$

下面对机构中常见构件运动形式的惯性力系的简化进行简单分析。

1) 绕固定轴转动的刚体

假设某刚体绕一固定轴转动，其质量为 M，选择转动轴上的任意一点为坐标原点 O，转动轴记为 Oz 轴，建立固结于刚体上的坐标系 $O\text{-}xyz$。设 $C(x_C, y_C, z_C)$ 为刚体的质心，则某瞬时刚体的位置向量 $\boldsymbol{r}_C$、角速度 $\boldsymbol{\omega}$ 和角加速度 $\boldsymbol{\varepsilon}$ 为

$$\begin{cases} \boldsymbol{r}_C = x_C\boldsymbol{i} + y_C\boldsymbol{j} + z_C\boldsymbol{k} \\ \boldsymbol{\omega} = \omega\boldsymbol{k} \\ \boldsymbol{\varepsilon} = \varepsilon\boldsymbol{k} \end{cases} \tag{2-17}$$

在计算过程中，要用到二重矢量积的关系

$$\boldsymbol{a} \times (\boldsymbol{b} \times \boldsymbol{c}) = \boldsymbol{b}(\boldsymbol{a} \cdot \boldsymbol{c}) - \boldsymbol{c}(\boldsymbol{a} \cdot \boldsymbol{b})$$

则

$$\begin{aligned} \boldsymbol{a}_C =& \boldsymbol{\varepsilon} \times \boldsymbol{r}_C + \boldsymbol{\omega} \times (\boldsymbol{\omega} \times \boldsymbol{r}_C) \\ =& \omega\boldsymbol{k} \times (x_C\boldsymbol{i} + y_C\boldsymbol{j} + z_C\boldsymbol{k}) + \omega^2\left[\boldsymbol{k} \cdot (x_C\boldsymbol{i} + y_C\boldsymbol{j} + z_C\boldsymbol{k}) - (x_C\boldsymbol{i} + y_C\boldsymbol{j} + z_C\boldsymbol{k})(\boldsymbol{k} \cdot \boldsymbol{k})\right] \end{aligned}$$

即

$$\boldsymbol{a}_C = -\varepsilon(y_C\boldsymbol{i} - x_C\boldsymbol{j}) - \omega^2(x_C\boldsymbol{i} + y_C\boldsymbol{j})$$

所以

$$\boldsymbol{F}'_{\mathrm{I}} = -M\boldsymbol{a}_C = M\varepsilon(y_C\boldsymbol{i} - x_C\boldsymbol{j}) + M\omega^2(x_C\boldsymbol{i} + y_C\boldsymbol{j}) \tag{2-18}$$

式 (2-18) 中等号右侧第一项为切向惯性力分量，第二项为法向惯性力分量。式 (2-18) 还可改写为

$$\begin{cases} \boldsymbol{F}'_{\mathrm{I}x} = M\left(\varepsilon y_C + \omega^2 x_C\right) \\ \boldsymbol{F}'_{\mathrm{I}y} = M\left(-\varepsilon x_C + \omega^2 y_C\right) \end{cases}$$

同样，经过分析力学的相关推导，可以得到

$$\boldsymbol{M}_{\mathrm{I}O} = \left(\varepsilon J_{xz} - \omega^2 J_{yz}\right)\boldsymbol{i} + \left(\varepsilon J_{yz} + \omega^2 J_{xz}\right)\boldsymbol{j} - \varepsilon J_z\boldsymbol{k} \tag{2-19}$$

其中

$$J_{xz} = \int_M xz\mathrm{d}m \quad J_{yz} = \int_M yz\mathrm{d}m \quad J_z = \int_M \left(x^2 + y^2\right)\mathrm{d}m$$

2) 一般空间运动的刚体

假设某刚体的质量为 M，在空间做一般运动。今以其质心 C 为原点，建立一组属于中心惯量主轴的连体参考坐标系 $O\text{-}\xi\eta\zeta$，坐标系上的三个单位矢量分别用 $\boldsymbol{e}_1$、$\boldsymbol{e}_2$ 和 $\boldsymbol{e}_3$ 表示。设刚体对三个中心惯量主轴的转动惯量分别为 J_1、J_2 和 J_3，在任意瞬时，刚体质心的速度为 $\boldsymbol{v}_C$、加速度为 $\boldsymbol{a}_C$、角速度为 $\boldsymbol{\omega}$、角加速度为 $\boldsymbol{\varepsilon}$，则根据力学分析知识可以得到

$$\begin{cases} \boldsymbol{F}'_{\mathrm{I}} = -M\boldsymbol{a}_C \\ \boldsymbol{M}_{\mathrm{I}O} = M_{\mathrm{I}C1}\boldsymbol{e}_1 + M_{\mathrm{I}C2}\boldsymbol{e}_2 + M_{\mathrm{I}C3}\boldsymbol{e}_3 \end{cases} \tag{2-20}$$

其中

$$M_{\mathrm{I}C1} = -J_1\varepsilon_1 - (J_3 - J_2)\,\omega_2\omega_3 \quad M_{\mathrm{I}C2} = -J_2\varepsilon_1 - (J_1 - J_3)\,\omega_1\omega_3$$

$$M_{\mathrm{I}C3} = -J_3\varepsilon_3 - (J_2 - J_1)\,\omega_1\omega_2 \quad \boldsymbol{\omega}_C = \omega_1\boldsymbol{e}_1 + \omega_2\boldsymbol{e}_2 + \omega_3\boldsymbol{e}_3 \quad \boldsymbol{\varepsilon}_C = \varepsilon_1\boldsymbol{e}_1 + \varepsilon_2\boldsymbol{e}_2 + \varepsilon_3\boldsymbol{e}_3$$

2.2.4.5　拉格朗日方程

具有完整理想约束的有 N 个广义坐标系统的拉格朗日方程 (Lagrange equation) 为

$$\frac{\mathrm{d}}{\mathrm{d}t}\left(\frac{\partial E}{\partial \dot{q}_i}\right)-\frac{\partial E}{\partial q_i}+\frac{\partial V}{\partial q_i}=F_i \quad (i=1,2,3,\cdots,N) \tag{2-21}$$

式中，q_i 为第 i 个广义坐标；E 为系统的动能；V 为系统的势能；F_i 为对应于第 i 个广义坐标的广义力。

在应用拉格朗日方程时应注意以下几点：①拉格朗日方程是以广义坐标表达的任意完整系统的运动方程，方程的数目等于系统的自由度数，因而可以获得数目最少的运动方程。②在建立运动方程时，只需分析已知的主动力，而不必分析未知力。所以，对于复杂系统，拉格朗日方程更具优越性。③拉格朗日方程具有很好的对称性，即对同一位形空间中的每个坐标而言，各方程都有相同的形式。④拉格朗日方程是以能量的观点建立起来的运动方程。在建立系统的运动方程时，只需分析系统的动能和广义力。因此，拉格朗日方程既可应用于集中参数系统的动力学分析，也可应用于分布参数系统 (如含柔/弹性构件的机械系统) 的动力学分析。

2.2.4.6　哈密顿原理

哈密顿 (Hamilton) 原理是著名的力学积分原理之一。哈密顿原理给出了从所有可能运动中找出真实运动的一个准则。为了便于理解，下面从动力学普遍方程来推导哈密顿原理。

动力学普遍方程的表达式为

$$\sum_{i=1}^{n}(\boldsymbol{F}_i-m_i\ddot{\boldsymbol{r}}_i)\cdot\delta\boldsymbol{r}_i=0 \tag{2-22}$$

动力学普遍方程表达的含义为：在具有理想约束的质点系中，在任意时刻和位形上，作用于各质点上的主动力和虚加的惯性力在任一虚位移上所做的元功之和为零。

由式 (2-22) 可以得到

$$\sum_{i=1}^{n}m_i\ddot{\boldsymbol{r}}_i\cdot\delta\boldsymbol{r}_i=\sum_{i=1}^{n}\boldsymbol{F}_i\cdot\delta\boldsymbol{r}_i=\delta W \tag{2-23}$$

又有

$$\frac{\mathrm{d}}{\mathrm{d}t}\left(\sum_{i=1}^{n}m_i\dot{\boldsymbol{r}}_i\cdot\delta\boldsymbol{r}_i\right)=\sum_{i=1}^{n}m_i\ddot{\boldsymbol{r}}_i\cdot\delta\boldsymbol{r}_i+\sum_{i=1}^{n}m_i\dot{\boldsymbol{r}}_i\cdot\frac{\mathrm{d}}{\mathrm{d}t}(\delta\boldsymbol{r}_i) \tag{2-24}$$

对式 (2-24) 互换运算 $\frac{\mathrm{d}}{\mathrm{d}t}$ 和 δ，可以得到

$$\frac{\mathrm{d}}{\mathrm{d}t}\left(\sum_{i=1}^{n}m_i\dot{\boldsymbol{r}}_i\cdot\delta\boldsymbol{r}_i\right)=\sum_{i=1}^{n}m_i\ddot{\boldsymbol{r}}_i\cdot\delta\boldsymbol{r}_i+\sum_{i=1}^{n}m_i\dot{\boldsymbol{r}}_i\cdot\delta\dot{\boldsymbol{r}}_i$$

所以，有

$$\sum_{i=1}^{n}m_i\ddot{\boldsymbol{r}}_i\cdot\delta\boldsymbol{r}_i=\frac{\mathrm{d}}{\mathrm{d}t}\left(\sum_{i=1}^{n}m_i\dot{\boldsymbol{r}}_i\cdot\delta\boldsymbol{r}_i\right)-\sum_{i=1}^{n}m_i\dot{\boldsymbol{r}}_i\cdot\delta\dot{\boldsymbol{r}}_i \tag{2-25}$$

又系统的动能表达式为

$$T=\frac{1}{2}\sum_{i=1}^{n}m_i\dot{\boldsymbol{r}}_i\cdot\dot{\boldsymbol{r}}_i \tag{2-26}$$

对式 (2-26) 作变分运算，得

$$\delta T=\sum_{i=1}^{n}m_i\dot{\boldsymbol{r}}_i\cdot\delta\dot{\boldsymbol{r}}_i \tag{2-27}$$

把式 (2-23) 和式 (2-27) 代入到式 (2-25)，可以得到

$$\frac{\mathrm{d}}{\mathrm{d}t}\left(\sum_{i=1}^{n}m_i\dot{\boldsymbol{r}}_i\cdot\delta\boldsymbol{r}_i\right)=\delta W+\delta T \tag{2-28}$$

对式 (2-28) 进行由时间 t_0 到时间 t_1 的积分，可以得到

$$\left.\left(\sum_{i=1}^{n}m_i\dot{\boldsymbol{r}}_i\cdot\delta\boldsymbol{r}_i\right)\right|_{t_0}^{t_1}=\int_{t_0}^{t_1}(\delta W+\delta T)\mathrm{d}t \tag{2-29}$$

一般，式 (2-29) 对虚位移有

$$\delta\boldsymbol{r}_i(t_0)=\delta\boldsymbol{r}_i(t_1)=0$$

于是，式 (2-29) 可以化简为

$$\int_{t_0}^{t_1}(\delta W+\delta T)\mathrm{d}t=0 \tag{2-30}$$

式 (2-30) 就是哈密顿原理的一般形式。它表明对于真实运动，系统动能的变分 δT 和作用于系统的所有主动力的虚功 δW 之和在任一时间间隔内对时间的积分等于零。

当作用于系统上的主动力为有势时，$\delta W=-\delta V$，代入式 (2-30) 可以得到

$$\int_{t_0}^{t_1}\delta(T-V)\mathrm{d}t=0 \tag{2-31}$$

引入拉格朗日函数 $L=T-V$，则式 (2-31) 可表示为

$$\int_{t_0}^{t_1}\delta L\mathrm{d}t=0 \tag{2-32}$$

又对于完整系统来说，变分符号和积分符号可以互换，因此有

$$\int_{t_0}^{t_1}\delta L\mathrm{d}t=\delta\int_{t_0}^{t_1}L\mathrm{d}t \tag{2-33}$$

现引入哈密顿作用量

$$I=\int_{t_0}^{t_1}L\mathrm{d}t$$

所以，对于完整系统，式 (2-30) 可以表示为

$$\delta I=\delta\int_{t_0}^{t_1}L\mathrm{d}t=0 \tag{2-34}$$

式 (2-34) 即为完整系统的哈密顿原理表达式。其含义为一完整系统受有势力作用，在任一时间间隔内的真实运动与在同一时间内具有同一起迄位置的可能运动相比，真实运动的哈密顿作用量取驻值，即哈密顿作用量 I 的变分等于零。

哈密顿原理的表达式中只涉及两个整体性的动力学量，即系统的动能和功 (或势能)。所以，哈密顿原理不仅适用于有限多个自由度的离散系统，也适用于无限多自由度的连续系统，如可利用哈密顿原理进行含有柔/弹性构件机械系统的动力学分析。

2.2.4.7　凯恩方程

1. 伪速度的概念

对于受到非完整约束的非完整系统来说，其广义速度彼此不独立。如具有 n 个质点的非完整系统，其位形由 k 个独立的广义坐标 q_1、q_2、$\cdots$、q_k 表示，受到 g 个非完整约束，即

$$\sum_{j=1}^{k} a_{ij}\dot{q}_j + a_i = 0 \quad (i = 1, 2, \cdots, g) \tag{2-35}$$

非完整约束加于广义坐标虚位移的限制条件为

$$\sum_{j=1}^{k} a_{ij}\delta q_j = 0 \quad (i = 1, 2, \cdots, g) \tag{2-36}$$

则系统独立的广义速度的数目为 $f = k - g$。

阿沛尔提出，在建立系统动力学方程时，不采用非独立的广义速度 $\dot{q}_j(j{=}1,2,\cdots,k)$，而是引入独立的 $f = k - g$ 个变量 $\dot{\pi}_i$，并构造如下变换关系

$$\dot{\pi}_i = \sum_{j=1}^{k} u_{ij}\dot{q}_j + u_i = 0 \quad (i = 1, 2, \cdots, f) \tag{2-37}$$

式 (2-37) 中 $\dot{\pi}_i$ 称为伪速度。同时，对应的 $\pi_i(i{=}1,2,\cdots,f)$ 称为伪坐标。这里 u_{ij} 一般为广义坐标 q_1、q_2、$\cdots$、q_k 和时间 t 的函数，f 个独立的变量 $\dot{\pi}_i$ 是 k 个广义速度 $\dot{q}_j(j{=}1,2,\cdots,k)$ 的独立线性组合。

联立式 (2-35) 和式 (2-37)，可以得到 k 个关于变量 $\dot{q}_j(j{=}1,2,\cdots,k)$ 的线性方程组。根据线性代数知识可知，若此线性方程组的系数行列式不为零，则可从这 k 个方程中求解出用 f 个独立的变量 $\dot{\pi}_i(i{=}1,2,\cdots,f)$ 表示的 $\dot{q}_j(j{=}1,2,\cdots,k)$，即

$$\dot{q}_j = \sum_{i=1}^{f} h_{ij}\dot{\pi}_i + h_{0j} = 0 \quad (j = 1, 2, \cdots, k) \tag{2-38}$$

式中，h_{ij} 和 h_{0j} 一般为广义坐标 q_1、q_2、$\cdots$、q_k 和时间 t 的函数。式 (2-38) 中已嵌入了全部的非完整约束，$\dot{\pi}_i(i{=}1,2,\cdots,f)$ 也是彼此独立的，可以任意取值。

2. 凯恩方程

知道了伪速度的概念后，下面从动力学普遍方程进行凯恩方程的简要推导。动力学普遍方程，即式 (2-22) 为

$$\sum_{i=1}^{n} (\boldsymbol{F}_i - m_i\ddot{\boldsymbol{r}}_i) \cdot \delta\boldsymbol{r}_i = 0$$

假设由 n 个质点组成的质点系，其自由度为 f。那么，就可以选择 f 个伪速度 $\dot{\pi}_j(j=1,2,\cdots,f)$ 来表示系统中每一质点的速度，即

$$\boldsymbol{v}_i=\sum_{j=1}^{f}\boldsymbol{u}'_{ij}\dot{\pi}_j+\boldsymbol{u}'_{i0}\quad(i=1,2,\cdots,n) \tag{2-39}$$

由式 (2-39)，可以得到

$$\mathrm{d}\boldsymbol{r}_i=\sum_{j=1}^{f}\boldsymbol{u}'_{ij}\dot{\pi}_j\mathrm{d}t+\boldsymbol{u}'_{i0}\mathrm{d}t\quad(i=1,2,\cdots,n) \tag{2-40}$$

相对于伪速度 $\dot{\pi}_j$，引入伪坐标 π_j，则第 i 个质点的虚位移 $\delta\boldsymbol{r}_i$ 可以用独立的伪坐标的变分表示为

$$\delta\boldsymbol{r}_i=\sum_{j=1}^{f}\boldsymbol{u}'_{ij}\delta\pi_j\quad(i=1,2,\cdots,n) \tag{2-41}$$

将式 (2-41) 代入动力学普遍方程，可以得到

$$\sum_{i=1}^{n}(\boldsymbol{F}_i-m_i\ddot{\boldsymbol{r}}_i)\cdot\left(\sum_{j=1}^{f}\boldsymbol{u}'_{ij}\delta\pi_j\right)=0 \tag{2-42}$$

变换求和次序，可以得到

$$\sum_{j=1}^{f}\left[\sum_{i=1}^{n}\left(\boldsymbol{F}_i\cdot\boldsymbol{u}'_{ij}-m_i\ddot{\boldsymbol{r}}_i\cdot\boldsymbol{u}'_{ij}\right)\right]\delta\pi_j=0 \tag{2-43}$$

令

$$K_j=\sum_{i=1}^{n}\boldsymbol{F}_i\cdot\boldsymbol{u}'_{ij}\qquad K_j^*=\sum_{i=1}^{n}(-m_i\ddot{\boldsymbol{r}}_i)\cdot\boldsymbol{u}'_{ij}$$

则式 (2-43) 可改写为

$$\sum_{j=1}^{f}(K_j+K_j^*)\delta\pi_j=0 \tag{2-44}$$

由于 $\delta\pi_j$ 是彼此独立的，于是

$$K_j+K_j^*=0\quad(j=1,2,\cdots,f) \tag{2-45}$$

式 (2-45) 就是凯恩方程。式中 K_j 和 K_j^* 分别称为系统对应于第 j 个独立速度的广义主动力和广义惯性力。将这 f 个方程与 g 个非完整约束方程联立，则可得到 $f+g=k$ 个关于广义坐标的方程组，求其解即可确定系统的运动规律。因此，利用凯恩方法建立系统的动力学方程，关键是计算系统的广义主动力和广义惯性力。

2.2.4.8 影响系数法

机构运动影响系数 (kinematic influence coefficient) 是机构学中的一个重要概念，它反映了机构运动学和动力学的本质，如机构系统的工作空间分析、奇异位形分析、速度分析、加速度分析、误差分析以及力分析等都可以运用影响系数法进行求解。影响系数法包括建立机械系统的一阶运动影响系数矩阵 (即 Jacobian 矩阵) 和二阶运动影响系数矩阵 (即 Hessian 矩阵)。

机构运动分析的方法还有求导法、矢量法、环路方程法、少自由度并联机构的虚设机构法以及少自由度并联机构的直接法等。用求导法进行机构系统的运动分析需要先建立机构的位置关系方程 (组)，通过对位置方程求一阶、二阶导数得到相应的速度和加速度方程 (组)，求解这些方程 (组) 即可实现对机构系统的运动参量分析。矢量法则首先建立机构位置的矢量关系式或方程，接着通过对位置矢量关系式求一阶、二阶导数得到速度、加速度方程，再通过方程求解实现机构的运动分析。环路方程法用于求所有铰链的相对运动速度，环路方程法实质上也是影响系数法的一种变化。少自由度并联机构虚设机构法的原理是将分支中的运动副数目不够 6 个的都虚设增加至 6 个 (这样的 6 自由度机构称为虚设机构)，再令所有虚设运动副的输入为零，这样虚设机构的运动便与原机构的运动一致。这样的虚设机构可以直接应用所有 6 自由度并联机构的统一公式进行速度、加速度的求解。少自由度并联机构的直接法也是基于影响系数的求解机构速度、加速度的一种方法，需要分析系统的 Jacobian 矩阵和 Hessian 矩阵。

2.2.4.9 传递矩阵法

对于具有链状结构的机械系统 (如转子、轴系等) 常常采用传递矩阵法 (transfer matrix method)。传递矩阵法是建立离散系统动力学方程的一种有效方法，也可应用于静力学问题的求解。对于大型复杂系统，离散后的系统质点或自由度较多，直接应用达朗贝尔原理或拉格朗日方程，会使方程的维数较高，导致计算困难。传递矩阵法是将各质量的状态参量 (如力参量和运动参量等) 包含在一个向量 (这个向量称为状态向量) 中，然后利用力学原理建立状态向量的关系矩阵 (即传递矩阵)。系统内各质量的状态向量均可通过传递矩阵联系起来，矩阵的阶数仅与状态向量中元素的数量有关，一定程度上可以降低矩阵的维数，对动力学方程的求解有利。

2.2.4.10 动态子结构法

对于复杂的动态系统，用有限元方法建模时的一个实际问题是自由度数庞大，容易造成方程求解困难、计算量大等问题。对于线性机械系统，为了降低系统方程的求解维数 (或自由度)，可以采用动态子结构方法。

最常用的子结构方法是模态综合 (mode synthesis) 技术。其理论基础是：一般情况下，弹性体振动响应的绝大部分是由所有振动模态中的几个模态 (主要是最低阶的几个模态) 所贡献的，因此可将其他模态 (常常是高阶模态) 坐标略去，从而实现坐标缩减。其基本思想是：按工程观点或结构的几何轮廓，把完整的结构抽象地肢解为若干个子结构，对这些子结构分别进行动态分析，然后把它们的主要模态信息予以保留，达到综合完整结构主要模态特征的目的。

2.2.4.11 实验建模法

利用各种理论或建模方法建立复杂机械系统的动力学模型时，机械系统的边界条件、阻尼、刚度特性以及运动副间的摩擦情况等都难以预先确定，如果这些参数的非准确性使得所建立的模型或方程与实际机械系统存在较大差异，那么动力学的理论分析就失去了意义。基于此，20 世纪 70 年代以来，实验模态分析 (experimental modal analysis) 得到了迅速发展，如通过对系统进行激振，测量获得系统的输入、输出数据，再经过数据处理与分析进而建立系统的数学模型。一般实验建模方法可以与有限元法相结合，以便能得到更符合实际情况的系统模型。

2.2.4.12 虚拟样机技术

随着科学技术的飞速发展，CAD/CAM/CAE 技术得到了广泛的应用，各种三维建模软件、有限元分析软件和机械动力学分析软件等相继得到了推广与使用，如 Pro/E、Solidworks、ANSYS、NASTRAN、ADAMS、SAMCEF 等，为机械系统动力学的分析、设计以及结构优化等提供了巨大帮助。在这些软件的基础之上，发展出了虚拟样机技术 (virtual prototyping)。利用各种成熟的软件进行机械系统的虚拟样机分析，可以集机械系统的三维建模、运动与动力学参数分析、运动状态可视化等于一体，达到快速实现机械系统的分析与设计的目的。这对缩短产品开发周期、降低产品开发成本和提高产品质量等都具有很大的帮助。所以，掌握虚拟样机技术已经成为机械工程类学生以及相关工程技术人员必备的技能要求之一。

2.3 位姿描述与坐标变换

机器人的机械结构通常由一系列构件 (如连杆、动静平台等) 和相应的运动副组合而成，用来实现复杂的运动以及完成规定的操作任务。因此，作为研究机器人运动和操作的第一步，自然是描述这些构件之间，以及它们和操作对象 (如工件或工具等) 之间的相对运动关系。一般地，描述刚体的位姿 (即位置和姿态) 时，需要首先规定一个空间坐标系，相对于该坐标系，刚体上任意一点的位置可以用 3 维列向量表示，刚体的姿态 (即方位) 可用 3×3 的旋转矩阵来表示。而 4×4 的齐次变换矩阵则可将刚体的位置和姿态的描述统一起来，齐次变换 (homogeneous transformation) 的优点有：

(1) 它可描述刚体的位姿，描述坐标系的相对位姿 (描述)；

(2) 它可表示点从一个坐标系的描述转换到另一坐标系的描述 (映射)；

(3) 它可表示刚体运动前、后位姿描述的变换 (算子)。

因此，齐次变换在研究机器人机构运动学、动力学，以及机器人控制算法等方面得到了广泛应用。此外，齐次变换也被广泛应用到了如计算机图形学、机器视觉信息处理等领域。当然，除了齐次变换，机构位姿的数学描述还有矢量法、旋量法以及四元数法等数学方法。

2.3.1 位姿描述

1. 位置描述

对于选定的直角坐标系$\{A\}$，空间任意一点 P 的位置可用 3×1 的列矢量 ${}^{A}\boldsymbol{P}$ 来表示

(图 2-18)，即点 P 的位置可用位置矢量 (position vector)$^A\boldsymbol{P}$ 表示为

$$^A\boldsymbol{P}=\begin{bmatrix}P_x\\P_y\\P_z\end{bmatrix}_{3\times1} \tag{2-46}$$

其中，P_x、P_y 和 P_z 为点 P 在坐标系$\{A\}$中的三个坐标分量。$^A\boldsymbol{P}$ 的左上标 A 代表选定的参考坐标系$\{A\}$。除了直角坐标系，也可采用极坐标系或圆柱坐标系来描述点的位置。

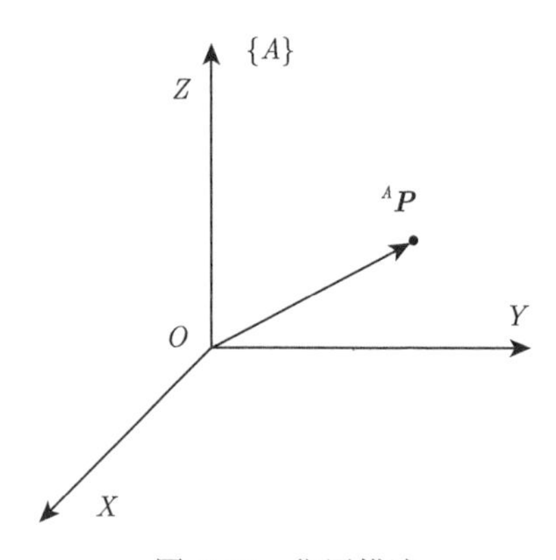

图 2-18　位置描述

2. 姿态描述

对于在空间做一般运动的刚体，要描述其运动状态，除了要确定其位置 (如可选择刚体上某一点作为基点，通过该基点的位置矢量来描述刚体的位置) 外，还要确定刚体在空间的方位 (即刚体的姿态)。为了描述刚体的姿态，这里另设一与刚体固结在一起的直角坐标系$\{B\}$，如图 2-19。用坐标系$\{B\}$的三个单位主矢量 $\boldsymbol{X}_B$、$\boldsymbol{Y}_B$ 和 $\boldsymbol{Z}_B$ 相对于坐标系$\{A\}$的方向余弦 (direction cosines) 组成的 3×3 矩阵来表示刚体相对于坐标系$\{A\}$的方位。即

$$^A_B\boldsymbol{R}=\begin{bmatrix}{}^A\boldsymbol{X}_B & {}^A\boldsymbol{Y}_B & {}^A\boldsymbol{Z}_B\end{bmatrix} \tag{2-47}$$

或

$$^A_B\boldsymbol{R}=\begin{bmatrix}r_{11} & r_{12} & r_{13}\\r_{21} & r_{22} & r_{23}\\r_{31} & r_{32} & r_{33}\end{bmatrix}_{3\times3} \tag{2-48}$$

这里，矩阵 $^A_B\boldsymbol{R}$ 称为旋转矩阵 (rotation matrix)，或方向余弦矩阵 (direction cosines matrix)，左上标 A 代表参考坐标系$\{A\}$，左下标 B 代表被描述的坐标系$\{B\}$。r_{11}、r_{21} 和 r_{31} 可用 $\boldsymbol{X}_B$ 在参考坐标系$\{A\}$中三个坐标轴上的投影分量来表示，r_{12}、r_{22} 和 r_{32} 可用 $\boldsymbol{Y}_B$ 在参考坐标系$\{A\}$中三个坐标轴上的投影分量来表示，r_{13}、r_{23} 和 r_{33} 可用 $\boldsymbol{Z}_B$ 在参考坐标系$\{A\}$中三个坐标轴上的投影分量来表示。

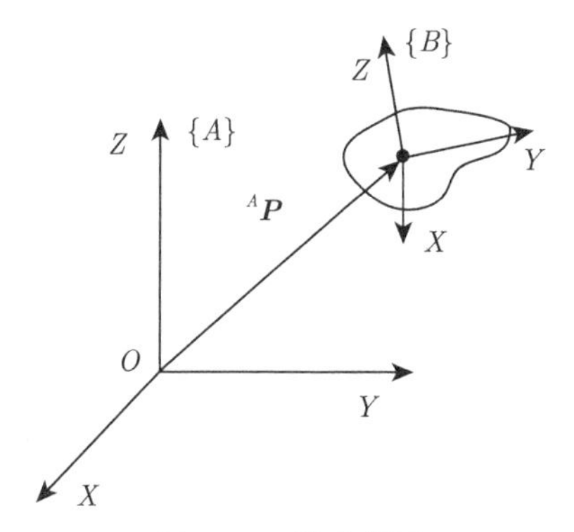

图 2-19　姿态描述

旋转矩阵 ${}_{B}^{A}\boldsymbol{R}$ 中共有 9 个元素，但只有 3 个是独立变量。由于矩阵 ${}_{B}^{A}\boldsymbol{R}$ 中的 3 个列矢量 ${}^{A}\boldsymbol{X}_{B}$、${}^{A}\boldsymbol{Y}_{B}$ 和 ${}^{A}\boldsymbol{Z}_{B}$ 都是单位主矢量，且两两互相垂直，所以矩阵 ${}_{B}^{A}\boldsymbol{R}$ 中的 9 个元素满足 6 个约束条件，即

$$\left\{\begin{array}{l} {}^{A}\boldsymbol{X}_{B}\cdot{}^{A}\boldsymbol{X}_{B}=1\\ {}^{A}\boldsymbol{Y}_{B}\cdot{}^{A}\boldsymbol{Y}_{B}=1\\ {}^{A}\boldsymbol{Z}_{B}\cdot{}^{A}\boldsymbol{Z}_{B}=1\\ {}^{A}\boldsymbol{X}_{B}\cdot{}^{A}\boldsymbol{Y}_{B}=0\\ {}^{A}\boldsymbol{Y}_{B}\cdot{}^{A}\boldsymbol{Z}_{B}=0\\ {}^{A}\boldsymbol{Z}_{B}\cdot{}^{A}\boldsymbol{X}_{B}=0 \end{array}\right. \tag{2-49}$$

可以看出，旋转矩阵 ${}_{B}^{A}\boldsymbol{R}$ 是单位正交的，其行列式的值为 1，而且 ${}_{B}^{A}\boldsymbol{R}$ 的逆与其转置相同。即

$$\left\{\begin{array}{l} {}_{B}^{A}\boldsymbol{R}^{-1}={}_{B}^{A}\boldsymbol{R}^{\mathrm{T}}\\ \left|{}_{B}^{A}\boldsymbol{R}\right|=1 \end{array}\right. \tag{2-50}$$

在机器人的运动学和动力学分析中，经常用到的旋转变换矩阵是表示绕 X 轴、绕 Y 轴或绕 Z 轴转一角度 θ，它们分别是

$$\boldsymbol{R}(X,\theta)=\begin{bmatrix} 1 & 0 & 0\\ 0 & \cos\theta & -\sin\theta\\ 0 & \sin\theta & \cos\theta \end{bmatrix} \tag{2-51}$$

$$\boldsymbol{R}(Y,\theta)=\begin{bmatrix} \cos\theta & 0 & \sin\theta\\ 0 & 1 & 0\\ -\sin\theta & 0 & \cos\theta \end{bmatrix} \tag{2-52}$$

$$\boldsymbol{R}(Z,\theta)=\begin{bmatrix} \cos\theta & -\sin\theta & 0\\ \sin\theta & \cos\theta & 0\\ 0 & 0 & 1 \end{bmatrix} \tag{2-53}$$

因此，刚体的位置可用一个位置矢量来表示，刚体的姿态可用一个旋转矩阵来表示。

3. 坐标系的描述

由前述分析可知，要完整描述刚体在空间的位姿，需要确定其位置和姿态。可在刚体上任选一点 (如一般选在物体的质心或对称中心上等) 用来描述刚体的位置，为方便起见，此点一般也作为与刚体固结的坐标系$\{B\}$的原点，如图 2-20。这样一来，相对于参考坐标系$\{A\}$，可用位置矢量 ${}^{A}\boldsymbol{P}_{BO}$ 描述坐标系$\{B\}$原点的位置，而用旋转矩阵 ${}^{A}_{B}\boldsymbol{R}$ 描述坐标系$\{B\}$的方位 (姿态)。因此，坐标系$\{B\}$可完全由位置矢量 ${}^{A}\boldsymbol{P}_{BO}$ 和旋转矩阵 ${}^{A}_{B}\boldsymbol{R}$ 描述。在机器人学中，位置和姿态往往成对出现，一般将此组合称作坐标系 (frame)。例如，用旋转矩阵 ${}^{A}_{B}\boldsymbol{R}$ 和位置矢量 ${}^{A}\boldsymbol{P}_{BO}$ 描述坐标系$\{B\}$，即

$$\{B\} = \{{}^{A}_{B}\boldsymbol{R},\ {}^{A}\boldsymbol{P}_{BO}\} \tag{2-54}$$

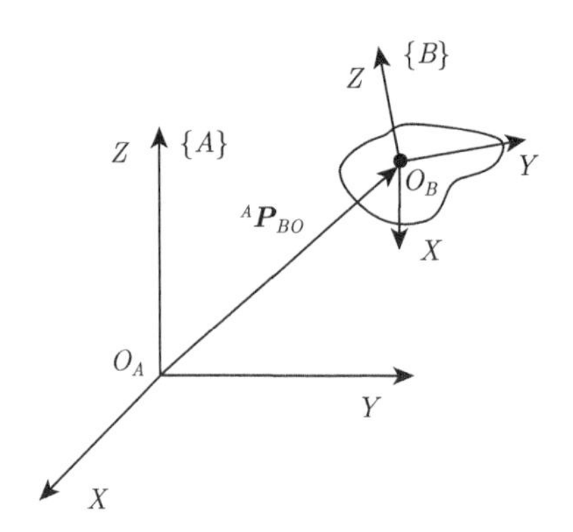

图 2-20　坐标系的描述

显然，坐标系的描述概括了刚体的位置描述和姿态描述。当仅表示位置时，可令式 (2-54) 中的旋转矩阵 ${}^{A}_{B}\boldsymbol{R} = \boldsymbol{I}$(单位矩阵)；当仅表示姿态时，可令式 (2-54) 中的位置矢量 ${}^{A}\boldsymbol{P}_{BO}=\boldsymbol{0}$。

2.3.2　点的映射

在机器人学的许多问题中，需要用不同的参考坐标系来表达同一个量，如空间中任一点 P 在不同坐标系中的描述也是不同的。因此，需要分析从一个坐标系的描述到另一坐标系的描述之间的映射关系。

1. 平移映射

假定坐标系$\{B\}$和坐标系$\{A\}$具有相同的姿态，但二者的坐标系原点不重合。这里，仍用位置矢量 ${}^{A}\boldsymbol{P}_{BO}$ 来描述坐标系$\{B\}$的原点相对于坐标系$\{A\}$的位置，如图 2-21。如果一点 P 在坐标系$\{B\}$中的位置矢量为 ${}^{B}\boldsymbol{P}$，则其在坐标系$\{A\}$中的位置矢量即可表示为

$${}^{A}\boldsymbol{P} = {}^{B}\boldsymbol{P} + {}^{A}\boldsymbol{P}_{BO} \tag{2-55}$$

式 (2-55) 称为平移映射 (也称坐标平移)，${}^{A}\boldsymbol{P}_{BO}$ 称为坐标系$\{B\}$相对于坐标系$\{A\}$的平移矢量。需要注意的是，只有在各个坐标系的姿态相同时，不同坐标系中的矢量才可以直接相加。

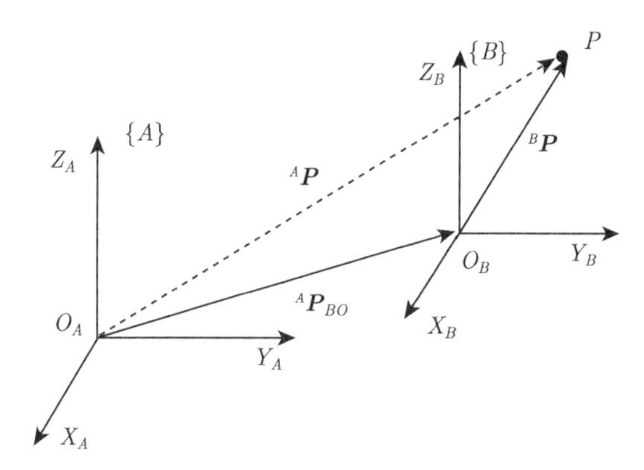

图 2-21 平移映射

2. 旋转映射

假定坐标系$\{B\}$和坐标系$\{A\}$的坐标系原点重合，但二者的姿态不同，如图 2-22。这里仍用旋转矩阵 ${}^{A}_{B}\boldsymbol{R}$ 来描述坐标系$\{B\}$相对于坐标系$\{A\}$的姿态。那么，同一点 P 在坐标系$\{B\}$中的位置矢量 ${}^{B}\boldsymbol{P}$ 与在坐标系$\{A\}$中的位置矢量 ${}^{A}\boldsymbol{P}$ 之间存在如下映射关系

$$^{A}\boldsymbol{P}={}^{A}_{B}\boldsymbol{R}^{B}\boldsymbol{P} \tag{2-56}$$

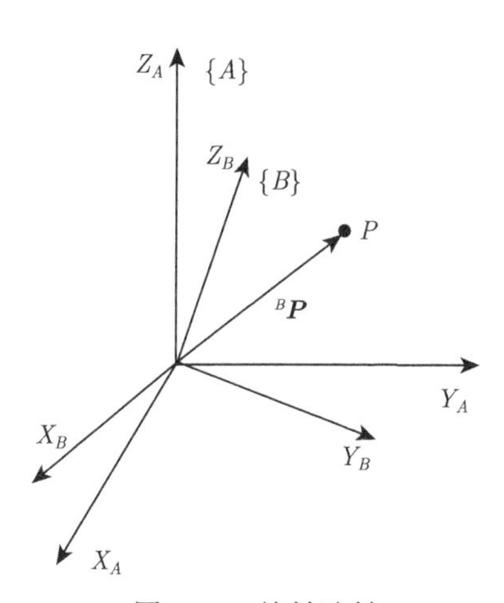

图 2-22 旋转映射

式 (2-56) 称为旋转映射 (也称坐标旋转)。式 (2-56) 即坐标旋转的作用是改变了矢量的描述，如将点 P 在坐标系$\{B\}$中的描述 ${}^{B}\boldsymbol{P}$ 转换成了在坐标系$\{A\}$中的描述 ${}^{A}\boldsymbol{P}$。需要注意的是，引入式 (2-56) 的坐标旋转后，原矢量在空间的位置并没有改变。

既然可用旋转矩阵 ${}^{A}_{B}\boldsymbol{R}$ 来描述坐标系$\{B\}$相对于坐标系$\{A\}$的姿态，同理，也可用旋转矩阵 ${}^{B}_{A}\boldsymbol{R}$ 来描述坐标系$\{A\}$相对于坐标系$\{B\}$的姿态。这里，矩阵 ${}^{A}_{B}\boldsymbol{R}$ 与矩阵 ${}^{B}_{A}\boldsymbol{R}$ 互逆，且二者都为正交矩阵，即矩阵 ${}^{B}_{A}\boldsymbol{R}$ 与矩阵 ${}^{A}_{B}\boldsymbol{R}$ 存在如下关系

$${}^{B}_{A}\boldsymbol{R}={}^{A}_{B}\boldsymbol{R}^{-1}={}^{A}_{B}\boldsymbol{R}^{\mathrm{T}} \tag{2-57}$$

3. 一般映射

现在考虑映射的一般情况，即坐标系$\{B\}$和坐标系$\{A\}$的姿态不同，二者的坐标系原点也不重合。用位置矢量 ${}^{A}\boldsymbol{P}_{BO}$ 描述坐标系$\{B\}$的坐标原点相对于坐标系$\{A\}$的位置；用旋转矩阵 ${}^{A}_{B}\boldsymbol{R}$ 描述坐标系$\{B\}$相对于坐标系$\{A\}$的姿态，如图 2-23。则任一点 P 在坐标系$\{B\}$中的位置描述 ${}^{B}\boldsymbol{P}$ 和在坐标系$\{A\}$中的位置描述 ${}^{A}\boldsymbol{P}$ 之间存在如下映射关系

$$
{}^{A}\boldsymbol{P} = {}^{A}_{B}\boldsymbol{R}{}^{B}\boldsymbol{P} + {}^{A}\boldsymbol{P}_{BO} \tag{2-58}
$$

式 (2-58) 可以看成是旋转映射和平移映射的复合映射。实际上，可以给定一个过渡坐标系$\{C\}$，如图 2-23 所示，使坐标系$\{C\}$的坐标原点与坐标系$\{B\}$的坐标原点重合，而使坐标系$\{C\}$的姿态与坐标系$\{A\}$的姿态相同。根据式 (2-55) 和式 (2-56)，经过简单推导便可得到式 (2-58)。

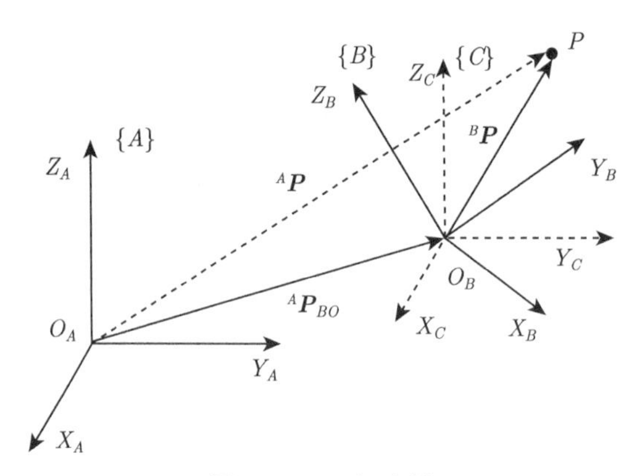

图 2-23　一般映射

2.3.3　齐次坐标与齐次变换

根据式 (2-58) 中各矢量之间的关系，可以把式 (2-58) 改写为一个形式更简洁、概念更清晰的表达形式，即

$$
\begin{bmatrix} {}^{A}\boldsymbol{P} \\ 1 \end{bmatrix}_{4\times 1} = \begin{bmatrix} {}^{A}_{B}\boldsymbol{R} & {}^{A}\boldsymbol{P}_{BO} \\ 0\quad 0\quad 0 & 1 \end{bmatrix}_{4\times 4} \begin{bmatrix} {}^{B}\boldsymbol{P} \\ 1 \end{bmatrix}_{4\times 1} \tag{2-59}
$$

或

$$
{}^{A}\boldsymbol{P} = {}^{A}_{B}\boldsymbol{T}{}^{B}\boldsymbol{P} \tag{2-60}
$$

$$
{}^{A}_{B}\boldsymbol{T} = \begin{bmatrix} {}^{A}_{B}\boldsymbol{R} & {}^{A}\boldsymbol{P}_{BO} \\ 0\quad 0\quad 0 & 1 \end{bmatrix}_{4\times 4} \tag{2-61}
$$

式 (2-60) 中把位置矢量 ${}^{A}\boldsymbol{P}$ 和 ${}^{B}\boldsymbol{P}$ 表示成了 4×1 的列矢量，与式 (2-58) 中的位置矢量不同，加入了第 4 个分量 1，称为点 P 的齐次坐标。变换矩阵 ${}^{A}_{B}\boldsymbol{T}$ 为 4×4 的方阵，称为齐次变换矩阵，其最后一行的元素为 $[0\quad 0\quad 0\quad 1]$。

对照式 (2-58) 和式 (2-60) 可以发现，其实两者是等价的。如将式 (2-60) 展开，则可得到

$$
\begin{cases} {}^{A}\boldsymbol{P} = {}^{A}_{B}\boldsymbol{R}{}^{B}\boldsymbol{P} + {}^{A}\boldsymbol{P}_{BO} \\ 1 = 1 \end{cases}
$$

式 (2-60) 只是用了一个矩阵形式的算子表示从一个坐标系到另一个坐标系的映射。表示成式 (2-60) 形式的优点在于书写简单紧凑、表达方便，有利于公式推导，但是如果用式 (2-60) 来编写计算机程序则并不简便，因为 0、1 之间的乘法运算将会消耗大量无用机时。

习惯上，描述空间一点 P 的位置可以用 3×1 的列矢量 (直角坐标) 来表示，也可用 4×1 的列矢量 (齐次坐标) 来表示。那么，位置矢量 ${}^{A}\boldsymbol{P}$ 和 ${}^{B}\boldsymbol{P}$ 究竟是 3×1 的列矢量 (直角坐标)，还是 4×1 的列矢量 (齐次坐标)，取决于与它相乘的是 3×3 的矩阵，还是 4×4 的矩阵。

若空间一点 P 的直角坐标为

$$\boldsymbol{P}=\begin{bmatrix} x \\ y \\ z \end{bmatrix}$$

则它的齐次坐标可以表示为

$$\boldsymbol{P}=\begin{bmatrix} x \\ y \\ z \\ 1 \end{bmatrix}$$

需要注意的是，齐次坐标的表示并不是唯一的。如将点 P 的齐次坐标中的各元素同乘一非零因子 η 后，仍然代表同一点 P，即

$$\boldsymbol{P}=\begin{bmatrix} x \\ y \\ z \\ 1 \end{bmatrix}=\begin{bmatrix} \eta x \\ \eta y \\ \eta z \\ \eta \end{bmatrix}$$

另外，还要注意，$[0\quad 0\quad 0\quad 0]^{\mathrm{T}}$ 没有意义。一般规定列向量 $[a\quad b\quad c\quad 0]^{\mathrm{T}}$(其中 $a^2+b^2+c^2\neq0$) 表示空间的无穷远点，包括无穷远点的空间称为扩大空间，而把第 4 个元素非零的点称为非无穷远点。

无穷远点 $[a\quad b\quad c\quad 0]^{\mathrm{T}}$ 的 3 个元素 a、b、c 称为它的方向数。如下面的 3 个无穷远点

$$\begin{gathered}[1\quad 0\quad 0\quad 0]^{\mathrm{T}} \\ [0\quad 1\quad 0\quad 0]^{\mathrm{T}} \\ [0\quad 0\quad 1\quad 0]^{\mathrm{T}}\end{gathered}$$

就分别代表 X 轴、Y 轴和 Z 轴上的无穷远点，用它们可分别表示这 3 个坐标轴的方向。而非无穷远点 $[0\quad 0\quad 0\quad 1]^{\mathrm{T}}$ 代表坐标原点。

这样，齐次坐标不仅可以用来规定点的位置，还可以用来规定矢量的方向。当第 4 个元素非零时，代表点的位置；当第 4 个元素为零时，代表方向。利用这一性质，就可以给予齐次变换矩阵又一物理解释，即齐次变换矩阵 ${}^{A}_{B}\boldsymbol{T}$ 描述了坐标系$\{B\}$相对于坐标系$\{A\}$的位置和方位。${}^{A}_{B}\boldsymbol{T}$ 的第 4 列矢量 ${}^{A}\boldsymbol{P}_{BO}$ 描述了坐标系$\{B\}$的坐标原点相对于坐标系$\{A\}$的位置；其他 3 个列矢量分别代表坐标系$\{B\}$的 3 个坐标轴相对于坐标系$\{A\}$的方向。

齐次变换矩阵式 (2-61) 作为映射时，代表了坐标平移映射与坐标旋转映射的复合。将式 (2-61) 分解为两个矩阵相乘的形式后，就能更容易地看出这一关系。即

$$
{}_B^A\boldsymbol{T}=\begin{bmatrix} {}_B^A\boldsymbol{R} & {}^A\boldsymbol{P}_{BO} \\ 0\quad 0\quad 0 & 1 \end{bmatrix}_{4\times4}=\begin{bmatrix} \boldsymbol{I}_{3\times3} & {}^A\boldsymbol{P}_{BO} \\ 0\quad 0\quad 0 & 1 \end{bmatrix}_{4\times4}\begin{bmatrix} {}_B^A\boldsymbol{R} & \boldsymbol{0}_{3\times1} \\ 0\quad 0\quad 0 & 1 \end{bmatrix}_{4\times4} \tag{2-62}
$$

式中，$\boldsymbol{I}_{3\times3}$ 为 3×3 的单位矩阵。

式 (2-62) 中等式右端第一个矩阵称为平移变换矩阵，常用 $\text{Trans}({}^A\boldsymbol{P}_{BO})$ 来表示；等式右端第二个矩阵称为旋转变换矩阵，常用 $\text{Rot}(K,\theta)$ 来表示，即

$$
{}_B^A\boldsymbol{T}=\text{Trans}\left({}^A\boldsymbol{P}_{BO}\right)\text{Rot}\left(K,\theta\right) \tag{2-63}
$$

$$
\text{Trans}\left({}^A\boldsymbol{P}_{BO}\right)=\begin{bmatrix} \boldsymbol{I}_{3\times3} & {}^A\boldsymbol{P}_{BO} \\ 0\quad 0\quad 0 & 1 \end{bmatrix}_{4\times4} \tag{2-64}
$$

$$
\text{Rot}\left(K,\theta\right)=\begin{bmatrix} {}_B^A\boldsymbol{R}(K,\theta) & \boldsymbol{0}_{3\times1} \\ 0\quad 0\quad 0 & 1 \end{bmatrix}_{4\times4} \tag{2-65}
$$

显然，平移变换 $\text{Trans}({}^A\boldsymbol{P}_{BO})$ 完全由矢量 ${}^A\boldsymbol{P}_{BO}$ 所决定；而旋转变换 $\text{Rot}(K,\theta)$ 表示绕过原点的轴 K 转动 θ 角的旋转算子，完全由旋转矩阵 ${}_B^A\boldsymbol{R}(K,\theta)$ 所决定。

2.3.4　运动算子

在式 (2-60) 中，齐次变换 ${}_B^A\boldsymbol{T}$ 表示同一点在两个坐标系$\{B\}$和$\{A\}$中描述的映射；同时，${}_B^A\boldsymbol{T}$ 还可描述坐标系$\{B\}$相对于坐标系$\{A\}$的姿态。此外，齐次变换也可用来作为点的运动算子。用于坐标系间点的映射的通用数学表达式称为算子，包括点的平移算子、矢量旋转算子以及平移加旋转算子。

假定在坐标系$\{A\}$中，一点 P 的初始位置 ${}^A\boldsymbol{P}_1$ 经过平移或旋转后到达了位置 ${}^A\boldsymbol{P}_2$，下面讨论从 ${}^A\boldsymbol{P}_1$ 到 ${}^A\boldsymbol{P}_2$ 的运动算子。

1. 平移算子

假定在坐标系$\{A\}$中，一点 P 的初始位置 ${}^A\boldsymbol{P}_1$ 经过平移后到达了位置 ${}^A\boldsymbol{P}_2$。由于平移也是相对于坐标系$\{A\}$描述的，所以这里的移动矢量用 ${}^A\boldsymbol{P}$ 来表示，如图 2-24。则矢量 ${}^A\boldsymbol{P}_1$、${}^A\boldsymbol{P}_2$ 和 ${}^A\boldsymbol{P}$ 之间存在如下关系

$$
{}^A\boldsymbol{P}_2={}^A\boldsymbol{P}_1+{}^A\boldsymbol{P} \tag{2-66}
$$

式 (2-66) 可以表示为算子的形式，即

$$
{}^A\boldsymbol{P}_2=\text{Trans}\left({}^A\boldsymbol{P}\right){}^A\boldsymbol{P}_1 \tag{2-67}
$$

移动矢量 ${}^A\boldsymbol{P}$ 代表平移的大小和方向。平移算子 $\text{Trans}({}^A\boldsymbol{P})$ 可根据式 (2-64) 给出，即

$$
\text{Trans}\left({}^A\boldsymbol{P}\right)=\begin{bmatrix} \boldsymbol{I}_{3\times3} & {}^A\boldsymbol{P} \\ 0\quad 0\quad 0 & 1 \end{bmatrix}_{4\times4}
$$

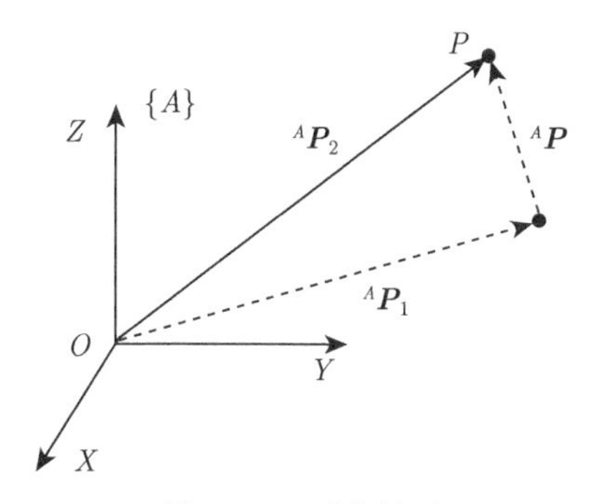

图 2-24 平移算子

2. 旋转算子

假定在坐标系$\{A\}$中，一点 P 的初始位置 $^A\boldsymbol{P}_1$ 经过旋转后到达了位置 $^A\boldsymbol{P}_2$。$^A\boldsymbol{P}_1$ 与 $^A\boldsymbol{P}_2$ 之间的关系有两种表示方法。

1) 用旋转矩阵 $\boldsymbol{R}$

用旋转矩阵 $\boldsymbol{R}$ 作为旋转算子，$\boldsymbol{R}$ 作用于矢量 $^A\boldsymbol{P}_1$ 就得到 $^A\boldsymbol{P}_2$，即

$$^A\boldsymbol{P}_2 = \boldsymbol{R}^A\boldsymbol{P}_1 \tag{2-68}$$

通常，旋转矩阵 $\boldsymbol{R}$ 作为算子时，就无须带上、下标了，因为两矢量 $^A\boldsymbol{P}_1$ 和 $^A\boldsymbol{P}_2$ 是在同一坐标系$\{A\}$中描述的。

2) 用齐次变换 $\mathrm{Rot}(K, \theta)$

用 $\mathrm{Rot}(K, \theta)$ 作为旋转算子时，能明确地表示出转轴 K 和转角 θ。例如，绕 Z 轴转 θ 角的齐次变换算子为

$$\mathrm{Rot}\,(Z,\theta) = \begin{bmatrix} \cos\theta & -\sin\theta & 0 & 0 \\ \sin\theta & \cos\theta & 0 & 0 \\ 0 & 0 & 1 & 0 \\ 0 & 0 & 0 & 1 \end{bmatrix} \tag{2-69}$$

式 (2-69) 中等号右端矩阵左上角 3×3 的子块对应的旋转矩阵就是 $\boldsymbol{R}(Z,\theta)$，如式 (2-53) 所示。

因此，两个位置矢量 $^A\boldsymbol{P}_1$ 和 $^A\boldsymbol{P}_2$ 之间的算子关系也可表达为

$$^A\boldsymbol{P}_2 = \mathrm{Rot}\,(K,\theta)^A\,\boldsymbol{P}_1 \tag{2-70}$$

式 (2-70) 与式 (2-68) 的区别仅在于齐次变换矩阵 $\mathrm{Rot}(K, \theta)$ 是 4×4 的矩阵，而旋转矩阵 $\boldsymbol{R}$ 是 3×3 的矩阵。

3. 变换算子的一般形式

齐次变换矩阵作为算子使用时，描述了点在某一坐标系内移动或 (和) 转动的情况。利用位置矢量 (或移动矢量) 可以描述平移前、后的位置关系；利用旋转矩阵可以描述旋转前、后的位置关系。齐次变换矩阵的优点是综合了位置矢量和旋转矩阵的作用，可以同时表示平移和旋转两种作用。如坐标系$\{A\}$中一点 P 的初始位置为 $^A\boldsymbol{P}_1$，经过平移和旋转后到达了

位置 ${}^{A}\boldsymbol{P}_2$，如图 2-25。则 ${}^{A}\boldsymbol{P}_1$ 与 ${}^{A}\boldsymbol{P}_2$ 之间的关系可用齐次变换矩阵 $\boldsymbol{T}$(齐次变换矩阵 $\boldsymbol{T}$ 作为算子使用时，不带上、下标) 来表示，即

$$
{}^{A}\boldsymbol{P}_2 = \boldsymbol{T}\,{}^{A}\boldsymbol{P}_1 \tag{2-71}
$$

$$
\boldsymbol{T} = \begin{bmatrix} & \boldsymbol{R} & & {}^{A}\boldsymbol{P} \\ 0 & 0 & 0 & 1 \end{bmatrix}_{4\times 4}
$$

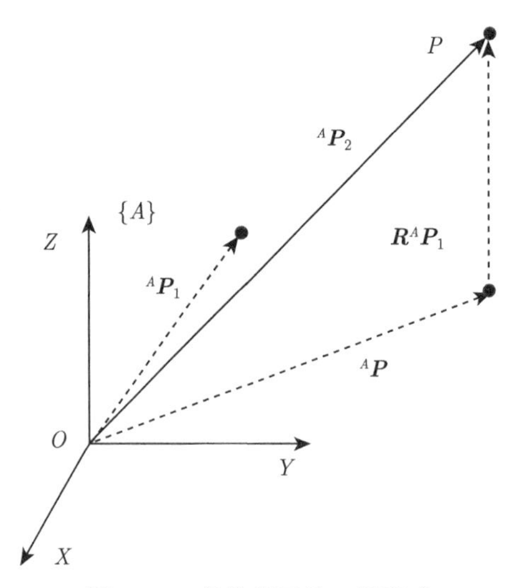

图 2-25　变换算子的一般形式

为了便于理解式 (2-71)，现给一简单算例。在坐标系$\{A\}$中，已知点 P 的初始位置为 ${}^{A}\boldsymbol{P}_1 = [3 \quad 7 \quad 0]^{\mathrm{T}}$，点 P 的运动过程为先绕 Z 轴转 30°，接着沿 X 轴平移 10 个单位长度，最后沿 Y 轴平移 5 个单位长度，求点 P 运动后的位置 ${}^{A}\boldsymbol{P}_2$。

实现上述旋转和平移的算子 $\boldsymbol{T}$ 以及 ${}^{A}\boldsymbol{P}_1$ 分别为

$$
\boldsymbol{T} = \begin{bmatrix} \cos 30^\circ & -\sin 30^\circ & 0 & 10 \\ \sin 30^\circ & \cos 30^\circ & 0 & 5 \\ 0 & 0 & 1 & 0 \\ 0 & 0 & 0 & 1 \end{bmatrix} \quad {}^{A}\boldsymbol{P}_1 = \begin{bmatrix} 3 \\ 7 \\ 0 \\ 1 \end{bmatrix}
$$

利用式 (2-71)，可以得到

$$
{}^{A}\boldsymbol{P}_2 = \boldsymbol{T}\,{}^{A}\boldsymbol{P}_1 = \begin{bmatrix} \cos 30^\circ & -\sin 30^\circ & 0 & 10 \\ \sin 30^\circ & \cos 30^\circ & 0 & 5 \\ 0 & 0 & 1 & 0 \\ 0 & 0 & 0 & 1 \end{bmatrix} \begin{bmatrix} 3 \\ 7 \\ 0 \\ 1 \end{bmatrix} = \begin{bmatrix} 9.098 \\ 12.562 \\ 0 \\ 1 \end{bmatrix}
$$

2.3.5　变换矩阵的运算

根据前节的内容，可知 4×4 的齐次变换矩阵 $\boldsymbol{T}$ 具有不同的物理解释。

1) 坐标映射

${}^A_B\boldsymbol{T}$ 代表同一点 P 在两个坐标系$\{A\}$和$\{B\}$中的描述之间的映射关系。${}^A_B\boldsymbol{T}$ 将 ${}^B\boldsymbol{P}$ 映射为 ${}^A\boldsymbol{P}$。其中 ${}^A_B\boldsymbol{R}$ 称为旋转映射，${}^A\boldsymbol{P}_{BO}$ 称为平移映射。

2) 坐标系的描述

${}^A_B\boldsymbol{T}$ 描述坐标系 $\{B\}$ 相对于参考坐标系$\{A\}$的位姿。其中 ${}^A_B\boldsymbol{R}$ 的各列分别描述坐标系$\{B\}$的 3 个坐标主轴的方向，${}^A\boldsymbol{P}_{BO}$ 描述坐标系$\{B\}$的坐标原点位置。

3) 运动算子

变换矩阵 $\boldsymbol{T}$ 表示在同一坐标系中，点 P 运动前、后位置的算子关系。算子 $\boldsymbol{T}$ 作用于 ${}^A\boldsymbol{P}_1$ 得到 ${}^A\boldsymbol{P}_2$。

由此可见，坐标系和变换都可用位置矢量加上姿态来描述。一般来说，坐标系主要用于描述，而变换常用来表示映射或算子。变换是平移和旋转的组合，但有时在纯旋转或纯平移情况下也常用变换这一术语。

1. 变换矩阵相乘

对于给定的 3 个坐标系$\{A\}$、$\{B\}$和$\{C\}$，已知坐标系$\{C\}$相对于坐标系$\{B\}$的描述为 ${}^B_C\boldsymbol{T}$，坐标系$\{B\}$相对于坐标系$\{A\}$的描述为 ${}^A_B\boldsymbol{T}$，求 ${}^A_C\boldsymbol{T}$(图 2-26)。

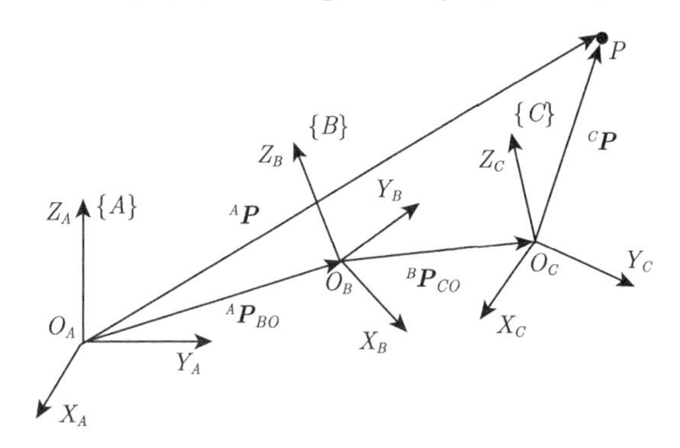

图 2-26 变换矩阵相乘关系图

由变换矩阵 ${}^B_C\boldsymbol{T}$，可将 ${}^C\boldsymbol{P}$ 变换为 ${}^B\boldsymbol{P}$，即

$$ {}^B\boldsymbol{P} = {}^B_C\boldsymbol{T}\,{}^C\boldsymbol{P} \tag{2-72} $$

由变换矩阵 ${}^A_B\boldsymbol{T}$，又可将 ${}^B\boldsymbol{P}$ 变换为 ${}^A\boldsymbol{P}$，即

$$ {}^A\boldsymbol{P} = {}^A_B\boldsymbol{T}\,{}^B\boldsymbol{P} \tag{2-73} $$

联合式 (2-72) 和式 (2-73)，可以得到

$$ {}^A\boldsymbol{P} = {}^A_B\boldsymbol{T}\,{}^B_C\boldsymbol{T}\,{}^C\boldsymbol{P} \tag{2-74} $$

根据式 (2-74) 可以得到

$$ {}^A_C\boldsymbol{T} = {}^A_B\boldsymbol{T}\,{}^B_C\boldsymbol{T} \tag{2-75} $$

因此，通过 ${}^A_C\boldsymbol{T}$ 可以将 ${}^C\boldsymbol{P}$ 变换为 ${}^A\boldsymbol{P}$。

根据式 (2-61)，不难得到坐标系$\{C\}$相对于坐标系$\{A\}$的描述 ${}_C^A\boldsymbol{T}$ 的具体表达式，即

$$
{}_C^A\boldsymbol{T} = {}_B^A\boldsymbol{T}{}_C^B\boldsymbol{T} = \begin{bmatrix} {}_B^A\boldsymbol{R}{}_C^B\boldsymbol{R} & {}_B^A\boldsymbol{R}^B\boldsymbol{P}_{CO} + {}^A\boldsymbol{P}_{BO} \\ 0 \quad 0 \quad 0 & 1 \end{bmatrix}_{4\times 4} \tag{2-76}
$$

2. 变换矩阵求逆

已知坐标系 $\{B\}$ 相对于坐标系 $\{A\}$ 的齐次变换矩阵，即已知 ${}_B^A\boldsymbol{T}$，需要得到坐标系 $\{A\}$ 相对于坐标系 $\{B\}$ 的描述，即求 ${}_A^B\boldsymbol{T}$，显然，这是变换矩阵求逆的问题。因此，可以直接对 ${}_B^A\boldsymbol{T}$ 求逆得到 ${}_A^B\boldsymbol{T}$。其实，求解 ${}_A^B\boldsymbol{T}$ 还有一个更简单的方法，即利用齐次变换矩阵的性质得到 ${}_A^B\boldsymbol{T}$。利用齐次变换矩阵的性质求解 ${}_A^B\boldsymbol{T}$ 的分析过程如下：

为了由矩阵 ${}_B^A\boldsymbol{T}$ 求出矩阵 ${}_A^B\boldsymbol{T}$，只需从矩阵 ${}_B^A\boldsymbol{R}$ 和矢量 ${}^A\boldsymbol{P}_{BO}$ 计算出 ${}_A^B\boldsymbol{R}$ 和矢量 ${}^B\boldsymbol{P}_{AO}$ 即可。

首先，可利用旋转矩阵的正交性质得到 ${}_B^A\boldsymbol{R}$，即

$$
{}_A^B\boldsymbol{R} = {}_B^A\boldsymbol{R}^{-1} = {}_B^A\boldsymbol{R}^{\mathrm{T}} \tag{2-77}
$$

其次，利用式 (2-58)，求出 ${}^A\boldsymbol{P}_{BO}$ 在坐标系 $\{B\}$ 中的描述，即

$$
{}^B\left({}^A\boldsymbol{P}_{BO}\right) = {}_A^B\boldsymbol{R}{}^A\boldsymbol{P}_{BO} + {}^B\boldsymbol{P}_{AO} \tag{2-78}
$$

式 (2-78) 表示坐标系$\{B\}$的原点相对于坐标系$\{B\}$的描述。因此，式 (2-78) 的左端应为矢量$\mathbf{0}$，从而可以得到

$$
{}^B\boldsymbol{P}_{AO} = -{}_A^B\boldsymbol{R}{}^A\boldsymbol{P}_{BO} = -{}_B^A\boldsymbol{R}^{\mathrm{T}A}\boldsymbol{P}_{BO} \tag{2-79}
$$

由式 (2-77) 和式 (2-79)，可以得到变换矩阵 ${}_A^B\boldsymbol{T}$ 的表达式，即

$$
{}_A^B\boldsymbol{T} = \begin{bmatrix} {}_B^A\boldsymbol{R}^{\mathrm{T}} & -{}_B^A\boldsymbol{R}^{\mathrm{T}A}\boldsymbol{P}_{BO} \\ 0 \quad 0 \quad 0 & 1 \end{bmatrix}_{4\times 4} \tag{2-80}
$$

不难验证

$$
{}_A^B\boldsymbol{T} = {}_B^A\boldsymbol{T}^{-1}
$$

式 (2-80) 为计算齐次变换矩阵的逆矩阵提供了一种简便有用的方法。

2.3.6　变换方程

为了描述机器人的操作，必须建立机器人机械结构各构件之间，以及机器人与周围环境之间的运动关系。为此要规定各种坐标系来描述机器人本身以及其与环境的相对位姿关系，这些位姿关系可用相应的齐次变换来描述。

如图 2-27 所示的坐标系中，坐标系$\{D\}$相对于坐标系$\{U\}$的描述可以通过两种不同的方式表达成变换相乘的形式，即

$$
{}_D^U\boldsymbol{T} = {}_A^U\boldsymbol{T}{}_D^A\boldsymbol{T} \tag{2-81}
$$

$$
{}_D^U\boldsymbol{T} = {}_B^U\boldsymbol{T}{}_C^B\boldsymbol{T}{}_D^C\boldsymbol{T} \tag{2-82}
$$

令式 (2-81) 和式 (2-82) 相等，则得到变换方程

$$ {}_A^U\boldsymbol{T}{}_D^A\boldsymbol{T} = {}_B^U\boldsymbol{T}{}_C^B\boldsymbol{T}{}_D^C\boldsymbol{T} \tag{2-83} $$

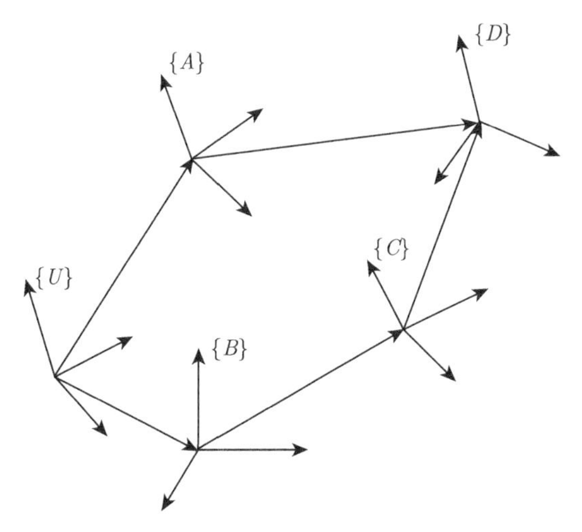

图 2-27 变换方程关系示意图

变换方程 (2-83) 中的任一变换矩阵都可用其余的变换矩阵来表示。如果有 n 个未知变换和 n 个相应的变换方程，则未知变换可由变换方程解出。例如，假定式 (2-83) 中的 ${}_C^B\boldsymbol{T}$ 未知，其余所有变换已知，这里，就有一个变换方程和一个未知变换，可以解出 ${}_C^B\boldsymbol{T}$ 为

$$ {}_C^B\boldsymbol{T} = {}_B^U\boldsymbol{T}^{-1}{}_A^U\boldsymbol{T}{}_D^A\boldsymbol{T}{}_D^C\boldsymbol{T}^{-1} \tag{2-84} $$

应该注意，在前述图中，均采用了坐标系的图形表示法，即用箭头来表示一个坐标系的原点指向另一个坐标系的原点。箭头的方向指明了坐标系定义的方式：如在图 2-27 中，相对于坐标系$\{A\}$定义坐标系$\{D\}$；在图 2-28 中，则是相对于坐标系$\{D\}$定义坐标系$\{A\}$。

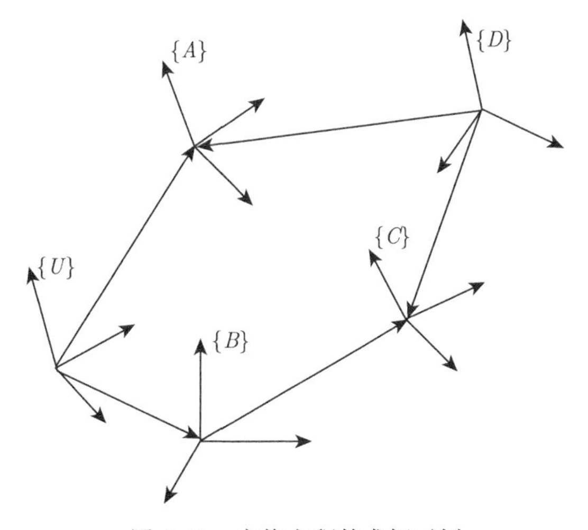

图 2-28 变换方程的求解示例

因此，根据各个箭头的串联方式，通过简单的变换相乘就可得到需要的变换矩阵。如果有一个箭头的方向与串联的方向相反，就先求出它的逆。如图 2-28 中，坐标系$\{C\}$的两个可能的描述可分别表示为

$$ {}_{C}^{U}\boldsymbol{T} = {}_{A}^{U}\boldsymbol{T}{}_{A}^{D}\boldsymbol{T}^{-1}{}_{C}^{D}\boldsymbol{T} \tag{2-85}$$

$$ {}_{C}^{U}\boldsymbol{T} = {}_{B}^{U}\boldsymbol{T}{}_{C}^{B}\boldsymbol{T} \tag{2-86}$$

还可利用式 (2-85) 和式 (2-86) 解出 ${}_{A}^{U}\boldsymbol{T}$，即

$$ {}_{A}^{U}\boldsymbol{T} = {}_{B}^{U}\boldsymbol{T}{}_{C}^{B}\boldsymbol{T}{}_{C}^{D}\boldsymbol{T}^{-1}{}_{A}^{D}\boldsymbol{T} \tag{2-87}$$

2.3.7　欧拉角与 RPY 角

旋转矩阵 $\boldsymbol{R}$ 可以看成映射，也可作为算子，还可用于描述物体的姿态。旋转矩阵 $\boldsymbol{R}$ 当作算子和映射使用时，利用矩阵的运算规则，十分方便；然而旋转矩阵 $\boldsymbol{R}$ 用作姿态描述时，并不方便 (如计算机编程时，需要繁琐地输入 9 个元素的正交矩阵)。由于采用 3×3 的旋转矩阵 $\boldsymbol{R}$ 描述物体的姿态，旋转矩阵 $\boldsymbol{R}$ 的 9 个元素应满足 6 个约束条件即式 (2-49)，所以只有 3 个独立的元素。因此，人们自然会考虑能否用 3 个参量描述物体姿态的问题。下面介绍欧拉角方法与 RPY 角方法，这两种方法被广泛应用于航海和天文学中的物体位姿描述。

1. 绕固定轴 X-Y-Z 旋转 (RPY 角) 法

RPY 角是描述船舶在海中航行时姿态的一种方法。一般将船的航行方向取为 Z 轴，而把竖直方向取为 X 轴，则绕 Z 轴的旋转 (α 角) 称为滚动 (roll)；把绕 Y 轴的旋转 (β 角) 称为俯仰 (pitch)；将绕 X 轴的旋转 (γ 角) 称为偏转 (yaw)，如图 2-29，习惯上称为 RPY 角方法。

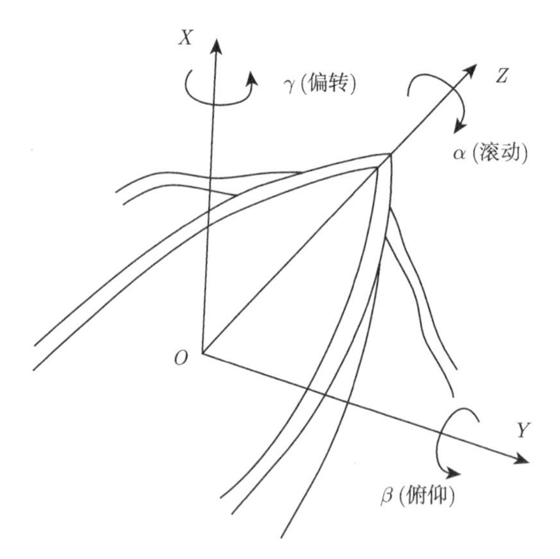

图 2-29　RPY 角方法示意图

RPY 角方法用于描述坐标系 $\{B\}$ 的姿态的法则如下：

坐标系$\{B\}$的初始姿态与参考坐标系$\{A\}$重合。首先将坐标系$\{B\}$绕 X_A 轴旋转 γ 角，再绕 Y_A 轴旋转 β 角，最后绕 Z_A 轴旋转 α 角，如图 2-30。

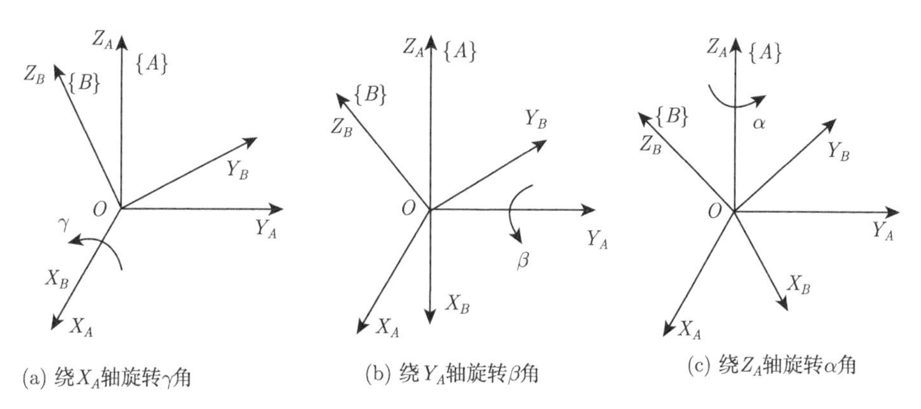

(a) 绕X_A轴旋转γ角 (b) 绕Y_A轴旋转β角 (c) 绕Z_A轴旋转α角

图 2-30 绕固定轴 X-Y-Z 的旋转

因为三次旋转都是相对于固定坐标系$\{A\}$的坐标轴进行的，所以，可以直接推导等价旋转矩阵 ${}^A_B\boldsymbol{R}_{XYZ}(\gamma,\beta,\alpha)$，即

$$\begin{aligned}{}^A_B\boldsymbol{R}_{XYZ}(\gamma,\beta,\alpha) &= \boldsymbol{R}(Z_A,\alpha)\,\boldsymbol{R}(Y_A,\beta)\,\boldsymbol{R}(X_A,\gamma)\\ &= \begin{bmatrix}\cos\alpha & -\sin\alpha & 0\\ \sin\alpha & \cos\alpha & 0\\ 0 & 0 & 1\end{bmatrix}\begin{bmatrix}\cos\beta & 0 & \sin\beta\\ 0 & 1 & 0\\ -\sin\beta & 0 & \cos\beta\end{bmatrix}\begin{bmatrix}1 & 0 & 0\\ 0 & \cos\gamma & -\sin\gamma\\ 0 & \sin\gamma & \cos\gamma\end{bmatrix}\end{aligned} \tag{2-88}$$

对于式 (2-88) 应特别注意它的旋转顺序。将旋转看作算子依次进行旋转 (从右到左)，先进行旋转 $\boldsymbol{R}(X_A,\gamma)$，再作旋转 $\boldsymbol{R}(Y_A,\beta)$，最后作旋转 $\boldsymbol{R}(Z_A,\alpha)$。将式 (2-88) 中右端的矩阵相乘，得到

$${}^A_B\boldsymbol{R}_{XYZ}(\gamma,\beta,\alpha) = \begin{bmatrix}\cos\alpha\cos\beta & \cos\alpha\sin\beta\sin\gamma-\sin\alpha\cos\gamma & \cos\alpha\sin\beta\cos\gamma+\sin\alpha\sin\gamma\\ \sin\alpha\cos\beta & \sin\alpha\sin\beta\sin\gamma+\cos\alpha\cos\gamma & \sin\alpha\sin\beta\cos\gamma-\cos\alpha\sin\gamma\\ -\sin\beta & \cos\beta\sin\gamma & \cos\beta\cos\gamma\end{bmatrix} \tag{2-89}$$

式 (2-89) 表示绕固定坐标系三个轴依次旋转得到的旋转矩阵，因此称为绕固定轴 X-Y-Z 旋转的 RPY 角法。注意这里给定的三个旋转顺序，即先绕 X_A 轴旋转 γ 角，再绕 Y_A 轴旋转 β 角，最后绕 Z_A 轴旋转 α 角，仅当旋转按照此顺序进行时，式 (2-89) 才是正确的。

使人感兴趣的是式 (2-89) 的逆解问题，即从给定的旋转矩阵求出等价的绕固定轴 X-Y-Z 旋转的角度 γ、β、α。

令

$${}^A_B\boldsymbol{R}_{XYZ}(\gamma,\beta,\alpha) = \begin{bmatrix}r_{11} & r_{12} & r_{13}\\ r_{21} & r_{22} & r_{23}\\ r_{31} & r_{32} & r_{33}\end{bmatrix}_{3\times 3} \tag{2-90}$$

显然，式 (2-90) 的解是一组超越方程，即有 3 个未知量和 9 个方程，在这 9 个方程中有 6 个方程是相关的或不独立的。因此，可以利用其中的 3 个方程解出 3 个未知量。

由式 (2-89) 和式 (2-90)，可以得出

$$\cos\beta = \sqrt{r_{11}^2 + r_{21}^2} \tag{2-91}$$

如果 $\cos\beta \neq 0$，则可得到各个角的反正切表达式为

$$\begin{cases} \beta = \text{Atan2}\left(-r_{31}, \sqrt{r_{11}^2 + r_{21}^2}\right) \\ \alpha = \text{Atan2}\left(\dfrac{r_{21}}{\cos\beta}, \dfrac{r_{11}}{\cos\beta}\right) \\ \gamma = \text{Atan2}\left(\dfrac{r_{32}}{\cos\beta}, \dfrac{r_{33}}{\cos\beta}\right) \end{cases} \tag{2-92}$$

式 (2-92) 中，$\text{Atan2}(y,x)$ 是双变量反正切函数。利用双变量反正切函数 $\text{Atan2}(y,x)$ 计算 $\arctan(y/x)$ 的优点在于利用了 y 和 x 的符号能够确定所得角度的象限。例如，$\text{Atan2}(-2.0, -2.0) = -135°$，而 $\text{Atan2}(2.0, 2.0)=45°$，利用单变量反正切函数则不能区分这两个角度。由于在机器人的分析中经常计算 360° 范围内的角度，因此一般采用 Atan2 函数进行角度计算。双变量反正切函数有时也称为第四象限反正切，在一些编程语言库中对其作了预定义。注意，当两个变量均为 0 时，Atan2 不定。

式 (2-92) 中的根式运算有两个解，一般取 $-90° \leqslant \beta \leqslant 90°$ 中的一个解。这样就可以在姿态的各种描述之间定义一一对应的映射关系。但在某些情况下，则需要求出所有的解。

如果 $\beta = \pm 90°$，则 $\cos\beta=0$，这时式 (2-92) 的解就退化了。在这种情况下，仅能求解出 α 与 γ 的和或差，通常取 $\alpha=0$，从而得到如下求解结果：

$$\begin{cases} \beta = 90° \\ \alpha = 0 \\ \gamma = \text{Atan2}\left(r_{12}, r_{22}\right) \end{cases} \tag{2-93}$$

$$\begin{cases} \beta = -90° \\ \alpha = 0 \\ \gamma = -\text{Atan2}\left(r_{12}, r_{22}\right) \end{cases} \tag{2-94}$$

2. *Z-Y-X* 欧拉角法

这时描述坐标系$\{B\}$的姿态的法则如下：

坐标系$\{B\}$的初始姿态与参考坐标系$\{A\}$重合。首先将坐标系$\{B\}$绕 Z_B 轴旋转 α 角，再绕 Y_B 轴旋转 β 角，最后绕 X_B 轴旋转 γ 角，如图 2-31。

在这种描述中，每次转动都是绕运动坐标系$\{B\}$的各坐标轴进行的旋转，而不是绕固定坐标系$\{A\}$的各坐标轴的旋转。这样的三次旋转称为欧拉角，又因为转动的顺序是依次绕 Z 轴、Y 轴和 X 轴，故称这种描述法为 *Z-Y-X* 欧拉角法。

图 2-31 所示为坐标系$\{B\}$沿欧拉角转动的情况。首先，绕 Z_B 轴转 α 角，使 X_B 轴转到 X'_B，Y_B 轴转到 Y'_B，这时 Z'_B 与 Z_B 重合，可以简记为坐标系$\{B'\}$；然后，绕 Y_B 轴 (即 Y'_B) 转 β 角，使 X'_B 轴转到 X''_B，Z'_B 轴转到 Z''_B，这时 Y''_B 与 Y'_B 重合，可以简记为坐标系$\{B''\}$；最后，绕 X_B 轴 (即 X''_B) 转 γ 角，使 Y''_B 轴转到 Y'''_B，Z''_B 轴转到 Z'''_B，这时 X'''_B 与 X''_B 重合，得到坐标系$\{B\}$的最终姿态，即坐标系 $\{B'''\}$。用 ${}^A_B\boldsymbol{R}_{ZYX}(\alpha,\beta,\gamma)$ 表示与 *Z-Y-X* 欧拉角等价的旋转矩阵，则可用中间坐标系$\{B'\}$和$\{B''\}$来表达 ${}^A_B\boldsymbol{R}_{ZYX}(\alpha,\beta,\gamma)$。即把这些旋转看成是坐标系的描述，就可得到

$${}^A_B\boldsymbol{R} = {}^A_{B'}\boldsymbol{R}{}^{B'}_{B''}\boldsymbol{R}{}^{B''}_{B}\boldsymbol{R} \tag{2-95}$$

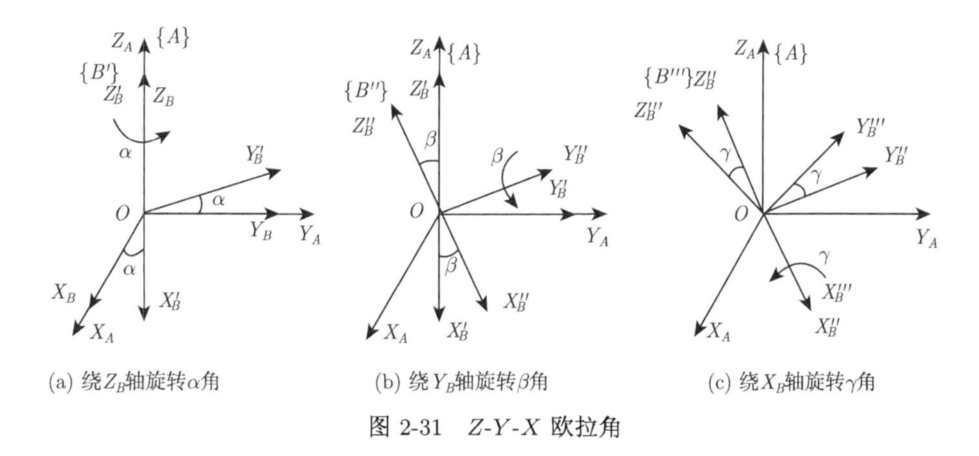

图 2-31 Z-Y-X 欧拉角

式 (2-95) 右端的每个旋转描述都按照 Z-Y-X 欧拉角的定义给出。则坐标系$\{B\}$相对于坐标系$\{A\}$的最终姿态为

$$
{}_B^A\boldsymbol{R}_{ZYX}(\alpha,\beta,\gamma)=\boldsymbol{R}(Z,\alpha)\,\boldsymbol{R}(Y,\beta)\,\boldsymbol{R}(X,\gamma)
$$

$$
=\begin{bmatrix}\cos\alpha & -\sin\alpha & 0\\ \sin\alpha & \cos\alpha & 0\\ 0 & 0 & 1\end{bmatrix}\begin{bmatrix}\cos\beta & 0 & \sin\beta\\ 0 & 1 & 0\\ -\sin\beta & 0 & \cos\beta\end{bmatrix}\begin{bmatrix}1 & 0 & 0\\ 0 & \cos\gamma & -\sin\gamma\\ 0 & \sin\gamma & \cos\gamma\end{bmatrix} \tag{2-96}
$$

将式 (2-96) 中右端的矩阵相乘，得到

$$
{}_B^A\boldsymbol{R}_{ZYX}(\alpha,\beta,\gamma)=\begin{bmatrix}\cos\alpha\cos\beta & \cos\alpha\sin\beta\sin\gamma-\sin\alpha\cos\gamma & \cos\alpha\sin\beta\cos\gamma+\sin\alpha\sin\gamma\\ \sin\alpha\cos\beta & \sin\alpha\sin\beta\sin\gamma+\cos\alpha\cos\gamma & \sin\alpha\sin\beta\cos\gamma-\cos\alpha\sin\gamma\\ -\sin\beta & \cos\beta\sin\gamma & \cos\beta\cos\gamma\end{bmatrix} \tag{2-97}
$$

式 (2-97) 的表达式与绕固定轴 X-Y-Z 旋转的结果即式 (2-89) 完全相同。这是因为绕固定轴旋转的顺序与绕运动轴旋转的顺序相反，且旋转的角度也对应相等时，所得到的变换矩阵是相同的。因此，Z-Y-X 欧拉角与固定轴 X-Y-Z 转角描述坐标系$\{B\}$是完全等价的。所以，式 (2-92) 也可用来求解 Z-Y-X 欧拉角。

3. Z-Y-Z 欧拉角法

这种描述坐标系$\{B\}$的姿态的法则如下：

坐标系$\{B\}$的初始姿态与参考坐标系$\{A\}$重合。首先将坐标系$\{B\}$绕 Z_B 轴旋转 α 角，再绕 Y_B 轴旋转 β 角，最后再绕 Z_B 轴旋转 γ 角。

因为转动都是相对于运动坐标系$\{B\}$来描述的，又由于三次旋转的顺序依次是绕 Z_B 轴、绕 Y_B 轴和绕 Z_B 轴，所以称此描述法为 Z-Y-Z 欧拉角法。

参照 Z-Y-X 欧拉角等价旋转矩阵的推导过程，不难得到 Z-Y-Z 欧拉角的等价旋转矩

阵为

$$
\begin{aligned}
&{}_B^A\boldsymbol{R}_{ZYZ}(\alpha,\beta,\gamma)=\boldsymbol{R}(Z,\alpha)\boldsymbol{R}(Y,\beta)\boldsymbol{R}(Z,\gamma)\\
&=\begin{bmatrix}\cos\alpha & -\sin\alpha & 0\\ \sin\alpha & \cos\alpha & 0\\ 0 & 0 & 1\end{bmatrix}\begin{bmatrix}\cos\beta & 0 & \sin\beta\\ 0 & 1 & 0\\ -\sin\beta & 0 & \cos\beta\end{bmatrix}\begin{bmatrix}\cos\gamma & -\sin\gamma & 0\\ \sin\gamma & \cos\gamma & 0\\ 0 & 0 & 1\end{bmatrix}\\
&=\begin{bmatrix}\cos\alpha\cos\beta\cos\gamma-\sin\alpha\sin\gamma & -\cos\alpha\cos\beta\sin\gamma-\sin\alpha\cos\gamma & \cos\alpha\sin\beta\\ \sin\alpha\cos\beta\cos\gamma+\cos\alpha\sin\gamma & -\sin\alpha\cos\beta\sin\gamma+\cos\alpha\cos\gamma & \sin\alpha\sin\beta\\ -\sin\beta\cos\gamma & \sin\beta\sin\gamma & \cos\beta\end{bmatrix}
\end{aligned}
\tag{2-98}
$$

与前节相似，关于式 (2-98) 的逆解问题，即从旋转矩阵求解等价的 Z-Y-Z 欧拉角的方法如下：

令

$$
{}_B^A\boldsymbol{R}_{ZYZ}(\alpha,\beta,\gamma)=\begin{bmatrix}r_{11} & r_{12} & r_{13}\\ r_{21} & r_{22} & r_{23}\\ r_{31} & r_{32} & r_{33}\end{bmatrix}_{3\times3}
\tag{2-99}
$$

如果 $\sin\beta\neq0$，则可得到

$$
\begin{cases}
\beta=\text{Atan2}\left(\sqrt{r_{31}^2+r_{32}^2},r_{33}\right)\\
\alpha=\text{Atan2}\left(\dfrac{r_{23}}{\sin\beta},\dfrac{r_{13}}{\sin\beta}\right)\\
\gamma=\text{Atan2}\left(\dfrac{r_{32}}{\sin\beta},-\dfrac{r_{31}}{\sin\beta}\right)
\end{cases}
\tag{2-100}
$$

式 (2-100) 中的根式运算 $\sin\beta=\sqrt{r_{31}^2+r_{32}^2}$ 有两个解存在，一般取 $0^\circ\leqslant\beta\leqslant180^\circ$ 中的一个解。

如果 β=0° 或 180°，则式 (2-100) 的解退化。在这种情况下，仅能求解出 α 与 γ 的和或差，通常取 α=0，从而得到如下求解结果：

$$
\begin{cases}
\beta=0\\
\alpha=0\\
\gamma=\text{Atan2}(-r_{12},r_{11})
\end{cases}
\tag{2-101}
$$

$$
\begin{cases}
\beta=180^\circ\\
\alpha=0\\
\gamma=\text{Atan2}(r_{12},-r_{11})
\end{cases}
\tag{2-102}
$$

4. 其他角坐标系的表示方法

前面介绍了描述姿态的三种常用方法：绕固定轴 X-Y-Z 旋转 (RPY 角) 法、Z-Y-X 欧拉角法和 Z-Y-Z 欧拉角法。这三种方法的共同特点是，以一定的顺序绕坐标主轴旋转三次得到姿态的描述。这些描述方法都被称为角坐标系表示法，一共有 24 种排列形式。其中，12 种是绕固定坐标轴旋转的 RPY 角法，另外 12 种是绕运动坐标轴旋转的欧拉角法。由于 RPY

角法和欧拉角法存在对偶性，所以对于绕主轴连续旋转的旋转矩阵实质上只有 12 种不同的旋转矩阵。没有任何理由优先采用某种表示方法，不同研究者可以采用不同的表示方法，附录 C 给出了角坐标系表示法的 24 种等价旋转矩阵。

值得注意的是，物体首先绕 X 轴转 θ_1 角度，然后再绕新位置的 Y 轴转 θ_2 角度，根据欧拉角的描述方法，物体的姿态可表示为

$$\boldsymbol{R}(X,\theta_1)\,\boldsymbol{R}(Y,\theta_2)$$

如果这两次转动是绕固定坐标系的轴线进行的，则物体的姿态应为

$$\boldsymbol{R}(Y,\theta_2)\,\boldsymbol{R}(X,\theta_1)$$

矩阵相乘的顺序取决于转动是相对于固定坐标系的轴线还是相对于运动坐标系的轴线。如果是相对于固定坐标系描述的，则矩阵相乘的顺序为“从右向左”；若是相对于运动坐标系描述的，则矩阵相乘的顺序为“从左向右”。

2.3.8 旋转变换通式

前面讨论了旋转矩阵的三种特殊情况，即分别表示绕 X 轴、Y 轴、Z 轴的旋转矩阵式 (2-51)、式 (2-52) 和式 (2-53)。下面讨论绕过坐标原点的任意单位矢量 $\boldsymbol{K}$ 转 θ 角度的旋转矩阵。

1. 旋转矩阵通式

假定矢量 $\boldsymbol{K}=k_x\boldsymbol{i}+k_y\boldsymbol{j}+k_z\boldsymbol{k}$ 是通过坐标原点的单位矢量，求绕矢量 $\boldsymbol{K}$ 转 θ 角度的旋转矩阵 $\boldsymbol{R}(\boldsymbol{K},\theta)$。这里，把 $\boldsymbol{R}(\boldsymbol{K},\theta)$ 作为坐标系 $\{B\}$ 的姿态相对于参考坐标系$\{A\}$的描述，即假定坐标系$\{B\}$的初始姿态和参考坐标系$\{A\}$重合，将坐标系$\{B\}$按右手法则 (即右手大拇指指向 $\boldsymbol{K}$ 的正方向，其余四指指向 θ 的环绕方向) 绕矢量 $\boldsymbol{K}$ 旋转 θ 角度 (图 2-32)，则

$$ {}^{A}_{B}\boldsymbol{R}=\boldsymbol{R}(\boldsymbol{K},\theta) \tag{2-103}$$

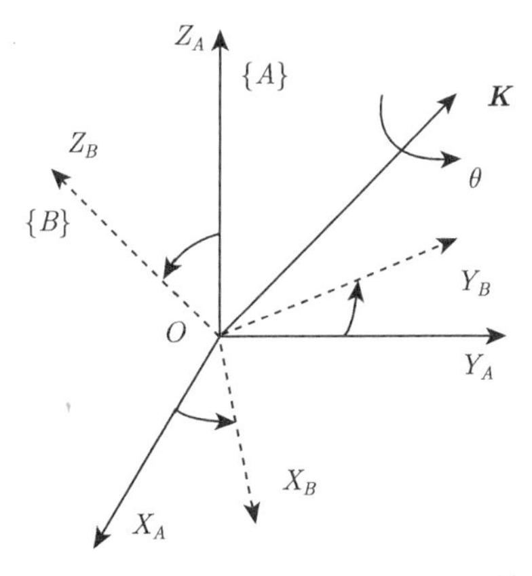

图 2-32 绕过坐标原点的单位矢量 $\boldsymbol{K}$ 旋转 θ 角度

为此，特定义两个坐标系$\{A'\}$和$\{B'\}$，坐标系$\{A'\}$和坐标系$\{A\}$固结，坐标系$\{B'\}$和坐标系$\{B\}$固结，而坐标系$\{A'\}$和$\{B'\}$的 Z 轴与单位矢量 $\boldsymbol{K}$ 重合。因此，在旋转之前坐标系$\{B\}$和坐标系$\{A\}$重合，坐标系$\{B'\}$和坐标系$\{A'\}$重合，即存在如下关系

$$ {}^{A}_{A'}\boldsymbol{R} = {}^{B}_{B'}\boldsymbol{R} = \begin{bmatrix} n_x & o_x & k_x \\ n_y & o_y & k_y \\ n_z & o_z & k_z \end{bmatrix} \tag{2-104} $$

这里，n_x、n_y 和 n_z 为坐标系$\{A'\}$或$\{B'\}$中 X 轴上的单位矢量在参考坐标系$\{A\}$或$\{B\}$中三个坐标轴上的投影分量，o_x、o_y 和 o_z 为坐标系$\{A'\}$或$\{B'\}$中 Y 轴上的单位矢量在参考坐标系$\{A\}$或$\{B\}$中三个坐标轴上的投影分量。

坐标系$\{B\}$绕矢量 $\boldsymbol{K}$ 相对于坐标系$\{A\}$旋转 θ 角度，相当于坐标系$\{B'\}$相对于坐标系$\{A'\}$的 Z 轴旋转 θ 角度，保持其他关系不变，则可得

$$ {}^{A}_{B}\boldsymbol{R} = \boldsymbol{R}(\boldsymbol{K},\theta) = {}^{A}_{A'}\boldsymbol{R}^{A'}_{B'}\boldsymbol{R}^{B'}_{B}\boldsymbol{R} \tag{2-105} $$

于是，得到相似变换为

$$ \boldsymbol{R}(\boldsymbol{K},\theta) = {}^{A}_{A'}\boldsymbol{R}\boldsymbol{R}(\boldsymbol{Z},\theta)^{B}_{B'}\boldsymbol{R}^{-1} \tag{2-106} $$

$$ \boldsymbol{R}(\boldsymbol{K},\theta) = {}^{A}_{A'}\boldsymbol{R}\boldsymbol{R}(\boldsymbol{Z},\theta)\,{}^{B}_{B'}\boldsymbol{R}^{\mathrm{T}} \tag{2-107} $$

将式 (2-107) 展开并进行化简，便可求解出旋转矩阵 $\boldsymbol{R}(\boldsymbol{K}, \theta)$ 的具体表达式。$\boldsymbol{R}(\boldsymbol{K}, \theta)$ 只与矢量 $\boldsymbol{K}$(有时 $\boldsymbol{K}$ 被称为有限旋转的等效轴) 有关，即只和坐标系$\{A'\}$的 Z 轴有关，与其他两轴的选择无关。坐标系$\{B\}$相对于坐标系$\{A\}$的一般姿态可用 $\boldsymbol{R}(\boldsymbol{K},\theta)$ 或 ${}^{A}_{B}\boldsymbol{R}(\boldsymbol{K},\theta)$ 来表示，并称其为等效角坐标系表示法 (equivalent angle-axis representation)。应该注意，由于 $\boldsymbol{K}$ 的长度通常取 1，所以确定矢量 $\boldsymbol{K}$ 只需要两个参数，角度 θ 确定了第三个参数。

根据式 (2-53)、式 (2-104) 和式 (2-107)，可以得到

$$ \boldsymbol{R}(\boldsymbol{K},\theta) = \begin{bmatrix} n_x & o_x & k_x \\ n_y & o_y & k_y \\ n_z & o_z & k_z \end{bmatrix} \begin{bmatrix} \cos\theta & -\sin\theta & 0 \\ \sin\theta & \cos\theta & 0 \\ 0 & 0 & 1 \end{bmatrix} \begin{bmatrix} n_x & n_y & n_z \\ o_x & o_y & o_z \\ k_x & k_y & k_z \end{bmatrix} \tag{2-108} $$

把式 (2-108) 等号右端的三个矩阵相乘，并利用旋转矩阵的正交性质 (式 (2-50)) 进行化简整理后，可以得到

$$ \boldsymbol{R}(\boldsymbol{K},\theta) = \begin{bmatrix} k_x k_x(1-\cos\theta)+\cos\theta & k_y k_x(1-\cos\theta)-k_z\sin\theta & k_z k_x(1-\cos\theta)+k_y\sin\theta \\ k_x k_y(1-\cos\theta)+k_z\sin\theta & k_y k_y(1-\cos\theta)+\cos\theta & k_z k_y(1-\cos\theta)-k_x\sin\theta \\ k_x k_z(1-\cos\theta)-k_y\sin\theta & k_y k_z(1-\cos\theta)+k_x\sin\theta & k_z k_z(1-\cos\theta)+\cos\theta \end{bmatrix} \tag{2-109} $$

式 (2-109) 即为旋转矩阵通式。若 $k_x=1$，$k_y = k_z = 0$，则由式 (2-109) 可以得到式 (2-51)；若 $k_y=1$，$k_x = k_z = 0$，则由式 (2-109) 可以得到式 (2-52)；若 $k_z=1$，$k_x = k_y = 0$，则由式 (2-109) 可以得到式 (2-53)。

2. 等效转轴和等效转角

前文根据转轴和转角建立了相应的旋转变换矩阵，有时则要根据旋转矩阵求解其等效的转轴和转角 (即已知旋转矩阵求 $\boldsymbol{K}$ 和 θ)，这就是式 (2-109) 旋转矩阵通式的逆问题。

对于给定的旋转矩阵

$$\boldsymbol{R}=\begin{bmatrix} n_x & o_x & a_x \\ n_y & o_y & a_y \\ n_z & o_z & a_z \end{bmatrix} \tag{2-110}$$

为了求解其矢量 $\boldsymbol{K}$ 和转角 θ，这里令 $\boldsymbol{R}=\boldsymbol{R}(K,\theta)$，即

$$\begin{bmatrix} n_x & o_x & a_x \\ n_y & o_y & a_y \\ n_z & o_z & a_z \end{bmatrix} = \begin{bmatrix} k_x k_x(1-\cos\theta)+\cos\theta & k_y k_x(1-\cos\theta)-k_z\sin\theta & k_z k_x(1-\cos\theta)+k_y\sin\theta \\ k_x k_y(1-\cos\theta)+k_z\sin\theta & k_y k_y(1-\cos\theta)+\cos\theta & k_z k_y(1-\cos\theta)-k_x\sin\theta \\ k_x k_z(1-\cos\theta)-k_y\sin\theta & k_y k_z(1-\cos\theta)+k_x\sin\theta & k_z k_z(1-\cos\theta)+\cos\theta \end{bmatrix} \tag{2-111}$$

将式 (2-111) 等式两边矩阵的主对角元素分别相加，则可以得到

$$n_x+o_y+a_z=\left(k_x^2+k_y^2+k_z^2\right)(1-\cos\theta)+3\cos\theta \tag{2-112}$$

整理式 (2-112)，得

$$n_x+o_y+a_z=1+2\cos\theta \tag{2-113}$$

所以

$$\cos\theta=\frac{1}{2}(n_x+o_y+a_z-1) \tag{2-114}$$

把式 (2-111) 中两边矩阵的非对角元素对应相减，可以得到

$$\begin{cases} a_x-n_z=2k_y\sin\theta \\ n_y-o_x=2k_z\sin\theta \\ o_z-a_y=2k_x\sin\theta \end{cases} \tag{2-115}$$

将式 (2-115) 中各表达式两边分别平方后相加，得到

$$(a_x-n_z)^2+(n_y-o_x)^2+(o_z-a_y)^2=4\sin^2\theta \tag{2-116}$$

综合式 (2-114)、式 (2-115) 和式 (2-116)，可以得到

$$\sin\theta=\pm\frac{1}{2}\sqrt{(a_x-n_z)^2+(n_y-o_x)^2+(o_z-a_y)^2} \tag{2-117}$$

$$\tan\theta=\pm\frac{\sqrt{(a_x-n_z)^2+(n_y-o_x)^2+(o_z-a_y)^2}}{n_x+o_y+a_z-1} \tag{2-118}$$

$$\theta=\mathrm{Acos}\left(\frac{n_x+o_y+a_z-1}{2}\right) \tag{2-119}$$

$$\begin{cases} k_x = \dfrac{o_z - a_y}{2\sin\theta} \\ k_y = \dfrac{a_x - n_z}{2\sin\theta} \\ k_z = \dfrac{n_y - o_x}{2\sin\theta} \end{cases} \tag{2-120}$$

根据式 (2-118)~ 式 (2-120) 计算转轴和转角时，应注意：①多值性，即 $\boldsymbol{K}$ 和 θ 的解不是唯一的。例如，对于任一组解 $\boldsymbol{K}$ 和 θ，必然存在另一组解 $-\boldsymbol{K}$ 和 $-\theta$，它们在空间的姿态相同，可用同样的旋转矩阵描述。因此，在将旋转矩阵转化为等效轴角坐标系表示法时，需要对 $\boldsymbol{K}$ 和 θ 的解进行选择。一般 θ 取 0° 和 180° 之间的值。②病态情况，即对于小角度的旋转，等效轴 $\boldsymbol{K}$ 将难以确定。如果转角 θ 为 0° 或 180°，式 (2-120) 将无解，旋转轴则无法确定，此时需要对式 (2-111) 进行特别求解。

3. 齐次变换通式

式 (2-109) 给出了绕任一过坐标原点的轴线 $\boldsymbol{K}$ 转 θ 角度的旋转矩阵 $\boldsymbol{R}(\boldsymbol{K},\theta)$，下面分析更为一般的情况，即绕不通过坐标原点的轴线 $\boldsymbol{K}$ 旋转的情况。

假定单位矢量 ${}^{A}\boldsymbol{K}$ 为

$${}^{A}\boldsymbol{K} = k_x\boldsymbol{i} + k_y\boldsymbol{j} + k_z\boldsymbol{k} \tag{2-121}$$

通过空间一点 ${}^{A}\boldsymbol{P}$

$${}^{A}\boldsymbol{P} = P_x\boldsymbol{i} + P_y\boldsymbol{j} + P_z\boldsymbol{k} \tag{2-122}$$

为了求出绕矢量 ${}^{A}\boldsymbol{K}$ 转 θ 角度的齐次变换 ${}^{A}_{B}\boldsymbol{T}$，这里特定义坐标原点都取在 ${}^{A}\boldsymbol{P}$ 点的两个新坐标系$\{A'\}$和$\{B'\}$，坐标系$\{A'\}$和坐标系$\{A\}$固结且两者的坐标轴互相平行，坐标系$\{B'\}$和坐标系$\{B\}$固结且两者的坐标轴相互平行。在旋转之前坐标系$\{B\}$和坐标系$\{A\}$重合，坐标系$\{A'\}$和坐标系$\{B'\}$重合，如图 2-33。

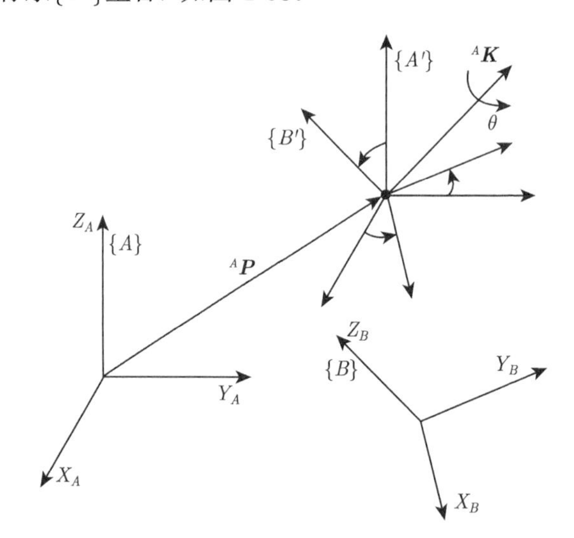

图 2-33　绕不经过坐标系$\{A\}$原点的轴 ${}^{A}\boldsymbol{K}$ 旋转 θ 角

根据各坐标系间的旋转变换关系，可以得到

$${}^{A}_{B}\boldsymbol{T} = {}^{A}_{A'}\boldsymbol{T}\,{}^{A'}_{B'}\boldsymbol{T}\,{}^{B'}_{B}\boldsymbol{T} \tag{2-123}$$

$$ {}_{A'}^{A}\boldsymbol{T}=\begin{bmatrix}\boldsymbol{I}_{3\times3} & {}^{A}\boldsymbol{P}\\ 0\quad 0\quad 0 & 1\end{bmatrix}_{4\times4}=\mathrm{Trans}\left({}^{A}\boldsymbol{P}\right) \tag{2-124}$$

$$ {}_{B}^{B'}\boldsymbol{T}=\begin{bmatrix}\boldsymbol{I}_{3\times3} & -{}^{A}\boldsymbol{P}\\ 0\quad 0\quad 0 & 1\end{bmatrix}_{4\times4}=\mathrm{Trans}\left(-{}^{A}\boldsymbol{P}\right) \tag{2-125}$$

$$ {}_{B'}^{A'}\boldsymbol{T}=\mathrm{Rot}\left({}^{A}\boldsymbol{K},\theta\right)=\begin{bmatrix}\boldsymbol{R}(\boldsymbol{K},\theta) & 0\\ 0\quad 0\quad 0 & 1\end{bmatrix}_{4\times4} \tag{2-126}$$

式 (2-126) 中的 $\boldsymbol{R}(\boldsymbol{K},\theta)$ 是旋转变换通式，按式 (2-109) 计算。

把式 (2-124)~ 式 (2-126) 代入式 (2-123)，化简得到

$$\begin{aligned} {}_{B}^{A}\boldsymbol{T}&={}_{A'}^{A}\boldsymbol{T}{}_{B'}^{A'}\boldsymbol{T}{}_{B}^{B'}\boldsymbol{T}=\mathrm{Trans}\left({}^{A}\boldsymbol{P}\right)\mathrm{Rot}\left({}^{A}\boldsymbol{K},\theta\right)\mathrm{Trans}\left(-{}^{A}\boldsymbol{P}\right)\\ &=\begin{bmatrix}\boldsymbol{R}(\boldsymbol{K},\theta) & -\boldsymbol{R}(\boldsymbol{K},\theta)\,{}^{A}\boldsymbol{P}+{}^{A}\boldsymbol{P}\\ 0\quad 0\quad 0 & 1\end{bmatrix}_{4\times4}\end{aligned} \tag{2-127}$$

由前述分析可知，绕一个不通过坐标原点的轴旋转会引起位置的变化。

4. 欧拉参数

姿态的描述还可以通过四个参量 (即欧拉参数，Euler parameters) 来表示。由于在多刚体系统运动学及动力学分析中，日益广泛地采用欧拉参数来描述系统中刚体对于惯性参考系的绝对方位，因此，这里对欧拉参数进行简要介绍。

根据等效旋转轴 $\boldsymbol{K}=[k_x\ k_y\ k_z]^{\mathrm{T}}$ 和等效旋转角度 θ，得到欧拉参数如下：

$$\begin{cases}\varepsilon_1=k_x\sin\dfrac{\theta}{2}\\ \varepsilon_2=k_y\sin\dfrac{\theta}{2}\\ \varepsilon_3=k_z\sin\dfrac{\theta}{2}\\ \varepsilon_4=\cos\dfrac{\theta}{2}\end{cases} \tag{2-128}$$

显然，式 (2-128) 中的四个参数不是完全独立的，即存在如下关系：

$$\varepsilon_1^2+\varepsilon_2^2+\varepsilon_3^2+\varepsilon_4^2=1 \tag{2-129}$$

因此，采用欧拉参数表示的姿态可以看作是四维空间中单位超球面上的一点。有时也可将欧拉参数看作是由一个 3×1 的矢量加上一个标量组成的。但是，把欧拉参数作为一个 4×1 的矢量时，一般将其看作单元四元数 (unit quaternion)。

采用欧拉参数表示的旋转矩阵为

$$\boldsymbol{R}_{\varepsilon}=\begin{bmatrix}1-2\varepsilon_2^2-2\varepsilon_3^2 & 2(\varepsilon_1\varepsilon_2-\varepsilon_3\varepsilon_4) & 2(\varepsilon_1\varepsilon_3+\varepsilon_2\varepsilon_4)\\ 2(\varepsilon_1\varepsilon_2+\varepsilon_3\varepsilon_4) & 1-2\varepsilon_1^2-2\varepsilon_3^2 & 2(\varepsilon_2\varepsilon_3-\varepsilon_1\varepsilon_4)\\ 2(\varepsilon_1\varepsilon_3-\varepsilon_2\varepsilon_4) & 2(\varepsilon_2\varepsilon_3+\varepsilon_1\varepsilon_4) & 1-2\varepsilon_1^2-2\varepsilon_2^2\end{bmatrix} \tag{2-130}$$

已知一个旋转矩阵

$$R = \begin{bmatrix} r_{11} & r_{12} & r_{13} \\ r_{21} & r_{22} & r_{23} \\ r_{31} & r_{32} & r_{33} \end{bmatrix}$$

则其对应的欧拉参数为

$$\begin{cases} \varepsilon_1 = \dfrac{r_{32} - r_{23}}{4\varepsilon_4} \\ \varepsilon_2 = \dfrac{r_{13} - r_{31}}{4\varepsilon_4} \\ \varepsilon_3 = \dfrac{r_{21} - r_{12}}{4\varepsilon_4} \\ \varepsilon_4 = \dfrac{1}{2}\sqrt{1 + r_{11} + r_{22} + r_{33}} \end{cases} \tag{2-131}$$

注意，从计算方面讲，如果旋转矩阵表示的是绕某一轴旋转 180°，这时 $\varepsilon_4 = 0$，将使式 (2-131) 失去意义。实际上，由式 (2-128) 可以看出，对于所有的 $\varepsilon_i(i=1,2,3,4)$，其值在 $[-1,1]$ 之间。

2.4 机器人机构的构件位姿描述

机器人机构是由构件和运动副组成的，对机器人机构进行运动学和动力学的研究，就要首先分析各构件间的相对位置和姿态，一般采用 Denavit-Hartenberg 方法 (简称 D-H 法)。

2.4.1 构件参数和运动副变量

构件的运动学功能在于保持其两端的运动副轴线具有固定的几何关系。图 2-34 所示为一典型空间构件，即连杆 $i-1$，它连接了两个不平行也不相交的空间相错轴线，即轴 i 和轴 $i-1$。构件的一个重要的参数是构件长度 (link length，也称杆长)，这里连杆 $i-1$ 的长度为 a_{i-1}，它由被连接的两轴线沿公法线的垂直距离决定；构件的另一个重要参数是扭角 (link twist)，这里连杆 $i-1$ 的扭角为 α_{i-1}，扭角 α_{i-1} 的转向规定为按右手法则由轴线 $i-1$ 绕公法线转至轴线 i；而公法线 a_{i-1} 被认为是由轴 $i-1$ 指向轴 i。如果轴线 i 和轴线 $i-1$ 平行，则 $\alpha_{i-1} = 0$；如果轴线 i 和轴线 $i-1$ 相交，则 $a_{i-1} = 0$。

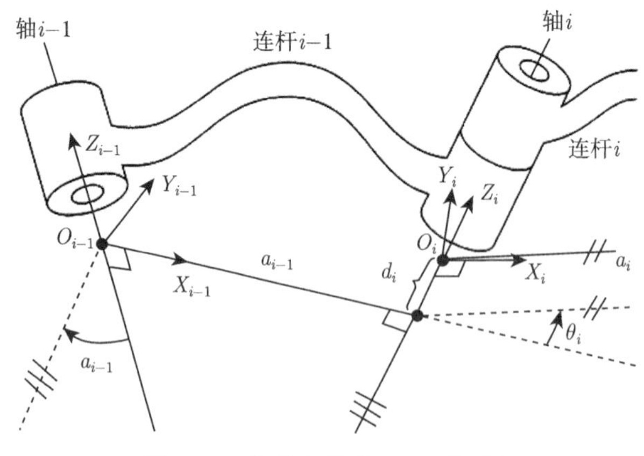

图 2-34 构件参数的 D-H 表示法

当两构件相连接时，还需引入描述两构件相对位置和位姿的参数。如图 2-34 所示，两个构件相连，中间轴线 (即轴 i) 有两条公法线 (即 a_{i-1} 和 a_i) 与其垂直，每条公法线对应于一个构件，这两条公法线之间的距离称为构件的偏置 (link offset)，记为 d_i，它代表构件 i 相对于构件 $i-1$ 的偏置。两公法线之间的夹角称为构件的转角 (joint angle，也称关节角)，记为 θ_i，它表示构件 i 相对于构件 $i-1$ 绕轴线 i 旋转的角度 (按右手法则旋转)。这样，在运动副 i 处两构件 (即连杆 $i-1$ 和连杆 i) 之间的相对位姿可以由偏置 d_i 和转角 θ_i 来确定。注意偏置 d_i 和转角 θ_i 都带正负号。d_i 表示 a_{i-1} 与轴线 i 的交点到 a_i 与轴线 i 的交点的距离，沿轴线 i 测量，如果运动副 i 处是移动副，则偏置 d_i 为运动副变量 (也称为关节变量)，θ_i 固定不变。θ_i 表示 a_{i-1} 的延长线与 a_i 的延长线之间的夹角，绕运动副 i 处的轴线 i 测量，如果运动副 i 处是转动副，则 θ_i 为运动副变量，d_i 固定不变。

综合前述分析可知，机器人机构中的每个构件可由四个参数来描述。其中，构件长度和扭角是两个固定不变的参数，用来描述构件本身；而偏置 d_i 和转角 θ_i 这两个参数用来描述相邻构件间的连接关系，一般 d_i 或 θ_i 之一为运动副变量。这种描述机构运动关系的规则称为 Denavit-Hartenberg 方法 (简称 D-H 法)，也称为四参数表示法。任何机器人机构各构件之间的运动关系一般都可以通过三个构件参数 (link parameters) 和一个运动副变量 (joint variable) 来描述。

2.4.2 构件位姿描述

为了描述各构件之间的相对运动和位姿关系，一般需要在每个构件上固结一个坐标系。可根据固结坐标系所在构件的编号对固结坐标系命名，与基座 (即构件 0) 固结的坐标系称为基坐标系或坐标系$\{0\}$，与构件 1 固结的坐标系称为坐标系$\{1\}$，与构件 i 固结的坐标系称为坐标系$\{i\}$。

1. 构件坐标系的设定

通常按照下面的规则进行构件上固结坐标系的设定。固结在构件 i 上的坐标系$\{i\}$用 O_i-$X_iY_iZ_i$ 表示，其中坐标系的原点 O_i 为运动副轴线 i 与公垂线 a_i 的交点；X_i 轴与公垂线 a_i 重合 (如果 $a_i=0$，则 X_i 轴垂直于轴线 i 和轴线 $i+1$ 所在的平面)，指向从运动副 i 到运动副 $i+1$；Z_i 轴与运动副轴线 i 重合，指向任意规定；Y_i 轴按右手法则确定，如图 2-34 所示。

坐标系$\{0\}$为基坐标系，其与机器人机座固结，是一个固定不动的坐标系。因此，在研究机器人的运动学和动力学问题时，一般把基坐标系作为参考坐标系 (有时把基坐标系称为系统坐标系，其余构件的坐标系则称为局部坐标系)，用它来描述其余构件坐标系的位置和姿态。基坐标系$\{0\}$可以任意设定，但为了使问题简化，一般会把坐标系的原点选在机座的特殊位置点上 (如对并联机构来说，基坐标系的原点一般会选在机座的几何中心处)，再根据机构的具体结构特点来确定各个坐标轴的方向。

末端构件坐标系的设定与基坐标系的设定相似，要使所设定的坐标系尽量简化且便于对所研究问题进行描述。

2. 构件坐标系的变换

构件坐标系$\{i\}$与构件坐标系$\{i-1\}$之间存在着四个参数 a_{i-1}、α_{i-1}、d_i 和 θ_i 的联系，因此，坐标系$\{i\}$相对于坐标系$\{i-1\}$的变换矩阵 ${}^{i-1}_{\ i}\boldsymbol{T}$ 通常也是这四个参数的函数。对于机器人机构而言，这个变换只是一个变量 (即运动副变量或关节变量) 的函数，其他三个参数为定值且取决于机器人的机械结构。一般可以把变换 ${}^{i-1}_{i}\boldsymbol{T}$ 分解为四个基本的子变换，其中每一个子变换都仅依赖于一个参数，并且可以直接写出这些子变换的变换关系式。

坐标系$\{i\}$相对于坐标系$\{i-1\}$的变换 ${}^{i-1}_{i}\boldsymbol{T}$ 可以看成是以下四个子变换的乘积：①绕 X_{i-1} 轴旋转 α_{i-1} 角；②沿 X_{i-1} 轴移动 a_{i-1}；③绕 Z_i 轴旋转 θ_i 角；④沿 Z_i 轴移动 d_i。因为这些变换是相对于动坐标系描述的，按照“从左到右”的原则，由此可以得到

$$ {}^{i-1}_{i}\boldsymbol{T} = \mathrm{Rot}\,(X, \alpha_{i-1})\,\mathrm{Trans}\,(X, a_{i-1})\,\mathrm{Rot}\,(Z, \theta_i)\,\mathrm{Trans}\,(Z, d_i) \tag{2-132} $$

由式 (2-132) 可以得到变换矩阵 ${}^{i-1}_{i}\boldsymbol{T}$ 的表达式为

$$ {}^{i-1}_{i}\boldsymbol{T} = \begin{bmatrix} \cos\theta_i & -\sin\theta_i & 0 & a_{i-1} \\ \sin\theta_i\cos\alpha_{i-1} & \cos\theta_i\cos\alpha_{i-1} & -\sin\alpha_{i-1} & -d_i\sin\alpha_{i-1} \\ \sin\theta_i\sin\alpha_{i-1} & cos\theta_i\sin\alpha_{i-1} & \cos\alpha_{i-1} & d_i\cos\alpha_{i-1} \\ 0 & 0 & 0 & 1 \end{bmatrix} \tag{2-133} $$

式 (2-133) 表明变换矩阵 ${}^{i-1}_{i}\boldsymbol{T}$ 依赖于四个参数：a_{i-1}、α_{i-1}、d_i 和 θ_i，若去掉第四行，则矩阵的前三列分别表示坐标系$\{i\}$的 X_i、Y_i、Z_i 轴在坐标系$\{i-1\}$中的方向余弦，而第四列表示坐标系$\{i\}$的坐标原点 O_i 在坐标系$\{i-1\}$中的位置。

式 (2-133) 中虽然含有四个参数 a_{i-1}、α_{i-1}、d_i 和 θ_i，但一般只有其中的一个参数是变量，称为运动副变量 (或关节变量)。对于转动副 i，θ_i 是运动副变量；对于移动副 i，d_i 是运动副变量。因此，为了方便起见，一般用 q_i 来表示第 i 个运动副变量，如果第 i 个运动副为转动副，则 $q_i = \theta_i$；如果第 i 个运动副为移动副，则 $q_i = d_i$。

2.5 速度、加速度的变换

前节内容主要分析了位置矢量的变换问题。显然，对机器人机构进行运动学和动力学的研究还要处理速度、加速度等的变换问题。

2.5.1 速度变换

讨论刚体的运动描述，首先应该研究的是其速度问题。为了便于分析刚体的速度变换，这里把一坐标系 (例如坐标系$\{B\}$) 固结于所要描述的刚体上面，那么刚体的运动就等同于一个坐标系相对于另一坐标系的运动。

1. 线速度变换

把坐标系$\{B\}$固结于刚体上，下面分析刚体上一点 Q 相对于参考坐标系$\{A\}$的速度描述，如图 2-35，这里假定坐标系$\{A\}$固定。

坐标系$\{B\}$相对于参考坐标系$\{A\}$的位姿用位置矢量 ${}^{A}\boldsymbol{P}_{BO}$ 和旋转矩阵 ${}^{A}_{B}\boldsymbol{R}$ 来描述，点 Q 在坐标系$\{B\}$中的位置矢量用 ${}^{B}\boldsymbol{Q}$ 来表示。此时，如果位姿 ${}^{A}_{B}\boldsymbol{R}$ 不随时间变化，那么点 Q 相对于坐标系$\{A\}$的运动速度则由 ${}^{A}\boldsymbol{P}_{BO}$ 和 ${}^{B}\boldsymbol{Q}$ 随时间的变化引起。这种情况下，点 Q 相对于坐标系$\{A\}$的速度描述如下：

$$ {}^{A}\boldsymbol{V}_{Q} = {}^{A}\dot{\boldsymbol{P}}_{BO} + {}^{A}_{B}\boldsymbol{R}\,{}^{B}\dot{\boldsymbol{Q}} = {}^{A}\boldsymbol{V}_{BO} + {}^{A}_{B}\boldsymbol{R}\,{}^{B}\boldsymbol{V}_{Q} \tag{2-134} $$

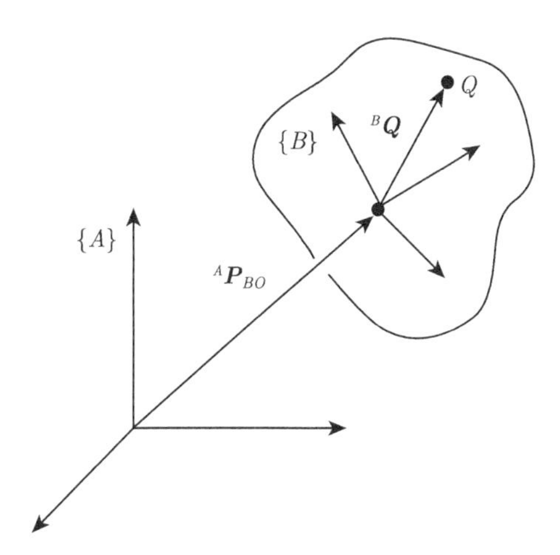

图 2-35 线速度变换示意图

式中，$^A\boldsymbol{V}_Q$ 为点 Q 相对于坐标系$\{A\}$的速度矢量；$^A\boldsymbol{V}_{BO}$ 为坐标系$\{B\}$的坐标原点相对于坐标系$\{A\}$的速度矢量；$^B\boldsymbol{V}_Q$ 为点 Q 相对于坐标系$\{B\}$的速度矢量。

显然，式 (2-134) 只适用于坐标系$\{B\}$和参考坐标系$\{A\}$的相对位姿保持不变的情况。

2. 角速度变换

现在分析刚体仅做定轴转动的情况，即初始状态时两坐标系的坐标原点重合，在运动过程中两坐标系的原点也始终保持重合的情况，这时两坐标系的相对线速度为零。

同样，把坐标系$\{B\}$固结于刚体上，坐标系$\{B\}$相对于坐标系$\{A\}$的姿态是随时间变化的，如图 2-36 所示 (为了简洁起见，在图 2-36 中没有示出刚体)。坐标系$\{B\}$相对于坐标系$\{A\}$的旋转速度用角速度矢量 $^A\boldsymbol{\Omega}_B$ 表示，坐标系$\{B\}$中一固定点 Q 的位置用位置矢量 $^B\boldsymbol{Q}$ 表示。

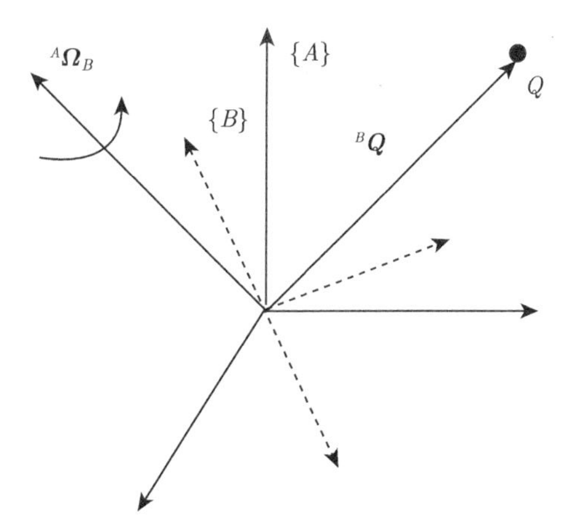

图 2-36 角速度变换示意图

假设点 Q 在坐标系$\{B\}$中为一固定点，则矢量 $^B\boldsymbol{Q}$ 是不变的，即

$$^B\boldsymbol{V}_Q = \boldsymbol{0} \tag{2-135}$$

那么，从坐标系$\{A\}$中观察，点 Q 的速度即为旋转角速度 $^A\boldsymbol{\Omega}_B$。根据理论力学知识可知，这

时点 Q 的速度可用其角速度矢量 ${}^{A}\boldsymbol{\Omega}_{B}$ 与其位置矢量 ${}^{A}\boldsymbol{Q}$ 的矢量积来表示，即

$$ {}^{A}\boldsymbol{V}_{Q}={}^{A}\boldsymbol{\Omega}_{B}\times{}^{A}\boldsymbol{Q} \tag{2-136}$$

一般情况下，矢量 ${}^{B}\boldsymbol{Q}$ 是变化的，又 ${}^{A}\boldsymbol{Q}$ 的描述为 ${}_{B}^{A}\boldsymbol{R}{}^{B}\boldsymbol{Q}$，因此有

$$ {}^{A}\boldsymbol{V}_{Q}={}_{B}^{A}\boldsymbol{R}{}^{B}\boldsymbol{V}_{Q}+{}^{A}\boldsymbol{\Omega}_{B}\times{}_{B}^{A}\boldsymbol{R}{}^{B}\boldsymbol{Q} \tag{2-137}$$

3. 线速度和角速度同时存在的变换

当刚体或坐标系$\{B\}$相对于固定坐标系$\{A\}$既移动又转动时，可把坐标系$\{B\}$的坐标原点的线速度加到式 (2-137) 中去，从而得到坐标系$\{B\}$中一点 Q 的速度在坐标系$\{A\}$中的描述，即

$$ {}^{A}\boldsymbol{V}_{Q}={}^{A}\boldsymbol{V}_{BO}+{}_{B}^{A}\boldsymbol{R}{}^{B}\boldsymbol{V}_{Q}+{}^{A}\boldsymbol{\Omega}_{B}\times{}_{B}^{A}\boldsymbol{R}{}^{B}\boldsymbol{Q} \tag{2-138}$$

4. 坐标系旋转引起的点速度

假定一点 P 与坐标系$\{B\}$固结且其相对于坐标系$\{B\}$的位置固定，即其位置矢量 ${}^{B}\boldsymbol{P}$ 为常量，则点 P 在坐标系$\{A\}$中的描述 ${}^{A}\boldsymbol{P}$ 可表示为

$$ {}^{A}\boldsymbol{P}={}_{B}^{A}\boldsymbol{R}{}^{B}\boldsymbol{P}$$

如果坐标系$\{B\}$相对于坐标系$\{A\}$旋转，这时即使 ${}^{B}\boldsymbol{P}$ 为常量，${}^{A}\boldsymbol{P}$ 也会产生变化，即存在

$$ {}^{A}\dot{\boldsymbol{P}}={}_{B}^{A}\dot{\boldsymbol{R}}{}^{B}\boldsymbol{P} \tag{2-139}$$

或

$$ {}^{A}\boldsymbol{V}_{P}={}_{B}^{A}\dot{\boldsymbol{R}}{}^{B}\boldsymbol{P} \tag{2-140}$$

在式 (2-140) 中代入 ${}^{B}\boldsymbol{P}$ 的表达式 (即用 ${}^{A}\boldsymbol{P}$ 表示 ${}^{B}\boldsymbol{P}$)，可以得到

$$ {}^{A}\boldsymbol{V}_{P}={}_{B}^{A}\dot{\boldsymbol{R}}{}_{B}^{A}\boldsymbol{R}^{-1}{}^{A}\boldsymbol{P} \tag{2-141}$$

把式 (2-141) 改写为

$$ {}^{A}\boldsymbol{V}_{P}={}_{B}^{A}\boldsymbol{S}{}^{A}\boldsymbol{P} \tag{2-142}$$

这里，${}_{B}^{A}\boldsymbol{S}={}_{B}^{A}\dot{\boldsymbol{R}}{}_{B}^{A}\boldsymbol{R}^{-1}$ 通常称为角速度矩阵 (angular-velocity matrix)，可以证明 ${}_{B}^{A}\boldsymbol{S}$ 是与旋转矩阵 ${}_{B}^{A}\boldsymbol{R}$ 相关的反对称矩阵，即存在

$$ {}_{B}^{A}\boldsymbol{S}+{}_{B}^{A}\boldsymbol{S}^{\mathrm{T}}=\mathbf{0}$$

一般角速度矩阵 ${}_{B}^{A}\boldsymbol{S}$ 可以表示为

$$ {}_{B}^{A}\boldsymbol{S}=\begin{bmatrix} 0 & -\omega_z & \omega_y \\ \omega_z & 0 & -\omega_x \\ -\omega_y & \omega_x & 0 \end{bmatrix} \tag{2-143}$$

角速度矢量 (angular-velocity vector)${}^A\boldsymbol{\Omega}_B$ 可以表示为

$$ {}^A\boldsymbol{\Omega}_B = \begin{bmatrix} \omega_x \\ \omega_y \\ \omega_z \end{bmatrix} = \begin{bmatrix} k_x\dot{\theta} \\ k_y\dot{\theta} \\ k_z\dot{\theta} \end{bmatrix} = \begin{bmatrix} k_x \\ k_y \\ k_z \end{bmatrix} \dot{\theta} \tag{2-144} $$

式 (2-144) 中角速度矢量 ${}^A\boldsymbol{\Omega}_B$ 的大小即 $\dot{\theta}$ 表示旋转速度，角速度矢量 ${}^A\boldsymbol{\Omega}_B$ 的方向就是坐标系$\{B\}$相对于坐标系$\{A\}$的瞬时旋转轴，即 $\boldsymbol{K} = k_x\boldsymbol{i} + k_y\boldsymbol{j} + k_z\boldsymbol{k}$，方向余弦为 (k_x, k_y, k_z)。

由式 (2-141) 和式 (2-142)，可以得到旋转矩阵 ${}^A_B\boldsymbol{R}$ 的导数 ${}^A_B\dot{\boldsymbol{R}}$ 为

$$ {}^A_B\dot{\boldsymbol{R}} = {}^A_B\boldsymbol{S}{}^A_B\boldsymbol{R} = {}^A\boldsymbol{\Omega}_B \times {}^A_B\boldsymbol{R} \tag{2-145} $$

根据式 (2-142)、式 (2-143) 和式 (2-144)，不难得到

$$ {}^A\boldsymbol{V}_P = {}^A_B\boldsymbol{S}{}^A\boldsymbol{P} = {}^A\boldsymbol{\Omega}_{\mathrm{B}} \times {}^A\boldsymbol{P} \tag{2-146} $$

式 (2-146) 表示角速度矢量 ${}^A\boldsymbol{\Omega}_B$ 在点 P 处引起的线速度 ${}^A\boldsymbol{V}_P$，${}^A\boldsymbol{\Omega}_B$ 表示坐标系$\{B\}$相对于坐标系$\{A\}$的运动情况。

2.5.2 机器人机构的构件速度描述

在机器人机构的运动分析中，一般使用构件坐标系$\{0\}$(即基坐标系) 作为参考坐标系 (也称系统坐标系) 来描述机构的运动情况。这时，一般用 $\boldsymbol{v}_i$ 表示构件坐标系$\{i\}$的坐标原点的线速度，用 $\boldsymbol{\omega}_i$ 表示构件坐标系$\{i\}$的角速度。

在机器人运动过程的任一瞬时，机器人中的每个构件都有一定的线速度和角速度。如图 2-37 所示，${}^i\boldsymbol{v}_i$ 和 ${}^i\boldsymbol{\omega}_i$ 分别表示构件 i 的线速度和角速度，这里线速度 ${}^i\boldsymbol{v}_i$ 和角速度 ${}^i\boldsymbol{\omega}_i$ 的左上标 i 表示这两个矢量是在坐标系$\{i\}$中描述的；${}^{i+1}\boldsymbol{v}_{i+1}$ 和 ${}^{i+1}\boldsymbol{\omega}_{i+1}$ 分别表示构件 $i+1$ 的线速度和角速度，同理线速度 ${}^{i+1}\boldsymbol{v}_{i+1}$ 和角速度 ${}^{i+1}\boldsymbol{\omega}_{i+1}$ 的左上标 $i+1$ 则表示它们是在坐标系$\{i+1\}$中描述的。

如图 2-37 所示，构件 $i+1$ 相对于构件 i 转动的相对角速度矢量是由 $i+1$ 处的运动副旋转引起的，即

$$ \dot{\theta}_{i+1}{}^{i+1}Z_{i+1} = {}^{i+1}\begin{bmatrix} 0 \\ 0 \\ 1 \end{bmatrix} \dot{\theta}_{i+1} \tag{2-147} $$

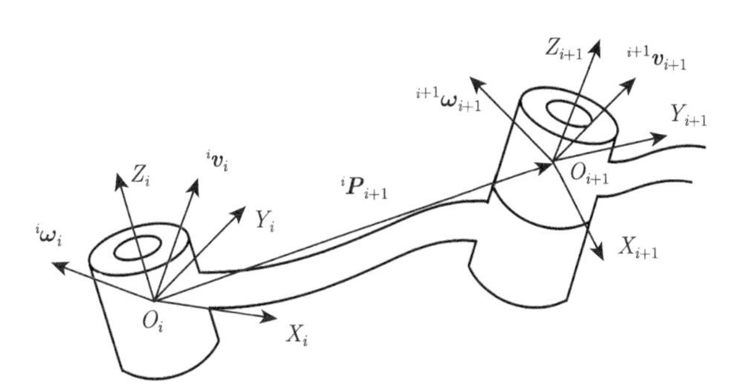

图 2-37 相邻构件间的速度描述

当两个角速度矢量都是相对于同一坐标系描述时，这些角速度就能够相加。那么，构件 $i+1$ 的角速度就等于构件 i 的角速度加上运动副 $i+1$ 处的转动角速度，在坐标系$\{i\}$中可以描述为

$$ {}^{i}\boldsymbol{\omega}_{i+1} = {}^{i}\boldsymbol{\omega}_{i} + {}_{i+1}^{i}\boldsymbol{R}\dot{\theta}_{i+1}{}^{i+1}Z_{i+1} \tag{2-148}$$

将式 (2-148) 等式两边同时左乘 ${}_{i}^{i+1}\boldsymbol{R}$，则可得到相对于坐标系$\{i+1\}$的构件 $i+1$ 的角速度表达式，即

$$ {}^{i+1}\boldsymbol{\omega}_{i+1} = {}_{i}^{i-1}\boldsymbol{R}{}^{i}\boldsymbol{\omega}_{i} + \dot{\theta}_{i+1}{}^{i+1}Z_{i+1} \tag{2-149}$$

坐标系$\{i+1\}$坐标原点的线速度等于坐标系$\{i\}$坐标原点的线速度加上构件 i 转动速度引起的分量。这与式 (2-138) 描述的情况相同，但由于这里 ${}^{i}\boldsymbol{P}_{i+1}$ 在坐标系$\{i\}$中是常量，所以 ${}^{i}\dot{\boldsymbol{P}}_{i+1}=0$。因此有

$$ {}^{i}\boldsymbol{v}_{i+1} = {}^{i}\boldsymbol{v}_{i} + {}^{i}\boldsymbol{\omega}_{i} \times {}^{i}\boldsymbol{P}_{i+1} \tag{2-150}$$

式 (2-150) 的等式两边同时左乘 ${}_{i}^{i-1}\boldsymbol{R}$，可得到相对于坐标系$\{i+1\}$的构件 $i+1$ 的坐标原点的线速度表达式为

$$ {}^{i+1}\boldsymbol{v}_{i+1} = {}_{i}^{i-1}\boldsymbol{R}\left({}^{i}\boldsymbol{v}_{i} + {}^{i}\boldsymbol{\omega}_{i} \times {}^{i}\boldsymbol{P}_{i+1}\right) \tag{2-151}$$

对于第 $i+1$ 个运动副为移动副的情况，这时构件 $i+1$ 相对于坐标系$\{i\}$的 Z_i 轴移动而不是转动，相应的关系表达式为

$$ {}^{i+1}\boldsymbol{\omega}_{i+1} = {}_{i}^{i-1}\boldsymbol{R}{}^{i}\boldsymbol{\omega}_{i} \tag{2-152}$$

$$ {}^{i+1}\boldsymbol{v}_{i+1} = {}_{i}^{i+1}\boldsymbol{R}\left({}^{i}\boldsymbol{v}_{i} + {}^{i}\boldsymbol{\omega}_{i} \times {}^{i}\boldsymbol{P}_{i+1}\right) + \dot{d}_{i+1}{}^{i+1}Z_{i+1} \tag{2-153}$$

式 (2-148)~ 式 (2-153) 是计算机器人机构中各个构件线速度和角速度的递推公式，利用这些公式可以从基座 0 开始依次递推到末端构件 n 的 ${}^{n}\boldsymbol{v}_{n}$ 和 ${}^{n}\boldsymbol{\omega}_{n}$ 值。显然，这样递推得到的线速度和角速度是相对于构件自身坐标系的描述，如果要用基坐标系来描述构件 i 的线速度和角速度的话，可以通过旋转矩阵 ${}_{i}^{0}\boldsymbol{R}$ 左乘线速度和角速度得到，即

$$\begin{cases} {}^{0}\boldsymbol{v}_{i} = {}_{i}^{0}\boldsymbol{R}{}^{i}\boldsymbol{v}_{i} \\ {}^{0}\boldsymbol{\omega}_{i} = {}_{i}^{0}\boldsymbol{R}{}^{i}\boldsymbol{\omega}_{i} \end{cases} \tag{2-154}$$

2.5.3 雅可比

1. 雅可比矩阵

雅可比矩阵 (Jacobian matrix 或 Jacobian，数学上称为雅可比矩阵，但机器人学中一般简称为雅可比) 是一个多元形式的导数。例如，假定有 6 个函数，每个函数都有 6 个独立变量，即

$$\begin{cases} x_1 = f_1\left(q_1, q_2, q_3, q_4, q_5, q_6\right) \\ x_2 = f_2\left(q_1, q_2, q_3, q_4, q_5, q_6\right) \\ \quad\vdots \\ x_6 = f_6\left(q_1, q_2, q_3, q_4, q_5, q_6\right) \end{cases} \tag{2-155}$$

式 (2-155) 也可以用矢量形式表示，即

$$\boldsymbol{X}=\boldsymbol{f}\left(\boldsymbol{q}\right) \tag{2-156}$$

对式 (2-155) 求微分，可以得到

$$\begin{cases} \delta x_1=\dfrac{\partial f_1}{\partial q_1}\delta q_1+\dfrac{\partial f_1}{\partial q_2}\delta q_2+\cdots+\dfrac{\partial f_1}{\partial q_6}\delta q_6 \\ \delta x_2=\dfrac{\partial f_2}{\partial q_1}\delta q_1+\dfrac{\partial f_2}{\partial q_2}\delta q_2+\cdots+\dfrac{\partial f_2}{\partial q_6}\delta q_6 \\ \qquad\vdots \\ \delta x_6=\dfrac{\partial f_6}{\partial q_1}\delta q_1+\dfrac{\partial f_6}{\partial q_2}\delta q_2+\cdots+\dfrac{\partial f_6}{\partial q_6}\delta q_6 \end{cases} \tag{2-157}$$

式 (2-157) 也可以用矢量形式表示，即

$$\delta\boldsymbol{X}=\frac{\partial\boldsymbol{f}}{\partial\boldsymbol{q}}\delta\boldsymbol{q} \tag{2-158}$$

式 (2-158) 中的 6×6 阶偏导数矩阵就是所谓的雅可比矩阵 $\boldsymbol{J}$。如果式 (2-155) 中的 6 个函数都是非线性函数，那么式 (2-157) 中的偏导数就都是 $q_i(i=1,2,\cdots,6)$ 的函数。因此，式 (2-158) 可以表示为

$$\delta\boldsymbol{X}=\boldsymbol{J}\left(\boldsymbol{q}\right)\delta\boldsymbol{q} \tag{2-159}$$

将式 (2-159) 两边同时除以时间的微分，就可以把雅可比矩阵看成是 $\boldsymbol{q}$ 中的速度到 $\boldsymbol{X}$ 中的速度的映射，即

$$\dot{\boldsymbol{X}}=\boldsymbol{J}\left(\boldsymbol{q}\right)\dot{\boldsymbol{q}} \tag{2-160}$$

在任一瞬时，$\boldsymbol{X}$ 都有一个确定值，且 $\boldsymbol{J}(\boldsymbol{q})$ 为一线性变换。然而，在不同时刻，$\boldsymbol{X}$ 的值一般也不同，所以 $\boldsymbol{J}(\boldsymbol{q})$ 也会随之而变。因此，雅可比矩阵是时变的线性变换。

一般，具有 n 个自由度的机器人系统中的各个构件的位姿可由 n 个关节变量来确定，这一组 n 个关节变量常被称为关节矢量 (joint vector)。所有关节矢量构成的空间称为关节空间 (joint space)。机器人末端操作器的位姿一般常在直角坐标系空间 (即笛卡儿坐标系空间，Cartesian space) 中描述，也称为任务空间 (task- oriented space) 或操作空间 (operational space)。

机器人中的雅可比矩阵通常是指从关节空间向操作空间运动速度传递的广义传动比，即

$${}^0\boldsymbol{V}={}^0\dot{\boldsymbol{X}}={}^0\boldsymbol{J}\left(\boldsymbol{q}\right)\dot{\boldsymbol{q}} \tag{2-161}$$

式中，$\dot{\boldsymbol{q}}$ 为关节速度矢量，$\dot{\boldsymbol{X}}$ 为操作速度矢量 (或笛卡儿速度矢量)。在式 (2-161) 中，${}^0\boldsymbol{V}$、${}^0\dot{\boldsymbol{X}}$ 和 ${}^0\boldsymbol{J}\left(\boldsymbol{q}\right)$ 的左上标 0 表示所对应的参考坐标系为坐标系$\{0\}$。如果参考坐标系很明显而不需说明，则左上标也可以略去。

一般，对于 6 自由度机器人来说，其雅可比矩阵 ${}^0\boldsymbol{J}\left(\boldsymbol{q}\right)$ 为 6×6 阶的矩阵，$\dot{\boldsymbol{q}}$ 为 6×1 维的速度矢量，${}^0\boldsymbol{V}$ 也是 6×1 维的速度矢量。其中，速度矢量 ${}^0\boldsymbol{V}$ 由 3×1 维的线速度矢量和 3×1 维的角速度矢量组成，即

$${}^0\boldsymbol{V}=\begin{bmatrix} {}^0\boldsymbol{v} \\ {}^0\boldsymbol{\omega} \end{bmatrix} \tag{2-162}$$

一般，雅可比矩阵的行数等于机器人在操作空间的自由度数 (即独立运动参数的数目)，雅可比矩阵的列数等于机器人的关节变量数 (或主动关节数)。一般，具有 3 个自由度的平面机器人的雅可比矩阵是 3×3 的方阵，具有 6 个自由度的空间机器人的雅可比矩阵是 6×6 的方阵。但是，机器人系统的雅可比矩阵不全是方阵，它可以是任何维数的矩阵，例如，对于平面机器人来说，雅可比矩阵的行数不可能超过 3，但对于冗余平面机器人来讲，雅可比矩阵可以有任意多列 (即列数与主动关节数相等)。

根据机器人系统给定的操作速度，求解其相应的关节速度，可由式 (2-161) 得到，即 (这里略去了式 (2-161) 中各量的左上标)

$$\dot{\boldsymbol{q}} = \boldsymbol{J}^{-1}(\boldsymbol{q})\,\dot{\boldsymbol{X}} \tag{2-163}$$

式中，$\boldsymbol{J}^{-1}(\boldsymbol{q})$ 称为雅可比矩阵 $\boldsymbol{J}(\boldsymbol{q})$ 的逆或逆雅可比。问题在于对于所有的 $\boldsymbol{q}$ 值，$\boldsymbol{J}^{-1}(\boldsymbol{q})$ 是否都存在。遗憾的是，对于大多数机器人，在其运动的过程中往往存在一些特殊位形，在这些位形处其雅可比矩阵的行列式为零，即

$$|\boldsymbol{J}(\boldsymbol{q})| = 0 \tag{2-164}$$

一般把这些机构位形称为机构的奇异位形 (singular configuration) 或特殊位形 (special configuration)，或简称奇异。在机器人机构的奇异位形处，其雅可比矩阵 $\boldsymbol{J}(\boldsymbol{q})$ 的逆不存在，这时机器人机构一般会处于极限点、死点，或处于运动失控甚至自由度发生改变的状态，机构表现为失去稳定，机器人系统的运动学、动力学性能发生突变或失常，应引起注意。

2. 雅可比矩阵的变换

在机器人的分析中，常常会遇到已知坐标系$\{B\}$中的雅可比矩阵，需要求解此雅可比矩阵在坐标系$\{A\}$中的描述的问题。下面对此进行简要分析，即已知

$$\begin{bmatrix} {}^{B}\boldsymbol{v} \\ {}^{B}\boldsymbol{\omega} \end{bmatrix} = {}^{B}\boldsymbol{V} = {}^{B}\boldsymbol{J}(\boldsymbol{q})\,\dot{\boldsymbol{q}} \tag{2-165}$$

又由于坐标系$\{B\}$中的 6×1 笛卡儿速度矢量可以通过变换得到相对于坐标系$\{A\}$的描述，即

$$\begin{bmatrix} {}^{A}\boldsymbol{v} \\ {}^{A}\boldsymbol{\omega} \end{bmatrix} = \begin{bmatrix} {}^{A}_{B}\boldsymbol{R} & \boldsymbol{0} \\ \boldsymbol{0} & {}^{A}_{B}\boldsymbol{R} \end{bmatrix}_{6\times6} \begin{bmatrix} {}^{B}\boldsymbol{v} \\ {}^{B}\boldsymbol{\omega} \end{bmatrix} \tag{2-166}$$

所以，可以得到

$$\begin{bmatrix} {}^{A}\boldsymbol{v} \\ {}^{A}\boldsymbol{\omega} \end{bmatrix} = \begin{bmatrix} {}^{A}_{B}\boldsymbol{R} & \boldsymbol{0} \\ \boldsymbol{0} & {}^{A}_{B}\boldsymbol{R} \end{bmatrix}_{6\times6} {}^{B}\boldsymbol{J}(\boldsymbol{q})\,\dot{\boldsymbol{q}} \tag{2-167}$$

根据式 (2-167)，不难得到雅可比矩阵在坐标系$\{B\}$和坐标系$\{A\}$之间的变换关系，即

$${}^{A}\boldsymbol{J}(\boldsymbol{q}) = \begin{bmatrix} {}^{A}_{B}\boldsymbol{R} & \boldsymbol{0} \\ \boldsymbol{0} & {}^{A}_{B}\boldsymbol{R} \end{bmatrix}_{6\times6} {}^{B}\boldsymbol{J}(\boldsymbol{q}) \tag{2-168}$$

2.5.4 加速度变换

加速度包括线加速度 (一般简称为加速度) 和角加速度，是机器人运动学和动力学分析的重要运动变量。了解了线速度和角速度在不同坐标系之间的变换之后，下面对线加速度和角加速度在不同坐标系之间的描述进行讨论。

1. 线加速度变换

当坐标系$\{A\}$的坐标原点和坐标系$\{B\}$的坐标原点重合时，式 (2-137) 描述了位置矢量 ${}^{B}\boldsymbol{Q}$(即点 Q) 的速度在坐标系$\{A\}$与坐标系$\{B\}$之间的变换关系，即

$$ {}^{A}\boldsymbol{V}_{Q}={}_{B}^{A}\boldsymbol{R}^{B}\boldsymbol{V}_{Q}+{}^{A}\boldsymbol{\Omega}_{B}\times{}_{B}^{A}\boldsymbol{R}^{B}\boldsymbol{Q} \tag{2-169} $$

式 (2-169) 的左边表示了位置矢量 ${}^{A}\boldsymbol{Q}$ 随时间 t 的变化情况，即点 Q 在坐标系$\{A\}$中的速度描述。由于坐标系$\{A\}$的坐标原点和坐标系$\{B\}$的坐标原点重合，所以也可以把式 (2-169) 表示为

$$ \frac{\mathrm{d}}{\mathrm{d}t}\left({}_{B}^{A}\boldsymbol{R}^{B}\boldsymbol{Q}\right)={}_{B}^{A}\boldsymbol{R}^{B}\boldsymbol{V}_{Q}+{}^{A}\boldsymbol{\Omega}_{B}\times{}_{B}^{A}\boldsymbol{R}^{B}\boldsymbol{Q} \tag{2-170} $$

对式 (2-169) 求导，可以得到坐标系$\{A\}$和坐标系$\{B\}$的坐标原点重合时的位置矢量 ${}^{B}\boldsymbol{Q}$ 的加速度在坐标系$\{A\}$中的描述，即

$$ {}^{A}\dot{\boldsymbol{V}}_{Q}=\frac{\mathrm{d}}{\mathrm{d}t}\left({}_{B}^{A}\boldsymbol{R}^{B}\boldsymbol{V}_{Q}\right)+{}^{A}\dot{\boldsymbol{\Omega}}_{B}\times{}_{B}^{A}\boldsymbol{R}^{B}\boldsymbol{Q}+{}^{A}\boldsymbol{\Omega}_{B}\times\frac{\mathrm{d}}{\mathrm{d}t}\left({}_{B}^{A}\boldsymbol{R}^{B}\boldsymbol{V}_{Q}\right) \tag{2-171} $$

把式 (2-171) 等号右边的第一项和最后一项利用式 (2-170) 进行代换，则可得到

$$ {}^{A}\dot{\boldsymbol{V}}_{Q}={}_{B}^{A}\boldsymbol{R}^{B}\dot{\boldsymbol{V}}_{Q}+{}^{A}\boldsymbol{\Omega}_{B}\times{}_{B}^{A}\boldsymbol{R}^{B}\boldsymbol{V}_{Q}+{}^{A}\dot{\boldsymbol{\Omega}}_{B}\times{}_{B}^{A}\boldsymbol{R}^{B}\boldsymbol{Q}+{}^{A}\boldsymbol{\Omega}_{B}\times\left({}_{B}^{A}\boldsymbol{R}^{B}\boldsymbol{V}_{Q}+{}^{A}\boldsymbol{\Omega}_{B}\times{}_{B}^{A}\boldsymbol{R}^{B}\boldsymbol{Q}\right) \tag{2-172} $$

对式 (2-172) 进行整理，得

$$ {}^{A}\dot{\boldsymbol{V}}_{Q}={}_{B}^{A}\boldsymbol{R}^{B}\dot{\boldsymbol{V}}_{Q}+2{}^{A}\boldsymbol{\Omega}_{B}\times{}_{B}^{A}\boldsymbol{R}^{B}\boldsymbol{V}_{Q}+{}^{A}\dot{\boldsymbol{\Omega}}_{B}\times{}_{B}^{A}\boldsymbol{R}^{B}\boldsymbol{Q}+{}^{A}\boldsymbol{\Omega}_{B}\times\left({}^{A}\boldsymbol{\Omega}_{B}\times{}_{B}^{A}\boldsymbol{R}^{B}\boldsymbol{Q}\right) \tag{2-173} $$

式 (2-173) 表示了坐标系$\{A\}$和坐标系$\{B\}$的坐标原点重合时，位置矢量 ${}^{B}\boldsymbol{Q}$ 的加速度在坐标系$\{A\}$中描述和坐标系$\{B\}$中描述的变换关系。

一般情况下，坐标系$\{A\}$的坐标原点和坐标系$\{B\}$的坐标原点并不重合，这时，可以通过在式 (2-173) 的右边添加坐标系$\{B\}$的坐标原点的线加速度项，得到位置矢量 ${}^{B}\boldsymbol{Q}$ 的加速度在坐标系$\{A\}$和坐标系$\{B\}$之间的描述关系，即

$$ \begin{aligned}{}^{A}\dot{\boldsymbol{V}}_{Q}={}&{}^{A}\dot{\boldsymbol{V}}_{BO}+{}_{B}^{A}\boldsymbol{R}^{B}\dot{\boldsymbol{V}}_{Q}+2{}^{A}\boldsymbol{\Omega}_{B}\times{}_{B}^{A}\boldsymbol{R}^{B}\boldsymbol{V}_{Q}+{}^{A}\dot{\boldsymbol{\Omega}}_{B}\times{}_{B}^{A}\boldsymbol{R}^{B}\boldsymbol{Q}+\\&{}^{A}\boldsymbol{\Omega}_{B}\times\left({}^{A}\boldsymbol{\Omega}_{B}\times{}_{B}^{A}\boldsymbol{R}^{B}\boldsymbol{Q}\right)\end{aligned} \tag{2-174} $$

如果 ${}^{B}\boldsymbol{Q}$ 为常量，或者

$$ \begin{cases}{}^{B}\boldsymbol{V}_{Q}=0\\{}^{B}\dot{\boldsymbol{V}}_{Q}=0\end{cases} \tag{2-175} $$

这时，式 (2-174) 可以简化为

$$ {}^{A}\dot{\boldsymbol{V}}_{Q}={}^{A}\dot{\boldsymbol{V}}_{BO}+{}^{A}\dot{\boldsymbol{\Omega}}_{B}\times{}_{B}^{A}\boldsymbol{R}^{B}\boldsymbol{Q}+{}^{A}\boldsymbol{\Omega}_{B}\times\left({}^{A}\boldsymbol{\Omega}_{B}\times{}_{B}^{A}\boldsymbol{R}^{B}\boldsymbol{Q}\right) \tag{2-176} $$

式 (2-176) 常用于通过转动副连接的机器人构件的线加速度的计算，通过移动副连接的机器人构件的线加速度则利用式 (2-174) 来计算。

2. 角加速度变换

假定坐标系$\{B\}$以角速度 ${}^A\boldsymbol{\Omega}_B$ 相对于坐标系$\{A\}$转动，同时坐标系$\{C\}$以角速度 ${}^B\boldsymbol{\Omega}_C$ 相对于坐标系$\{B\}$转动，则坐标系$\{C\}$相对于坐标系$\{A\}$的角速度 ${}^A\boldsymbol{\Omega}_C$ 为

$$ {}^A\boldsymbol{\Omega}_C = {}^A\boldsymbol{\Omega}_B + {}^A_B\boldsymbol{R}^B\boldsymbol{\Omega}_C \tag{2-177}$$

对式 (2-177) 求导，得

$$ {}^A\dot{\boldsymbol{\Omega}}_C = {}^A\dot{\boldsymbol{\Omega}}_B + {}^A_B\boldsymbol{R}^B\dot{\boldsymbol{\Omega}}_C + {}^A\dot{\boldsymbol{\Omega}}_B \times {}^A_B\boldsymbol{R}^B\boldsymbol{\Omega}_C \tag{2-178}$$

式 (2-178) 用于机器人构件间角加速度的计算。

2.5.5 机器人机构的构件加速度描述

1. 角加速度变换关系

由式 (2-178) 不难得到机器人机构构件之间的角加速度变换关系，即

$$ {}^{i+1}\dot{\boldsymbol{\omega}}_{i+1} = {}^{i+1}_{\ \ i}\boldsymbol{R}^i\dot{\boldsymbol{\omega}}_i + {}^{i+1}_{\ \ i}\boldsymbol{R}^i\boldsymbol{\omega}_i \times \dot{\theta}_{i+1}{}^{i+1}Z_{i+1} + \ddot{\theta}_{i+1}{}^{i+1}Z_{i+1} \tag{2-179}$$

当第 i+1 个运动副为移动副时，式 (2-179) 可简化为

$$ {}^{i+1}\dot{\boldsymbol{\omega}}_{i+1} = {}^{i+1}_{\ \ i}\boldsymbol{R}^i\dot{\boldsymbol{\omega}}_i \tag{2-180}$$

2. 线加速度变换关系

由式 (2-176) 可以得到各个构件坐标系坐标原点的线加速度关系为

$$ {}^{i+1}\dot{\boldsymbol{v}}_{i+1} = {}^{i+1}_{\ \ i}\boldsymbol{R}\left[{}^i\dot{\boldsymbol{v}}_i + {}^i\dot{\boldsymbol{\omega}}_i \times {}^i\boldsymbol{P}_{i+1} + {}^i\boldsymbol{\omega}_i \times \left({}^i\boldsymbol{\omega}_i \times {}^i\boldsymbol{P}_{i+1}\right)\right] \tag{2-181}$$

当第 i+1 个运动副为移动副时，由式 (2-174) 可得到

$$ \begin{aligned} {}^{i+1}\dot{\boldsymbol{v}}_{i+1} = & {}^{i+1}_{\ \ i}\boldsymbol{R}\left[{}^i\dot{\boldsymbol{v}}_i + {}^i\dot{\boldsymbol{\omega}}_i \times {}^i\boldsymbol{P}_{i+1} + {}^i\boldsymbol{\omega}_i \times \left({}^i\boldsymbol{\omega}_i \times {}^i\boldsymbol{P}_{i+1}\right)\right] \\ & + 2{}^{i+1}\boldsymbol{\omega}_{i+1} \times \dot{d}_{i+1}{}^{i+1}Z_{i+1} + \ddot{d}_{i+1}{}^{i+1}Z_{i+1} \end{aligned} \tag{2-182}$$

3. 构件质心的线加速度

为了求解构件 i 质心处的线加速度，建立一坐标系$\{C_i\}$。假定坐标系$\{C_i\}$与构件 i 固结，坐标原点与构件 i 的质心重合，坐标系$\{C_i\}$的姿态与坐标系$\{i\}$的姿态相同，则由式 (2-176) 可以得到构件 i 质心处的线加速度为

$$ {}^i\dot{\boldsymbol{v}}_{C_i} = {}^i\dot{\boldsymbol{v}}_i + {}^i\dot{\boldsymbol{\omega}}_i \times {}^i\boldsymbol{P}_{C_i} + {}^i\boldsymbol{\omega}_i \times \left({}^i\boldsymbol{\omega}_i \times {}^i\boldsymbol{P}_{C_i}\right) \tag{2-183}$$

2.6 机器人机构中的静力分析

一般机器人机构或其支链都具有链式的特征，进行机器人动力学研究或其运动副间的受力分析时，就需要讨论力和力矩如何从一个构件传递到另一个构件的问题。考虑机器人的

操作端在工作空间推动一物体或用手部抓取一负载的情况，这时希望求出保持系统静态平衡的关节扭矩或驱动力矩，这就是机器人机构的静力分析问题。

进行机器人机构的静力分析时，可以假定锁定所有的运动副 (或关节) 以使机器人机构变为一个瞬时结构。然后，对这个结构中的构件进行静力分析，建立关于各构件坐标系的力和力矩平衡方程。最后，计算出为了保持机器人静态平衡所需要施加于各关节的静力矩或力。

2.6.1 构件的受力与平衡方程

在下面的分析中，暂不考虑作用于构件上的重力，并把构件视为刚体进行静力分析。这里，用 $\boldsymbol{f}_i$ 表示构件 i–1 作用于构件 i 上的力，用 $\boldsymbol{m}_i$ 表示构件 i–1 作用于构件 i 上的力矩，如图 2-38。当构件处于静力平衡状态时，根据力学知识，可以得到静力平衡方程为

$$ {}^i\boldsymbol{f}_i - {}^i\boldsymbol{f}_{i+1} = 0 \tag{2-184} $$

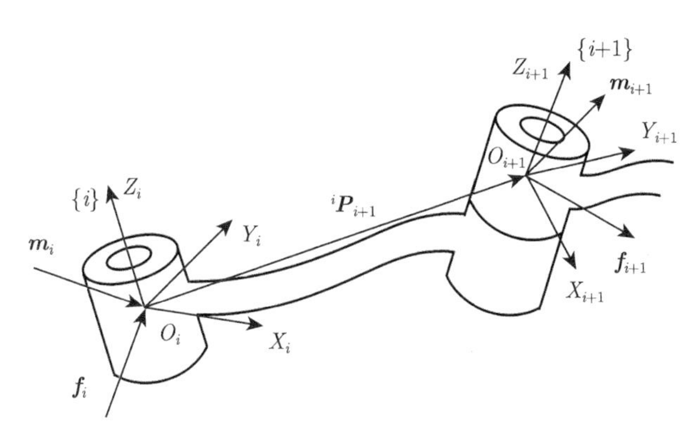

图 2-38 构件静力平衡

对构件 i 取其对坐标系$\{i\}$坐标原点的力矩平衡方程，即

$$ {}^i\boldsymbol{m}_i - {}^i\boldsymbol{m}_{i+1} - {}^i\boldsymbol{P}_{i+1} \times {}^i\boldsymbol{f}_{i+1} = 0 \tag{2-185} $$

通常需要根据操作端或末端手爪上的外作用力和外力矩，从末端构件到基座 (即构件 0) 依次计算出每个构件的受力情况。为此，对式 (2-184) 和式 (2-185) 进行整理，写成反向迭代的形式，即

$$ {}^i\boldsymbol{f}_i = {}^i\boldsymbol{f}_{i+1} \tag{2-186} $$

$$ {}^i\boldsymbol{m}_i = {}^i\boldsymbol{m}_{i+1} + {}^i\boldsymbol{P}_{i+1} \times {}^i\boldsymbol{f}_{i+1} \tag{2-187} $$

为了便于公式的推导与应用，一般要把式 (2-186) 和式 (2-187) 右边的力 ${}^i\boldsymbol{f}_{i+1}$ 和力矩 ${}^i\boldsymbol{m}_{i+1}$ 表示为在构件坐标系$\{i+1\}$中的描述，这可通过利用坐标系$\{i+1\}$相对于坐标系$\{i\}$描述的旋转矩阵的变换得到。即

$$ {}^i\boldsymbol{f}_i = {}_{i+1}^{\ \ i}\boldsymbol{R}\,{}^{i+1}\boldsymbol{f}_{i+1} \tag{2-188} $$

$$ {}^i\boldsymbol{m}_i = {}_{i+1}^{\ \ i}\boldsymbol{R}\,{}^{i+1}\boldsymbol{m}_{i+1} + {}^i\boldsymbol{P}_{i+1} \times {}^i\boldsymbol{f}_i \tag{2-189} $$

式 (2-188) 和式 (2-189) 分别为机器人系统中的静力和力矩从一个构件向另一构件传递的算法表达式。

如果关节 i 为转动副 (忽略运动副间的摩擦)，则除了绕运动副轴线的扭矩外，其余各方向的力和力矩分量都可由机器人机构本身来平衡。因此，为了保证机器人系统的静力平衡，应施加于关节 i 处的驱动力矩 $\boldsymbol{\tau}_i$ 为

$$\boldsymbol{\tau}_i = {}^i\boldsymbol{m}_i^{\mathrm{T}} \cdot {}^iZ_i \tag{2-190}$$

如果关节 i 为移动副 (忽略运动副间的摩擦)，则除了沿运动副轴线 ${}^iZ_i$ 的力之外，其余各方向的力和力矩均可由机器人机构本身来平衡。因此，为了保证机器人系统的静力平衡，应施加于关节 i 处的驱动力 $\boldsymbol{\tau}_i$ 为

$$\boldsymbol{\tau}_i = {}^i\boldsymbol{f}_i^{\mathrm{T}} \cdot {}^iZ_i \tag{2-191}$$

式 (2-188)~ 式 (2-191) 为机器人系统静力平衡时，各关节驱动力或力矩与外作用力和力矩之间的关系表达式。根据惯例，一般将使关节角增大的旋转方向定义为关节力矩的正方向。

2.6.2　等效关节力与力雅可比矩阵

在静态时，机器人系统的关节力矩完全与操作端或手爪上的力平衡。当力作用于机构上时，如果机构产生了位移，力就做了功。功是以能量为单位的标量，所以它在任何广义坐标系下的度量值都相同。对静力平衡的机器人系统来讲，笛卡儿空间的力做的功应当等于关节空间的力做的功。

为了方便表述，这里将机器人机构操作端 (即笛卡儿空间) 受到的外力 $\boldsymbol{f}_n$ 和外力矩 $\boldsymbol{m}_n$ 组合为一 6 维矢量，即

$$\boldsymbol{F}_n = \begin{bmatrix} \boldsymbol{f}_n \\ \boldsymbol{m}_n \end{bmatrix} \tag{2-192}$$

称为终端广义力矢量 (vector of generalized force)。也将各个关节的驱动力或力矩组成一 n 维矢量，即

$$\boldsymbol{\tau} = \begin{bmatrix} \boldsymbol{\tau}_1 \\ \boldsymbol{\tau}_2 \\ \vdots \\ \boldsymbol{\tau}_n \end{bmatrix} \tag{2-193}$$

称为关节力矩矢量。将关节力矩矢量看作是机器人驱动装置的输入，而将操作端受到的广义力矢量作为机器人的输出。下面利用虚功原理 (principle of virtual work) 分析关节力矩矢量 $\boldsymbol{\tau}$ 和终端广义力矢量 $\boldsymbol{F}_n$ 之间的关系。

假定各关节的虚位移为 $\delta\boldsymbol{q}_i$，操作端产生的相应虚位移为 $\boldsymbol{D}$。相应地，各个关节所做的虚功之和为

$$w = \boldsymbol{\tau}^{\mathrm{T}} \cdot \delta\boldsymbol{q} = \boldsymbol{\tau}_1\delta\boldsymbol{q}_1 + \boldsymbol{\tau}_2\delta\boldsymbol{q}_2 + \cdots + \boldsymbol{\tau}_n\delta\boldsymbol{q}_n \tag{2-194}$$

操作端所做的虚功为

$$w = \boldsymbol{F}^{\mathrm{T}} \cdot \boldsymbol{D} = f_x\mathrm{d}x + f_y\mathrm{d}y + f_z\mathrm{d}z + m_x\delta_x + m_y\delta_y + m_z\delta_z \tag{2-195}$$

根据虚功原理，机器人在平衡状态下，由任意虚位移产生的虚功总和为零。也就是说，关节空间虚位移产生的虚功等于操作空间虚位移产生的虚功，即

$$\boldsymbol{\tau}^{\mathrm{T}} \cdot \delta \boldsymbol{q} = \boldsymbol{F}^{\mathrm{T}} \cdot \boldsymbol{D} \tag{2-196}$$

由于虚位移是满足机械系统几何约束条件的无限小位移，所以，这里的虚位移 $\delta \boldsymbol{q}$ 和 $\boldsymbol{D}$ 并非独立的，它们之间应满足机器人机构的几何约束条件。虚位移 $\delta \boldsymbol{q}$ 和 $\boldsymbol{D}$ 之间的几何约束条件可通过雅可比矩阵 $\boldsymbol{J}$ 来确定，即

$$\boldsymbol{D} = \boldsymbol{J} \delta \boldsymbol{q} \tag{2-197}$$

把式 (2-197) 代入式 (2-196)，得

$$\boldsymbol{\tau} = \boldsymbol{J}^{\mathrm{T}} \boldsymbol{F} \tag{2-198}$$

式 (2-198) 中的 $\boldsymbol{J}^{\mathrm{T}}$ 称为力雅可比，它把作用在机器人末端的广义力映射为相应的关节驱动力矩，也即雅可比矩阵的转置将作用于机器人机构上的笛卡儿空间的力映射成了等效关节力矩。在外力 $\boldsymbol{F}$ 的作用下，机器人机构保持平衡的条件是关节驱动力矩 (忽略运动副间的摩擦) 满足式 (2-198)。值得注意的是，如果雅可比矩阵 $\boldsymbol{J}$ 非满秩，那么机器人操作端的某些方向将处于失控状态，即不能在这些方向上施加所需要的静力 (或力矩)。可见机器人机构在力域内与在位移域内一样，都存在奇异问题。

可见，雅可比矩阵是机器人机构性能分析的一个重要工具，机器人机构的驱动构件与操作端之间的速度映射和力映射关系，都可以通过同一个雅可比矩阵来进行，这种现象称为速度映射与力映射之间存在对偶关系。

2.7 速度与静力的笛卡儿变换

刚体的 6×1 维的广义速度可以表示为

$$\boldsymbol{V} = \begin{bmatrix} \boldsymbol{v} \\ \boldsymbol{\omega} \end{bmatrix}_{6\times 1} \tag{2-199}$$

式中，$\boldsymbol{v}$ 为 3×1 维的线速度矢量，$\boldsymbol{\omega}$ 为 3×1 维的角速度矢量。

同样，6×1 维的广义力矢量也可表示为

$$\boldsymbol{F} = \begin{bmatrix} \boldsymbol{f} \\ \boldsymbol{m} \end{bmatrix}_{6\times 1} \tag{2-200}$$

式中，$\boldsymbol{f}$ 为 3×1 维的力矢量，$\boldsymbol{m}$ 为 3×1 维的力矩矢量。

那么，能否用 6×6 的变换矩阵将这些量从一个坐标系映射到另一个坐标系？显然，这些内容已经在构件之间的速度和力分析中讨论过。这里，要用矩阵算子的形式写出式 (2-149) 和式 (2-151)，即将坐标系$\{A\}$中的广义速度矢量变换为在坐标系$\{B\}$中的描述。

由于这里涉及的两个坐标系之间是刚性连接，所以在推导关系式时，式 (2-149) 中出现的 $\dot{\theta}_{i+1}$ 被置为零，则

$$\begin{bmatrix} {}^B\boldsymbol{v}_B \\ {}^B\boldsymbol{\omega}_B \end{bmatrix} = \begin{bmatrix} {}^B_A\boldsymbol{R} & -{}^B_A\boldsymbol{R}\,{}^A\boldsymbol{P}_{BO}\times \\ \boldsymbol{0} & {}^B_A\boldsymbol{R} \end{bmatrix} \begin{bmatrix} {}^A\boldsymbol{v}_A \\ {}^A\boldsymbol{\omega}_A \end{bmatrix} \tag{2-201}$$

式 (2-201) 中的叉乘可理解为矩阵算子

$$\boldsymbol{P}\times = \begin{bmatrix} 0 & -p_z & p_y \\ p_z & 0 & -p_x \\ -p_y & p_x & 0 \end{bmatrix} \tag{2-202}$$

式 (2-201) 给出了两个坐标系中广义速度之间的关系，因此式 (2-201) 中的 6×6 算子被称为速度变换矩阵 (velocity transformation)，可用符号 ${}^B_A\boldsymbol{T}_{\mathrm{v}}$ 表示，即

$${}^B_A\boldsymbol{T}_{\mathrm{v}} = \begin{bmatrix} {}^B_A\boldsymbol{R} & -{}^B_A\boldsymbol{R}\,{}^A\boldsymbol{P}_{BO}\times \\ \boldsymbol{0} & {}^B_A\boldsymbol{R} \end{bmatrix}$$

在这种情况下，它是一个将坐标系$\{A\}$中的广义速度映射到坐标系$\{B\}$中的广义速度的速度变换，所以式 (2-201) 可以简记为

$${}^B\boldsymbol{V}_B = {}^B_A\boldsymbol{T}_{\mathrm{v}}\,{}^A\boldsymbol{V}_A \tag{2-203}$$

如果已知坐标系$\{B\}$中的速度，需要求解坐标系$\{A\}$中的速度描述时，可以通过对式 (2-201) 求逆得到，即

$$\begin{bmatrix} {}^A\boldsymbol{v}_A \\ {}^A\boldsymbol{\omega}_A \end{bmatrix} = \begin{bmatrix} {}^A_B\boldsymbol{R} & {}^A\boldsymbol{P}_{BO}\times{}^A_B\boldsymbol{R} \\ \boldsymbol{0} & {}^A_B\boldsymbol{R} \end{bmatrix} \begin{bmatrix} {}^B\boldsymbol{v}_B \\ {}^B\boldsymbol{\omega}_B \end{bmatrix} \tag{2-204}$$

也即

$${}^A\boldsymbol{V}_A = {}^A_B\boldsymbol{T}_{\mathrm{v}}\,{}^B\boldsymbol{V}_B \tag{2-205}$$

应该注意到式 (2-201) 和式 (2-204) 进行的坐标系之间的速度变换依赖于速度变换矩阵(或速度变换矩阵的逆)，且应被看作是瞬时结果，除非两个坐标系之间的位姿是固定不变的。

同样，根据式 (2-188) 和式 (2-189) 也可以得到一个 6×6 的矩阵，通过此 6×6 的矩阵可将坐标系$\{B\}$中描述的广义力矢量变换为坐标系$\{A\}$中的描述，即

$$\begin{bmatrix} {}^A\boldsymbol{f}_A \\ {}^A\boldsymbol{m}_A \end{bmatrix} = \begin{bmatrix} {}^A_B\boldsymbol{R} & \boldsymbol{0} \\ {}^A\boldsymbol{P}_{BO}\times{}^A_B\boldsymbol{R} & {}^A_B\boldsymbol{R} \end{bmatrix} \begin{bmatrix} {}^B\boldsymbol{f}_B \\ {}^B\boldsymbol{m}_B \end{bmatrix} \tag{2-206}$$

也即

$${}^A\boldsymbol{F}_A = {}^A_B\boldsymbol{T}_{\mathrm{f}}\,{}^B\boldsymbol{F}_B \tag{2-207}$$

这里的 ${}^A_B\boldsymbol{T}_{\mathrm{f}}$ 称为力–力矩变换矩阵 (force-moment transformation)。

通过前述分析可以发现，对偶性同样存在于力–力矩的坐标变换与速度的坐标变换之中。即

$${}^A_BT_{\mathrm{f}} = {}^A_B\boldsymbol{T}_{\mathrm{v}}^{\mathrm{T}} \tag{2-208}$$

第3章　少自由度并联机器人机构的运动学和动力学

并联机构的运动学分析包括位置分析、速度分析和加速度分析等部分。其中，位置分析是运动学分析的最基本任务，也是机构误差分析，工作空间分析，奇异位形分析，速度、加速度分析以及受力分析，动力分析和机构综合等的基础。

机构的位置分析 (position analysis) 就是求解机构的输入与输出构件之间的位置关系。它包括两个基本问题：机构位置的正解问题 (direct problem) 和反解问题 (inverse problem)。并联机构的反解容易，而位置正解一般包含非线性方程组，求解困难。目前，位置正解方法主要有数值解法 (numerical approach)、解析解法 (analysis method) 和封闭解法 (closed-form solution)。数值解法的优点为数学模型简单，可以求解任何并联机构，但计算速度慢，当机构接近奇异位形时不易收敛，很难求得全部位置解，且结果与初值有关。对数值解法的研究主要集中在两个方面：一是如何对方程组降维，提高求解速度；二是如何得到所有可能解。解析解法主要通过消元法消去机构方程中的未知数，从而使机构的输入输出方程为仅含有一个未知数的高次方程。其特点为能够求得全部解，可以避免奇异问题，不需初值，输入输出误差效应也可定量地表示出来，但数学推导极为复杂。

速度与加速度分析是机构运动特性分析的基础和重要内容。目前，进行机构的速度和加速度分析的常用方法有：求导法、矢量法、张量法、旋量法、网络分析法和运动影响系数法 (kinematic influence coefficient) 等。在理论上，一般是对位置运动方程进行求导，从而得到速度和加速度方程，但由于位置运动方程的复杂性，有时很难实现其一阶、二阶微分方程的求解。

并联机器人动力学分析是进行机器人动态特性研究和系统运动控制的基础。并联机构系统动力学研究的对象是建立描述系统动平台动力学状况的数学模型。动力学分析的目的主要有：①进行机器人的仿真研究，了解系统的动态特性；②进行动力优化设计，得到特性优良的系统机构；③为机器人控制系统的设计奠定基础等。动力学分析的主要研究内容包括动力学模型的建立、构件惯性力的计算、构件受力分析、驱动力或力矩分析、运动副约束反力分析、计算机动态仿真，以及动态参数识别和动力平衡等。动力学分析也包括正、逆两类问题：①逆动力学 (动态静力分析)；②正动力学 (动力学响应)。当已知机构的各主动或驱动关节的广义驱动力/力矩随时间 (或位移) 的变化规律，求解动平台在其任务空间的运动轨迹以及轨迹上各点的速度和加速度，称为动力学正问题；当已知通过轨迹给出的任务空间的运动轨迹以及轨迹上各点的速度和加速度，求解驱动器应加在主动关节上的随时间 (或位移) 变化的广义驱动力/力矩，称为动力学逆问题。由于并联机构结构组成的复杂性，其动力学模型通常是一个多自由度、多变量、高度非线性和多参数耦合的复杂数学方程式或方程组，一般其动力学模型的建立和求解较为困难。目前，建立并联机构动力学模型的常用方法有 Lagrange 方程法、Newton-Euler 法、D'Alembert 原理法、虚功原理 (virtual work principle) 法、Kane 法和旋量 (对偶数) 法等。Lagrange 方程法以系统的动能和势能为基础，不用分析机构的真实运动，推导过程较简便，可得到形式简洁的动力学方程，能清楚地表示出各构件间的耦合特性，便于动力学分析向控制模型的转化。

本章节以平面五杆机构、3-RRR、3-RRS 和 3-RRC 并联机构为研究对象，重点阐述利用 Lagrange 方程法建立并联机构动力学模型的主要过程，并进行并联机构运动学和动力学问题的特性研究。

3.1 平面五杆机构的运动学与动力学分析

随着机构学的发展、研究领域的拓宽以及机械产品创新需求的提高，平面多自由度机构已广泛应用于并联机器人、串联机械手等领域，以实现高速、高精度和高稳定性的运动输出或完成更复杂的运动。然而，由于并联机构存在运动学和动力学的强耦合性，这类机构系统的控制较为困难，运行精度低。又由于解耦合在并联机构动力学的研究中是个难题。因此，如果能采取有效的结构设计措施，使得机构的动态方程得到简化，那么，这对改善并联机构系统的动态特性、提高系统的运动精度和实际控制都是非常有利的。所以，这里通过平面 2 自由度并联机构 (即平面五杆机构) 和平面 3 自由度并联机构 (即 3-RRR 并联机构) 的动力学研究，展开并联机构系统动力学模型中耦合项与机构参量之间的关系分析，达到认知并联机构系统耦合本质的目的。

3.1.1 平面五杆机构的运动学分析

平面 2 自由度并联机器人机构 $ABCDE$ 的结构如图 3-1 所示，其中 AE 为机架。设各杆杆长为 $l_i(i=1\sim5)$；各杆件的质心 $S_i(i=1\sim4)$ 位置分别为 $(l_{si},\alpha_i)(i=1\sim4)$； α_i 为各杆质心与其自身杆件所成夹角，如图 3-1 所示；相应的各杆质量为 $m_i(i=1\sim4)$。假定杆 AB 和 DE 为主动构件，即杆 AB 和 DE 与驱动器相连。以 A 为原点 O，建立直角坐标系 $O\text{-}xy$，如图 3-1 所示。可以得到并联机构 $ABCDE$ 的向量环方程为

$$\vec{l}_1+\vec{l}_2=\vec{l}_5+\vec{l}_4+\vec{l}_3 \tag{3-1}$$

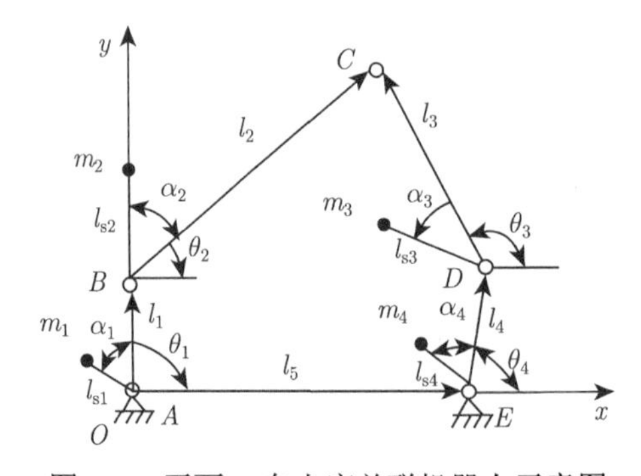

图 3-1　平面 2 自由度并联机器人示意图

式 (3-1) 分别向 x、y 轴方向投影，得

$$\begin{cases} l_1\sin\theta_1+l_2\sin\theta_2=l_3\sin\theta_3+l_4\sin\theta_4 \\ l_1\cos\theta_1+l_2\cos\theta_2=l_3\cos\theta_3+l_4\cos\theta_4+l_5 \end{cases} \tag{3-2}$$

同理，各杆件质心在 O-xy 中的坐标分别为

$$\begin{cases} x_{s1} = l_{s1}\cos(\theta_1+\alpha_1) \\ y_{s1} = l_{s1}\sin(\theta_1+\alpha_1) \end{cases} \tag{3-3}$$

$$\begin{cases} x_{s2} = l_1\cos\theta_1 + l_{s2}\cos(\theta_2+\alpha_2) \\ y_{s2} = l_1\sin\theta_1 + l_{s2}\sin(\theta_2+\alpha_2) \end{cases} \tag{3-4}$$

$$\begin{cases} x_{s3} = l_{s3}\cos(\theta_3+\alpha_3) + l_4\cos\theta_4 + l_5 \\ y_{s3} = l_{s3}\sin(\theta_3+\alpha_3) + l_4\sin\theta_4 \end{cases} \tag{3-5}$$

$$\begin{cases} x_{s4} = l_{s4}\cos(\theta_4+\alpha_4) + l_5 \\ y_{s4} = l_{s4}\sin(\theta_4+\alpha_4) \end{cases} \tag{3-6}$$

设 $\theta_2=\theta_2(\theta_1,\theta_4)$，$\theta_3=\theta_3(\theta_1,\theta_4)$，则由式 (3-2) 对 θ_1、θ_4 求导，并求解得

$$\begin{cases} \dfrac{\partial\theta_2}{\partial\theta_1} = \dfrac{l_1\sin(\theta_1-\theta_3)}{l_2\sin(\theta_3-\theta_2)} \\ \dfrac{\partial\theta_3}{\partial\theta_1} = \dfrac{l_1\sin(\theta_1-\theta_2)}{l_3\sin(\theta_3-\theta_2)} \end{cases} \tag{3-7}$$

$$\begin{cases} \dfrac{\partial\theta_2}{\partial\theta_4} = \dfrac{l_4\sin(\theta_3-\theta_4)}{l_2\sin(\theta_3-\theta_2)} \\ \dfrac{\partial\theta_3}{\partial\theta_4} = \dfrac{l_4\sin(\theta_2-\theta_4)}{l_3\sin(\theta_3-\theta_2)} \end{cases} \tag{3-8}$$

式 (3-3)~ 式 (3-6) 分别对时间 t 求导，并利用式 (3-7) 和式 (3-8) 进行化简，得

$$\begin{cases} \dot{x}_{s1} = -l_{s1}\sin(\theta_1+\alpha_1)\dot{\theta}_1 \\ \dot{y}_{s1} = l_{s1}\cos(\theta_1+\alpha_1)\dot{\theta}_1 \end{cases} \tag{3-9}$$

$$\begin{cases} \dot{x}_{s2} = -l_1\left[\sin\theta_1 + \dfrac{l_{s2}\sin(\theta_2+\alpha_2)\sin(\theta_1-\theta_3)}{l_2\sin(\theta_3-\theta_2)}\right]\dot{\theta}_1 - \dfrac{l_{s2}l_4\sin(\theta_2+\alpha_2)\sin(\theta_3-\theta_4)}{l_2\sin(\theta_3-\theta_2)}\dot{\theta}_4 \\ \dot{y}_{s2} = l_1\left[\cos\theta_1 + \dfrac{l_{s2}\cos(\theta_2+\alpha_2)\sin(\theta_1-\theta_3)}{l_2\sin(\theta_3-\theta_2)}\right]\dot{\theta}_1 + \dfrac{l_{s2}l_4\cos(\theta_2+\alpha_2)\sin(\theta_3-\theta_4)}{l_2\sin(\theta_3-\theta_2)}\dot{\theta}_4 \end{cases} \tag{3-10}$$

$$\begin{cases} \dot{x}_{s3} = -\dfrac{l_1l_{s3}\sin(\theta_3+\alpha_3)\sin(\theta_1-\theta_2)}{l_3\sin(\theta_3-\theta_2)}\dot{\theta}_1 - l_4\left[\sin\theta_4 + \dfrac{l_{s3}\sin(\theta_3+\alpha_3)\sin(\theta_2-\theta_4)}{l_3\sin(\theta_3-\theta_2)}\right]\dot{\theta}_4 \\ \dot{y}_{s3} = \dfrac{l_1l_{s3}\cos(\theta_3+\alpha_3)\sin(\theta_1-\theta_2)}{l_3\sin(\theta_3-\theta_2)}\dot{\theta}_1 + l_4\left[\cos\theta_4 + \dfrac{l_{s3}\cos(\theta_3+\alpha_3)\sin(\theta_2-\theta_4)}{l_3\sin(\theta_3-\theta_2)}\right]\dot{\theta}_4 \end{cases} \tag{3-11}$$

$$\begin{cases} \dot{x}_{s4} = -l_{s4}\sin(\theta_4+\alpha_4)\dot{\theta}_4 \\ \dot{y}_{s4} = l_{s4}\cos(\theta_4+\alpha_4)\dot{\theta}_4 \end{cases} \tag{3-12}$$

3.1.2 平面五杆机构的动力学分析

设构件 $i(i=1,2,3,4)$ 的质心速度为 v_{si}，绕质心 S_i 的转动惯量为 J_i。取 O 点处为重力的零势能面位置。如果不计各构件弹性和运动副间摩擦，则整个机构的总动能 E 和势能 V 分别为

$$E=\sum_{i=1}^{4}\frac{1}{2}(m_i v_{si}^2+J_i\dot{\theta}_i^2)=\sum_{i=1}^{4}\frac{1}{2}\left[m_i(\dot{x}_{si}^2+\dot{y}_{si}^2)+J_i\dot{\theta}_i^2\right] \tag{3-13}$$

$$\begin{aligned}V=&m_1 g l_{s1}\sin(\theta_1+\alpha_1)+m_2 g\left[l_1\sin\theta_1+l_{s2}\sin(\theta_2+\alpha_2)\right]\\&+m_3 g\left[l_{s3}\sin(\theta_3+\alpha_3)+l_4\sin\theta_4\right]+m_4 g l_{s4}\sin(\theta_4+\alpha_4)\end{aligned}$$

把式 (3-9)~式 (3-12) 代入式 (3-13)，并化简得

$$E=\frac{1}{2}J_{11}\dot{\theta}_1^2+J_{14}\dot{\theta}_1\dot{\theta}_4+\frac{1}{2}J_{44}\dot{\theta}_4^2 \tag{3-14}$$

其中

$$\begin{aligned}J_{11}=&J_1+m_1 l_{s1}^2+m_2 l_1^2+(J_2+m_2 l_{s2}^2)\frac{l_1^2\sin^2(\theta_1-\theta_3)}{l_2^2\sin^2(\theta_3-\theta_2)}+(J_3+m_3 l_{s3}^2)\frac{l_1^2\sin^2(\theta_1-\theta_2)}{l_3^2\sin^2(\theta_3-\theta_2)}\\&+2m_2 l_1^2\frac{l_{s2}\cos(\theta_1-\theta_2-\alpha_2)\sin(\theta_1-\theta_3)}{l_2\sin(\theta_3-\theta_2)}\end{aligned}$$

$$\begin{aligned}J_{44}=&J_4+m_4 l_{s4}^2+m_3 l_4^2+(J_2+m_2 l_{s2}^2)\frac{l_4^2\sin^2(\theta_3-\theta_4)}{l_2^2\sin^2(\theta_3-\theta_2)}+(J_3+m_3 l_{s3}^2)\frac{l_4^2\sin^2(\theta_2-\theta_4)}{l_3^2\sin^2(\theta_3-\theta_2)}\\&+2m_3 l_4^2\frac{l_{s3}\cos(\theta_4-\theta_3-\alpha_3)\sin(\theta_2-\theta_4)}{l_3\sin(\theta_3-\theta_2)}\end{aligned}$$

$$\begin{aligned}J_{14}=&m_2 l_1 l_4\frac{l_{s2}\cos(\theta_1-\theta_2-\alpha_2)\sin(\theta_3-\theta_4)}{l_2\sin(\theta_3-\theta_2)}+(J_2+m_2 l_{s2}^2)\frac{l_1 l_4\sin(\theta_1-\theta_3)\sin(\theta_3-\theta_4)}{l_2^2\sin^2(\theta_3-\theta_2)}\\&+m_3 l_1 l_4\frac{l_{s3}\cos(\theta_4-\theta_3-\alpha_3)\sin(\theta_1-\theta_2)}{l_3\sin(\theta_3-\theta_2)}+(J_3+m_3 l_{s3}^2)\frac{l_1 l_4\sin(\theta_1-\theta_2)\sin(\theta_2-\theta_4)}{l_3^2\sin^2(\theta_3-\theta_2)}\end{aligned}$$

式 (3-14) 分别对 θ_1、θ_4 和 $\dot{\theta}_1$、$\dot{\theta}_4$ 求导，得

$$\frac{\partial E}{\partial\theta_i}=\frac{1}{2}\cdot\frac{\partial J_{11}}{\partial\theta_i}\dot{\theta}_1^2+\frac{\partial J_{14}}{\partial\theta_i}\dot{\theta}_1\dot{\theta}_4+\frac{1}{2}\cdot\frac{\partial J_{44}}{\partial\theta_i}\dot{\theta}_4^2\quad(i=1,4) \tag{3-15}$$

$$\frac{\partial E}{\partial\dot{\theta}_i}=J_{1i}\dot{\theta}_1+J_{i4}\dot{\theta}_4\quad(i=1,4) \tag{3-16}$$

所以

$$\left\{\begin{aligned}\frac{\mathrm{d}}{\mathrm{d}t}\left(\frac{\partial E}{\partial\dot{\theta}_1}\right)&=J_{11}\ddot{\theta}_1+\frac{\partial J_{11}}{\partial\theta_1}\dot{\theta}_1^2+\left(\frac{\partial J_{14}}{\partial\theta_1}+\frac{\partial J_{11}}{\partial\theta_4}\right)\dot{\theta}_1\dot{\theta}_4+\frac{\partial J_{14}}{\partial\theta_4}\dot{\theta}_4^2+J_{14}\ddot{\theta}_4\\\frac{\mathrm{d}}{\mathrm{d}t}\left(\frac{\partial E}{\partial\dot{\theta}_4}\right)&=J_{14}\ddot{\theta}_1+\frac{\partial J_{14}}{\partial\theta_1}\dot{\theta}_1^2+\left(\frac{\partial J_{44}}{\partial\theta_1}+\frac{\partial J_{14}}{\partial\theta_4}\right)\dot{\theta}_1\dot{\theta}_4+\frac{\partial J_{44}}{\partial\theta_4}\dot{\theta}_4^2+J_{44}\ddot{\theta}_4\end{aligned}\right. \tag{3-17}$$

将式 (3-15)~ 式 (3-17) 代入 Lagrange 方程

$$\frac{\mathrm{d}}{\mathrm{d}t}\left(\frac{\partial E}{\partial\dot{\theta}_i}\right)-\frac{\partial E}{\partial\theta_i}+\frac{\partial V}{\partial\theta_i}=F_i$$

化简，得

$$\begin{cases} J_{11}\ddot{\theta}_1 + J_{14}\ddot{\theta}_4 + \dfrac{1}{2}\cdot\dfrac{\partial J_{11}}{\partial\theta_1}\dot{\theta}_1^2 + \dfrac{\partial J_{14}}{\partial\theta_4}\dot{\theta}_4^2 + \dfrac{\partial U}{\partial\theta_1} = \tau_1 \\ J_{14}\ddot{\theta}_1 + J_{44}\ddot{\theta}_4 + \dfrac{1}{2}\cdot\dfrac{\partial J_{44}}{\partial\theta_4}\dot{\theta}_4^2 + \dfrac{\partial J_{14}}{\partial\theta_1}\dot{\theta}_1^2 + \dfrac{\partial U}{\partial\theta_4} = \tau_2 \end{cases} \tag{3-18}$$

式 (3-18) 中的 τ_1、τ_2 对应于 θ_1 和 θ_4 的系统广义力。J_{11}、J_{14} 和 J_{44} 称为等效转动惯量。J_{11} 与主动件 1(坐标 θ_1) 相关，J_{44} 与另一个主动件 4(坐标 θ_4) 相关，J_{14} 则为同时与两个主动件有关的耦合项。显然，J_{11}、J_{14} 和 J_{44} 的值都随机构位置的变化而变化，从而影响系统的动态特性，但 J_{14} 是关键因素，如果能使 J_{14} 的值减少或为零，则对提高机构运动特性非常有利。然而，J_{14} 中的各项实际上是 θ_1 和 θ_4 角度之间的非线性关系，在现有理论技术条件下实现其完全解耦几乎是不可能的。

我们注意到 J_{14} 仅和机构的尺寸 $(l_1,l_4,l_3,l_{s2},l_{s3})$、构件质量 (m_2,m_3)、转动惯量 (J_2,J_3) 以及机构的位置 (θ_1,θ_4) 等有关。所以，可以通过合理设置机构的相关参数使 J_{14} 的负面影响降到最低，同时减少 J_{11} 和 J_{44} 在运动过程中的变化率，达到改善系统动态特性的目的。采取的设计措施如下：

(1) $l_{s2}=0$、$l_{s3}=0$，使杆 BC 和杆 CD 的质心分别位于转动副 B 和 D 上；

(2) 在满足机构运动轨迹要求的情况下，尽量使杆长 l_1、l_4 与 l_2、l_3 的比值较小；

(3) 机构的中间两连杆 (杆 BC 和杆 CD) 选用轻质杆，减少 J_2 和 J_3；

(4) 适当增加 l_{s1}、l_{s4} 的长度，使主动杆 AB 和 DE 的质心分别远离运动副 A 和 E。

(5) 通过添加平衡质量，消除动态方程中重力项的影响。

其中，质量平衡采用 Diken(1995, 1997)、Wang 和 Gosselin(1999) 的文献中的方法对系统添加平衡质量 m_{e1}、m_{e2}(这里不妨设 $\alpha_1=\alpha_4=0$)，如图 3-2。质量矩 (或质径积) 满足下列关系：

$$\begin{cases} m_{e1}r_1 = m_1 l_{s1} + m_2 l_1 \\ m_{e2}r_2 = m_4 l_{s4} + m_3 l_4 \end{cases} \tag{3-19}$$

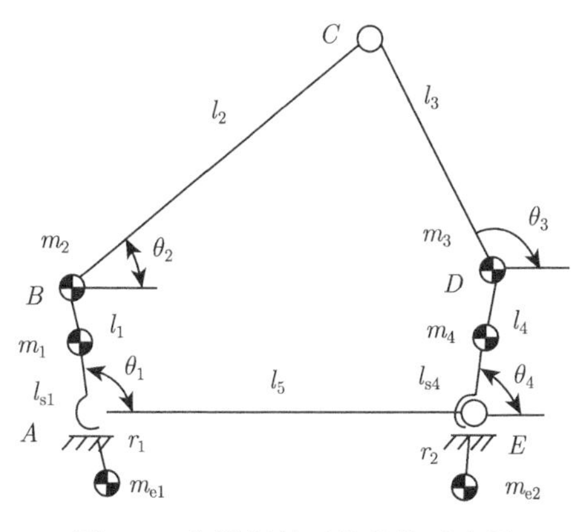

图 3-2 参数调整后的机构示意图

针对具体的系统，这里的 r_1、r_2 可通过驱动能耗极小，即

$$\min W = \int_0^{t_\mathrm{f}} \left(\sum_{i=1}^{2} |\tau_i \dot{\theta}_i| \right) \mathrm{d}t \tag{3-20}$$

(这里，W 为系统的驱动能耗；t_f 为系统运动的终止时刻。) 求得 r_1、r_2 的最优解 (同时考虑结构紧凑与工作需要等因素)。添加质量平衡后，V=0。这样就消除了动态方程式 (3-18) 中重力项的影响。

采取上述参数调整后，机构的结构示意图如图 3-2。这时，J_{11}、J_{14} 和 J_{44} 可分别化简为

$$\hat{J}_{11} = J_1 + J_{\mathrm{e}1} + m_{\mathrm{e}1} r_1^2 + m_1 l_{\mathrm{s}1}^2 + m_2 l_1^2 + J_2 \frac{l_1^2 \sin^2(\theta_1 - \theta_3)}{l_2^2 \sin^2(\theta_3 - \theta_2)} + J_3 \frac{l_1^2 \sin^2(\theta_1 - \theta_2)}{l_3^2 \sin^2(\theta_3 - \theta_2)}$$

$$\hat{J}_{14} = J_2 \frac{l_1 l_4 \sin(\theta_1 - \theta_3) \sin(\theta_3 - \theta_4)}{l_2^2 \sin^2(\theta_3 - \theta_2)} + J_3 \frac{l_1 l_4 \sin(\theta_1 - \theta_2) \sin(\theta_2 - \theta_4)}{l_3^2 \sin^2(\theta_3 - \theta_2)}$$

$$\hat{J}_{44} = J_4 + J_{\mathrm{e}2} + m_{\mathrm{e}2} r_2^2 + m_4 l_{\mathrm{s}4}^2 + m_3 l_4^2 + J_3 \frac{l_4^2 \sin^2(\theta_2 - \theta_4)}{l_3^2 \sin^2(\theta_3 - \theta_2)} + J_2 \frac{l_4^2 \sin^2(\theta_3 - \theta_4)}{l_2^2 \sin^2(\theta_3 - \theta_2)}$$

将 $\hat{J}_{11}$、$\hat{J}_{14}$ 和 $\hat{J}_{44}$ 的表达式代入式 (3-18)，即可得到简化的系统驱动方程，如下所示：

$$\begin{cases} \hat{J}_{11}\ddot{\theta}_1 + \hat{J}_{14}\ddot{\theta}_4 + \dfrac{1}{2} \cdot \dfrac{\partial \hat{J}_{11}}{\partial \theta_1} \dot{\theta}_1^2 + \dfrac{\partial \hat{J}_{14}}{\partial \theta_4} \dot{\theta}_4^2 = \hat{\tau}_1 \\ \hat{J}_{14}\ddot{\theta}_1 + \hat{J}_{44}\ddot{\theta}_4 + \dfrac{1}{2} \cdot \dfrac{\partial \hat{J}_{44}}{\partial \theta_4} \dot{\theta}_4^2 + \dfrac{\partial \hat{J}_{14}}{\partial \theta_1} \dot{\theta}_1^2 = \hat{\tau}_2 \end{cases} \tag{3-21}$$

下面通过算例说明参数调整后并联机构系统的动态特性得到了很大改善，并降低了系统的驱动力矩和能耗。

3.1.3 算例分析

设主动关节变量 $\theta(t)$ 的运动规律为摆线运动 (图 3-3)，即

$$\theta(t) = \theta_\mathrm{I} + (\theta_\mathrm{F} - \theta_\mathrm{I}) s(\zeta) \quad (0 \leqslant s(\zeta) \leqslant 1) \tag{3-22}$$

式中，$s(\zeta)$ 为摆线时间函数

$$s(\zeta) = \zeta - \frac{1}{2\pi} \sin(2\pi\zeta) \quad \left(\zeta = \frac{t}{T}, 0 \leqslant t \leqslant T \right) \tag{3-23}$$

这里，θ_I 和 θ_F 分别为主动关节变量的起始值和终止值，T 为运行总时间。

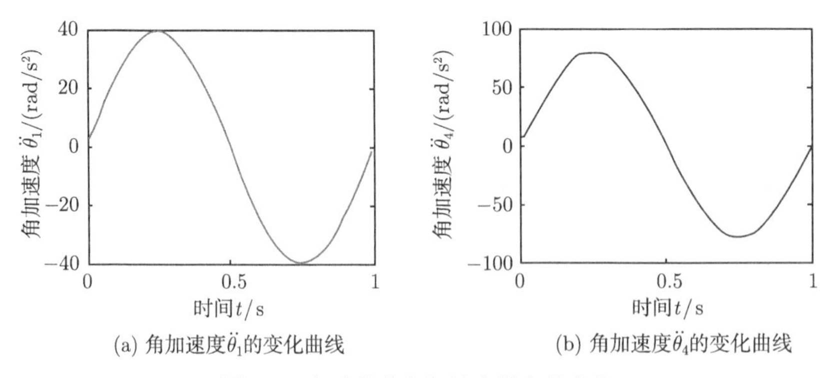

(a) 角加速度$\ddot{\theta}_1$的变化曲线　(b) 角加速度$\ddot{\theta}_4$的变化曲线

图 3-3 主动关节角加速度的变化曲线

考虑到式 (3-20) 系统驱动能耗最小和结构紧凑等因素，这里取 $r_1 = r_2$=10 mm。机构的其他参数如下 (其中，α_1=α_2=α_3=α_4=0)：

转角关系：θ_{1I}=θ_{4I}=0，θ_{1F}= 2π，θ_4=2θ_1；

杆件长度 (mm)：$l_1 = l_4$=40.0，$l_2 = l_3$=200.0，l_5=150.0；

杆件质量 (g)：$m_1 = m_2 = m_3 = m_4$=50.0；

转动惯量 (g·mm^2)：$J_1 = J_4$=8000，$J_2 = J_3$=3000；

时间 (s)：T=10。

参数调整前：

质心位置 (mm)：$l_{s1} = l_{s4}$=20.0，$l_{s2} = l_{s3}$=100.0。

参数调整后：

质心位置 (mm)：l_{s2}=0.0，l_{s3}=0.0，参见措施 (1)；

平衡质量 (g)：$m_{e1} = m_{e2}$=300，$r_1 = r_2$=10，参见措施 (5)。

参数调整前、后系统的等效转动惯量在一个周期 (即 2π) 内的变化曲线如图 3-4、图 3-5 和图 3-6 所示。分析这些曲线可以得到

参数调整前：(单位:g·mm^2)

$$\max J_{11}-\min J_{11}=1.61\times10^5，\max J_{11}= 2.04\times10^5$$

$$\max J_{14}-\min J_{14}=1.99\times10^5，\max J_{14}=1.05\times10^5$$

$$\max J_{44}-\min J_{44}=2.03\times10^5，\max J_{44}=2.46\times10^5$$

参数调整后：(单位:g·mm^2)

$$\max \hat{J}_{11}-\min \hat{J}_{11}=377.45，\max \hat{J}_{11}=1.38\times10^5$$

$$\max \hat{J}_{14}-\min \hat{J}_{14}=608.14，\max |\hat{J}_{14}|= 426.67$$

$$\max \hat{J}_{44}-\min \hat{J}_{44}=737.73，\max \hat{J}_{44}=1.39\times10^5$$

由上述分析知，参数调整后各等效转动惯量的变化平稳，如耦合项系数 $\hat{J}_{14}$ 的值显著减小。显然，这对系统的动态特性的改善非常有利。

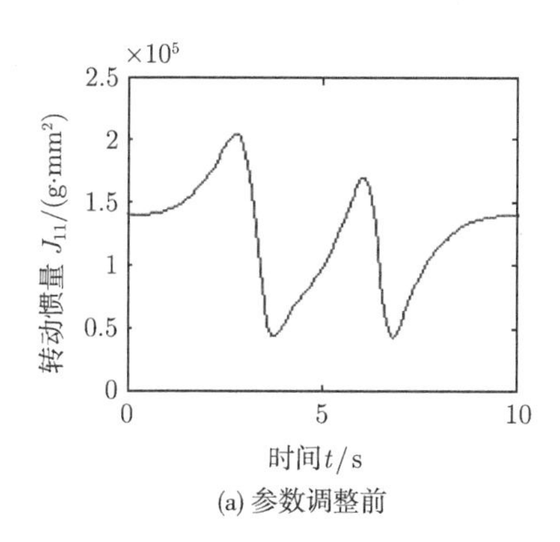

(a) 参数调整前

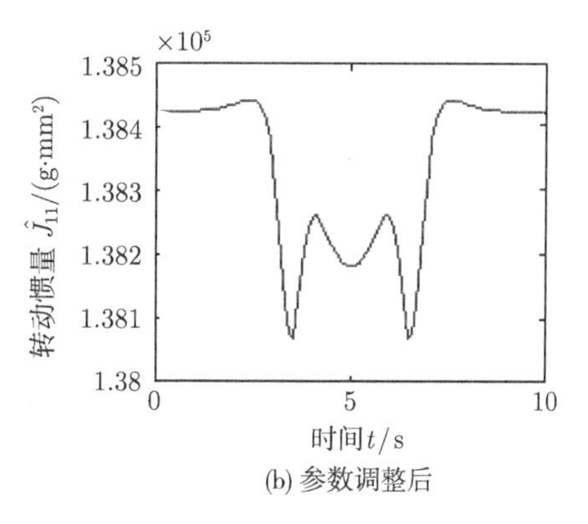

(b) 参数调整后

图 3-4 等效转动惯量 J_{11} 的变化曲线

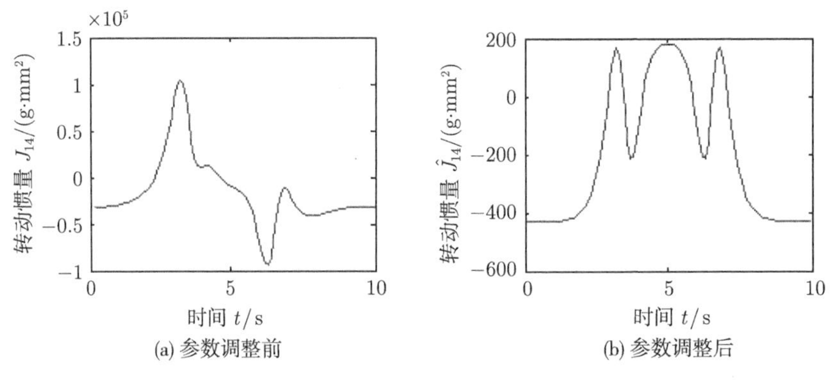

(a) 参数调整前　　(b) 参数调整后

图 3-5　等效转动惯量 J_{14} 的变化曲线

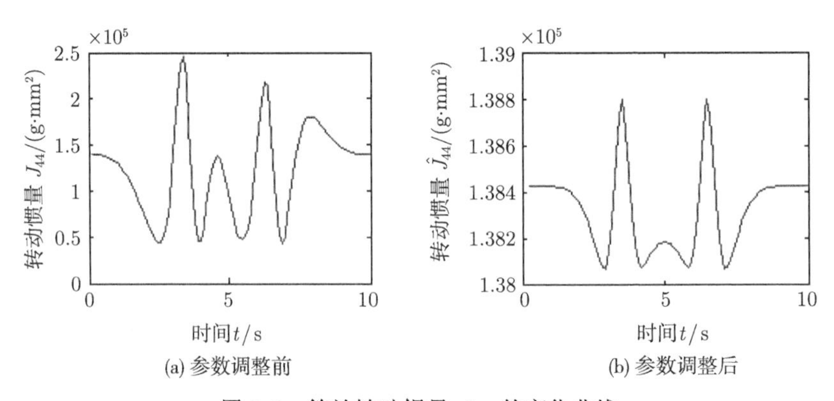

(a) 参数调整前　　(b) 参数调整后

图 3-6　等效转动惯量 J_{44} 的变化曲线

参数调整前、后系统驱动力矩的变化曲线如图 3-7 和图 3-8 所示。从图 3-7 中可以看到，参数调整后主动杆 1 的驱动力矩 τ_1 的峰值从 0.5553 N·m 降到了 0.0815 N·m，降低了 85.33%。从图 3-8 中可以看到，参数调整后主动杆 4 的驱动力矩 τ_2 的峰值从 0.4499 N·m 降到了 0.1422 N·m，降低了 68.39%。同时，参数调整后的驱动力矩变化曲线与相应主动件加速度的变化曲线吻合，这说明系统的动态特性得到了改善。系统的能量消耗 W，经参数调整后从 42.702 J 降到了 14.923 J，驱动能耗减少了 65.05%。在动态方程中消除了重力项使得系统的末端响应变得更加快捷，显然，如果再采取中间连杆采用轻质材料等其他措施，参数调整后系统的优越性会更加明显。

通过对平面 2 自由度并联机器人动力学的研究，对并联机构系统非线性耦合的原因有了了解，这其中的道理显然对其他并联机构也是适用的。如果在设计并联机构时充分考虑这些因素，那么对提高并联机构系统的动态特性、易控性，以及增强系统运行稳定性、提高系统精度和降低系统能耗等都具有重要意义。

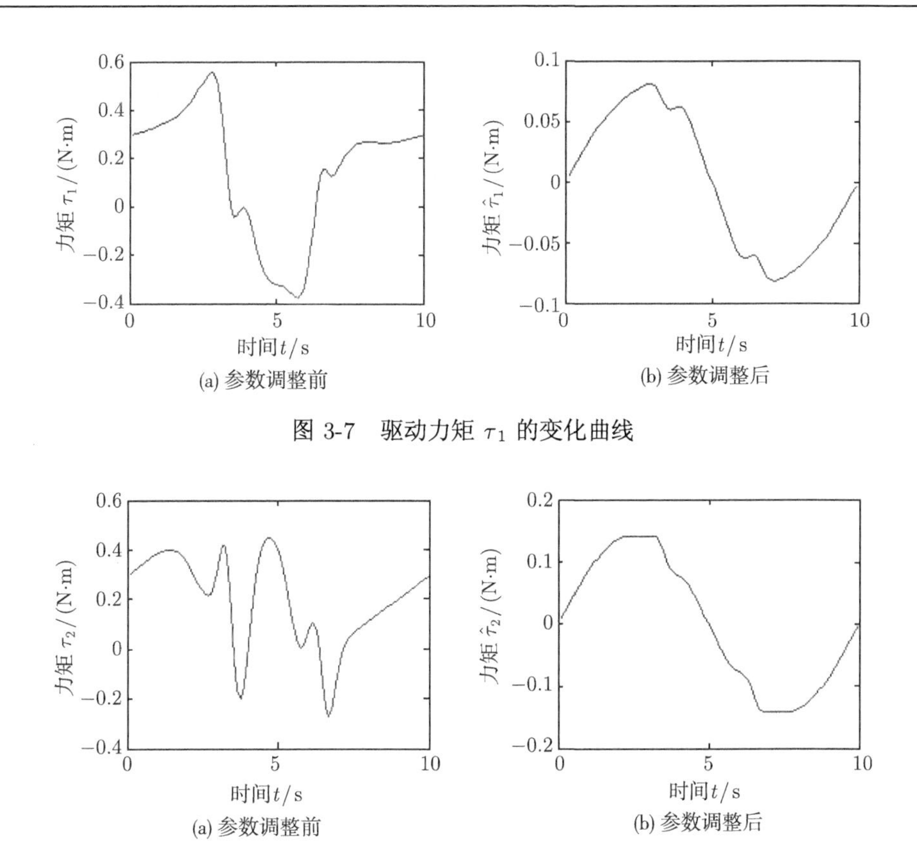

图 3-7　驱动力矩 τ_1 的变化曲线

图 3-8　驱动力矩 τ_2 的变化曲线

3.2　3-RRR 并联机构的运动学与动力学分析

3.2.1　3-RRR 并联机构的运动学分析

平面 3 自由度并联机器人 3-$\underline{\text{R}}$RR(R 为转动副 revolute pair 的简记，下面加横线者为主动关节，为了标记方便，有时会略去下横线，即记为“3-RRR”) 的结构示意图，如图 3-9 所示。其中，构件 $M_iA_i(i=1,2,3)$ 的长度为 l_{i1}，质量为 m_{i1}，质心位置为 $(l_{\mathrm{s}i1},\alpha_{i1})$，运动转角为 θ_{i1}；构件 $A_iB_i(i=1,2,3)$ 的长度为 l_{i2}，质量为 m_{i2}，质心位置为 $(l_{\mathrm{s}i2},\alpha_{i2})$，运动转角为 θ_{i2}。α_{i1} 和 α_{i2} 为各杆件质心与其自身杆件所成夹角，如图 3-9。动平台 $B_1B_2B_3$ 中与 B_i 对应的夹角为 ϕ_i，质量为 m_c，质心为 C，运动转角为 ψ，B_1C 的长度为 d，B_1C 与 B_1B_2 的夹角为 α。基座 $M_1M_2M_3$ 中与 M_i 对应的夹角为 $\beta_i(i=1, 2, 3)$，各边长度为 L_i。以 M_1 为原点 O，建立直角坐标系 $O\text{-}xy$。平面 3 自由度 3-RRR 并联机构的独立矢量环方程为

$$\begin{cases} \vec{l}_{11}+\vec{l}_{12}+\vec{l}_{2}=\vec{L}_2+\vec{l}_{31}+\vec{l}_{32} \\ \vec{l}_{11}+\vec{l}_{12}+\vec{l}_{3}=\vec{L}_3+\vec{l}_{21}+\vec{l}_{22} \end{cases} \tag{3-24}$$

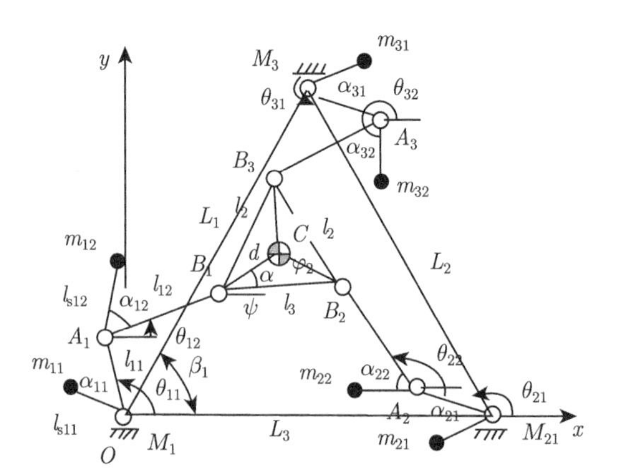

图 3-9 平面 3-RRR 并联机构示意图

把式 (3-24) 向 x、y 轴方向投影，得

$$\left\{\begin{array}{l} l_{11}\cos\theta_{11}+l_{12}\cos\theta_{12}+l_2\cos(\psi+\varphi_1)=L_2\cos\beta_1+l_{31}\cos\theta_{31}+l_{32}\cos\theta_{32} \\ l_{11}\sin\theta_{11}+l_{12}\sin\theta_{12}+l_2\sin(\psi+\varphi_1)=L_2\sin\beta_1+l_{31}\sin\theta_{31}+l_{32}\sin\theta_{32} \\ l_{11}\cos\theta_{11}+l_{12}\cos\theta_{12}+l_3\cos\psi=L_3+l_{21}\cos\theta_{21}+l_{22}\cos\theta_{22} \\ l_{11}\sin\theta_{11}+l_{12}\sin\theta_{12}+l_3\sin\psi=l_{21}\sin\theta_{21}+l_{22}\sin\theta_{22} \end{array}\right. \tag{3-25}$$

同理，各构件质心在 $O\text{-}xy$ 中的坐标分别为

$$\left\{\begin{array}{l} x_{\mathrm{s}11}=l_{\mathrm{s}11}\cos(\theta_{11}+\alpha_{11}) \\ y_{\mathrm{s}11}=l_{\mathrm{s}11}\sin(\theta_{11}+\alpha_{11}) \end{array}\right. \tag{3-26}$$

$$\left\{\begin{array}{l} x_{\mathrm{s}12}=l_{11}\cos\theta_{11}+l_{\mathrm{s}12}\cos(\theta_{12}+\alpha_{12}) \\ y_{\mathrm{s}12}=l_{11}\sin\theta_{11}+l_{\mathrm{s}12}\sin(\theta_{12}+\alpha_{12}) \end{array}\right. \tag{3-27}$$

$$\left\{\begin{array}{l} x_c=l_{11}\cos\theta_{11}+l_{12}\cos\theta_{12}+d\cos(\psi+\alpha) \\ y_c=l_{11}\sin\theta_{11}+l_{12}\sin\theta_{12}+d\sin(\psi+\alpha) \end{array}\right. \tag{3-28}$$

$$\left\{\begin{array}{l} x_{\mathrm{s}21}=l_{\mathrm{s}21}\cos(\theta_{21}+\alpha_{21})+L_3 \\ y_{\mathrm{s}21}=l_{\mathrm{s}21}\sin(\theta_{21}+\alpha_{21}) \end{array}\right. \tag{3-29}$$

$$\left\{\begin{array}{l} x_{\mathrm{s}22}=l_{21}\cos\theta_{21}+l_{\mathrm{s}22}\cos(\theta_{22}+\alpha_{22})+L_3 \\ y_{\mathrm{s}22}=l_{21}\sin\theta_{21}+l_{\mathrm{s}22}\sin(\theta_{22}+\alpha_{22}) \end{array}\right. \tag{3-30}$$

$$\left\{\begin{array}{l} x_{\mathrm{s}31}=l_{\mathrm{s}31}\cos(\theta_{31}+\alpha_{31})+L_2\cos\beta_1 \\ y_{\mathrm{s}31}=l_{\mathrm{s}31}\sin(\theta_{31}+\alpha_{31})+L_2\sin\beta_1 \end{array}\right. \tag{3-31}$$

$$\left\{\begin{array}{l} x_{\mathrm{s}32}=l_{31}\cos\theta_{31}+l_{\mathrm{s}32}\cos(\theta_{32}+\alpha_{32})+L_2\cos\beta_1 \\ y_{\mathrm{s}32}=l_{31}\sin\theta_{31}+l_{\mathrm{s}32}\sin(\theta_{32}+\alpha_{32})+L_2\sin\beta_1 \end{array}\right. \tag{3-32}$$

设 θ_{12}、θ_{22}、θ_{32}、ψ 分别为 θ_{11}、θ_{21} 和 θ_{31} 的函数。由式 (3-25) 分别对 θ_{11}、θ_{21} 和 θ_{31} 求导，并通过化简求解可以得到

$$\frac{\partial\theta_{12}}{\partial\theta_{11}}=\frac{l_{11}\left[l_3\sin(\theta_{11}-\theta_{32})\sin(\psi-\theta_{22})-l_2\sin(\theta_{11}-\theta_{22})\sin(\psi+\varphi_1-\theta_{32})\right]}{l_{12}\lambda}$$

$$\frac{\partial\theta_{22}}{\partial\theta_{11}}=\frac{l_{11}[l_3\sin(\theta_{11}-\theta_{32})\sin(\psi-\theta_{12})+l_3\sin(\theta_{11}-\psi)\sin(\theta_{12}-\theta_{32})}{l_{22}\lambda}$$
$$-\frac{l_2\sin(\theta_{11}-\theta_{12})\sin(\psi+\varphi_1-\theta_{32})]}{l_{22}\lambda}$$

$$\frac{\partial\theta_{32}}{\partial\theta_{11}}=\frac{l_{11}[l_3\sin(\theta_{12}-\theta_{11})\sin(\psi-\theta_{22})+l_2\sin(\psi+\varphi_1-\theta_{11})\sin(\theta_{12}-\theta_{22})}{l_{32}\lambda}\rightarrow$$
$$\leftarrow\frac{-l_2\sin(\theta_{12}-\theta_{22})\sin(\psi+\varphi_1-\theta_{12})]}{l_{32}\lambda}$$

$$\frac{\partial\psi}{\partial\theta_{11}}=\frac{l_{11}\left[\sin(\theta_{11}-\theta_{32})\sin(\theta_{22}-\theta_{12})+\sin(\theta_{11}-\theta_{22})\sin(\theta_{12}-\theta_{32})\right]}{\lambda}$$

$$\frac{\partial\theta_{12}}{\partial\theta_{21}}=\frac{l_{21}l_2\sin(\theta_{21}-\theta_{22})\sin(\psi+\varphi_1-\theta_{32})}{l_{12}\lambda}$$

$$\frac{\partial\theta_{22}}{\partial\theta_{21}}=\frac{l_{21}\left[l_3\sin(\theta_{12}-\theta_{32})\sin(\psi-\theta_{21})-l_2\sin(\theta_{12}-\theta_{21})\sin(\psi+\varphi_1-\theta_{32})\right]}{l_{22}\lambda}$$

$$\frac{\partial\theta_{32}}{\partial\theta_{21}}=\frac{l_{21}l_2\sin(\theta_{21}-\theta_{22})\sin(\psi+\varphi_1-\theta_{12})}{l_{32}\lambda}$$

$$\frac{\partial\psi}{\partial\theta_{21}}=-\frac{l_{21}\sin(\theta_{21}-\theta_{22})\sin(\theta_{12}-\theta_{32})}{\lambda}$$

$$\frac{\partial\theta_{12}}{\partial\theta_{31}}=\frac{l_{31}l_3\sin(\theta_{31}-\theta_{32})\sin(\theta_{22}-\psi)}{l_{12}\lambda}$$

$$\frac{\partial\theta_{22}}{\partial\theta_{31}}=\frac{l_{31}l_3\sin(\theta_{31}-\theta_{32})\sin(\theta_{12}-\psi)}{l_{22}\lambda}$$

$$\frac{\partial\theta_{32}}{\partial\theta_{31}}=\frac{l_{31}\left[l_3\sin(\theta_{12}-\theta_{31})\sin(\psi-\theta_{22})-l_2\sin(\theta_{12}-\theta_{22})\sin(\psi+\varphi_1-\theta_{31})\right]}{l_{32}\lambda}$$

$$\frac{\partial\psi}{\partial\theta_{31}}=\frac{l_{31}\sin(\theta_{31}-\theta_{32})\sin(\theta_{12}-\theta_{22})}{\lambda}$$

$$\lambda=l_3\sin(\theta_{12}-\theta_{32})\sin(\theta_{22}-\psi)+l_2\sin(\theta_{12}-\theta_{22})\sin(\psi+\varphi_1-\theta_{32})$$

式 (3-26)~ 式 (3-32) 分别对时间 t 求导，得

$$\begin{cases}\dot{x}_{si1}=-l_{si1}\dot{\theta}_{i1}\sin(\theta_{i1}+\alpha_{i1})\\ \dot{y}_{si1}=l_{si1}\dot{\theta}_{i1}\cos(\theta_{i1}+\alpha_{i1})\end{cases}\quad(i=1,2,3)\tag{3-33}$$

$$\begin{cases}\dot{x}_{si2}=-l_{i1}\dot{\theta}_{i1}\sin\theta_{i1}-l_{si2}\dot{\theta}_{i2}\sin(\theta_{i2}+\alpha_{i2})\\ \dot{y}_{si2}=l_{i1}\dot{\theta}_{i1}\cos\theta_{i1}+l_{si2}\dot{\theta}_{i2}\cos(\theta_{i2}+\alpha_{i2})\end{cases}\quad(i=1,2,3)\tag{3-34}$$

$$\begin{cases}\dot{x}_c=-l_{11}\dot{\theta}_{11}\sin\theta_{11}-l_{12}\dot{\theta}_{12}\sin\theta_{12}-d\dot{\psi}\sin(\psi+\alpha)\\ \dot{y}_c=l_{11}\dot{\theta}_{11}\cos\theta_{11}+l_{12}\dot{\theta}_{12}\cos\theta_{12}+d\dot{\psi}\cos(\psi+\alpha)\end{cases}\tag{3-35}$$

$$\dot{\theta}_{i2}=\frac{\partial\theta_{i2}}{\partial\theta_{11}}\dot{\theta}_{11}+\frac{\partial\theta_{i2}}{\partial\theta_{21}}\dot{\theta}_{21}+\frac{\partial\theta_{i2}}{\partial\theta_{31}}\dot{\theta}_{31}\quad(i=1,2,3)$$

$$\dot{\psi}=\frac{\partial\psi}{\partial\theta_{11}}\dot{\theta}_{11}+\frac{\partial\psi}{\partial\theta_{21}}\dot{\theta}_{21}+\frac{\partial\psi}{\partial\theta_{31}}\dot{\theta}_{31}$$

3.2.2 3-RRR 并联机构的动力学分析

设构件 M_iA_i 和 $A_iB_i(i$=1,2,3) 的质心速度分别为 v_{si1} 和 v_{si2}，绕质心的转动惯量分别为 J_{i1} 和 J_{i2}；动平台 $B_1B_2B_3$ 的质心速度为 v_c，绕其质心的转动惯量为 J_c。取 O 点处为重力的零势能面位置。不计构件弹性和运动副间摩擦，则机构的总动能 E 和势能 V 分别为

$$\begin{aligned}E &= \sum_{i=1}^{3}\sum_{j=1}^{2}\frac{1}{2}(m_{ij}v_{sij}^2 + J_{ij}\dot{\theta}_{ij}^2) + \frac{1}{2}(m_c v_c^2 + J_c\dot{\psi}^2)\\ &= \frac{1}{2}\left\{\sum_{i=1}^{3}\sum_{j=1}^{2}\left[m_{ij}(\dot{x}_{sij}^2 + \dot{y}_{sij}^2) + J_{ij}\dot{\theta}_{ij}^2\right] + m_c(\dot{x}_c^2 + \dot{y}_c^2) + J_c\dot{\psi}^2\right\}\end{aligned} \tag{3-36}$$

$$V = \sum_{i=1}^{3}\sum_{j=1}^{2}(m_{ij}gy_{sij} + m_c g y_c) \tag{3-37}$$

把式 (3-33)~ 式 (3-35) 代入式 (3-36)，化简得

$$E = \frac{1}{2}\hat{J}_{11}\dot{\theta}_{11}^2 + \frac{1}{2}\hat{J}_{22}\dot{\theta}_{21}^2 + \frac{1}{2}\hat{J}_{33}\dot{\theta}_{31}^2 + \hat{J}_{12}\dot{\theta}_{11}\dot{\theta}_{21} + \hat{J}_{13}\dot{\theta}_{11}\dot{\theta}_{31} + \hat{J}_{23}\dot{\theta}_{21}\dot{\theta}_{31} \tag{3-38}$$

式中

$$\begin{aligned}\hat{J}_{11} =& J_{11} + m_{11}l_{s11}^2 + J_{12}A^2 + m_{12}l_{11}^2 + m_{12}l_{s12}^2A^2 + J_{22}D^2 + m_{22}l_{s22}^2D^2 + J_{32}G^2 +\\ & m_{32}l_{s32}^2G^2 + J_cM^2 + 2m_cl_{12}dM^2\cos(\theta_{12} - \psi - \alpha) + m_cl_{11}^2 + m_cl_{12}^2A^2\\ & +2m_cl_{11}l_{12}A\cos(\theta_{11} - \theta_{12}) + m_cd^2M^2 + 2m_cl_{11}dM\cos(\theta_{11} - \psi - \alpha)\\ & +2m_{12}l_{11}l_{s12}A\cos(\theta_{11} - \theta_{12} - \alpha_{12})\end{aligned}$$

$$\begin{aligned}\hat{J}_{12} =& J_{12}AB + J_{22}DE + m_{12}l_{s12}^2AB + m_{22}l_{s22}^2DE + J_{32}GH\\ & +m_{12}l_{11}l_{s12}B\cos(\theta_{11} - \theta_{12} - \alpha_{12}) + m_{32}l_{s32}^2GH + m_{22}l_{21}l_{s22}D\cos(\theta_{21} - \theta_{22} - \alpha_{22})\\ & +m_cd^2MN + m_cl_{11}dN\cos(\theta_{11} - \psi - \alpha) + m_cl_{12}^2AB + m_cl_{11}l_{12}B\cos(\theta_{11} - \theta_{12})\\ & +J_cMN + 2m_cl_{12}dMN\cos(\theta_{12} - \psi - \alpha)\end{aligned}$$

$$\begin{aligned}\hat{J}_{13} =& J_{12}AC + J_{22}DF + J_{32}GI + m_{12}l_{s12}^2AC + m_{12}l_{11}l_{s12}C\cos(\theta_{11} - \theta_{12} - \alpha_{12})\\ & +m_{22}l_{s22}^2DF + m_{32}l_{s32}^2GI + m_{32}l_{31}l_{s32}G\cos(\theta_{31} - \theta_{32} - \alpha_{32}) + J_cMQ\\ & +m_cl_{11}dQ\cos(\theta_{11} - \psi - \alpha) + m_cl_{12}^2AC + m_cl_{11}l_{12}C\cos(\theta_{11} - \theta_{12})\\ & +m_cd^2MQ + 2m_cl_{12}dMQ\cos(\theta_{12} - \psi - \alpha)\end{aligned}$$

$$\begin{aligned}\hat{J}_{22} =& J_{21} + J_{12}B^2 + m_{21}l_{s21}^2 + m_{22}l_{21}^2 + 2m_{22}l_{21}l_{s22}E\cos(\theta_{21} - \theta_{22} - \alpha_{22}) + m_{12}l_{s12}^2B^2\\ & +m_{22}l_{s22}^2E^2J_{32}H^2 + J_{22}E^2 + m_{32}l_{s32}^2H^2 + m_cl_{12}^2B^2 + J_cN^2\\ & +m_cd^2N^2 + 2m_cl_{12}dN^2\cos(\theta_{12} - \psi - \alpha)\end{aligned}$$

$$\begin{aligned}\hat{J}_{23} =& J_{12}BC + J_{22}EF + J_{32}HI + J_cNQ + m_{12}l_{s12}^2BC + m_{22}l_{s22}^2EF + m_{32}l_{s32}^2HI\\ & +m_{22}l_{21}l_{s22}F\cos(\theta_{21} - \theta_{22} - \alpha_{22}) + m_{32}l_{31}l_{s32}H\cos(\theta_{31} - \theta_{32} - \alpha_{32}) + m_cl_{12}^2BC\\ & +m_cd^2NQ + 2m_cl_{12}dNQ\cos(\theta_{12} - \psi - \alpha)\end{aligned}$$

$$\begin{aligned}\hat{J}_{33} =& J_{31} + J_{12}C^2 + J_{22}F^2 + J_{32}I^2 + m_{31}l_{s31}^2 + m_{32}l_{31}^2 + m_{12}l_{s12}^2C^2 + m_{22}l_{s22}^2F^2 + m_{32}l_{s32}^2I^2\\ & +2m_{32}l_{31}l_{s32}I\cos(\theta_{31} - \theta_{32} - \alpha_{32}) + J_cQ^2\\ & +m_c\left[l_{12}^2C^2 + d^2Q^2 + 2l_{12}dQ^2\cos(\theta_{12} - \psi - \alpha)\right]\end{aligned}$$

$$A=\frac{\partial\theta_{12}}{\partial\theta_{11}}\quad B=\frac{\partial\theta_{12}}{\partial\theta_{21}}\quad C=\frac{\partial\theta_{12}}{\partial\theta_{31}}\quad D=\frac{\partial\theta_{22}}{\partial\theta_{11}}\quad E=\frac{\partial\theta_{22}}{\partial\theta_{21}}\quad F=\frac{\partial\theta_{22}}{\partial\theta_{31}}$$

$$G=\frac{\partial\theta_{32}}{\partial\theta_{11}}\quad H=\frac{\partial\theta_{32}}{\partial\theta_{21}}\quad I=\frac{\partial\theta_{32}}{\partial\theta_{31}}\quad M=\frac{\partial\psi}{\partial\theta_{11}}\quad N=\frac{\partial\psi}{\partial\theta_{21}}\quad Q=\frac{\partial\psi}{\partial\theta_{31}}$$

由式 (3-38) 分别对 θ_{11}、θ_{21}、θ_{31} 和 $\dot\theta_{11}$、$\dot\theta_{21}$、$\dot\theta_{31}$ 求导，得

$$\begin{aligned}\frac{\partial E}{\partial\theta_{i1}}=&\frac{1}{2}\left(\frac{\partial\hat J_{11}}{\partial\theta_{i1}}\dot\theta_{11}^2+\frac{\partial\hat J_{22}}{\partial\theta_{i1}}\dot\theta_{21}^2+\frac{\partial\hat J_{33}}{\partial\theta_{i1}}\dot\theta_{31}^2\right)+\frac{\partial\hat J_{12}}{\partial\theta_{i1}}\dot\theta_{11}\dot\theta_{21}\\&+\frac{\partial\hat J_{13}}{\partial\theta_{i1}}\dot\theta_{11}\dot\theta_{31}+\frac{\partial\hat J_{23}}{\partial\theta_{i1}}\dot\theta_{21}\dot\theta_{31}\quad(i=1,2,3)\end{aligned}\tag{3-39}$$

$$\frac{\partial E}{\partial\dot\theta_{i1}}=\hat J_{1i}\dot\theta_{11}+\hat J_{i2}\dot\theta_{21}+\hat J_{i3}\dot\theta_{31}\quad(J_{32}=J_{23},i=1,2,3)\tag{3-40}$$

将式 (3-37)、式 (3-39) 和式 (3-40) 代入 Lagrange 方程

$$\frac{\mathrm{d}}{\mathrm{d}t}\left(\frac{\partial E}{\partial\dot\theta_{i1}}\right)-\frac{\partial E}{\partial\theta_{i1}}+\frac{\partial V}{\partial\theta_{i1}}=F_i$$

并化简，得

$$\begin{cases}\hat J_{11}\ddot\theta_{11}+\hat J_{12}\ddot\theta_{21}+\hat J_{13}\ddot\theta_{31}+\dfrac{1}{2}\cdot\dfrac{\partial\hat J_{11}}{\partial\theta_{11}}\dot\theta_{11}^2+\dfrac{\partial\hat J_{12}}{\partial\theta_{21}}\dot\theta_{21}^2+\dfrac{\partial\hat J_{13}}{\partial\theta_{31}}\dot\theta_{31}^2+\dfrac{\partial V}{\partial\theta_{11}}=\tau_1\\[2ex]\hat J_{12}\ddot\theta_{11}+\hat J_{22}\ddot\theta_{21}+\hat J_{23}\ddot\theta_{31}+\dfrac{1}{2}\cdot\dfrac{\partial\hat J_{22}}{\partial\theta_{21}}\dot\theta_{21}^2+\dfrac{\partial\hat J_{12}}{\partial\theta_{11}}\dot\theta_{11}^2+\dfrac{\partial\hat J_{23}}{\partial\theta_{31}}\dot\theta_{31}^2+\dfrac{\partial V}{\partial\theta_{21}}=\tau_2\\[2ex]\hat J_{13}\ddot\theta_{11}+\hat J_{23}\ddot\theta_{21}+\hat J_{33}\ddot\theta_{31}+\dfrac{1}{2}\cdot\dfrac{\partial\hat J_{33}}{\partial\theta_{31}}\dot\theta_{31}^2+\dfrac{\partial\hat J_{13}}{\partial\theta_{11}}\dot\theta_{11}^2+\dfrac{\partial\hat J_{23}}{\partial\theta_{21}}\dot\theta_{21}^2+\dfrac{\partial V}{\partial\theta_{31}}=\tau_3\end{cases}\tag{3-41}$$

式 (3-41) 中的 τ_1、τ_2 和 τ_3 分别为对应于驱动角度 θ_{11}、θ_{21} 和 θ_{31} 的系统广义力；$\hat J_{11}$、$\hat J_{22}$、$\hat J_{33}$、$\hat J_{12}$、$\hat J_{13}$ 和 $\hat J_{23}$ 为系统的等效转动惯量；$\hat J_{11}$ 与主动件 M_1A_1(坐标 θ_{11}) 相关，$\hat J_{22}$ 与主动件 M_2A_2(坐标 θ_{21}) 相关，$\hat J_{33}$ 与主动件 M_3A_3(坐标 θ_{31}) 相关，$\hat J_{12}$、$\hat J_{13}$ 和 $\hat J_{23}$ 则为耦合项，见式 (3-38)。显然，这些等效转动惯量的值都随机器人机构位形的变化而改变，从而很大程度上决定了机器人系统的动态特性。其中，$\hat J_{12}$、$\hat J_{13}$ 和 $\hat J_{23}$ 是影响系统动态特性的关键因素，如果能使它们的值变小或变化幅度减少，则对提高机器人系统的运动特性非常有利。然而，$\hat J_{12}$、$\hat J_{13}$ 和 $\hat J_{23}$ 表达式中的各项与角度 θ_{11}、θ_{21} 和 θ_{31} 之间存在复杂的非线性关系，在现有理论和技术条件下很难实现其间的完全解耦。

同时，注意到这些等效转动惯量仅与机构的尺寸、构件质量、转动惯量以及机构的位置等有关, 所以，可以通过合理设置机构的相关参数 (如构件质量重新分布和增加配重等) 达到改善系统动态特性的目的。采取的设计调整措施如下：

(1) $l_{s12}=l_{s22}=l_{s32}=d=0$，使构件 $A_iB_i(i=1,2,3)$ 和动平台的质心分别位于转动副 A_i 和 B_1 上。

(2) 机构的中间连杆 $A_iB_i(i=1,2,3)$ 和动平台选用轻质材料制作。

(3) 采用添加配重的方法，消除动态方程中重力项的影响。

这里根据机械系统添加配重的一般原则，对 3-RRR 并联机构添加平衡质量 $(m_{\mathrm{ep}}, r_{\mathrm{ep}})$ 和 $(m_{\mathrm{e}i}, r_{\mathrm{e}i})(i=1,2,3$，这里不妨设 $\alpha_{11}=\alpha_{21}=\alpha_{31}=0)$，如图 3-10，质量矩满足下列关系

$$\begin{cases} m_{\mathrm{ep}}r_{\mathrm{ep}} = m_c l_{12} \\ m_{\mathrm{e1}}r_{\mathrm{e1}} = m_{11}l_{\mathrm{s11}} + (m_{12} + m_c + m_{\mathrm{ep}})l_{11} \\ m_{\mathrm{e2}}r_{\mathrm{e2}} = m_{21}l_{\mathrm{s21}} + m_{22}l_{21} \\ m_{\mathrm{e3}}r_{\mathrm{e3}} = m_{31}l_{\mathrm{s31}} + m_{32}l_{31} \end{cases} \tag{3-42}$$

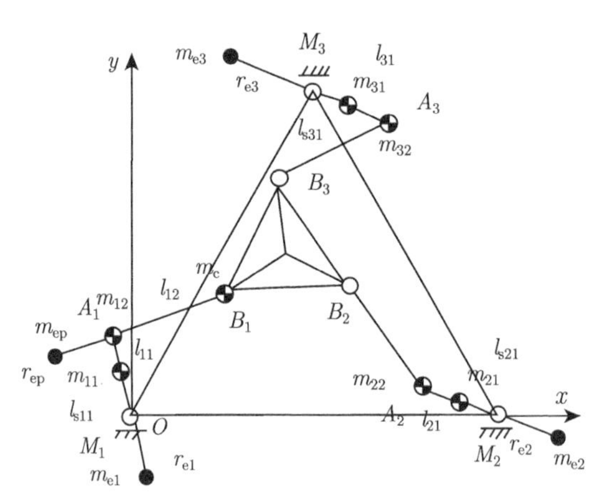

图 3-10　参数调整后的机构示意图

添加平衡质量后可得

$$V = (m_{31} + m_{32} + m_{\mathrm{e3}})gL_2 \sin\beta_1 = \varDelta$$

式中，$\varDelta$ 为常量。这样就消除了系统动力学方程式 (3-41) 中重力项的影响。

针对具体的系统，这里的 r_{e1}、r_{e2}、r_{e3} 和 r_{ep} 可在系统驱动能耗最小，即

$$W = \int_0^{t_{\mathrm{f}}} \left(\sum_{i=1}^{3} |\tau_i \dot{\theta}_{i1}| \right) \mathrm{d}t \tag{3-43}$$

取得最小值时，求得 r_{e1}、r_{e2}、r_{e3} 和 r_{ep} 的最优解 (同时也要考虑结构紧凑美观与工况需要等因素)。这里，t_{f} 为机器人系统运动的终止时刻。

采取上述参数调整后，机构的结构示意图如图 3-10。这时，各等效转动惯量分别化简为

$$\begin{aligned} \tilde{J}_{11} =& J_{11} + m_{11}l_{\mathrm{s11}}^2 + (J_{12} + m_c l_{12}^2 + m_{\mathrm{ep}}r_{\mathrm{ep}}^2 + J_{\mathrm{ep}})A^2 + m_{12}l_{11}^2 + J_{22}D^2 \\ &+ J_{32}G^2 + J_c M^2 + m_c l_{11}^2 + J_{\mathrm{e1}} + m_{\mathrm{e1}}r_{\mathrm{e1}}^2 + m_{\mathrm{ep}}l_{11}^2 \end{aligned}$$

$$\tilde{J}_{12} = (J_{12} + m_c l_{12}^2 + m_{\mathrm{ep}}r_{\mathrm{ep}}^2 + J_{\mathrm{ep}})AB + J_{22}DE + J_{32}GH + J_c MN$$

$$\tilde{J}_{13} = (J_{12} + m_c l_{12}^2 + m_{\mathrm{ep}}r_{\mathrm{ep}}^2 + J_{\mathrm{ep}})AC + J_{22}DF + J_{32}GI + J_c MQ$$

$$\begin{aligned} \tilde{J}_{22} =& J_{21} + m_{22}l_{21}^2 + (J_{12} + m_c l_{12}^2 + m_{\mathrm{ep}}r_{\mathrm{ep}}^2 + J_{\mathrm{ep}})B^2 + J_{22}E^2 + J_{32}H^2 + J_c N^2 \\ &+ m_{21}l_{\mathrm{s21}}^2 + J_{\mathrm{e2}} + m_{\mathrm{e2}}r_{\mathrm{e2}}^2 \end{aligned}$$

$$\tilde{J}_{23}=(J_{12}+m_c l_{12}^2+m_{\rm ep}r_{\rm ep}^2+J_{\rm ep})BC+J_{22}EF+J_{32}HI+J_cNQ$$

$$\tilde{J}_{33}=J_{31}+m_{31}l_{\rm s31}^2+(J_{12}+m_c l_{12}^2+m_{\rm ep}r_{\rm ep}^2+J_{\rm ep})C^2+J_{\rm e3}+J_{22}F^2 + J_{32}I^2+m_{32}l_{31}^2+J_cQ^2+m_{\rm e3}r_{\rm e3}^2$$

用简化后的 $\tilde{J}_{11}$、$\tilde{J}_{22}$、$\tilde{J}_{33}$、$\tilde{J}_{12}$、$\tilde{J}_{13}$、$\tilde{J}_{23}$ 和 V 的表达式代入式 (3-41)，即可得到简化后的系统运动方程为

$$\begin{cases}\tilde{J}_{11}\ddot{\theta}_{11}+\tilde{J}_{12}\ddot{\theta}_{21}+\tilde{J}_{13}\ddot{\theta}_{31}+\dfrac{1}{2}\cdot\dfrac{\partial\tilde{J}_{11}}{\partial\theta_{11}}\dot{\theta}_{11}^2+\dfrac{\partial\tilde{J}_{12}}{\partial\theta_{21}}\dot{\theta}_{21}^2+\dfrac{\partial\tilde{J}_{13}}{\partial\theta_{31}}\dot{\theta}_{31}^2=\tilde{\tau}_1\\ \tilde{J}_{12}\ddot{\theta}_{11}+\tilde{J}_{22}\ddot{\theta}_{21}+\tilde{J}_{23}\ddot{\theta}_{31}+\dfrac{\partial\tilde{J}_{12}}{\partial\theta_{11}}\dot{\theta}_{11}^2+\dfrac{1}{2}\cdot\dfrac{\partial\tilde{J}_{22}}{\partial\theta_{21}}\dot{\theta}_{21}^2+\dfrac{\partial\tilde{J}_{23}}{\partial\theta_{31}}\dot{\theta}_{31}^2=\tilde{\tau}_2\\ \tilde{J}_{13}\ddot{\theta}_{11}+\tilde{J}_{23}\ddot{\theta}_{21}+\tilde{J}_{33}\ddot{\theta}_{31}+\dfrac{\partial\tilde{J}_{13}}{\partial\theta_{11}}\dot{\theta}_{11}^2+\dfrac{\partial\tilde{J}_{23}}{\partial\theta_{21}}\dot{\theta}_{21}^2+\dfrac{1}{2}\cdot\dfrac{\partial\tilde{J}_{33}}{\partial\theta_{31}}\dot{\theta}_{31}^2=\tilde{\tau}_3\end{cases} \tag{3-44}$$

3.2.3 算例分析

一般并联机器人机构常常采用结构对称布置的形式。因此，这里的 3-RRR 并联机构的结构形式也采用对称布置式。设主动关节变量 $\theta_{i1}(i=1,2,3)$ 的运动规律为摆线运动，即

$$\theta_{i1}(t)=\theta_{i\rm I}+(\theta_{i\rm F}-\theta_{i\rm I})s(\zeta)\quad(i=1,2,3) \tag{3-45}$$

式中，$s(\zeta)$ 为摆线时间函数，$\theta_{i\rm I}$ 和 $\theta_{i\rm F}$ 为系统中主动构件运行角度变量的起始值和终止值。

$$s(\zeta)=\zeta-\frac{1}{2\pi}\sin(2\pi\zeta) \tag{3-46}$$

式中，$\zeta=\dfrac{t}{T}$，$0\leqslant t\leqslant T$，T 为运行总时间。

机构设计参数与运行数据如下 $(i=1,2,3)$：

长度：$l_{i1}=50$ mm，$l_i=76$ mm，$l_{i2}=78$ mm，$l_{si1}=25$ mm，$l_{si2}=39$ mm，$d=65.8$ mm，$L_i=232.72$ mm。

质量：$m_{i1}=60.0$ g，$m_{i2}=40.0$ g，$m_c=30.0$ g。

转动惯量：$J_{i1}=8000$ g·mm^2，$J_{i2}=3000$ g·mm^2，$J_c=3000$ g·mm^2。

角度：$\theta_{1\rm I}=53^\circ$，$\theta_{1\rm F}=116^\circ$，$\theta_{2\rm I}=67^\circ$，$\theta_{2\rm F}=124^\circ$，$\theta_{3\rm I}=6^\circ$，$\theta_{3\rm F}=-36^\circ$，$\alpha_{i1}=\alpha_{i2}=0^\circ$。

运行时间：$T=10$ s。

设 $r_{\rm e1}=r_{\rm e2}=r_{\rm e3}=r_{\rm ep}$，由式 (3-42) 求得配重距离 $r_{\rm ep}$ 与系统能耗 E 的关系变化曲线，如图 3-11。从图 3-11 中可以看出，存在最优值 $r_{\rm ep}=0.0227$ m，使得 E 达到最小值。考虑到系统驱动能耗最小和结构紧凑等因素，取 $r_{\rm e1}=r_{\rm e2}=r_{\rm e3}=15$ mm，$r_{\rm ep}=22.7$ mm。

按照前述措施中的 (1)、(3) 项原则，现调整的参数如下 $(i=1,2,3)$：

长度变量：$r_{\rm ei}=15$ mm，$r_{\rm ep}=22.7$ mm，$l_{si2}=0.0$ mm，$d=0.0$ mm。

平衡质量：$m_{\rm e1}=676$ g，$m_{\rm e2}=m_{\rm e3}=233$ g，$m_{\rm ep}=103$ g；其他参数不变。

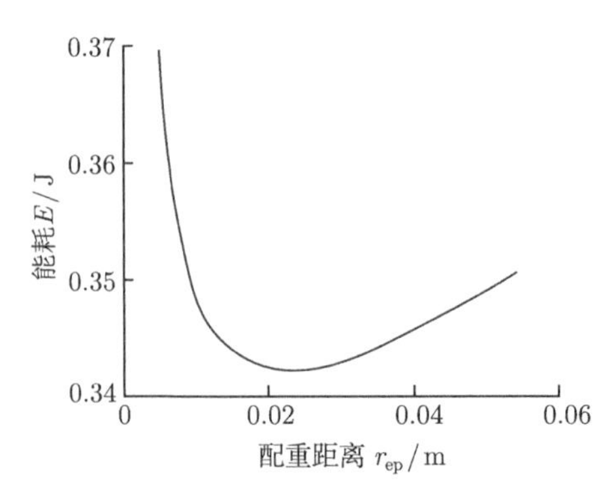

图 3-11 配重距离 r_{ep} 与系统能耗 E 的关系曲线图

参数调整前、后系统的等效转动惯量的变化曲线如图 3-12 所示。图 3-12 中的虚线和实线分别表示参数调整前、后的变化曲线。可见，采取参数调整措施后各等效转动惯量的数值减小且变化平稳，这对系统动态特性的改善非常有利。

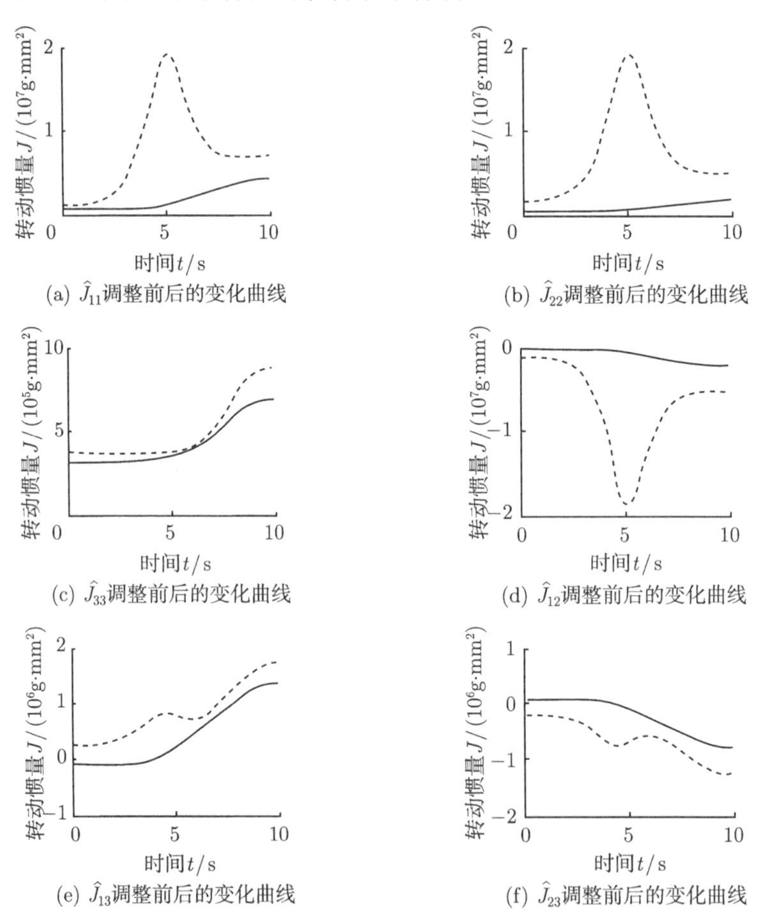

图 3-12 参数调整前、后等效转动惯量的变化曲线

参数调整前、后系统驱动力矩 τ_1、τ_2 和 τ_3 的变化曲线如图 3-13 所示，其中，虚线表示参数调整前的变化曲线，实线表示参数调整后的变化曲线。可知，参数调整后驱动力矩

τ_1 的峰值从 0.0559 N·m 降到了 0.0333 N·m，降低了 40.43%；参数调整后驱动力矩 τ_2 的峰值从 0.0255 N·m 降到了 0.0125 N·m，降低了 50.98%；参数调整后驱动力矩 τ_3 的峰值从 0.0364 N·m 降到了 0.0042 N·m，降低了 88.46%。经过系统参数的调整，系统的驱动能耗也降低较多，如参数调整前系统的能量消耗 W 为 0.846 J，参数调整后系统的能量消耗 W 为 0.3383 J，能耗减少了 60.01%。由于在动态方程中消除了重力项，所以系统的末端响应变得更加快捷。显然，如果采取中间连杆和动平台采用轻质材料等措施，参数调整后系统的优越性会更加明显。

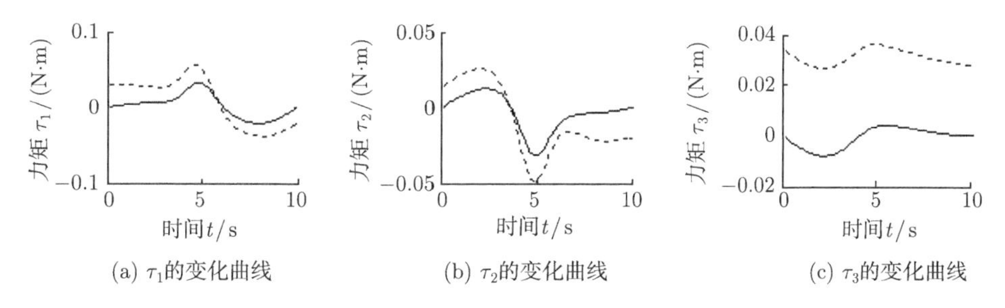

(a) τ_1的变化曲线　(b) τ_2的变化曲线　(c) τ_3的变化曲线

图 3-13 参数调整前、后驱动力矩的变化曲线

3.3 3-RRS 并联机构的运动学与动力学分析

3.3.1 3-RRS 并联机构的位姿分析

3-RRS 并联机构由 1 个动平台 $P_1P_2P_3$、3 条支链 $B_iC_iP_i(i=1,2,3)$ 和 1 个静平台 $B_1B_2B_3$ 组成，机构简图如图 3-14。其中，动平台通过球面副 (S 副) 与各支链连接，静平台通过转动副 (R 副) 与各支链连接，其中 B_i 处转动副的轴线与 $C_i(i=1,2,3)$ 处转动副的轴线对应平行。分别建立与动平台固结的局部 (动) 坐标系 $P\text{-}xyz$ 和系统 (固定) 坐标系 $O\text{-}XYZ$。其中，坐标系的原点 P 和 O 分别位于动平台和静平台的几何中心，轴 z 和 Z 分别垂直于动、静平台向上，轴 x、y 与 X、Y 分别平行和垂直于上、下平台的边 P_2P_3 与 B_2B_3。局部定坐标系 $B_i\text{-}x_iy_iz_i(i=1,2,3)$ 的 x_i 轴与 B_i 处转动副轴线一致，z_i 轴垂直于静平台 $B_1B_2B_3$ 向上，y_i 轴同时垂直于 x_i 和 z_i 轴，如图 3-14 所示。

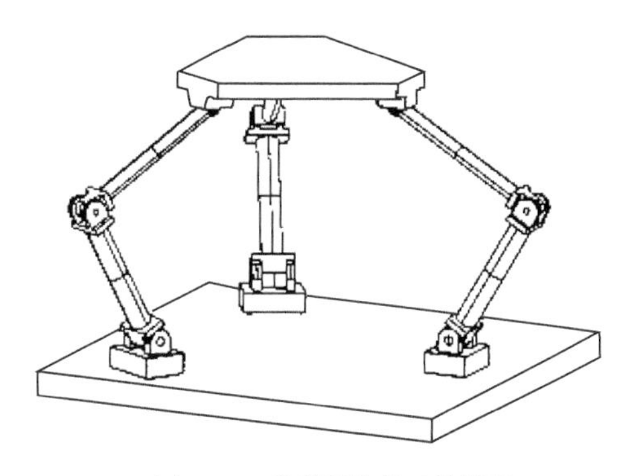

(a) 3-RRS并联机构的三维模型

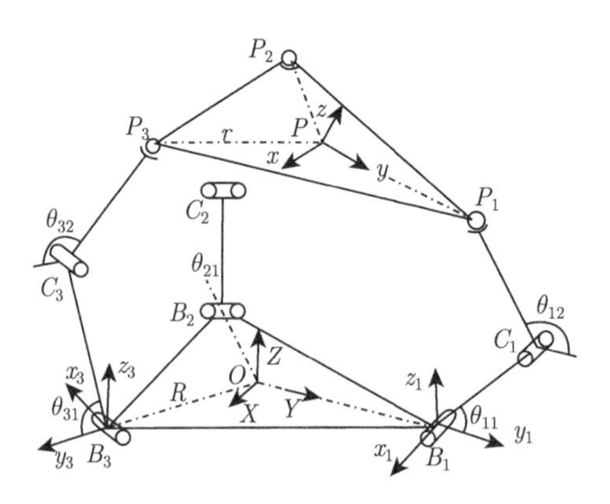

(b) 3-RRS并联机构示意图

图 3-14　3-RRS 并联机构的机构简图

设此 3-RRS 并联机构的动平台和静平台均为等边三角形，并且动、静平台的几何中心到各个顶点的距离分别为 $PP_i = r$、$OB_i = R(i=1,2,3)$。那么，在系统坐标系 $O\text{-}XYZ$ 下，静平台上各转动副 $B_i(i=1,2,3)$ 处的坐标可以表示为

$$\boldsymbol{B}_1 = \begin{bmatrix} 0 \\ R \\ 0 \end{bmatrix} \quad \boldsymbol{B}_2 = \begin{bmatrix} -\dfrac{\sqrt{3}}{2}R \\ -\dfrac{1}{2}R \\ 0 \end{bmatrix} \quad \boldsymbol{B}_3 = \begin{bmatrix} \dfrac{\sqrt{3}}{2}R \\ -\dfrac{1}{2}R \\ 0 \end{bmatrix} \tag{3-47}$$

同理，在局部坐标系 $P\text{-}xyz$ 下，动平台上各球面副 $P_i(i=1,2,3)$ 处的坐标可以表示为

$$\boldsymbol{p}_1 = \begin{bmatrix} 0 \\ r \\ 0 \end{bmatrix} \quad \boldsymbol{p}_2 = \begin{bmatrix} -\dfrac{\sqrt{3}}{2}r \\ -\dfrac{1}{2}r \\ 0 \end{bmatrix} \quad \boldsymbol{p}_3 = \begin{bmatrix} \dfrac{\sqrt{3}}{2}r \\ -\dfrac{1}{2}r \\ 0 \end{bmatrix} \tag{3-48}$$

设从局部动坐标系 $P\text{-}xyz$ 到系统坐标系 $O\text{-}XYZ$ 的变换矩阵 $\boldsymbol{T}$ 为

$$\boldsymbol{T} = \begin{bmatrix} n_i & o_i & a_i & x_p \\ n_j & o_j & a_j & y_p \\ n_k & o_k & a_k & z_p \\ 0 & 0 & 0 & 1 \end{bmatrix} \tag{3-49}$$

式中，n_m、o_m、$a_m(m = i,j,k)$ 分别表示局部坐标系 $P\text{-}xyz$ 中 x、y 和 z 轴的 3 个单位主矢相对于系统坐标系 $O\text{-}XYZ$ 的方向余旋，$(x_p,y_p,z_p)^{\mathrm{T}}$ 是 P 点在系统坐标系 $O\text{-}XYZ$ 下的位置坐标。

那么，在系统坐标系 $O\text{-}XYZ$ 下，动平台上球铰中心处 $P_i(i=1,2,3)$ 点的坐标可以表示为

$$\begin{bmatrix} \boldsymbol{P}_i \\ 1 \end{bmatrix}_{XYZ} = \boldsymbol{T} \begin{bmatrix} \boldsymbol{p}_i \\ 1 \end{bmatrix}_{xyz} \tag{3-50}$$

这里，$\boldsymbol{P}_i$ 和 $\boldsymbol{p}_i$ 分别表示动平台 $P_1P_2P_3$ 上球铰中心处点 $P_i(i=1,2,3)$ 在系统坐标系 $O\text{-}XYZ$ 和局部动坐标系 $P\text{-}xyz$ 中的位置向量。

由于此并联机构中的 3 个支链 $B_1C_1P_1$、$B_2C_2P_2$ 和 $B_3C_3P_3$ 均分别受到 2 个相互平行的转动副的约束，所以，此并联机构动平台 $P_1P_2P_3$ 上球铰中心处 P_1、P_2 和 P_3 点的运动轨迹只能分别位于如下 3 个垂直面内：

$$X = 0 \tag{3-51}$$

$$Y = \frac{\sqrt{3}}{3}X \tag{3-52}$$

$$Y = -\frac{\sqrt{3}}{3}X \tag{3-53}$$

由式 (3-48)~ 式 (3-53) 可以导出此并联机构系统的 3 个约束方程为

$$o_i r + x_p = 0 \tag{3-54}$$

$$\sqrt{3}\left(2y_p - \sqrt{3}n_j r - o_j r\right) = 2x_p - \sqrt{3}n_i r - o_i r \tag{3-55}$$

$$\sqrt{3}\left(\sqrt{3}n_j r - o_j r + 2y_p\right) = o_i r - \sqrt{3}n_i r - 2x_p \tag{3-56}$$

联立式 (3-54)~ 式 (3-56) 并作进一步化简，可得到此并联机构的约束方程为

$$\begin{cases} x_p = -o_i r \\ y_p = \dfrac{r}{2}(o_j - n_i) \\ o_i = n_j \end{cases} \tag{3-57}$$

取 $Z\text{-}Y\text{-}X$ 型欧拉角 (α,β,γ) 表示动平台 $P_1P_2P_3$ 的姿态，则式 (3-49) 可以表示为

$$\boldsymbol{T} = \begin{bmatrix} \cos\alpha\cos\beta & T_1 & T_3 & x_p \\ \sin\alpha\cos\beta & T_2 & T_4 & y_p \\ -\sin\beta & \cos\beta\sin\gamma & \cos\beta\cos\gamma & z_p \\ 0 & 0 & 0 & 1 \end{bmatrix} \tag{3-58}$$

式中

$$T_1 = \cos\alpha\sin\beta\sin\gamma - \sin\alpha\cos\gamma \quad T_2 = \sin\alpha\sin\beta\sin\gamma + \cos\alpha\cos\gamma$$

$$T_3 = \cos\alpha\sin\beta\cos\gamma + \sin\alpha\sin\gamma \quad T_4 = \sin\alpha\sin\beta\cos\gamma - \cos\alpha\sin\gamma$$

联立式 (3-57) 和式 (3-58) 并求解化简，可以得到此并联机构动平台 6 个位姿变量之间的关系如下：

$$\begin{cases} x_p = -r\sin\alpha\cos\beta \\ y_p = \dfrac{r}{2}(\sin\alpha\sin\beta\sin\gamma + \cos\alpha\cos\gamma - \cos\alpha\cos\beta) \\ \alpha = \arctan\dfrac{\sin\beta\sin\gamma}{\cos\beta + \cos\gamma} \end{cases} \tag{3-59}$$

分析式 (3-59)，可以得出如下结论：

(1) z_p 是唯一完全独立的变量，与其他 5 个参量 x_p、y_p、α、β 和 γ 无关。

(2) 机构具有 1 个移动自由度和 2 个转动自由度，共 3 个自由度。但系统的 3 个欧拉角 α、β 和 γ 中只有 2 个可以自由选择。当选定欧拉角 α、β 和 γ 中的任意 2 个 (如 β、γ) 时，坐标 x_p、y_p 将被唯一确定。也就是说，对此机构有 3 个参数可以任意选定，但其中必须包括 z_p，另外 2 个参数可以任意选取。

(3) 当 β 或 γ 中有 1 个为 0 时，则 α=0；当 $\beta\neq 0$ 且 $\gamma\neq 0$ 时，则 $\alpha\neq 0$；当 α=0 时，β 和 γ 两者中至少有 1 个为零。

(4) 当 α=0 或 $\beta=90^o$ 时，x_p=0。

设 3-RRS 并联机构中构件 B_iC_i 和构件 C_iP_i 的长度分别为 l_{i1} 和 $l_{i2}(i=1,2,3)$，与 y_i 轴的夹角分别为 θ_{i1} 和 $\theta_{i2}(i=1,2,3)$；坐标轴 OY 与 y_i 轴的夹角为 $\psi_i(i=1,2,3)$；构件 B_iC_i 和构件 C_iP_i 之间的夹角为 $\varphi_i(i=1,2,3)$，即 $\theta_{i2}=\theta_{i1}+\varphi_i$，如图 3-14。当已知机构的基本尺寸和系统动平台的 6 个位置和姿态参量 x_p、y_p、z_p、α、β 和 γ 时，就可以通过机构的位置分析，得到构件 B_iC_i 和构件 C_iP_i 的位置参数 φ_i 和 $\theta_{i1}(i=1,2,3)$ 的表达式为

$$\begin{cases} \varphi_i = \arccos \dfrac{a_{i1}^2 + a_{i2}^2 - l_{i1}^2 - l_{i2}^2}{2l_{i1}l_{i2}} \\ \theta_{i1} = \dfrac{\pi}{2} - 2\arctan \dfrac{-k_{i2} \pm \sqrt{k_{i1}^2 + k_{i2}^2 - k_{i3}^2}}{k_{i3} - k_{i1}} \end{cases} \tag{3-60}$$

式中

$$\begin{aligned} a_{i1} = &\frac{r}{2}\left[2\cos\alpha\cos\beta\sin^2\psi_i - (T_1 + \sin\alpha\cos\beta)\sin 2\psi_i + 2T_2\cos^2\psi_i - 2\right] \\ &+ y_p\cos\psi_i - x_p\sin\psi_i \end{aligned}$$

$$a_{i2} = r\left(\cos\alpha\sin\gamma + \sin\beta\sin\psi_i\right) + z_p \quad k_{i1} = -2l_{i1}\left(l_{i1} + l_{i2}\cos\varphi_i\right)$$

$$k_{i2} = -2l_{i1}l_{i2}\sin\varphi_i \quad k_{i3} = a_{i1}^2 + a_{i2}^2 + l_{i1}^2 - l_{i2}^2\,(i = 1, 2, 3)$$

由式 (3-60) 可知，当已知 3-RRS 并联机构动平台的输出位姿参量 x_p、y_p、z_p、α、β 和 γ 时，系统一般有 8 种基解位形与之对应。显然，对于给定的操作任务，系统存在 8 种不同的驱动形式与之对应，而系统的驱动形式一般与系统的运动精度、奇异性、驱动力矩和能耗等紧密相关，所以选择合适的机构运动初始位形对系统的运动规划起着非常重要的作用。

3.3.2 3-RRS 并联机构的运动学分析

设 3-RRS 并联机构 (图 3-14) 中轴线 OX 与 OB_i 的夹角为 $\theta_{0i}(i=1,2,3)$，点 $P_i(i=1,2,3)$ 在动坐标系 P-xyz 中的坐标为 $(x_{P_i}, y_{P_i}, 0)^{\mathrm{T}}$，并取 Z-Y-X 型欧拉角 (α, β, γ) 表示动平台 $P_1P_2P_3$ 的姿态。那么，根据点 $P_i(i=1,2,3)$ 的坐标在坐标系 O-XYZ 中的不同表示对应相等，可以得到如下各式：

$$\begin{cases} (R + l_{i1}\cos\theta_{i1} + l_{i2}\cos\theta_{i2})\cos\theta_{0i} = x_{P_i}\cos\alpha\cos\beta - y_{P_i}(\sin\alpha\cos\gamma \\ \qquad\qquad - \cos\alpha\sin\beta\sin\gamma) + x_P \\ (R + l_{i1}\cos\theta_{i1} + l_{i2}\cos\theta_{i2})\sin\theta_{0i} = x_{P_i}\sin\alpha\cos\beta + y_{P_i}(\cos\alpha\cos\gamma \\ \qquad\qquad + \sin\alpha\sin\beta\sin\gamma) + y_P \\ l_{i1}\sin\theta_{i1} + l_{i2}\sin\theta_{i2} = -x_{P_i}\sin\beta + y_{P_i}\cos\beta\sin\gamma + z_P \end{cases} \quad (i = 1, 2, 3) \tag{3-61}$$

由式 (3-61) 分别对 $\theta_{i1}(i=1,2,3)$ 求导，并代入 $\theta_{0i}(i=1,2,3)$ 的值化简，得

$$\left\{\begin{aligned}&(x_{P_1}\sin\alpha\cos\beta+y_{P_1}\cos\alpha\cos\gamma+y_{P_1}\sin\alpha\sin\beta\sin\gamma)\frac{\partial\alpha}{\partial\theta_{11}}\\&\qquad+(x_{P_1}\cos\alpha\sin\beta-y_{P_1}\cos\alpha\cos\beta\sin\gamma)\frac{\partial\beta}{\partial\theta_{11}}\\&\qquad-(y_{P_1}\cos\alpha\sin\beta\cos\gamma+y_{P_1}\sin\alpha\sin\gamma)\frac{\partial\gamma}{\partial\theta_{11}}-\frac{\partial x_P}{\partial\theta_{11}}=0\\&(y_{P_1}\sin\alpha\cos\gamma-x_{P_1}\cos\alpha\cos\beta-y_{P_1}\cos\alpha\sin\beta\sin\gamma)\frac{\partial\alpha}{\partial\theta_{11}}\\&\qquad-l_{12}\sin\theta_{12}\frac{\partial\theta_{12}}{\partial\theta_{11}}(x_{P_1}\sin\alpha\sin\beta-y_{P_1}\sin\alpha\cos\beta\sin\gamma)\frac{\partial\beta}{\partial\theta_{11}}\\&\qquad-y_{P_1}(\cos\alpha\sin\gamma+\sin\alpha\sin\beta\cos\gamma)\frac{\partial\gamma}{\partial\theta_{11}}-\frac{\partial y_P}{\partial\theta_{11}}=l_{11}\sin\theta_{11}+l_{12}\sin\theta_{12}\\&l_{12}\cos\theta_{12}\frac{\partial\theta_{12}}{\partial\theta_{11}}+(x_{P_1}\cos\beta+y_{P_1}\sin\beta\sin\gamma)\frac{\partial\beta}{\partial\theta_{11}}-y_{P_1}\cos\alpha\cos\gamma\frac{\partial\gamma}{\partial\theta_{11}}\\&\qquad-\frac{\partial z_P}{\partial\theta_{11}}=-l_{11}\cos\theta_{11}-l_{12}\cos\theta_{12}\end{aligned}\right.\tag{3-62}$$

$$\left\{\begin{aligned}&(x_{P_2}\sin\alpha\cos\beta+y_{P_2}\cos\alpha\cos\gamma+y_{P_2}\sin\alpha\sin\beta\sin\gamma)\frac{\partial\alpha}{\partial\theta_{11}}\\&\qquad+\frac{\sqrt{3}}{2}l_{22}\sin\theta_{22}\frac{\partial\theta_{22}}{\partial\theta_{11}}+(x_{P_2}\cos\alpha\sin\beta-y_{P_2}\cos\alpha\cos\beta\sin\gamma)\frac{\partial\beta}{\partial\theta_{11}}\\&\qquad-y_{P_2}(\sin\alpha\sin\gamma+\cos\alpha\sin\beta\cos\gamma)\frac{\partial\gamma}{\partial\theta_{11}}-\frac{\partial x_P}{\partial\theta_{11}}=0\\&(y_{P_2}\sin\alpha\cos\gamma-x_{P_2}\cos\alpha\cos\beta-y_{P_2}\cos\alpha\sin\beta\sin\gamma)\frac{\partial\alpha}{\partial\theta_{11}}\\&\qquad+\frac{1}{2}l_{22}\sin\theta_{22}\frac{\partial\theta_{22}}{\partial\theta_{11}}+(x_{P_2}\sin\alpha\sin\beta-y_{P_2}\sin\alpha\cos\beta\sin\gamma)\frac{\partial\beta}{\partial\theta_{11}}\\&\qquad+y_{P_2}(\cos\alpha\sin\gamma-\sin\alpha\sin\beta\cos\gamma)\frac{\partial\gamma}{\partial\theta_{11}}-\frac{\partial y_P}{\partial\theta_{11}}=0\\&l_{22}\cos\theta_{22}\frac{\partial\theta_{22}}{\partial\theta_{11}}+(x_{P_2}\cos\beta+y_{P_2}\sin\beta\sin\gamma)\frac{\partial\beta}{\partial\theta_{11}}\\&\qquad-y_{P_2}\cos\alpha\cos\gamma\frac{\partial\gamma}{\partial\theta_{11}}-\frac{\partial z_P}{\partial\theta_{11}}=0\end{aligned}\right.\tag{3-63}$$

$$\left\{\begin{aligned}&(x_{P_3}\sin\alpha\cos\beta+y_{P_3}\cos\alpha\cos\gamma+y_{P_3}\sin\alpha\sin\beta\sin\gamma)\frac{\partial\alpha}{\partial\theta_{11}}\\&\qquad-\frac{\sqrt{3}}{2}l_{32}\sin\theta_{32}\frac{\partial\theta_{32}}{\partial\theta_{11}}+(x_{P_3}\cos\alpha\sin\beta-y_{P_3}\cos\alpha\cos\beta\sin\gamma)\frac{\partial\beta}{\partial\theta_{11}}\\&\qquad-y_{P_3}(\sin\alpha\sin\gamma+\cos\alpha\sin\beta\cos\gamma)\frac{\partial\gamma}{\partial\theta_{11}}-\frac{\partial x_P}{\partial\theta_{11}}=0\\&-(x_{P_3}\cos\alpha\cos\beta-y_{P_3}\sin\alpha\cos\gamma+y_{P_3}\cos\alpha\sin\beta\sin\gamma)\frac{\partial\alpha}{\partial\theta_{11}}\\&\qquad+\frac{1}{2}l_{32}\sin\theta_{32}\frac{\partial\theta_{32}}{\partial\theta_{11}}+(x_{P_3}\sin\alpha\sin\beta-y_{P_3}\sin\alpha\cos\beta\sin\gamma)\frac{\partial\beta}{\partial\theta_{11}}\\&\qquad+y_{P_3}(\cos\alpha\sin\gamma-\sin\alpha\sin\beta\cos\gamma)\frac{\partial\gamma}{\partial\theta_{11}}-\frac{\partial y_P}{\partial\theta_{11}}=0\\&l_{32}\cos\theta_{32}\frac{\partial\theta_{32}}{\partial\theta_{11}}+(x_{P_3}\cos\beta+y_{P_3}\sin\beta\sin\gamma)\frac{\partial\beta}{\partial\theta_{11}}\\&\qquad-y_{P_3}\cos\beta\cos\gamma\frac{\partial\gamma}{\partial\theta_{11}}-\frac{\partial z_P}{\partial\theta_{11}}=0\end{aligned}\right.\tag{3-64}$$

$$
\left\{
\begin{aligned}
&(x_{P_1}\sin\alpha\cos\beta+y_{P_1}\cos\alpha\cos\gamma+y_{P_1}\sin\alpha\sin\beta\sin\gamma)\frac{\partial\alpha}{\partial\theta_{21}}\\
&\qquad+(x_{P_1}\cos\alpha\sin\beta-y_{P_1}\cos\alpha\cos\beta\sin\gamma)\frac{\partial\beta}{\partial\theta_{21}}\\
&\qquad-(y_{P_1}\cos\alpha\sin\beta\cos\gamma+y_{P_1}\sin\alpha\sin\gamma)\frac{\partial\gamma}{\partial\theta_{21}}-\frac{\partial x_P}{\partial\theta_{21}}=0\\
&(y_{P_1}\sin\alpha\cos\gamma-x_{P_1}\cos\alpha\cos\beta-y_{P_1}\cos\alpha\sin\beta\sin\gamma)\frac{\partial\alpha}{\partial\theta_{21}}\\
&\qquad-l_{12}\sin\theta_{12}\frac{\partial\theta_{12}}{\partial\theta_{21}}+(x_{P_1}\sin\beta-y_{P_1}\cos\beta\sin\gamma)\sin\alpha\frac{\partial\beta}{\partial\theta_{21}}\\
&\qquad-y_{P_1}(\cos\alpha\sin\gamma+\sin\alpha\sin\beta\cos\gamma)\frac{\partial\gamma}{\partial\theta_{21}}-\frac{\partial y_P}{\partial\theta_{21}}=0\\
&l_{12}\cos\theta_{12}\frac{\partial\theta_{12}}{\partial\theta_{21}}+(x_{P_1}\cos\beta+y_{P_1}\sin\beta\sin\gamma)\frac{\partial\beta}{\partial\theta_{21}}\\
&\qquad-y_{P_1}\cos\alpha\cos\gamma\frac{\partial\gamma}{\partial\theta_{21}}-\frac{\partial z_P}{\partial\theta_{21}}=0
\end{aligned}
\right.
\tag{3-65}
$$

$$
\left\{
\begin{aligned}
&(x_{P_3}\sin\alpha\cos\beta+y_{P_3}\cos\alpha\cos\gamma+y_{P_3}\sin\alpha\sin\beta\sin\gamma)\frac{\partial\alpha}{\partial\theta_{21}}\\
&\qquad-\frac{\sqrt{3}}{2}l_{32}\sin\theta_{32}\frac{\partial\theta_{32}}{\partial\theta_{21}}+(x_{P_3}\sin\beta-y_{P_3}\cos\beta\sin\gamma)\cos\alpha\frac{\partial\beta}{\partial\theta_{21}}\\
&\qquad-y_{P_3}(\sin\alpha\sin\gamma+\cos\alpha\sin\beta\cos\gamma)\frac{\partial\gamma}{\partial\theta_{21}}-\frac{\partial x_P}{\partial\theta_{21}}=0\\
&-(x_{P_3}\cos\alpha\cos\beta-y_{P_3}\sin\alpha\cos\gamma+y_{P_3}\cos\alpha\sin\beta\sin\gamma)\frac{\partial\alpha}{\partial\theta_{21}}\\
&\qquad+\frac{1}{2}l_{32}\sin\theta_{32}\frac{\partial\theta_{32}}{\partial\theta_{21}}+(x_{P_3}\sin\beta-y_{P_3}\cos\beta\sin\gamma)\sin\alpha\frac{\partial\beta}{\partial\theta_{21}}\\
&\qquad+y_{P_3}(\cos\alpha\sin\gamma-\sin\alpha\sin\beta\cos\gamma)\frac{\partial\gamma}{\partial\theta_{21}}-\frac{\partial y_P}{\partial\theta_{21}}=0\\
&l_{32}\cos\theta_{32}\frac{\partial\theta_{32}}{\partial\theta_{21}}+(x_{P_3}\cos\beta+y_{P_3}\sin\beta\sin\gamma)\frac{\partial\beta}{\partial\theta_{21}}\\
&\qquad-y_{P_3}\cos\beta\cos\gamma\frac{\partial\gamma}{\partial\theta_{21}}-\frac{\partial z_P}{\partial\theta_{21}}=0
\end{aligned}
\right.
\tag{3-66}
$$

$$
\left\{
\begin{aligned}
&(x_{P_2}\sin\alpha\cos\beta+y_{P_2}\cos\alpha\cos\gamma+y_{P_2}\sin\alpha\sin\beta\sin\gamma)\frac{\partial\alpha}{\partial\theta_{21}}\\
&\quad+\frac{\sqrt{3}}{2}l_{22}\sin\theta_{22}\frac{\partial\theta_{22}}{\partial\theta_{21}}+(x_{P_2}\sin\beta-y_{P_2}\cos\beta\sin\gamma)\cos\alpha\frac{\partial\beta}{\partial\theta_{21}}-\frac{\partial x_P}{\partial\theta_{21}}\\
&\quad-y_{P_2}(\sin\alpha\sin\gamma+\cos\alpha\sin\beta\cos\gamma)\frac{\partial\gamma}{\partial\theta_{21}}=-\frac{\sqrt{3}}{2}(l_{21}\sin\theta_{21}+l_{22}\sin\theta_{22})\\
&(y_{P_2}\sin\alpha\cos\gamma-x_{P_2}\cos\alpha\cos\beta-y_{P_2}\cos\alpha\sin\beta\sin\gamma)\frac{\partial\alpha}{\partial\theta_{21}}\\
&\quad+\frac{1}{2}l_{22}\sin\theta_{22}\frac{\partial\theta_{22}}{\partial\theta_{21}}+(x_{P_2}\sin\beta-y_{P_2}\cos\beta\sin\gamma)\sin\alpha\frac{\partial\beta}{\partial\theta_{21}}-\frac{\partial y_P}{\partial\theta_{21}}\\
&\quad+y_{P_2}(\cos\alpha\sin\gamma-\sin\alpha\sin\beta\cos\gamma)\frac{\partial\gamma}{\partial\theta_{21}}=-\frac{1}{2}(l_{21}\sin\theta_{21}+l_{22}\sin\theta_{22})\\
&l_{22}\cos\theta_{22}\frac{\partial\theta_{22}}{\partial\theta_{21}}+(x_{P_2}\cos\beta+y_{P_2}\sin\beta\sin\gamma)\frac{\partial\beta}{\partial\theta_{21}}\\
&\quad-y_{P_2}\cos\alpha\cos\gamma\frac{\partial\gamma}{\partial\theta_{21}}-\frac{\partial z_P}{\partial\theta_{21}}=-l_{21}\cos\theta_{21}-l_{22}\cos\theta_{22}
\end{aligned}
\right.
\tag{3-67}
$$

$$\left\{\begin{aligned}&(x_{P_1}\sin\alpha\cos\beta+y_{P_1}\cos\alpha\cos\gamma+y_{P_1}\sin\alpha\sin\beta\sin\gamma)\frac{\partial\alpha}{\partial\theta_{31}}\\&\qquad+(x_{P_1}\cos\alpha\sin\beta-y_{P_1}\cos\alpha\cos\beta\sin\gamma)\frac{\partial\beta}{\partial\theta_{31}}-\frac{\partial x_P}{\partial\theta_{31}}\\&\qquad-(y_{P_1}\cos\alpha\sin\beta\cos\gamma+y_{P_1}\sin\alpha\sin\gamma)\frac{\partial\gamma}{\partial\theta_{31}}=0\\&(y_{P_1}\sin\alpha\cos\gamma-x_{P_1}\cos\alpha\cos\beta-y_{P_1}\cos\alpha\sin\beta\sin\gamma)\frac{\partial\alpha}{\partial\theta_{31}}\\&\qquad-l_{12}\sin\theta_{12}\frac{\partial\theta_{12}}{\partial\theta_{31}}+(x_{P_1}\sin\beta-y_{P_1}\cos\beta\sin\gamma)\sin\alpha\frac{\partial\beta}{\partial\theta_{31}}\\&\qquad-y_{P_1}(\cos\alpha\sin\gamma+\sin\alpha\sin\beta\cos\gamma)\frac{\partial\gamma}{\partial\theta_{31}}-\frac{\partial y_P}{\partial\theta_{31}}=0\\&l_{12}\cos\theta_{12}\frac{\partial\theta_{12}}{\partial\theta_{31}}+(x_{P_1}\cos\beta+y_{P_1}\sin\beta\sin\gamma)\frac{\partial\beta}{\partial\theta_{31}}\\&\qquad-y_{P_1}\cos\alpha\cos\gamma\frac{\partial\gamma}{\partial\theta_{31}}-\frac{\partial z_P}{\partial\theta_{31}}=0\end{aligned}\right.\tag{3-68}$$

$$\left\{\begin{aligned}&(x_{P_2}\sin\alpha\cos\beta+y_{P_2}\cos\alpha\cos\gamma+y_{P_2}\sin\alpha\sin\beta\sin\gamma)\frac{\partial\alpha}{\partial\theta_{31}}\\&\qquad+\frac{\sqrt{3}}{2}l_{22}\sin\theta_{22}\frac{\partial\theta_{22}}{\partial\theta_{31}}+(x_{P_2}\sin\beta-y_{P_2}\cos\beta\sin\gamma)\cos\alpha\frac{\partial\beta}{\partial\theta_{31}}\\&\qquad-y_{P_2}(\sin\alpha\sin\gamma+\cos\alpha\sin\beta\cos\gamma)\frac{\partial\gamma}{\partial\theta_{31}}-\frac{\partial x_P}{\partial\theta_{31}}=0\\&(y_{P_2}\sin\alpha\cos\gamma-x_{P_2}\cos\alpha\cos\beta-y_{P_2}\cos\alpha\sin\beta\sin\gamma)\frac{\partial\alpha}{\partial\theta_{31}}\\&\qquad+\frac{1}{2}l_{22}\sin\theta_{22}\frac{\partial\theta_{22}}{\partial\theta_{31}}+(x_{P_2}\sin\beta-y_{P_2}\cos\beta\sin\gamma)\sin\alpha\frac{\partial\beta}{\partial\theta_{31}}\\&\qquad+y_{P_2}(\cos\alpha\sin\gamma-\sin\alpha\sin\beta\cos\gamma)\frac{\partial\gamma}{\partial\theta_{31}}-\frac{\partial y_P}{\partial\theta_{31}}=0\\&l_{22}\cos\theta_{22}\frac{\partial\theta_{22}}{\partial\theta_{31}}+(x_{P_2}\cos\beta+y_{P_2}\sin\beta\sin\gamma)\frac{\partial\beta}{\partial\theta_{31}}\\&\qquad-y_{P_2}\cos\alpha\cos\gamma\frac{\partial\gamma}{\partial\theta_{31}}-\frac{\partial z_P}{\partial\theta_{31}}=0\end{aligned}\right.\tag{3-69}$$

$$\left\{\begin{aligned}&(x_{P_3}\sin\alpha\cos\beta+y_{P_3}\cos\alpha\cos\gamma+y_{P_3}\sin\alpha\sin\beta\sin\gamma)\frac{\partial\alpha}{\partial\theta_{31}}\\&\qquad-\frac{\sqrt{3}}{2}l_{32}\sin\theta_{32}\frac{\partial\theta_{32}}{\partial\theta_{31}}+(x_{P_3}\sin\beta-y_{P_3}\cos\beta\sin\gamma)\cos\alpha\frac{\partial\beta}{\partial\theta_{31}}-\frac{\partial x_P}{\partial\theta_{31}}\\&\qquad-y_{P_3}(\sin\alpha\sin\gamma+\cos\alpha\sin\beta\cos\gamma)\frac{\partial\gamma}{\partial\theta_{31}}=\frac{\sqrt{3}}{2}(l_{31}\sin\theta_{31}+l_{32}\sin\theta_{32})\\&-(x_{P_3}\cos\alpha\cos\beta-y_{P_3}\sin\alpha\cos\gamma+y_{P_3}\cos\alpha\sin\beta\sin\gamma)\frac{\partial\alpha}{\partial\theta_{31}}\\&\qquad+\frac{1}{2}l_{32}\sin\theta_{32}\frac{\partial\theta_{32}}{\partial\theta_{31}}+(x_{P_3}\sin\beta-y_{P_3}\cos\beta\sin\gamma)\sin\alpha\frac{\partial\beta}{\partial\theta_{31}}-\frac{\partial y_P}{\partial\theta_{31}}\\&\qquad+y_{P_3}(\cos\alpha\sin\gamma-\sin\alpha\sin\beta\cos\gamma)\frac{\partial\gamma}{\partial\theta_{31}}=-\frac{1}{2}(l_{31}\sin\theta_{31}+l_{32}\sin\theta_{32})\\&l_{32}\cos\theta_{32}\frac{\partial\theta_{32}}{\partial\theta_{31}}+(x_{P_3}\cos\beta+y_{P_3}\sin\beta\sin\gamma)\frac{\partial\beta}{\partial\theta_{31}}\\&\qquad-y_{P_3}\cos\beta\cos\gamma\frac{\partial\gamma}{\partial\theta_{31}}-\frac{\partial z_P}{\partial\theta_{31}}=-(l_{31}\cos\theta_{31}+l_{32}\cos\theta_{32})\end{aligned}\right.\tag{3-70}$$

在系统坐标系 O-XYZ 下，设支链 $B_iC_iP_i(i=1,2,3)$ 中构件 B_iC_i 和 C_iP_i 的质心坐标分别为 $(x_{i1c},\ y_{i1c},\ z_{i1c})^{\mathrm{T}}$ 和 $(x_{i2c},\ y_{i2c},\ z_{i2c})^{\mathrm{T}}$，则

$$\begin{cases} x_{11c}=0 \\ y_{11c}=R+\dfrac{1}{2}l_{11}\cos\theta_{11} \\ z_{11c}=\dfrac{1}{2}l_{11}\sin\theta_{11} \end{cases} \tag{3-71}$$

$$\begin{cases} x_{12c}=0 \\ y_{12c}=R+l_{11}\cos\theta_{11}+\dfrac{1}{2}l_{12}\cos\theta_{12} \\ z_{12c}=l_{11}\sin\theta_{11}+\dfrac{1}{2}l_{12}\sin\theta_{12} \end{cases} \tag{3-72}$$

$$\begin{cases} x_{21c}=\left(R+\dfrac{1}{2}l_{21}\cos\theta_{21}\right)\cos\theta_{02} \\ y_{21c}=\left(R+\dfrac{1}{2}l_{21}\cos\theta_{21}\right)\sin\theta_{02} \\ z_{21c}=\dfrac{1}{2}l_{21}\sin\theta_{21} \end{cases} \tag{3-73}$$

$$\begin{cases} x_{22c}=\left(R+l_{21}\cos\theta_{21}+\dfrac{1}{2}l_{22}\cos\theta_{22}\right)\cos\theta_{02} \\ y_{22c}=\left(R+l_{21}\cos\theta_{21}+\dfrac{1}{2}l_{22}\cos\theta_{22}\right)\sin\theta_{02} \\ z_{22c}=l_{21}\sin\theta_{21}+\dfrac{1}{2}l_{22}\sin\theta_{22} \end{cases} \tag{3-74}$$

$$\begin{cases} x_{31c}=\left(R+\dfrac{1}{2}l_{31}\cos\theta_{31}\right)\cos\theta_{03} \\ y_{31c}=\left(R+\dfrac{1}{2}l_{31}\cos\theta_{31}\right)\sin\theta_{03} \\ z_{31c}=\dfrac{1}{2}l_{31}\sin\theta_{31} \end{cases} \tag{3-75}$$

$$\begin{cases} x_{32c}=\left(R+l_{31}\cos\theta_{31}+\dfrac{1}{2}l_{32}\cos\theta_{32}\right)\cos\theta_{03} \\ y_{32c}=\left(R+l_{31}\cos\theta_{31}+\dfrac{1}{2}l_{32}\cos\theta_{32}\right)\sin\theta_{03} \\ z_{32c}=l_{31}\sin\theta_{31}+\dfrac{1}{2}l_{32}\sin\theta_{32} \end{cases} \tag{3-76}$$

把系统运动参量 θ_{12}、θ_{22} 和 θ_{32} 作为系统输入参量 θ_{11}、θ_{21} 和 θ_{31} 的函数。式 (3-71)~式 (3-76) 分别对时间 t 求导，可以得到

$$\begin{cases} \dot{x}_{11c}=0 \\ \dot{y}_{11c}=-\dfrac{1}{2}l_{11}\dot{\theta}_{11}\sin\theta_{11} \\ \dot{z}_{11c}=\dfrac{1}{2}l_{11}\dot{\theta}_{11}\cos\theta_{11} \end{cases} \tag{3-77}$$

$$\begin{cases} \dot{x}_{12c} = 0 \\ \dot{y}_{12c} = -l_{11}\dot{\theta}_{11}\sin\theta_{11} - \dfrac{1}{2}l_{12}\dot{\theta}_{12}\sin\theta_{12} \\ \dot{z}_{12c} = l_{11}\dot{\theta}_{11}\cos\theta_{11} + \dfrac{1}{2}l_{12}\dot{\theta}_{12}\cos\theta_{12} \end{cases} \tag{3-78}$$

$$\begin{cases} \dot{x}_{21c} = -\dfrac{1}{2}l_{21}\dot{\theta}_{21}\cos\theta_{02}\sin\theta_{21} \\ \dot{y}_{21c} = -\dfrac{1}{2}l_{21}\dot{\theta}_{21}\sin\theta_{02}\sin\theta_{21} \\ \dot{z}_{21c} = \dfrac{1}{2}l_{21}\dot{\theta}_{21}\cos\theta_{21} \end{cases} \tag{3-79}$$

$$\begin{cases} \dot{x}_{22c} = \left(-l_{21}\dot{\theta}_{21}\sin\theta_{21} - \dfrac{1}{2}l_{22}\dot{\theta}_{22}\sin\theta_{22}\right)\cos\theta_{02} \\ \dot{y}_{22c} = \left(-l_{21}\dot{\theta}_{21}\sin\theta_{21} - \dfrac{1}{2}l_{22}\dot{\theta}_{22}\sin\theta_{22}\right)\sin\theta_{02} \\ \dot{z}_{22c} = l_{21}\dot{\theta}_{21}\cos\theta_{21} + \dfrac{1}{2}l_{22}\dot{\theta}_{22}\cos\theta_{22} \end{cases} \tag{3-80}$$

$$\begin{cases} \dot{x}_{31c} = -\dfrac{1}{2}l_{31}\dot{\theta}_{31}\cos\theta_{03}\sin\theta_{31} \\ \dot{y}_{31c} = -\dfrac{1}{2}l_{31}\dot{\theta}_{31}\sin\theta_{03}\sin\theta_{31} \\ \dot{z}_{31c} = \dfrac{1}{2}l_{31}\dot{\theta}_{31}\cos\theta_{31} \end{cases} \tag{3-81}$$

$$\begin{cases} \dot{x}_{32c} = \left(-l_{31}\dot{\theta}_{31}\sin\theta_{31} - \dfrac{1}{2}l_{32}\dot{\theta}_{32}\sin\theta_{32}\right)\cos\theta_{03} \\ \dot{y}_{32c} = \left(-l_{31}\dot{\theta}_{31}\sin\theta_{31} - \dfrac{1}{2}l_{32}\dot{\theta}_{32}\sin\theta_{32}\right)\sin\theta_{03} \\ \dot{z}_{32c} = l_{31}\dot{\theta}_{31}\cos\theta_{31} + \dfrac{1}{2}l_{32}\dot{\theta}_{32}\cos\theta_{32} \end{cases} \tag{3-82}$$

式中，$\dot{\theta}_{i2} = \dfrac{\partial\theta_{i2}}{\partial\theta_{11}}\dot{\theta}_{11} + \dfrac{\partial\theta_{i2}}{\partial\theta_{21}}\dot{\theta}_{21} + \dfrac{\partial\theta_{i2}}{\partial\theta_{31}}\dot{\theta}_{31}(i\text{=}1,2,3)$。

3.3.3　3-RRS 并联机构的动力学分析

设构件 B_iC_i 和 $C_iP_i(i\text{=}1,2,3)$ 的质心速度分别为 $\boldsymbol{v}_{i1} = (\dot{x}_{i1c}, \dot{y}_{i1c}, \dot{z}_{i1c})^{\mathrm{T}}$ 和 $\boldsymbol{v}_{i2} = (\dot{x}_{i2c}, \dot{y}_{i2c}, \dot{z}_{i2c})^{\mathrm{T}}$，构件质量分别为 m_{i1} 和 $m_{i2}(i\text{=}1,2,3)$，绕质心的转动惯量分别记为 J_{i1} 和 $J_{i2}(i = 1,2,3)$；设动平台 $P_1P_2P_3$ 的质量为 m_0，动平台相对于 $P\text{-}xyz$ 坐标系的惯性矩阵为 $\boldsymbol{I}_p$(主转动惯量分别为 J_x、J_y 和 J_z)，动平台质心处 P 点的速度和动平台的角速度分别表示为 $\boldsymbol{v}_p = (\dot{x}_p, \dot{y}_p, \dot{z}_p)^{\mathrm{T}}$、$\boldsymbol{\omega}_p = (\dot{\gamma}, \dot{\beta}, \dot{\alpha})^{\mathrm{T}}$。取平面 $O\text{-}XY$ 为重力的零势能面位置。不计构件弹性和运动副间摩擦，则系统的动能 T 和势能 V 可分别表示为

$$\begin{aligned} T =& \frac{1}{2}\left\{\left[m_{11}(\dot{x}_{11c}^2 + \dot{y}_{11c}^2 + \dot{z}_{11c}^2) + J_{11}\dot{\theta}_{11}^2\right] + \left[m_{12}(\dot{x}_{12c}^2 + \dot{y}_{12c}^2 + \dot{y}_{12c}^2) + J_{12}\dot{\theta}_{12}^2\right]\right\} \\ &+ \frac{1}{2}\left\{\left[m_{21}(\dot{x}_{21c}^2 + \dot{y}_{21c}^2 + \dot{z}_{21c}^2) + J_{21}\dot{\theta}_{21}^2\right] + \left[m_{22}(\dot{x}_{22c}^2 + \dot{y}_{22c}^2 + \dot{y}_{22c}^2) + J_{22}\dot{\theta}_{22}^2\right]\right\} \end{aligned}$$

$$
\begin{aligned}
&+\frac{1}{2}\left\{\left[m_{31}(\dot{x}_{31c}^2+\dot{y}_{31c}^2+\dot{z}_{31c}^2)+J_{31}\dot{\theta}_{31}^2\right]+\left[m_{32}(\dot{x}_{32c}^2+\dot{y}_{32c}^2+\dot{y}_{32c}^2)+J_{32}\dot{\theta}_{32}^2\right]\right\}\\
&+\frac{1}{2}\left\{\left[m_0(\dot{x}_p^2+\dot{y}_p^2+\dot{z}_p^2)+J_x\dot{\alpha}^2+J_y\dot{\beta}^2+J_z\dot{\gamma}^2\right]\right\}\\
=&\frac{1}{2}\left\{\sum_{i=1}^{3}\sum_{j=1}^{2}\left[m_{ij}(\dot{x}_{ijc}^2+\dot{y}_{ijc}^2+\dot{z}_{ijc}^2)+J_{ij}\dot{\theta}_{ij}^2\right]+\left(m_0\boldsymbol{v}_p^{\mathrm{T}}\boldsymbol{v}_p+\boldsymbol{\omega}_p^{\mathrm{T}}\boldsymbol{I}_p\boldsymbol{\omega}_p\right)\right\}
\end{aligned}
\tag{3-83}
$$

$$
V=\sum_{i=1}^{3}\sum_{j=1}^{2}m_{ij}gz_{ijc}+m_0gz_p \tag{3-84}
$$

把式 (3-77)~ 式 (3-82) 分别代入式 (3-83) 并进行化简，可以得到

$$
T=\frac{1}{2}\left(\hat{J}_{11}\dot{\theta}_{11}^2+\hat{J}_{22}\dot{\theta}_{21}^2+\hat{J}_{33}\dot{\theta}_{31}^2\right)+\hat{J}_{12}\dot{\theta}_{11}\dot{\theta}_{21}+\hat{J}_{13}\dot{\theta}_{11}\dot{\theta}_{31}+\hat{J}_{23}\dot{\theta}_{21}\dot{\theta}_{31} \tag{3-85}
$$

这里

$$
\begin{aligned}
\hat{J}_{11}=&J_{11}+J_{12}A_1^2+J_{22}B_1^2+J_{32}C_1^2+m_0\left(D_1^2+E_1^2+F_1^2\right)+J_xG_1^2+J_yH_1^2+J_zI_1^2\\
&+\frac{1}{4}\left[\left(m_{11}+m_{12}\sin^2\theta_{11}\right)l_{11}^2+m_{22}l_{22}^2B_1^2+m_{32}l_{32}^2C_1^2\right]\\
&+\frac{1}{4}m_{12}\left(2l_{11}\cos\theta_{11}+l_{12}A_1\cos\theta_{12}\right)^2
\end{aligned}
$$

$$
\begin{aligned}
\hat{J}_{22}=&J_{21}+J_{12}A_2^2+J_{22}B_2^2+J_{32}C_2^2+\frac{1}{4}\left(m_{21}l_{21}^2+m_{12}l_{12}^2A_2^2\cos^2\theta_{12}+m_{22}l_{22}^2B_2^2+m_{32}l_{32}^2C_2^2\right)\\
&+m_{22}\left[l_{21}^2+l_{21}l_{22}B_2\cos\left(\theta_{22}-\theta_{21}\right)\right]+m_0\left(D_2^2+E_2^2+F_2^2\right)+J_xG_2^2+J_yH_2^2+J_zI_2^2
\end{aligned}
$$

$$
\begin{aligned}
\hat{J}_{33}=&J_{31}+J_{12}A_3^2+J_{22}B_3^2+J_{32}C_3^2+\frac{1}{4}\left(m_{31}l_{31}^2+m_{12}l_{12}^2A_3^2\cos^2\theta_{12}+m_{22}l_{22}^2B_3^2+m_{32}l_{32}^2C_3^2\right)\\
&+m_{32}\left[l_{31}^2+l_{31}l_{32}C_3\cos\left(\theta_{32}-\theta_{31}\right)\right]+m_0\left(D_3^2+E_3^2+F_3^2\right)+J_xG_3^2+J_yH_3^2+J_zI_3^2
\end{aligned}
$$

$$
\begin{aligned}
\hat{J}_{12}=&J_{12}A_1A_2+J_{22}B_1B_2+J_{32}C_1C_2+\frac{1}{4}\left(m_{32}l_{32}^2C_1C_2+m_{12}l_{12}^2A_1A_2\cos^2\theta_{12}\right.\\
&\left.+2m_{12}l_{11}l_{12}A_2\cos\theta_{11}\cos\theta_{12}\right)+\frac{1}{4}\left[m_{22}l_{22}^2B_1B_2+2m_{22}l_{21}l_{22}B_1\cos\left(\theta_{22}-\theta_{21}\right)\right]\\
&+m_0\left(D_1D_2+E_1E_2+F_1F_2\right)+J_xG_1G_2+J_yH_1H_2+J_zI_1I_2
\end{aligned}
$$

$$
\begin{aligned}
\hat{J}_{13}=&J_{12}A_1A_3+J_{22}B_1B_3+J_{32}C_1C_3+\frac{1}{4}\left(m_{22}l_{22}^2B_1B_3+m_{12}l_{12}^2A_1A_3\cos^2\theta_{12}\right.\\
&\left.+2m_{12}l_{11}l_{12}A_3\cos\theta_{11}\cos\theta_{12}\right)+\frac{1}{4}\left[m_{32}l_{32}^2C_1C_3+2m_{32}l_{31}l_{32}C_1\cos\left(\theta_{32}-\theta_{31}\right)\right]\\
&+m_0\left(D_1D_3+E_1E_3+F_1F_3\right)+J_xG_1G_3+J_yH_1H_3+J_zI_1I_3
\end{aligned}
$$

$$
\begin{aligned}
\hat{J}_{23}=&J_{12}A_2A_3+J_{22}B_2B_3+J_{32}C_2C_3+\frac{1}{4}\left[m_{12}l_{12}^2A_2A_3\cos^2\theta_{12}+m_{22}l_{22}^2B_2B_3\right.\\
&\left.+2m_{22}l_{21}l_{22}B_3\cos\left(\theta_{22}-\theta_{21}\right)\right]+\frac{1}{4}\left[m_{32}l_{32}^2C_2C_3+2m_{32}l_{31}l_{32}C_2\cos\left(\theta_{32}-\theta_{31}\right)\right]\\
&+m_0\left(D_2D_3+E_2E_3+F_2F_3\right)+J_xG_2G_3+J_yH_2H_3+J_zI_2I_3
\end{aligned}
$$

式中

$$
A_i=\frac{\partial\theta_{12}}{\partial\theta_{i1}}\quad B_i=\frac{\partial\theta_{22}}{\partial\theta_{i1}}\quad C_i=\frac{\partial\theta_{32}}{\partial\theta_{i1}}\quad D_i=\frac{\partial x_p}{\partial\theta_{i1}}\quad E_i=\frac{\partial y_p}{\partial\theta_{i1}}
$$

$$F_i = \frac{\partial z_p}{\partial \theta_{i1}} \quad G_i = \frac{\partial \gamma}{\partial \theta_{i1}} \quad H_i = \frac{\partial \beta}{\partial \theta_{i1}} \quad I_i = \frac{\partial \alpha}{\partial \theta_{i1}} \quad (i=1,2,3)$$

这里，$A_i \sim I_i$ 的具体表达式可分别通过式 (3-62)~ 式 (3-70) 联立求解得到。

由式 (3-84) 和式 (3-85) 分别对 θ_{11}、θ_{21}、θ_{31} 和 $\dot{\theta}_{11}$、$\dot{\theta}_{21}$、$\dot{\theta}_{31}$ 求导，得

$$\begin{cases} \dfrac{\partial T}{\partial \theta_{i1}} = \dfrac{1}{2}\cdot\dfrac{\partial \hat{J}_{11}}{\partial \theta_{i1}}\dot{\theta}_{11}^2 + \dfrac{1}{2}\cdot\dfrac{\partial \hat{J}_{22}}{\partial \theta_{i1}}\dot{\theta}_{21}^2 + \dfrac{1}{2}\cdot\dfrac{\partial \hat{J}_{33}}{\partial \theta_{i1}}\dot{\theta}_{31}^2 + \dfrac{\partial \hat{J}_{12}}{\partial \theta_{i1}}\dot{\theta}_{11}\dot{\theta}_{21} \\ \qquad + \dfrac{\partial \hat{J}_{13}}{\partial \theta_{i1}}\dot{\theta}_{11}\dot{\theta}_{31} + \dfrac{\partial \hat{J}_{23}}{\partial \theta_{i1}}\dot{\theta}_{21}\dot{\theta}_{31} \qquad\qquad (i=1,2,3,\ J_{32}=J_{23}) \\ \dfrac{\partial T}{\partial \dot{\theta}_{i1}} = \hat{J}_{1i}\dot{\theta}_{11} + \hat{J}_{i2}\dot{\theta}_{21} + \hat{J}_{i3}\dot{\theta}_{31} \end{cases} \tag{3-86}$$

$$\begin{cases} \dfrac{\partial V}{\partial \theta_{11}} = \left(\dfrac{1}{2}m_{11} + m_{12}\right) g l_{11}\cos\theta_{11} + \dfrac{1}{2}m_{12} g l_{12} A_1 \cos\theta_{12} + \dfrac{1}{2}m_{22} g l_{22} B_1 \cos\theta_{22} \\ \qquad + \dfrac{1}{2}m_{32} g l_{32} C_1 \cos\theta_{32} + m_0 g F_1 \\ \dfrac{\partial V}{\partial \theta_{21}} = \dfrac{1}{2}m_{12} g l_{12} A_2 \cos\theta_{12} + \left(\dfrac{1}{2}m_{21} + m_{22}\right) g l_{21}\cos\theta_{21} + \dfrac{1}{2}m_{22} g l_{22} B_2 \cos\theta_{22} \\ \qquad + \dfrac{1}{2}m_{32} g l_{32} C_2 \cos\theta_{32} + m_0 g F_2 \\ \dfrac{\partial V}{\partial \theta_{31}} = \dfrac{1}{2}m_{12} g l_{12} A_3 \cos\theta_{12} + \dfrac{1}{2}m_{22} g l_{22} B_3 \cos\theta_{22} + \left(\dfrac{1}{2}m_{31} + m_{32}\right) g l_{31}\cos\theta_{31} \\ \qquad + \dfrac{1}{2}m_{32} g l_{32} C_3 \cos\theta_{32} + m_0 g F_3 \end{cases} \tag{3-87}$$

所以

$$\begin{cases} \dfrac{\mathrm{d}}{\mathrm{d}t}\left(\dfrac{\partial T}{\partial \dot{\theta}_{11}}\right) = \hat{J}_{11}\ddot{\theta}_{11} + \hat{J}_{12}\ddot{\theta}_{21} + \hat{J}_{13}\ddot{\theta}_{31} + \dfrac{\partial \hat{J}_{11}}{\partial \theta_{11}}\dot{\theta}_{11}^2 + \dfrac{\partial \hat{J}_{12}}{\partial \theta_{21}}\dot{\theta}_{21}^2 + \dfrac{\partial \hat{J}_{13}}{\partial \theta_{31}}\dot{\theta}_{31}^2 \\ \qquad + \left(\dfrac{\partial \hat{J}_{11}}{\partial \theta_{21}} + \dfrac{\partial \hat{J}_{12}}{\partial \theta_{11}}\right)\dot{\theta}_{11}\dot{\theta}_{21} + \left(\dfrac{\partial \hat{J}_{11}}{\partial \theta_{31}} + \dfrac{\partial \hat{J}_{13}}{\partial \theta_{11}}\right)\dot{\theta}_{11}\dot{\theta}_{31} + \left(\dfrac{\partial \hat{J}_{12}}{\partial \theta_{31}} + \dfrac{\partial \hat{J}_{13}}{\partial \theta_{21}}\right)\dot{\theta}_{21}\dot{\theta}_{31} \\ \dfrac{\mathrm{d}}{\mathrm{d}t}\left(\dfrac{\partial T}{\partial \dot{\theta}_{21}}\right) = \hat{J}_{12}\ddot{\theta}_{11} + \hat{J}_{22}\ddot{\theta}_{21} + \hat{J}_{23}\ddot{\theta}_{31} + \dfrac{\partial \hat{J}_{12}}{\partial \theta_{11}}\dot{\theta}_{11}^2 + \dfrac{\partial \hat{J}_{22}}{\partial \theta_{21}}\dot{\theta}_{21}^2 + \dfrac{\partial \hat{J}_{23}}{\partial \theta_{31}}\dot{\theta}_{31}^2 \\ \qquad + \left(\dfrac{\partial \hat{J}_{12}}{\partial \theta_{21}} + \dfrac{\partial \hat{J}_{22}}{\partial \theta_{11}}\right)\dot{\theta}_{11}\dot{\theta}_{21} + \left(\dfrac{\partial \hat{J}_{12}}{\partial \theta_{31}} + \dfrac{\partial \hat{J}_{23}}{\partial \theta_{11}}\right)\dot{\theta}_{11}\dot{\theta}_{31} + \left(\dfrac{\partial \hat{J}_{22}}{\partial \theta_{31}} + \dfrac{\partial \hat{J}_{23}}{\partial \theta_{21}}\right)\dot{\theta}_{21}\dot{\theta}_{31} \\ \dfrac{\mathrm{d}}{\mathrm{d}t}\left(\dfrac{\partial T}{\partial \dot{\theta}_{31}}\right) = \hat{J}_{13}\ddot{\theta}_{11} + \hat{J}_{23}\ddot{\theta}_{21} + \hat{J}_{33}\ddot{\theta}_{31} + \dfrac{\partial \hat{J}_{13}}{\partial \theta_{11}}\dot{\theta}_{11}^2 + \dfrac{\partial \hat{J}_{23}}{\partial \theta_{21}}\dot{\theta}_{21}^2 + \dfrac{\partial \hat{J}_{33}}{\partial \theta_{31}}\dot{\theta}_{31}^2 \\ \qquad + \left(\dfrac{\partial \hat{J}_{13}}{\partial \theta_{21}} + \dfrac{\partial \hat{J}_{23}}{\partial \theta_{11}}\right)\dot{\theta}_{11}\dot{\theta}_{21} + \left(\dfrac{\partial \hat{J}_{13}}{\partial \theta_{31}} + \dfrac{\partial \hat{J}_{33}}{\partial \theta_{11}}\right)\dot{\theta}_{11}\dot{\theta}_{31} + \left(\dfrac{\partial \hat{J}_{23}}{\partial \theta_{31}} + \dfrac{\partial \hat{J}_{33}}{\partial \theta_{21}}\right)\dot{\theta}_{21}\dot{\theta}_{31} \end{cases} \tag{3-88}$$

将式 (3-87) 和式 (3-88) 代入 Lagrange 方程

$$\frac{\mathrm{d}}{\mathrm{d}t}\left(\frac{\partial T}{\partial \dot{\theta}_{i1}}\right) - \frac{\partial T}{\partial \theta_{i1}} + \frac{\partial V}{\partial \theta_{i1}} = \tau_i \quad (i=1,2,3)$$

并化简，得

$$
\left\{\begin{array}{l}
\hat{J}_{11}\ddot{\theta}_{11}+\hat{J}_{12}\ddot{\theta}_{21}+\hat{J}_{13}\ddot{\theta}_{31}+\dfrac{1}{2}\cdot\dfrac{\partial\hat{J}_{11}}{\partial\theta_{11}}\dot{\theta}_{11}^{2}+\dfrac{\partial\hat{J}_{11}}{\partial\theta_{21}}\dot{\theta}_{11}\dot{\theta}_{21}+\left(\dfrac{\partial\hat{J}_{12}}{\partial\theta_{21}}-\dfrac{1}{2}\cdot\dfrac{\partial\hat{J}_{22}}{\partial\theta_{11}}\right)\dot{\theta}_{21}^{2}\\
+\left(\dfrac{\partial\hat{J}_{13}}{\partial\theta_{31}}-\dfrac{1}{2}\cdot\dfrac{\partial\hat{J}_{33}}{\partial\theta_{11}}\right)\dot{\theta}_{31}^{2}+\dfrac{\partial\hat{J}_{11}}{\partial\theta_{31}}\dot{\theta}_{11}\dot{\theta}_{31}+\left(\dfrac{\partial\hat{J}_{12}}{\partial\theta_{31}}+\dfrac{\partial\hat{J}_{13}}{\partial\theta_{21}}-\dfrac{\partial\hat{J}_{23}}{\partial\theta_{11}}\right)\dot{\theta}_{21}\dot{\theta}_{31}+\dfrac{\partial V}{\partial\theta_{11}}=\tau_{1}\\
\hat{J}_{12}\ddot{\theta}_{11}+\hat{J}_{22}\ddot{\theta}_{21}+\hat{J}_{23}\ddot{\theta}_{31}+\dfrac{1}{2}\cdot\dfrac{\partial\hat{J}_{22}}{\partial\theta_{21}}\dot{\theta}_{21}^{2}+\dfrac{\partial\hat{J}_{22}}{\partial\theta_{11}}\dot{\theta}_{11}\dot{\theta}_{21}+\left(\dfrac{\partial\hat{J}_{12}}{\partial\theta_{11}}-\dfrac{1}{2}\cdot\dfrac{\partial\hat{J}_{11}}{\partial\theta_{21}}\right)\dot{\theta}_{11}^{2}\\
+\left(\dfrac{\partial\hat{J}_{23}}{\partial\theta_{31}}-\dfrac{1}{2}\cdot\dfrac{\partial\hat{J}_{33}}{\partial\theta_{21}}\right)\dot{\theta}_{31}^{2}+\dfrac{\partial\hat{J}_{22}}{\partial\theta_{31}}\dot{\theta}_{21}\dot{\theta}_{31}+\left(\dfrac{\partial\hat{J}_{12}}{\partial\theta_{31}}-\dfrac{\partial\hat{J}_{13}}{\partial\theta_{21}}+\dfrac{\partial\hat{J}_{23}}{\partial\theta_{11}}\right)\dot{\theta}_{11}\dot{\theta}_{31}+\dfrac{\partial V}{\partial\theta_{21}}=\tau_{2}\\
\hat{J}_{13}\ddot{\theta}_{11}+\hat{J}_{23}\ddot{\theta}_{21}+\hat{J}_{33}\ddot{\theta}_{31}+\dfrac{1}{2}\cdot\dfrac{\partial\hat{J}_{33}}{\partial\theta_{31}}\dot{\theta}_{31}^{2}+\dfrac{\partial\hat{J}_{33}}{\partial\theta_{11}}\dot{\theta}_{11}\dot{\theta}_{31}+\left(\dfrac{\partial\hat{J}_{13}}{\partial\theta_{11}}-\dfrac{1}{2}\cdot\dfrac{\partial\hat{J}_{11}}{\partial\theta_{31}}\right)\dot{\theta}_{11}^{2}\\
+\left(\dfrac{\partial\hat{J}_{23}}{\partial\theta_{21}}-\dfrac{1}{2}\cdot\dfrac{\partial\hat{J}_{22}}{\partial\theta_{31}}\right)\dot{\theta}_{21}^{2}+\dfrac{\partial\hat{J}_{33}}{\partial\theta_{21}}\dot{\theta}_{21}\dot{\theta}_{31}+\left(\dfrac{\partial\hat{J}_{13}}{\partial\theta_{21}}-\dfrac{\partial\hat{J}_{12}}{\partial\theta_{31}}+\dfrac{\partial\hat{J}_{23}}{\partial\theta_{11}}\right)\dot{\theta}_{11}\dot{\theta}_{21}+\dfrac{\partial V}{\partial\theta_{31}}=\tau_{3}
\end{array}\right.
\tag{3-89}
$$

式 (3-89) 中的 τ_1、τ_2 和 τ_3 分别为对应于系统驱动角 θ_{11}、θ_{21} 和 θ_{31} 的系统广义力。参量 $\hat{J}_{11}$、$\hat{J}_{22}$、$\hat{J}_{33}$、$\hat{J}_{12}$、$\hat{J}_{13}$ 和 $\hat{J}_{23}$ 均具有转动惯量的量纲 (这里沿用单自由度系统的分析命名，也称此类参量为系统的等效转动惯量)，且它们均为广义坐标 θ_{11}、θ_{21} 和 θ_{31} 的函数，因而也均为时间 t 的函数。显然，这些参量的大小与机构的尺寸、构件质量等密切相关，且随着机构位形的改变而变化，从而决定了 3-RRS 并联机构系统的动态特性。

由分析知，3-RRS 并联机构系统的驱动能耗可以表示为下式

$$
W=\int_{t_0}^{t_{\mathrm{f}}}\left(\sum_{i=1}^{3}\left|\tau_i\dot{\theta}_{i1}\right|\right)\mathrm{d}t \tag{3-90}
$$

这里的 t_0、t_{f} 分别为 3-RRS 并联机构系统运动起始和终止时刻，W 表示系统的驱动能耗。

3.3.4 算例分析

系统参数: 机构构件均质为钢，密度 ρ=7800 kg/m^3; 杆件长度 $l_{i1}=l_{i2}$=0.16 m (i=1,2,3)，矩形截面，厚度 h=0.010 m，宽 b=0.010 m；动平台质量 m_0=0.25 kg，J_x=1.74 ×10^{-2}kg·m^2，J_y=4.5×10^{-4} kg·m^2，J_z=1.79×10^{-2} kg·m^2；r=0.10 m，R=0.12 m，t_0=0 s，t_{f}=10 s。

操作任务: 系统动平台的运动规律 (单位: rad, m) 为

$$
\left\{\begin{array}{l}
\beta=\dfrac{5\pi}{180}s(t)\\
\gamma=\dfrac{25\pi}{180}s(t)\\
z_p=0.10s^3(t)+0.02s^2(t)+0.10
\end{array}\right.
\tag{3-91}
$$

式中，$s(t)$ 的表达式如下

$$
s(t)=\frac{t}{T}-\frac{1}{2\pi}\sin\frac{2\pi t}{T}\ (t_0\leqslant t\leqslant t_{\mathrm{f}})
$$

对于系统给定的运动规律，通过系统运动学反解，可以得到此并联机构中各个构件的运动变化规律。图 3-15 给出了此 3-RRS 并联机构中驱动构件 $B_iC_i(i=1,2,3)$ 运动角速度的变化曲线。

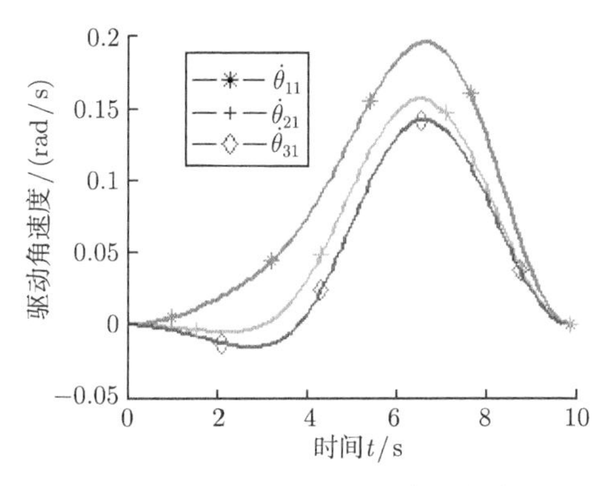

图 3-15 驱动构件角速度变化曲线图

对于系统给定的运动规律，此 3-RRS 并联机构动平台的位姿和运动速度的变化规律情况，分别如图 3-16 和图 3-17 所示。图 3-16(a) 表示了系统动平台的位置坐标 x_p、y_p 和 z_p 的变化规律曲线，其中，位置坐标 x_p 的最小值为 -1.93×10^{-3}m，位置坐标 y_p 的最大值为 3.56×10^{-5}m；图 3-16(b) 给出了动平台线速度的变化曲线，其中，线速度 $\dot{x}_p$ 的最小值为 -5.40×10^{-3}m/s，线速度 $\dot{y}_p$ 的最大值为 1.28×10^{-5}m/s。图 3-16 给出 3-RRS 并联机构动平台的姿态变化曲线图；图 3-17(a) 给出了系统动平台的 3 个姿态欧拉角 α、β 和 γ 大小的变化情况；图 3-17(b) 显示了系统动平台的 3 个姿态欧拉角 α、β 和 γ 速度大小的变化曲线，其中，角速度 $\dot{\alpha}$ 的最大值为 0.0054 rad/s，角速度 $\dot{\beta}$ 的最大值为 0.0194 rad/s，角速度 $\dot{\gamma}$ 的最大值为 0.0969 rad/s。

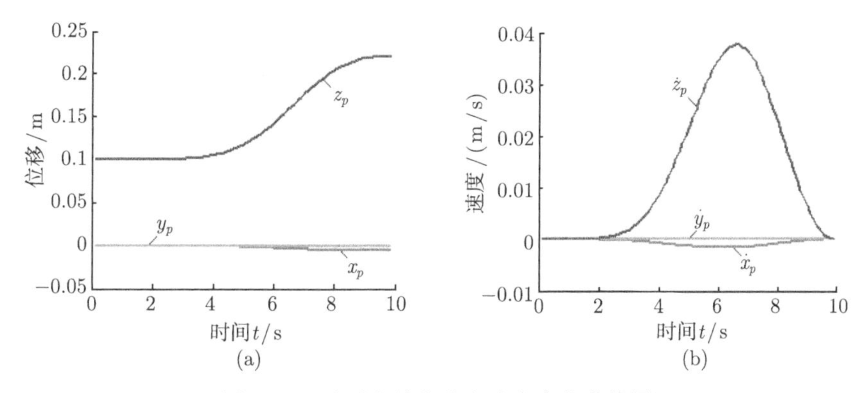

图 3-16 动平台线位移和速度变化曲线图

对于系统给定的运动规律，此并联机构中各个主动构件 $B_iC_i(i=1,2,3)$ 驱动力矩的变化曲线如图 3-18 所示。显然，在系统运动的整个过程中，机构中各个驱动构件驱动力矩大小的变化非常显著，具体数据分析见表 3-1。如驱动构件 B_1C_1 的驱动力矩 τ_1 的最大值为 0.4716 N·m，最小值为 0.3174 N·m，平均值为 0.4106 N·m。完成给定的操作任务，由式 (3-90) 可以求出此并联机构的系统总能耗为 0.7837 J，系统驱动构件 B_1C_1、B_2C_2 和 B_3C_3 处的能

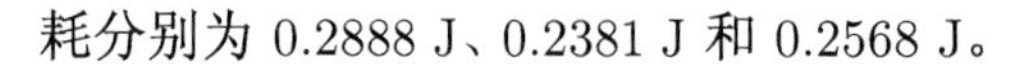
耗分别为 0.2888 J、0.2381 J 和 0.2568 J。

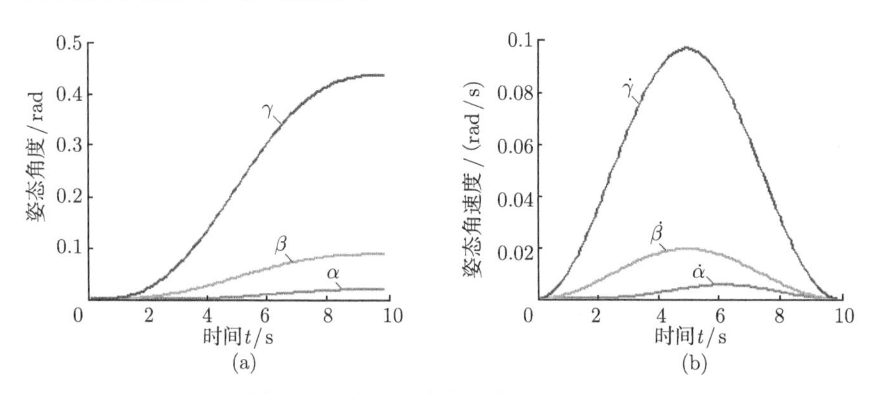

图 3-17　动平台姿态角度变化曲线图

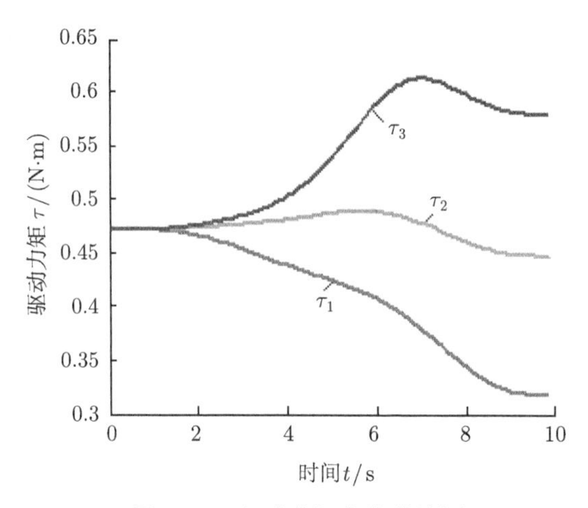

图 3-18　驱动力矩变化曲线图

表 3-1　驱动力矩数据分析表　(单位: N·m)

类别	驱动力矩		
	τ_1	τ_2	τ_3
最大值	0.4716	0.4886	0.6124
最小值	0.3174	0.4469	0.4714
平均值	0.4106	0.4723	0.5376

3.4　3-RRC 并联机构的运动学与动力学分析

3.4.1　3-RRC 并联机构的运动学分析

空间三平移 3-RRC 并联机器人的机构如图 3-19 所示。设此并联机构的动平台 $P_1P_2P_3$ 和静平台 $B_1B_2B_3$ 皆为长方形，且系统的动平台与静平台通过 3 个支链 $B_iC_iP_i(i=1,2,3)$ 相连，每个支链由 2 个转动副 (简称 R 副) B_i、C_i 和 1 个圆柱副 (简称 C 副)$P_i(i=1,2,3)$ 组成。各个分支 $B_iC_iP_i$ 中三运动副的轴线相互平行，并且这些运动副轴线皆平行于静平台

$B_1B_2B_3$。建立固定坐标系 O-xyz，其中原点 O 位于静平台 $B_1B_2B_3$ 内转动副 B_1 的垂线与 B_2B_3 连线的交点 (即原点 O 位于定平台的几何中心)，z 轴垂直于静平台向上，x 轴、y 轴分别与转动副 B_1 的垂线和 B_2B_3 重合，如图 3-19 所示。

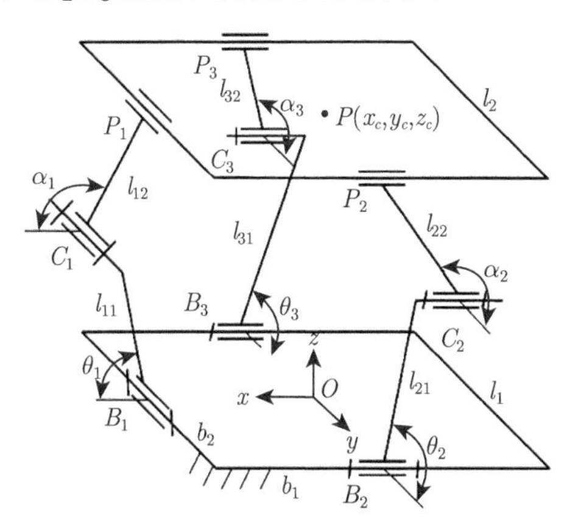

图 3-19 3-RRC 并联机器人机构示意图

给定 3-RRC 中静、动平台的宽度分别为 $l_1=2b_2$、$l_2=2b_4$，静、动平台的长度分别为 $2b_1$、$2b_3$；点 B_1、B_2 和 B_3 在系统坐标系 O-xyz 中的坐标分别为 $(b_1, 0, 0)^{\mathrm{T}}$、$(0, b_2, 0)^{\mathrm{T}}$ 和 $(0, b_2-l_1, 0)^{\mathrm{T}}$；动平台的质量为 m_0；质心 P 点位于动平台的几何中心，其坐标为 $(x_c, y_c, z_c)^{\mathrm{T}}$；构件 B_iC_i 和 $C_iP_i(i=1,2,3)$ 皆为均质杆，质量分别为 m_{i1} 和 m_{i2}，质心坐标分别为 $(x_{i1}, y_{i1}, z_{i1})^{\mathrm{T}}$ 和 $(x_{i2}, y_{i2}, z_{i2})^{\mathrm{T}}$，构件 B_iC_i 和 C_iP_i 的长度分别为 l_{i1} 和 l_{i2}，构件 B_iC_i 和 C_iP_i 的运动转角分别用 θ_i、α_i 表示，如图 3-19 所示。由 3-RRC 并联机构的独立向量环方程，可以得到

$$\begin{cases} l_{11}\sin\theta_1 + l_{12}\sin\alpha_1 = l_{21}\sin\theta_2 + l_{22}\sin\alpha_2 \\ l_{21}\cos\theta_2 + l_{22}\cos\alpha_2 + l_1 = l_{31}\cos\theta_3 + l_{32}\cos\alpha_3 + l_2 \\ l_{21}\sin\theta_2 + l_{22}\sin\alpha_2 = l_{31}\sin\theta_3 + l_{32}\sin\alpha_3 \end{cases} \tag{3-92}$$

式 (3-92) 分别对变量 θ_1、θ_2 和 θ_3 求导 (这里变量 α_1、α_2 和 α_3 分别为变量 θ_1、θ_2 和 θ_3 的函数)，并联立求解得

$$\frac{\partial\alpha_1}{\partial\theta_1} = -\frac{l_{11}\cos\theta_1}{l_{12}\cos\alpha_1} \quad \frac{\partial\alpha_1}{\partial\theta_2} = \frac{l_{21}\cos\alpha_3\sin(\theta_2-\alpha_2)}{l_{12}\cos\alpha_1\sin(\alpha_3-\alpha_2)} \quad \frac{\partial\alpha_1}{\partial\theta_3} = \frac{l_{31}\cos\alpha_2\sin(\alpha_3-\theta_3)}{l_{12}\cos\alpha_1\sin(\alpha_3-\alpha_2)}$$

$$\frac{\partial\alpha_2}{\partial\theta_1} = 0 \quad \frac{\partial\alpha_2}{\partial\theta_2} = \frac{l_{21}\sin(\theta_2-\alpha_3)}{l_{22}\sin(\alpha_3-\alpha_2)} \quad \frac{\partial\alpha_2}{\partial\theta_3} = \frac{l_{31}\sin(\alpha_3-\theta_3)}{l_{22}\sin(\alpha_3-\alpha_2)}$$

$$\frac{\partial\alpha_3}{\partial\theta_1} = 0 \quad \frac{\partial\alpha_3}{\partial\theta_2} = \frac{l_{21}\sin(\theta_2-\alpha_2)}{l_{32}\sin(\alpha_3-\alpha_2)} \quad \frac{\partial\alpha_3}{\partial\theta_3} = \frac{l_{31}\sin(\alpha_2-\theta_3)}{l_{32}\sin(\alpha_3-\alpha_2)}$$

由于各构件皆假定为均质杆，因此，在 O-xyz 坐标系中，构件 B_iC_i、$C_iP_i(i=1,2,3)$ 的质心坐标和动平台的质心 P 点坐标，可分别表示为 (未给出的坐标值为 0)

$$B_1C_1: \begin{cases} x_{11} = b_1 + \dfrac{1}{2}l_{11}\cos\theta_1 \\ z_{11} = \dfrac{1}{2}l_{11}\sin\theta_1 \end{cases} \tag{3-93}$$

$$C_1P_1:\begin{cases} x_{12}=b_1+l_{11}\cos\theta_1+\dfrac{1}{2}l_{12}\cos\alpha_1 \\ z_{12}=l_{11}\sin\theta_1+\dfrac{1}{2}l_{12}\sin\alpha_1 \end{cases} \tag{3-94}$$

$$B_2C_2:\begin{cases} y_{21}=b_2+\dfrac{1}{2}l_{21}\cos\theta_2 \\ z_{21}=\dfrac{1}{2}l_{21}\sin\theta_2 \end{cases} \tag{3-95}$$

$$C_2P_2:\begin{cases} y_{22}=b_2+l_{21}\cos\theta_2+\dfrac{1}{2}l_{22}\cos\alpha_2 \\ z_{22}=l_{21}\sin\theta_2+\dfrac{1}{2}l_{22}\sin\alpha_2 \end{cases} \tag{3-96}$$

$$B_3C_3:\begin{cases} y_{31}=b_2-l_1+\dfrac{1}{2}l_{31}\cos\theta_3 \\ z_{31}=\dfrac{1}{2}l_{31}\sin\theta_3 \end{cases} \tag{3-97}$$

$$C_3P_3:\begin{cases} y_{32}=b_2-l_1+l_{31}\cos\theta_3+\dfrac{1}{2}l_{32}\cos\alpha_3 \\ z_{32}=l_{31}\sin\theta_3+\dfrac{1}{2}l_{32}\sin\alpha_3 \end{cases} \tag{3-98}$$

$$P点:\begin{cases} x_c=b_1+l_{11}\cos\theta_1+l_{12}\cos\alpha_1-b_3 \\ y_c=b_2+l_{21}\cos\theta_2+l_{22}\cos\alpha_2-b_4 \\ z_c=l_{31}\sin\theta_3+l_{32}\sin\alpha_3 \end{cases} \tag{3-99}$$

同样，把变量 α_1、α_2 和 α_3 分别作为变量 θ_1、θ_2 和 θ_3 的函数，式 (3-93)~ 式 (3-99) 分别对时间 t 求导，可以得出

$$\begin{cases} \dot{x}_{11}=-\dfrac{1}{2}l_{11}\dot{\theta}_1\sin\theta_1 \\ \dot{z}_{11}=\dfrac{1}{2}l_{11}\dot{\theta}_1\cos\theta_1 \end{cases} \tag{3-100}$$

$$\begin{cases} \dot{x}_{12}=-l_{11}\dot{\theta}_1\sin\theta_1-\dfrac{1}{2}l_{12}\dot{\alpha}_1\sin\alpha_1 \\ \dot{z}_{12}=l_{11}\dot{\theta}_1\cos\theta_1+\dfrac{1}{2}l_{12}\dot{\alpha}_1\cos\alpha_1 \end{cases} \tag{3-101}$$

$$\begin{cases} \dot{y}_{21}=-\dfrac{1}{2}l_{21}\dot{\theta}_2\sin\theta_2 \\ \dot{z}_{21}=\dfrac{1}{2}l_{21}\dot{\theta}_2\cos\theta_2 \end{cases} \tag{3-102}$$

$$\begin{cases} \dot{y}_{22}=-l_{21}\dot{\theta}_2\sin\theta_2-\dfrac{1}{2}l_{22}\dot{\alpha}_2\sin\alpha_2 \\ \dot{z}_{22}=l_{21}\dot{\theta}_2\cos\theta_2+\dfrac{1}{2}l_{22}\dot{\alpha}_2\cos\alpha_2 \end{cases} \tag{3-103}$$

$$\begin{cases} \dot{y}_{31}=-\dfrac{1}{2}l_{31}\dot{\theta}_3\sin\theta_3 \\ \dot{z}_{31}=\dfrac{1}{2}l_{31}\dot{\theta}_3\cos\theta_3 \end{cases} \tag{3-104}$$

$$\begin{cases} \dot{y}_{32} = -l_{31}\dot{\theta}_3 \sin\theta_3 - \dfrac{1}{2}l_{32}\dot{\alpha}_3 \sin\alpha_3 \\ \dot{z}_{32} = l_{31}\dot{\theta}_3 \cos\theta_3 + \dfrac{1}{2}l_{32}\dot{\alpha}_3 \cos\alpha_3 \end{cases} \tag{3-105}$$

$$\begin{cases} \dot{x}_c = -l_{11}\dot{\theta}_1 \sin\theta_1 - l_{12}\dot{\alpha}_1 \sin\alpha_1 \\ \dot{y}_c = -l_{21}\dot{\theta}_2 \sin\theta_2 - l_{22}\dot{\alpha}_2 \sin\alpha_2 \\ \dot{z}_c = l_{31}\dot{\theta}_3 \cos\theta_3 + l_{32}\dot{\alpha}_3 \cos\alpha_3 \end{cases} \tag{3-106}$$

式中，$\dot{\alpha}_i = \dfrac{\partial\alpha_i}{\partial\theta_1}\dot{\theta}_1 + \dfrac{\partial\alpha_i}{\partial\theta_2}\dot{\theta}_2 + \dfrac{\partial\alpha_i}{\partial\theta_3}\dot{\theta}_3(i\text{=}1,2,3)$；$\dot{\theta}_1$、$\dot{\theta}_2$、$\dot{\theta}_3$ 分别为变量 θ_1、θ_2 和 θ_3 对时间 t 的一阶导数；$\dot{\alpha}_i(i\text{=}1,2,3)$ 为变量 α_i 对时间 t 的一阶导数。

设点 P_1、P_2 和 P_3 在系统坐标系 $O\text{-}xyz$ 中的坐标分别为 $(p_1, 0,z_c)^{\mathrm{T}}$、$(0, p_2,z_c)^{\mathrm{T}}$ 和 $(0, p_2-l_2,z_c)^{\mathrm{T}}$，则根据动平台上 P_1、P_2 和 P_3 点的坐标关系，可以得到如下各式：

$$\begin{cases} b_1 + l_{11}\cos\theta_1 + l_{12}\cos\alpha_1 = p_1 \\ p_1 = b_3 + x_c \\ l_{11}\sin\theta_1 + l_{12}\sin\alpha_1 = z_c \end{cases} \tag{3-107}$$

$$\begin{cases} b_2 + l_{21}\cos\theta_2 + l_{22}\cos\alpha_2 = p_2 \\ p_2 = b_4 + y_c \\ l_{21}\sin\theta_2 + l_{22}\sin\alpha_2 = z_c \end{cases} \tag{3-108}$$

$$\begin{cases} b_2 - l_1 + l_{31}\cos\theta_3 + l_{32}\cos\alpha_3 = p_2 - l_2 \\ p_2 = b_4 + y_c \\ l_{31}\sin\theta_3 + l_{32}\sin\alpha_3 = z_c \end{cases} \tag{3-109}$$

求解式 (3-107)、式 (3-108) 和式 (3-109)，可以得到

$$\begin{cases} \theta_1 = 2\arctan\dfrac{z_c \pm \sqrt{z_c^2 + (b_3 - b_1 + x_c)^2 - C_1^2}}{b_3 - b_1 + x_c - C_1} \\ \alpha_1 = \arctan\dfrac{z_c - l_{11}\sin\theta_1}{b_3 - b_1 + x_c - l_{11}\cos\theta_1} \end{cases} \tag{3-110}$$

$$\begin{cases} \theta_2 = 2\arctan\dfrac{z_c \pm \sqrt{z_c^2 + (b_4 - b_2 + y_c)^2 - C_2^2}}{b_4 - b_2 + y_c - C_2} \\ \alpha_2 = \arctan\dfrac{z_c - l_{21}\sin\theta_2}{b_4 - b_2 + y_c - l_{21}\cos\theta_2} \end{cases} \tag{3-111}$$

$$\begin{cases} \theta_3 = 2\arctan\dfrac{z_c \pm \sqrt{z_c^2 + (b_4 - b_2 + y_c + l_1 - l_2)^2 - C_3^2}}{b_4 - b_2 + y_c + l_1 - l_2 - C_3} \\ \alpha_3 = \arctan\dfrac{z_c - l_{31}\sin\theta_3}{b_4 - b_2 + y_c + l_1 - l_2 - l_{31}\cos\theta_3} \end{cases} \tag{3-112}$$

式中

$$C_1 = \frac{l_{12}^2 - \left[(b_3 - b_1 + x_c)^2 + l_{11}^2 + z_c^2\right]}{2l_{11}} \quad C_2 = \frac{l_{22}^2 - (b_4 - b_2 + y_c)^2 - l_{21}^2 - z_c^2}{2l_{21}}$$

$$C_3 = \frac{l_{32}^2 - l_{31}^2 - z_c^2 - (b_4 - b_2 + y_c + l_1 - l_2)^2}{2l_{31}}$$

可以看出，当已知 3-RRC 并联机器人动平台中心点 P 的运动位置变量 x_c、y_c 和 z_c 时，此并联机构共有 8 种运动学反解位形，见表 3-2。毫无疑问，机构的不同反解位形与系统的奇异性、运动稳定性、能耗、驱动力 (矩)、构件运动是否干涉等紧密相关。所以，选择合理的机构运动位形对较好地完成操作任务具有重要意义。

表 3-2　3-RRC 并联机器人的 8 种运动学反解位形

变量	种类							
	1	2	3	4	5	6	7	8
θ_1	+	−	+	+	−	−	+	−
θ_2	+	+	−	+	−	+	−	−
θ_3	+	+	+	−	+	−	−	−

注：表中的 “+” 与 “−” 号分别对应于式 (3-110)、式 (3-111) 和式 (3-112) 中 θ_1、θ_2 和 θ_3 表达式中的 “±” 号。

3.4.2　3-RRC 并联机构的动力学分析

设 3-RRC 并联机器人系统中构件 B_iC_i 和 $C_iP_i(i=1,2,3)$ 的质心速度分别为 $\boldsymbol{v}_{i1} = (\dot{x}_{i1}, \dot{y}_{i1}, \dot{z}_{i1})^{\mathrm{T}}$ 和 $\boldsymbol{v}_{i2} = (\dot{x}_{i2}, \dot{y}_{i2}, \dot{z}_{i2})^{\mathrm{T}}$，绕质心的转动惯量分别为 J_{i1} 和 $J_{i2}(i=1,2,3)$；动平台 $P_1P_2P_3$ 的质心速度为 $\boldsymbol{v}_c = (\dot{x}_c, \dot{y}_c, \dot{z}_c)^{\mathrm{T}}$ (此并联机构的动平台无转动自由度，只能做 x 轴、y 轴和 z 轴 3 个方向的移动)。取 O-xy 面为重力零势能面，不计构件弹性和摩擦，则系统的动能 T 和势能 V 可分别表示为

$$\begin{aligned} T &= \frac{1}{2}\left(\sum_{i=1}^{3}\sum_{j=1}^{2} m_{ij} v_{ij}^2 + \sum_{i=1}^{3} J_{i1}\dot{\theta}_i^2 + \sum_{i=1}^{3} J_{i2}\dot{\alpha}_i^2 + m_0 v_c^2\right) \\ &= \frac{1}{2}\left[\sum_{i=1}^{3}\sum_{j=1}^{2} m_{ij}\left(\dot{x}_{ij}^2 + \dot{y}_{ij}^2 + \dot{z}_{ij}^2\right) + \sum_{i=1}^{3} J_{i1}\dot{\theta}_i^2 + \sum_{i=1}^{3} J_{i2}\dot{\alpha}_i^2 + m_0\left(\dot{x}_c^2 + \dot{y}_c^2 + \dot{z}_c^2\right)\right] \end{aligned} \tag{3-113}$$

$$V = \sum_{i=1}^{3}\sum_{j=1}^{2} m_{ij} g z_{ij} + m_0 g z_c \tag{3-114}$$

把式 (3-100)～ 式 (3-106) 代入式 (3-113)，并化简得

$$T = \frac{1}{2}\hat{J}_{11}\dot{\theta}_1^2 + \frac{1}{2}\hat{J}_{22}\dot{\theta}_2^2 + \frac{1}{2}\hat{J}_{33}\dot{\theta}_3^2 + \hat{J}_{12}\dot{\theta}_1\dot{\theta}_2 + \hat{J}_{13}\dot{\theta}_1\dot{\theta}_3 + \hat{J}_{23}\dot{\theta}_2\dot{\theta}_3 \tag{3-115}$$

式中

$$\begin{aligned} \hat{J}_{11} =& J_{11} + J_{12}A^2 + J_{22}D^2 + J_{32}G^2 + m_{12}l_{11}^2 + \frac{1}{4}(m_{11}l_{11}^2 + m_{12}l_{12}^2A^2 + m_{22}l_{22}^2D^2 \\ &+ m_{32}l_{32}^2G^2) + m_{12}l_{11}l_{12}A\cos(\theta_1 - \alpha_1) + m_0 l_{22}^2 D^2 \sin^2\alpha_2 \\ &+ m_0 l_{32}^2 G^2 \cos^2\alpha_3 + m_0(l_{11}\sin\theta_1 + l_{12}A\sin\alpha_1)^2 \end{aligned}$$

$$
\begin{aligned}
\hat{J}_{22} =& J_{21} + J_{12}B^2 + J_{22}E^2 + J_{32}H^2 + m_{22}l_{21}^2 + \frac{1}{4}(m_{21}l_{21}^2 + m_{22}l_{22}^2E^2 + m_{32}l_{32}^2H^2 \\
&+m_{12}l_{12}^2B^2) + m_{22}l_{21}l_{22}E\cos(\theta_2 - \alpha_2) + m_0l_{12}^2B^2\sin^2\alpha_1 + m_0l_{32}^2H^2\cos^2\alpha_3 \\
&+m_0(l_{21}\sin\theta_2 + l_{22}E\sin\alpha_2)^2
\end{aligned}
$$

$$
\begin{aligned}
\hat{J}_{12} =& J_{12}AB + J_{22}DE + J_{32}GH + \frac{1}{4}\left(m_{12}l_{12}^2AB + m_{22}l_{22}^2DE + m_{32}l_{32}^2GH\right) \\
&+m_0l_{12}^2AB\sin^2\alpha_1 + \frac{1}{2}m_{22}l_{21}l_{22}D\cos(\theta_2 - \alpha_2) + m_0l_{22}^2DE\sin^2\alpha_2 \\
&+\frac{1}{2}m_{12}l_{11}l_{12}B\cos(\theta_1 - \alpha_1) + m_0l_{32}^2GH\cos^2\alpha_3 + m_0l_{11}l_{12}B\sin\theta_1\sin\alpha_1 \\
&+m_0l_{21}l_{22}D\sin\theta_2\sin\alpha_2
\end{aligned}
$$

$$
\begin{aligned}
\hat{J}_{13} =& J_{12}AC + J_{22}DF + \frac{1}{4}\left(m_{12}l_{12}^2AC + m_{22}l_{22}^2DF + m_{32}l_{32}^2GI\right) \\
&+\frac{1}{2}m_{12}l_{11}l_{12}C\cos(\theta_1 - \alpha_1) + J_{32}GI + \frac{1}{2}m_{32}l_{31}l_{32}G\cos(\theta_3 - \alpha_3) + m_0l_{12}^2AC\sin^2\alpha_1 \\
&+m_0l_{22}^2DF\sin^2\alpha_2 + m_0l_{32}^2GI\cos^2\alpha_3 + m_0l_{11}l_{12}C\sin\theta_1\sin\alpha_1 + m_0l_{31}l_{32}G\cos\theta_3\cos\alpha_3
\end{aligned}
$$

$$
\begin{aligned}
\hat{J}_{23} =& J_{12}BC + J_{22}EF + J_{32}HI + \frac{1}{4}\left(m_{12}l_{12}^2BC + m_{22}l_{22}^2EF + m_{32}l_{32}^2HI\right) \\
&+m_0l_{12}^2BC\sin^2\alpha_1 + \frac{1}{2}m_{32}l_{31}l_{32}H\cos(\theta_3 - \alpha_3) + m_0l_{22}^2EF\sin^2\alpha_2 \\
&+\frac{1}{2}m_{22}l_{21}l_{22}F\cos(\theta_2 - \alpha_2) + m_0l_{32}^2HI\cos^2\alpha_3 \\
&+m_0l_{21}l_{22}F\sin\theta_2\sin\alpha_2 + m_0l_{31}l_{32}H\cos\theta_3\cos\alpha_3
\end{aligned}
$$

$$
\begin{aligned}
\hat{J}_{33} =& J_{31} + J_{12}C^2 + J_{22}F^2 + J_{32}I^2 + m_{32}l_{31}^2 + \frac{1}{4}(m_{31}l_{31}^2 + m_{12}l_{12}^2C^2 + m_{22}l_{22}^2F^2 \\
&+m_{32}l_{32}^2I^2) + m_{32}l_{31}l_{32}I\cos(\theta_3 - \alpha_3) + m_0l_{12}^2C^2\sin^2\alpha_1 \\
&+m_0l_{22}^2F^2\sin^2\alpha_2 + m_0(l_{31}\cos\theta_3 + l_{32}I\cos\alpha_3)^2
\end{aligned}
$$

$$
A = \frac{\partial\alpha_1}{\partial\theta_1} \quad B = \frac{\partial\alpha_1}{\partial\theta_2} \quad C = \frac{\partial\alpha_1}{\partial\theta_3} \quad D = \frac{\partial\alpha_2}{\partial\theta_1} \quad E = \frac{\partial\alpha_2}{\partial\theta_2}
$$

$$
F = \frac{\partial\alpha_2}{\partial\theta_3} \quad G = \frac{\partial\alpha_3}{\partial\theta_1} \quad H = \frac{\partial\alpha_3}{\partial\theta_2} \quad I = \frac{\partial\alpha_3}{\partial\theta_3}
$$

这里，$A \sim I$ 的具体表达式可以通过式 (3-92) 分别对系统驱动角度 θ_1、θ_2 和 θ_3 求导并联立方程组求解得到。由于推导过程非常繁琐且占用篇幅较长，故略去此部分的详细推导内容。

式 (3-114) 对 θ_1、θ_2 和 θ_3 求导，得

$$
\begin{aligned}
\frac{\partial V}{\partial\theta_1} =& \frac{1}{2}m_{11}gl_{11}\cos\theta_1 + m_{12}gl_{11}\cos\theta_1 + \frac{1}{2}m_{12}gl_{12}A\cos\alpha_1 + \frac{1}{2}m_{22}gl_{22}D\cos\alpha_2 \\
&+\left(\frac{1}{2}m_{32}\cos\alpha_3 - m_0\sin\alpha_3\right)gl_{32}G
\end{aligned}
$$

$$\frac{\partial V}{\partial \theta_2} = \frac{1}{2}m_{12}gl_{12}B\cos\alpha_1 + \frac{1}{2}m_{21}gl_{21}\cos\theta_2 + m_{22}gl_{21}\cos\theta_2 + \frac{1}{2}m_{22}gl_{22}E\cos\alpha_2 + \left(\frac{1}{2}m_{32}\cos\alpha_3 - m_0\sin\alpha_3\right)gl_{32}H$$

$$\frac{\partial V}{\partial \theta_3} = \frac{1}{2}(m_{12}l_{12}C\cos\alpha_1 + m_{22}l_{22}F\cos\alpha_2 + m_{31}l_{31}\cos\theta_3)g + (m_{32}\cos\theta_3 - m_0\sin\theta_3)gl_{31} + \left(\frac{1}{2}m_{32}\cos\alpha_3 - m_0\sin\alpha_3\right)gl_{32}I$$

式 (3-115) 式分别对 θ_1、θ_2、θ_3 和 $\dot{\theta}_{11}$、$\dot{\theta}_{21}$、$\dot{\theta}_{31}$ 求导，得

$$\frac{\partial T}{\partial \theta_i} = \frac{1}{2}\cdot\frac{\partial \hat{J}_{11}}{\partial \theta_i}\dot{\theta}_1^2 + \frac{1}{2}\cdot\frac{\partial \hat{J}_{22}}{\partial \theta_i}\dot{\theta}_2^2 + \frac{1}{2}\cdot\frac{\partial \hat{J}_{33}}{\partial \theta_i}\dot{\theta}_3^2 + \frac{\partial \hat{J}_{12}}{\partial \theta_i}\dot{\theta}_1\dot{\theta}_2 + \frac{\partial \hat{J}_{13}}{\partial \theta_i}\dot{\theta}_1\dot{\theta}_3 + \frac{\partial \hat{J}_{23}}{\partial \theta_i}\dot{\theta}_2\dot{\theta}_3 \quad (i=1,2,3) \tag{3-116}$$

$$\frac{\partial T}{\partial \dot{\theta}_i} = \hat{J}_{1i}\dot{\theta}_1 + \hat{J}_{i2}\dot{\theta}_2 + \hat{J}_{i3}\dot{\theta}_3 \quad (J_{32} = J_{23}, i=1,2,3) \tag{3-117}$$

所以

$$\begin{cases} \dfrac{\mathrm{d}}{\mathrm{d}t}\left(\dfrac{\partial T}{\partial \dot{\theta}_1}\right) = \hat{J}_{11}\ddot{\theta}_1 + \hat{J}_{12}\ddot{\theta}_2 + \hat{J}_{13}\ddot{\theta}_3 + \dfrac{\partial \hat{J}_{11}}{\partial \theta_1}\dot{\theta}_1^2 + \dfrac{\partial \hat{J}_{12}}{\partial \theta_2}\dot{\theta}_2^2 + \dfrac{\partial \hat{J}_{13}}{\partial \theta_3}\dot{\theta}_3^2 \\ \qquad + \left(\dfrac{\partial \hat{J}_{11}}{\partial \theta_2} + \dfrac{\partial \hat{J}_{12}}{\partial \theta_1}\right)\dot{\theta}_1\dot{\theta}_2 + \left(\dfrac{\partial \hat{J}_{11}}{\partial \theta_3} + \dfrac{\partial \hat{J}_{13}}{\partial \theta_1}\right)\dot{\theta}_1\dot{\theta}_3 + \left(\dfrac{\partial \hat{J}_{12}}{\partial \theta_3} + \dfrac{\partial \hat{J}_{13}}{\partial \theta_2}\right)\dot{\theta}_2\dot{\theta}_3 \\ \dfrac{\mathrm{d}}{\mathrm{d}t}\left(\dfrac{\partial T}{\partial \dot{\theta}_2}\right) = \hat{J}_{12}\ddot{\theta}_1 + \hat{J}_{22}\ddot{\theta}_2 + \hat{J}_{23}\ddot{\theta}_3 + \dfrac{\partial \hat{J}_{12}}{\partial \theta_1}\dot{\theta}_1^2 + \dfrac{\partial \hat{J}_{22}}{\partial \theta_2}\dot{\theta}_2^2 + \dfrac{\partial \hat{J}_{23}}{\partial \theta_3}\dot{\theta}_3^2 \\ \qquad + \left(\dfrac{\partial \hat{J}_{12}}{\partial \theta_2} + \dfrac{\partial \hat{J}_{22}}{\partial \theta_1}\right)\dot{\theta}_1\dot{\theta}_2 + \left(\dfrac{\partial \hat{J}_{12}}{\partial \theta_3} + \dfrac{\partial \hat{J}_{23}}{\partial \theta_1}\right)\dot{\theta}_1\dot{\theta}_3 + \left(\dfrac{\partial \hat{J}_{22}}{\partial \theta_3} + \dfrac{\partial \hat{J}_{23}}{\partial \theta_2}\right)\dot{\theta}_2\dot{\theta}_3 \\ \dfrac{\mathrm{d}}{\mathrm{d}t}\left(\dfrac{\partial T}{\partial \dot{\theta}_3}\right) = \hat{J}_{13}\ddot{\theta}_1 + \hat{J}_{23}\ddot{\theta}_2 + \hat{J}_{33}\ddot{\theta}_3 + \dfrac{\partial \hat{J}_{13}}{\partial \theta_1}\dot{\theta}_1^2 + \dfrac{\partial \hat{J}_{23}}{\partial \theta_2}\dot{\theta}_2^2 + \dfrac{\partial \hat{J}_{33}}{\partial \theta_3}\dot{\theta}_3^2 \\ \qquad + \left(\dfrac{\partial \hat{J}_{13}}{\partial \theta_2} + \dfrac{\partial \hat{J}_{23}}{\partial \theta_1}\right)\dot{\theta}_1\dot{\theta}_2 + \left(\dfrac{\partial \hat{J}_{13}}{\partial \theta_3} + \dfrac{\partial \hat{J}_{33}}{\partial \theta_1}\right)\dot{\theta}_1\dot{\theta}_3 + \left(\dfrac{\partial \hat{J}_{23}}{\partial \theta_3} + \dfrac{\partial \hat{J}_{33}}{\partial \theta_2}\right)\dot{\theta}_2\dot{\theta}_3 \end{cases} \tag{3-118}$$

将式 (3-114)、式 (3-116) 和式 (3-118) 代入 Lagrange 方程

$$\frac{\mathrm{d}}{\mathrm{d}t}\left(\frac{\partial T}{\partial \dot{\theta}_i}\right) - \frac{\partial T}{\partial \theta_i} + \frac{\partial V}{\partial \theta_i} = \tau_i$$

并化简，可以得到

$$\left\{\begin{aligned}
&\hat{J}_{11}\ddot{\theta}_1+\hat{J}_{12}\ddot{\theta}_2+\hat{J}_{13}\ddot{\theta}_3+\frac{1}{2}\cdot\frac{\partial\hat{J}_{11}}{\partial\theta_1}\dot{\theta}_1^2+\frac{\partial\hat{J}_{11}}{\partial\theta_2}\dot{\theta}_1\dot{\theta}_2+\left(\frac{\partial\hat{J}_{12}}{\partial\theta_2}-\frac{1}{2}\cdot\frac{\partial\hat{J}_{22}}{\partial\theta_1}\right)\dot{\theta}_2^2\\
&\quad+\left(\frac{\partial\hat{J}_{13}}{\partial\theta_3}-\frac{1}{2}\cdot\frac{\partial\hat{J}_{33}}{\partial\theta_1}\right)\dot{\theta}_3^2+\frac{\partial\hat{J}_{11}}{\partial\theta_3}\dot{\theta}_1\dot{\theta}_3+\left(\frac{\partial\hat{J}_{12}}{\partial\theta_3}+\frac{\partial\hat{J}_{13}}{\partial\theta_2}-\frac{\partial\hat{J}_{23}}{\partial\theta_1}\right)\dot{\theta}_2\dot{\theta}_3+\frac{\partial V}{\partial\theta_1}=\tau_1\\
&\hat{J}_{12}\ddot{\theta}_1+\hat{J}_{22}\ddot{\theta}_2+\hat{J}_{23}\ddot{\theta}_3+\left(\frac{\partial\hat{J}_{12}}{\partial\theta_1}-\frac{1}{2}\cdot\frac{\partial\hat{J}_{11}}{\partial\theta_2}\right)\dot{\theta}_1^2+\left(\frac{\partial\hat{J}_{23}}{\partial\theta_3}-\frac{1}{2}\cdot\frac{\partial\hat{J}_{33}}{\partial\theta_2}\right)\dot{\theta}_3^2\\
&\quad+\frac{\partial\hat{J}_{22}}{\partial\theta_1}\dot{\theta}_1\dot{\theta}_2+\left(\frac{\partial\hat{J}_{12}}{\partial\theta_3}-\frac{\partial\hat{J}_{13}}{\partial\theta_2}+\frac{\partial\hat{J}_{23}}{\partial\theta_1}\right)\dot{\theta}_1\dot{\theta}_3+\frac{1}{2}\cdot\frac{\partial\hat{J}_{22}}{\partial\theta_2}\dot{\theta}_2^2+\frac{\partial\hat{J}_{22}}{\partial\theta_3}\dot{\theta}_2\dot{\theta}_3+\frac{\partial V}{\partial\theta_2}=\tau_2\\
&\hat{J}_{13}\ddot{\theta}_1+\hat{J}_{23}\ddot{\theta}_2+\hat{J}_{33}\ddot{\theta}_3+\left(\frac{\partial\hat{J}_{13}}{\partial\theta_1}-\frac{1}{2}\cdot\frac{\partial\hat{J}_{11}}{\partial\theta_3}\right)\dot{\theta}_1^2+\left(\frac{\partial\hat{J}_{23}}{\partial\theta_2}-\frac{1}{2}\cdot\frac{\partial\hat{J}_{22}}{\partial\theta_3}\right)\dot{\theta}_2^2\\
&\quad+\frac{1}{2}\cdot\frac{\partial\hat{J}_{33}}{\partial\theta_3}\dot{\theta}_3^2+\left(\frac{\partial\hat{J}_{13}}{\partial\theta_2}-\frac{\partial\hat{J}_{12}}{\partial\theta_3}+\frac{\partial\hat{J}_{23}}{\partial\theta_1}\right)\dot{\theta}_1\dot{\theta}_2+\frac{\partial\hat{J}_{33}}{\partial\theta_1}\dot{\theta}_1\dot{\theta}_3+\frac{\partial\hat{J}_{33}}{\partial\theta_2}\dot{\theta}_2\dot{\theta}_3+\frac{\partial V}{\partial\theta_3}=\tau_3
\end{aligned}\right. \tag{3-119}$$

式 (3-119) 中的 τ_1、τ_2 和 τ_3 分别为对应于系统变量 θ_1、θ_2 和 θ_3 的系统广义力。$\hat{J}_{11}$、$\hat{J}_{22}$、$\hat{J}_{33}$、$\hat{J}_{12}$、$\hat{J}_{13}$ 和 $\hat{J}_{23}$ 具有转动惯量的量纲，在此不妨称其为系统等效转动惯量。$\hat{J}_{11}$ 与主动件 B_1C_1(即变量 θ_1) 相关，$\hat{J}_{22}$ 与主动件 B_2C_2(即变量 θ_2) 相关，$\hat{J}_{33}$ 与主动件 B_3C_3(即变量 θ_3) 相关；而 $\hat{J}_{12}$ 是与变量 θ_1 和 θ_2 相关的耦合项，$\hat{J}_{13}$ 是与变量 θ_1 和 θ_3 相关的耦合项，$\hat{J}_{23}$ 是与变量 θ_2 和 θ_3 相关的耦合项。也就是说，$\hat{J}_{ij}\,(i=1,2;\ j=1,2,3)$ 仅为 θ_i 和 θ_j 的函数，如 $\hat{J}_{11}$ 的表达式中只含有变量 θ_1，$\hat{J}_{12}$ 的表达式中只含有变量 θ_1 和 θ_2。显然，这些等效转动惯量的大小与机构尺寸、构件质量及其分布等密切相关，且随着机构位形的改变而变化，从而决定了 3-RRC 并联机器人系统的运动学和动力学特性。需要指出的是，式 (3-119) 中有一些项的系数为零，如 $\dfrac{\partial\hat{J}_{22}}{\partial\theta_1}$、$\dfrac{\partial\hat{J}_{33}}{\partial\theta_1}$、$\dfrac{\partial\hat{J}_{23}}{\partial\theta_1}$、$\dfrac{\partial\hat{J}_{11}}{\partial\theta_2}$、$\left(\dfrac{\partial\hat{J}_{12}}{\partial\theta_3}-\dfrac{\partial\hat{J}_{13}}{\partial\theta_2}+\dfrac{\partial\hat{J}_{23}}{\partial\theta_1}\right)$ 等皆为零。为保持系统动力学方程的全貌，也为了方程表达式的规范性和便于阅读理解，式 (3-119) 中仍然保留了这些为零的系数。

同时，3-RRC 并联机器人系统的驱动能耗 W 可以表示为

$$W=\int_{t_0}^{t_f}\left(\sum_{i=1}^{3}\left|\tau_i\dot{\theta}_i\right|\right)\mathrm{d}t \tag{3-120}$$

式中，t_0、t_f 分别为 3-RRC 并联机器人系统运动起始和终止时刻。

3.4.3 算例分析

系统参数：设 3-RRC 并联机器人中的所有构件的材质皆为钢，且构件皆为均质，材料密度 ρ=7800 kg/m^3；构件长度参量 l_{i1}=0.15 m，l_{i2}=0.15 m(i=1,2,3)；矩形截面，厚度 h=0.008 m，宽度 b=0.010 m；$b_1=b_3$=0.15 m，l_1=2b_2=0.24 m，l_2=2b_4=0.18 m；动平台质量 (含负载质量)m_0=0.11 kg；时间变量 t_0=0 s，t_f=10 s。

给定系统动平台上点 P 的运动规律如下 (单位：m)：

$$\begin{cases} x_c = 0.10 - 0.17s(t) - 0.04s^2(t) \\ y_c = 0.07 - 0.15s(t) + 0.04s^2(t) \\ z_c = 0.085 + 0.76s(t) - 0.76s^2(t) \end{cases} \tag{3-121}$$

式中，$s(t)$ 的表达式为

$$s(t) = \frac{t}{t_\mathrm{f}} - \frac{1}{2\pi}\sin\frac{2\pi t}{t_\mathrm{f}} \quad (t_0 \leqslant t \leqslant t_\mathrm{f}) \tag{3-122}$$

根据给定的 3-RRC 并联机器人的运动规律，由式 (3-201) 可以得到动平台上 P 点的运动轨迹曲线，如图 3-20。对于系统给定的动平台运动规律，利用式 (3-110)~ 式 (3-112) 进行运动学反解，可以得到变量 θ_1、θ_2、θ_3 和 α_1、α_2、α_3 的运动规律。图 3-21 给出了 3-RRC 并联机器人系统中驱动构件 $B_iC_i(i$=1,2,3) 运动角速度的变化曲线 (为表 3-2 中第 8 种运动学反解的求解结果)。

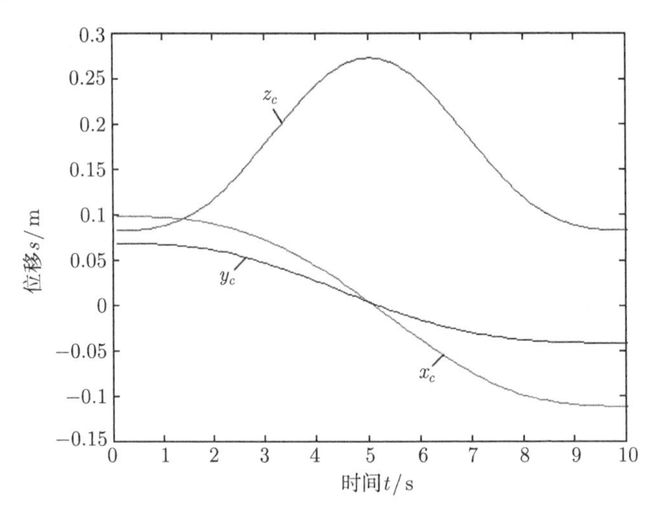

图 3-20 动平台上 P 点的运动轨迹曲线

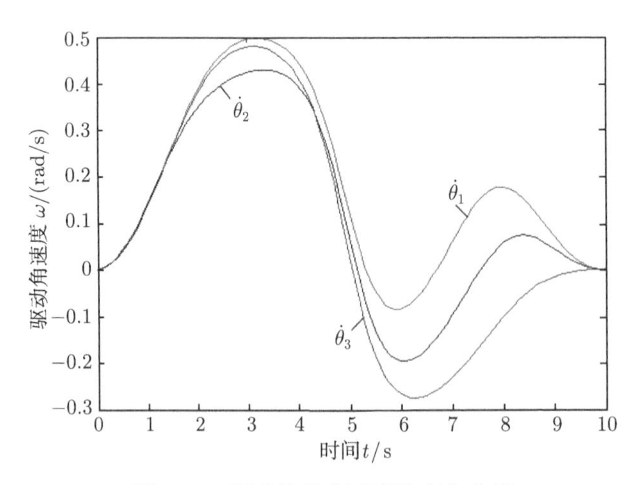

图 3-21 驱动构件角速度的变化曲线

对于 3-RRC 并联机器人系统给定的动平台运动规律，系统等效转动惯量 $\hat{J}_{11}$、$\hat{J}_{22}$、$\hat{J}_{33}$、$\hat{J}_{12}$、$\hat{J}_{13}$ 和 $\hat{J}_{23}$ 的变化曲线如图 3-22 所示。可以看到，对于多自由度机构系统，系统的等效转动惯量为系统机构位形的函数，由于存在系统多变量耦合的因素，所以这些等效惯量的值中出现了负值。同时，这些等效转动惯量的值随着并联机构运动位姿的不同而变化。系统等效转动惯量的数据分析见表 3-3，可见这些等效转动惯量的值随机构位形的不同，变化非常显著。如等效转动惯量 $\hat{J}_{33}$ 的最大值为 0.0993 kg·m^2，最小值为 0.0079 kg·m^2，相差十多倍。等效转动惯量的这种变化也就决定了系统的动态特性和驱动力矩的变化趋势。因此，可以通过改变系统中各构件的质量分布或添加配重的方式调节系统的运动学和动力学特性。

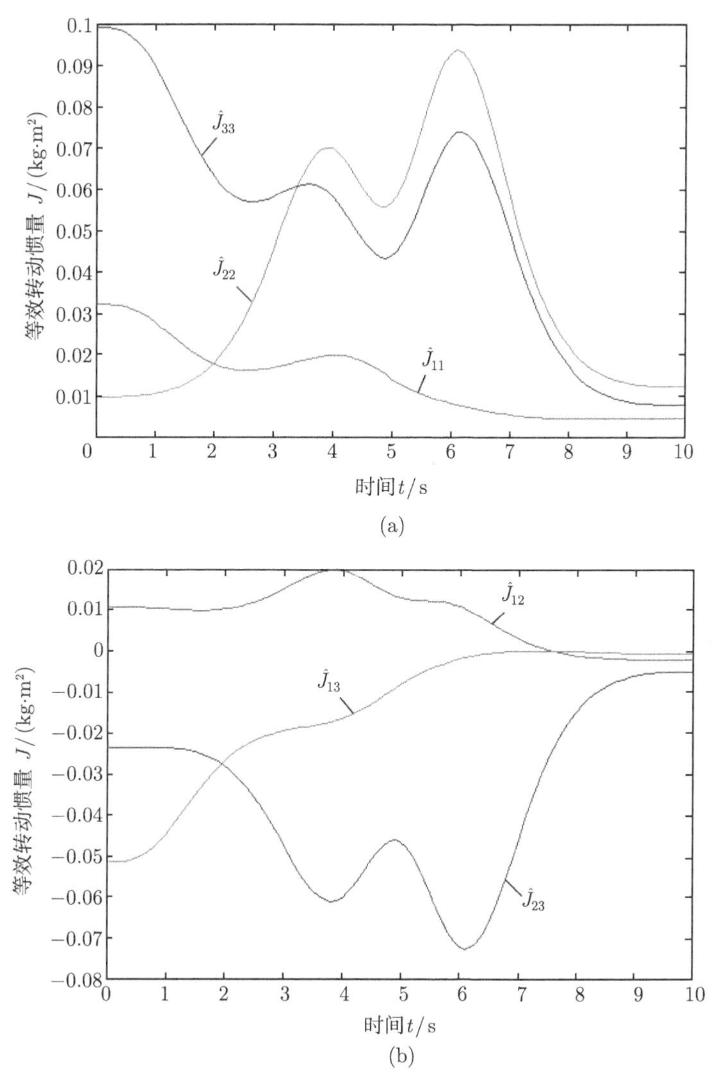

图 3-22 等效转动惯量的变化曲线图

表 3-3　等效转动惯量的数据分析　　(单位：kg·m^2)

类别	等效转动惯量					
	$\lvert\hat{J}_{11}\rvert$	$\lvert\hat{J}_{22}\rvert$	$\lvert\hat{J}_{33}\rvert$	$\lvert\hat{J}_{12}\rvert$	$\lvert\hat{J}_{13}\rvert$	$\lvert\hat{J}_{23}\rvert$
最大值	0.0332	0.0938	0.0993	0.0198	0.0514	0.0726
最小值	0.0045	0.0098	0.0079	0.0001	0.0000	0.0051
平均值	0.0139	0.0398	0.0520	0.0092	0.0147	0.0359

对于给定的动平台运动规律，系统中各个驱动构件的驱动力矩的变化曲线如图 3-23 所示。分析可知，在系统运动过程中各个驱动构件的驱动力矩的变化也非常显著，具体数据分析见表 3-4，如 τ_2 的最大驱动力矩为 1.0081 N·m，最小驱动力矩为 0.0962 N·m，平均驱动力矩为 0.489 2 N·m。完成规定的运动，由式 (3-200) 可以求出驱动构件 B_1C_1、B_2C_2 和 B_3C_3 处的能耗分别为 0.2049 J、0.1872 J 和 0.2149 J，系统的总能耗为 0.6071 J。

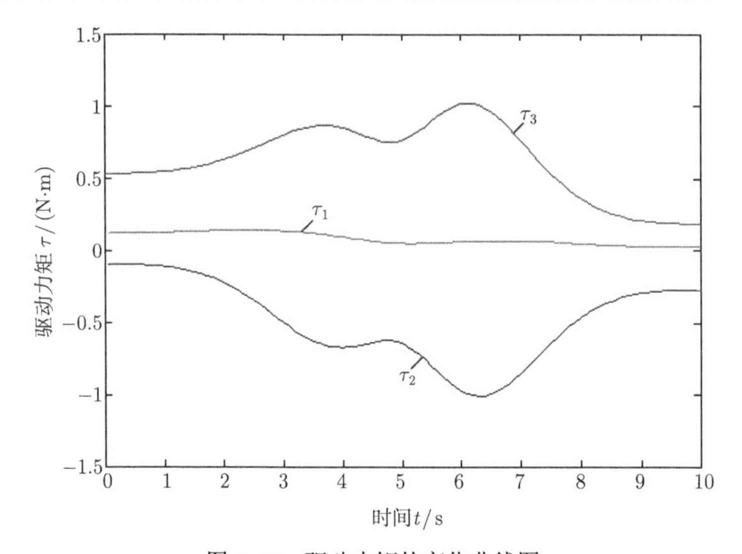

图 3-23　驱动力矩的变化曲线图

表 3-4　驱动力矩的数据分析　　(单位：N·m)

类别	驱动力矩		
	$\lvert\tau_1\rvert$	$\lvert\tau_2\rvert$	$\lvert\tau_3\rvert$
最大值	0.1426	1.0081	1.0192
最小值	0.0241	0.0962	0.1890
平均值	0.0827	0.4892	0.6313

第 4 章　柔性并联机器人机构的动力学建模与求解

4.1　引　　言

在现实中，并不存在真正意义上的刚体，只是在一般情况下，构件的弹性变形较小，忽略了它的弹性变形，假设才近似成立。对于高速、高精密度、重载等工作的并联机器人系统，其运动构件的弹性变形已经不可忽略；同时，随着机械产品设计轻量化的发展，并联机器人系统中各支链构件的弹性变形也会更加明显。构件的弹性变形不仅会导致系统动平台的运动误差和机构整体的弹性振动或共振，也会使得并联机构系统的运动和动态特性大大降低。因此，要想充分了解高速、重载等并联机器人机构系统的动力学特性，有必要进行考虑构件弹性变形的并联机器人 (也称柔性并联机器人，如图 4-1) 机构的动力学研究。

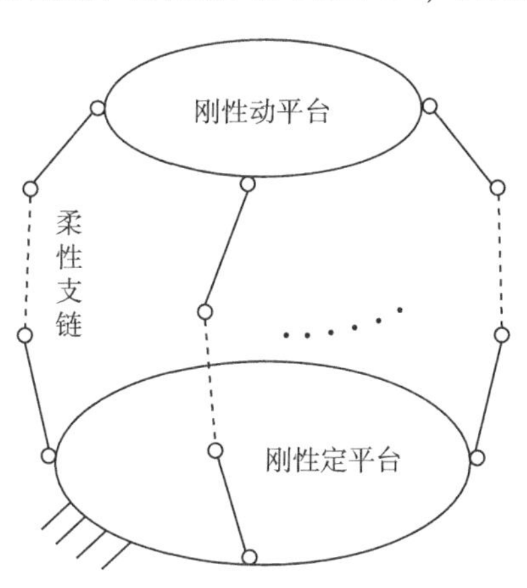

图 4-1　柔性并联机器人机构示意图

由于并联机器人系统的末端操作器及相关的关节驱动和配套装置均安装在动平台或静 (定) 平台上，为使并联机器人系统能够正常工作，一般动平台和静平台的刚度较大，可以认为是刚体；而各杆件和关节的刚度较低、柔性大，应该视为柔性体。这种动平台和静平台为刚体，而系统分支中的杆件和关节为柔性体的并联机器人机构系统也称为刚柔混合并联机器人机构系统。因此，柔性并联机器人机构的显著特点是多闭环刚柔耦合，其系统操作器安装在刚性动平台上，动平台通过数个运动支链与刚性静平台连接，各运动支链则由柔性构件 (或需要考虑弹性变形的构件) 构成。

建立柔性并联机器人机构的动力学模型是开展其动态特性分析、运动或动力学规划、动力控制和优化设计等方面的基础。柔性并联机构动力学模型的建立不仅区别于多刚体系统动力学，也区别于结构动力学。由于柔性机器人构件的弹性运动大多为小幅或微幅弹性振动，所以，可以利用运动弹性动力学原理建立其动力学模型，在满足分析精度要求的前提下直接了解构件的弹性变形对机器人系统性能的影响。一般建立柔性并联机构动力学模型的

主要步骤如下:

(1) 利用有限元法将机构中的各柔性构件划分为梁单元，选择合适的位移假设或型函数，建立梁单元的广义坐标；

(2) 推导梁单元的动能和弹性势能，利用 Lagrange 方程导出梁单元的运动微分方程；

(3) 由各运动支链末端与系统动平台之间的运动学、动力学协调关系，推导系统的运动学和动力学约束条件的函数表达式；

(4) 建立整体机构系统的广义坐标，利用 (2) 将各个梁单元的运动微分方程进行有机装配，得到对应运动支链的运动微分方程；

(5) 通过集合各个运动支链的运动微分方程，并联立系统的运动约束条件和动力约束条件，从而得到柔性并联机构系统的整体动力学方程。

4.2 柔性机器人动力学分析方法

柔性机器人的主要优点为：①驱动装置小；②能耗低；③操作速度快；④造价低；⑤由于惯性小，所以操作安全；⑥构件设计紧凑；⑦载荷质量比大等。同时，柔性机器人存在振动大、末端 (end-efecter/end-point) 精确定位难等问题。因此，柔性机器人动力学方面的研究日益成为机器人领域研究的重要课题。由于需要分析机构构件的弹性变形对系统特性产生的影响，所以，将机器人构件假定为刚体的传统机械分析方法与设计准则已不再适用。

柔性机器人的弹性变形在空间上连续存在，因而柔性臂是分布参数系统，具有很小的刚度系数和结构阻尼，细长构件接近于 Euler-Bernoulli 梁，而短粗构件则接近于 Timoshenko 梁。整个柔性机器人就是由驱动机构和电机等构成的集中参数系统与柔性臂分布参数系统所组成的混合系统，因而描述其运动规律的方程是偏微分方程，除极个别情况外，很难得到精确解。一般不将其作为分布参数系统处理，而是设法将偏微分方程化成常微分方程，用常微分方程来描述系统构件的弹性变形。柔性机器人动力学分析一般需要解决如下几个问题：①变形的描述；②变形场的离散化；③模型建立；④近似分析求解, 等等。

1. 变形的描述

柔性体变形的描述是柔性机器人动力学建模的基础。根据选择参照系的不同，一般可分为相对坐标描述 (非惯性系中建模) 与绝对坐标描述 (惯性坐标系下建模) 两种方法。

相对坐标描述可看作是刚体机器人建模方法的直接推广，该方法通过在柔性体上建立一动参照系，将柔性体的真实运动分解为随动系的牵连运动 (大范围刚体运动，或公称/名义运动 (nominal motion)) 和相对于动系的相对运动 (小范围弹性变形，或柔性运动 (flexible motion)) 的迭加。相对坐标描述有利于小应变构件的离散化与线性化，但最终的动力学方程须经过复杂的坐标变换得到。

绝对坐标描述是将柔性体的大位移和弹性变形都用相对于绝对坐标系的单元结点坐标表示，直接建立柔性体的应变与位移关系。绝对坐标描述避免了复杂的坐标变换，适合于大变形的几何非线性问题。由于将整体刚体运动与弹性变形的耦合转移到刚度矩阵中，故系统运动方程的质量矩阵是解耦的，但此方法需要建立的广义坐标数目较多，计算过程中也要引入相应的约束方程，离散化时变形基函数的选取较为困难。

2. 变形场的离散化

常用的离散化方法有集中质量法、有限元法 (finite element method)、有限段法 (finite segment method)、假设模态法 (assumed mode method) 和传递矩阵法等。

集中质量法将柔性体的分布质量按一定的简化原则聚缩于若干离散点上，形成集中质量和集中转动惯量，在这些集中质量之间用无质量的弹性元件连接。这样，就用这些点处的有限自由度代替了连续弹性体模型的无限自由度。集中质量法对密度和质量不均匀的物体很有效。按集中质量法建立起来的动力学模型是常微分方程，对质量分布形式简化较多，精确度较低。

有限元法将具有无限自由度的连续弹性体理想化为有限自由度的单元集合体，使问题简化为适合于数值解法的结构型问题。这种方法以结点 (或节点) 的弹性位移作为广义坐标，在结点之间建立起关于结点坐标的弹性位移场或形函数，并以此假设为基础导出单元的动力学方程，经过单元动力学方程的装配得到系统动力学方程。在单元划分数相同的情况下，有限元法模型一般比集中参数模型精确。随着有限元理论和技术的发展，现已提供了多种平面和空间单元，可模拟任意复杂形状的构件。

有限段法将具有无限自由度的连续体离散为有限刚性梁段，将系统的柔性等效至梁段结点。它的本质在于将柔体系统离散化为多刚体-铰链-弹簧及阻尼器系统，再利用建立多刚体系统动力学方程的矩阵方法导出离散化模型的非线性系统动力学方程。此方法的最大特点是无须对梁结构的变形场进行假设，也不受小变形的限制，容易计入几何非线性的影响，比较适合于含细长构件的柔性机器人系统，理论推导程式化，便于数值计算 (殷学纲等, 1998; Zhang et al., 1994)。到目前为止，有限段法主要应用于柔性串联机器人和柔性机械臂的动力学研究方面。

有限段法与有限元法在拓扑结构上存在本质区别。就整体系统而言，有限段法描述的多体系统是时变的，而在有限元分析中，其结构的平衡位置不随时间变化；就单元特征而言，有限段法只应满足小应变假设，即允许柔性体产生几何非线性变形，而有限元法建立在小变形假设的基础上，将变形线性化；就微分单元而言，有限段中微分梁段的长度相当于弧微分，而有限元法对坐标微分。

假设模态法以 Rayleigh-Ritz法为基础，采用模态截断技术舍去柔性体的高阶模态部分，再利用 Lagrange 方程、Hamilton 原理等建模方法得到离散化的动力学方程。假设模态法的优点为建立的动力学方程规模小，计算效率快，有利于仿真与实时控制。模态函数的选取有约束模态法和非约束模态法两种。约束模态法采用瞬时结构假定，忽略刚体惯性力及科氏力的影响，根据梁的自由振动方程确定模态函数。非约束模态法以柔性机器人的振动方程为基础，直接由几何、物理边界条件推导出系统的频率方程及相应的模态函数。约束模态法较简单，但精度不如非约束模态法；而非约束模态法计算复杂，很难用于多构件系统。

3. 建模方法

由于柔性构件本身所具有的高度非线性、强耦合和时变等特点，建立精确的动力学模型成为柔性机器人研究的一个重点。柔性机器人动力学建模方法主要有两类，即矢量力学方法与分析力学方法。矢量动力学的基础是牛顿运动定律的直接引用，主要集中在与系统的个别部分相联系的力和运动以及各部分之间的相互作用上。而分析动力学则更多地把系统看作一个整体并且利用动能、势能之类的纯量来描述函数，得到运动方程。主要的建模方法有

Newton-Euler 法、Lagrange 方程、Hamilton 原理、Kane 方程、变分原理、虚位移原理 (或虚功原理) 等。

Newton-Euler 法描述了柔性机械系统完整的受力关系，物理意义明确，易于形成递推形式的动力学方程。但方程数量大，包含系统的内力项，约束力/力矩消除困难。

Lagrange 方程和 Hamilton 原理从能量的观点建立系统的动力学方程，避免了系统内力项的出现，动力学方程形式简洁，便于动力学分析向控制模型的转化。适用于结构简单的柔性多体系统动力学建模分析 (对于复杂结构，微分运算将变得非常复杂)。

Kane 方程通过引入偏速度和偏角速度的概念，使动力学方程由形式简单的广义主动力和广义惯性力来表示。由于广义主动力和广义惯性力有较清楚的物理意义，可消除方程中的内力项，避免繁琐的微分运算，且计算步骤程式化，便于实现动力学方程的计算机符号推导，因此适合解决大型复杂的动力学问题。

4. 近似分析

柔性机器人运动的特点是大范围刚体运动与弹性变形相互影响、强耦合，并呈现高度非线性。如何对系统固有的非线性惯性力作进一步简化处理，并根据问题的性质人为地解耦与线性化，以利于工程实际应用与控制方案实施，是柔性机器人动力学分析与振动控制中的关键问题。普遍使用的近似分析方法有弹性动力分析和柔性多体系统动力学方法。弹性动力分析是运动弹性静力分析、运动弹性动力分析的总称。

运动弹性静力分析 (kineto-elasto-static analysis，KES)，亦称准静态分析 (quasi-static analysis)，把机构作为一个运动着的弹性系统，研究把外力和刚体惯性力假想为静载荷情况下系统的变形，并在此基础上求出机构的位移、速度、加速度、应力、应变等运动学、动力学参数。在此基础上，国内外机械学研究者提出了目前在机械动力学中已广泛采用的运动弹性动力分析方法 (kineto-elasto-dynamic analysis，KED)。

运动弹性动力分析把机构作为一个运动着的弹性系统，研究其在外力和刚体惯性力激励下的振动，并在此基础上求出机构的位移、速度、加速度、应力和应变等运动学、动力学参数。KED 研究的一个主要目的是在给定机构名义运动 (即机构刚体运动) 规律的前提下，确定机构的弹性运动响应。因此，在 KED 分析中均采用机构弹性运动不影响机构名义运动的基本假设。由于忽略了弹性振动对大范围刚体运动的影响，KED 方法也是一种近似分析方法，它适合于运行速度不太高、柔度较小的机构弹性动力学建模，对高速运行的大柔度机构则会产生较大的分析误差。

柔性多体系统动力学 (flexible multibody dynamics，FMD) 方法产生于航天领域，此方法的研究对象为含有柔性构件的多体系统，考虑了柔性构件的动态变形以及这种变形和系统大范围刚体运动之间的耦合影响。所以，在 FMD 分析中，系统的弹性运动变量和刚体运动变量都被作为待求的广义坐标来处理，这是 FMD 方法与 KED 方法的不同之处。一般来讲，FMD 方法适用范围更广，但需要求解复杂的刚性微分方程。

4.3　3-$\underline{\mathrm{R}}$RR 柔性并联机器人机构的动力学建模

平面 3-$\underline{\mathrm{R}}$RR(R 为转动副 revolute pair 的简记，下面加横线者 (如 $\underline{\mathrm{R}}$) 表示驱动关节，

为了标记方便，后文有时略去下横线，即记为 3-RRR) 柔性并联机器人机构的示意图，如图 4-2。

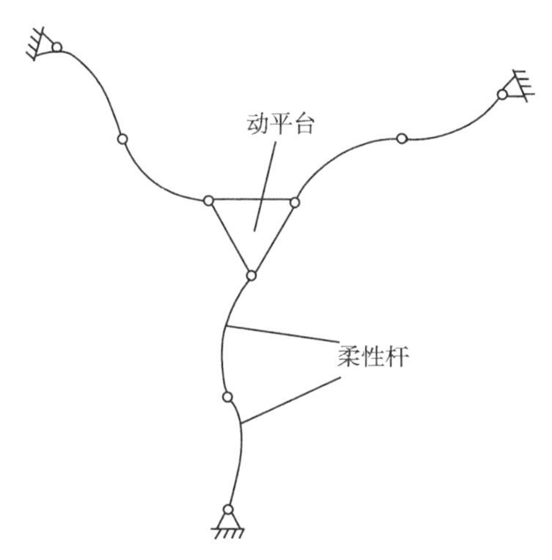

图 4-2 平面 3-RRR 柔性并联机器人的结构简图

对于平面 3-RRR 柔性并联机器人机构的动力学建模问题，有两种研究构件弹性变形的方法：相对坐标法和绝对坐标法。当事先给定或求解出机器人的输入运动时，采用相对坐标法建立动力学模型，将柔性杆件的刚性运动变量和弹性运动变量分离，把弹性运动变量作为未知数求解。而在某些情况下，机器人的输入运动未知或不便求解，或者只希望求解柔性杆件的真实运动，则不可能或不需要将柔性杆件的刚性运动变量和弹性运动变量分离，这时就需要采用绝对坐标法。

首先，本节将分别从相对坐标法和绝对坐标法的角度出发，阐述建立平面 3-RRR 柔性并联机器人梁单元模型和运动支链微分方程的过程；再通过分析机器人机构的运动特点，导出系统的运动学约束条件和动力学约束条件；最后，通过装配得到 3-RRR 柔性并联机器人系统的动力学方程。

4.3.1 基于相对坐标法的支链运动微分方程

4.3.1.1 梁单元模型

根据机器人机构中一般构件的形状，利用有限元模型进行其弹性动力分析时，通常可以采用等截面梁单元模型进行机器人机构中构件的弹性变形的描述。一般在梁单元模型的两端设有两个结点 (如图 4-3 中的结点 A 和结点 B)，梁单元模型在时刻 t 产生的弹性变形，可以以梁单元的刚性位形为基准，通过设置弹性广义坐标来描述，如图 4-3 所示。

设梁单元的每个结点处各有一个纵向弹性位移，则梁单元上任一点 x 在时刻 t 的纵向弹性位移 u_x 可假设为线性分布，即

$$u_x(x,t) = a_\mathrm{e}x + b_\mathrm{e} \quad (0 \leqslant x \leqslant L_\mathrm{e}) \tag{4-1}$$

式中，x 为考察点到单元左端点的距离；t 为时间；a_e 和 b_e 为单元纵向弹性位移型函数的系数；L_e 为单元的长度。

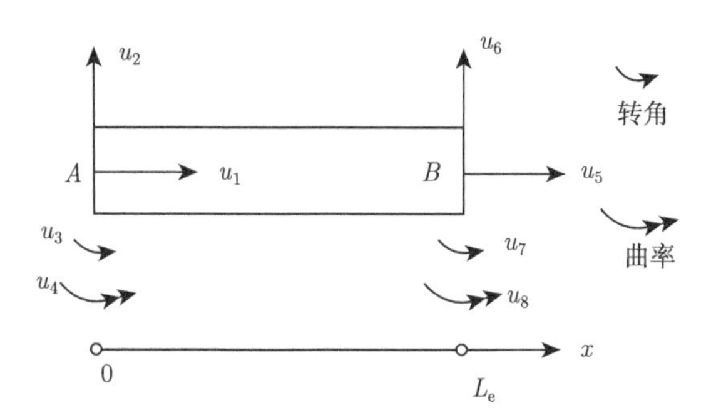

图 4-3　梁单元的结点坐标

梁的横向弹性位移通常可选用两种假设形式，即三次或五次 Hermite 插值多项式。在进行杆件系统静力分析时，一般采用三次多项式，而在动力学分析时，杆件弹性振动的振型曲线的形状比静变形曲线要复杂得多，因此，提高多项式次数可更准确地模拟杆件的实际弹性变形。而且，采用五次 Hermite 插值多项式也能准确地求出单元中的最大应力。所以，这里采用五次 Hermite 插值多项式描述梁单元上任意一点 x 处在时刻 t 的横向弹性位移 u_y，则

$$u_y(x,t) = A_\mathrm{e} + B_\mathrm{e}x + C_\mathrm{e}x^2 + D_\mathrm{e}x^3 + E_\mathrm{e}x^4 + F_\mathrm{e}x^5 \quad (0 \leqslant x \leqslant L_\mathrm{e}) \tag{4-2}$$

式中，A_e、B_e、C_e、D_e、E_e 和 F_e 为单元横向弹性位移型函数的系数。

同时，梁单元上任意一点 x 处在时刻 t 的弹性转角和弹性曲率可分别表示为

$$\frac{\partial u_y(x,t)}{\partial x} = B_\mathrm{e} + 2C_\mathrm{e}x + 3D_\mathrm{e}x^2 + 4E_\mathrm{e}x^3 + 5F_\mathrm{e}x^4 \quad (0 \leqslant x \leqslant L_\mathrm{e}) \tag{4-3}$$

$$\frac{\partial^2 u_y(x,t)}{\partial x^2} = 2C_\mathrm{e} + 6D_\mathrm{e}x + 12E_\mathrm{e}x^2 + 20F_\mathrm{e}x^3 \quad (0 \leqslant x \leqslant L_\mathrm{e}) \tag{4-4}$$

在式 (4-1)~ 式 (4-4)中共有 8 个待定系数。为了确定这些待定系数，需要给定 8 个边界条件。为此，在单元的两个结点 A 和 B 处设定 8 个弹性广义坐标，即纵向弹性位移 u_1 和 u_5、横向弹性位移 u_2 和 u_6、弹性转角 u_3 和 u_7、弹性曲率 u_4 和 u_8，如图 4-3 所示。这些弹性广义坐标便构成了单元的弹性广义坐标列阵 $\boldsymbol{u}_\mathrm{e}$(这里 $\boldsymbol{u}_\mathrm{e}$ 为时间 t 的函数)，即

$$\boldsymbol{u}_\mathrm{e} = \begin{bmatrix} u_1 & u_2 & u_3 & u_4 & u_5 & u_6 & u_7 & u_8 \end{bmatrix}^\mathrm{T} \tag{4-5}$$

单元弹性广义坐标的边界条件如下:

在单元左端点，即 x=0 处

$$u_x(0,t) = u_1 \tag{4-6}$$

$$u_y(0,t) = u_2 \tag{4-7}$$

$$\frac{\partial u_y(0,t)}{\partial x} = u_3 \tag{4-8}$$

$$\frac{\partial^2 u_y(0,t)}{\partial x^2} = u_4 \tag{4-9}$$

在单元右端点，即 $x = L_\mathrm{e}$ 处

$$u_x(L_\mathrm{e},t) = u_5 \tag{4-10}$$

$$u_y(L_e,t)=u_6 \tag{4-11}$$

$$\frac{\partial u_y(L_e,t)}{\partial x}=u_7 \tag{4-12}$$

$$\frac{\partial^2 u_y(L_e,t)}{\partial x^2}=u_8 \tag{4-13}$$

由式 (4-6)~式 (4-13) 可求出式 (4-1)~式 (4-4) 中的 8 个待定系数，它们是广义坐标的函数。将这 8 个系数的表达式代回式 (4-1) 和式 (4-2)，即可得到梁单元任意一点 x 处的弹性变形位移型函数 (张策等, 1997; 杜兆才, 2008)。

于是，单元上任一点发生弹性位移后的位置向量 $\boldsymbol{u}(x,\,t)$ 可描述为

$$\boldsymbol{u}(x,t)=\boldsymbol{N}_e(x)\boldsymbol{u}_e \tag{4-14}$$

式中，$\boldsymbol{N}_e(x)$ 为 $2\times n$ 维的单元弹性位移型函数矩阵；n 为单元结点弹性广义坐标的数目，如图 4-3 中梁单元的弹性广义坐标数目 $n=8$。

4.3.1.2 梁单元运动微分方程

梁单元的刚体位形与弹性位形之间的关系如图 4-4，梁单元的真实运动等于其刚体运动与弹性变形运动的叠加。设梁单元上的任一点 C 点在运动过程中由于梁单元的弹性变形而移至 C' 点。这里，坐标系 O-XY 为系统固定坐标系，坐标系 A-xy 为与刚体梁单元固结在一起的局部动坐标系。则梁单元上点 C' 的弹性位移向量 $\boldsymbol{u}_{C'}(x,\,t)$ 可表示为

$$\boldsymbol{u}_{C'}(x,t)=\begin{bmatrix} u_{xE} & u_{yE}\end{bmatrix}^{\mathrm{T}}=\boldsymbol{N}_e(x)\boldsymbol{u}_e \tag{4-15}$$

式中，u_{xE} 和 u_{yE} 分别为点 C 在单元局部坐标系 A-xy 内的纵向和横向弹性位移；$\boldsymbol{N}_e(x)$ 为单元位移型函数矩阵。

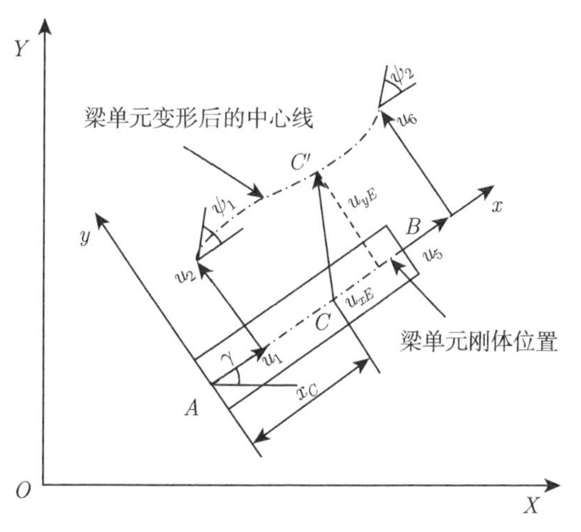

图 4-4 刚体位形与弹性位形关系图

那么，点 C' 相对于坐标系 O-XY 的速度向量 $\boldsymbol{v}_{C'}$ 可表示为

$$\boldsymbol{v}_{C'}=\boldsymbol{v}_A+\dot{\gamma}\boldsymbol{k}\times[(x_C+u_{xE})\,\boldsymbol{i}+u_{yE}\boldsymbol{j}]+\dot{u}_{xE}\boldsymbol{i}+\dot{u}_{yE}\boldsymbol{j} \tag{4-16}$$

式中，$\boldsymbol{v}_A$ 为坐标系 $A\text{-}xy$ 坐标原点 A 处的绝对速度向量；γ 为单元局部坐标系 $A\text{-}xy$ 在系统坐标系 $O\text{-}XY$ 中的方位角；$\dot{\gamma}\boldsymbol{k}$ 为动坐标系 $A\text{-}xy$ 的转动角速度矢量；$\boldsymbol{i}$、$\boldsymbol{j}$ 分别为坐标系 $A\text{-}xy$ 中 x 轴和 y 轴方向的单位向量，且 $\boldsymbol{k}=\boldsymbol{i}\times\boldsymbol{j}$。

根据式 (4-16)，点 C' 的运动速度 $\boldsymbol{v}_{C'}$ 也可表示为

$$\boldsymbol{v}_{C'}=\begin{bmatrix} v_{Ax}-\dot{\gamma}u_{yE}+\dot{u}_{xE} \\ v_{Ay}+\dot{\gamma}(x+u_{xE})+\dot{u}_{yE} \end{bmatrix} \tag{4-17}$$

式中，v_{Ax}、v_{Ay} 分别为单元左端点 A 处的速度在坐标系 $A\text{-}xy$ 中 x 轴和 y 轴方向的分量。

由于机器人的各关节处有驱动装置或关节配套装置等，关节附近必然有集中质量或转动惯量，因此，梁单元的动能包括梁单元的平动动能 T_{e1}、梁单元的截面转动动能 T_{e2} 以及附加于梁单元两端 A、B 处的集中质量或转动惯量的动能 T_{e3}(T_{e1}、T_{e2} 和 T_{e3} 的详细推导过程见张策等 (1997) 的文献)。即梁单元的总动能 T_{e} 可表示为

$$T_{\mathrm{e}}=T_{\mathrm{e1}}+T_{\mathrm{e2}}+T_{\mathrm{e3}} \tag{4-18}$$

$$\begin{aligned} T_{\mathrm{e1}}=&\frac{1}{2}\rho A\left(v_{Ax}^2L_{\mathrm{e}}+v_{Ay}^2L_{\mathrm{e}}+v_{Ay}\dot{\gamma}L_{\mathrm{e}}^2+\frac{1}{3}\dot{\gamma}^2L_{\mathrm{e}}^3\right)+\frac{1}{2}\dot{\gamma}^2\boldsymbol{u}_{\mathrm{e}}^{\mathrm{T}}\overline{\boldsymbol{m}}\boldsymbol{u}_{\mathrm{e}}^{\mathrm{T}}+\frac{1}{2}\dot{\boldsymbol{u}}_{\mathrm{e}}^{\mathrm{T}}\overline{\boldsymbol{m}}\dot{\boldsymbol{u}}_{\mathrm{e}} \\ &+\dot{\gamma}\dot{\boldsymbol{u}}_{\mathrm{e}}^{\mathrm{T}}\boldsymbol{b}\boldsymbol{u}_{\mathrm{e}}+\boldsymbol{u}_{\mathrm{e}}^{\mathrm{T}}\boldsymbol{Y}+\dot{\boldsymbol{u}}_{\mathrm{e}}^{\mathrm{T}}\boldsymbol{Z} \end{aligned} \tag{4-19}$$

$$T_{\mathrm{e2}}=\frac{1}{2}\rho J\dot{\gamma}^2L_{\mathrm{e}}+\dot{\boldsymbol{u}}_{\mathrm{e}}^{\mathrm{T}}\boldsymbol{F}+\frac{1}{2}\dot{\boldsymbol{u}}_{\mathrm{e}}^{\mathrm{T}}\overline{\boldsymbol{m}}_{\mathrm{r}}\dot{\boldsymbol{u}}_{\mathrm{e}} \tag{4-20}$$

$$\begin{aligned} T_{\mathrm{e3}}=&\frac{1}{2}\left(m_A+m_B\right)v_A^2+\frac{1}{2}m_B\dot{\gamma}^2L_{\mathrm{e}}^2+m_Bv_{Ay}\dot{\gamma}L_{\mathrm{e}}+\frac{1}{2}\left(J_A+J_B\right)\dot{\gamma}^2+\frac{1}{2}\dot{\gamma}^2\boldsymbol{u}_{\mathrm{e}}^{\mathrm{T}}\overline{\boldsymbol{m}}_{\mathrm{c}}\boldsymbol{u}_{\mathrm{e}} \\ &+\frac{1}{2}\dot{\boldsymbol{u}}_{\mathrm{e}}^{\mathrm{T}}\overline{\boldsymbol{m}}_{\mathrm{c}}\dot{\boldsymbol{u}}_{\mathrm{e}}+\boldsymbol{u}_{\mathrm{e}}^{\mathrm{T}}\boldsymbol{Y}_{\mathrm{c}}+\dot{\boldsymbol{u}}_{\mathrm{e}}^{\mathrm{T}}\boldsymbol{Z}_{\mathrm{c}}+\dot{\gamma}\dot{\boldsymbol{u}}_{\mathrm{e}}^{\mathrm{T}}\boldsymbol{b}_{\mathrm{c}}\boldsymbol{u}_{\mathrm{e}}+\frac{1}{2}\dot{\boldsymbol{u}}_{\mathrm{e}}^{\mathrm{T}}\overline{\boldsymbol{m}}_J\dot{\boldsymbol{u}}_{\mathrm{e}}+\dot{\gamma}\dot{\boldsymbol{u}}_{\mathrm{e}}^{\mathrm{T}}\boldsymbol{Z}_J \end{aligned} \tag{4-21}$$

式中，ρ 为梁单元的材料密度；A 为梁单元的横截面积；v_A 为梁单元左端点 A 的绝对速度，$v_A^2=v_{Ax}^2+v_{Ay}^2$；J 为梁单元横截面相对于通过质心轴线的惯性矩；m_A、m_B 分别为梁单元两端 A 和 B 处附加的集中质量；J_A、J_B 分别为梁单元两端 A 和 B 处附加的集中转动惯量；$\boldsymbol{b}$、$\overline{\boldsymbol{m}}$ 为梁单元平动动能的系数矩阵，见附录 E；$\boldsymbol{Y}$、$\boldsymbol{Z}$ 为梁单元平动动能的系数向量，见附录 E；$\boldsymbol{F}$、$\overline{\boldsymbol{m}}_{\mathrm{r}}$ 分别为梁单元横截面的转动动能的系数向量和系数矩阵，见附录 E；$\overline{\boldsymbol{m}}_{\mathrm{c}}$、$\boldsymbol{b}_{\mathrm{c}}$ 为梁单元两端集中质量的平动动能的系数矩阵，见附录 E；$\boldsymbol{Y}_{\mathrm{c}}$、$\boldsymbol{Z}_{\mathrm{c}}$ 为梁单元两端集中质量的平动动能的系数向量，见附录 E；$\overline{\boldsymbol{m}}_J$、$\boldsymbol{Z}_J$ 分别为梁单元两端集中转动惯量的转动动能的系数矩阵和系数向量，见附录 E。

为了精确计算梁单元的弹性势能，在梁单元产生横力弯曲变形的情况下，不但要考虑弯曲应变能 V_{e1}，还要计及剪切应变能 V_{e2}。此外，在计算拉压应变能时，不但要考虑轴向位移产生的拉压应变能 V_{e3}，还要考虑由梁单元的横向弹性位移产生的附加拉压应变能 V_{e4}(V_{e1}、V_{e2}、V_{e3} 和 V_{e4} 的详细推导过程见张策等 (1997) 的文献)。因此，梁单元的总弹性势能 V_{e} 为

$$V_{\mathrm{e}}=V_{\mathrm{e1}}+V_{\mathrm{e2}}+V_{\mathrm{e3}}+V_{\mathrm{e4}} \tag{4-22}$$

$$V_{\mathrm{e1}}=\frac{EJ_Z}{2}\boldsymbol{u}_{\mathrm{e}}^{\mathrm{T}}\boldsymbol{\Omega}\boldsymbol{u}_{\mathrm{e}} \tag{4-23}$$

$$V_{\mathrm{e}2} = \frac{EJ_Z}{2}\boldsymbol{u}_{\mathrm{e}}^{\mathrm{T}}\overline{\boldsymbol{k}}_{\lambda}\boldsymbol{u}_{\mathrm{e}} \tag{4-24}$$

$$V_{\mathrm{e}3} = \frac{1}{2}EA\boldsymbol{u}_{\mathrm{e}}^{\mathrm{T}}\boldsymbol{\chi}\boldsymbol{u}_{\mathrm{e}} \tag{4-25}$$

$$V_{\mathrm{e}4} = \frac{1}{2}\boldsymbol{u}_{\mathrm{e}}^{\mathrm{T}}\boldsymbol{k}_{\mathrm{N}}\boldsymbol{u}_{\mathrm{e}} \tag{4-26}$$

式中，E 为梁单元的弹性模量；J_Z 为梁单元的横截面对转动 Z 轴的惯性矩；$\boldsymbol{\Omega}$ 为梁单元弯曲应变能的系数矩阵，见附录 E；$\overline{\boldsymbol{k}}_{\lambda}$ 为梁单元剪切应变能的系数矩阵，见附录 E；$\boldsymbol{\chi}$ 为梁单元拉压应变能的系数矩阵，见附录 E；$\boldsymbol{k}_{\mathrm{N}}$ 为梁单元附加拉压应变能的系数矩阵，见附录 E。

将梁单元的总动能表达式 (4-18) 和总势能表达式 (4-22) 代入弹性体的 Lagrange 方程

$$\frac{\mathrm{d}}{\mathrm{d}t}\left(\frac{\partial T_{\mathrm{e}}}{\partial \dot{\boldsymbol{u}}_{\mathrm{e}}}\right) - \frac{\partial T_{\mathrm{e}}}{\partial \boldsymbol{u}_{\mathrm{e}}} + \frac{\partial V_{\mathrm{e}}}{\partial \boldsymbol{u}_{\mathrm{e}}} = \boldsymbol{\tau}_{\mathrm{e}} \tag{4-27}$$

则可得到梁单元的运动微分方程。这里，$\boldsymbol{\tau}_{\mathrm{e}}$ 为梁单元的广义力列阵。对式 (4-27) 进行整理，则梁单元的运动微分方程可以表示为

$$\boldsymbol{m}_{\mathrm{e}}\ddot{\boldsymbol{u}}_{\mathrm{e}} + \boldsymbol{c}_{\mathrm{e}}\dot{\boldsymbol{u}}_{\mathrm{e}} + \boldsymbol{k}_{\mathrm{e}}\boldsymbol{u}_{\mathrm{e}} = \boldsymbol{p}_{\mathrm{e}} + \boldsymbol{f}_{\mathrm{e}} + \boldsymbol{q}_{\mathrm{e}} \tag{4-28}$$

$$\boldsymbol{m}_{\mathrm{e}} = \overline{\boldsymbol{m}} + \overline{\boldsymbol{m}}_{\mathrm{r}} + \overline{\boldsymbol{m}}_{\mathrm{c}} + \overline{\boldsymbol{m}}_{J}$$

$$\boldsymbol{c}_{\mathrm{e}} = 2\dot{\gamma}\left(\boldsymbol{b} + \boldsymbol{b}_{\mathrm{c}}\right)$$

$$\boldsymbol{k}_{\mathrm{e}} = \boldsymbol{k}_{\mathrm{N}} + EJ_Z\left(\boldsymbol{\Omega} + \overline{\boldsymbol{k}}_{\lambda}\right) + EA\boldsymbol{\chi} + \ddot{\gamma}\left(\boldsymbol{b} + \boldsymbol{b}_{\mathrm{c}}\right) - \dot{\gamma}^2\left(\overline{\boldsymbol{m}} + \overline{\boldsymbol{m}}_{\mathrm{c}}\right)$$

$$\boldsymbol{p}_{\mathrm{e}} = \boldsymbol{Y} + \boldsymbol{Y}_{\mathrm{c}} - \dot{\boldsymbol{Z}} - \dot{\boldsymbol{Z}}_{\mathrm{c}} - \dot{\boldsymbol{F}} - \ddot{\gamma}\boldsymbol{Z}_{J}$$

式中，$\boldsymbol{m}_{\mathrm{e}}$ 为梁单元的质量矩阵；$\boldsymbol{c}_{\mathrm{e}}$ 为梁单元的当量阻尼矩阵；$\boldsymbol{k}_{\mathrm{e}}$ 为梁单元的当量刚度矩阵；$\boldsymbol{f}_{\mathrm{e}}$ 为其他相邻梁单元施加于所研究梁单元的作用力列阵；$\boldsymbol{q}_{\mathrm{e}}$ 为梁单元受到的外载荷广义力列阵。

对于机器人机构系统而言，式 (4-28) 中的列阵 $\boldsymbol{f}_{\mathrm{e}}$ 是与所研究梁单元相连接的其他梁单元作用于所研究梁单元的作用力，它对整个机构系统来说属于内力。所以，由单元运动微分方程装配成机器人系统的运动微分方程时，各个梁单元的 $\boldsymbol{f}_{\mathrm{e}}$ 之间将会相互抵消。式 (4-28) 中列阵 $\boldsymbol{q}_{\mathrm{e}}$ 是外加载荷的广义力列阵，其既包括与广义坐标对应的集中结点力和集中结点力矩所组成的广义力列阵，也包括分布力和分布力矩的等效结点力列阵，即列阵 $\boldsymbol{q}_{\mathrm{e}}$ 中所有的力和力矩都是真实作用的外载荷，不包括虚加的惯性载荷。

还要注意，式 (4-28) 中的列阵中含有列阵 $\boldsymbol{Z}$ 和 $\boldsymbol{Z}_{\mathrm{c}}$ 的一阶导数项，而列阵 $\boldsymbol{Z}$ 和 $\boldsymbol{Z}_{\mathrm{c}}$ 中的各元素中含有 v_{Ax} 和 v_{Ay} 项 (见附录 E)，因此对列阵 $\boldsymbol{Z}$ 和 $\boldsymbol{Z}_{\mathrm{c}}$ 求导时应注意下列关系

$$\begin{cases} \dot{v}_{Ax} = a_{Ax} + v_{Ay}\dot{\gamma} \\ \dot{v}_{Ay} = a_{Ay} - v_{Ax}\dot{\gamma} \end{cases}$$

4.3.1.3 支链的运动微分方程

梁单元的弹性广义坐标列阵在局部坐标系 $A\text{-}xy$ 中表示为 $\boldsymbol{u}_{\mathrm{e}}$，在系统坐标系 $O\text{-}XY$ 中梁单元的弹性广义坐标列阵则可表示为 $\boldsymbol{U}_{\mathrm{e}}$，即

$$\boldsymbol{U}_{\mathrm{e}}=\begin{bmatrix} U_1 & U_2 & U_3 & U_4 & U_5 & U_6 & U_7 & U_8 \end{bmatrix}^{\mathrm{T}} \tag{4-29}$$

这里，U_1 和 U_5 为系统坐标系中描述的梁单元结点的纵向弹性位移；U_2 和 U_6 为系统坐标系中描述的梁单元结点的横向弹性位移；U_3 和 U_7 为系统坐标系中描述的梁单元结点的弹性转角；U_4 和 U_8 为系统坐标系中描述的梁单元结点的弹性曲率。

那么，$\boldsymbol{u}_{\mathrm{e}}$ 与 $\boldsymbol{U}_{\mathrm{e}}$ 之间存在如下的坐标变换关系

$$\boldsymbol{u}_{\mathrm{e}}=\boldsymbol{R}_{\mathrm{e}}\boldsymbol{U}_{\mathrm{e}} \tag{4-30}$$

式中，$\boldsymbol{R}_{\mathrm{e}}$ 为坐标变换矩阵，见附录 E；γ 为局部坐标系 $A\text{-}xy$ 与系统坐标系 $O\text{-}XY$ 之间的姿态夹角。

在采用有限元模型进行机器人机构动力学分析时，有时为了降低分析的难度，常常采用“瞬时结构假定”，即机构处在运动过程中的某一位形时，将机构的形状和作用于其上的载荷进行瞬时“冻结”，从而把机构视为一个“瞬时结构”进行动力学分析。显然，机构在运动过程的各个位姿上相当于不同的“瞬时结构”，通过分析这些不同时刻的“瞬时结构”的动力学特性，再经过综合, 就可以实现机器人机构运动全过程的动力学研究。

当采用瞬时结构假定时，式 (4-30) 中的坐标变换矩阵 $\boldsymbol{R}_{\mathrm{e}}$ 可作为常数矩阵处理。这样，式 (4-30) 对时间求一、二次导数，则可得到

$$\dot{\boldsymbol{u}}_{\mathrm{e}}=\boldsymbol{R}_{\mathrm{e}}\dot{\boldsymbol{U}}_{\mathrm{e}}$$

$$\ddot{\boldsymbol{u}}_{\mathrm{e}}=\boldsymbol{R}_{\mathrm{e}}\ddot{\boldsymbol{U}}_{\mathrm{e}}$$

然而，在机器人机构动力学的精确分析中，则常常需要抛弃瞬时结构假定。这时，式 (4-30) 中的坐标变换矩阵 $\boldsymbol{R}_{\mathrm{e}}$ 不能视为常数矩阵，其对时间的一阶导数和二阶导数也不再是零。在这种情况下，式 (4-30) 对时间求一、二次导数则为

$$\dot{\boldsymbol{u}}_{\mathrm{e}}=\dot{\boldsymbol{R}}_{\mathrm{e}}\boldsymbol{U}_{\mathrm{e}}+\boldsymbol{R}_{\mathrm{e}}\dot{\boldsymbol{U}}_{\mathrm{e}}$$

$$\ddot{\boldsymbol{u}}_{\mathrm{e}}=\boldsymbol{R}_{\mathrm{e}}\ddot{\boldsymbol{U}}_{\mathrm{e}}+2\dot{\boldsymbol{R}}_{\mathrm{e}}\dot{\boldsymbol{U}}_{\mathrm{e}}+\ddot{\boldsymbol{R}}_{\mathrm{e}}\boldsymbol{U}_{\mathrm{e}}$$

这里的 $\dot{\boldsymbol{R}}_{\mathrm{e}}$ 和 $\ddot{\boldsymbol{R}}_{\mathrm{e}}$，见附录 E。

一般地，在进行机器人机构系统的有限元动力学分析时，会在机器人机构的构件上设立多个单元模型，所有这些单元模型的弹性广义坐标将会组成机器人系统的弹性广义坐标列阵 $\boldsymbol{U}$。显然，单个梁单元的弹性广义坐标 $\boldsymbol{U}_{\mathrm{e}}$ 是整个机器人系统弹性广义坐标 $\boldsymbol{U}$ 的一部分，即 $\boldsymbol{U}_{\mathrm{e}}$ 与 $\boldsymbol{U}$ 存在如下关系

$$\boldsymbol{U}_{\mathrm{e}}=\boldsymbol{B}_i\boldsymbol{U} \tag{4-31}$$

式中，$\boldsymbol{B}_i$ 为第 i 个梁单元的坐标协调矩阵。

利用式 (4-28)、式 (4-31) 和式 (4-30)，可以得到系统坐标系下单元的运动微分方程为

$$\boldsymbol{M}_{\mathrm{e}}\ddot{\boldsymbol{U}}+\boldsymbol{C}_{\mathrm{e}}\dot{\boldsymbol{U}}+\boldsymbol{K}_{\mathrm{e}}\boldsymbol{U}=\boldsymbol{P}_{\mathrm{e}}+\boldsymbol{F}_{\mathrm{e}}+\boldsymbol{Q}_{\mathrm{e}} \tag{4-32}$$

$$\boldsymbol{M}_{\mathrm{e}}=\boldsymbol{B}_i^{\mathrm{T}}\boldsymbol{m}_{\mathrm{e}}\boldsymbol{B}_i \quad \boldsymbol{C}_{\mathrm{e}}=\boldsymbol{B}_i^{\mathrm{T}}\boldsymbol{c}_{\mathrm{e}}\boldsymbol{B}_i \quad \boldsymbol{K}_{\mathrm{e}}=\boldsymbol{B}_i^{\mathrm{T}}\boldsymbol{k}_{\mathrm{e}}\boldsymbol{B}_i \quad \boldsymbol{P}_{\mathrm{e}}=\boldsymbol{B}_i^{\mathrm{T}}\boldsymbol{p}_{\mathrm{e}}$$

将支链中各个梁单元的运动微分方程式 (4-32) 进行装配，即可得到支链的运动微分方程，即

$$\boldsymbol{M}_{\mathrm{s}}\ddot{\boldsymbol{U}}+\boldsymbol{C}_{\mathrm{s}}'\dot{\boldsymbol{U}}+\boldsymbol{K}_{\mathrm{s}}\boldsymbol{U}=\boldsymbol{P}_{\mathrm{s}}+\boldsymbol{Q}_{\mathrm{s}} \tag{4-33}$$

$$\boldsymbol{M}_{\mathrm{s}}=\sum_{i=1}^{n}\boldsymbol{M}_{\mathrm{e}} \quad \boldsymbol{C}_{\mathrm{s}}'=\sum_{i=1}^{n}\boldsymbol{C}_{\mathrm{e}} \quad \boldsymbol{K}_{\mathrm{s}}=\sum_{i=1}^{n}\boldsymbol{K}_{\mathrm{e}} \quad \boldsymbol{P}_{\mathrm{s}}=\sum_{i=1}^{n}\boldsymbol{P}_{\mathrm{e}}$$

式中，$\boldsymbol{Q}_{\mathrm{s}}$ 为系统外力列阵；n 为支链中的单元总数目。

式 (4-33) 中的当量阻尼矩阵 $\boldsymbol{C}'_{\mathrm{s}}$ 并不代表机器人系统机械能的耗散，它只表示系统弹性振动的机械能和刚体运动的机械能之间的转换。在分析机器人的动力响应时，必须考虑多种阻尼的影响。产生阻尼的原因较多，机理复杂，完全考虑这些阻尼往往非常困难，在建立柔性构件系统的运动微分方程时，需要考虑系统的外部阻尼、构件间的摩擦阻尼和材料的内阻尼等，一般采用 Rayleigh 阻尼形式。即

$$\boldsymbol{C}_{\mathrm{R}}=\alpha_{\mathrm{R}}\boldsymbol{M}_{\mathrm{s}}+\beta_{\mathrm{R}}\boldsymbol{K}_{\mathrm{s}} \tag{4-34}$$

式中，$\boldsymbol{C}_{\mathrm{R}}$ 为 Rayleigh 阻尼矩阵；α_{R}、β_{R} 分别为当量质量和当量刚度阻尼系数，可由下式求得

$$\alpha_{\mathrm{R}}+\beta_{\mathrm{R}}\omega_i^2=2\omega_i\xi_i \tag{4-35}$$

式中，ω_i 为第 i 阶固有频率 (i=1,2)；ξ_i 为第 i 阶模态的阻尼比 (i=1,2)。

因此，柔性构件系统的阻尼为

$$\boldsymbol{C}_{\mathrm{s}}=\boldsymbol{C}_{\mathrm{s}}'+\boldsymbol{C}_{\mathrm{R}} \tag{4-36}$$

式中，$\boldsymbol{C}_{\mathrm{s}}$ 为柔性构件系统的阻尼矩阵。

所以，平面柔性并联机器人中运动支链的运动微分方程为

$$\boldsymbol{M}_{\mathrm{s}}\ddot{\boldsymbol{U}}+\boldsymbol{C}_{\mathrm{s}}\dot{\boldsymbol{U}}+\boldsymbol{K}_{\mathrm{s}}\boldsymbol{U}=\boldsymbol{P}_{\mathrm{s}}+\boldsymbol{Q}_{\mathrm{s}} \tag{4-37}$$

4.3.2 基于绝对坐标法的支链运动微分方程

在某些情况下，机器人的输入运动未知或不便求解，或者只希望求解柔性并联机器人的真实运动，则不可能或不需要将柔性杆件的刚性运动变量和弹性运动变量分离，也就不能利用相对坐标系描述杆件的弹性位移，因此，需要利用绝对坐标系描述机器人的运动。采用绝对坐标法进行机构有限元动力学的分析，具有单元动能表达式简单、不存在刚体运动与弹性变形耦合项等优点，但也具有单元应变能的表达较为繁琐和型函数确定困难的缺点。

这里也采用一般机构有限元模型分析过程中常用的假设，即①构件的运动位移为构件的大范围刚体运动位移与构件弹性小变形的叠加；②构件的材料为线性材料；③忽略不计构件材料的剪切变形；④构件为等截面杆件。

4.3.2.1　柔性梁单元模型

这里仍采用梁单元模型描述杆件的位移，梁单元的两端各设一个结点，分别记为结点 i 和结点 j；结点的广义坐标分别为横向位移 u_1 和 u_4、纵向位移 u_2 和 u_5、转角 u_3 和 u_6，如图 4-5 所示。图 4-5 中给出了梁单元的两个位置，即 $t=0$ 时的梁单元的初始位置 (虚线表示的杆件位置) 和 $t=t$ 时的梁单元产生刚性位移以及弹性位移后的位置 (实线表示的杆件位置)。采用相对坐标法选取的局部动坐标系需要固结在做纯刚体运动的构件上，而绝对坐标法设置坐标系的原则是：梁单元局部坐标系 O-xy 与固结于机座的系统坐标系 O-XY 的原点均为点 O，而坐标系 O-xy 的 x 轴平行于未变形时的梁单元的中心线。

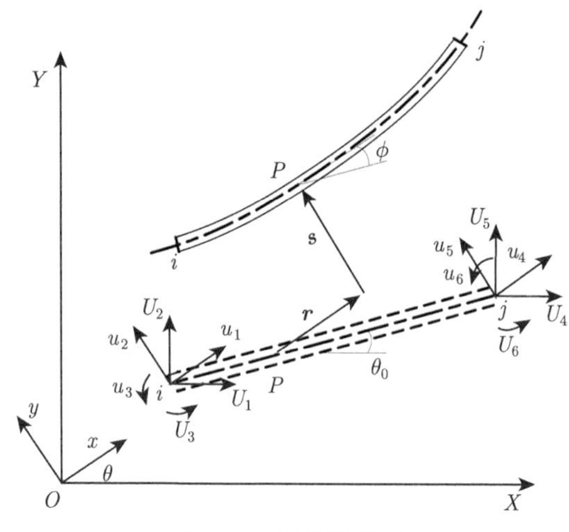

图 4-5　梁单元模型

梁单元在局部坐标系 O-xy 下的结点位移 $\boldsymbol{u}$ 可表示为

$$\boldsymbol{u}=\begin{bmatrix} u_1 & u_2 & u_3 & u_4 & u_5 & u_6 \end{bmatrix}^{\mathrm{T}} \tag{4-38}$$

梁单元在系统坐标系 O-XY 下的结点位移 $\boldsymbol{U}$ 可表示为

$$\boldsymbol{U}=\begin{bmatrix} U_1 & U_2 & U_3 & U_4 & U_5 & U_6 \end{bmatrix}^{\mathrm{T}} \tag{4-39}$$

式 (4-38) 和式 (4-39) 中 $\boldsymbol{u}$ 与 $\boldsymbol{U}$ 表示的是梁单元结点相对于其初始位置的总绝对位移 (既包括刚体位移，也包括弹性变形位移)，$\boldsymbol{u}$ 与 $\boldsymbol{U}$ 之间存在如下坐标转换关系

$$\boldsymbol{u}=\boldsymbol{R}\boldsymbol{U} \tag{4-40}$$

$$\boldsymbol{R}=\begin{bmatrix} \cos\theta & \sin\theta & 0 & 0 & 0 & 0 \\ -\sin\theta & \cos\theta & 0 & 0 & 0 & 0 \\ 0 & 0 & 1 & 0 & 0 & 0 \\ 0 & 0 & 0 & \cos\theta & \sin\theta & 0 \\ 0 & 0 & 0 & -\sin\theta & \cos\theta & 0 \\ 0 & 0 & 0 & 0 & 0 & 1 \end{bmatrix}$$

用 $\dot{\boldsymbol{u}}$ 表示梁单元在局部坐标系 O-xy 下的绝对结点速度，用 $\dot{\boldsymbol{U}}$ 表示梁单元在系统坐标系 O-XY 下的绝对结点速度，由式 (4-40) 则可得到

$$\dot{\boldsymbol{u}} = \frac{\mathrm{d}\boldsymbol{u}}{\mathrm{d}t} = \boldsymbol{R}\dot{\boldsymbol{U}} + \dot{\boldsymbol{R}}\boldsymbol{U} + \boldsymbol{\Omega}\boldsymbol{u} \tag{4-41}$$

$$\boldsymbol{\Omega} = \begin{bmatrix} 0 & -\dot{\theta} & 0 & 0 & 0 & 0 \\ \dot{\theta} & 0 & 0 & 0 & 0 & 0 \\ 0 & 0 & 0 & 0 & 0 & 0 \\ 0 & 0 & 0 & 0 & -\dot{\theta} & 0 \\ 0 & 0 & 0 & \dot{\theta} & 0 & 0 \\ 0 & 0 & 0 & 0 & 0 & 0 \end{bmatrix}$$

式 (4-41) 右端的第三项源于单元局部坐标系 O-xy 的转动，有

$$\boldsymbol{\Omega}\boldsymbol{u} = \boldsymbol{\Omega}\boldsymbol{R}\boldsymbol{U} = -\dot{\boldsymbol{R}}\boldsymbol{U} \tag{4-42}$$

将式 (4-42) 代入式 (4-41)，得

$$\dot{\boldsymbol{u}} = \boldsymbol{R}\dot{\boldsymbol{U}} \tag{4-43}$$

同理，可以得到梁单元的结点加速度在局部坐标系 O-xy 下和系统坐标系 O-XY 下之间的变换关系，即

$$\ddot{\boldsymbol{u}} = \boldsymbol{R}\ddot{\boldsymbol{U}} \tag{4-44}$$

4.3.2.2 梁单元运动微分方程

设梁单元中心线上任一点 P(如图 4-5 所示) 到梁单元左端点的距离为 x，则点 P 运动前后的位移变量 $\boldsymbol{\delta}$ 可表示为

$$\boldsymbol{\delta} = \begin{bmatrix} r(x,t) & s(x,t) & \phi(x,t) \end{bmatrix}^{\mathrm{T}} \tag{4-45}$$

式中，$r(x,t)$ 为点 P 在 x 轴方向的位移变量；$s(x,t)$ 为点 P 在 y 轴方向的位移变量；$\phi(x,t)$ 为点 P 处运动前后的角度变量。

将式 (4-45) 对时间 t 求导，则可得到点 P 的瞬时绝对速度为

$$\dot{\boldsymbol{\delta}} = \begin{bmatrix} v_x(x,t) & v_y(x,t) & \dot{\phi}(x,t) \end{bmatrix}^{\mathrm{T}} \tag{4-46}$$

式中，$v_x(x,t)$、$v_y(x,t)$ 分别为点 P 在 x 轴和 y 轴方向的线速度分量，$\dot{\phi}(x,t)$ 为角速度。

梁单元的动能 T_{e} 为

$$T_{\mathrm{e}} = \frac{1}{2}\int_{x_i}^{x_i+L} \left\{\rho A\left[v_x^2(x,t) + v_y^2(x,t)\right] + J\dot{\phi}^2(x,t)\right\}\mathrm{d}x = \frac{1}{2}\int_{x_i}^{x_i+L} \dot{\boldsymbol{\delta}}^{\mathrm{T}}\boldsymbol{P}\dot{\boldsymbol{\delta}}\mathrm{d}x \tag{4-47}$$

$$\boldsymbol{P} = \begin{bmatrix} \rho A & 0 & 0 \\ 0 & \rho A & 0 \\ 0 & 0 & J \end{bmatrix}$$

式中，L 为梁单元的长度；A 为梁单元的横截面积；ρ 为梁单元的材料密度；J 为梁单元的单位长度质量惯性矩；x_i 为结点 i 处 x 轴方向的坐标。

式 (4-46) 中梁单元中心线上任意点的速度向量 $\dot{\boldsymbol{\delta}}$ 可表示为梁单元结点速度的函数，即

$$\dot{\boldsymbol{\delta}} = \boldsymbol{N}(x)\dot{\boldsymbol{u}} \tag{4-48}$$

$$\boldsymbol{N}(x) = \begin{bmatrix} N_1 & 0 & 0 & N_4 & 0 & 0 \\ 0 & N_2 & N_3 & 0 & N_5 & N_6 \\ 0 & N_2' & N_3' & 0 & N_5' & N_6' \end{bmatrix}$$

$$N_1 = 1 - \frac{x - x_i}{L} \qquad N_2 = 1 - 3\left(\frac{x - x_i}{L}\right)^2 + 2\left(\frac{x - x_i}{L}\right)^3$$

$$N_3 = x - x_i - 2\frac{(x - x_i)^2}{L} + \frac{(x - x_i)^3}{L^2} \qquad N_4 = \frac{x - x_i}{L}$$

$$N_5 = 3\left(\frac{x - x_i}{L}\right)^2 - 2\left(\frac{x - x_i}{L}\right)^3 \qquad N_6 = -\frac{(x - x_i)^2}{L} + \frac{(x - x_i)^3}{L^2}$$

式中，$\boldsymbol{N}(x)$ 为单元位移型函数矩阵。

将式 (4-48) 代入式 (4-47)，则单元的动能为

$$T_{\mathrm{e}} = \frac{1}{2}\int_{x_i}^{x_i+L} \dot{\boldsymbol{u}}^{\mathrm{T}}\boldsymbol{N}^{\mathrm{T}}(x)\boldsymbol{P}\boldsymbol{N}(x)\dot{\boldsymbol{u}}\mathrm{d}x = \frac{1}{2}\dot{\boldsymbol{u}}^{\mathrm{T}}\boldsymbol{m}\dot{\boldsymbol{u}} \tag{4-49}$$

$$\boldsymbol{m} = \int_{x_i}^{x_i+L} \boldsymbol{N}^{\mathrm{T}}(x)\boldsymbol{P}\boldsymbol{N}(x)\,\mathrm{d}x$$

式中，$\boldsymbol{m}$ 为单元质量矩阵。

忽略转动惯量 (即 J=0) 时的单元质量矩阵的表达式为

$$\boldsymbol{m} = \rho AL \begin{bmatrix} \frac{L}{3} & 0 & 0 & \frac{L}{6} & 0 & 0 \\ 0 & \frac{13}{35} & \frac{11L}{210} & 0 & \frac{9}{70} & -\frac{13L}{420} \\ 0 & \frac{11L}{210} & \frac{L^2}{105} & 0 & \frac{13L}{420} & -\frac{L^2}{140} \\ \frac{L}{6} & 0 & 0 & \frac{L}{3} & 0 & 0 \\ 0 & \frac{9}{70} & \frac{13L}{420} & 0 & \frac{13}{35} & -\frac{11L}{210} \\ 0 & -\frac{13L}{420} & -\frac{L^2}{140} & 0 & -\frac{11L}{210} & \frac{L^2}{105} \end{bmatrix}$$

梁单元的应变能 V_{e} 为

$$V_{\mathrm{e}} = \frac{1}{2}\int_{x_i}^{x_i+L} \left[EA\varepsilon_x^2(x,t) + EI\phi'^2(x,t)\right]\mathrm{d}x \tag{4-50}$$

式中，$\varepsilon_x(x,t)$ 为梁单元的轴向应变；$\phi'(x,t)$ 为梁单元的弹性曲率（由 $\phi(x,t)$ 对 x 求导得到）；E 为梁单元的弹性模量；I 为梁单元的截面惯性矩。

式 (4-45) 中梁单元的位移变量 δ 一般由三部分组成，即刚体的平动位移、刚体的转动位移以及弹性变形，也就是

$$\boldsymbol{\delta}=\boldsymbol{\delta}_{\mathrm{tran}}+\boldsymbol{\delta}_{\mathrm{rot}}+\boldsymbol{\delta}_{\mathrm{elastic}} \tag{4-51}$$

由于梁单元的位移变量中包含其刚体位移部分，所以，在计算梁单元的弹性应变时，需要把刚体位移部分剔除。

刚体的平动位移分量可表示为

$$\boldsymbol{\delta}_{\mathrm{tran}}=\begin{bmatrix} r(x,t) \\ s(x,t) \\ 0 \end{bmatrix}_{\mathrm{tran}} \tag{4-52}$$

式 (4-52) 中的前两个分量不随 x 变化，第三个分量为零。所以，式 (4-52) 对 x 求导的结果为零向量。

刚体的转动位移分量为

$$\boldsymbol{\delta}_{\mathrm{rot}}=\begin{bmatrix} x-x\cos(\theta-\theta_0) \\ x\sin(\theta-\theta_0) \\ \theta-\theta_0 \end{bmatrix}^{\mathrm{T}} \tag{4-53}$$

式中，$\theta-\theta_0$ 为梁单元未变形中心线的转动角度。

那么，梁单元的弹性位移分量可表示为

$$\boldsymbol{\delta}_{\mathrm{elastic}}=\boldsymbol{\delta}-\boldsymbol{\delta}_{\mathrm{tran}}-\boldsymbol{\delta}_{\mathrm{rot}} \tag{4-54}$$

将式 (4-54) 对 x 求导，并化简整理，可以得到弹性应变向量为

$$\boldsymbol{\varepsilon}=\begin{bmatrix} \varepsilon_x(x,t) \\ \phi'(x,t) \end{bmatrix}=\begin{bmatrix} 1 & 0 & 0 \\ 0 & 0 & 1 \end{bmatrix}\left(\boldsymbol{\delta}'-\boldsymbol{\delta}_{\mathrm{c}}'\right) \tag{4-55}$$

这里

$$\boldsymbol{\delta}'=\begin{bmatrix} r'(x,t) \\ s'(x,t) \\ \phi'(x,t) \end{bmatrix}$$

而修正项 $\boldsymbol{\delta}_{\mathrm{c}}'$ 为

$$\boldsymbol{\delta}_{\mathrm{c}}'=\boldsymbol{\delta}_{\mathrm{rot}}'=\begin{bmatrix} 1-\cos(\theta-\theta_0) \\ \sin(\theta-\theta_0) \\ 0 \end{bmatrix}$$

因此，式 (4-50) 梁单元的应变能可表示为

$$V_{\mathrm{e}}=\frac{1}{2}\int_{x_i}^{x_i+L}\left(\boldsymbol{\delta}'-\boldsymbol{\delta}_{\mathrm{c}}'\right)^{\mathrm{T}}\boldsymbol{D}\left(\boldsymbol{\delta}'-\boldsymbol{\delta}_{\mathrm{c}}'\right)\mathrm{d}x \tag{4-56}$$

$$\boldsymbol{D}=\begin{bmatrix} EA & 0 & 0 \\ 0 & 0 & 0 \\ 0 & 0 & EI \end{bmatrix}$$

将应变表示为结点位移的函数，则有

$$\boldsymbol{\delta}'-\boldsymbol{\delta}_{\mathrm{c}}'=\boldsymbol{B}\left(\boldsymbol{u}-\boldsymbol{u}_{\mathrm{c}}\right) \tag{4-57}$$

这里

$$\boldsymbol{B}=\boldsymbol{N}'(x)$$

$$\boldsymbol{u}_{\mathrm{c}}=\begin{bmatrix} u_{\mathrm{c}1} & u_{\mathrm{c}2} & u_{\mathrm{c}3} & u_{\mathrm{c}4} & u_{\mathrm{c}5} & u_{\mathrm{c}6} \end{bmatrix}^{\mathrm{T}}$$

式 (4-55) 和式 (4-57) 表达了梁单元的弹性应变 (包括曲率) 和 6 个结点位移之间的关系。如果把结点位移 $\boldsymbol{u}$ 细分为由弹性变形引起的位移和由刚体运动引起的位移两部分，则式 (4-57) 可以表示为

$$\boldsymbol{\delta}'-\boldsymbol{\delta}_{\mathrm{c}}'=\boldsymbol{B}\left(\boldsymbol{u}_{\mathrm{r}}-\boldsymbol{u}_{\mathrm{c}}\right)+\boldsymbol{B}\boldsymbol{u}_{\mathrm{d}} \tag{4-58}$$

$$\boldsymbol{u}_{\mathrm{r}}=\begin{bmatrix} u_{\mathrm{r}1} & u_{\mathrm{r}2} & u_{\mathrm{r}3} & u_{\mathrm{r}4} & u_{\mathrm{r}5} & u_{\mathrm{r}6} \end{bmatrix}^{\mathrm{T}}$$

式 (4-58) 中的 $\boldsymbol{u}_{\mathrm{d}}$、$\boldsymbol{u}_{\mathrm{r}}$ 分别表示由弹性变形引起的结点位移和由刚体运动产生的结点位移。显然，式 (4-58) 中右端最后一项表示梁单元弹性小位移的应变和曲率。因为梁单元的刚体运动位移对其应变状态没有任何影响，所以，式 (4-58) 中右端前两项的总和应为零，联立式 (4-55) 则可得到

$$\begin{bmatrix} 1 & 0 & 0 \\ 0 & 0 & 1 \end{bmatrix}\boldsymbol{B}\left(\boldsymbol{u}_{\mathrm{r}}-\boldsymbol{u}_{\mathrm{c}}\right)=\boldsymbol{0} \tag{4-59}$$

对于平面内的一般刚体运动，$\boldsymbol{u}_{\mathrm{r}}$ 中的各元素间应满足下列关系

$$\begin{cases} u_{\mathrm{r}4}=u_{\mathrm{r}1}+L\left[1-\cos\left(\theta-\theta_0\right)\right] \\ u_{\mathrm{r}5}=u_{\mathrm{r}2}+L\sin\left(\theta-\theta_0\right) \\ u_{\mathrm{r}6}=u_{\mathrm{r}3}=\theta-\theta_0 \end{cases} \tag{4-60}$$

联立式 (4-60) 对式 (4-59) 进行求解，可以得到

$$\begin{cases} u_{\mathrm{c}4}=L\left[1-\cos\left(\theta-\theta_0\right)\right]+u_{\mathrm{c}1} \\ u_{\mathrm{c}5}=L\left[\sin\left(\theta-\theta_0\right)-\left(\theta-\theta_0\right)\right]+u_{\mathrm{c}2}+Lu_{\mathrm{c}3} \\ u_{\mathrm{c}6}=u_{\mathrm{c}3} \end{cases} \tag{4-61}$$

式 (4-61) 中的 $u_{\mathrm{c}1}$、$u_{\mathrm{c}2}$ 和 $u_{\mathrm{c}3}$ 可以任意取值。这里，选取 $u_{\mathrm{c}1}=u_{\mathrm{c}2}=0$ 和 $u_{\mathrm{c}3}=\theta-\theta_0$，则可得到

$$\boldsymbol{u}_{\mathrm{c}}=\begin{bmatrix} 0 \\ 0 \\ \theta-\theta_0 \\ L\left[1-\cos\left(\theta-\theta_0\right)\right] \\ L\sin\left(\theta-\theta_0\right) \\ \theta-\theta_0 \end{bmatrix} \tag{4-62}$$

将式 (4-57)~式 (4-62) 代入式 (4-56)，则梁单元的应变能可表示为

$$V_e = \frac{1}{2}\left(\boldsymbol{u}^{\mathrm{T}} - \boldsymbol{u}_c^{\mathrm{T}}\right)\boldsymbol{k}\left(\boldsymbol{u} - \boldsymbol{u}_c\right) \tag{4-63}$$

这里，单元刚度矩阵

$$\boldsymbol{k} = \int_{x_i}^{x_i+L} \boldsymbol{B}^{\mathrm{T}}\boldsymbol{D}\boldsymbol{B}\mathrm{d}x$$

即

$$\boldsymbol{k} = \frac{E}{L}\begin{bmatrix} A & 0 & 0 & -A & 0 & 0 \\ 0 & \dfrac{12I}{L^2} & \dfrac{6I}{L} & 0 & -\dfrac{12I}{L^2} & \dfrac{6I}{L} \\ 0 & \dfrac{6I}{L} & 4I & 0 & -\dfrac{6I}{L} & 2I \\ -A & 0 & 0 & A & 0 & 0 \\ 0 & -\dfrac{12I}{L^2} & -\dfrac{6I}{L} & 0 & \dfrac{12I}{L^2} & -\dfrac{6I}{L} \\ 0 & \dfrac{6I}{L} & 2I & 0 & -\dfrac{6I}{L} & 4I \end{bmatrix}$$

把式 (4-63) 展开，即

$$V_e = \frac{1}{2}\boldsymbol{u}^{\mathrm{T}}\boldsymbol{k}\boldsymbol{u} - \boldsymbol{u}^{\mathrm{T}}\boldsymbol{k}\boldsymbol{u}_c + \frac{1}{2}\boldsymbol{u}_c^{\mathrm{T}}\boldsymbol{k}\boldsymbol{u}_c$$

以梁单元的结点位移 $\boldsymbol{u}$ 为广义坐标代入 Lagrange 方程，则梁单元的运动微分方程为

$$\frac{\mathrm{d}}{\mathrm{d}t}\left(\frac{\partial T_e}{\partial \dot{\boldsymbol{u}}}\right) - \frac{\partial T_e}{\partial \boldsymbol{u}} + \frac{\partial V_e}{\partial \boldsymbol{u}} = \boldsymbol{f} \tag{4-64}$$

这里，$\boldsymbol{f}$ 为梁单元的广义力列阵。

将式 (4-49)、式 (4-63) 代入式 (4-64)，得到单元的运动微分方程

$$\boldsymbol{m}\ddot{\boldsymbol{u}} + \boldsymbol{k}\boldsymbol{u} - \boldsymbol{k}\boldsymbol{u}_c = \boldsymbol{f} \tag{4-65}$$

利用式 (4-40) 和式 (4-44)，以系统广义坐标 $\boldsymbol{U}$ 为变量将单元的运动微分方程式 (4-65) 改写为

$$\boldsymbol{M}_e\ddot{\boldsymbol{U}} + \boldsymbol{K}_e\boldsymbol{U} = \boldsymbol{F}_e + \boldsymbol{K}_e\boldsymbol{U}_{ec} \tag{4-66}$$

$$\boldsymbol{M}_e = \boldsymbol{R}^{\mathrm{T}}\boldsymbol{m}\boldsymbol{R} \qquad \boldsymbol{K}_e = \boldsymbol{R}^{\mathrm{T}}\boldsymbol{k}\boldsymbol{R} \qquad \boldsymbol{F}_e = \boldsymbol{R}^{\mathrm{T}}\boldsymbol{f}$$

$$\boldsymbol{U}_{ec} = \boldsymbol{R}^{\mathrm{T}}\boldsymbol{u}_c = \begin{bmatrix} 0 \\ 0 \\ \theta - \theta_0 \\ L\left(\cos\theta - \cos\theta_0\right) \\ L\left(\sin\theta - \sin\theta_0\right) \\ \theta - \theta_0 \end{bmatrix}$$

4.3.2.3 支链的运动微分方程

利用式 (4-66) 将各支链中所有梁单元运动微分方程装配起来，并引入 Rayleigh 阻尼，则可以得到一般形式的支链运动微分方程为

$$\boldsymbol{M}_{\mathrm{s}}\ddot{\boldsymbol{U}}+\boldsymbol{C}_{\mathrm{s}}\dot{\boldsymbol{U}}+\boldsymbol{K}_{\mathrm{s}}\boldsymbol{U}=\boldsymbol{F}_{\mathrm{s}}+\boldsymbol{F}_{\mathrm{c}} \tag{4-67}$$

式中，$\boldsymbol{F}_{\mathrm{s}}$ 为支链的广义力列阵；$\boldsymbol{F}_{\mathrm{c}}$ 为刚体转动的修正力列阵。

4.3.3 运动学约束条件

当柔性并联机器人系统运动时，系统中的柔性构件将产生弹性变形，导致各运动支链的末端产生相应的弹性位移。由于并联机器人中的各运动支链通过动平台的连接而成为一个整体，因此，并联机器人中的动平台与各运动支链之间的相互作用必然产生两方面的影响：

(1) 各运动支链末端的弹性位移的联合作用导致了动平台的运动误差；

(2) 各支链末端的弹性位移会通过动平台对其他支链末端的弹性位移产生影响。

针对上述两种影响，可列出两种形式的运动学约束条件。

4.3.3.1 基于微分转动矩阵的运动学约束条件

从分析并联机器人动平台的运动误差与各运动支链的弹性位移之间的关系入手，建立柔性并联机器人系统的运动学约束条件，如图 4-6。这里，分别建立系统坐标系 $O\text{-}XY$ 以及与动平台固结的局部坐标系 $P\text{-}xy$。各支链均为刚体时的名义位形用虚线表示，各支链均为柔性体时的实际位形用实线表示。机器人系统的运动学约束条件可用动平台上的任意点 P 从名义位形到实际位形的线位移和角位移描述。

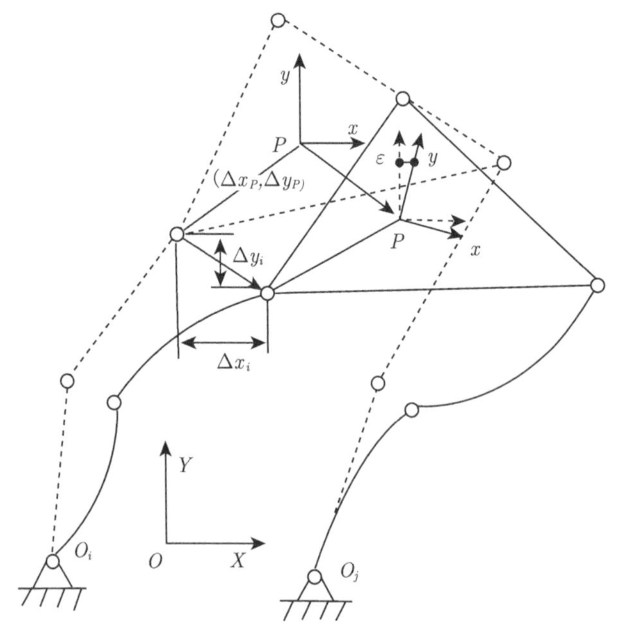

图 4-6 支链的弹性位移与动平台运动误差

实际位形中支链 i 末端的位置向量为

$$\begin{bmatrix} x_i' \\ y_i' \\ 1 \end{bmatrix} = \begin{bmatrix} x_i + \Delta x_i \\ y_i + \Delta y_i \\ 1 \end{bmatrix} = \boldsymbol{R}_{P'P} \begin{bmatrix} x_i \\ y_i \\ 1 \end{bmatrix} \tag{4-68}$$

式中，x_i'、y_i' 分别为实际位形中支链 i 末端在 X 轴和 Y 轴方向的坐标；x_i、y_i 分别为名义位形中支链 i 末端在 X 轴和 Y 轴方向的坐标；Δx_i、Δy_i 分别为支链 i 末端由名义位形到实际位形的位移向量 (即弹性位移) 在 X 轴和 Y 轴方向的分量；$\boldsymbol{R}_{P'P}$ 为从系统坐标系 $O\text{-}XY$ 到局部坐标系 $P\text{-}xy$ 的坐标转换矩阵。

动平台从名义位形变化到实际位形时，其方位角的变化一般很小。因此，可以用微分旋转矩阵近似地表示坐标转换矩阵，以避免在方程中出现三角函数，即

$$\boldsymbol{R}_{P'P} = \begin{bmatrix} \cos(-\varepsilon) & -\sin(-\varepsilon) & -\Delta x_P \\ \sin(-\varepsilon) & \cos(-\varepsilon) & -\Delta y_P \\ 0 & 0 & 1 \end{bmatrix} \approx \begin{bmatrix} 1 & \varepsilon & -\Delta x_P \\ -\varepsilon & 1 & -\Delta y_P \\ 0 & 0 & 1 \end{bmatrix} \tag{4-69}$$

式中，ε 为动平台从名义位形到实际位形的角位移；Δx_P、Δy_P 分别为点 P 从名义位形到实际位形的线位移在 X 轴和 Y 轴方向的分量。

由式 (4-68) 和式 (4-69)，支链 i 末端的弹性位移可由下式求出

$$\begin{bmatrix} \Delta x_i \\ \Delta y_i \\ 1 \end{bmatrix} = \begin{bmatrix} 0 & \varepsilon & -\Delta x_P \\ -\varepsilon & 0 & -\Delta y_P \\ 0 & 0 & 1 \end{bmatrix} \begin{bmatrix} x_i \\ y_i \\ 1 \end{bmatrix} \tag{4-70}$$

名义位形中的支链 i 末端指向点 P 的连接向量 $\boldsymbol{L}_{iP}$ 的模长为

$$|\boldsymbol{L}_{iP}| = \sqrt{(x_P - x_i)^2 + (y_P - y_i)^2} \tag{4-71}$$

式中，x_P、y_P 分别为名义位形中点 P 在 X 轴和 Y 轴方向的坐标。

对于实际位形中的点 P，有

$$\begin{bmatrix} x_P' \\ y_P' \\ \beta' \end{bmatrix} = \begin{bmatrix} x_P + \Delta x_P \\ y_P + \Delta y_P \\ \beta + \varepsilon \end{bmatrix} \tag{4-72}$$

式中，x_P'、y_P' 分别为实际位形中点 P 在 X 轴和 Y 轴方向的坐标；β' 为实际位形中动平台的方位角；β 为名义位形中动平台的方位角。

实际位形中的支链 i 末端指向点 P 的连接向量 $\boldsymbol{L}'_{iP}$ 的模长为

$$\left|\boldsymbol{L}_{iP}'\right| = \sqrt{[x_P' - (x_i + \Delta x_i)]^2 + [y_P' - (y_i + \Delta y_i)]^2} \tag{4-73}$$

由于动平台是刚性的，则有

$$\left|\boldsymbol{L}_{iP}'\right| = |\boldsymbol{L}_{iP}| \tag{4-74}$$

将式 (4-71)、式 (4-73) 代入式 (4-74)，得到柔性并联机器人的运动学约束条件

$$\sqrt{(x_P - x_i)^2 + (y_P - y_i)^2} = \sqrt{[x_P' - (x_i + \Delta x_i)]^2 + [y_P' - (y_i + \Delta y_i)]^2} \tag{4-75}$$

4.3.3.2　基于位置向量分析的运动学约束条件

由于动平台将各运动支链中的柔性构件连接成一个整体，因此，某支链的弹性位移会通过动平台对其他支链的弹性位移产生影响。于是，可通过分析动平台的位置向量建立各运动支链的弹性位移之间的运动学约束条件，在此基础上，分析各运动支链的弹性位移关系，如图 4-7。这里，设定系统固定坐标系 $O\text{-}XY$ 和与动平台相连的局部坐标系 $P\text{-}xy$，在机器人系统的运动过程中，坐标系 $P\text{-}xy$ 与坐标系 $O\text{-}XY$ 的姿态保持一致。各杆件均为刚性体时的名义位形用虚线表示，各杆件均为柔性体时的实际位形用实线表示。机器人的运动学约束条件用动平台上的任意点 P 从名义位形到实际位形的线位移和角位移描述。B、D 和 P 分别为各运动支链末端点及点 P 在名义位形中的位置；B'、D' 和 P' 分别为各运动支链末端点及点 P 在实际位形中的位置。

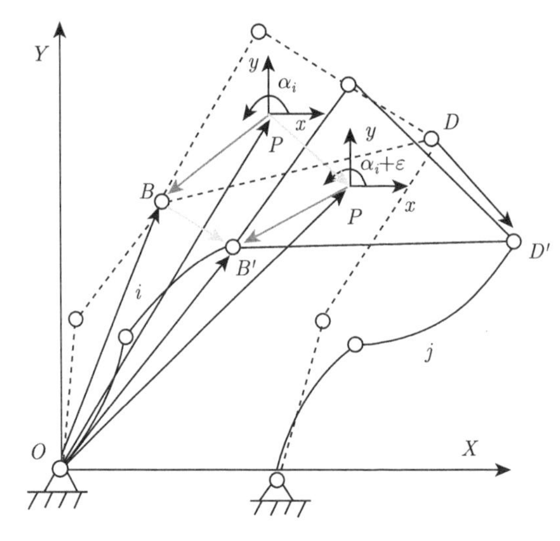

图 4-7　支链的弹性位移

对于机器人机构中的第 i 个运动支链，其名义位形和实际位形与动平台共构成 4 个位置向量三角形，即 ΔOPB、$\Delta OPP'$、$\Delta OP'B'$ 和 $\Delta OBB'$，支链 i 与动平台的运动学约束关系体现为二者的连接点 B 的位移关系，即由于点 B 处存在运动副，支链 i 末端点 B 的弹性位移始终等于动平台顶点 B 的刚性位移。

从动平台刚体位移的角度分析，位置向量 $\boldsymbol{OB}$ 和 $\boldsymbol{OB}'$ 分别表示动平台顶点 B 在名义位形和实际位形中相对于点 O 的位置，则

$$\boldsymbol{OB}=\boldsymbol{OP}+\boldsymbol{PB}=\begin{bmatrix} X_P \\ Y_P \end{bmatrix}+\begin{bmatrix} |\boldsymbol{L}_{PB}|\cos\alpha_i \\ |\boldsymbol{L}_{PB}|\sin\alpha_i \end{bmatrix} \tag{4-76}$$

$$\boldsymbol{OB}'=\boldsymbol{OP}'+\boldsymbol{P}'\boldsymbol{B}'=\begin{bmatrix} X_P+\Delta x_P \\ Y_P+\Delta y_P \end{bmatrix}+\begin{bmatrix} |\boldsymbol{L}_{PB}|\cos(\alpha_i+\varepsilon) \\ |\boldsymbol{L}_{PB}|\sin(\alpha_i+\varepsilon) \end{bmatrix} \tag{4-77}$$

式中，$(X_P,Y_P)^{\mathrm{T}}$ 为点 P 在系统坐标系 $O\text{-}XY$ 中的位置向量；α_i 为名义位形中的动平台的方位角，即由点 P 到动平台顶点 B 的向量 $\boldsymbol{PB}$ 与局部坐标系 $P\text{-}xy$ 的 x 轴的夹角；ε 为动

平台从名义位形到实际位形的角位移；$\boldsymbol{L}_{PB}$ 为点 P 到动平台顶点 B 的连接向量，由于动平台是刚体，所以 $\boldsymbol{L}_{PB}$ 是常数。

由式 (4-76) 和式 (4-77)，可得到点 B 到点 B' 的位移向量 $\boldsymbol{BB}'$ 为

$$\boldsymbol{BB}' = \begin{bmatrix} \Delta x_P \\ \Delta y_P \end{bmatrix} + \begin{bmatrix} |\boldsymbol{L}_{PB}|[\cos(\alpha_i+\varepsilon)-\cos\alpha_i] \\ |\boldsymbol{L}_{PB}|[\sin(\alpha_i+\varepsilon)-\sin\alpha_i] \end{bmatrix} \tag{4-78}$$

从支链弹性位移的角度分析，$\boldsymbol{OB}$ 和 $\boldsymbol{OB}'$ 分别为点 B 和点 B' 相对于点 O 的位置向量，则 $\boldsymbol{BB}'$ 表示点 B 到点 B' 的弹性位移向量

$$\boldsymbol{BB}' = \boldsymbol{OB}' - \boldsymbol{OB} = \begin{bmatrix} {}^iU_x \\ {}^iU_y \end{bmatrix} \tag{4-79}$$

式中，${}^iU_x$、${}^iU_y$ 分别为支链 i 末端 B 点在 X 轴和 Y 轴方向的弹性位移。

由于动平台与运动支链在 B 点通过运动副相连，所以，动平台上 B 点的位移与支链上 B 点的位移必然相等。由式 (4-78) 和式 (4-79) 可得

$$\begin{bmatrix} {}^iU_x \\ {}^iU_y \end{bmatrix} = \begin{bmatrix} \Delta x_P \\ \Delta y_P \end{bmatrix} + \begin{bmatrix} |\boldsymbol{L}_{PB}|[\cos(\alpha_i+\varepsilon)-\cos\alpha_i] \\ |\boldsymbol{L}_{PB}|[\sin(\alpha_i+\varepsilon)-\sin\alpha_i] \end{bmatrix} \tag{4-80}$$

为了避免在方程中出现三角函数，以便于求解，在 $\alpha_i \gg \varepsilon$ 时，将式 (4-80) 右端的三角函数用 Taylor 公式展开，并仅保留动平台微动转角 ε 的一次项，则有

$$\begin{bmatrix} {}^iU_x \\ {}^iU_y \end{bmatrix} = \begin{bmatrix} \Delta x_P \\ \Delta y_P \end{bmatrix} + \begin{bmatrix} -|\boldsymbol{L}_{PB}|\varepsilon\sin\alpha_i \\ |\boldsymbol{L}_{PB}|\varepsilon\cos\alpha_i \end{bmatrix} \tag{4-81}$$

由于 ε 相对于 α_i 为极小量，舍去的各项都是关于 ε 的高阶无穷小量，所以，由此产生的求解误差一般很小。

同理，对于运动支链 j，存在

$$\begin{bmatrix} {}^jU_x \\ {}^jU_y \end{bmatrix} = \begin{bmatrix} \Delta x_P \\ \Delta y_P \end{bmatrix} + \begin{bmatrix} -|\boldsymbol{L}_{PD}|\varepsilon\sin\alpha_j \\ |\boldsymbol{L}_{PD}|\varepsilon\cos\alpha_j \end{bmatrix} \tag{4-82}$$

式中，${}^jU_x$、${}^jU_y$ 分别为支链 j 末端点 D 在 X 轴和 Y 轴方向的弹性位移；$\boldsymbol{L}_{PD}$ 为点 P 到支链 j 末端点 D 的连接向量，$|\boldsymbol{L}_{PD}|$ 为常数；α_j 为由点 P 到支链 j 末端点 D 的向量 $\boldsymbol{PD}$ 与局部坐标系 P-xy 的 x 轴的夹角。

联立式 (4-81) 和式 (4-82)，可得

$$\begin{bmatrix} {}^jU_x \\ {}^jU_y \end{bmatrix} = \begin{bmatrix} {}^iU_x \\ {}^iU_y \end{bmatrix} + \begin{bmatrix} -|\boldsymbol{L}_{PD}|\varepsilon\sin\alpha_j + |\boldsymbol{L}_{PB}|\varepsilon\sin\alpha_i \\ |\boldsymbol{L}_{PD}|\varepsilon\cos\alpha_j - |\boldsymbol{L}_{PB}|\varepsilon\cos\alpha_i \end{bmatrix} \tag{4-83}$$

式 (4-83) 描述了支链 i 和 j 末端点弹性位移之间的关系，即平面柔性并联机器人的运动学约束条件。

4.3.4 动力学约束条件

机器人的动力学约束条件可以用点 P 从名义位形到实际位形的动力学方程来描述。利用 Newton-Euler 方程，得到柔性并联机器人的动力学约束条件为

$$\begin{bmatrix} M_P & 0 & 0 \\ 0 & M_P & 0 \\ 0 & 0 & J_P \end{bmatrix}\begin{bmatrix} \ddot{x}'_P \\ \ddot{y}'_P \\ \ddot{\beta}' \end{bmatrix} = \begin{bmatrix} \sum\limits_{i=1}^{n} f_{ix} \\ \sum\limits_{i=1}^{n} f_{iy} \\ \sum\limits_{i=1}^{n} M_i \end{bmatrix} + \begin{bmatrix} \sum F_{Ox} \\ \sum F_{Oy} \\ \sum M_O \end{bmatrix} \tag{4-84}$$

式中，$\ddot{x}'_P$、$\ddot{y}'_P$ 和 $\ddot{\beta}'$ 分别为动平台相对于系统坐标系 O-XY 在 X 轴方向的线加速度、Y 轴方向的线加速度和角加速度；M_P 为动平台的质量；J_P 为动平台相对于点 P 的转动惯量；$\sum F_{Ox}$、$\sum F_{Oy}$ 分别为作用于动平台的合外力在 X 轴和 Y 轴方向的分量；$\sum M_O$ 为作用于动平台的合外力矩；n 为柔性并联机器人的运动支链数量；$\sum\limits_{i=1}^{n} f_{ix}$、$\sum\limits_{i=1}^{n} f_{iy}$ 分别为各运动支链作用于动平台的合力在 X 轴和 Y 轴方向的分量；$\sum\limits_{i=1}^{n} M_i$ 为各运动支链作用于动平台的合力矩，且有

$$\sum_{i=1}^{n} M_i = \sum_{i=1}^{n}\left(\begin{bmatrix} f_{ix} & f_{iy} \end{bmatrix}\begin{bmatrix} |\boldsymbol{L}_{iP}|\sin\phi_i \\ -|\boldsymbol{L}_{iP}|\cos\phi_i \end{bmatrix}\right)$$

这里，ϕ_i 为名义位形中动平台上点 P 指向支链 i 末端的连接向量与坐标系 O-XY 中 X 轴的夹角。

4.3.5 系统的动力学方程

将运动支链的运动微分方程式 (4-37)、运动学约束条件式 (4-83) 和动力学约束条件式 (4-84) 联立，可得到基于相对坐标法的柔性并联机器人系统的整体动力学方程

$$\boldsymbol{M}_{\mathrm{s}}\ddot{\boldsymbol{U}} + \boldsymbol{C}_{\mathrm{s}}\dot{\boldsymbol{U}} + \boldsymbol{K}_{\mathrm{s}}\boldsymbol{U} = \boldsymbol{F}_{\mathrm{s}} + \boldsymbol{Q}_{\mathrm{s}} \tag{4-85}$$

$$\begin{bmatrix} {}^{j}U_x \\ {}^{j}U_y \end{bmatrix} = \begin{bmatrix} {}^{i}U_x \\ {}^{i}U_y \end{bmatrix} + \begin{bmatrix} -|\boldsymbol{L}_{PD}|\varepsilon\sin\alpha_j + |\boldsymbol{L}_{PB}|\varepsilon\sin\alpha_i \\ |\boldsymbol{L}_{PD}|\varepsilon\cos\alpha_j - |\boldsymbol{L}_{PB}|\varepsilon\cos\alpha_i \end{bmatrix}$$

$$\begin{bmatrix} M_P & 0 & 0 \\ 0 & M_P & 0 \\ 0 & 0 & J_P \end{bmatrix}\begin{bmatrix} \ddot{x}'_P \\ \ddot{y}'_P \\ \ddot{\beta}' \end{bmatrix} = \begin{bmatrix} \sum\limits_{i=1}^{n} f_{ix} \\ \sum\limits_{i=1}^{n} f_{iy} \\ \sum\limits_{i=1}^{n} M_i \end{bmatrix} + \begin{bmatrix} \sum F_{Ox} \\ \sum F_{Oy} \\ \sum M_O \end{bmatrix}$$

将运动支链的运动微分方程式 (4-67)、运动学约束条件式 (4-75) 和动力学约束条件式 (4-84) 联立，可得到基于绝对坐标法的柔性并联机器人系统的整体动力学方程

$$\boldsymbol{M}_{\mathrm{s}}\ddot{\boldsymbol{U}} + \boldsymbol{C}_{\mathrm{s}}\dot{\boldsymbol{U}} + \boldsymbol{K}_{\mathrm{s}}\boldsymbol{U} = \boldsymbol{F}_{\mathrm{s}} + \boldsymbol{F}_{\mathrm{c}} \tag{4-86}$$

$$|L_{iP}| = \sqrt{(x_P - x_i)^2 + (y_P - y_i)^2}$$

$$\begin{bmatrix} M_P & 0 & 0 \\ 0 & M_P & 0 \\ 0 & 0 & J_P \end{bmatrix} \begin{bmatrix} \ddot{x}'_P \\ \ddot{y}'_P \\ \ddot{\beta}' \end{bmatrix} = \begin{bmatrix} \sum\limits_{i=1}^{n} f_{ix} \\ \sum\limits_{i=1}^{n} f_{iy} \\ \sum\limits_{i=1}^{n} M_i \end{bmatrix} + \begin{bmatrix} \sum F_{Ox} \\ \sum F_{Oy} \\ \sum M_O \end{bmatrix}$$

下面以平面 3-RRR 柔性并联机器人为例，分别用相对坐标法和绝对坐标法的建模思路进行柔性机器人动力学分析的具体介绍。

采用相对坐标法建模时，这里对平面 3-RRR 柔性并联机器人系统中的柔性杆件共设立了 24 个弹性广义坐标，而动平台沿 X 轴、Y 轴方向的运动误差 Δx、Δy 和方向误差 ε，如图 4-8所示。动平台的参数，如图 4-9。

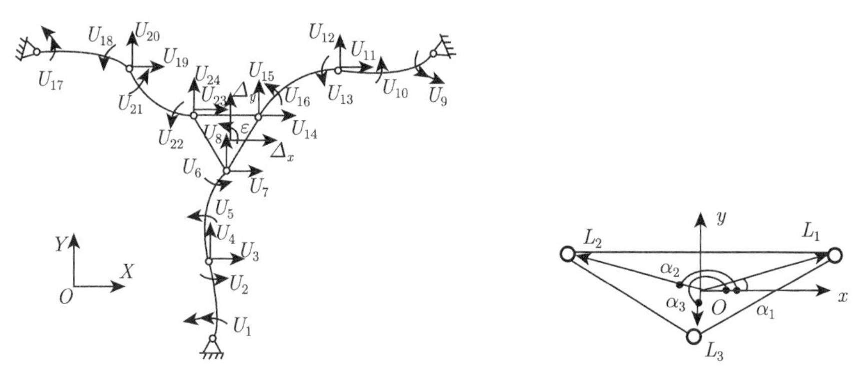

图 4-8 平面 3-RRR 并联机器人的广义坐标　　图 4-9 动平台的参数

根据图 4-8、图 4-9 和式 (4-85) 可写出平面 3-RRR 柔性并联机器人系统的相对坐标法模型

$$\boldsymbol{M}_{\mathrm{s}}\ddot{\boldsymbol{U}} + \boldsymbol{C}_{\mathrm{s}}\dot{\boldsymbol{U}} + \boldsymbol{K}_{\mathrm{s}}\boldsymbol{U} = \boldsymbol{F}_{\mathrm{s}} + \boldsymbol{Q}_{\mathrm{s}} \tag{4-87}$$

$$\begin{bmatrix} M_P & 0 & 0 \\ 0 & M_P & 0 \\ 0 & 0 & J_P \end{bmatrix} \begin{bmatrix} \ddot{x}'_P \\ \ddot{y}'_P \\ \ddot{\beta}' \end{bmatrix} = \begin{bmatrix} \sum\limits_{i=1}^{3} f_{ix} \\ \sum\limits_{i=1}^{3} f_{iy} \\ \sum\limits_{i=1}^{3} M_i \end{bmatrix} + \begin{bmatrix} \sum F_{Ox} \\ \sum F_{Oy} \\ \sum M_O \end{bmatrix}$$

$$\begin{bmatrix} U_6 \\ U_7 \end{bmatrix} = \begin{bmatrix} U_{14} \\ U_{15} \end{bmatrix} + \begin{bmatrix} -|\boldsymbol{L}_2|\,\varepsilon\sin\alpha_2 + |\boldsymbol{L}_3|\,\varepsilon\sin\alpha_3 \\ |\boldsymbol{L}_2|\,\varepsilon\cos\alpha_2 - |\boldsymbol{L}_3|\,\varepsilon\cos\alpha_3 \end{bmatrix}$$

$$\begin{bmatrix} U_{14} \\ U_{15} \end{bmatrix} = \begin{bmatrix} U_{22} \\ U_{23} \end{bmatrix} + \begin{bmatrix} -|\boldsymbol{L}_3|\,\varepsilon\sin\alpha_3 + |\boldsymbol{L}_1|\,\varepsilon\sin\alpha_1 \\ |\boldsymbol{L}_3|\,\varepsilon\cos\alpha_3 - |\boldsymbol{L}_1|\,\varepsilon\cos\alpha_1 \end{bmatrix}$$

采用绝对坐标法建模时，这里对平面 3-$\underline{\mathrm{R}}$RR 柔性并联机器人的柔性杆件共设置 21 个弹性广义坐标，动平台设置 X 轴方向的位移 x_P、Y 轴方向的位移 y_P 和动平台角位移 β，如图 4-10。

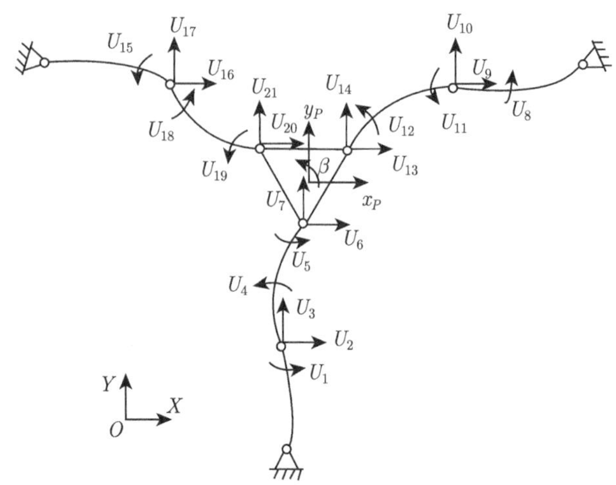

图 4-10 平面 3-$\underline{\mathrm{R}}$RR 并联机器人广义坐标

由图 4-9、图 4-10 和式 (4-86) 可写出平面 3-$\underline{\mathrm{R}}$RR 柔性并联机器人系统的绝对坐标法模型

$$\boldsymbol{M}_{\mathrm{s}}\ddot{\boldsymbol{U}}+\boldsymbol{C}_{\mathrm{s}}\dot{\boldsymbol{U}}+\boldsymbol{K}_{\mathrm{s}}\boldsymbol{U}=\boldsymbol{F}_{\mathrm{s}}+\boldsymbol{F}_{\mathrm{c}} \tag{4-88}$$

$$\begin{bmatrix} M_P & 0 & 0 \\ 0 & M_P & 0 \\ 0 & 0 & J_P \end{bmatrix}\begin{bmatrix} \ddot{x}'_P \\ \ddot{y}'_P \\ \ddot{\beta}' \end{bmatrix}=\begin{bmatrix} \sum\limits_{i=1}^{3} f_{ix} \\ \sum\limits_{i=1}^{3} f_{iy} \\ \sum\limits_{i=1}^{3} M_i \end{bmatrix}+\begin{bmatrix} \sum F_{Ox} \\ \sum F_{Oy} \\ \sum M_O \end{bmatrix}$$

$$|\boldsymbol{L}_1|=\sqrt{(x_P-U_{19})^2+(y_P-U_{20})^2}$$

$$|\boldsymbol{L}_2|=\sqrt{(x_P-U_5)^2+(y_P-U_6)^2}$$

$$|\boldsymbol{L}_3|=\sqrt{(x_P-U_{12})^2+(y_P-U_{13})^2}$$

从本质上讲，基于相对坐标法和基于绝对坐标法的柔性并联机器人的动力学模型都是微分-代数混合方程组，不同于以微分方程组形式出现的柔性串联机器人动力学方程。因此，一般柔性并联机器人机构的动力学方程和柔性串联机器人机构的动力学方程，在方程性质、解法等方面都有较大的区别。造成这种差别的主要原因在于柔性并联机器人机构中存在刚性动平台，刚性动平台的存在使得柔性并联机器人机构的动力学方程中出现了对各柔性支链运动位移进行限制的运动学约束和动力学约束条件。

4.3.6 基于刚柔耦合的有限元法模型

在前述建模过程中，针对柔性并联机器人中包含刚性动平台、柔性杆件的特点，根据动平台与各运动支链的运动学、动力学关系推导出机器人的运动学约束条件和动力学约束条件，再利用这些约束条件将各运动支链的运动微分方程进行装配，得到机器人系统的动力学方程。由于引入了柔性并联机器人系统的运动学约束条件和动力学约束条件的方程，所以柔性并联机器人系统的动力学方程既含有代数方程，又含有微分方程，而且通常还包含几乎所有的弹性广义坐标。因此，利用运动学约束条件和动力学约束条件建立的柔性并联机器人动力学方程形式比较繁琐，求解也较困难。下面介绍的另一种适用于刚体和柔体相耦合系统的有限元建模方法，可在一定程度上简化柔性并联机器人机构的动力学方程的表达形式，也使得动力学方程的求解更简便。

刚柔耦合有限元法的关键问题在于机器人弹性广义坐标的设置与转换方法。这种广义坐标转换方法拓宽了弹性广义坐标的选择范围，在设定广义坐标时，不必局限于以机器人刚性位形为基准，也可将构件的未变形状态作为基准，因此，可以缩小动力学方程的规模，便于建模和求解。由于弹性广义坐标的转换方法与具体的机器人构型密切相关，为了直观地说明该方法的特点，下面以平面 3-$\underline{R}$RR 柔性并联机器人为例，进行刚柔耦合有限元法动力学模型的建立分析。

首先，按照刚柔耦合有限元法的要求，设置机器人的弹性广义坐标。其次，分析单元弹性广义坐标与系统全局弹性广义坐标之间的关系，建立坐标转换矩阵。然后，建立单元的动能和应变能的表达式，推导出单元的运动微分方程。最后，利用坐标转换矩阵，以系统弹性广义坐标为变量改写单元的运动微分方程，再将各个单元的运动微分方程装配成机器人系统的动力学模型。

4.3.6.1　梁单元模型

这里，仍采用前述 4.3 节中图 4-3 所示的梁单元模型。

4.3.6.2　弹性广义坐标设置

为了简化 3-$\underline{R}$RR 柔性并联机器人机构的分析，这里设定系统的弹性广义坐标时以杆件的刚体 (即未变形状态时) 位置为基准，将每个杆件设为一个单元，动平台设为一个单元，共设 7 个单元和 18 个广义坐标，如图 4-11 所示。

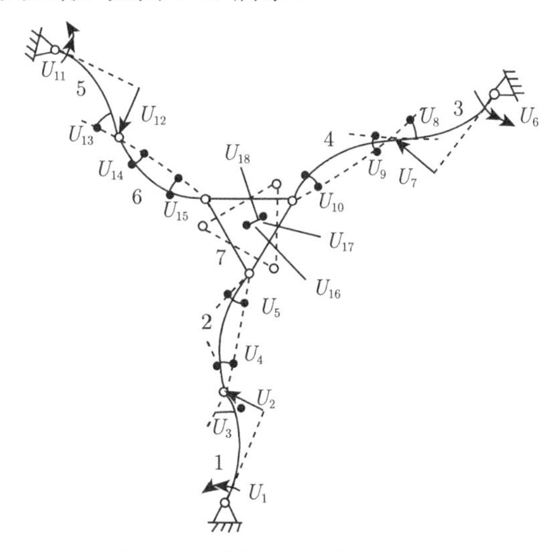

图 4-11　弹性广义坐标设置方法

这里，广义坐标 U_1、U_6 和 U_{11} 表示曲率；广义坐标 U_3、U_4、U_5、U_8、U_9、U_{10}、U_{13}、U_{14} 和 U_{15} 表示各单元的端部相对于其刚体位置中心线的弹性转角；广义坐标 U_2、U_7 和 U_{12} 分别表示单元 1、3 和 5 的端点相对于其刚体位置的弹性位移。

4.3.6.3　坐标转换

对于整个 3-$\underline{\text{R}}$RR 柔性并联机器人系统而言，系统中第 i 个单元的局部弹性广义坐标 $(\boldsymbol{U}_{\text{e}})_i$ 是机器人系统弹性广义坐标 $\boldsymbol{U}$ 的线性组合

$$(\boldsymbol{U}_{\text{e}})_i = \boldsymbol{T}_i\boldsymbol{U} \quad (i = 1, 2, \cdots, 7) \tag{4-89}$$

$$(\boldsymbol{U}_{\text{e}})_i = [u_1\ u_2\ \cdots\ u_8]^{\text{T}}$$

$$\boldsymbol{U} = [U_1\ U_2\ \cdots\ U_{18}]^{\text{T}}$$

式中，$\boldsymbol{T}_i$ 为第 i 个单元的坐标变换矩阵。

式 (4-89) 既表明了单元弹性广义坐标与机器人系统弹性广义坐标之间的关系，也描述了单元或特定的子系统之间的约束及耦合关系。

如图 4-11 所示，单元编号为 1、3、5 的连架杆是驱动杆，所以，3 个杆件的弹性广义坐标的度量基准分别是各自的刚体位形。那么，各杆件的弹性广义坐标就等于各自的系统弹性广义坐标，于是

$$(\boldsymbol{U}_{\text{e}})_i = \boldsymbol{T}_i\boldsymbol{U} \quad (i = 1, 3, 5) \tag{4-90}$$

这里，矩阵 $\boldsymbol{T}_1$、$\boldsymbol{T}_3$ 和 $\boldsymbol{T}_5$ 均为 7×18 维的矩阵，这些矩阵中除下列元素以外，其余元素均为 0：

$$\boldsymbol{T}_1(4,1) = \boldsymbol{T}_1(5,2) = \boldsymbol{T}_1(6,3) = 1 \tag{4-91}$$

$$\boldsymbol{T}_3(4,1) = \boldsymbol{T}_3(5,2) = \boldsymbol{T}_3(6,3) = 1 \tag{4-92}$$

$$\boldsymbol{T}_5(4,1) = \boldsymbol{T}_5(5,2) = \boldsymbol{T}_5(6,3) = 1 \tag{4-93}$$

杆件 2 的弹性位移由两部分组成：杆件 1 末端的弹性位移和杆件 2 自身的弹性位移。图 4-12 描述了杆件 1 和杆件 2 之间的弹性位移关系，这里只给出了杆件 1 的变形状态，其中虚线表示杆件 1 和杆件 2 的刚性位形。

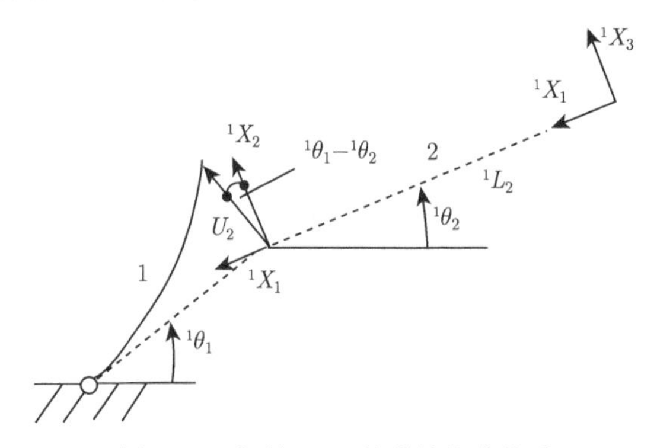

图 4-12　杆件 1、2 的弹性位移关系

图 4-12 中的 $^1X_1$、$^1X_2$ 和 $^1X_3$ 描述了杆件 1 和杆件 2 未变形状态时的弹性位移关系，即

$$^1X_1 = U_2 \sin(^1\theta_1 - {}^1\theta_2) \tag{4-94}$$

$$^1X_2 = U_2 \cos(^1\theta_1 - {}^1\theta_2) \tag{4-95}$$

在杆件 1 末端弹性位移的作用下，杆件 2 产生的角位移可近似表示为

$$\psi_2' = \frac{^1X_3 - {}^1X_2}{^1L_2} \tag{4-96}$$

式中，$^1L_2$ 为杆件 2 未变形状态时的长度。

如图 4-11 所示，在杆件 1 和杆件 2 的连接点处，杆件 2 变形后的弹性转角 $(\psi_1)_2$ 为转角 ψ_2' 与杆件 2 左端部弹性转角 U_4 之和，即

$$(\psi_1)_2 = \psi_2' + U_4 \tag{4-97}$$

同理，在杆件 2 和动平台的连接点处，变形后的杆件 2 的弹性转角 $(\psi_2)_2$ 为

$$(\psi_2)_2 = \psi_2' + U_5 \tag{4-98}$$

图 4-13 描述了未变形状态时的杆件 2 和动平台之间的弹性位移关系。由于杆件 2 和动平台之间存在运动副，所以，在二者连接点 A 处分别以杆件 2 和动平台的刚性位形为基准度量的弹性位移必然相等，即

$$^1\boldsymbol{X}_1 + {}^1\boldsymbol{X}_3 = \boldsymbol{X}_A + \boldsymbol{Y}_A \tag{4-99}$$

式中，$^1\boldsymbol{X}_1$、$^1\boldsymbol{X}_3$、$\boldsymbol{X}_A$ 和 $\boldsymbol{Y}_A$ 分别为 $^1X_1$、$^1X_3$、X_A 和 Y_A 的向量形式。

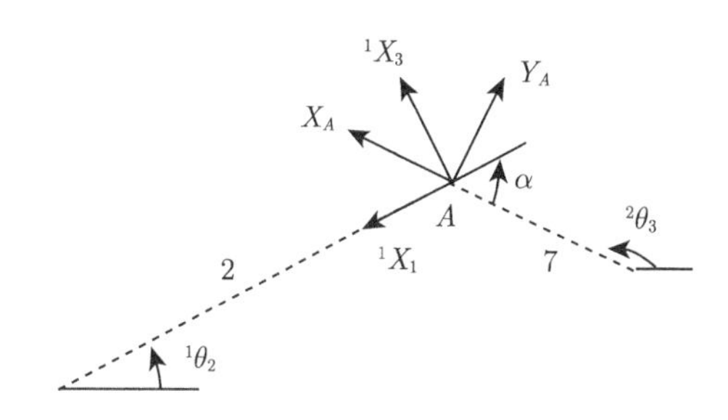

图 4-13 杆件 2 和动平台之间的弹性位移关系

将式 (4-99) 写成标量形式，并整理得

$$^1X_3 = X_A \sin\left(^1\theta_2 + \pi - {}^2\theta_3\right) + Y_A \cos\left(^1\theta_2 + \pi - {}^2\theta_3\right) \tag{4-100}$$

$$Y_A = {}^1X_3 \cos\left(^1\theta_2 + \pi - {}^2\theta_3\right) - {}^1X_1 \sin\left(^1\theta_2 + \pi - {}^2\theta_3\right) \tag{4-101}$$

图 4-14 描述了未变形状态时的杆件 4 和动平台的弹性位移关系。由于在杆件 4 和动平台之间存在运动副，所以，在二者连接点 B 处，分别以杆件 4 和动平台的刚性位形为基准度量的弹性位移是相等的，即

$$^2\boldsymbol{X}_1 + {}^2\boldsymbol{X}_3 = \boldsymbol{X}_B + \boldsymbol{Y}_B \tag{4-102}$$

式中，${}^2\boldsymbol{X}_1$、${}^2\boldsymbol{X}_3$、$\boldsymbol{X}_B$ 和 $\boldsymbol{Y}_B$ 分别为 ${}^2X_1$、${}^2X_3$、X_B 和 Y_B 的向量形式。

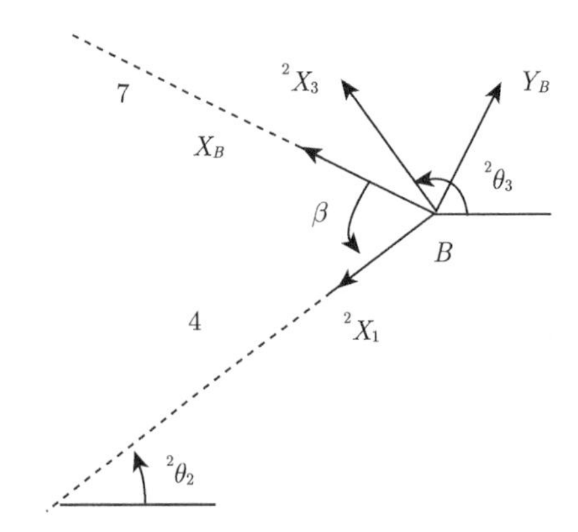

图 4-14　杆件 4 与动平台的弹性位移关系

将式 (4-102) 写成标量形式，并整理得

$$ {}^2X_3 = X_B \sin\left({}^2\theta_2 + \pi - {}^2\theta_3\right) + Y_B \cos\left({}^2\theta_2 + \pi - {}^2\theta_3\right) \tag{4-103} $$

$$ Y_B = {}^2X_3 \cos\left({}^2\theta_2 + \pi - {}^2\theta_3\right) - {}^2X_1 \sin\left({}^2\theta_2 + \pi - {}^2\theta_3\right) \tag{4-104} $$

动平台与各运动支链相连的点的位移，如图 4-15。

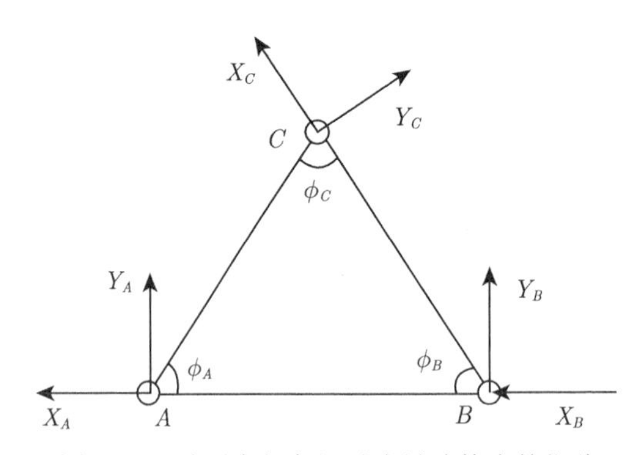

图 4-15　动平台与各运动支链连接点的位移

由于动平台是刚性的，所以有

$$ X_A = X_B \tag{4-105} $$

同理，在杆件 6 和动平台的连接点 C 处，有

$$ {}^3X_3 = X_C \sin\left({}^3\theta_2 + \pi - {}^3\theta_3\right) + Y_C \cos\left({}^3\theta_2 + \pi - {}^3\theta_3\right) \tag{4-106} $$

$$ Y_C = {}^3X_3 \cos\left({}^3\theta_2 + \pi - {}^3\theta_3\right) - {}^3X_1 \sin\left({}^3\theta_2 + \pi - {}^3\theta_3\right) \tag{4-107} $$

由于动平台是刚性的，动平台顶点 C 和顶点 B 的弹性位移沿 $\boldsymbol{CB}$ 方向的投影必然相等，即

$$ X_C = X_B \cos\phi_B + Y_B \sin\phi_B \tag{4-108} $$

式中，ϕ_B 为顶点 B 处动平台两边之间的夹角。

同理，有

$$X_C\cos\phi_C+Y_C\sin\phi_C=Y_A\sin\phi_A-X_A\cos\phi_A \tag{4-109}$$

式中，ϕ_C、ϕ_A 分别为顶点 C 与顶点 A 处动平台两边之间的夹角，如图 4-15 所示。

联立式 (4-100)、式 (4-101) 以及式 (4-103)~式 (4-109)9 个方程，共有 ${}^1X_3$、${}^2X_3$、${}^3X_3$、X_A、Y_A、X_B、Y_B、X_C 和 Y_C9 个未知数，则所有未知数均可解。

将 ${}^1X_3$ 代入式 (4-96)~式 (4-98)，求出杆件 2 的各弹性广义坐标，同理，可求出杆件 4 和 6 的各弹性广义坐标。对于杆件 2、4 和 6，有

$$(\boldsymbol{U}_{\rm e})_i=\boldsymbol{T}_i\boldsymbol{U}\quad(i=2,4,6) \tag{4-110}$$

动平台 (即单元 7) 的局部弹性广义坐标与系统弹性广义坐标相等。因此，$\boldsymbol{T}_7$ 是一个 3×18 的矩阵，除下列元素以外，其余各元素均为 0。

$$\boldsymbol{T}_7(1,16)=\boldsymbol{T}_7(2,17)=\boldsymbol{T}_7(3,18)=1 \tag{4-111}$$

4.3.6.4 单元运动微分方程

根据运动弹性动力学理论，由式 (4-17) 可得到梁单元的弹性动能 $T_{\rm e}^*$，即

$$T_{\rm e}^*=\frac{\rho A}{2}\int_0^{L_{\rm e}}\left\{(V_{Ax}-\dot{\gamma}u_{yE}+\dot{u}_{xE})^2+[V_{Ay}+\dot{\gamma}(x+u_{xE})+\dot{u}_{yE}]^2\right\}{\rm d}x \tag{4-112}$$

将式 (4-112) 展开，得

$$\begin{aligned}T_{\rm e}^*=&\frac{\rho A}{2}\left(V_{Ax}^2L_{\rm e}+V_{Ay}^2L_{\rm e}+\frac{1}{3}\dot{\gamma}^2L_{\rm e}^3+V_{Ay}\dot{\gamma}L_{\rm e}^2\right)+\boldsymbol{u}_{\rm e}^{\rm T}\boldsymbol{Y}_{\rm e}+\dot{\boldsymbol{u}}_{\rm e}^{\rm T}\boldsymbol{Z}_{\rm e}+\frac{1}{2}\dot{\gamma}^2\boldsymbol{u}_{\rm e}^{\rm T}\boldsymbol{m}_{\rm e}\boldsymbol{u}_{\rm e}\\&-\dot{\gamma}\boldsymbol{u}_{\rm e}^{\rm T}\boldsymbol{B}_{\rm e}\dot{\boldsymbol{u}}_{\rm e}+\frac{1}{2}\dot{\boldsymbol{u}}_{\rm e}^{\rm T}\boldsymbol{m}_{\rm e}\dot{\boldsymbol{u}}_{\rm e}\end{aligned} \tag{4-113}$$

式中

$$\boldsymbol{Y}_{\rm e}=\rho A\left(\dot{\gamma}^2W_y^{**}+V_{Ay}\dot{\gamma}W_y^*-V_{Ax}\dot{\gamma}W_x^*\right)\quad \boldsymbol{Z}_{\rm e}=\rho A\left(\dot{\gamma}W_x^{**}+V_{Ay}W_x^*-V_{Ax}W_y^*\right)$$

$$W^*=\begin{bmatrix}W_x^* & W_y^*\end{bmatrix}=\int_0^{L_{\rm e}}\boldsymbol{N}_{\rm e}^{\rm T}(x){\rm d}x\quad \boldsymbol{W}^{**}=\begin{bmatrix}W_x^{**} & W_y^{**}\end{bmatrix}=\int_0^{L}x\boldsymbol{N}_{\rm e}^{\rm T}(x){\rm d}x$$

$$\boldsymbol{N}_{\rm e}(x)=\begin{bmatrix}\boldsymbol{N}_{x{\rm e}}(x)\\ \boldsymbol{N}_{y{\rm e}}(x)\end{bmatrix}\quad \boldsymbol{N}_{x{\rm e}}(x)=\begin{bmatrix}1-\dfrac{x}{L_{\rm e}} & 0 & 0 & 0 & \dfrac{x}{L_{\rm e}} & 0 & 0 & 0\end{bmatrix}$$

$$\boldsymbol{N}_{ye}(x)=\begin{bmatrix} 0 \\ 1-\dfrac{10x^3}{L_{\mathrm{e}}^3}+\dfrac{15x^4}{L_{\mathrm{e}}^4}-\dfrac{6x^5}{L_{\mathrm{e}}^5} \\ x-\dfrac{6x^3}{L_{\mathrm{e}}^2}+\dfrac{8x^4}{L_{\mathrm{e}}^3}-\dfrac{3x^5}{L_{\mathrm{e}}^4} \\ \dfrac{1}{2}x^2-\dfrac{3x^3}{2L_{\mathrm{e}}}+\dfrac{3x^4}{2L_{\mathrm{e}}^2}-\dfrac{x^5}{2L_{\mathrm{e}}^3} \\ 0 \\ \dfrac{10x^3}{L_{\mathrm{e}}^3}-\dfrac{15x^4}{L_{\mathrm{e}}^4}+\dfrac{6x^5}{L_{\mathrm{e}}^5} \\ -\dfrac{4x^3}{L_{\mathrm{e}}^2}+\dfrac{7x^4}{L_{\mathrm{e}}^3}-\dfrac{3x^5}{L_{\mathrm{e}}^4} \\ \dfrac{x^3}{2L_{\mathrm{e}}}-\dfrac{x^4}{L_{\mathrm{e}}^2}+\dfrac{x^5}{2L_{\mathrm{e}}^3} \end{bmatrix}^{\mathrm{T}}$$

$$\boldsymbol{m}_{\mathrm{e}}=\rho A\int_0^{L_{\mathrm{e}}}\boldsymbol{N}_{\mathrm{e}}^{\mathrm{T}}(x)\boldsymbol{N}_{\mathrm{e}}(x)\,\mathrm{d}x \quad \boldsymbol{B}_{\mathrm{e}}=\rho A\int_0^{L_{\mathrm{e}}}\left[\boldsymbol{N}_{x\mathrm{e}}^{\mathrm{T}}(x)\boldsymbol{N}_{y\mathrm{e}}(x)-\boldsymbol{N}_{y\mathrm{e}}^{\mathrm{T}}(x)\boldsymbol{N}_{x\mathrm{e}}(x)\right]\mathrm{d}x$$

梁单元的弹性应变能 V_{e} 为

$$V_{\mathrm{e}}=\frac{1}{2}\int_0^{L_{\mathrm{e}}}EI\left(\frac{\partial^2 u_{yE}}{\partial x^2}\right)^2\mathrm{d}x+\frac{1}{2}\int_0^{L_{\mathrm{e}}}EA\left(\frac{\partial u_{xE}}{\partial x}\right)^2\mathrm{d}x=\frac{1}{2}\boldsymbol{u}_{\mathrm{e}}^{\mathrm{T}}\boldsymbol{k}_{\mathrm{e}}\boldsymbol{u}_{\mathrm{e}} \tag{4-114}$$

$$\boldsymbol{K}_{\mathrm{e}}=\int_0^{L_{\mathrm{e}}}\left[\boldsymbol{EA}\frac{\partial \boldsymbol{N}_{x\mathrm{e}}^{\mathrm{T}}(x)}{\partial x}\cdot\frac{\partial \boldsymbol{N}_{x\mathrm{e}}(x)}{\partial x}-EI\frac{\partial^2 \boldsymbol{N}_{y\mathrm{e}}^{\mathrm{T}}(x)}{\partial x^2}\cdot\frac{\partial^2 \boldsymbol{N}_{y\mathrm{e}}(x)}{\partial x^2}\right]\mathrm{d}x$$

式中，$\boldsymbol{k}_{\mathrm{e}}$ 为单元刚度矩阵；E 为材料的弹性模量 (modulus of elasticity)；I 为单元横截面对 z 轴的惯性矩 (cross-section second moment of area)；A 为单元的横截面面积。

几何非线性，又称为几何刚度，是由横向、纵向弹性位移的耦合效应产生的，由几何非线性产生的应变能 G_{e} 为

$$G_{\mathrm{e}}=\frac{EA}{2}\int_0^{L_{\mathrm{e}}}\frac{\partial u_{xE}}{\partial x}\left(\frac{\partial u_{yE}}{\partial x}\right)^2\mathrm{d}x \tag{4-115}$$

将梁单元的动能和应变能代入 Lagrange 方程

$$\frac{\mathrm{d}}{\mathrm{d}t}\left(\frac{\partial L}{\partial \dot{\boldsymbol{u}}_{\mathrm{e}}}\right)-\frac{\partial L}{\partial \boldsymbol{u}_{\mathrm{e}}}=\boldsymbol{0} \tag{4-116}$$

式中

$$
\begin{aligned}
L =& T_{\mathrm{e}}^{*} - V_{\mathrm{e}} - G_{\mathrm{e}} \\
=& \frac{\rho A}{2}\left(V_{Ax}^{2}L_{\mathrm{e}} + V_{Ay}^{2}L_{\mathrm{e}} + \frac{1}{3}\dot{\gamma}^{2}L_{\mathrm{e}}^{3} + V_{Ay}\dot{\gamma}L_{\mathrm{e}}^{2}\right) + \frac{1}{2}\dot{\boldsymbol{u}}_{\mathrm{e}}^{\mathrm{T}}\boldsymbol{m}_{\mathrm{e}}\dot{\boldsymbol{u}}_{\mathrm{e}} + \dot{\gamma}\dot{\boldsymbol{u}}_{\mathrm{e}}^{\mathrm{T}}\boldsymbol{B}_{\mathrm{e}}\boldsymbol{u}_{\mathrm{e}} \\
&- \frac{1}{2}\boldsymbol{u}_{\mathrm{e}}^{\mathrm{T}}\left(\boldsymbol{k}_{\mathrm{e}} - \dot{\gamma}^{2}\boldsymbol{m}_{\mathrm{e}}\right)\boldsymbol{u}_{\mathrm{e}} + \boldsymbol{u}_{\mathrm{e}}^{\mathrm{T}}\boldsymbol{Y}_{\mathrm{e}} + \dot{\boldsymbol{u}}_{\mathrm{e}}^{\mathrm{T}}\boldsymbol{Z}_{\mathrm{e}} - G_{\mathrm{e}}
\end{aligned}
$$

对式 (4-116) 进行整理，可以得到梁单元的运动微分方程为

$$
\boldsymbol{m}_{\mathrm{e}}\ddot{\boldsymbol{u}}_{\mathrm{e}} + (\boldsymbol{m}_{\mathrm{e}} + 2\dot{\gamma}\boldsymbol{B}_{\mathrm{e}})\dot{\boldsymbol{u}}_{\mathrm{e}} + \left(\boldsymbol{k}_{\mathrm{e}} + \ddot{\gamma}\boldsymbol{B}_{\mathrm{e}} - \dot{\gamma}^{2}\boldsymbol{m}_{\mathrm{e}}\right)\boldsymbol{u}_{\mathrm{e}} + \frac{\partial G_{\mathrm{e}}}{\partial \boldsymbol{u}_{\mathrm{e}}} = \boldsymbol{Y}_{\mathrm{e}} - \dot{\boldsymbol{Z}}_{\mathrm{e}} \tag{4-117}
$$

式 (4-117) 中 $2\dot{\gamma}\boldsymbol{B}_{\mathrm{e}}$ 为 Coriolis 阻尼项，$(\ddot{\gamma}\boldsymbol{B}_{\mathrm{e}} - \dot{\gamma}^{2}\boldsymbol{m}_{\mathrm{e}})$ 为离心刚度项。对于给定的单元，式 (4-117) 中所有的参数和矩阵则均为已知量。由于应变能 G_{e} 含有弹性广义坐标的三次项，代入 Lagrange 方程后，$\partial G_{\mathrm{e}}/\partial \boldsymbol{u}_{\mathrm{e}}$ 含有非线性项，通常需要进行线性化处理。

4.3.6.5 机器人系统的动力学方程

以系统弹性广义坐标 $\boldsymbol{U}$ 为变量，利用坐标变换矩阵将各个单元的运动微分方程进行组装 (详细过程参阅杜兆才 (2008)、Piras(2003) 的文献)，就可得到机器人机构系统的弹性动力学方程为

$$
\boldsymbol{M}\ddot{\boldsymbol{U}} + \boldsymbol{C}\dot{\boldsymbol{U}} + \boldsymbol{K}\boldsymbol{U} = \boldsymbol{Q} \tag{4-118}
$$

4.3.7 算例分析

1. 相对坐标法模型仿真

平面 3-RRR 柔性并联机器人机构的系统参数为：各杆件的材料均为钢，密度为 7800 kg/m^3，弹性模量为 210 GPa，泊松比为 0.3，长度均为 0.2 m，截面积均为 4 mm×4 mm。每根杆件端部的集中质量均为 0.04 kg。三角形动平台的边长均为 0.042 m，动平台的质量为 0.1 kg。基座上 3 个转动副的位置坐标分别为 (−0.3 m, 0 m)、(0.15 m, 0.1 m) 和 (0.2 m, 0 m)。3 个驱动器安装在基座上，分别驱动 3 个连架杆。

以动平台的几何中心点 P 为目标点，给定点 P 的名义运动规律如下：

$$
\begin{cases}
X_P = 0.042\cos\dfrac{\pi t}{2} \\
Y_P = 0.25 + 0.042\sin\dfrac{\pi t}{2} \quad (t = 0 \sim 4\mathrm{s}) \\
\varphi = 0.01\cos\dfrac{\pi t}{10}
\end{cases} \tag{4-119}
$$

式中，X_P、Y_P 分别为点 P 在系统坐标系 O-XY 中 X 轴和 Y 轴方向的线位移；φ 为动平台角位移。

首先，根据机器人系统的名义运动规律，通过系统的运动学逆解得到机器人的输入运动，如图 4-16～图 4-18。

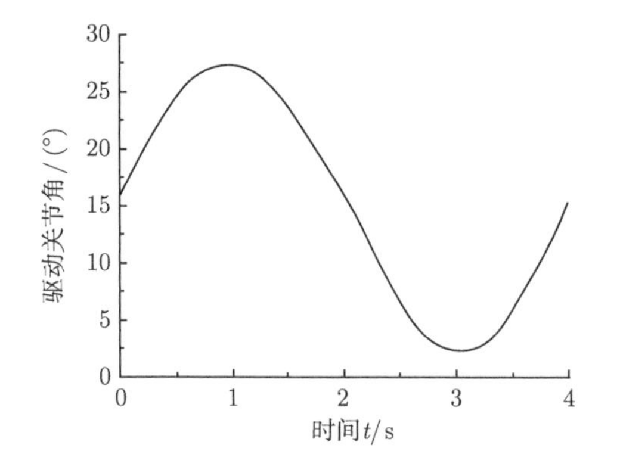

图 4-16　第一支链连架杆的输入运动

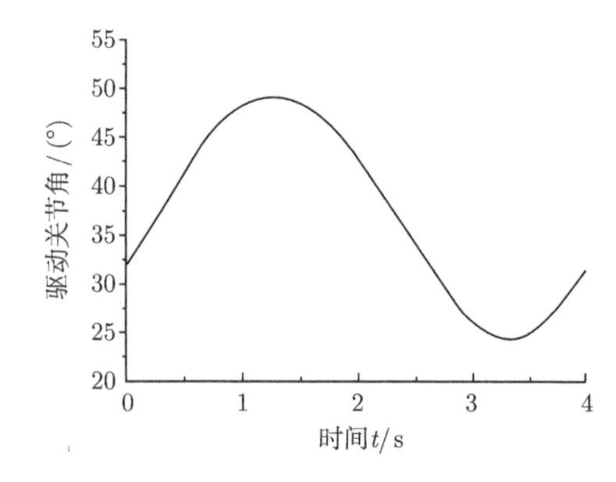

图 4-17　第二支链连架杆的输入运动

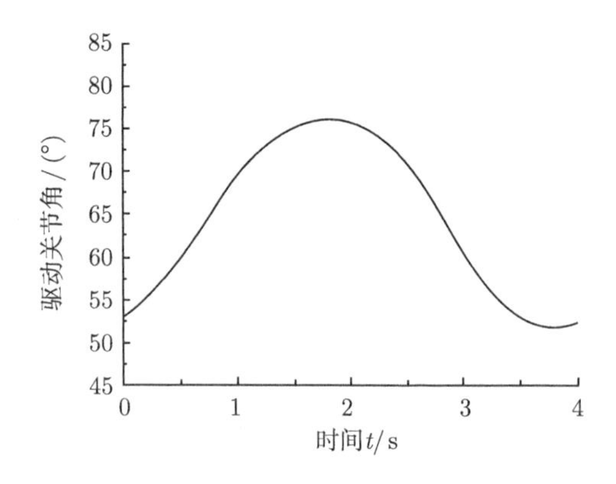

图 4-18　第三支链连架杆的输入运动

然后，根据机器人系统的输入运动，计算各个构件的名义运动规律。掌握了机器人所有构件的名义运动规律以后，即可利用基于约束条件的相对坐标法模型计算机器人机构在名义运动基础上的运动误差 (这里的运动误差即指由系统构件的弹性变形引起的动平台的弹性位移)。图 4-19~图 4-21 分别给出了点 P 在 X 轴、Y 轴方向的位置误差和方向误差。

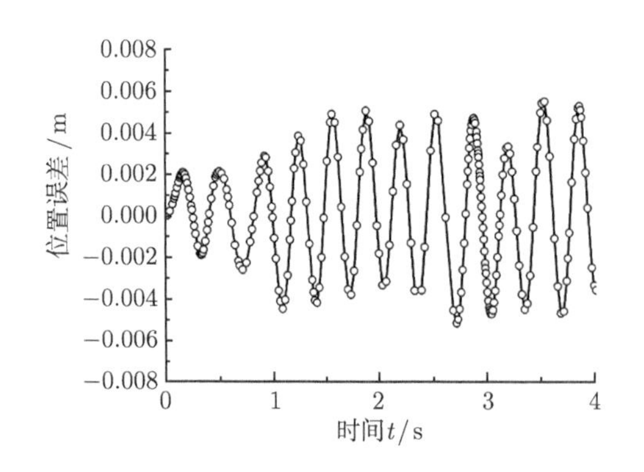

图 4-19　点 P 在 X 轴方向的位置误差

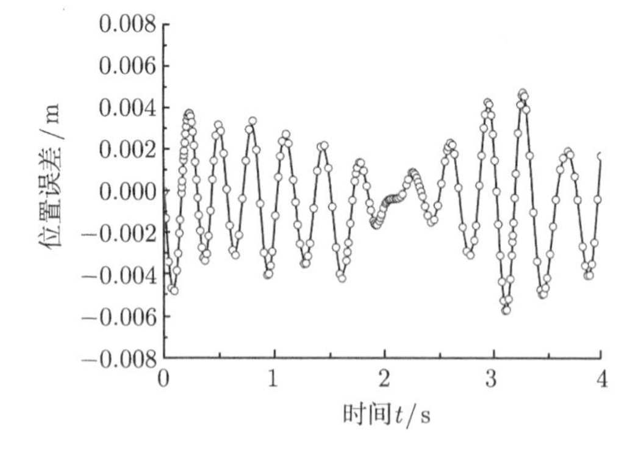

图 4-20　点 P 在 Y 轴方向的位置误差

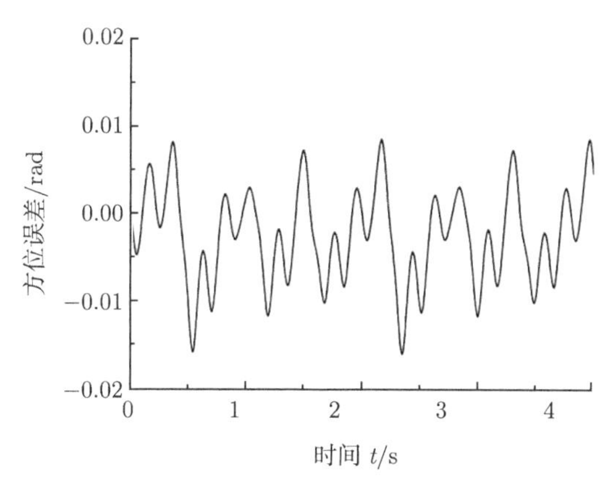

图 4-21 动平台的方向误差

分析图 4-19、图 4-20 可以得到，动平台上的点 P 在 X 轴、Y 轴方向的位置误差的最大值分别为 5.6 mm、5.7 mm，表明杆件的柔性对机器人的运动精度产生了较大的影响。

通过分析图 4-21 可以看出，在机器人运动的整个过程中，动平台的方向误差的变化较大，最大值达到了 0.015 rad。所以，在进行机器人操作端的运动轨迹或运动空间规划时，充分考虑动平台的方向误差也是非常有必要的。

总之，在机器人运动过程中的不同位置，动平台的位置误差和方向误差的大小也各不相同，有时甚至差别很大。因此，可通过规划机器人系统的工作位形或运动轨迹达到提高机器人运动精度的目的，以便机器人更稳定地完成预期操作任务。

2. 刚柔耦合法模型仿真

利用刚柔耦合有限元法模型方法，同样可以进行机器人系统在名义运动基础上的运动误差分析。这里，机器人系统的参数、运动规律及求解各杆件名义运动的过程均与相对坐标法模型相同。

图 4-22～图 4-24 分别给出了动平台上点 P 在 X 轴、Y 轴方向的运动位置误差以及动平台的运动方向误差，并将计算结果与相对坐标法模型的仿真结果对比。

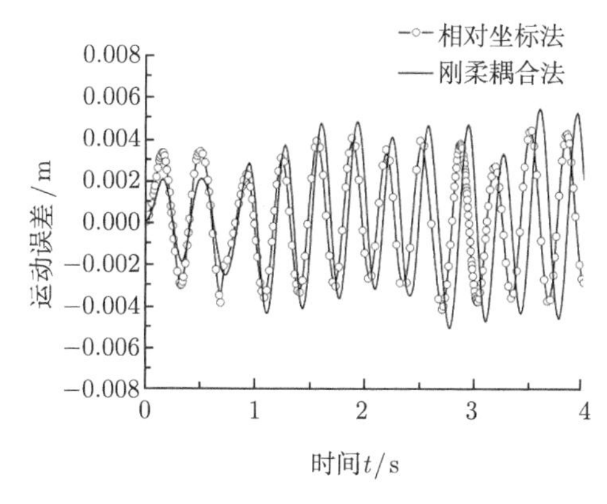

图 4-22 点 P 在 X 轴方向的位置误差

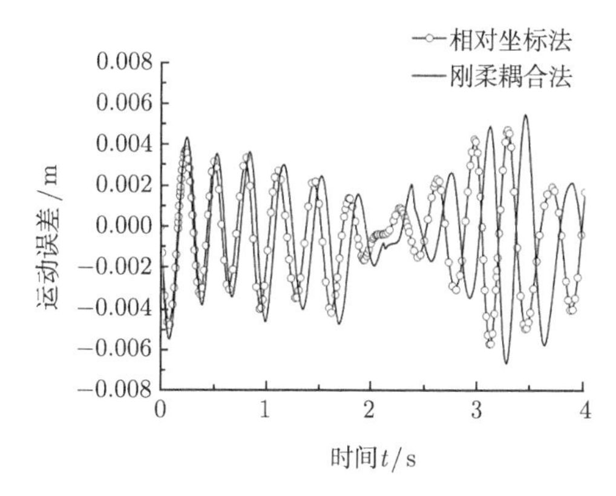

图 4-23 点 P 在 Y 轴方向的位置误差

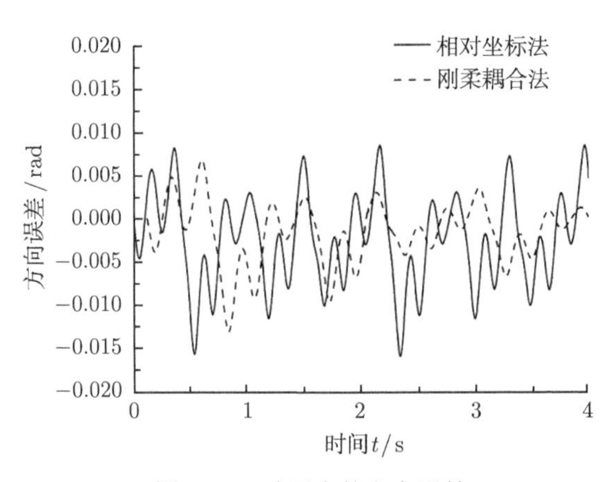

图 4-24　动平台的方向误差

分析图 4-22、图 4-23 和图 4-24 不难发现，由刚柔耦合法和相对坐标法得到的点 P 的运动误差曲线，在变化趋势、振荡频率和振幅上都较为一致。如利用相对坐标模型法得到的点 P 在 X 轴、Y 轴方向的最大位置误差分别为 5.6 mm 和 5.7 mm；而利用刚柔耦合法模型得到的点 P 在 X 轴、Y 轴方向的最大位置误差分别为 5.5 mm 和 6.5 mm，较为接近。

3. 绝对坐标法模型仿真

采用相对坐标法模型和刚柔耦合有限元法模型的前提是机器人的输入运动给定或可以由已知条件求出，计算结果是机器人的运动误差。但是，在某些情况下，机器人的输入运动未知或者很难求解，或者只想了解机器人的实际运动情况，这时采用绝对坐标法模型进行机器人系统的运动分析就更为方便。

为了便于模型对比，仍采用前述算例的机器人参数及运动规律。但与相对坐标法模型、刚柔耦合有限元法模型的仿真过程不同，利用绝对坐标法模型仿真不需要求解机器人的输入运动和弹性位移，而是直接进行柔性机器人实际运动的分析。

图 4-25、图 4-26 分别给出了动平台上点 P 在 X 轴、Y 轴方向的名义运动 (或刚性运动) 和实际运动的对比。

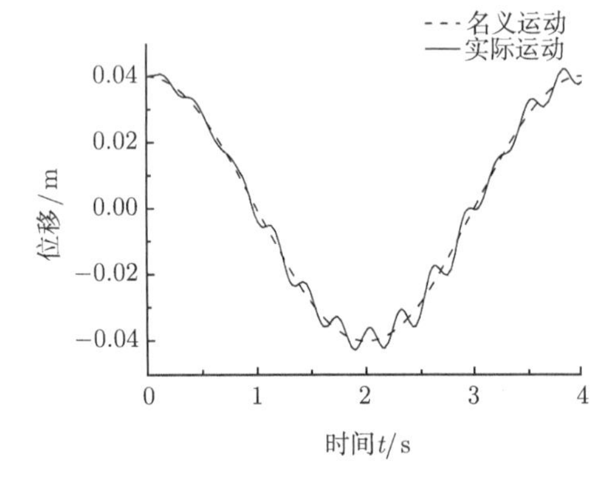

图 4-25　点 P 在 X 轴方向的位移曲线

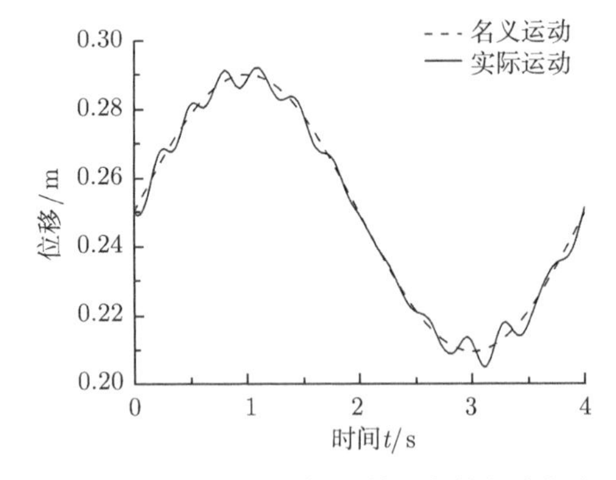

图 4-26　点 P 在 Y 轴方向的位移曲线

由图 4-25、图 4-26 求出动平台上点 P 在 X 轴、Y 轴方向的运动误差，并与相对坐标法模型和刚柔耦合法模型的计算结果进行对比，如图 4-27 和图 4-28。采用绝对坐标法模型

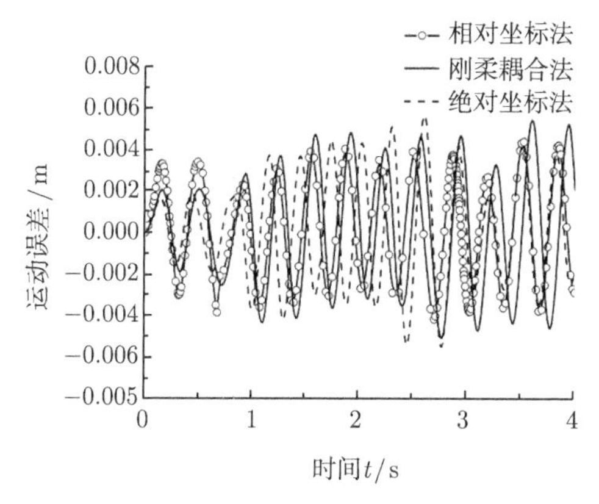

图 4-27　点 P 在 X 轴方向的运动误差

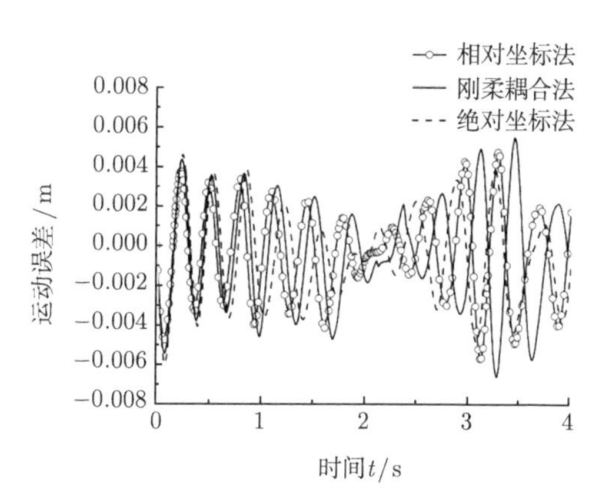

图 4-28　点 P 在 Y 轴方向的运动误差

计算出的动平台在 X 轴、Y 轴方向的运动误差的最大值分别为 5.6 mm、6.0 mm，说明杆件的柔性对机器人的运动精度的影响较大，不可忽视，分析机器人的运动误差有重要的应用价值。

3 种动力学模型求出的运动误差曲线的变化趋势基本一致，误差曲线的振荡频率和振幅接近。

4.3.8　模型分析

对于建立柔性并联机器人动力学模型的 3 种方法：基于运动学和动力学约束条件的相对坐标法、基于运动学和动力学约束条件的绝对坐标法以及基于刚柔耦合的有限元法，从建模方法的区别来看，主要在于对动平台的处理手段不同。基于约束条件的方法将动平台视为向各运动支链施加运动学约束和动力学约束的载体，列出的运动学和动力学约束条件方程体现了动平台对各运动支链运动微分方程中的弹性位移变量的约束；而刚柔耦合有限元法将动平台视为一个单元，也以微分方程的形式写出动平台的动力学方程，与其他柔性单元的运动微分方程联立，得到机器人系统的动力学方程。

从适用的范围看，由于刚柔耦合有限元法将动平台视为一个单元，因此，该方法一般适用于动平台的质量、结构参数与柔性杆件的质量、结构参数相差没有悬殊的情况。而基于约束条件的方法可用于各种情况下的柔性并联机器人，其中，基于约束条件的相对坐标法适用于机器人的输入运动已知的情况，可以计算机器人的运动误差；基于约束条件的绝对坐标法适用于机器人的输入运动未知或不便求解的情况，可以计算机器人的实际位移。

从动力学方程的形式看，基于运动学和动力学约束条件的模型既包含代数方程，又包含微分方程，是一组复杂的微分-代数混合方程组，方程规模较大；而基于刚柔耦合有限元法的模型是一组微分方程，方程规模较小，形式简洁。

从求解方法看，基于约束条件的方法推导出的动力学方程是微分-代数混合方程组，求解比较困难，解的稳定性差，在将运动学约束条件近似处理成微分方程时，也会引入误差。而基于刚柔耦合有限元法推导出的动力学方程是一组微分方程组，在形式上与柔性串联机器人的动力学方程相同，求解微分方程组的方法比较成熟、可靠。

4.4　3-$\underline{\text{R}}$RS 柔性并联机器人机构的动力学建模

3-$\underline{\text{R}}$RS($\underline{\text{R}}$ 表示驱动关节，为了标记方便，后文有时略去了下横线，即记为 3-RRS) 柔性并联机器人机构的结构简图，如图 4-29 所示。为了讨论方便，这里分别建立与动平台固结的动坐标系 P-$X'Y'Z'$ 和系统定坐标系 O-XYZ。其中，坐标系的原点 P 和 O 分别位于上、下平台的几何中心；轴 Z' 和 Z 分别垂直于上、下平台；而轴 X'、Y' 和 X、Y 分别平行和垂直于上下平台的边 P_2P_3、B_2B_3。局部定坐标系 B_i-$x'_{i1}y'_{i1}z'_{i1}(i=1,2,3)$ 的 x'_{i1} 轴与转动副轴线一致，z'_{i1} 轴垂直于静平台 $B_1B_2B_3$ 向上，y'_{i1} 轴同时垂直于 x'_{i1} 轴和 z'_{i1} 轴。坐标系 B_i-$x_{i1}y_{i1}z_{i1}(i=1,2,3)$ 与各支链构件 B_iC_i 一同运动，其 x_{i1} 轴和 z_{i1} 轴分别与 B_i 处转动副轴线及构件 B_iC_i 矢量一致，y_{i1} 轴同时垂直于 x_{i1} 和 z_{i1} 轴。坐标系 C_i-$x_{i2}y_{i2}z_{i2}(i=1,2,3)$ 与各支链构件 C_iP_i 一同运动，其 x_{i2} 轴和 z_{i2} 轴分别与 C_i 处转动副轴线及构件 C_iP_i 矢量一致，y_{i2} 轴同时垂直于 x_{i2} 和 z_{i2} 轴，如图 4-29 所示。

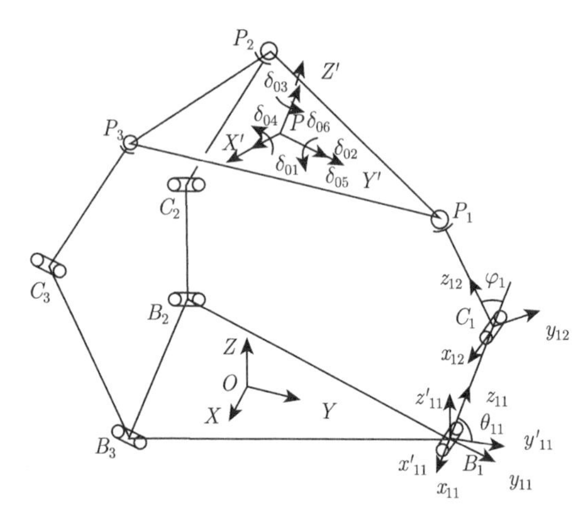

图 4-29　空间 3-$\underline{\text{R}}$RS 柔性并联机器人机构图

4.4.1　系统单元划分

假定 3-$\underline{\text{R}}$RS 柔性并联机器人机构中的各构件 B_iC_i 和 $C_iP_i(i=1,2,3)$ 均为柔性杆，动平台 $P_1P_2P_3$ 为刚性架，关节柔性忽略不计 (由于并联机构中的系统支链一般较短，由关节柔性变形引起的系统累积误差较小；且并联机构为多闭环系统，对系统中的关节变形具有一定的约束作用，故关节变形可以忽略不记)。在动平台 $P_1P_2P_3$ 上设单元 0，在构件 B_iC_i 和 C_iP_i 上分别设单元 $i1$ 和 $i2(i=1,2,3)$，这样整个系统共设立 6 个柔性单元。当然，系统的总单元数量可以根据系统建模分析的具体要求和精度决定，为了便于叙述，下文分别把构件 B_iC_i 和 $C_iP_i(i=1,2,3)$ 作为一个柔性单元进行分析描述。

4.4.2　柔性构件的单元模型

根据一般空间机构的构件形状，这里选择矩形截面空间柔性梁单元作为基本梁单元模型，如图 4-30 所示。此空间梁单元划分了 2 个结点分别标记 A、B。$\delta_1\sim\delta_3$ 与 $\delta_{10}\sim\delta_{12}$、$\delta_4\sim\delta_6$

与 $\delta_{13}\sim\delta_{15}$、$\delta_7\sim\delta_9$ 与 $\delta_{16}\sim\delta_{18}$ 分别表示结点 A、B 处的弹性位移、弹性转角和曲率。固定在单元上的坐标系 $O\text{-}xyz$ 称为单元坐标系。规定取 AB 方向为 x 轴的正方向，以 x 轴按反时针方向转过 90° 的方向为 z 轴的正方向，y 轴同时垂直于 x 轴和 z 轴。利用单元坐标分析单元结点变形和结点力间的关系比较方便, 但由于各单元位置不同，各单元坐标不统一，不便于研究系统的整体结构，所以需要采用统一的系统坐标系，如图 4-29 中的固定坐标系 $O\text{-}XYZ$。

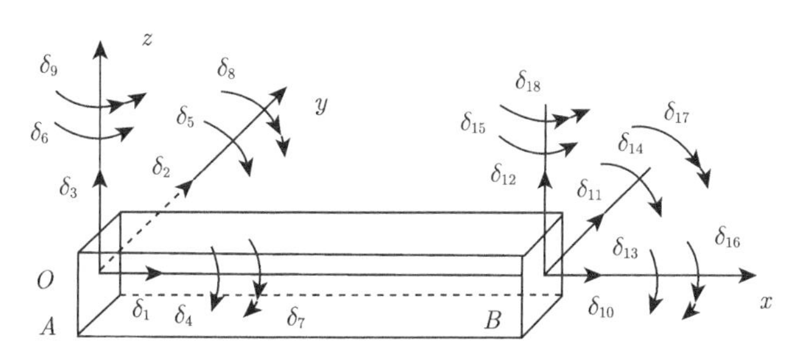

图 4-30 矩形截面空间柔性梁单元模型

4.4.3 单元位移型函数

如图 4-30 所示，柔性构件采用梁单元进行离散。结点数是可以按精度要求任意选择的，为了描述简洁，图中只画出了 2 个结点 (分别标记为 A、B)，下文的推导过程也按照 2 个结点的情形表述。这里假定空间梁单元发生轴向、横向 (两个方向) 和扭转变形，并用 $\boldsymbol{\delta}=[\delta_1,\delta_2,\cdots,\delta_{18}]^{\mathrm{T}}$ 表示梁单元的广义坐标向量，其中各分量分别表示单元端点的弹性位移、弹性转角和曲率。这样单元上任意点相对于单元坐标系产生的沿 x 轴、y 轴、z 轴的弹性位移和绕 x 轴、y 轴、z 轴的弹性角位移等，皆可表示为 $\boldsymbol{\delta}$ 的函数，并设沿 x 轴、y 轴、z 轴的弹性位移和绕 x 轴、y 轴、z 轴的弹性角位移等的函数分别为 $W_x(x,t)$、$W_y(x,t)$、$W_z(x,t)$、$\psi_x(x,t)$、$\psi_y(x,t)$ 和 $\psi_z(x,t)$。根据一般空间构件的特性和精度等要求，这里梁单元的横向弹性位移采用 5 次 Hermite 插值函数表示，轴向弹性位移采用线性插值函数表示，绕 x 轴的弹性角位移采用 3 次插值函数描述。则利用单元的边界条件，可以得到以下各式

$$W_x(x,t)=\boldsymbol{N}_A^{\mathrm{T}}\boldsymbol{\delta} \tag{4-120}$$

$$W_y(x,t)=\boldsymbol{N}_B^{\mathrm{T}}\boldsymbol{\delta} \tag{4-121}$$

$$W_z(x,t)=\boldsymbol{N}_C^{\mathrm{T}}\boldsymbol{\delta} \tag{4-122}$$

$$\psi_x(x,t)=\boldsymbol{N}_D^{\mathrm{T}}\boldsymbol{\delta} \tag{4-123}$$

$$\psi_y(x,t)=\left(\frac{\partial \boldsymbol{N}_C}{\partial x}\right)^{\mathrm{T}}\boldsymbol{\delta}=\dot{\boldsymbol{N}}_C^{\mathrm{T}}\boldsymbol{\delta}$$

$$\psi_z(x,t)=\left(\frac{\partial \boldsymbol{N}_B}{\partial x}\right)^{\mathrm{T}}\boldsymbol{\delta}=\dot{\boldsymbol{N}}_B^{\mathrm{T}}\boldsymbol{\delta}$$

这里，$\boldsymbol{\delta}$ 为单元广义坐标向量；$\boldsymbol{N}_A$、$\boldsymbol{N}_B$、$\boldsymbol{N}_C$、$\boldsymbol{N}_D$ 为插值向量，其中各元素为 x 的函数，具体表达式为

$$\boldsymbol{N}_A=\begin{bmatrix}1-e & 0 & 0 & 0 & 0 & 0 & 0 & 0 & 0 & e & 0 & 0 & 0 & 0 & 0 & 0 & 0 & 0\end{bmatrix}^{\mathrm{T}}$$

$$\boldsymbol{N}_B=\begin{bmatrix}0 & n_1 & 0 & 0 & 0 & n_2 & 0 & 0 & n_3 & 0 & n_4 & 0 & 0 & 0 & n_5 & 0 & 0 & n_6\end{bmatrix}^{\mathrm{T}}$$

$$\boldsymbol{N}_C=\begin{bmatrix}0 & 0 & n_1 & 0 & n_2 & 0 & 0 & n_3 & 0 & 0 & 0 & n_4 & 0 & n_5 & 0 & 0 & n_6 & 0\end{bmatrix}^{\mathrm{T}}$$

$$\boldsymbol{N}_D=\begin{bmatrix}0 & 0 & 0 & n_7 & 0 & 0 & n_8 & 0 & 0 & 0 & 0 & 0 & n_9 & 0 & 0 & n_{10} & 0 & 0\end{bmatrix}^{\mathrm{T}}$$

$$\boldsymbol{N}=\begin{bmatrix}\boldsymbol{N}_A & \boldsymbol{N}_B & \boldsymbol{N}_C & \boldsymbol{N}_D\end{bmatrix}$$

$$n_1=1-10e^3+15e^4-6e^5 \qquad n_2=L\left(e-6e^3+8e^4-3e^5\right)$$

$$n_3=\frac{1}{2}L^2\left(e^2-3e^3+3e^4-e^5\right) \qquad n_4=10e^3-15e^4+6e^5$$

$$n_5=L\left(-4e^3+7e^4-3e^5\right) \qquad n_6=\frac{1}{2}L^2\left(e^3-2e^4+e^5\right)$$

$$n_7=1-3e^2+2e^3 \qquad n_8=L\left(e-2e^2+e^3\right)$$

$$n_9=3e^2-2e^3 \qquad n_{10}=L\left(-e^2+e^3\right)$$

式中，n_i 为单元位移形态函数或简称为单元位移型函数 $(i=1,2,\cdots,10)$；L 为单元长度；e 为相对坐标，且 $e=x/L$。

系统运动过程中，由于单元的弹性变形位移较小，可以忽略单元刚体运动与弹性变形运动间的耦合影响。也就是说，可以认为单元内任意点处的绝对速度是其刚体运动速度和弹性变形速度的叠加；单元内任意点处的绝对加速度是其刚体运动加速度和弹性变形加速度的叠加。那么，单元轴线上坐标为 x 的任意点处的速度可以表示为

$$\dot{W}_{\mathrm{a}x}(x,t)=\dot{W}_{\mathrm{r}x}(x,t)+\dot{W}_x(x,t) \tag{4-124}$$

$$\dot{W}_{\mathrm{a}y}(x,t)=\dot{W}_{\mathrm{r}y}(x,t)+\dot{W}_y(x,t) \tag{4-125}$$

$$\dot{W}_{\mathrm{a}z}(x,t)=\dot{W}_{\mathrm{r}z}(x,t)+\dot{W}_z(x,t) \tag{4-126}$$

$$\dot{\psi}_{\mathrm{a}x}(x,t)=\dot{\psi}_{\mathrm{r}x}(x,t)+\dot{\psi}_x(x,t) \tag{4-127}$$

$$\dot{W}_x(x,t)=\boldsymbol{N}_A^{\mathrm{T}}\dot{\boldsymbol{\delta}}$$

$$\dot{W}_y(x,t)=\boldsymbol{N}_B^{\mathrm{T}}\dot{\boldsymbol{\delta}}$$

$$\dot{W}_z(x,t)=\boldsymbol{N}_C^{\mathrm{T}}\dot{\boldsymbol{\delta}}$$

$$\dot{\psi}_x(x,t)=\boldsymbol{N}_D^{\mathrm{T}}\dot{\boldsymbol{\delta}}$$

$$\dot{W}_{\mathrm{r}x}(x,t)=\boldsymbol{N}_A^{\mathrm{T}}\dot{\boldsymbol{\delta}}_{\mathrm{r}}$$

$$\dot{W}_{\mathrm{r}y}(x,t)=\boldsymbol{N}_B^{\mathrm{T}}\dot{\boldsymbol{\delta}}_{\mathrm{r}}$$

$$\dot{W}_{rz}(x,t)=\boldsymbol{N}_C^{\mathrm{T}}\dot{\boldsymbol{\delta}}_{\mathrm{r}}$$

$$\dot{\psi}_{rx}(x,t)=\boldsymbol{N}_D^{\mathrm{T}}\dot{\boldsymbol{\delta}}_{\mathrm{r}}$$

$$\dot{\boldsymbol{\delta}}=\begin{bmatrix}\dot{\delta}_1 & \cdots & \dot{\delta}_{18}\end{bmatrix}^{\mathrm{T}}$$

$$\dot{\boldsymbol{\delta}}_{\mathrm{r}}=\begin{bmatrix}\dot{x}_A & \dot{y}_A & \dot{z}_A & \dot{\theta}_x & \dot{\theta}_y & \dot{\theta}_z & 0 & 0 & 0 & \dot{x}_B & \dot{y}_B & \dot{z}_B & \dot{\theta}_x & \dot{\theta}_y & \dot{\theta}_z & 0 & 0 & 0\end{bmatrix}^{\mathrm{T}}$$

式中，$\dot{W}_{ax}(x,t)$、$\dot{W}_{ay}(x,t)$ 和 $\dot{W}_{az}(x,t)$ 分别为 x 轴、y 轴和 z 轴方向的绝对速度；$\dot{W}_{rx}(x,t)$、$\dot{W}_{ry}(x,t)$ 和 $\dot{W}_{rz}(x,t)$ 分别为 x 轴、y 轴和 z 轴方向的刚体速度；$\dot{W}_x(x,t)$、$\dot{W}_y(x,t)$ 和 $\dot{W}_z(x,t)$ 分别为 x 轴、y 轴和 z 轴方向的弹性速度；$\dot{\psi}_{ax}(x,t)$、$\dot{\psi}_{rx}(x,t)$ 和 $\dot{\psi}_x(x,t)$ 分别为绕 x 轴的绝对角速度、刚体角速度和弹性角速度；$\dot{x}_A$、$\dot{y}_A$ 和 $\dot{z}_A$ 分别为单元上结点 A 处沿 x 轴、y 轴和 z 轴方向的刚体速度；$\dot{\theta}_x$、$\dot{\theta}_y$ 和 $\dot{\theta}_z$ 分别为单元绕 x 轴、y 轴和 z 轴方向的刚体角速度；$\dot{x}_B$、$\dot{y}_B$ 和 $\dot{z}_B$ 分别为单元上结点 B 处沿 x 轴、y 轴和 z 轴方向的刚体速度。

4.4.4 单元动能

假定单元每个截面处的质量都集中在轴线上，忽略截面转动动能的影响，则单元的动能可以表示为

$$\begin{aligned}T=&\frac{1}{2}\int_0^L m(x)\left[\left(\frac{\mathrm{d}W_{ax}(x,t)}{\mathrm{d}t}\right)^2+\left(\frac{\mathrm{d}W_{ay}(x,t)}{\mathrm{d}t}\right)^2+\left(\frac{\mathrm{d}W_{az}(x,t)}{\mathrm{d}t}\right)^2\right]\mathrm{d}x\\&+\frac{1}{2}\int_0^L \rho I_{\mathrm{p}}\left(\frac{\mathrm{d}\psi_{ax}(x,t)}{\mathrm{d}t}\right)^2\mathrm{d}x\end{aligned}\tag{4-128}$$

式中，L 为单元长度；ρ 为单元质量密度；A 为单元横截面面积；I_{p} 为单元横截面对 x 轴的极惯性矩；$m(x)$ 为单元质量分布函数，对于均质等截面的梁单元 $m(x)=\rho A$。

将式 (4-124)~式 (4-127) 代入式 (4-128)，并化简得

$$T=\frac{1}{2}\left(\dot{\boldsymbol{\delta}}_{\mathrm{r}}+\dot{\boldsymbol{\delta}}\right)^{\mathrm{T}}\boldsymbol{M}_{\mathrm{e}}\left(\dot{\boldsymbol{\delta}}_{\mathrm{r}}+\dot{\boldsymbol{\delta}}\right)\tag{4-129}$$

式中，$\boldsymbol{M}_{\mathrm{e}}$ 为单元质量矩阵 (由符号运算得到的单元质量矩阵，见附录 F)，且

$$\boldsymbol{M}_{\mathrm{e}}=\rho A\int_0^L \boldsymbol{N}\boldsymbol{N}^{\mathrm{T}}\mathrm{d}x$$

4.4.5 单元变形能

单元的变形能包括梁受弯矩、轴向力和扭矩作用发生弯曲、拉伸/压缩和扭转的变形能。那么，单元的总变形能为

$$\begin{aligned}V=&\frac{1}{2}E\int_0^L\left[A\left(\frac{\partial W_x(x,t)}{\partial x}\right)^2+I_z\left(\frac{\partial^2 W_y(x,t)}{\partial x^2}\right)^2+I_y\left(\frac{\partial^2 W_z(x,t)}{\partial x^2}\right)^2\right]\mathrm{d}x\\&+\frac{1}{2}\int_0^L GI_{\mathrm{p}}\left(\frac{\partial\psi_x(x,t)}{\partial x}\right)^2\mathrm{d}x\end{aligned}\tag{4-130}$$

式中，E 为材料拉压弹性模量；G 为材料剪切弹性模量；I_y 为梁单元横截面对 y 轴的主惯性矩；I_z 为梁单元横截面对 z 轴的主惯性矩；I_{p} 为单元横截面对 x 轴的极惯性矩。

将式 (4-120)~式 (4-123) 代入式 (4-130)，并化简得

$$V=\frac{1}{2}\boldsymbol{\delta}^{\mathrm{T}}\boldsymbol{K}_{\mathrm{e}}\boldsymbol{\delta} \tag{4-131}$$

式中，$\boldsymbol{K}_{\mathrm{e}}$ 为单元刚度矩阵 (由符号运算得到的单元刚度矩阵，见附录 F)，且

$$\boldsymbol{K}_{\mathrm{e}}=E\left(A\int_0^L\dot{\boldsymbol{N}}_A\dot{\boldsymbol{N}}_A^{\mathrm{T}}\mathrm{d}x+I_z\int_0^L\ddot{\boldsymbol{N}}_B\ddot{\boldsymbol{N}}_B^{\mathrm{T}}\mathrm{d}x+I_y\int_0^L\ddot{\boldsymbol{N}}_C\ddot{\boldsymbol{N}}_C^{\mathrm{T}}\mathrm{d}x\right)+GI_{\mathrm{p}}\int_0^L\dot{\boldsymbol{N}}_D\dot{\boldsymbol{N}}_D^{\mathrm{T}}\mathrm{d}x$$

4.4.6　单元动力学方程

将式 (4-129) 和式 (4-131) 代入 Lagrange 方程

$$\frac{\mathrm{d}}{\mathrm{d}t}\left(\frac{\partial T}{\partial\dot{\boldsymbol{\delta}}}\right)-\frac{\partial T}{\partial\boldsymbol{\delta}}+\frac{\partial V}{\partial\boldsymbol{\delta}}=\boldsymbol{F}$$

得到单元动力学方程为

$$\boldsymbol{M}_{\mathrm{e}}\ddot{\boldsymbol{\delta}}+\boldsymbol{K}_{\mathrm{e}}\boldsymbol{\delta}=\boldsymbol{F}_{\mathrm{e}}+\boldsymbol{P}_{\mathrm{e}}+\boldsymbol{Q}_{\mathrm{e}} \tag{4-132}$$

对机器人系统而言，$\boldsymbol{F}_{\mathrm{e}}$ 是单元外加载荷的广义力列阵，既包括与广义坐标对应的集中结点力和集中结点力矩，也包括分布力和分布力矩的等效结点力，但不包括虚加的惯性载荷，所有的力和力矩都是真实作用的外载荷；$\boldsymbol{P}_{\mathrm{e}}$ 是与所研究的梁单元相连接的其他单元给予所研究单元的作用力列阵，它对整个机构来说属于内力，所以，在由单元方程装配成整个系统运动微分方程的过程中相互抵消；$\boldsymbol{Q}_{\mathrm{e}}=-\boldsymbol{M}_{\mathrm{e}}\ddot{\boldsymbol{\delta}}_{\mathrm{r}}$，是系统单元刚体惯性力列阵，对系统作刚体运动分析之后即可得到。

4.4.7　支链动力学方程

将驱动构件 $B_iC_i(i=1,2,3)$ 作为悬臂梁看待，引入边界条件可以得到点 B_i 的弹性位移和转角方向的结点变形均为零。结点 $C_i(i=1,2,3)$ 处为转动副，2 个相邻的单元 (单元 B_iC_i 和 C_iP_i) 分属不同的构件，因而具有不同的转角，在这 2 个结点处，其中绕 C_i 点处副轴线方向转动的 2 个曲率为零。结点 P_i 处为球面副等效于 3 个汇交不共面的转动副，所以，P_i 处梁的曲率也为零。因此，构件 B_iC_i 的非零广义坐标为 11 个，构件 C_iP_i 的非零广义坐标为 14 个，如图 4-31。这样，支链 $B_iC_iP_i$ 的结点变形可用 $\boldsymbol{U}_i=[u_{i1},u_{i2},\cdots,u_{i22}]^{\mathrm{T}}$22 个系统坐标表示，如图 4-32。各支链构件变形引起的动平台 $P_1P_2P_3$ 的位移改变量可用 $\boldsymbol{U}_0=[u_1,\cdots,u_6]^{\mathrm{T}}$6 个系统坐标表示或 $\boldsymbol{\delta}_0=[\delta_{01},\cdots,\delta_{06}]^{\mathrm{T}}$ 单元坐标表示，如图 4-29。取 $\boldsymbol{U}_{P_i}=[u_{i17},u_{i18},u_{i19}]^T$，显然，$\boldsymbol{U}_{P_i}$ 可以表示为 $\boldsymbol{U}_0$ 的函数。

设支链 $B_iC_iP_i$ 中的构件 B_iC_i 与坐标轴 y'_{i1} 的夹角为 $\theta_{i1}(i=1,2,3)$，构件 C_iP_i 与坐标轴 y'_{i1} 的夹角为 $\theta_{i2}=\theta_{i1}+\varphi_i(i=1,2,3)$，如图 4-29 所示，坐标轴 X 与 OB_i 的夹角为

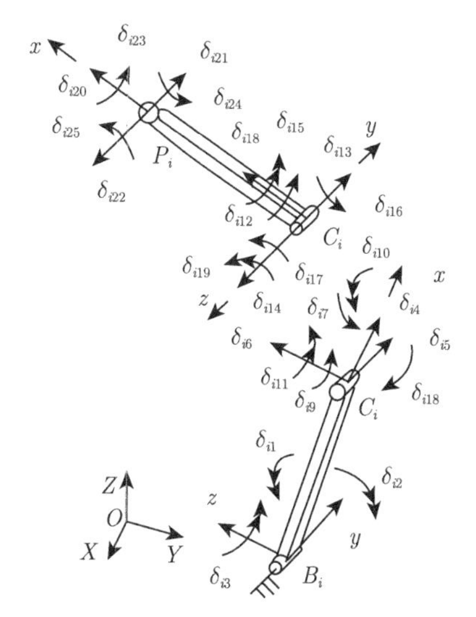

图 4-31 单元坐标中的支链有限元模型

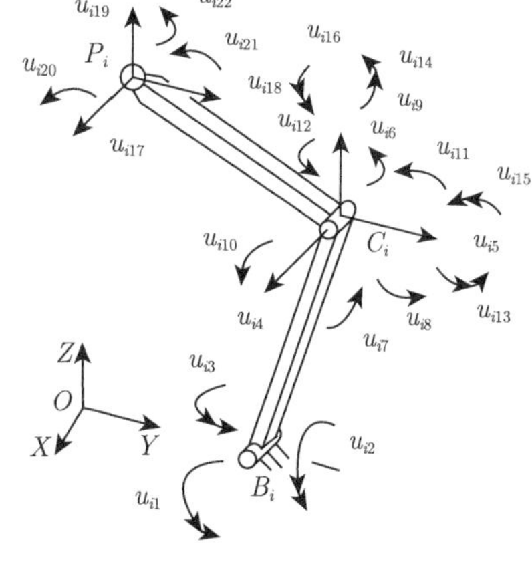

图 4-32 系统坐标中的支链有限元模型

$\theta_{0i}(i=1,2,3)$，这里 $\theta_{01}=90°$，$\theta_{02}=210°$，$\theta_{03}=330°$。为了便于叙述，这里以支链 $B_1C_1P_1$ 为例进行分析说明 (即本节下文中 $i=1$)，则坐标系 O-XYZ 到坐标系 B_i-xyz 的姿态变换矩阵为

$$\boldsymbol{R}_{i1}=\begin{bmatrix}\cos\theta_{0i}\cos\theta_{i1} & \sin\theta_{0i}\cos\theta_{i1} & -\sin\theta_{i1}\\ -\sin\theta_{0i} & \cos\theta_{0i} & 0\\ \cos\theta_{0i}\sin\theta_{i1} & \sin\theta_{0i}\sin\theta_{i1} & \cos\theta_{i1}\end{bmatrix} \tag{4-133}$$

同理，坐标系 O-XYZ 到坐标系 C_i-xyz 的姿态变换矩阵为

$$\boldsymbol{R}_{i2}=\begin{bmatrix}\cos\theta_{0i}\cos\theta_{i2} & \sin\theta_{0i}\cos\theta_{i2} & -\sin\theta_{i2}\\ -\sin\theta_{0i} & \cos\theta_{0i} & 0\\ \cos\theta_{0i}\sin\theta_{i2} & \sin\theta_{0i}\sin\theta_{i2} & \cos\theta_{i2}\end{bmatrix} \tag{4-134}$$

另外，坐标系 B_i-$x'_{i1}y'_{i1}z'_{i1}$ 到坐标系 B_i-xyz 的姿态变换矩阵 $\boldsymbol{T}_{i1}(i=1,2,3)$ 和坐标系 B_i-$x'_{i1}y'_{i1}z'_{i1}$ 到坐标系 C_i-xyz 的姿态变换矩阵 $\boldsymbol{T}_{i2}(i=1,2,3)$，以及坐标系 O-XYZ 到坐标系 B_i-$x'_{i1}y'_{i1}z'_{i1}$(这里，设坐标轴 OY 与 OB_i 的夹角为 α_{0i}) 的姿态变换矩阵 $\boldsymbol{T}_i(i=1,2,3)$ 分别为

$$\boldsymbol{T}_{i1}=\begin{bmatrix}0 & \cos\theta_{i1} & -\sin\theta_{i1}\\ -1 & 0 & 0\\ 0 & \sin\theta_{i1} & \cos\theta_{i1}\end{bmatrix} \tag{4-135}$$

$$\boldsymbol{T}_{i2}=\begin{bmatrix}0 & \cos\theta_{i2} & -\sin\theta_{i2}\\ -1 & 0 & 0\\ 0 & \sin\theta_{i2} & \cos\theta_{i2}\end{bmatrix} \tag{4-136}$$

$$\boldsymbol{T}_{i}=\begin{bmatrix}\cos\alpha_{0i} & -\sin\alpha_{0i} & 0\\ \sin\alpha_{0i} & \cos\alpha_{0i} & 0\\ 0 & 0 & 1\end{bmatrix} \tag{4-137}$$

那么，单元构件 $B_iC_i(i=1)$ 中的单元广义坐标和系统广义坐标之间的转换关系如下

$$\begin{bmatrix} 0 \\ 0 \\ 0 \\ 0 \\ 0 \\ 0 \\ \delta_{i1} \\ \delta_{i2} \\ \delta_{i3} \\ \delta_{i4} \\ \delta_{i5} \\ \delta_{i6} \\ \delta_{i7} \\ \delta_{i8} \\ \delta_{i9} \\ \delta_{i10} \\ 0 \\ \delta_{i11} \end{bmatrix} = \begin{bmatrix} \boldsymbol{R}_{i1} & \mathbf{0} & \mathbf{0} & \mathbf{0} & \mathbf{0} & \mathbf{0} \\ \mathbf{0} & \boldsymbol{R}_{i1} & \mathbf{0} & \mathbf{0} & \mathbf{0} & \mathbf{0} \\ \mathbf{0} & \mathbf{0} & \boldsymbol{R}_{i1} & \mathbf{0} & \mathbf{0} & \mathbf{0} \\ \mathbf{0} & \mathbf{0} & \mathbf{0} & \boldsymbol{R}_{i1} & \mathbf{0} & \mathbf{0} \\ \mathbf{0} & \mathbf{0} & \mathbf{0} & \mathbf{0} & \boldsymbol{R}_{i1} & \mathbf{0} \\ \mathbf{0} & \mathbf{0} & \mathbf{0} & \mathbf{0} & \mathbf{0} & \boldsymbol{R}_{i1} \end{bmatrix} \begin{bmatrix} 0 \\ 0 \\ 0 \\ 0 \\ 0 \\ 0 \\ u_{i1} \\ u_{i2} \\ u_{i3} \\ u_{i4} \\ u_{i5} \\ u_{i6} \\ u_{i7} \\ u_{i8} \\ u_{i9} \\ 0 \\ u_{i13} \\ u_{i14} \end{bmatrix} \tag{4-138}$$

同样，单元构件 C_iP_i 中的单元广义坐标和系统广义坐标之间的转换关系为

$$\begin{bmatrix} \delta_{i12} \\ \delta_{i13} \\ \delta_{i14} \\ \delta_{i15} \\ \delta_{i16} \\ \delta_{i17} \\ \delta_{i18} \\ 0 \\ \delta_{i19} \\ \delta_{i20} \\ \delta_{i21} \\ \delta_{i22} \\ \delta_{i23} \\ \delta_{i24} \\ \delta_{i25} \\ 0 \\ 0 \\ 0 \end{bmatrix} = \begin{bmatrix} \boldsymbol{R}_{i2} & \mathbf{0} & \mathbf{0} & \mathbf{0} & \mathbf{0} & \mathbf{0} \\ \mathbf{0} & \boldsymbol{R}_{i2} & \mathbf{0} & \mathbf{0} & \mathbf{0} & \mathbf{0} \\ \mathbf{0} & \mathbf{0} & \boldsymbol{R}_{i2} & \mathbf{0} & \mathbf{0} & \mathbf{0} \\ \mathbf{0} & \mathbf{0} & \mathbf{0} & \boldsymbol{R}_{i2} & \mathbf{0} & \mathbf{0} \\ \mathbf{0} & \mathbf{0} & \mathbf{0} & \mathbf{0} & \boldsymbol{R}_{i2} & \mathbf{0} \\ \mathbf{0} & \mathbf{0} & \mathbf{0} & \mathbf{0} & \mathbf{0} & \boldsymbol{R}_{i2} \end{bmatrix} \begin{bmatrix} u_{i4} \\ u_{i5} \\ u_{i6} \\ u_{i10} \\ u_{i11} \\ u_{i12} \\ 0 \\ u_{i15} \\ u_{i16} \\ u_{i17} \\ u_{i18} \\ u_{i19} \\ u_{i20} \\ u_{i21} \\ u_{i22} \\ 0 \\ 0 \\ 0 \end{bmatrix} \tag{4-139}$$

综合式 (4-138) 和式 (4-139)，经过整理，可以得到如下表达式

$$\begin{bmatrix}\delta_{i1}\\ \delta_{i2}\\ \delta_{i3}\\ \delta_{i4}\\ \delta_{i5}\\ \delta_{i6}\\ \delta_{i7}\\ \delta_{i8}\\ \delta_{i9}\\ \delta_{i10}\\ \delta_{i11}\\ \delta_{i12}\\ \delta_{i13}\\ \delta_{i14}\\ \delta_{i15}\\ \delta_{i16}\\ \delta_{i17}\\ \delta_{i18}\\ \delta_{i19}\\ \delta_{i20}\\ \delta_{i21}\\ \delta_{i22}\\ \delta_{i23}\\ \delta_{i24}\\ \delta_{i25}\end{bmatrix} = \begin{bmatrix} \boldsymbol{R}_{i1} & \mathbf{0} & \mathbf{0} & \mathbf{0} & \mathbf{0} & \mathbf{0} & \mathbf{0} & \mathbf{0}\\ \mathbf{0} & \boldsymbol{R}_{i1} & \mathbf{0} & \mathbf{0} & \mathbf{0} & \mathbf{0} & \mathbf{0} & \mathbf{0}\\ \mathbf{0} & \mathbf{0} & \boldsymbol{R}_{i1} & \mathbf{0} & \mathbf{0} & \mathbf{0} & \mathbf{0} & \mathbf{0}\\ \mathbf{0} & \mathbf{0} & \mathbf{0} & \mathbf{0} & \boldsymbol{R}_{i1}^{*} & \mathbf{0} & \mathbf{0} & \mathbf{0}\\ \mathbf{0} & \boldsymbol{R}_{i2} & \mathbf{0} & \mathbf{0} & \mathbf{0} & \mathbf{0} & \mathbf{0} & \mathbf{0}\\ \mathbf{0} & \mathbf{0} & \mathbf{0} & \boldsymbol{R}_{i2} & \mathbf{0} & \mathbf{0} & \mathbf{0} & \mathbf{0}\\ \mathbf{0} & \mathbf{0} & \mathbf{0} & \mathbf{0} & \mathbf{0} & \boldsymbol{R}_{i2}^{*} & \mathbf{0} & \mathbf{0}\\ \mathbf{0} & \mathbf{0} & \mathbf{0} & \mathbf{0} & \mathbf{0} & \mathbf{0} & \boldsymbol{R}_{i2} & \mathbf{0}\\ \mathbf{0} & \mathbf{0} & \mathbf{0} & \mathbf{0} & \mathbf{0} & \mathbf{0} & \mathbf{0} & \boldsymbol{R}_{i2} \end{bmatrix}_{25\times 22} \begin{bmatrix}u_{i1}\\ u_{i2}\\ u_{i3}\\ u_{i4}\\ u_{i5}\\ u_{i6}\\ u_{i7}\\ u_{i8}\\ u_{i9}\\ u_{i10}\\ u_{i11}\\ u_{i12}\\ u_{i13}\\ u_{i14}\\ u_{i15}\\ u_{i16}\\ u_{i17}\\ u_{i18}\\ u_{i19}\\ u_{i20}\\ u_{i21}\\ u_{i22}\end{bmatrix} \tag{4-140}$$

式中

$$\boldsymbol{R}_{i1}^{*} = \begin{bmatrix} \sin\theta_{0i}\cos\theta_{i1} & -\sin\theta_{i1}\\ \sin\theta_{0i}\sin\theta_{i1} & \cos\theta_{i1} \end{bmatrix} \quad \boldsymbol{R}_{i2}^{*} = \begin{bmatrix} \sin\theta_{0i}\cos\theta_{i2} & -\sin\theta_{i2}\\ \sin\theta_{0i}\sin\theta_{i2} & \cos\theta_{i2} \end{bmatrix}$$

把式 (4-140) 简记为

$$\boldsymbol{\delta}^{i} = \boldsymbol{B}_{i}\boldsymbol{U}_{i} \tag{4-141}$$

$$
\boldsymbol{B}_i=\begin{bmatrix}
\boldsymbol{R}_{i1} & 0 & 0 & 0 & 0 & 0 & 0 & 0\\
0 & \boldsymbol{R}_{i1} & 0 & 0 & 0 & 0 & 0 & 0\\
0 & 0 & \boldsymbol{R}_{i1} & 0 & 0 & 0 & 0 & 0\\
0 & 0 & 0 & 0 & \boldsymbol{R}_{i1}^* & 0 & 0 & 0\\
0 & \boldsymbol{R}_{i2} & 0 & 0 & 0 & 0 & 0 & 0\\
0 & 0 & 0 & \boldsymbol{R}_{i2} & 0 & 0 & 0 & 0\\
0 & 0 & 0 & 0 & 0 & \boldsymbol{R}_{i2}^* & 0 & 0\\
0 & 0 & 0 & 0 & 0 & 0 & \boldsymbol{R}_{i2} & 0\\
0 & 0 & 0 & 0 & 0 & 0 & 0 & \boldsymbol{R}_{i2}
\end{bmatrix}
$$

$$
\boldsymbol{\delta}^i=\begin{bmatrix}\delta_{i1} & \delta_{i2} & \delta_{i3} & \delta_{i4} & \delta_{i5} & \delta_{i6} & \delta_{i7} & \delta_{i8} & \delta_{i9} & \delta_{i10} & \delta_{i11} & \cdots & \delta_{i18} & \delta_{i19} & \delta_{i20} & \delta_{i21} & \delta_{i22} & \delta_{i23} & \delta_{i24} & \delta_{i25}\end{bmatrix}^{\mathrm{T}}
$$

$$
\boldsymbol{U}_i=\begin{bmatrix}u_{i1} & u_{i2} & u_{i3} & u_{i4} & u_{i5} & u_{i6} & u_{i7} & u_{i8} & \cdots & u_{i15} & u_{i16} & u_{i17} & u_{i18} & u_{i19} & u_{i20} & u_{i21} & u_{i22}\end{bmatrix}^{\mathrm{T}}
$$

对于构件 $B_iC_i(i=1,2,3)$，其非零广义坐标有 11 个。由单元动力学方程式 (4-132) 容易得到构件 B_iC_i 的动力学方程为

$$
\boldsymbol{M}_{\mathrm{e}}^{i1}\ddot{\boldsymbol{\delta}}^{i1}+\boldsymbol{K}_{\mathrm{e}}^{i1}\boldsymbol{\delta}^{i1}=\boldsymbol{F}_{\mathrm{e}}^{i1}+\boldsymbol{P}_{\mathrm{e}}^{i1}+\boldsymbol{Q}_{\mathrm{e}}^{i1} \tag{4-142}
$$

式中，$\boldsymbol{\delta}^{i1}$ 为构件 B_iC_i 上的单元广义坐标，上标 “$i1$” 表示第 i 个支链中的第 1 个构件；$\boldsymbol{M}_{\mathrm{e}}^{i1}$ 为构件 B_iC_i 的质量矩阵；$\boldsymbol{K}_{\mathrm{e}}^{i1}$ 为构件 B_iC_i 的刚度矩阵；$\boldsymbol{F}_{\mathrm{e}}^{i1}$ 为构件 B_iC_i 的外加载荷广义力列阵；$\boldsymbol{P}_{\mathrm{e}}^{i1}$ 为系统其他构件给予构件 B_iC_i 的作用力列阵；$\boldsymbol{Q}_{\mathrm{e}}^{i1}$ 为构件 B_iC_i 的刚体惯性力列阵。

对于构件 $C_iP_i(i=1,2,3)$ 来讲，由其边界条件知其有 14 个非零广义坐标，直接应用式 (4-32) 得到其动力学方程为

$$
\boldsymbol{M}_{\mathrm{e}}^{i2}\ddot{\boldsymbol{\delta}}^{i2}+\boldsymbol{K}_{\mathrm{e}}^{i2}\boldsymbol{\delta}^{i2}=\boldsymbol{F}_{\mathrm{e}}^{i2}+\boldsymbol{P}_{\mathrm{e}}^{i2}+\boldsymbol{Q}_{\mathrm{e}}^{i2} \tag{4-143}
$$

式中，$\boldsymbol{\delta}^{i2}$ 为构件 C_iP_i 上的单元广义坐标，上标 “$i2$” 表示第 i 个支链中的第 2 个构件；$\boldsymbol{M}_{\mathrm{e}}^{i2}$ 为构件 C_iP_i 的质量矩阵；$\boldsymbol{K}_{\mathrm{e}}^{i2}$ 为构件 C_iP_i 的刚度矩阵；$\boldsymbol{F}_{\mathrm{e}}^{i2}$ 为构件 C_iP_i 的外加载荷广义力列阵；$\boldsymbol{P}_{\mathrm{e}}^{i2}$ 为系统其他构件给予构件 C_iP_i 的作用力列阵；$\boldsymbol{Q}_{\mathrm{e}}^{i2}$ 为构件 C_iP_i 的刚体惯性力列阵。

由单元构件 B_iC_i 和单元构件 C_iP_i 各自单元坐标系下的动力学方程式 (4-142) 和式 (4-143)，分别利用式 (4-138) 和式 (4-139)，不难得到系统坐标系下构件 B_iC_i 和构件 C_iP_i 的动力学方程。然后，经过装配 (矩阵转换关系见附录 F) 就可以得到支链 $B_iC_iP_i$ 在系统坐标下的动力学方程为

$$
\boldsymbol{M}^i\ddot{\boldsymbol{U}}_i+\boldsymbol{K}^i\boldsymbol{U}_i=\boldsymbol{F}^i+\boldsymbol{P}^i+\boldsymbol{Q}^i\quad(i=1,2,3) \tag{4-144}
$$

式中，$\boldsymbol{U}_i$ 为支链 $B_iC_iP_i$ 的结点系统坐标，且 $\boldsymbol{U}_i=[u_{i1},u_{i2},\cdots,u_{i22}]^{\mathrm{T}}$；$\boldsymbol{M}^i$ 为支链 $B_iC_iP_i$ 的质量矩阵；$\boldsymbol{K}^i$ 为支链 $B_iC_iP_i$ 的刚度矩阵；$\boldsymbol{F}^i$ 为支链 $B_iC_iP_i$ 的外加载荷广义力列阵；$\boldsymbol{P}^i$ 为系统其他构件给予支链 $B_iC_iP_i$ 的作用力列阵；$\boldsymbol{Q}^i$ 为支链 $B_iC_iP_i$ 的刚体惯性力列阵。

支链 $B_2C_2P_2$ 和支链 $B_3C_3P_3$ 的动力学方程的推导过程与支链 $B_1C_1P_1$ 的动力学方程的推导过程类似，最后，可以统一表示为式 (4-144) 的形式。

4.4.8 运动学约束

由于操作任务的需要，一般动平台相对于各支链构件来说，其刚度要大得多。因此，动平台的弹性变形可以忽略不计，即认为动平台是刚性体。空间运动的刚体具有 6 个独立的自由度，所以，动平台与各个支链联结结点的位移不是独立的，它们是动平台 6 个独立参量的函数，并且联结时必须满足下列条件：① 各支链与动平台联结点的位移必须与动平台上与各支链联结点的位移相一致；② 各支链对动平台的作用力之和应与作用于动平台的外力和惯性力相平衡。下面根据条件①，进行系统运动学约束关系的推导。

如图 4-33 所示，设动坐标系 $P\text{-}X'Y'Z'$ 与系统动平台 $P_1P_2P_3$ 固结，则动平台上与各个分支的联接点 $P_i(i=1,2,3)$ 在坐标系 $P\text{-}X'Y'Z'$ 下的坐标是定常值。这里把动平台的 6 个自由度定义为局部动坐标系 $P\text{-}X'Y'Z'$ 沿系统固定坐标系 $O\text{-}XYZ$ 的 3 个平移和 3 个转动变量。显然，点 $P_i(i=1,2,3)$ 处的坐标值分别是上述 6 个独立变量的函数。

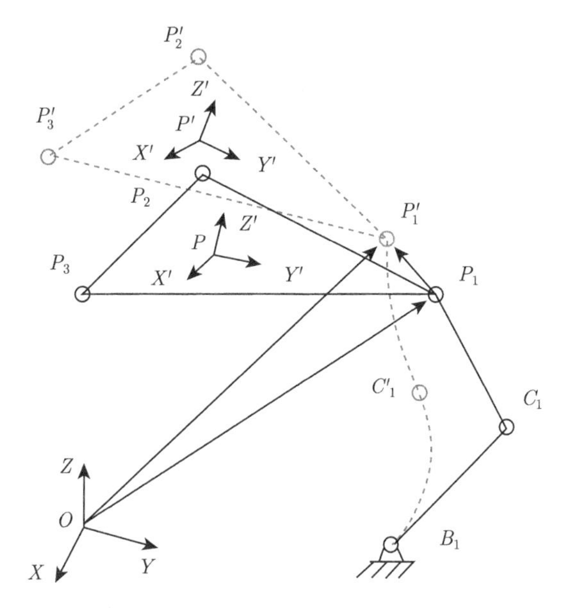

图 4-33 动平台与支链的约束关系

设局部坐标系 $P\text{-}X'Y'Z'$ 相对于系统坐标系 $O\text{-}XYZ$ 的变换矩阵为 ${}_P^O\boldsymbol{R}$，当给出动平台 $P_1P_2P_3$ 的 $Z\text{-}Y\text{-}X$ 型欧拉角 (α,β,γ) 和点 P 在系统坐标系 $O\text{-}XYZ$ 下的坐标 $(x_P,y_P,z_P)^{\mathrm{T}}$ 时，则变换矩阵 ${}_P^O\boldsymbol{R}$ 可以表示为下式

$$
{}_P^O\boldsymbol{R}=\begin{bmatrix}\cos\alpha\cos\beta & \cos\alpha\sin\beta\sin\gamma-\sin\alpha\cos\gamma & \cos\alpha\sin\beta\cos\gamma+\sin\alpha\sin\gamma & x_P\\ \sin\alpha\cos\beta & \sin\alpha\sin\beta\sin\gamma+\cos\alpha\cos\gamma & \sin\alpha\sin\beta\cos\gamma-\cos\alpha\sin\gamma & y_P\\ -\sin\beta & \cos\beta\sin\gamma & \cos\beta\cos\gamma & z_P\\ 0 & 0 & 0 & 1\end{bmatrix}
\tag{4-145}
$$

假定动平台的名义运动姿态位置在点 P 处，由于系统支链的弹性变形使得动平台的实际运动姿态位置发生了微小变动 (即 $\delta\alpha$、$\delta\beta$、$\delta\gamma$、δx_P、δy_P 和 δz_P)，最终移到了点 P' 处，如图 4-33 所示。记由坐标系 P'-$X'Y'Z'$ 到坐标系 P-$X'Y'Z'$ 的变换矩阵为 $\Delta\boldsymbol{R}$，则

$$\Delta_{\boldsymbol{R}}=\begin{bmatrix}\cos(\delta\alpha)\cos(\delta\beta) & \cos(\delta\alpha)\sin(\delta\beta)\sin(\delta\gamma)-\sin(\delta\alpha)\cos(\delta\gamma) & \cos(\delta\alpha)\sin(\delta\beta)\cos(\delta\gamma)+\sin(\delta\alpha)\sin(\delta\gamma) & \delta x_P\\ \sin(\delta\alpha)\cos(\delta\beta) & \sin(\delta\alpha)\sin(\delta\beta)\sin(\delta\gamma)+\cos(\delta\alpha)\cos(\delta\gamma) & \sin(\delta\alpha)\sin(\delta\beta)\cos(\delta\gamma)-\cos(\delta\alpha)\sin(\delta\gamma) & \delta y_P\\ -\sin(\delta\beta) & \cos(\delta\beta)\sin(\delta\gamma) & \cos(\delta\beta)\cos(\delta\gamma) & \delta z_P\\ 0 & 0 & 0 & 1\end{bmatrix}\tag{4-146}$$

由于 6 个变换参数 (即 $\delta\alpha$、$\delta\beta$、$\delta\gamma$、δx_P、δy_P 和 δz_P) 都是微小量，根据泰勒 (Taylor) 展开及麦克劳林 (Maclaurin) 公式，知

$$\sin(\delta\alpha)\approx\delta\alpha$$

$$\cos(\delta\alpha)\approx 1$$

同理，可以得到 $\sin(\delta\beta)$、$\cos(\delta\beta)$、$\sin(\delta\gamma)$ 和 $\cos(\delta\gamma)$ 的近似表达式，把它们分别代入式 (4-146)，可以得到 $\Delta\boldsymbol{R}$ 的近似表达式为

$$\Delta\boldsymbol{R}=\begin{bmatrix}1 & -\delta\alpha & \delta\beta & \delta x_P\\ \delta\alpha & 1 & -\delta\gamma & \delta y_P\\ -\delta\beta & \delta\gamma & 1 & \delta z_P\\ 0 & 0 & 0 & 1\end{bmatrix}\tag{4-147}$$

那么，由坐标系 P'-$X'Y'Z'$ 到系统坐标系 O-XYZ 的变换矩阵 ${}_{P'}^{O}\boldsymbol{R}$，可以表示为

$${}_{P'}^{O}\boldsymbol{R}=\Delta\boldsymbol{R}{}_{P}^{O}\boldsymbol{R}\tag{4-148}$$

设图 4-33 中的点 P_1 和 P_1' 在系统坐标系 O-XYZ 下的坐标分别为 $(x_{P_1},y_{P_1},z_{P_1})^{\mathrm{T}}$ 和 $\left(x_{P_1'},y_{P_1'},z_{P_1'}\right)^{\mathrm{T}}$，由坐标变换理论可得

$$\begin{bmatrix}x_{P_1'}\\ y_{P_1'}\\ z_{P_1'}\\ 1\end{bmatrix}_O={}_{P'}^{O}\boldsymbol{R}\begin{bmatrix}x_{P_1'}\\ y_{P_1'}\\ z_{P_1'}\\ 1\end{bmatrix}_{P'}\tag{4-149}$$

这里，式 (4-149) 中的下标 O 和 P' 分别表示在坐标系 O-XYZ 和 P'-$X'Y'Z'$ 中的投影。又因为

$$\begin{bmatrix}x_{P_1'}\\ y_{P_1'}\\ z_{P_1'}\end{bmatrix}_{P'}=\begin{bmatrix}x_{P_1}\\ y_{P_1}\\ z_{P_1}\end{bmatrix}_{P}\tag{4-150}$$

因此，有

$$\begin{bmatrix} x_{P_1'} \\ y_{P_1'} \\ z_{P_1'} \\ 1 \end{bmatrix}_O = \Delta \boldsymbol{R}_P^O \boldsymbol{R} \begin{bmatrix} x_{P_1} \\ y_{P_1} \\ z_{P_1} \\ 1 \end{bmatrix}_P = \Delta \boldsymbol{R} \begin{bmatrix} x_{P_1} \\ y_{P_1} \\ z_{P_1} \\ 1 \end{bmatrix}_O \tag{4-151}$$

并且

$$\begin{bmatrix} \Delta x_{P_1} \\ \Delta y_{P_1} \\ \Delta z_{P_1} \\ 1 \end{bmatrix}_O = \begin{bmatrix} x_{P_1'} \\ y_{P_1'} \\ z_{P_1'} \\ 1 \end{bmatrix}_O - \begin{bmatrix} x_{P_1} \\ y_{P_1} \\ z_{P_1} \\ 1 \end{bmatrix}_O = (\Delta \boldsymbol{R} - \boldsymbol{I}) \begin{bmatrix} x_{P_1} \\ y_{P_1} \\ z_{P_1} \\ 1 \end{bmatrix}_O \tag{4-152}$$

由于式 (4-152) 中各点位置向量都转换到了系统坐标系 $O\text{-}XYZ$ 中来表示，因此可以略去下标，并对之进行重新整理，得

$$\underbrace{\begin{bmatrix} \Delta x_{P_1} \\ \Delta y_{P_1} \\ \Delta z_{P_1} \end{bmatrix}}_{P_1\text{点的位移改变量}} = \begin{bmatrix} 1 & 0 & 0 & 0 & z_{P_1} & -y_{P_1} \\ 0 & 1 & 0 & -z_{P_1} & 0 & x_{P_1} \\ 0 & 0 & 1 & y_{P_1} & -x_{P_1} & 0 \end{bmatrix} \begin{bmatrix} \delta x_P \\ \delta y_P \\ \delta z_P \\ \delta \gamma \\ \delta \beta \\ \delta \alpha \end{bmatrix} \tag{4-153}$$

显然，动平台上各点 $P_i(i=1,2,3)$ 处的转动角位移就等于动平台的独立角位移，具体表达式略。同理，可以得到点 P_2 和 P_3 的位移改变量与动平台 6 个变换参数 (即 $\delta\alpha$, $\delta\beta$, $\delta\gamma$, δx_P, δy_P, δz_P) 的函数关系，通过整理可以统一表示为

$$\underbrace{\begin{bmatrix} \Delta x_{P_i} \\ \Delta y_{P_i} \\ \Delta z_{P_i} \end{bmatrix}}_{P_i\text{点的位移改变量}} = \underbrace{\begin{bmatrix} 1 & 0 & 0 & 0 & z_{P_i} & -y_{P_i} \\ 0 & 1 & 0 & -z_{P_i} & 0 & x_{P_i} \\ 0 & 0 & 1 & y_{P_i} & -x_{P_i} & 0 \end{bmatrix}}_{\text{约束关系矩阵}} \underbrace{\begin{bmatrix} \delta x_P \\ \delta y_P \\ \delta z_P \\ \delta \gamma \\ \delta \beta \\ \delta \alpha \end{bmatrix}}_{\text{动平台的6个微变量}} \tag{4-154}$$

式中，$(x_{P_i}, y_{P_i}, z_{P_i})^{\mathrm{T}}$ 为点 $P_i(i=1,2,3)$ 在系统坐标系 $O\text{-}XYZ$ 下的坐标；Δx_{P_i}、Δy_{P_i} 和 Δz_{P_i} 分别为点 $P_i(i=1,2,3)$ 由名义位形到实际位形的位移向量在 X 轴、Y 轴和 Z 轴方向的分量。

由式 (4-154) 可以得到由 $\boldsymbol{U}_{P_i}$ 和 $\boldsymbol{U}_0$ 表示的动平台 $P_1P_2P_3$ 与支链 $B_iC_iP_i(i=1,2,3)$ 之间的系统运动学约束条件为

$$\boldsymbol{U}_{P_i} = \begin{bmatrix} 1 & 0 & 0 & 0 & z_{P_i} & -y_{P_i} \\ 0 & 1 & 0 & -z_{P_i} & 0 & x_{P_i} \\ 0 & 0 & 1 & y_{P_i} & -x_{P_i} & 0 \end{bmatrix} \boldsymbol{U}_0 \tag{4-155}$$

或简记为

$$\boldsymbol{U}_{P_i} = \boldsymbol{J}_i \boldsymbol{U}_0 (i = 1, 2, 3) \tag{4-156}$$

式中，$\boldsymbol{U}_{P_i}$ 为系统支链 $B_iC_iP_i$ 中 $P_i(i = 1, 2, 3)$点的弹性位移矢量；$\boldsymbol{U}_0$ 为由于各支链构件弹性变形引起的动平台 $P_1P_2P_3$ 的位移改变量，且 $\boldsymbol{U}_0 = \begin{bmatrix} u_1 & u_2 & \cdots & u_6 \end{bmatrix}^{\mathrm{T}}$；$\boldsymbol{J}_i$ 为系统运动学约束条件矩阵。

4.4.9　动力学约束

取 Z-Y-X 型欧拉角 (α, β, γ) 表示动平台 $P_1P_2P_3$ 的姿态，也就是说与动平台固结的坐标系 P-$X'Y'Z'$ 的位姿可由系统坐标系 O-XYZ 通过绕 Z 轴转 α 角、绕 Y 轴转 β 角、绕 X 轴转 γ 角得到。那么，由于各支链构件弹性变形引起的动平台 $P_1P_2P_3$ 的位移改变量的系统坐标的表示 $\boldsymbol{U}_0$ 到其单元坐标的表示 $\boldsymbol{\delta}_0$(如图 4-29) 的姿态变换矩阵为

$$\boldsymbol{R}_0 = \begin{bmatrix} \cos\alpha\cos\beta & \sin\alpha\cos\beta & -\sin\beta \\ \cos\alpha\sin\beta\sin\gamma - \sin\alpha\cos\gamma & \sin\alpha\sin\beta\sin\gamma + \cos\alpha\cos\gamma & \cos\beta\sin\gamma \\ \cos\alpha\sin\beta\cos\gamma + \sin\alpha\sin\gamma & \sin\alpha\sin\beta\cos\gamma - \cos\alpha\sin\gamma & \cos\beta\cos\gamma \end{bmatrix} \tag{4-157}$$

由式 (4-157) 容易得到下式

$$\begin{bmatrix} \delta_{01} \\ \delta_{02} \\ \delta_{03} \\ \delta_{04} \\ \delta_{05} \\ \delta_{06} \end{bmatrix} = \begin{bmatrix} \boldsymbol{R}_0 & \boldsymbol{0} \\ \boldsymbol{0} & \boldsymbol{R}_0 \end{bmatrix} \begin{bmatrix} u_1 \\ u_2 \\ u_3 \\ u_4 \\ u_5 \\ u_6 \end{bmatrix}$$

记为

$$\boldsymbol{\delta}_0 = \boldsymbol{B}_0 \boldsymbol{U}_0 \tag{4-158}$$

$$\boldsymbol{B}_0 = \begin{bmatrix} \boldsymbol{R}_0 & \boldsymbol{0} \\ \boldsymbol{0} & \boldsymbol{R}_0 \end{bmatrix}$$

式中，$\boldsymbol{\delta}_0 = \begin{bmatrix} \delta_{01} & \delta_{02} & \delta_{03} & \delta_{04} & \delta_{05} & \delta_{06} \end{bmatrix}^{\mathrm{T}}$，是各支链构件弹性变形引起的动平台的位移改变量在局部坐标系 P-$X'Y'Z'$ 中的表示；$\boldsymbol{U}_0 = \begin{bmatrix} u_1 & u_2 & u_3 & u_4 & u_5 & u_6 \end{bmatrix}^{\mathrm{T}}$，是各支链构件弹性变形引起的动平台的位移改变量在系统坐标系 O-XYZ 中的表示。

机器人的动力学约束条件可以用动平台从名义位形到实际位形的动力学方程来描述。当不考虑动平台的名义运动与支链构件弹性变形引起的动平台微动量之间的耦合影响时，由

前述分析，在系统坐标系 $O\text{-}XYZ$ 中，动平台的运动速度可以表示为

$$\dot{\boldsymbol{u}}_{O\text{-}XYZ}=\begin{bmatrix}\dot{x}_P+\dot{u}_1\\ \dot{y}_P+\dot{u}_2\\ \dot{z}_P+\dot{u}_3\\ \dot{\gamma}+\dot{u}_4\\ \dot{\beta}+\dot{u}_5\\ \dot{\alpha}+\dot{u}_6\end{bmatrix}\tag{4-159}$$

对式 (4-159) 求导，可以得到系统坐标系 $O\text{-}XYZ$ 中，动平台的运动加速度为

$$\ddot{\boldsymbol{u}}_{O\text{-}XYZ}=\begin{bmatrix}\ddot{x}_P+\ddot{u}_1\\ \ddot{y}_P+\ddot{u}_2\\ \ddot{z}_P+\ddot{u}_3\\ \ddot{\gamma}+\ddot{u}_4\\ \ddot{\beta}+\ddot{u}_5\\ \ddot{\alpha}+\ddot{u}_6\end{bmatrix}\tag{4-160}$$

利用 Newton-Euler 方程，可以得到系统动平台的动力学方程为

$$\begin{bmatrix}m_0&0&0&0&0&0\\0&m_0&0&0&0&0\\0&0&m_0&0&0&0\\0&0&0&I_{xx}&I_{xy}&I_{xz}\\0&0&0&I_{yx}&I_{yy}&I_{yz}\\0&0&0&I_{zx}&I_{zy}&I_{zz}\end{bmatrix}\begin{bmatrix}\ddot{x}_P+\ddot{u}_1\\ \ddot{y}_P+\ddot{u}_2\\ \ddot{z}_P+\ddot{u}_3\\ \ddot{\gamma}+\ddot{u}_4\\ \ddot{\beta}+\ddot{u}_5\\ \ddot{\alpha}+\ddot{u}_6\end{bmatrix}=\begin{bmatrix}\sum F_{ix}\\ \sum F_{iy}\\ \sum F_{iz}\\ \sum M_{ix}\\ \sum M_{iy}\\ \sum M_{iz}\end{bmatrix}+\begin{bmatrix}\sum F_{Ox}\\ \sum F_{Oy}\\ \sum F_{Oz}\\ \sum M_{Ox}\\ \sum M_{Oy}\\ \sum M_{Oz}\end{bmatrix}\tag{4-161}$$

式中，$\sum F_{Ox}$ 为系统外力作用于动平台的合力在 X 轴方向的分量，$\sum F_{Oy}$ 为系统外力作用于动平台的合力在 Y 轴方向的分量，$\sum F_{Oz}$ 为系统外力作用于动平台的合力在 Z 轴方向的分量，$\sum M_{Ox}$为系统外力作用于动平台的合力矩绕 X 轴方向的分量，$\sum M_{Oy}$ 为系统外力作用于动平台的合力矩绕 Y 轴方向的分量，$\sum M_{Oz}$ 为系统外力作用于动平台的合力矩绕 Z 轴方向的分量；$\sum F_{ix}(i=1,2,3)$ 为支链作用于动平台的合力在 X 轴方向的分量，$\sum F_{iy}(i=1,2,3)$ 为支链作用于动平台的合力在 Y 轴方向的分量，$\sum F_{iz}(i=1,2,3)$ 为支链作用于动平台的合力在 Z 轴方向的分量，$\sum M_{ix}(i=1,2,3)$为支链作用于动平台的合力矩绕 X 轴方向的分量，$\sum M_{iy}(i=1,2,3)$为支链作用于动平台的合力矩绕 Y 轴方向的分量，$\sum M_{iz}(i=1,2,3)$ 为支链作用于动平台的合力矩绕 Z 轴方向的分量；$I_{xx},\cdots,I_{zz}$ 为动平台的转动惯量和惯性积；m_0 为动平台质量。

对式 (4-161) 进行整理，可以得到

$$\begin{bmatrix} m_0 & 0 & 0 & 0 & 0 & 0 \\ 0 & m_0 & 0 & 0 & 0 & 0 \\ 0 & 0 & m_0 & 0 & 0 & 0 \\ 0 & 0 & 0 & I_{xx} & I_{xy} & I_{xz} \\ 0 & 0 & 0 & I_{yx} & I_{yy} & I_{yz} \\ 0 & 0 & 0 & I_{zx} & I_{zy} & I_{zz} \end{bmatrix} \begin{bmatrix} \ddot{u}_1 \\ \ddot{u}_2 \\ \ddot{u}_3 \\ \ddot{u}_4 \\ \ddot{u}_5 \\ \ddot{u}_6 \end{bmatrix} = \begin{bmatrix} \sum F_{ix} \\ \sum F_{iy} \\ \sum F_{iz} \\ \sum M_{ix} \\ \sum M_{iy} \\ \sum M_{iz} \end{bmatrix} + \begin{bmatrix} \sum F_{Ox} \\ \sum F_{Oy} \\ \sum F_{Oz} \\ \sum M_{Ox} \\ \sum M_{Oy} \\ \sum M_{Oz} \end{bmatrix} - \begin{bmatrix} m_0 & 0 & 0 & 0 & 0 & 0 \\ 0 & m_0 & 0 & 0 & 0 & 0 \\ 0 & 0 & m_0 & 0 & 0 & 0 \\ 0 & 0 & 0 & I_{xx} & I_{xy} & I_{xz} \\ 0 & 0 & 0 & I_{yx} & I_{yy} & I_{yz} \\ 0 & 0 & 0 & I_{zx} & I_{zy} & I_{zz} \end{bmatrix} \begin{bmatrix} \ddot{x}_P \\ \ddot{y}_P \\ \ddot{z}_P \\ \ddot{\gamma} \\ \ddot{\beta} \\ \ddot{\alpha} \end{bmatrix} \tag{4-162}$$

或简记为

$$\boldsymbol{M}_0\ddot{\boldsymbol{U}}_0 = \boldsymbol{f}_0 + \boldsymbol{F}_0 - \boldsymbol{M}_0\ddot{\boldsymbol{U}}_{0\mathrm{r}} \tag{4-163}$$

式中，$\boldsymbol{M}_0$为动平台的广义质量矩阵；$\boldsymbol{f}_0$ 为支链作用于动平台的合力与合力矩列阵；$\boldsymbol{F}_0$ 为系统外力作用于动平台的力与力矩列阵；$\ddot{\boldsymbol{U}}_{0\mathrm{r}}$ 为系统动平台的名义加速度列阵。

式 (4-163) 即系统的动力学约束条件。利用式 (4-158) 不难得到坐标系 $P\text{-}X'Y'Z'$ 下的系统的动力学约束条件。

4.4.10 系统动力学方程

取广义坐标 $\boldsymbol{U}_i^* = \begin{bmatrix} u_{i1} & u_{i2} & \cdots & u_{i16} & u_{i20} & u_{i21} & u_{i22} & u_1 & u_2 & \cdots & u_6 \end{bmatrix}^{\mathrm{T}}$，则由系统的运动学约束条件方程式 (4-156)，可以得到

$$\boldsymbol{U}_i = \boldsymbol{R}_i\boldsymbol{U}_i^* \quad (i = 1, 2, 3) \tag{4-164}$$

$$\boldsymbol{U}_i = \begin{bmatrix} u_{i1} & u_{i2} & u_{i3} & \cdots & u_{i19} & u_{i20} & u_{i21} & u_{i22} \end{bmatrix}^{\mathrm{T}}$$

$$\boldsymbol{R}_i = \begin{bmatrix} [\boldsymbol{I}]_{16\times16} & \boldsymbol{0} & \boldsymbol{0} \\ \boldsymbol{0} & \boldsymbol{0} & [\boldsymbol{J}_i]_{3\times6} \\ \boldsymbol{0} & [\boldsymbol{I}]_{3\times3} & \boldsymbol{0} \end{bmatrix}_{22\times25}$$

把式 (4-164) 代入式 (4-144)，得

$$\boldsymbol{M}^i\boldsymbol{R}_i\ddot{\boldsymbol{U}}_i^* + \boldsymbol{K}^i\boldsymbol{R}_i\boldsymbol{U}_i^* = \boldsymbol{F}^i + \boldsymbol{P}^i + \boldsymbol{Q}^i \tag{4-165}$$

用矩阵 $\boldsymbol{R}_i^{\mathrm{T}}$ 左乘式 (4-165) 两边，得

$$\boldsymbol{R}_i^{\mathrm{T}}\boldsymbol{M}^i\boldsymbol{R}_i\ddot{\boldsymbol{U}}_i^* + \boldsymbol{R}_i^{\mathrm{T}}\boldsymbol{K}^i\boldsymbol{R}_i\boldsymbol{U}_i^* = \boldsymbol{R}_i^{\mathrm{T}}\left(\boldsymbol{F}^i + \boldsymbol{P}^i + \boldsymbol{Q}^i\right) \tag{4-166}$$

并令

$$\boldsymbol{M}_i = \boldsymbol{R}_i^{\mathrm{T}} \boldsymbol{M}^i \boldsymbol{R}_i$$

$$\boldsymbol{K}_i = \boldsymbol{R}_i^{\mathrm{T}} \boldsymbol{K}^i \boldsymbol{R}_i$$

$$\boldsymbol{F}_i = \boldsymbol{R}_i^{\mathrm{T}} \left(\boldsymbol{F}^i + \boldsymbol{P}^i + \boldsymbol{Q}^i\right)$$

则式 (4-166) 可以改写为

$$\boldsymbol{M}_i \ddot{\boldsymbol{U}}_i + \boldsymbol{K}_i \boldsymbol{U}_i^* = \boldsymbol{F}_i \quad (i = 1, 2, 3) \tag{4-167}$$

将式 (4-167) 中的 $\boldsymbol{M}_i$、$\boldsymbol{K}_i$、$\boldsymbol{U}_i^*$ 和 $\boldsymbol{F}_i$ 分别分解为如下形式

$$\boldsymbol{M}_i = \begin{bmatrix} [\boldsymbol{M}_i^{11}]_{19\times 19} & [\boldsymbol{M}_i^{12}]_{19\times 6} \\ [\boldsymbol{M}_i^{21}]_{6\times 19} & [\boldsymbol{M}_i^{22}]_{6\times 6} \end{bmatrix}$$

$$\boldsymbol{K}_i = \begin{bmatrix} [\boldsymbol{K}_i^{11}]_{19\times 19} & [\boldsymbol{K}_i^{12}]_{19\times 6} \\ [\boldsymbol{K}_i^{21}]_{6\times 19} & [\boldsymbol{K}_i^{22}]_{6\times 6} \end{bmatrix}$$

$$\boldsymbol{U}_i^* = \begin{bmatrix} [\boldsymbol{U}_{0i}]_{19\times 1} \\ [\boldsymbol{U}_0]_{6\times 1} \end{bmatrix}$$

$$\boldsymbol{F}_i = \begin{bmatrix} [\boldsymbol{F}_i^1]_{19\times 1} \\ [\boldsymbol{F}_i^2]_{6\times 1} \end{bmatrix}$$

$$\boldsymbol{U}_{0i} = \begin{bmatrix} u_{i1} & u_{i2} & u_{i3} & u_{i4} & u_{i5} & u_{i6} & u_{i7} & u_{i8} & u_{i9} & u_{i10} & u_{i11} & u_{i12} & u_{i13} & u_{i14} & u_{i15} & u_{i16} & u_{i20} & u_{i21} & u_{i22} \end{bmatrix}^{\mathrm{T}}$$

$$\boldsymbol{U}_0 = \begin{bmatrix} u_1 & u_2 & u_3 & u_4 & u_5 & u_6 \end{bmatrix}^{\mathrm{T}}$$

采用系统广义坐标为 $\boldsymbol{U}$，并利用系统动力学约束方程式 (4-163)，把以广义坐标 $\boldsymbol{U}_i^*$ 表示的各个支链的动力学方程式 (4-167) 装配到一起，形成系统的无阻尼弹性动力学方程为

$$\boldsymbol{M}\ddot{\boldsymbol{U}} + \boldsymbol{K}\boldsymbol{U} = \boldsymbol{F} - \boldsymbol{M}\ddot{\boldsymbol{U}}_{\mathrm{r}} \tag{4-168}$$

$$\boldsymbol{M} = \begin{bmatrix} \boldsymbol{M}_1^{11} & \boldsymbol{0} & \boldsymbol{0} & \boldsymbol{M}_1^{12} \\ \boldsymbol{0} & \boldsymbol{M}_2^{11} & \boldsymbol{0} & \boldsymbol{M}_2^{12} \\ \boldsymbol{0} & \boldsymbol{0} & \boldsymbol{M}_3^{11} & \boldsymbol{M}_3^{12} \\ \boldsymbol{M}_1^{21} & \boldsymbol{M}_2^{21} & \boldsymbol{M}_3^{21} & \boldsymbol{M}_0 + \sum_{i=1}^{3} \boldsymbol{M}_i^{22} \end{bmatrix}$$

$$\boldsymbol{K} = \begin{bmatrix} \boldsymbol{K}_1^{11} & \boldsymbol{0} & \boldsymbol{0} & \boldsymbol{K}_1^{12} \\ \boldsymbol{0} & \boldsymbol{K}_2^{11} & \boldsymbol{0} & \boldsymbol{K}_2^{12} \\ \boldsymbol{0} & \boldsymbol{0} & \boldsymbol{K}_3^{11} & \boldsymbol{K}_3^{12} \\ \boldsymbol{K}_1^{21} & \boldsymbol{K}_2^{21} & \boldsymbol{K}_3^{21} & \sum_{i=1}^{3} \boldsymbol{K}_i^{22} \end{bmatrix}$$

$$\boldsymbol{U}=\left[\begin{array}{llll}\boldsymbol{U}_{01}^{\mathrm{T}} & \boldsymbol{U}_{02}^{\mathrm{T}} & \boldsymbol{U}_{03}^{\mathrm{T}} & \boldsymbol{U}_{0}^{\mathrm{T}}\end{array}\right]^{\mathrm{T}}$$

式中，$\boldsymbol{M}$ 为系统总质量矩阵，$\boldsymbol{M}\in\boldsymbol{R}^{63\times 63}$；$\boldsymbol{K}$ 为系统总刚度矩阵，$\boldsymbol{K}\in\boldsymbol{R}^{63\times 63}$；$\boldsymbol{F}$ 为系统广义力列阵，$\boldsymbol{F}\in\boldsymbol{R}^{63\times 1}$；$\ddot{\boldsymbol{U}}_{\mathrm{r}}$ 为系统刚体加速度列阵，$\ddot{\boldsymbol{U}}_{\mathrm{r}}\in\boldsymbol{R}^{63\times 1}$；$\boldsymbol{U}$ 为系统广义坐标列阵，$\boldsymbol{U}=\left[\begin{array}{llll}\boldsymbol{U}_{01}^{\mathrm{T}} & \boldsymbol{U}_{02}^{\mathrm{T}} & \boldsymbol{U}_{03}^{\mathrm{T}} & \boldsymbol{U}_{0}^{\mathrm{T}}\end{array}\right]^{\mathrm{T}}\in\boldsymbol{R}^{63\times 1}$；$\ddot{\boldsymbol{U}}$ 为系统广义坐标对时间的二阶导数列阵，即弹性加速度列阵；$\boldsymbol{U}_{0i}=\left[\begin{array}{llllllll}u_{i1} & u_{i2} & u_{i3} & \cdots & u_{i16} & u_{i20} & u_{i21} & u_{i22}\end{array}\right]^{\mathrm{T}}\in\boldsymbol{R}^{19\times 1}(i=1,2,3)$。

式 (4-169) 是柔性并联机器人系统的无阻尼运动方程式。在进行柔性并联机器人机构的弹性动力学分析时应计入系统阻尼的影响。但是，系统机构的阻尼分布形式和特征是一个很复杂的问题。对于金属材料制成的构件和润滑正常的机构，在不发生共振的情况下，阻尼的影响比较小。因此，允许作一些假定近似地估计阻尼的影响。一般的做法是只考虑黏性阻尼，即认为阻尼与弹性变形速度成正比，则可在系统的运动方程中引入阻尼项。则计入阻尼影响的系统运动方程为

$$\boldsymbol{M}\ddot{\boldsymbol{U}}+\boldsymbol{C}\dot{\boldsymbol{U}}+\boldsymbol{K}\boldsymbol{U}=\boldsymbol{F}-\boldsymbol{M}\ddot{\boldsymbol{U}}_{\mathrm{r}} \tag{4-169}$$

$$\boldsymbol{U}_{P_i}=\boldsymbol{J}_i\boldsymbol{U}_0(i=1,2,3)$$

式中，$\dot{\boldsymbol{U}}$ 为系统广义坐标对时间的一阶导数列阵，即弹性速度列阵；$\boldsymbol{C}=\lambda_1\boldsymbol{M}+\lambda_2\boldsymbol{K}\in\boldsymbol{R}^{63\times 63}$ 为系统阻尼矩阵；λ_1 和 λ_2 是 Rayleigh 阻尼比例系数。

式 (4-169) 为由二阶线性微分方程组成的方程组。这里的系统总质量矩阵 $\boldsymbol{M}$ 和总刚度矩阵 $\boldsymbol{K}$ 是机构位形的函数。同样，系统广义力 $\boldsymbol{F}$ 除了和系统外力变化规律有关外，也和机构的位形有关。

需要说明的是，在推导系统的无阻尼弹性动力学方程式 (4-168) 和计入阻尼影响的系统运动方程式 (4-169) 时，由于各支链中点 $P_i(i=1,2,3)$ 处的广义坐标向量 u_{i17}、u_{i18} 和 u_{i19} 可以表示为动平台微动量 $\boldsymbol{U}_0$ 的函数，即式 (4-155)，为了降低方程的维数和提高运算速度，以及方程求解的便捷，在进行系统动力学装配时，广义坐标向量 u_{i17}、u_{i18} 和 u_{i19} 均用 $\boldsymbol{U}_0$ 进行了替代。因此，系统方程式 (4-169) 中的系统广义坐标列阵 $\boldsymbol{U}$ 中不包含广义坐标向量 u_{i17}、u_{i18} 和 u_{i19}，在求解系统运动方程式 (4-169) 后，需要利用式 (4-156)，即式 $\boldsymbol{U}_{P_i}=\boldsymbol{J}_i\boldsymbol{U}_0$，进行广义坐标向量 u_{i17}、u_{i18} 和 u_{i19} 的求解。

4.5 方 程 求 解

通过前面的分析，可知柔性并联机器人的系统弹性动力学方程可以表示为

$$\boldsymbol{M}\ddot{\boldsymbol{U}}+\boldsymbol{C}\dot{\boldsymbol{U}}+\boldsymbol{K}\boldsymbol{U}=\boldsymbol{Q} \tag{4-170}$$

式中，$\boldsymbol{U}$ 为系统广义坐标列阵；$\boldsymbol{M}$ 为系统总质量矩阵；$\boldsymbol{K}$ 为系统总刚度矩阵；$\boldsymbol{C}$ 为系统阻尼矩阵；$\ddot{\boldsymbol{U}}$ 为系统广义坐标对时间的二阶导数列阵，即弹性加速度列阵；$\dot{\boldsymbol{U}}$ 为系统广义坐标对时间的一阶导数列阵，即弹性速度列阵；$\boldsymbol{Q}$ 为系统广义力列阵，包括系统刚性惯性力。

由于式 (4-170) 中的系数矩阵 (即系统总质量矩阵 $\boldsymbol{M}$ 和系统总刚度矩阵 $\boldsymbol{K}$ 等) 都是机器人机构运动位形的函数，也就是说式 (4-170) 是一个耦合的变系数二阶微分方程组，所以

对其精确求解比较困难。在机械动力学分析中，一般利用时间离散化方法进行分析求解，即把机构的运动时间 T 分为若干个时间单元 (即 $\Delta t = T/n$)，在每个时间单元 Δt 内，把式 (4-170) 作为常系数二阶微分方程组进行处理求解。在实用的有限元分析中，常用的求解方法有振型叠加法、直接/逐步积分法等。直接积分法中较常用的方法有中心差分法、Houbolt 法、Wilson 法和 Newmark 法等。

振型叠加法是机械振动问题的传统求解方法。当机器人的阻尼满足一定条件或阻尼较小可当作振型阻尼处理时，实振型叠加法是十分有效的方法。对于一般黏性阻尼系统，可采用复振型叠加法求解，但该方法需要求解具有复特征值的特征值问题，当自由度数目较多时，计算量较大。

直接积分法包括状态空间法和逐步积分法，其中，逐步积分法不需要求解振型和频率，因此，对方程的各系数矩阵的形式没有限制，缺点是容易产生较大的误差，有时甚至会出现数值不稳定现象。逐步积分法的基本思想是把时间离散化，将本来要在任何时刻都应满足微分方程的解，简化为只需要在时间离散点上满足方程。当由 t 时刻的位移、速度和加速度等状态向量求出 $t + \Delta t$ 时刻的状态向量时，需要对每一时间间隔的位移、速度和加速度的变化规律作出某种假设。根据假设条件的不同，逐步积分法又分为线性加速度法、Wilson θ 法和 Newmark 法 (参见附录 D)。

线性加速度法假设在时间间隔 $t \sim t + \Delta t$ 内，加速度按线性规律变化，该方法是条件稳定的。Wilson θ 法是对线性加速度法的一种修正，这种方法假设在一个延伸步长 $\theta\Delta t(\theta > 1)$ 内，加速度呈线性变化。当 $\theta \geqslant 1.37$ 时，Wilson θ 法是无条件稳定的；若 $\theta = 1$，就变成了线性加速度法；若 $\theta = 2$，则是双步长法。

Newmark 法根据 Lagrange 中值定理对 $t + \Delta t$ 时刻的速度向量作了近似假设，在参数满足一定条件时，Newmark 法是无条件稳定的。

通过综合考虑系统方程式 (4-170) 求解的稳定性、精度和计算速度等 (Bathe and Wilson, 1976) 方面因素，这里采用 Newmark 法进行柔性并联机器人系统动力学方程的求解。

当已知系统方程式 (4-170) 时刻 t 的解，推导 $t+\Delta t$ 时刻方程式 (4-170) 的解时，Newmark 法的积分格式采用如下假定：

$$\dot{\boldsymbol{U}}_{t+\Delta t} = \dot{\boldsymbol{U}}_t + \left[(1 - \mu_1)\ddot{\boldsymbol{U}}_t + \mu_1\ddot{\boldsymbol{U}}_{t+\Delta t}\right]\Delta t \tag{4-171}$$

$$\boldsymbol{U}_{t+\Delta t} = \boldsymbol{U}_t + \dot{\boldsymbol{U}}_t\Delta t + \left[\left(\frac{1}{2} - \mu_2\right)\ddot{\boldsymbol{U}}_t + \mu_2\ddot{\boldsymbol{U}}_{t+\Delta t}\right]\Delta t^2 \tag{4-172}$$

其中，$\mu_1(0 \leqslant \mu_1 \leqslant 1)$ 和 $\mu_2(0 \leqslant 2\mu_2 \leqslant 1)$ 是根据积分精度和稳定性要求来确定的参数。由算法稳定性分析知，当 $\mu_1 \geqslant 0.5$、$\mu_2 \geqslant 0.25(\mu_1 + 0.5)^2$ 时，Newmark 积分是无条件稳定的，这时可以根据精度要求选择时间步长 Δt。

又 $t + \Delta t$ 时刻未知量 $\boldsymbol{U}_{t+\Delta t}$、$\dot{\boldsymbol{U}}_{t+\Delta t}$ 和 $\ddot{\boldsymbol{U}}_{t+\Delta t}$ 满足系统动力学方程式 (4-170)，即

$$\boldsymbol{M}\ddot{\boldsymbol{U}}_{t+\Delta t} + \boldsymbol{C}\dot{\boldsymbol{U}}_{t+\Delta t} + \boldsymbol{K}\boldsymbol{U}_{t+\Delta t} = \boldsymbol{Q}_{t+\Delta t} \tag{4-173}$$

式 (4-171)、式 (4-172) 和式 (4-173) 称为 Newmark 法的基本公式。这样，由式 (4-172) 可通过 $\boldsymbol{U}_{t+\Delta t}$ 求出 $\ddot{\boldsymbol{U}}_{t+\Delta t}$，把 $\ddot{\boldsymbol{U}}_{t+\Delta t}$ 代入式 (4-171) 可得到由 $\boldsymbol{U}_{t+\Delta t}$ 表示的 $\dot{\boldsymbol{U}}_{t+\Delta t}$。然后，把

由 $\boldsymbol{U}_{t+\Delta t}$ 表示的 $\dot{\boldsymbol{U}}_{t+\Delta t}$ 和 $\ddot{\boldsymbol{U}}_{t+\Delta t}$ 的表达式代入式 (4-173)，就可求得 $t+\Delta t$ 时刻的系统弹性位移向量 $\boldsymbol{U}_{t+\Delta t}$，再利用式 (4-171) 和式 (4-172) 即可得到 $t+\Delta t$ 时刻的速度 $\dot{\boldsymbol{U}}_{t+\Delta t}$ 和加速度 $\ddot{\boldsymbol{U}}_{t+\Delta t}$。

最后，综合主要计算步骤如下：

1) 初始计算

(1) 通过系统建模分析，得到系统总质量矩阵 $\boldsymbol{M}$、总刚度矩阵 $\boldsymbol{K}$ 和阻尼矩阵 $\boldsymbol{C}$；

(2) 根据系统的运动特性分析，获得系统初始状态向量 $\boldsymbol{U}_{t=t_0}$、$\dot{\boldsymbol{U}}_{t=t_0}$ 和 $\ddot{\boldsymbol{U}}_{t=t_0}$；

(3) 根据系统求解的精度要求，选择合适的时间步长 Δt 以及参数 μ_1 和 μ_2，并计算下列有关常数：

$$a_0=\frac{1}{\mu_2\Delta t^2}\quad a_1=\frac{\mu_1}{\mu_2\Delta t}\quad a_2=\frac{1}{\mu_2\Delta t}\quad a_3=\frac{1}{2\mu_2}-1\quad a_4=\frac{\mu_1}{\mu_2}-1$$
$$a_5=\frac{\Delta t}{2}\left(\frac{\mu_1}{\mu_2}-2\right)\quad a_6=\Delta t\left(1-\mu_1\right)\quad a_7=\mu_1\Delta t$$

(4) 计算系统的等效刚度矩阵：

$$\hat{\boldsymbol{K}}=\boldsymbol{K}+a_0\boldsymbol{M}+a_1\boldsymbol{C}$$

2) 对每个时间步长计算

(1) 计算 $t+\Delta t$ 时刻的等效载荷向量：

$$\hat{\boldsymbol{Q}}_{t+\Delta t}=\boldsymbol{Q}_{t+\Delta t}+\boldsymbol{M}\left(a_0\boldsymbol{U}_t+a_2\dot{\boldsymbol{U}}_t+a_3\ddot{\boldsymbol{U}}_t\right)+\boldsymbol{C}\left(a_1U_t+a_4\dot{\boldsymbol{U}}_t+a_5\ddot{\boldsymbol{U}}_t\right)$$

(2) 求 $t+\Delta t$ 时刻的位移：

$$\hat{\boldsymbol{K}}\boldsymbol{U}_{t+\Delta t}=\boldsymbol{Q}_{t+\Delta t}$$

(3) 计算 $t+\Delta t$ 时刻的加速度和速度：

$$\ddot{\boldsymbol{U}}_{t+\Delta t}=a_0\left(\boldsymbol{U}_{t+\Delta t}-\boldsymbol{U}_t\right)-a_2\dot{\boldsymbol{U}}_t-a_3\ddot{\boldsymbol{U}}_t$$

$$\dot{\boldsymbol{U}}_{t+\Delta t}=\dot{\boldsymbol{U}}_t+a_6\ddot{\boldsymbol{U}}_t+a_7\ddot{\boldsymbol{U}}_{t+\Delta t}$$

4.6 3-$\underline{\text{R}}$RC 与 3-$\underline{\text{R}}$SR 柔性并联机器人机构的建模简介

1. 3-$\underline{\text{R}}$RC 柔性并联机器人机构的建模分析

3-$\underline{\text{R}}$RC(下面加横线者$\underline{\text{R}}$为主动关节，为了标记方便，有时也略去下横线，即记为 3-RRC) 柔性并联机器人机构的结构图如图 4-34。其上、下平台均为长方形，上平台通过圆柱副 (C 副) 与各连杆连接，而下平台则通过转动副 (R 副) 与各连杆连接。为了讨论方便，分别建立与动平台固结的动坐标系 P-$X'Y'Z'$，以及系统定坐标系 O-XYZ。其中坐标系的原点 P 和 O 分别位于上、下平台的中心，轴 Z' 和 Z 分别垂直于上、下平台，而轴 X'、Y' 和 X、Y 分别垂直于上、下平台的边。

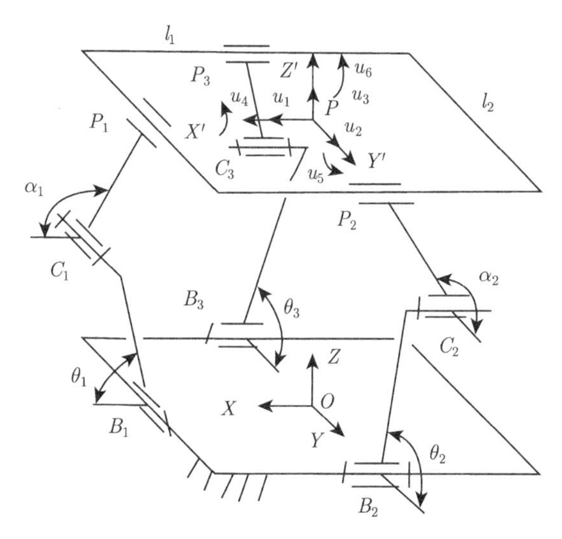

图 4-34 3-RRC 柔性并联机器人机构

假定 3-RRC 柔性并联机器人机构的各构件 B_iC_i 和 $C_iP_i(i=1,2,3)$ 均为柔性杆，动平台 $P_1P_2P_3$ 为刚性架，关节柔性忽略不计。在构件 B_iC_i 和 C_iP_i 上分别设柔性单元 $i1$ 和 $i2(i=1,2,3)$，这样系统共设立 7 个柔性单元。由于各支链的运动相似性，下面以支链 $B_2C_2P_2$ 为例进行建模分析。

仍采用图 4-30 所示的矩形截面梁单元模型作为 3-RRC 柔性并联机构的柔性单元模型。根据 3-RRC 柔性并联机构中支链 $B_2C_2P_2$ 包含运动副的特点，可以分别得到系统坐标中支链 $B_2C_2P_2$ 的有限元模型 (如图 4-35) 和单元坐标中支链 $B_2C_2P_2$ 的有限元模型 (如图 4-36)。这

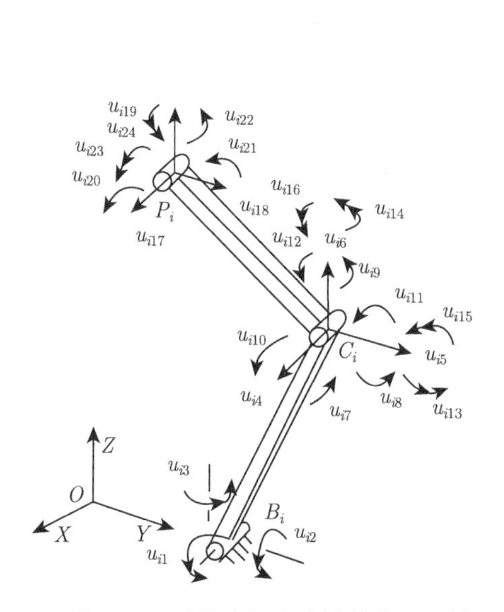

图 4-35 系统坐标中支链的有限元模型

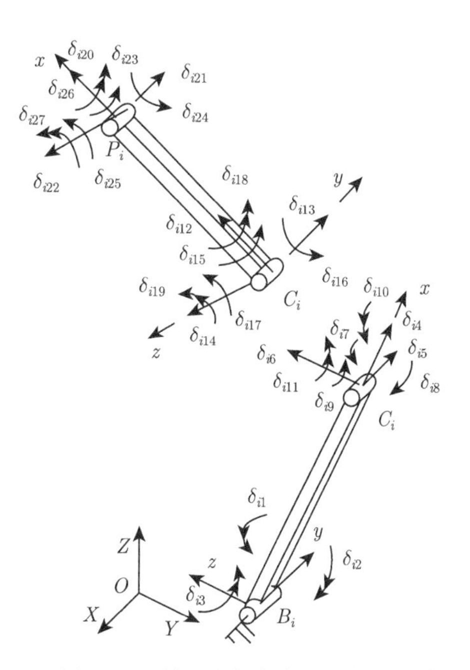

图 4-36 单元坐标中支链的有限元模型

里，支链 $B_iC_iP_i(i=1,2,3)$ 的结点变形共用了 24 个系统坐标表示，即 u_{i1}、u_{i2}、$\cdots$、u_{i24}(如图 4-35)；支链 $B_iC_iP_i(i=1,2,3)$ 的结点变形还可用 27 个单元坐标表示，即 δ_{i1}、δ_{i2}、$\cdots$、δ_{i27}(如图 4-36)。

2. 3-$\underline{\text{R}}$SR 柔性并联机器人机构的建模分析

3-$\underline{\text{R}}$SR(下面加横线者$\underline{\text{R}}$为主动关节，为了标记方便，有时也略去下横线，即记为 3-RSR) 柔性并联机器人机构的结构简图如图 4-37。它由 1 个动平台 $P_1P_2P_3$、3 条支链 $B_iC_iP_i(i=1,2,3)$ 和 1 个静平台 $B_1B_2B_3$ 组成。其中，动平台通过转动副 (revolute pair，简记为 R) 与各支链连接，静平台也通过转动副 (R 副) 与各支链连接，支链 $B_iC_iP_i(i=1,2,3)$ 中的构件 B_iC_i 与构件 C_iP_i 通过 $C_i(i=1,2,3)$ 处的球面副 (spherical pair，简记为 S) 连接在一起。此并联机构的动平台可以实现空间 2 个转动自由度、1 个移动自由度共 3 个自由度的运动。

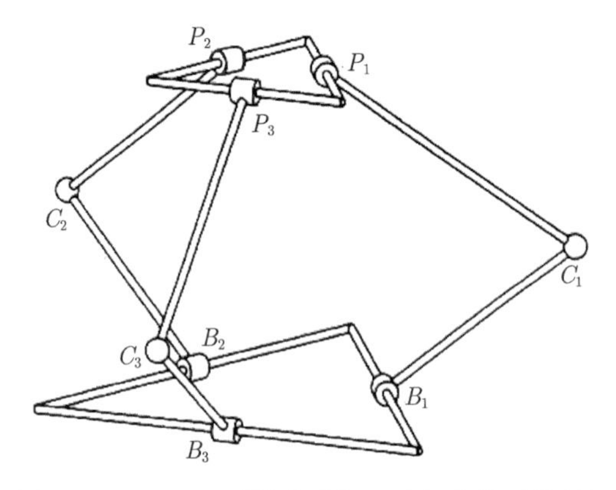

图 4-37　3-$\underline{\text{R}}$SR 柔性并联机器人机构的结构简图

同样，仍采用图 4-30 所示的矩形截面梁单元模型作为 3-RSR 并联机构的柔性单元模型。

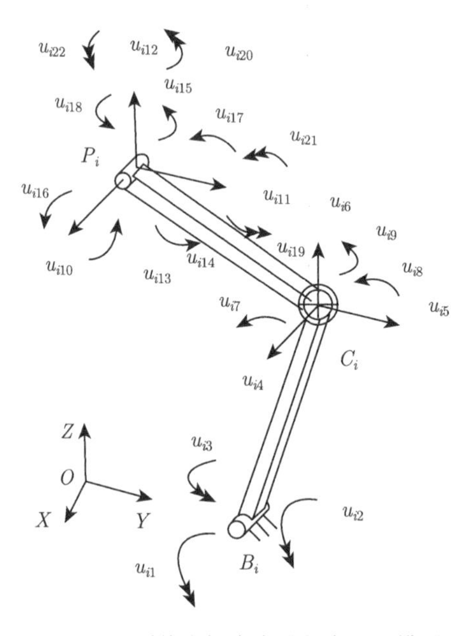

图 4-38　系统坐标中支链的有限元模型

则根据此柔性并联机构中支链 $B_iC_iP_i$ 包含运动副的特点，不难得到系统坐标中支链 $B_iC_iP_i$ 的有限元模型 (如图 4-14) 和单元坐标中支链 $B_iC_iP_i$ 的有限元模型 (篇幅所限，略)。这里，支链 $B_iC_iP_i(i=1,2,3)$ 的节点变形共需 22 个系统坐标表示，即 u_{i1}、u_{i2}、$\cdots$、u_{i22}(如图 4-38)。

确定 3-$\underline{\text{R}}$RC 柔性并联机器人机构和 3-$\underline{\text{R}}$SR 柔性并联机器人机构中各个支链的单元模型和坐标后，根据柔性并联机器人机构动力学模型的建模步骤，便可分别得到它们的动力学方程，实现动力学分析，这里不再详述。

4.7 算例分析

以 3-$\underline{\text{R}}$RS 柔性并联机器人机构 (如图 4-29) 为例，进行算例分析。设 3-$\underline{\text{R}}$RS 柔性并联机器人中动、静平台的几何中心到各个顶点的距离分别为 $PP_i=r$，$OB_i=R(i=1,2,3)$；动平台上点 P 在系统坐标系 $O\text{-}XYZ$ 中的坐标为 $(x_P,y_P,z_P)^{\mathrm{T}}$；各构件 B_iC_i 和 C_iP_i 的长度分别为 l_{i1} 和 $l_{i2}(i=1,2,3)$；动平台 $P_1P_2P_3$ 在坐标系 $P\text{-}X'Y'Z'$ 中绕坐标轴 X'、Y'、Z' 的主转动惯量分别为 $J_{X'}$、$J_{Y'}$ 和 $J_{Z'}$。

已知系统参数：构件的材质为钢，密度 $\rho=7800\ \text{kg/m}^3$，拉压弹性模量 $E=2.1\times10^{11}\ \text{N/m}^2$，剪切弹性模量 $G=8.0\times10^{10}\text{N/m}^2$；构件长度 $l_{i1}=l_{i2}=0.15\text{m}(i=1,2,3)$，矩形截面，厚 $h=1.8\ \text{mm}$，宽 $b=5\text{mm}$；动平台质量 $m_0=0.152\ \text{kg}$，$J_{X'}=1.06\times10^{-2}\text{kg}\cdot\text{m}^2$，$J_{Y'}=2.74\times10^{-4}\text{kg}\cdot\text{m}^2$，$J_{Z'}=1.09\times10^{-2}\text{kg}\cdot\text{m}^2$；$r=0.10\text{m}$，$R=0.12\text{m}$；$\lambda_1=2.0\times10^{-3}$，$\lambda_2=3.0\times10^{-4}$；$\Delta t=0.01\text{s}$，$T=1s$。

操作任务：动平台的运动规律为 (单位: rad, m)

$$\begin{cases}\beta=\dfrac{(-2+7s(t))\,\pi}{180}\\[2mm]\gamma=\dfrac{(-1+3s(t))\,\pi}{180}\\[2mm]z_P=0.015s^3(t)+0.01s^2(t)+0.18\end{cases}\tag{4-174}$$

其中，$s(t)$ 的表达式如下

$$s(t)=\frac{t}{T}-\frac{1}{2\pi}\sin\frac{2\pi t}{T}(0\leqslant t\leqslant T)$$

对于系统给定的操作任务，图 4-39 和图 4-40 分别给出了 3-$\underline{\text{R}}$RS 柔性并联机器人系统动平台在 X 轴、Y 轴、Z 轴方向上的运动位移与绕 X 轴、Y 轴、Z 轴方向上的运动角位移的变化情况。其中，虚线为 3-$\underline{\text{R}}$RS 柔性并联机器人机构的名义运动位移，实线为系统的实际运动位移。显然，系统构件的弹性变形使得动平台的线位移和角位移都产生了比较强烈的振荡，如 Z 轴方向上的最大运动误差达到了 3.00 mm，这对系统的高精度控制非常不利。

因此，针对柔性并联机器人系统出现的这些显著不同于刚性并联机器人的特殊情况，有必要对柔性并联机器人的动态特性等作更深一步的研究；更有必要对柔性并联机器人系统进行运动规划和动力规划，达到提高系统运动精度和改善系统动力学特性的目的。

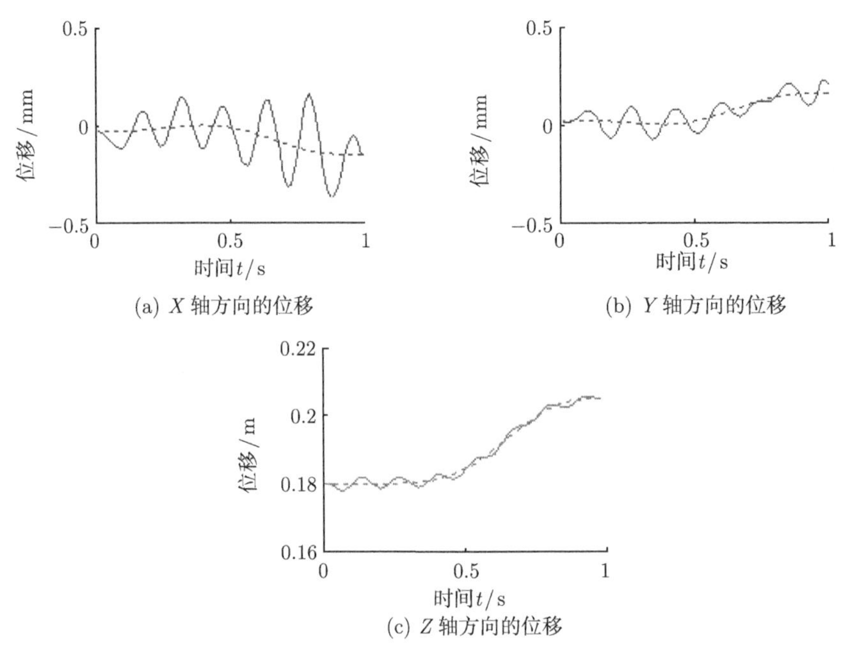

(a) X 轴方向的位移　　(b) Y 轴方向的位移

(c) Z 轴方向的位移

图 4-39　动平台的运动位移曲线图

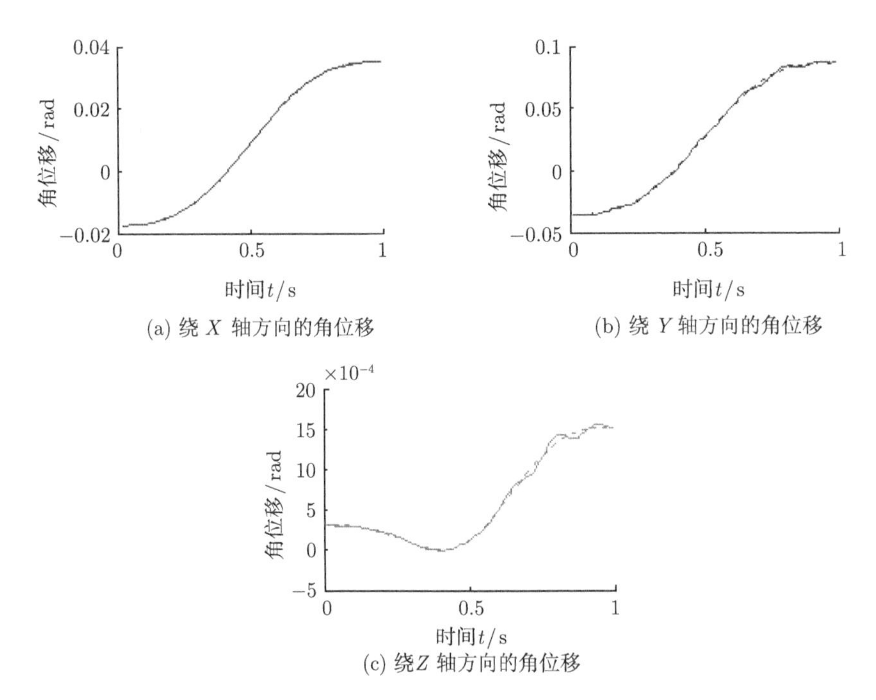

(a) 绕 X 轴方向的角位移　　(b) 绕 Y 轴方向的角位移

(c) 绕Z 轴方向的角位移

图 4-40　动平台的运动角位移曲线图

对于系统给定的运动规律，3-$\underline{\mathrm{R}}$RS 柔性并联机器人系统动平台在 X 轴、Y 轴、Z 轴方向上的运动速度 v_X、v_Y、v_Z 和绕 X 轴、Y 轴、Z 轴方向上的运动角速度 ω_γ、ω_β、ω_α 的变化情况，如图 4-41 所示。其中，Z 轴方向上的运动速度波动较大且波动的最大值为 0.162

m/s，在 X 和 Y 轴方向的运动速度波动相对较小。图 4-42 显示了 3-$\underline{\mathrm{R}}$RS 柔性并联机器人系统动平台在 X 轴、Y 轴、Z 轴方向上的运动加速度 a_X、a_Y、a_Z 与绕 X 轴、Y 轴、Z 轴方向上的运动角加速度 a_γ、a_β、a_α 的变化情况。同样，Z 轴方向上的运动加速度波动较大，运动加速度波动的最大值为 7.295 m/s^2。

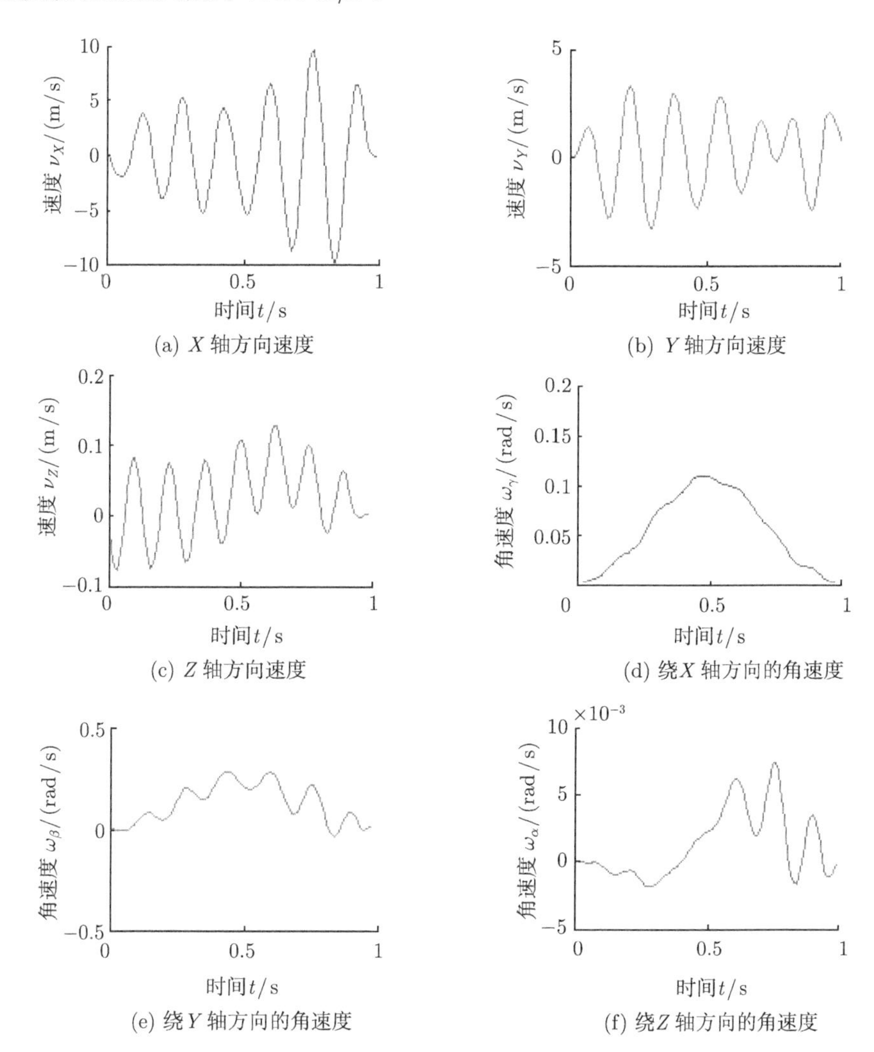

图 4-41 动平台运动速度和角速度曲线图

通过分析对比 3-$\underline{\mathrm{R}}$RS 柔性并联机器人系统的运动速度和运动加速度曲线可以发现，柔性并联机器人中系统构件的弹性变形使得动平台的运动速度和加速度产生了严重的往复振动现象，且系统动平台在不同方向上的运动速度和运动加速度存在着显著差异，这是由 3-$\underline{\mathrm{R}}$RS 柔性并联机器人系统的结构特点、运动规律和受力情况等决定的，如 3-$\underline{\mathrm{R}}$RS 柔性并联机器人在 Z 轴方向上的运动尺度远远大于其在 X 轴方向上和 Y 轴方向上的运动尺度。由于柔性机器人系统不同位形下的系统刚度不同，因此，系统各个时间点的运动位移、运动速度和加速度也与系统的机构位形密切相关。这说明选择合适的系统初始位形，对柔性并联机器人的高精度控制和改善系统执行任务时的运动及动态特性等有利。

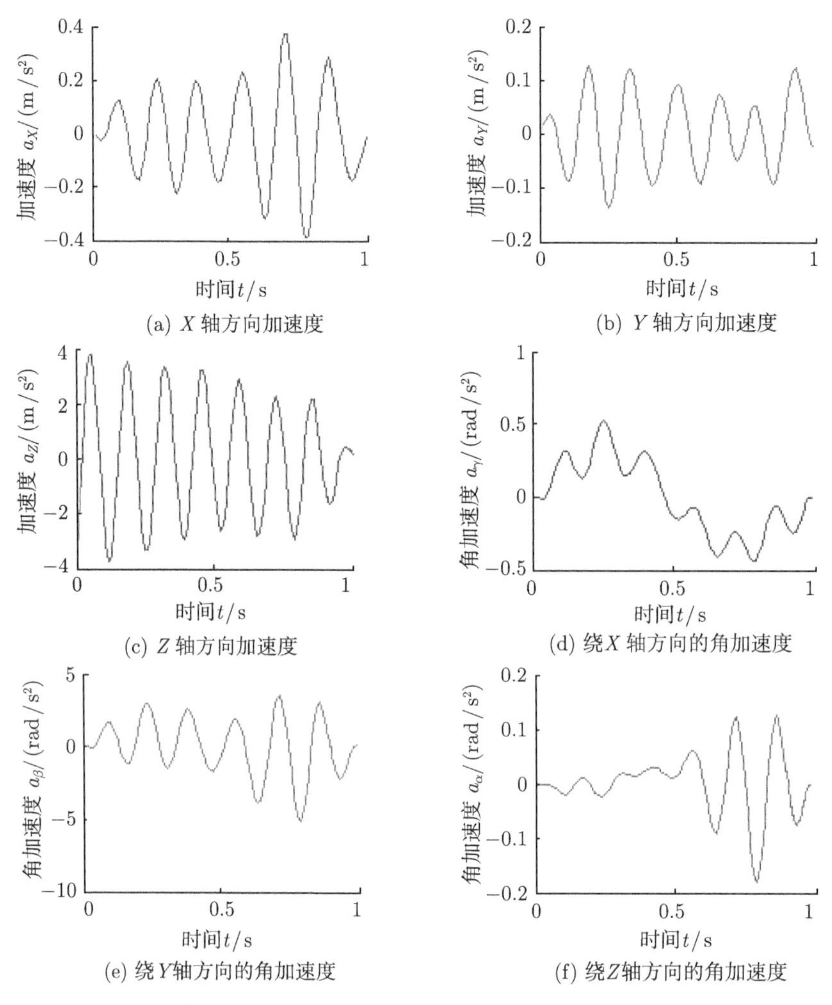

图 4-42　动平台运动加速度和角加速度曲线图

第 5 章 柔性并联机器人机构的动力分析

5.1 引 言

并联机器人机构的动力学问题有两个子问题：动力学正问题和动力学逆问题。其中，动力学正问题是指已知作用在系统上的所有外载荷 (力或力矩)，求系统在这些外力和力矩作用下的加速度、速度和位移；动力学逆问题是指已知 (要求的) 系统加速度、速度和位移，求达到这个运动所必须提供的力和力矩的大小和方向。

本章的主要内容是空间柔性构件并联机器人机构的动力分析 (即逆向动力学问题)，这些分析方法同样适用于平面柔性并联机器人机构的动力分析。对柔性并联机器人系统进行动力分析的目的一般有 3 个：①求解系统中各个运动副的约束反力；②了解机构传给机座的震动力和震动力矩；③确定机构中输入构件上的输入力矩 (或输入力)。

高速运动的柔性并联机器人大多在循环变化的载荷下工作，有时可能会发生一系列低阶谐振或共振现象，构件承受的动应力值较高，并呈现往复振荡的剧烈变化特征，容易导致构件的疲劳破坏。如果构件的最大动应力超过材料的许用应力，则会造成构件的过早失效破坏，显著影响柔性并联机器人系统的工作寿命。因此，分析柔性并联机器人构件的动应力是研究柔性并联机器人动力学特性的重要内容之一，分析构件的动应力也是了解柔性并联机器人系统的失效形式和疲劳寿命的基础，对柔性并联机器人的机构设计和控制策略的制定等都具有重要的意义。

5.2 机构动态力分析

通过前述各章内容的分析可知，当根据系统弹性动力学方程式 (4-170) 求出系统中各个坐标点的系统弹性位移 $\boldsymbol{U}$ 和弹性加速度 $\ddot{\boldsymbol{U}}$ 后，通过各个单元坐标系与系统坐标系之间的变换矩阵关系，就可以得到各个对应单元坐标系下的弹性位移 δ 和弹性加速度 $\ddot{\boldsymbol{\delta}}$。把各个单元的弹性位移 $\boldsymbol{\delta}$ 和弹性加速度 $\ddot{\boldsymbol{\delta}}$ 代入式 (4-132)，经整理可以得到

$$\boldsymbol{P}_{\mathrm{e}}=\boldsymbol{M}_{\mathrm{e}}\ddot{\boldsymbol{\delta}}+\boldsymbol{K}_{\mathrm{e}}\boldsymbol{\delta}-\boldsymbol{F}_{\mathrm{e}}-\boldsymbol{Q}_{\mathrm{e}} \tag{5-1}$$

式中，$\boldsymbol{\delta}$ 为单元弹性位移，$\boldsymbol{\delta}\in\boldsymbol{R}^{18\times1}$；$\boldsymbol{P}_{\mathrm{e}}$ 为系统其他单元给予所研究单元的作用力列阵，$\boldsymbol{P}_{\mathrm{e}}\in\boldsymbol{R}^{18\times1}$；$\boldsymbol{M}_{\mathrm{e}}$ 为单元质量矩阵，$\boldsymbol{M}_{\mathrm{e}}\in\boldsymbol{R}^{18\times18}$；$\boldsymbol{K}_{\mathrm{e}}$ 为单元刚度矩阵，$\boldsymbol{K}_{\mathrm{e}}\in\boldsymbol{R}^{18\times18}$；$\boldsymbol{F}_{\mathrm{e}}$ 为单元外加载荷的广义力列阵，$\boldsymbol{F}_{\mathrm{e}}\in\boldsymbol{R}^{18\times1}$；$\boldsymbol{Q}_{\mathrm{e}}$ 为单元刚体惯性力列阵，$\boldsymbol{Q}_{\mathrm{e}}\in\boldsymbol{R}^{18\times1}$。

对于柔性机器人系统构件单元的动力分析而言，$\boldsymbol{P}_{\mathrm{e}}$ 是与所研究的构件单元相连接的其他单元给予所研究单元的作用力列阵，为待求量；$\boldsymbol{F}_{\mathrm{e}}$ 是单元外加载荷的广义力列阵，为已知量；$\boldsymbol{Q}_{\mathrm{e}}$ 是系统构件单元刚体惯性力列阵，对系统作刚体运动分析之后即可得到，为已知

量。因此，通过柔性并联机器人系统弹性动力学分析得到各个构件单元的弹性位移 δ 和弹性加速度 $\ddot{\boldsymbol{\delta}}$ 后，即可实现构件单元的动力分析。

为了便于叙述，这里仍以支链 $B_1C_1P_1$ 为例进行分析说明 (即本节下文中 $i=1$)。完成系统弹性动力学方程式 (4-170) 的求解后，得到系统广义坐标向量 $\boldsymbol{U}$ 的解。那么，由系统广义坐标向量 $\boldsymbol{U}$ 求解支链 $B_1C_1P_1$ 的广义坐标向量 $\boldsymbol{U}_1$ 的关系表达式为

$$[\boldsymbol{U}_1]_{22\times1}=\begin{bmatrix}[\boldsymbol{I}]_{16\times16} & \mathbf{0} & \mathbf{0} & \mathbf{0}\\ \mathbf{0} & \mathbf{0} & \mathbf{0} & [\boldsymbol{J}_1]_{3\times6}\\ \mathbf{0} & [\boldsymbol{I}]_{3\times3} & \mathbf{0}_{3\times38} & \mathbf{0}\end{bmatrix}_{22\times63}[\boldsymbol{U}]_{63\times1} \tag{5-2}$$

由式 (5-2) 得到支链 $B_1C_1P_1$ 的广义坐标向量 $\boldsymbol{U}_1$ 的解后，不难得到单元构件 B_1C_1 和单元构件 C_1P_1 的各自系统广义坐标的解 (矩阵之间的转换关系见附录 F)。接着，利用式 (4-138) 和式 (4-139)，可以得到单元构件 B_1C_1 和单元构件 C_1P_1 的系统广义坐标与各自单元广义坐标之间的转换关系为

$$\boldsymbol{\delta}_{B_1C_1}=\begin{bmatrix}0\\0\\0\\0\\0\\0\\\delta_{i1}\\\delta_{i2}\\\delta_{i3}\\\delta_{i4}\\\delta_{i5}\\\delta_{i6}\\\delta_{i7}\\\delta_{i8}\\\delta_{i9}\\\delta_{i10}\\0\\\delta_{i11}\end{bmatrix}=\begin{bmatrix}\boldsymbol{R}_{i1} & \mathbf{0} & \mathbf{0} & \mathbf{0} & \mathbf{0} & \mathbf{0}\\ \mathbf{0} & \boldsymbol{R}_{i1} & \mathbf{0} & \mathbf{0} & \mathbf{0} & \mathbf{0}\\ \mathbf{0} & \mathbf{0} & \boldsymbol{R}_{i1} & \mathbf{0} & \mathbf{0} & \mathbf{0}\\ \mathbf{0} & \mathbf{0} & \mathbf{0} & \boldsymbol{R}_{i1} & \mathbf{0} & \mathbf{0}\\ \mathbf{0} & \mathbf{0} & \mathbf{0} & \mathbf{0} & \boldsymbol{R}_{i1} & \mathbf{0}\\ \mathbf{0} & \mathbf{0} & \mathbf{0} & \mathbf{0} & \mathbf{0} & \boldsymbol{R}_{i1}\end{bmatrix}_{18\times18}\begin{bmatrix}0\\0\\0\\0\\0\\0\\u_{i1}\\u_{i2}\\u_{i3}\\u_{i4}\\u_{i5}\\u_{i6}\\u_{i7}\\u_{i8}\\u_{i9}\\0\\u_{i13}\\u_{i14}\end{bmatrix} \tag{5-3}$$

式中，$\boldsymbol{\delta}_{B_1C_1}$ 为单元构件 B_1C_1 的弹性位移，$\boldsymbol{\delta}_{B_1C_1} \in \boldsymbol{R}^{18\times 1}$。

$$\boldsymbol{\delta}_{C_1P_1} = \begin{bmatrix} \delta_{i12} \\ \delta_{i13} \\ \delta_{i14} \\ \delta_{i15} \\ \delta_{i16} \\ \delta_{i17} \\ \delta_{i18} \\ 0 \\ \delta_{i19} \\ \delta_{i20} \\ \delta_{i21} \\ \delta_{i22} \\ \delta_{i23} \\ \delta_{i24} \\ \delta_{i25} \\ 0 \\ 0 \\ 0 \end{bmatrix} = \begin{bmatrix} \boldsymbol{R}_{i2} & \boldsymbol{0} & \boldsymbol{0} & \boldsymbol{0} & \boldsymbol{0} & \boldsymbol{0} \\ \boldsymbol{0} & \boldsymbol{R}_{i2} & \boldsymbol{0} & \boldsymbol{0} & \boldsymbol{0} & \boldsymbol{0} \\ \boldsymbol{0} & \boldsymbol{0} & \boldsymbol{R}_{i2} & \boldsymbol{0} & \boldsymbol{0} & \boldsymbol{0} \\ \boldsymbol{0} & \boldsymbol{0} & \boldsymbol{0} & \boldsymbol{R}_{i2} & \boldsymbol{0} & \boldsymbol{0} \\ \boldsymbol{0} & \boldsymbol{0} & \boldsymbol{0} & \boldsymbol{0} & \boldsymbol{R}_{i2} & \boldsymbol{0} \\ \boldsymbol{0} & \boldsymbol{0} & \boldsymbol{0} & \boldsymbol{0} & \boldsymbol{0} & \boldsymbol{R}_{i2} \end{bmatrix}_{18\times 18} \begin{bmatrix} u_{i4} \\ u_{i5} \\ u_{i6} \\ u_{i10} \\ u_{i11} \\ u_{i12} \\ 0 \\ u_{i15} \\ u_{i16} \\ u_{i17} \\ u_{i18} \\ u_{i19} \\ u_{i20} \\ u_{i21} \\ u_{i22} \\ 0 \\ 0 \\ 0 \end{bmatrix} \tag{5-4}$$

式中，$\boldsymbol{\delta}_{C_1P_1}$ 为单元构件 C_1P_1 的弹性位移，$\boldsymbol{\delta}_{C_1P_1} \in \boldsymbol{R}^{18\times 1}$。

为了便于阐述，图 5-1 给出 3-$\underline{\text{R}}$RS 柔性并联机器人的结构图。图 5-2 为单元坐标系下的构件弹性位移分析图。图 5-3 给出了系统构件 B_iC_i 与构件 C_iP_i 在各自单元坐标系下的受力情况分析，这里构件 B_iC_i 仍然作为悬臂梁处理。设系统其他构件给予单元构件 B_1C_1 的作用力列阵为 $\boldsymbol{P}_{\text{e-}B_1C_1}$，其中各分量的表示如图 5-3；系统其他构件给予单元构件 C_1P_1 的作用力列阵为 $\boldsymbol{P}_{\text{e-}C_1P_1}$，其中各分量的表示如图 5-3。则

$$\boldsymbol{P}_{\text{e-}B_1C_1} = \begin{bmatrix} F_{B_1x} & F_{B_1y} & F_{B_1z} & M_{B_1x} & M_{B_1y} & M_{B_1z} & f^*_{B_1x} & f^*_{B_1y} & f^*_{B_1z} & F_{C_1x} & F_{C_1y} & F_{C_1z} & M_{C_1x} & M_{C_1y} & M_{C_1z} & f^*_{C_1x} & f^*_{C_1y} & f^*_{C_1z} \end{bmatrix}^{\mathrm{T}}$$

$$\boldsymbol{P}_{\text{e-}C_1P_1} = \begin{bmatrix} F_{C_1'x} & F_{C_1'y} & F_{C_1'z} & M_{C_1'x} & M_{C_1'y} & M_{C_1'z} & f^*_{C_1'x} & f^*_{C_1'y} & f^*_{C_1'z} & F_{P_1x} & F_{P_1y} & F_{P_1z} & M_{P_1x} & M_{P_1y} & M_{P_1z} & f^*_{P_1x} & f^*_{P_1y} & f^*_{P_1z} \end{bmatrix}^{\mathrm{T}}$$

式中，$f^*_{B_1x}$、$f^*_{B_1y}$ 和 $f^*_{B_1z}$ 为对应于单元构件 B_1C_1 结点 B_1 处曲率的广义力；$f^*_{C_1x}$、$f^*_{C_1y}$ 和 $f^*_{C_1z}$ 为对应于单元构件 B_1C_1 结点 C_1 处曲率的广义力；$f^*_{C_1'x}$、$f^*_{C_1'y}$ 和 $f^*_{C_1'z}$ 为对应于单元构件 C_1P_1 结点 C_1 处曲率的广义力；$f^*_{P_1x}$、$f^*_{P_1y}$ 和 $f^*_{P_1z}$ 为对应于单元构件 C_1P_1 结点 P_1 处曲率的广义力；F_{B_1x}、F_{B_1y} 和 F_{B_1z} 为单元构件 B_1C_1 端部 B_1 处受到的作用力；M_{B_1x}、M_{B_1y} 和 M_{B_1z} 为单元构件 B_1C_1 端部 B_1 处受到的作用力矩；F_{C_1x}、F_{C_1y} 和 F_{C_1z} 为单元构件 B_1C_1 端部 C_1 处受到的作用力；M_{C_1x}、M_{C_1y} 和 M_{C_1z} 为单元构件 B_1C_1 端部 B_1 处受到的作用力矩；$F_{C_1'x}$、$F_{C_1'y}$ 和 $F_{C_1'z}$ 为单元构件 C_1P_1 端部 C_1 处受到的作用力；$M_{C_1'x}$、$M_{C_1'y}$ 和 $M_{C_1'z}$ 为单元构件 C_1P_1 端部 C_1 处受到的作用力矩；F_{P_1x}、F_{P_1y} 和 F_{P_1z} 为单元构件 C_1P_1

端部 P_1 处受到的作用力；M_{P_1x}、M_{P_1y} 和 M_{P_1z} 为单元构件 C_1P_1 端部 P_1 处受到的作用力矩。

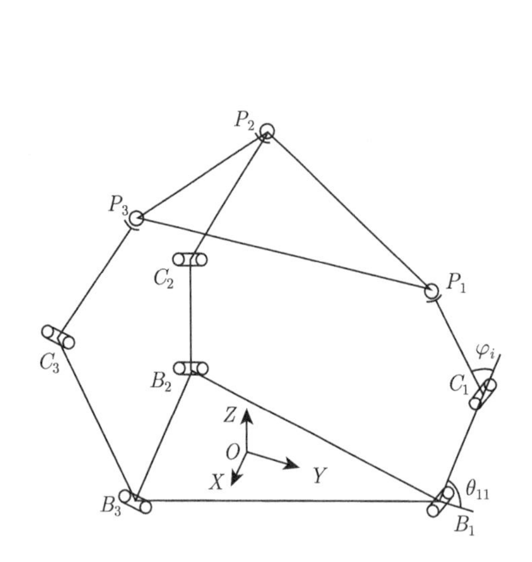

图 5-1　3-RRS 柔性并联机器人

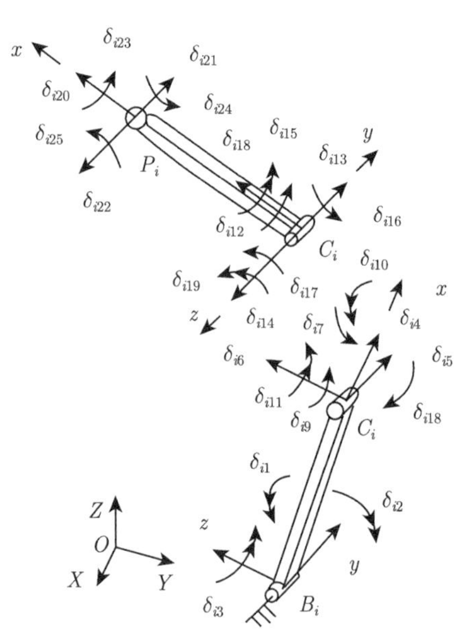

图 5-2　支链弹性位移分析图

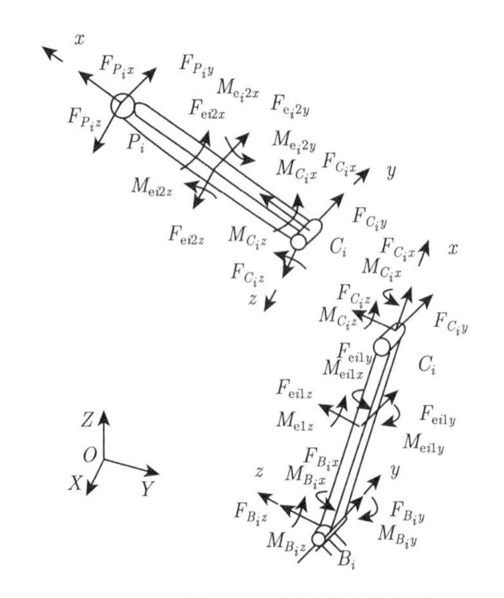

图 5-3　支链受力分析图

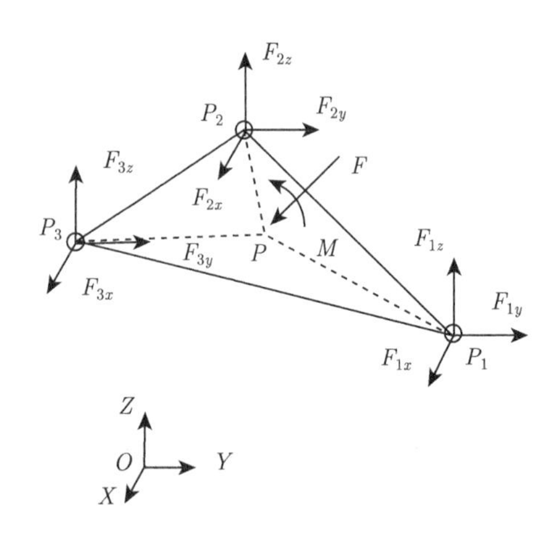

图 5-4　动平台受力分析图

把根据式 (5-3) 求得的单元构件 B_1C_1 的弹性位移 $\boldsymbol{\delta}_{B_1C_1}$(弹性加速度 $\ddot{\boldsymbol{\delta}}_{B_1C_1}$ 的求解类似) 代入式 (5-1)，即可完成 $\boldsymbol{P}_{\text{e-}B_1C_1}$ 的求解。同理，把求得的单元构件 C_1P_1 的弹性位移 $\boldsymbol{\delta}_{C_1P_1}$ 和弹性加速度 $\ddot{\boldsymbol{\delta}}_{C_1P_1}$ 代入式 (5-1)，即可完成 $\boldsymbol{P}_{\text{e-}C_1P_1}$ 的求解。

图 5-3 中 F_{ei1x}、F_{ei1y}、F_{ei1z} 和 F_{ei2x}、F_{ei2y}、F_{ei2z} 分别是简化到构件 B_iC_i 与构件

C_iP_i 质心处的各已知外力分量。图 5-3 中 $M_{\mathrm{ei}1x}$、$M_{\mathrm{ei}1y}$、$M_{\mathrm{ei}1z}$ 和 $M_{\mathrm{ei}2x}$、$M_{\mathrm{ei}2y}$、$M_{\mathrm{ei}2z}$ 分别是简化到构件 B_iC_i 与构件 C_iP_i 质心处的各已知外力力矩。F_{B_ix}、F_{B_iy}、F_{B_iz} 和 M_{B_ix}、M_{B_iy}、M_{B_iz} 分别为构件 B_iC_i 在点 B_i 处受到的静平台或驱动器的作用力和力矩，为待求量。如果构件 B_iC_i 为系统驱动构件，则系统作用在构件 B_iC_i 上的驱动力矩的大小即等于 M_{B_iy}。F_{C_ix}、F_{C_iy}、F_{C_iz} 和 M_{C_ix}、M_{C_iy}、M_{C_iz} 分别为构件 B_iC_i 在点 C_i 处受到构件 C_iP_i 作用的力和力矩，为待求量 (这里不考虑 C_i 处运动副的摩擦，故 $M_{C_iy}=0$，图 5-3 中未标示出，下同)。同理，$F_{C_i'x}$、$F_{C_i'y}$、$F_{C_i'z}$ 和 $M_{C_i'x}$、$M_{C_i'y}$、$M_{C_i'z}$ 分别为构件 C_iP_i 在点 C_i 处受到构件 B_iC_i 作用的力和力矩，为待求量 (这里不考虑 C_i 处运动副的摩擦，故 $M_{C_i'y}=0$)。F_{P_ix}、F_{P_iy}、F_{P_iz} 和 M_{P_ix}、M_{P_iy}、M_{P_iz} 分别为构件 C_iP_i 在点 P_i 处受到动平台作用的力和力矩，为待求量 (这里不考虑 P_i 处运动副的摩擦，故 $M_{P_ix}=0$、$M_{P_iy}=0$ 和 $M_{P_iz}=0$)。图 5-4 给出了动平台上各铰链处的受力分析简图。这里，$\boldsymbol{F}$ 为动平台所受外力的主向量，包括惯性力；$\boldsymbol{M}$ 为动平台所受外力的主矩，包括惯性力偶矩。这里同样不考虑运动副间的摩擦，故运动副 P_i 处的力矩为零；F_{ix}、F_{iy} 和 $F_{iz}(i=1,2,3)$ 分别为运动副 P_i 处在系统坐标系 $O\text{-}XYZ$ 下沿坐标轴 X 轴、Y 轴和 Z 轴方向的分力，这里 F_{ix}、F_{iy} 和 $F_{iz}(i=1,2,3)$ 的求解可利用力的相互作用原理，通过构件 C_iP_i 在系统坐标系下的单元动力学方程分析求得。

5.3 构件动应力分析

高速机构中因动应力过大导致构件断裂或疲劳破坏的情形时有发生。因此，在机械动力学分析中常常需要对系统构件的动应力状况进行分析和求解。同样，分析并联机器人中系统构件动应力尤其是构件最大动应力对系统的动态特性分析和设计等都具有非常重要的意义。在对机器人机构弹性动力学方程求解的基础上，即可对系统中柔性构件单元的动应力 (即正应力与剪应力) 进行分析求解。需要注意的是，单元的动应力是单元弹性变形的函数，而求解柔性并联机器人的动力学方程只能得到单元各结点的弹性位移。因此，在求解单元动应力时，需要通过单元的弹性位移求出单元的弹性变形。

一般在弹性小变形条件下，变形与载荷呈线性关系。因此，每一种基本变形是各自独立、互不影响的，力的独立作用原理是成立的，即每一种载荷引起的变形和应力不受其他载荷的影响，可以应用叠加原理。对空间并联机构来说，在系统运动的过程中，构件 (不包括刚性的动平台和静平台) 同时存在两种或两种以上的基本变形，也就是说构件的变形为组合变形。研究组合变形的基本方法是将组合变形分解为基本变形，分别计算在每一种基本变形条件下发生的应力和变形，然后叠加起来，得到组合变形情况下的应力与变形。

对于空间矩形截面梁单元 (如图 5-5)，梁单元中任意截面上任意一点 D 的正应力和剪应力的大小 (对于矩形截面，这里仍采用平面截面假设，没有考虑截面扭转变形时发生翘曲的影响) 可以分别表示为

$$\begin{cases}\sigma(x,t)=\sigma_1(x,t)+\sigma_2(x,t)+\sigma_3(x,t)\\[2ex]\tau(x,t)=G\sqrt{z_D^2+y_D^2}\,\dfrac{\partial\psi_x(x,t)}{\partial x}\end{cases}\tag{5-5}$$

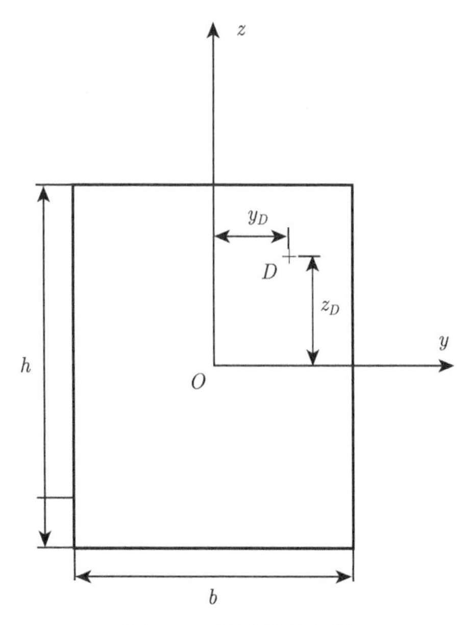

图 5-5　矩形截面参数

$$\sigma_1(x,t) = Ez_D\frac{\partial^2 W_z(x,t)}{\partial x^2}$$

$$\sigma_2(x,t) = Ey_D\frac{\partial^2 W_y(x,t)}{\partial x^2}$$

$$\sigma_3(x,t) = E\frac{\partial W_x(x,t)}{\partial x}$$

$$\begin{aligned}\frac{\partial^2 W_z(x,t)}{\partial x^2} = \left(\frac{\partial^2 N_C}{\partial x^2}\right)^{\mathrm{T}}\boldsymbol{\delta}_{\mathrm{e}}(t) =& n_1''\boldsymbol{\delta}_{\mathrm{e}3}(t) + n_2''\boldsymbol{\delta}_{\mathrm{e}5}(t) + n_3''\boldsymbol{\delta}_{\mathrm{e}8}(t) + n_4''\boldsymbol{\delta}_{\mathrm{e}12}(t)\\ &+ n_5''\boldsymbol{\delta}_{\mathrm{e}14}(t) + n_6''\boldsymbol{\delta}_{\mathrm{e}17}(t)\end{aligned}$$

$$\begin{aligned}\frac{\partial^2 W_y(x,t)}{\partial x^2} = \left(\frac{\partial^2 N_B}{\partial x^2}\right)^{\mathrm{T}}\boldsymbol{\delta}_{\mathrm{e}}(t) =& n_1''\boldsymbol{\delta}_{\mathrm{e}2}(t) + n_2''\boldsymbol{\delta}_{\mathrm{e}6}(t) + n_3''\boldsymbol{\delta}_{\mathrm{e}9}(t) + n_4''\boldsymbol{\delta}_{\mathrm{e}11}(t)\\ &+ n_5''\boldsymbol{\delta}_{\mathrm{e}15}(t) + n_6''\boldsymbol{\delta}_{\mathrm{e}18}(t)\end{aligned}$$

$$\frac{\partial W_x(x,t)}{\partial x} = \left(\frac{\partial N_A}{\partial x}\right)^{\mathrm{T}}\boldsymbol{\delta}_{\mathrm{e}}(t) = [\boldsymbol{\delta}_{\mathrm{e}10}(t) - \boldsymbol{\delta}_{\mathrm{e}1}(t)]/L$$

$$\frac{\partial \psi_x(x,t)}{\partial x} = \left(\frac{\partial N_D}{\partial x}\right)^{\mathrm{T}}\boldsymbol{\delta}_{\mathrm{e}}(t) = n_7'\boldsymbol{\delta}_{\mathrm{e}4}(t) + n_8'\boldsymbol{\delta}_{\mathrm{e}7}(t) + n_9'\boldsymbol{\delta}_{\mathrm{e}13}(t) + n_{10}'\boldsymbol{\delta}_{\mathrm{e}16}(t)$$

式中，$\boldsymbol{\delta}_{\mathrm{e}}(t)$ 为单元的弹性变形向量，$\boldsymbol{\delta}_{\mathrm{e}}(t) \in \boldsymbol{R}^{18\times 1}$；$\boldsymbol{\delta}_{\mathrm{e}i}(t)$ 为单元弹性变形向量中的第 i 个分量 $(i = 1, 2, \cdots, 18)$；E 为材料拉压弹性模量；G 为材料剪切弹性模量；y_D 为截面上任意一点 D 到 z 轴的距离；z_D 为截面上任意一点 D 到 y 轴的距离；h 为单元厚度；b 为单元宽度；n_i'' 为单元位移型函数对 x 的二阶偏导数 $(i = 1, 2, \cdots, 10)$。

在系统运动的任意时刻，根据式 (5-5) 可以得到梁单元任意截面上最大正应力和最大剪应力的绝对值为

$$\begin{cases} \sigma_{\max}(x,t) = |\sigma_{1m}(x,t) + \sigma_{2m}(x,t) + \sigma_{3m}(x,t)| \\ \tau_{\max}(x,t) = \dfrac{G\sqrt{h^2+b^2}}{2}\left|\dfrac{\partial \psi_x(x,t)}{\partial x}\right| \end{cases} \tag{5-6}$$

式中

$$\sigma_{1m}(x,t) = \frac{Eh}{2}\cdot\frac{\partial^2 W_z(x,t)}{\partial x^2}$$

$$\sigma_{2m}(x,t) = \frac{Eb}{2}\cdot\frac{\partial^2 W_y(x,t)}{\partial x^2}$$

$$\sigma_{3m}(x,t) = E\frac{\partial W_x(x,t)}{\partial x}$$

通过式 (5-6) 就可求得在机构运行的任一时刻单元内任意截面 ($0 \leqslant x \leqslant L$) 上的最大正应力和最大剪应力，再把这些值逐一进行比较，就可获得整个梁单元中此时刻的最大正应力 $\sigma_{\max}$、最大剪应力 $\tau_{\max}$ 以及发生最大正应力和最大剪应力的截面位置。

柔性并联机器人系统中的变形构件，在系统运动的过程中，一般承受拉伸 (或压缩)、弯曲和扭转组合变形，构件的应力状态非常复杂。对于复杂应力状态下材料的破坏条件，工程上经常使用的强度理论有 4 个：最大拉应力理论 (第一强度理论)、最大伸长线应变理论 (第二强度理论)、最大剪应力理论 (第三强度理论) 和形状改变比能理论 (第四强度理论)。一般情况下，脆性材料，如铸铁、石料、玻璃等，通常情况下以断裂的形式破坏，故宜采用第一和第二强度理论；塑性材料，如碳钢、铜、铝等，通常情况下以流动的形式破坏，故宜采用第三和第四强度理论 (试验结果表明，第四强度理论更接近实际情况)。由于柔性并联机器人系统中的构件材料一般为钢、铜、铝等塑性材料，因此，按照第四强度理论的强度条件进行构件的强度校核具有重要意义。而且，按照第四强度理论定义的等效应力 (也称当量应力或相当应力) 是有限元分析中最客观的指标之一。按照第四强度理论定义的材料等效应力为

$$\sigma_{\mathrm{s}} = \sqrt{\frac{1}{2}\left[(\sigma_1-\sigma_2)^2 + (\sigma_2-\sigma_3)^2 + (\sigma_3-\sigma_1)^2\right]} \tag{5-7}$$

式中，σ_1、σ_2 和 σ_3 为构件内任意给定点 (一般为危险点) 的 3 个主应力，并按代数值 (非绝对值) 顺序排列，即 $\sigma_1 \geqslant \sigma_2 \geqslant \sigma_3$；$\sigma_{\mathrm{s}}$ 为按照第四强度理论定义的材料等效应力。

对于承受拉伸 (或压缩)、弯曲和扭转组合变形的构件，式 (5-7) 又可表示为

$$\sigma_{\mathrm{s}} = \sqrt{\sigma^2 + 3\tau^2} \tag{5-8}$$

式中，σ 为构件内任意给定点的正应力，即拉压正应力与弯曲正应力之代数和；τ 为构件内任意给定点的剪应力。

5.4 算例分析

系统参数：材质为钢，密度 $\rho = 7800\ \mathrm{kg/m^3}$，拉压弹性模量 $E = 2.1\times10^{11}\mathrm{N/m^2}$，剪切弹性模量 $G = 8.0\times10^{10}\ \mathrm{N/m^2}$；系统构件 B_iC_i 和构件 C_iP_i 的长度 $l_{i1} = l_{i2} = 0.15\ \mathrm{m}(i=1,2,3)$，

矩形截面，厚 $h = 1.5\text{mm}$，宽 $b = 5$ mm；动平台质量 $m_0 = 0.152\text{kg}$；$r = 0.1\text{m}$，$R = 0.12\text{m}$；运行时间 $T = 1$ s。

操作任务：动平台的运动规律为 (单位: rad, m)

$$\begin{cases} \beta = \dfrac{[-10 + 20s(t)]\,\pi}{180} \\ \gamma = \dfrac{[-2 + 3s(t)]\,\pi}{180} \\ z_P = 0.012s^3(t) + 0.008s^2(t) + 0.16 \end{cases} \tag{5-9}$$

其中，$s(t)$ 的表达式如下

$$s(t) = \frac{t}{T} - \frac{1}{2\pi}\sin\frac{2\pi t}{T}(0 \leqslant t \leqslant T)$$

对于系统给定的运动规律式，通过数值仿真分析即可完成 3-$\underline{\text{R}}$RS 柔性并联机器人系统运动过程中各个构件的受力求解。图 5-6 给出了构件 $B_iC_i(i = 1, 2, 3)$ 上运动副 B_i 处在其单元坐标系 B_i-xyz 下受到的绕 y 轴的作用力矩情况的变化曲线 (坐标标示如图 5-2 和图 5-3 所示)，数据分析见表 5-1。分析这些曲线可以发现，由于柔性并联机器人系统中构件的弹性变形使得运动副 B_i 处的力矩产生了剧烈往复振荡，如力矩 M_{B_3y} 绝对值的最大值为 0.2246 N·m，是其平均值绝对值 0.1053 N·m 的两倍多，这容易引起运动副处的冲击和磨损，严重影响柔性并联机器人系统的使用寿命，必须引起重视，有必要采取诸如动力规划和机构优化设计等措施以达到改善系统动态特性的目的。

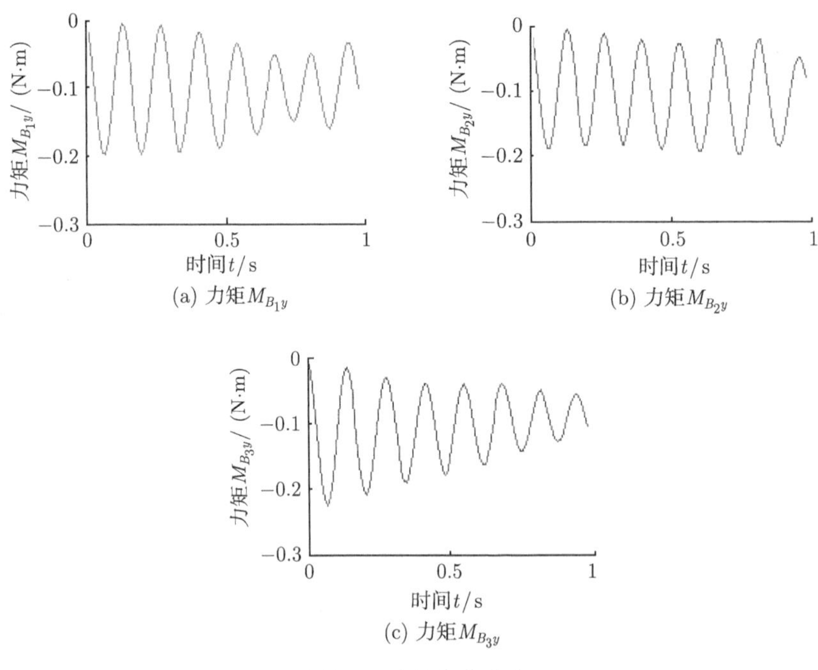

图 5-6　力矩变化曲线

表 5-1 力矩数据分析表

类别	$M_{B_1y}/(\mathrm{N\cdot m})$	$M_{B_2y}/(\mathrm{N\cdot m})$	$M_{B_3y}/(\mathrm{N\cdot m})$
最小值	−0.1979	−0.1992	−0.2246
平均值	−0.1020	−0.1035	−0.1053

对于系统给定的运动规律式，图 5-7 给出了构件 B_3C_3 上点 B_3 处的受力变化曲线。通过分析力 F_{B_3x}、F_{B_3y} 和 F_{B_3z} 的变化情况可以发现，沿构件的轴向作用力较大，而另外 2 个方向的分力较小，这与系统的运动特性密切相关。对于柔性并联机器人系统，由于系统构件弹性变形的影响，系统构件在各个方向上的受力状态发生了显著变化，如构件在各个方向上的受力变化振荡非常严重，这容易引起系统构件的突然断裂或疲劳破坏。同时，系统构件受力的剧烈振荡容易引起运动副间的冲击和磨损，不利于系统的稳定运行，影响系统的运动精度，必须引起注意。总之，分析系统构件的受力为柔性并联机器人的结构设计等奠定了基础。

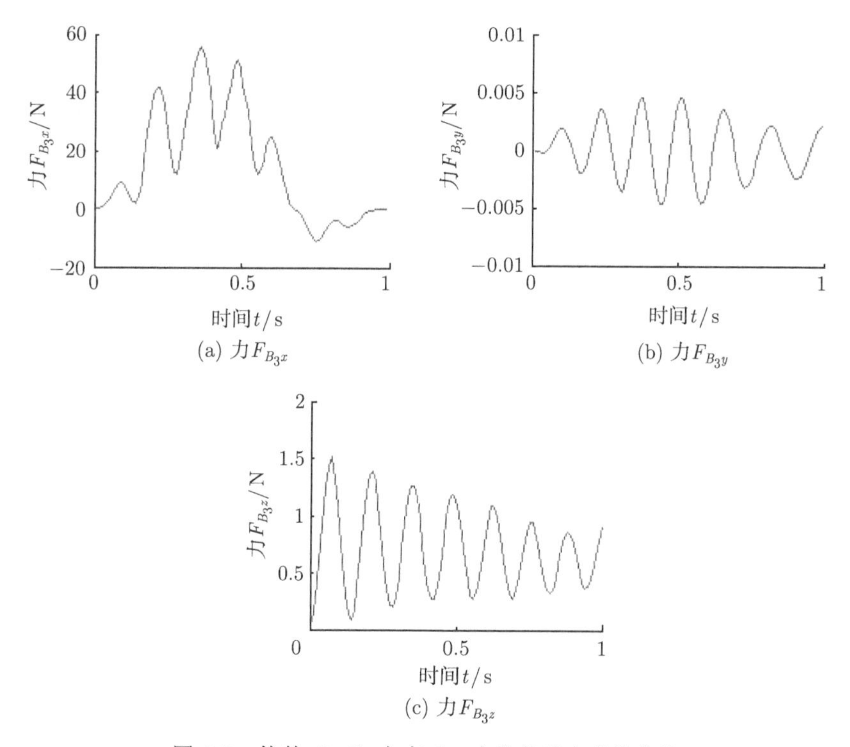

图 5-7 构件 B_3C_3 上点 B_3 点处的受力变化曲线

对于系统给定的运动规律式，图 5-8 显示了系统运动的整个过程中，各个支链中构件 $B_iC_i(i=1,2,3)$ 根部处的最大动应力 (包括最大正应力 $\sigma_{\max i}$ 和最大剪应力 $\tau_{\max i}$) 的变化曲线。分析表明，在系统运动的整个过程中，各个驱动构件 B_iC_i 的最大正应力皆发生在其根部的截面上，并且各个驱动构件的最大正应力比其最大剪应力要大得多。显然，驱动构件 B_1C_1、B_2C_2 和 B_3C_3 上的最大动应力是不断改变且发生振荡的，这与柔性构件的弹性变形和系统往复振动的运动特性密切相关。柔性并联机器人系统中柔性构件的弹性变形，既导致了系统操作器 (动平台) 运动精度的降低，也导致了系统驱动力矩和系统构件动应力的显著增加和剧烈振荡，这为柔性并联机器人系统操作器的高精度运动和系统控制策略的实现带来了挑战。显然，在柔性并联机器人系统运动的过程中，由于受到外载荷和构件惯性力等作用的影响，各柔性构件将产生一定程度的弹性振动，从而导致整个系统的弹性振动，特别是在载荷比较大且运动速度比较快的情况下，这种振动会更加剧烈，严重影响系统操作器的工作质量。正是基于这些原因，为了改善柔性并联机器人系统的动态特性和提高系统的运行精度，本书后续章节展开了柔性并联机器人系统的运动规划和动力规划的研究。

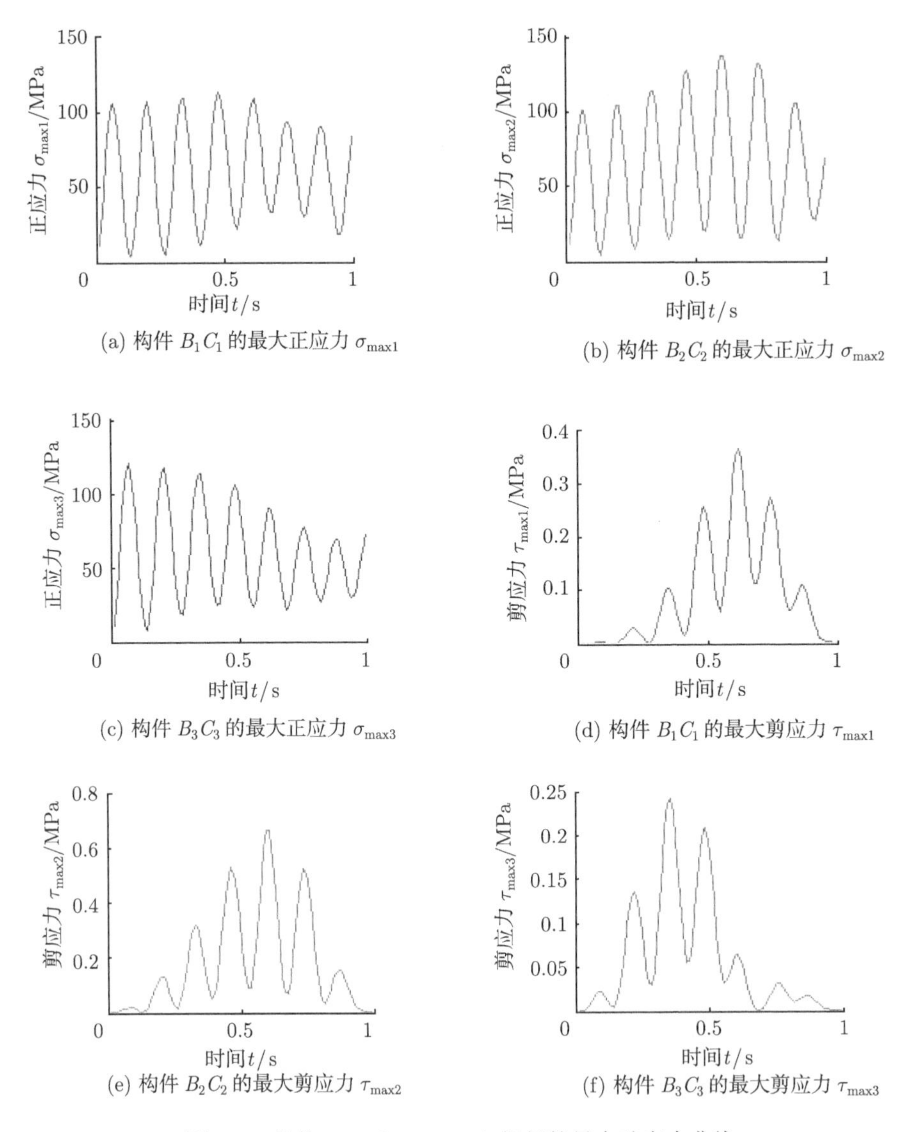

图 5-8　构件 $B_iC_i(i=1,2,3)$ 根部的最大动应力曲线

图 5-9 给出了系统第二支链中驱动构件 B_2C_2 根部截面处，点 $(0,-b/2,h/10)$(单元坐标系 B_2-xyz 中) 处的正应力 σ 的变化曲线。分析表明，在系统运动的整个过程中，驱动构件 B_2C_2 根部正应力的变化非常显著，构件在系统运动的不同时刻，正应力的值有较大差别。说明在系统运动的整个过程中，柔性并联机器人机构的受力状态非常复杂。因此，分析柔性

构件的动应力对了解机器人系统的动应力状况、判断机器人可能的失效形式，以及预测系统的工作寿命具有重要意义。柔性并联机器人的结构和运动特点限制了机器人承受的受力形式，也决定了机器人系统中的构件承受的是变幅交变应力，这容易引起构件的突然断裂或疲劳损伤。因此，在进行柔性并联机器人系统的机构设计或进行系统运动规划时，首先进行系统的动力分析是非常必要的。

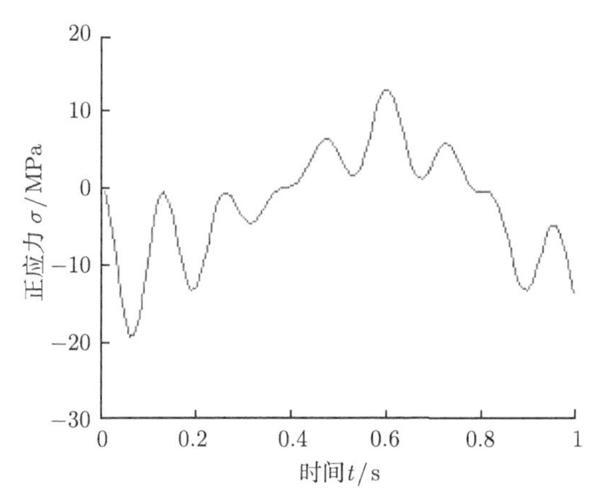

图 5-9 构件 B_2C_2 根部的正应力变化曲线

第 6 章　柔性并联机器人机构的虚拟样机仿真

6.1　引　　言

前述各章节通过对 3 自由度空间 3-$\underline{\mathrm{R}}$RS 柔性并联机器人的动力学建模、方程求解以及系统构件的动力分析等，对柔性并联机器人系统的运动学和动力学特性等有了较为充分的介绍。然而，利用计算机语言（如 C 语言、MATLAB 等) 编程求解柔性并联机器人系统的动力学问题，一般存在编程难度大、耗时长、程序复杂和求解效率不高等缺点，并且很难保证程序算法的准确性。同时，由于编程者的思路各异，程序的可读性低、移植性差、通用性弱，程序的普及推广就更加困难，一般不能为进一步研究并联机器人的其他学者或工程技术人员所利用。

随着计算机技术的发展，应用于机械结构或机构系统的通用专业分析仿真软件纷纷出现。现在，被一般用户所接受并被广泛使用的大型有限元分析软件和机械系统虚拟样机动态仿真软件有 ANSYS、NASTRAN、ADAMS、LMS Virtual.Lab 和 SAMCEF 等。这些仿真软件已经成为机械工程和力学等专业的学者们以及工程技术人员进行虚拟样机动态分析的有效工具，这些仿真软件对深刻认识机械系统的运动学、动力学特性，以及进行机械系统结/机构的优化设计，缩减新产品的研发周期，降低生产和经营成本等都起到了重要作用。

一般虚拟样机仿真软件都具有易用性、可比性和适应性等性质。因此，利用虚拟样机仿真软件进行机器人系统的仿真分析拥有两个显著特点：快速和简便。这不仅可以避免研究人员编程求解时的繁杂计算，也可以降低出现错误的可能性，而且，非机械或力学专业的人员也能利用仿真软件对机器人系统进行运动学和动力学分析，或参与机器人系统的设计工作。因此，运用高效的机械仿真软件进行柔性并联机器人系统的虚拟样机分析是研究柔性并联机器人的重要手段，这对柔性并联机器人的理论研究和工程应用都有十分重要的意义。

本章利用 SAMCEF 有限元软件作为仿真平台，以 3-$\underline{\mathrm{R}}$RS、3-$\underline{\mathrm{R}}$SR 和 3-$\underline{\mathrm{R}}$RC 等空间柔性并联机器人为设计实例，分析了空间柔性并联机器人的虚拟样机建模及仿真方法，特别对这些柔性并联机器人的运动规律和动态特性等进行了详细阐述。

6.2　SAMCEF 软件简介

SAMTECH 公司是通用 CAE(计算机辅助工程) 软件包 SAMCEF 的开发商和服务商，是欧洲 CAE 领域的领导者。SAMTECH 公司的前身是比利时列日大学 (University of Liege) 的宇航实验室，该实验室对软件 SAMCEF 的商业化开发始于 1965 年。SAMCEF 软件的开发者于 1986 年脱离列日大学而创建了 SAMTECH 公司。目前 SAMTECH 公司总部位于比利时列日 (Liege)，在法国、德国和意大利设有分支机构，在英国、俄罗斯、加拿大、印度、日本、中国和韩国等十多个国家有代理商的销售和技术服务。SAMTECH 与航空和航

天工业 (SNECMA、EADS、Airbus······)，以及防卫、汽车、能源和造船等工业有密切的合作。SAMCEF 软件是欧洲 CAE 领域普遍采用的分析软件，功能强大，尤其擅长刚体、柔体混合的复杂系统的动力学建模和分析。它集成了多体系统动力学理论成果、参数化建模工具、运动学和动力学分析求解器、功能强大的后处理模块和可视化界面，具有求解速度快、精度高等优点。

SAMCEF 软件的基本计算原理是将求解域当作由许多被称为有限元的小互连子域组成，不必考虑定义域的复杂边界条件，对每一个单元假定一个合适的近似解，然后推导求解整个域的满足条件，从而获得问题的解。由于采用的有限元模型是机器人系统的离散模型，所以，求出的是表征机器人系统状态的偏微分方程的近似解。但由于大多数实际问题都难以得到精确解，而有限元法不仅计算精度高，还可用于各种复杂形状的杆件，因而成为行之有效的工程分析手段。

有限元方法求解问题的基本步骤为

(1) 定义问题及求解域;

(2) 求解域离散化;

(3) 确定状态变量及控制方法;

(4) 单元推导;

(5) 总装;

(6) 联立方程组求解和结果解释。

SAMCEF 求解问题可分为 3 个阶段: 前处理、求解和后处理。前处理阶段包括建立有限元模型、定义单元属性和划分单元网格等内容; 后处理阶段包括采集处理结果和提取信息等内容。

SAMCEF 能进行多种类型的分析: 模态分析，非线性静态和动力学分析，频率响应、瞬态响应分析，机构运动仿真分析以及机构 - 结构耦合分析等。其中的 SAMCEF Field 模块是有限元前、后处理器，提供完善、友好的前后处理环境，功能包括建模、线性或非线性运动学、动力学仿真分析及分析结果的后处理，是从 CAD 到 CAE 的连接桥梁。它让用户完成所有的模型准备和分析过程，使分析成为设计过程的一个集成部分。SAMCEF Mecano 模块是用以解决柔体和刚体非线性结构及运动学问题的独特的综合软件。该软件可以提供下列专业领域的具体分析:

(1) Structure。主要解决结构非线性静态和动态分析问题。所有的单元都支持大位移和大转角; 材料非线性 (超弹性、弹塑性、黏弹性、黏弹塑性和用户自定义的复合材料等) 和刚性－柔性、柔性－柔性 2D 和 3D 接触/摩擦边界条件。

(2) Motion。专注于解决柔性装置的静态、运动学和动力学分析问题。包含许多运动学的连接铰、传感器和激振器单元。与 MATLAB/Simulink 联合使用可以进行考虑控制系统在内的整体系统的有限元仿真分析。

(3) Cable。专注于解决缆绳系统承受电动力和空气动力作用的问题。

6.3 SAMCEF 软件仿真流程

SAMCEF 软件的建模及分析过程，如图 6-1。SAMCEF 软件的求解过程为

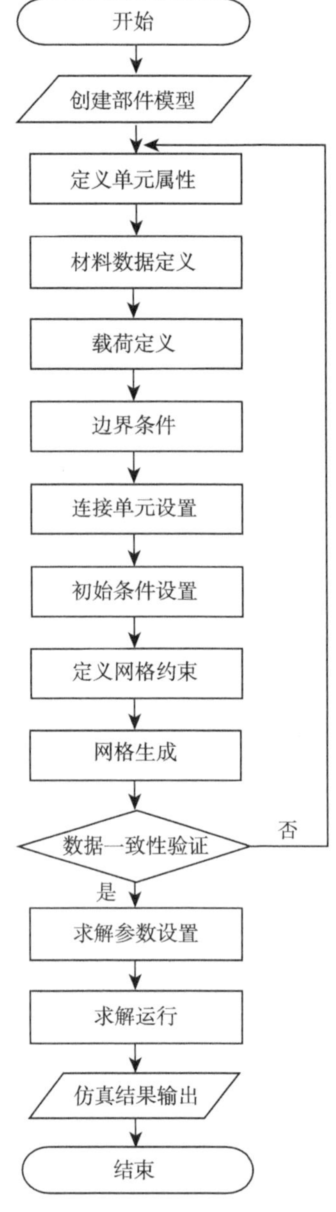

图 6-1　建模与仿真流程图

1) 几何模型创建

SAMCEF 软件可通过标准的中性交换格式与任何 CAD 软件传递参数。通常可以按照自下而上的顺序，如用 Pro/E、SolidWorks 等软件建立全相关性基于特征的参数化模型，将真实的机器人系统分解成可用的基本单元模型。然后，建立最底层的各个子模型，再由此拼

装高层次的子模型。最后，形成系统模型。通过采用 CAD 技术建立参数化模型，可更加透彻地理解机器人的结构，帮助设计者准确了解空间形状和几何尺寸，缩短开发时间和流程，提高建模效率和系统设计成功率。当然，在充分了解机器人结构的情况下，也可在 SAMCEF 环境下，以 IGES、STEP 或 BRep 格式导入构件模型，使用 SAMCEF Field 工具修补或修改；或者利用模型生成器 Modeler 的草图绘制、实体创建等命令直接进行参数化建模。

2) 有限元分析数据输入

有限元分析数据包括单元特性、材料特性、边界/约束条件、载荷、装配关系和初始条件等。其中，单元特性包括单元的类型、单元的几何参数等；载荷包括结点力、压力、自重/加速度等；边界/约束条件指机器人系统与环境之间的关系；装配关系体现了系统中各个构件之间的连接形式；初始条件定义可以为非线性分析设置初始的条件。载荷、边界条件和材料特性可以直接赋给几何体、预先定义的构件组或网格体。

3) 网格划分

网格划分的控制参数主要包括单元长度、单元数量、结点在曲边上的部署、起始结点或单元号、单元类型、单元阶数和网格生成方法等。

4) 求解参数设置及求解

求解参数设置模块的功能包括数据一致性验证、执行参数的定义或修改、载荷工况集的定义、结果输出项目设置、数据文件的生成、求解提交与控制、求解过程监控等。

5) 数据输出及后处理

在系统数据树中显示求解结果，以便进行后处理分析。如进行某点的位移、速度、加速度分析及构件应力/应变等计算结果的图形显示及后处理等，也可以自动生成超文本 HTML 处理报告、动画、图片、数组和曲线等。

6.4 柔性并联机器人机构的动态仿真

6.4.1 3-$\underline{R}$RR 柔性并联机器人仿真

3-$\underline{R}$RR 柔性并联机器人机构的参数、运动规律与第 4.3.7 节的算例相同。在 SAMCEF 环境下建立 3-$\underline{R}$RR 柔性并联机器人机构的三维模型 (也可以通过 Pro/E、SolidWorks 等三维建模软件建立柔性并联机器人机构的三维模型，然后把机器人机构的三维模型导入到 SAMCEF 软件中，进行运动学和动力学分析)，如图 6-2 所示。

对于给定的运行规律，图 6-3 给出了 3-$\underline{R}$RR 平面并联机器人机构中动平台上点 P 在 X 轴、Y 轴方向的运动位移曲线。由图 6-3 可知，动平台上点 P 的实际位移大体上以名义刚体位移为中心往复振荡，这说明平面柔性并联机器人系统是一个具有弹性振动特征的机械系统。

为了更准确地掌握由构件柔性引起的系统操作端的运动误差的情况，这里将 X 轴、Y 轴方向的运动误差分离出来，与理论计算结果进行对比，如图 6-4。通过分析图 6-4 中的运动位移误差曲线可知，由理论分析得到的动平台上点 P 在 X 轴、Y 轴方向的位置误差的最大值分别为 5.5 mm 和 6.5 mm，通过 SAMCEF 软件仿真得到的动平台上点 P 在 X 轴、Y 轴方向的位置误差的最大值分别为 6.8 mm 和 7.5 mm。理论分析结果与 SAMCEF 软件仿真结果的运动误差曲线的变化趋势、振幅基本一致。

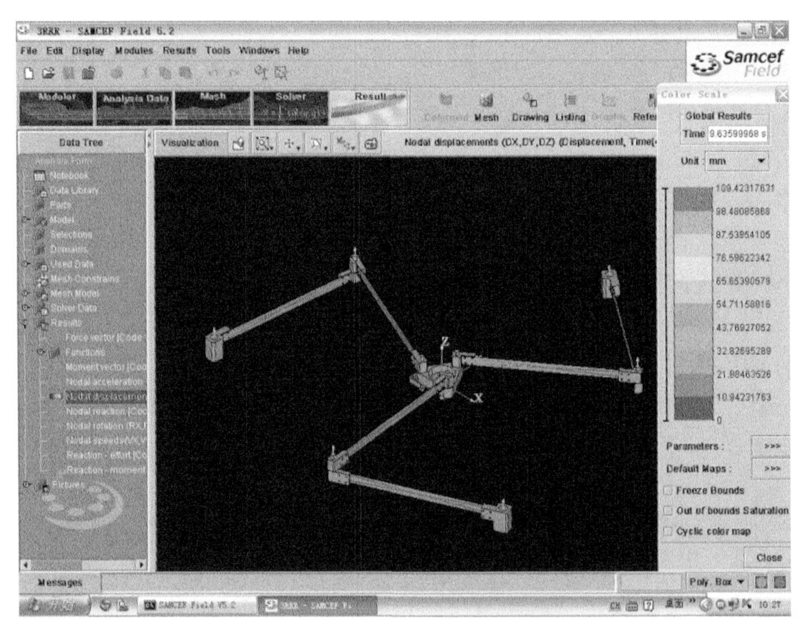

图 6-2　SAMCEF 环境下的 3-RRR 平面并联机器人模型

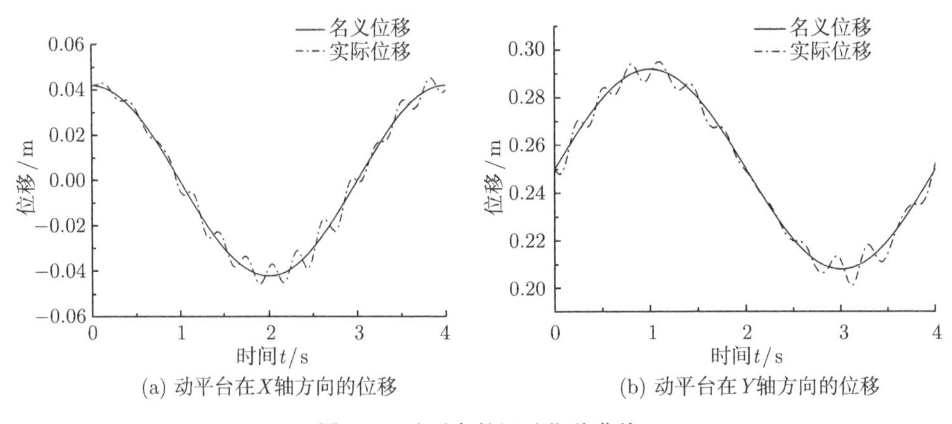

(a) 动平台在X轴方向的位移　　(b) 动平台在Y轴方向的位移

图 6-3　动平台的运动位移曲线

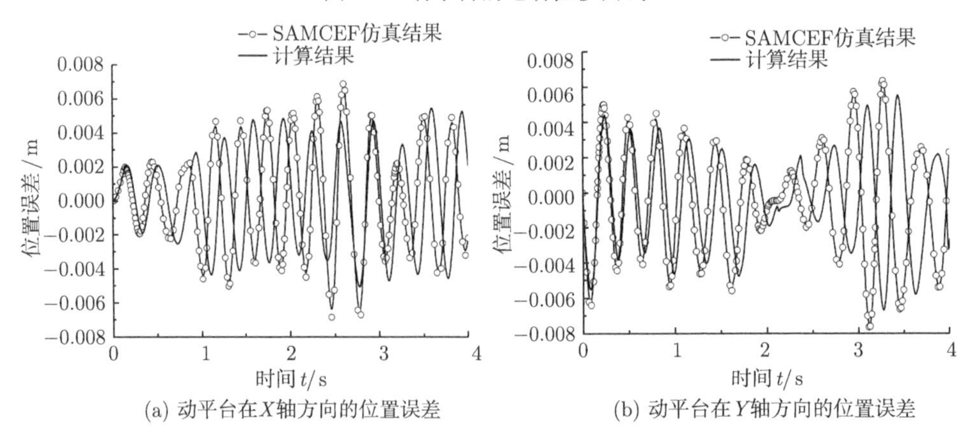

(a) 动平台在X轴方向的位置误差　　(b) 动平台在Y轴方向的位置误差

图 6-4　动平台的运动位移误差曲线

6.4.2 3-$\underline{\mathrm{R}}$RS 柔性并联机器人仿真

3-$\underline{\mathrm{R}}$RS 柔性并联机器人的机构参数和运动规律如下。

系统参数：构件材质为钢，构件长度 $l_{i1} = l_{i2}$=0.15 m(i=1,2,3)，矩形截面，厚度 h=2 mm，宽度 b=8 mm；动平台质量 (厚 1.5 mm)m_0=0.152 kg；r = 0.12 m，R = 0.12 m；运动时间 T = 4 s。

运动规律：系统的运动规律如表 6-1。

在 SAMCEF 软件环境下，建立的 3-$\underline{\mathrm{R}}$RS 柔性并联机器人的虚拟样机分析模型，如图 6-5 所示。

表 6-1 3-$\underline{\mathrm{R}}$RS 并联机器人的运动参数

变量	初始角度/(°)	终止角度/(°)	启动时刻/s	终止时刻/s
θ_{11}	30	60	0	4
θ_{21}	30	70	0	4
θ_{31}	30	50	0	4

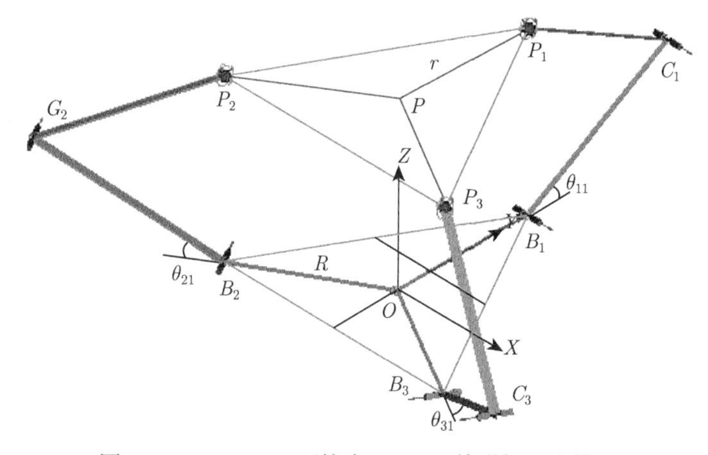

图 6-5 SAMCEF 环境中 3-$\underline{\mathrm{R}}$RS 并联机器人模型

通过定义 3-RRS 并联机器人系统的启动、终止时刻和时间步长等进行机构动态仿真计算求解后，在 SAMCEF 软件中可以分析和实现的功能如下：

(1) 在虚拟环境下，进行并联机器人机构的刚体运动 (也称名义运动) 分析和动态 (或动画) 显示系统的运动状态，如动画输出系统的运动位移、速度和加速度等；

(2) 在虚拟环境下，动态 (或动画) 显示柔性并联机器人系统的虚拟样机模型及其运动过程中的机构的应力云图与剪应力云图等；

(3) 求解系统中任意给定点的运动位移、速度和加速度等运动学参量；

(4) 求解机器人机构中任意给定构件部位的受力以及动应力和应变等；

(5) 间接计算机器人系统的运动误差等，也可分析机构的刚度、频率等特性。

此外，使用者还可以自定义测量对象，对系统中的一些关键部位进行机械或力学等方面的动态跟踪，从而验证系统动态性能的优劣或设计方案的可行性。所有的仿真结果数据均可以数组、图形或表格等方式显示，限于篇幅，这里仅对 3-$\underline{\mathrm{R}}$RS 柔性并联机器人系统的运动位移、运动误差和系统运动过程中部分时间点的应力或应变云图等进行分析。

根据建立的 3-$\underline{\mathrm{R}}$RS 柔性并联机器人机构的虚拟样机模型，通过设置各个构件的属性 (如刚性或柔性、材料、运动副约束、驱动构件的运动规律等) 即可进行相应的运动学和动力学分析。如把各个构件设置为刚性，就可以得到系统动平台中心点 P 的名义运动 (刚体运动) 位移、速度、加速度等运动学和动力学参数的仿真值。同样，当已知系统各个驱动构件的运动规律时，也可以通过系统的运动学正解得到动平台中心点 P 的运动 (刚体运动) 位移、速度、加速度等运动学和动力学参数的理论值。通过求解比较发现，由机构运动学正解得到的理论值与软件仿真值完全一致。图 6-6 给出了动平台中心点 P 的名义运动位移曲线。

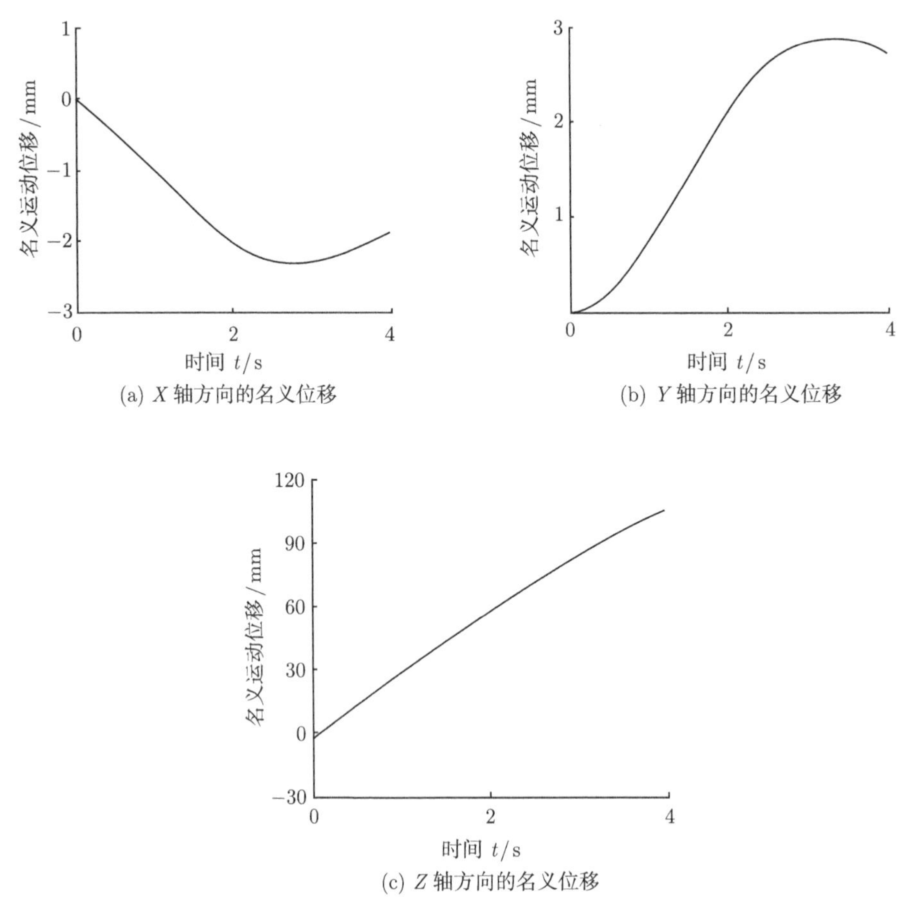

(a) X 轴方向的名义位移　(b) Y 轴方向的名义位移

(c) Z 轴方向的名义位移

图 6-6　动平台中心点的名义运动位移

3-$\underline{\mathrm{R}}$RS 柔性并联机器人机构中动平台中心点 P 在 X 轴、Y 轴和 Z 轴方向的实际运动位移 (指相对于点 P 运动起始点或初始位置的位移) 如图 6-7。分析这些曲线的变化可知，在系统运动过程中，动平台中心点的实际位移呈往复振荡的特点，说明了空间柔性并联机器人系统是一个弹性振动的机械系统。为了更准确地描述由于构件的弹性变形引起的系统运动误差情况，这里将由构件变形引起的动平台在 X 轴、Y 轴和 Z 轴方向的运动位移分离出来，可以得到如图 6-8 所示的系统动平台中心点的运动位移改变量 ε_X、ε_Y 和 ε_Z 的变化曲线。

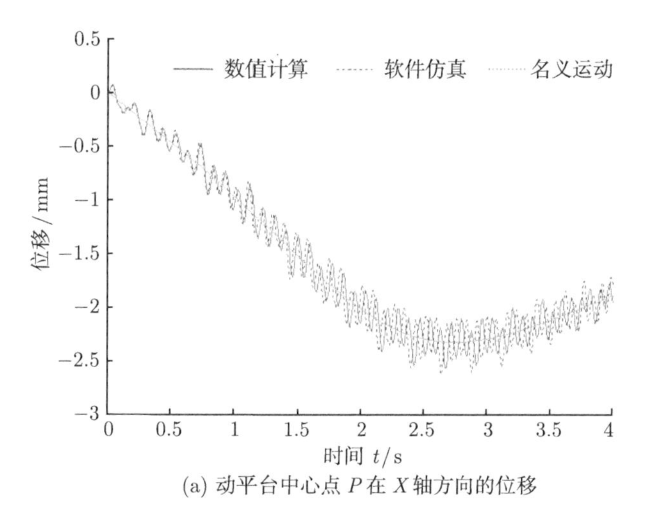

(a) 动平台中心点 P 在 X 轴方向的位移

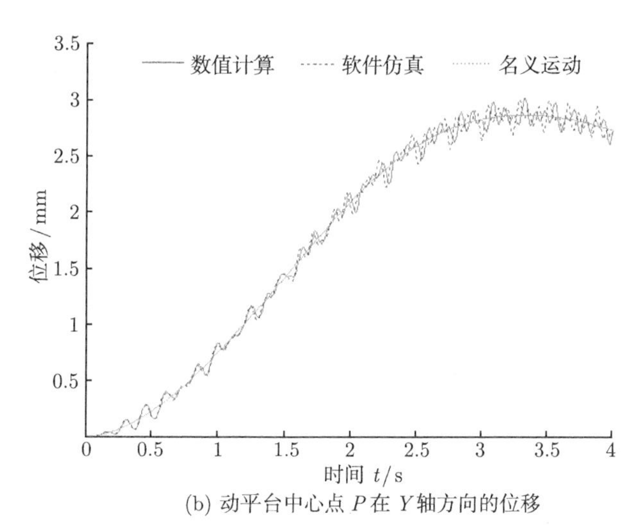

(b) 动平台中心点 P 在 Y 轴方向的位移

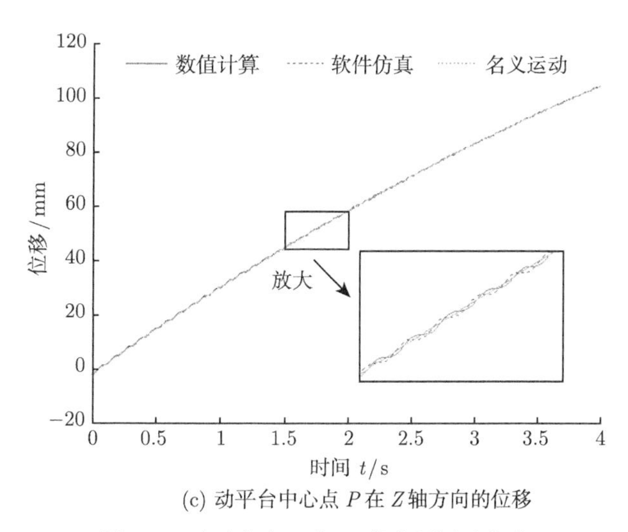

(c) 动平台中心点 P 在 Z 轴方向的位移

图 6-7 动平台中心点 P 的实际运动位移

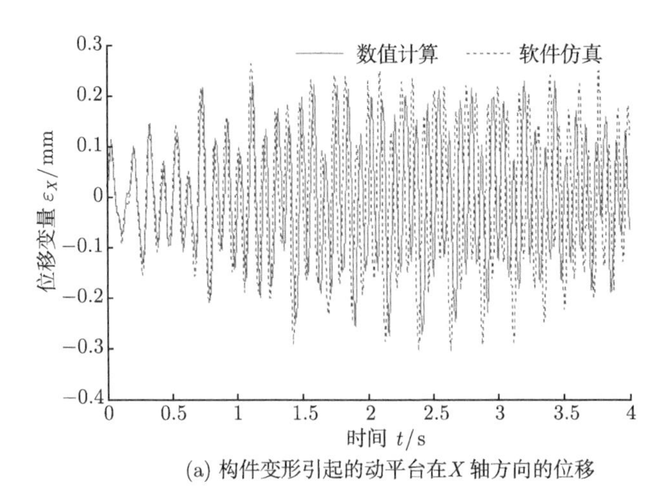

(a) 构件变形引起的动平台在 X 轴方向的位移

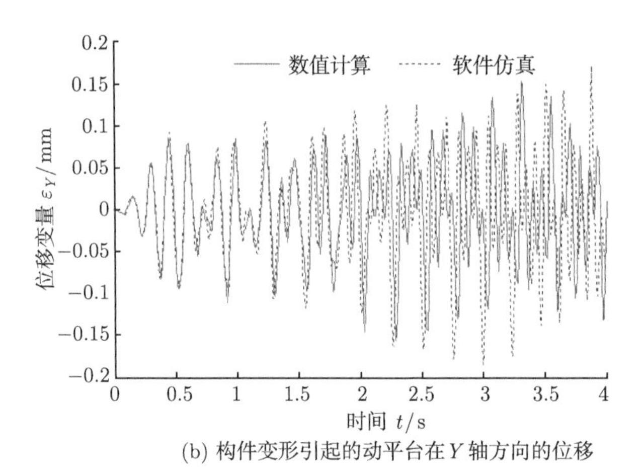

(b) 构件变形引起的动平台在 Y 轴方向的位移

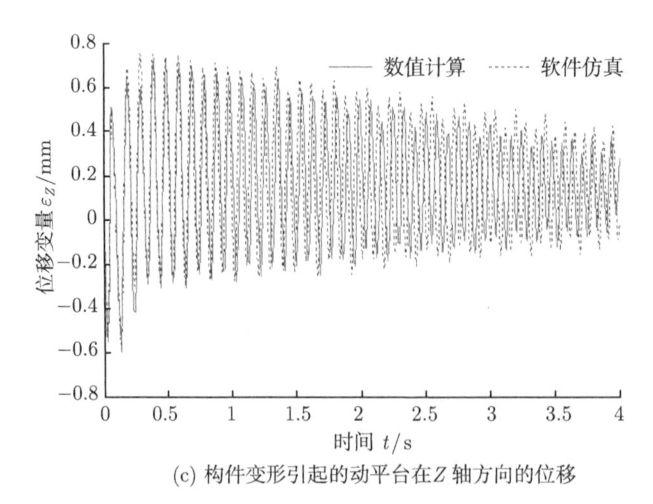

(c) 构件变形引起的动平台在 Z 轴方向的位移

图 6-8 构件变形引起的动平台的运动位移改变量变化曲线

通过分析动平台中心点的位移曲线和由构件变形引起的动平台在 X 轴、Y 轴和 Z 轴方向的位移变化曲线不难发现，理论模型的数值计算结果和 SAMCEF 软件的仿真结果的吻合度较高，从而验证了本书前述章节中空间柔性并联机器人机构动力学建模和求解的正确性。

由图 6-6～图 6-8 可知，构件的弹性变形严重地影响了柔性并联机器人末端操作器 (动平台) 预定轨迹的运动，这对系统的精确定位和控制非常不利，必须引起重视。因此，采用怎样的手段和方法降低或抑制由柔性构件引起的系统运动误差成了柔性机器人研究的一个重点课题，这也是后续章节中进行系统运动规划和机构优化设计的主要目的之一。

由图 6-7、图 6-8 可以看出，数值计算结果与软件仿真结果相比还存在一定的误差，数据分析见表 6-2。根据图 6-7、图 6-8 中的曲线变化情况，可以发现曲线中的相位偏差更大一些，由相位偏差引起的 X 轴、Y 轴和 Z 轴方向的最大位移误差分别为 0.4557 mm(t=2.38 s 时)、0.23 mm(t=3.0 s 时) 和 0.6656 mm(t=2.56 s 时)。造成这种现象的主要原因为：①对于实际的柔性并联机器人系统，其机构阻尼的分布形式和特征是一个复杂的问题。在建立柔性并联机器人系统的动力学方程时，一般仅采用 Rayleigh 阻尼的形式 (即把系统的阻尼矩阵看成系统质量矩阵和系统刚度矩阵的线性组合，且系统运动的整个过程中 Rayleigh 阻尼系数为常值，Rayleigh 阻尼的一个缺点是高阶振型的衰减大于低阶振型的衰减) 进行近似估计，这对一般的结构系统比较适合。然而，在柔性并联机器人系统运动的整个过程中，各个机构位形下的阻尼形式必然存在差异，这种 Rayleigh 阻尼系数为常值的机构阻尼估计方式必然造成系统方程求解的局部相位偏差。②数值计算中，用 Newmark 法进行系统动力学方程求解时，为了过滤掉高频响应产生的数值干扰，引入了数值算法假设，达到了消除数值振荡、快速求解的目的，但同时也导致了积分周期的相位误差和数值求解精度的降低，因此，数值计算结果曲线和软件仿真曲线的变化趋势相似，但曲线的相位有偏差。如果排除机构阻尼和数值算法等因素导致的求解精度降低和相位误差的因素，二者曲线的吻合程度会更高一些。

表 6-2　构件变形引起的动平台位移

类别	X 轴方向位移/mm		Y 轴方向位移/mm		Z 轴方向位移/mm	
	最大值	平均值	最大值	平均值	最大值	平均值
数值计算	0.2291	−0.0015	0.1524	−0.0030	0.7340	0.1380
软件仿真	0.2627	−0.0017	0.1709	−0.0023	0.7760	0.1560
绝对误差	−0.0336	0.0002	−0.0185	−0.0007	−0.0420	−0.0180

为了进一步了解系统运动过程中 3-$\underline{R}$RS 柔性并联机器人机构的动态特性和构件的受力情况，分析系统构件动应力和构件受力状况的变化是非常必要的，也是柔性机器人动力学分析的重要内容。因此，利用 SAMCEF 软件具有的应力分析功能，对 3-$\underline{R}$RS 柔性并联机器人系统的应力状态也作了仿真分析。图 6-9 给出了系统运动过程中 t=0.5 s 和 t =2.5 s 时刻的系统应力云图，分析可知，系统中各个构件的动应力在运动过程中的差别较大，且驱动构件根部的动应力最大，系统运动的整个过程中所有驱动构件根部应力的最大值为 70.295 MPa。

材料力学中的第四强度理论认为，形状改变比能是引起材料流动破坏 (或塑性变形破坏) 的主要原因，实验表明，按照第四强度理论计算所得的结果也更符合材料变形的实际情况，如钢、铜、铝等塑性材料都遵循第四强度理论。von Mises 应力是按照第四强度理论定义的一种综合应力，是有限元分析中最客观的指标之一，通过 3-$\underline{R}$RS 柔性并联机器人虚拟样机仿

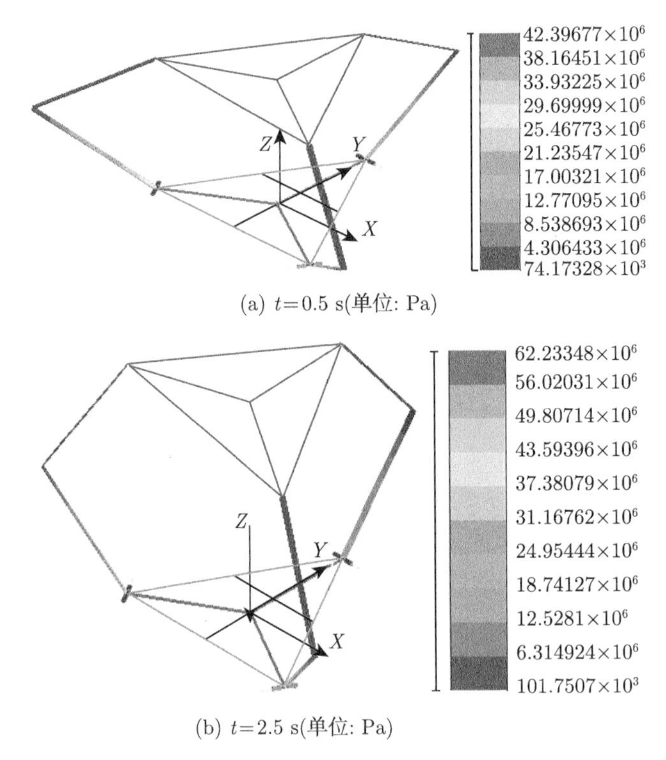

(a) $t=0.5$ s(单位: Pa)

(b) $t=2.5$ s(单位: Pa)

图 6-9 3-$\underline{R}$RS 并联机器人系统应力云图

真分析，可以得到系统构件 B_3C_3 根部按照第四强度理论定义的等效应力 (即式 (5-8)) 变化情况，如图 6-10，通过数值计算和软件仿真结果的对比，可以发现二者吻合较好。

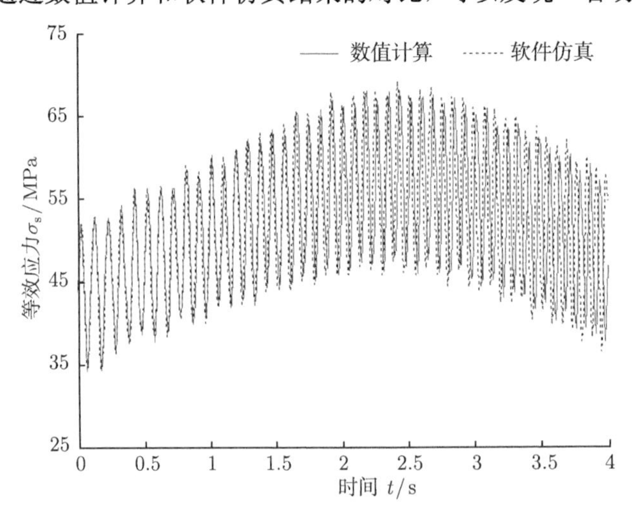

图 6-10 构件 B_3C_3 根部的等效应力

在坐标系 O-XYZ 中，图 6-11 和图 6-12 分别给出了 3-$\underline{R}$RS 柔性并联机器人系统中构件 B_1C_1 上端点B_1 处受到的来自基座 $B_1B_2B_3$ 的作用力和作用力矩情况，图 6-13 和图 6-14 分别给出了单元坐标系 B_1-xyz(如图 3-14 和图 5-3) 中构件 B_1C_1 上端点 B_1 处的作用力和作用力矩情况。对比图 6-11～图 6-14 中刚性系统和柔性系统的受力情况可以发现，系统构件的弹性变形使得点 B_1 处的受力状态发生了显著变化和剧烈振荡，显然，这会造成运动副间的严重冲击，影响系统构件的使用寿命。

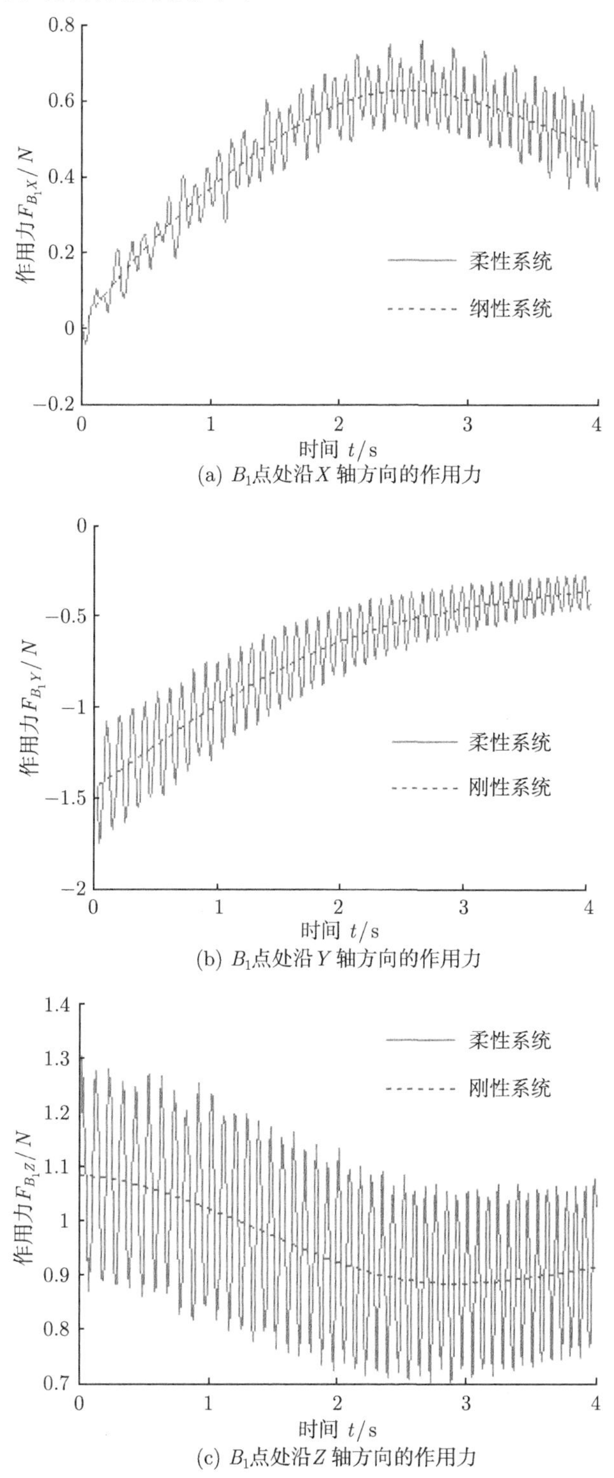

(a) B_1点处沿X轴方向的作用力

(b) B_1点处沿Y轴方向的作用力

(c) B_1点处沿Z轴方向的作用力

图 6-11 B_1 点处的作用力 (O-XYZ 坐标系中)

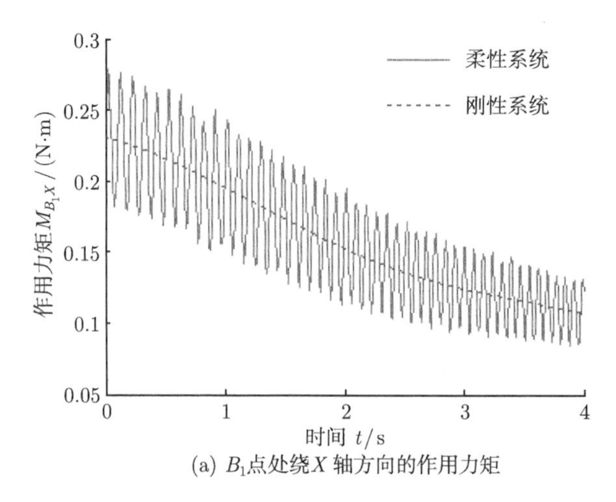

(a) B_1点处绕X轴方向的作用力矩

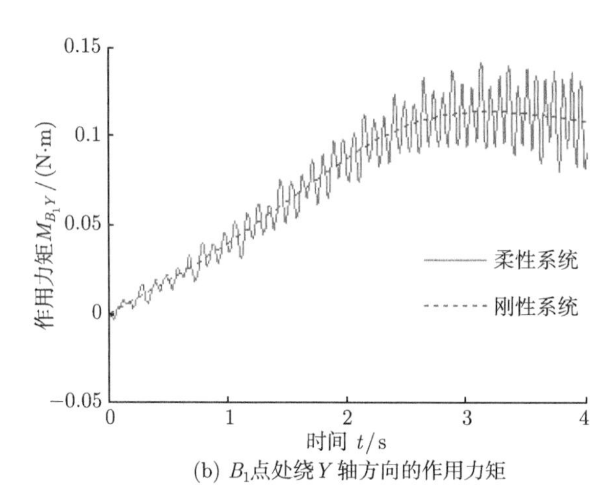

(b) B_1点处绕Y轴方向的作用力矩

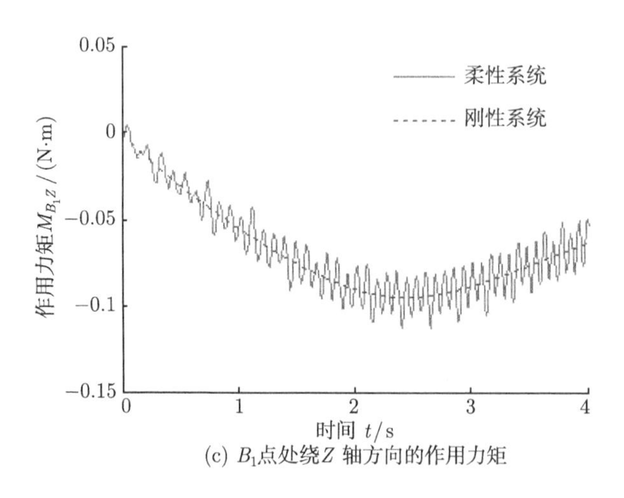

(c) B_1点处绕Z轴方向的作用力矩

图 6-12　B_1 点处的作用力矩 (O-XYZ 坐标系中)

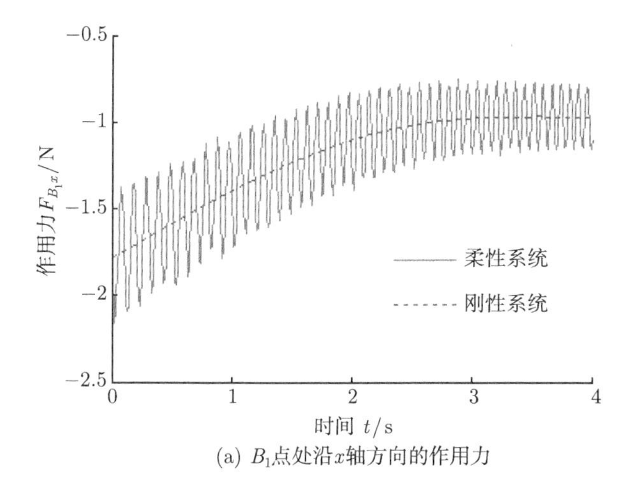

(a) B_1点处沿x轴方向的作用力

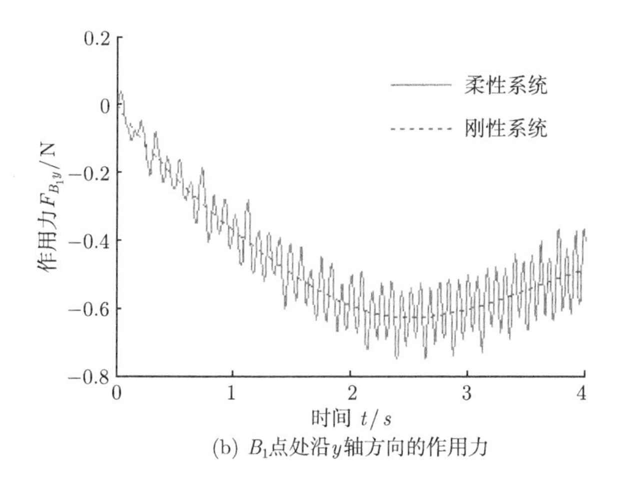

(b) B_1点处沿y轴方向的作用力

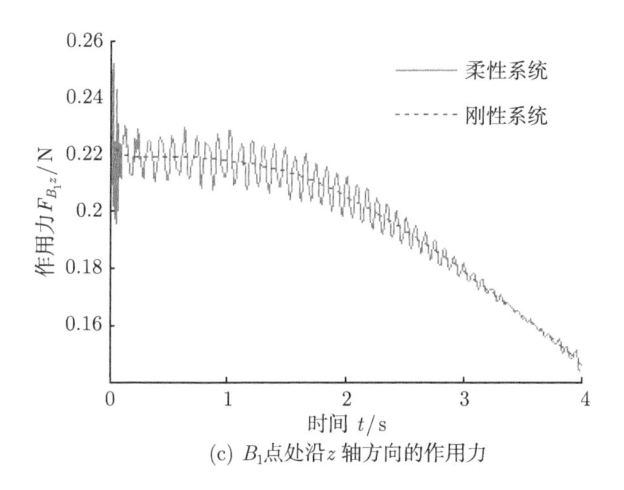

(c) B_1点处沿z 轴方向的作用力

图 6-13 B_1 点处的作用力 (B_1-xyz 坐标系中)

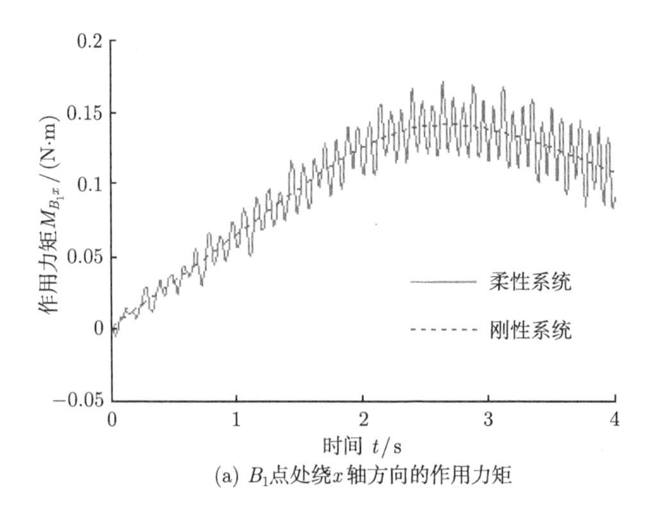

(a) B_1点处绕x轴方向的作用力矩

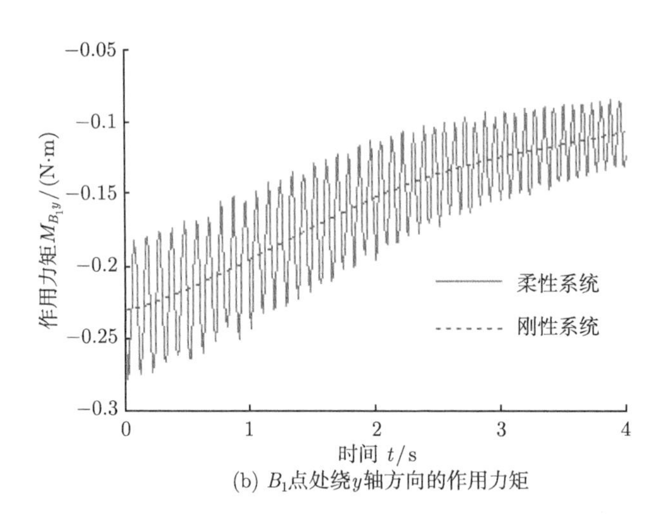

(b) B_1点处绕y轴方向的作用力矩

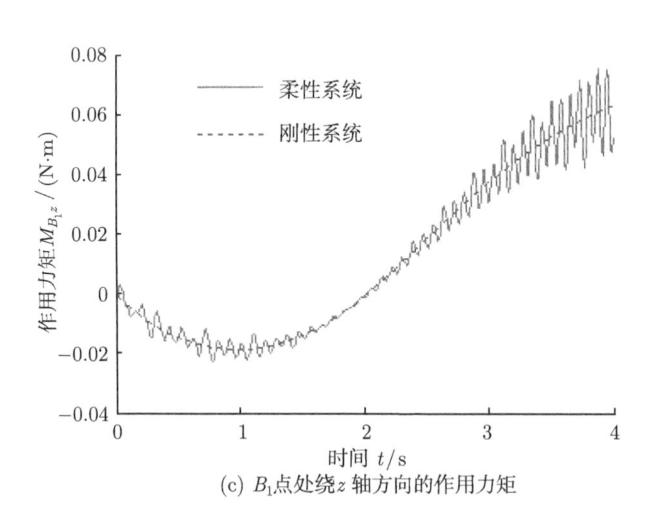

(c) B_1点处绕z轴方向的作用力矩

图 6-14　B_1 点处的作用力矩 (B_1-xyz 坐标系中)

图 6-15～图 6-22 对构件 $B_iC_i(i=1,2,3)$ 端部 B_i 处的受力情况进行了数值计算与软件仿真结果的对比，数据分析见表 6-3 和表 6-4，这里的相对误差是以软件仿真数据为标准计算

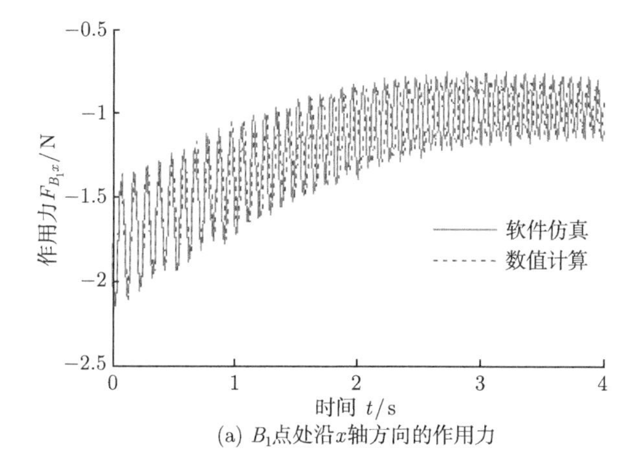

(a) B_1点处沿x轴方向的作用力

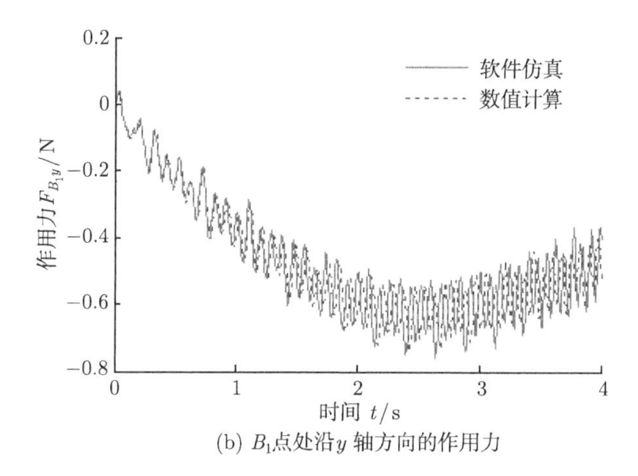

(b) B_1点处沿y 轴方向的作用力

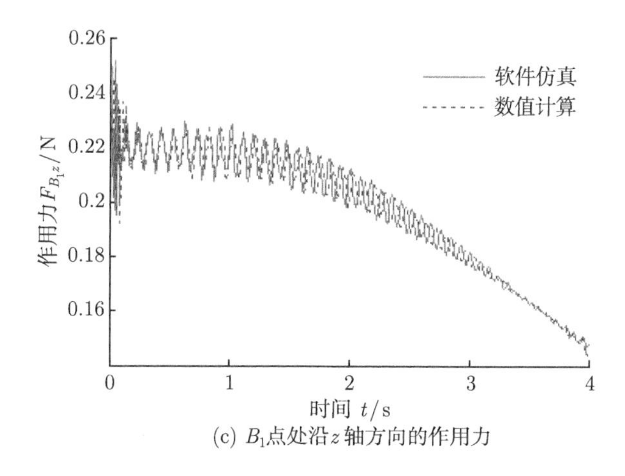

(c) B_1点处沿z 轴方向的作用力

图 6-15 B_1 点处的作用力 (B_1-xyz 坐标系中)

得到的。通过 B_i 处的受力变化曲线与具体数据的对比，可以发现，数值计算与软件仿真结果吻合得较好，如大部分的数值计算与软件仿真结果之间的相对误差都在 5%以内。

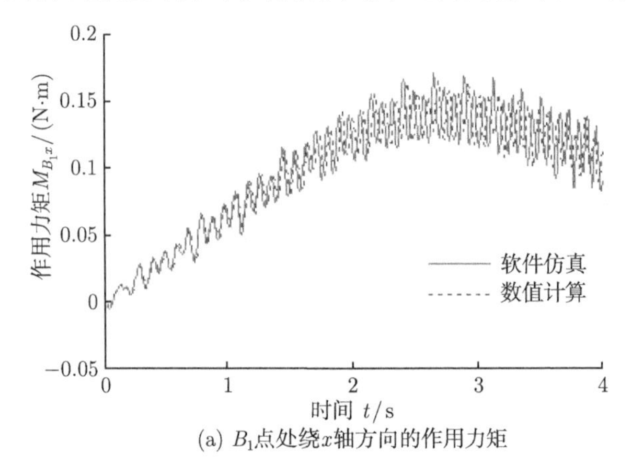

(a) B_1点处绕x轴方向的作用力矩

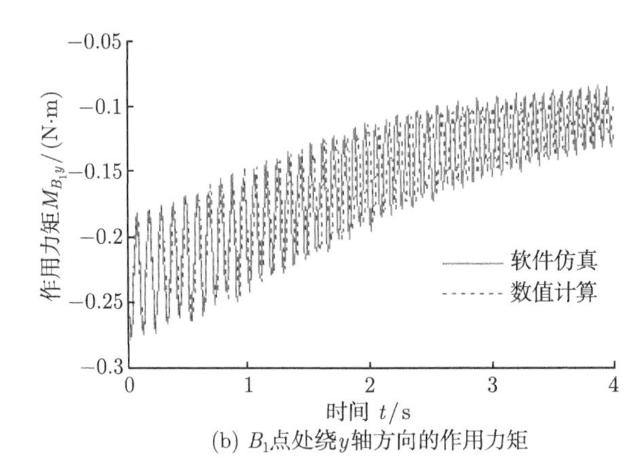

(b) B_1点处绕y轴方向的作用力矩

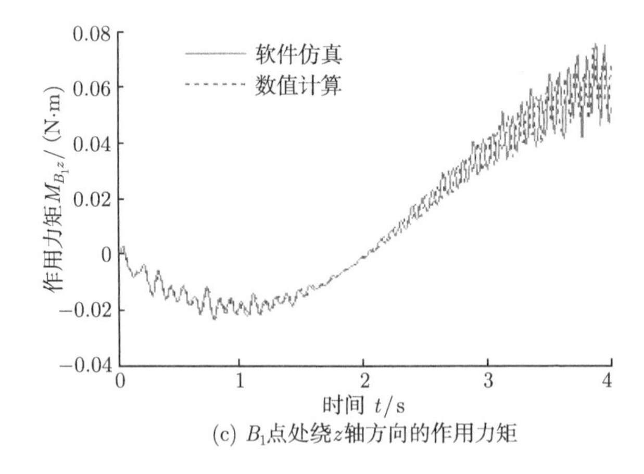

(c) B_1点处绕z轴方向的作用力矩

图 6-16　B_1 点处的作用力矩 (B_1-xyz 坐标系中)

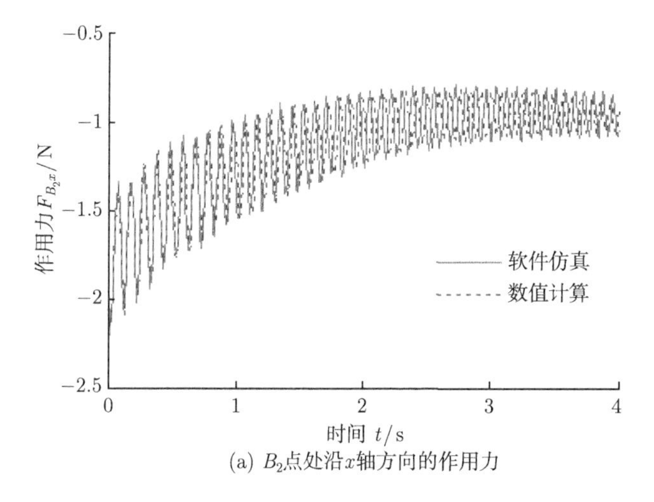

(a) B_2点处沿x轴方向的作用力

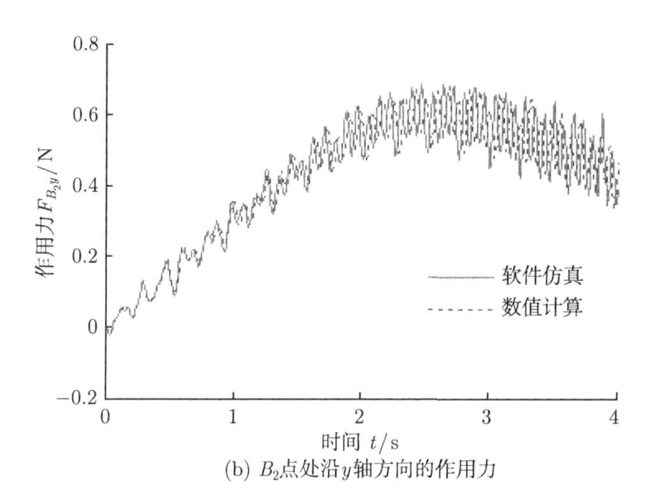

(b) B_2点处沿y轴方向的作用力

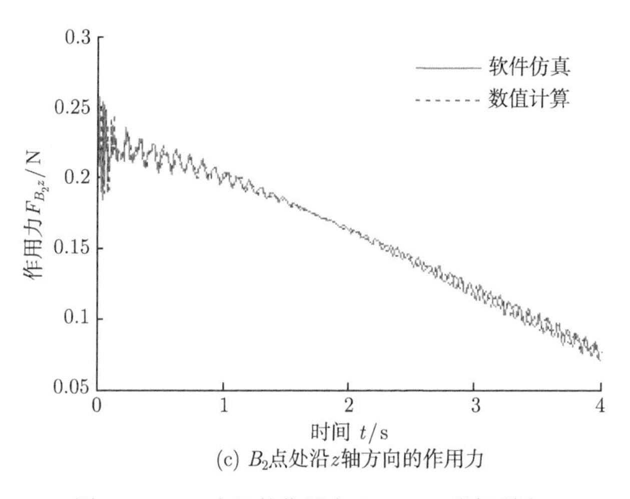

(c) B_2点处沿z轴方向的作用力

图 6-17 B_2 点处的作用力 (B_2-xyz 坐标系中)

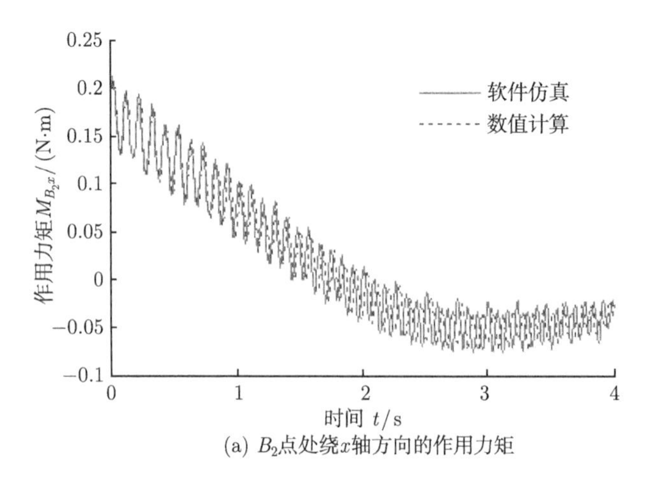

(a) B_2点处绕x轴方向的作用力矩

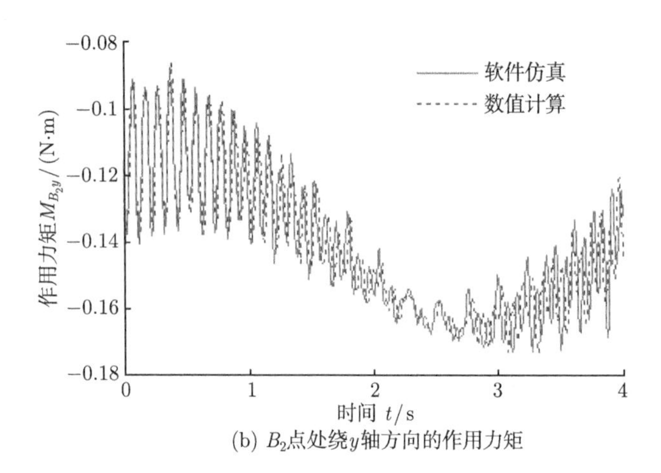

(b) B_2点处绕y轴方向的作用力矩

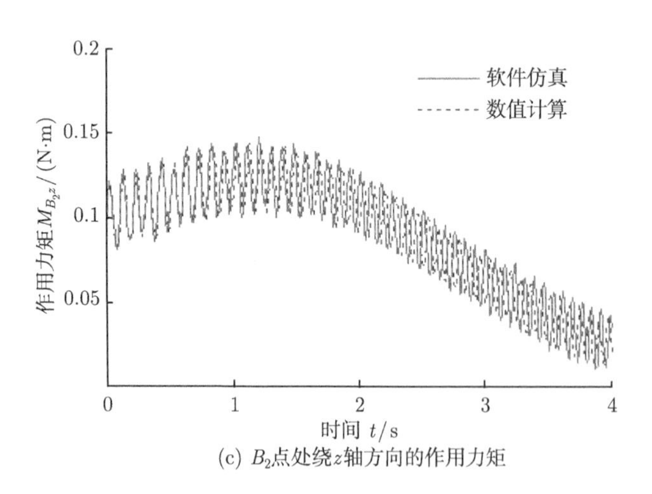

(c) B_2点处绕z轴方向的作用力矩

图 6-18　B_2 点处的作用力矩 (B_2-xyz 坐标系中)

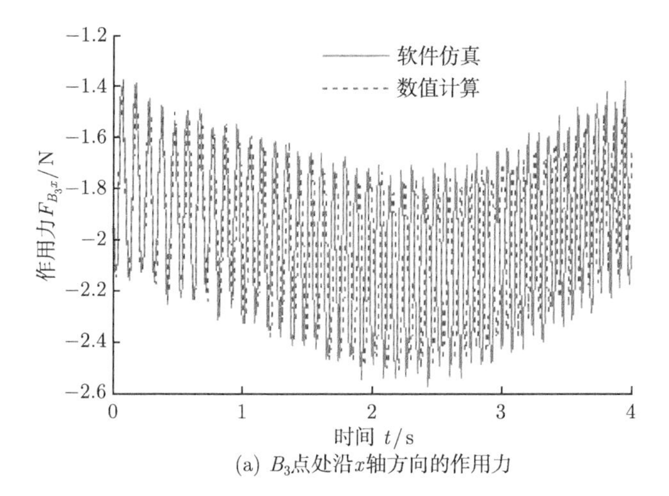

(a) B_3点处沿x轴方向的作用力

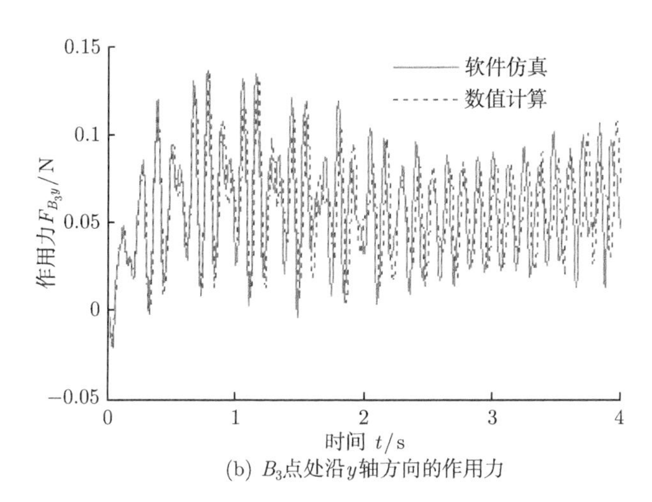

(b) B_3点处沿y轴方向的作用力

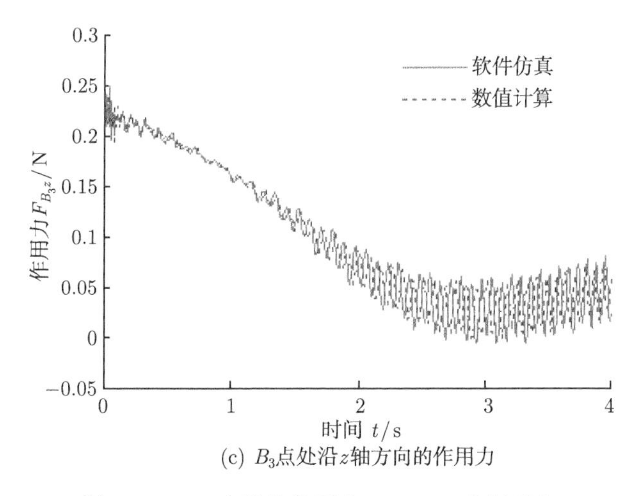

(c) B_3点处沿z轴方向的作用力

图 6-19 B_3 点处的作用力 (B_3-xyz 坐标系中)

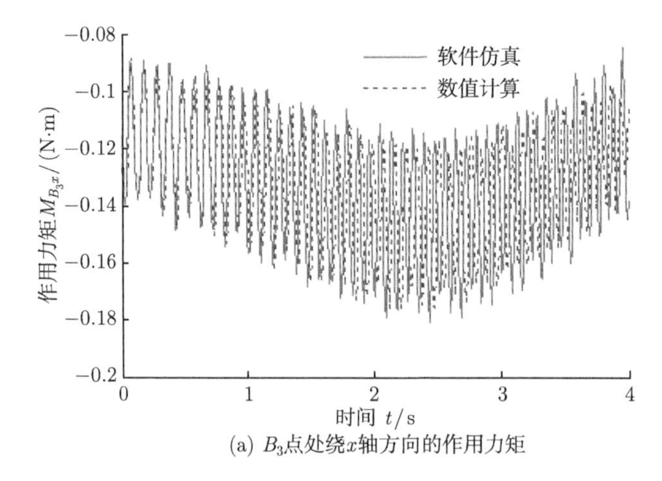

(a) B_3点处绕x轴方向的作用力矩

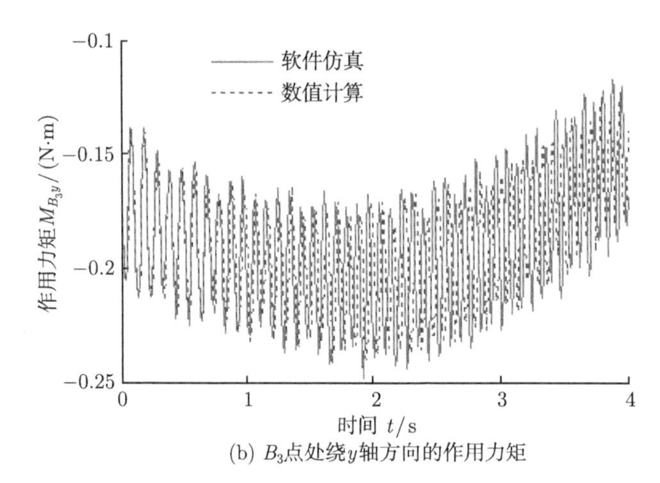

(b) B_3点处绕y轴方向的作用力矩

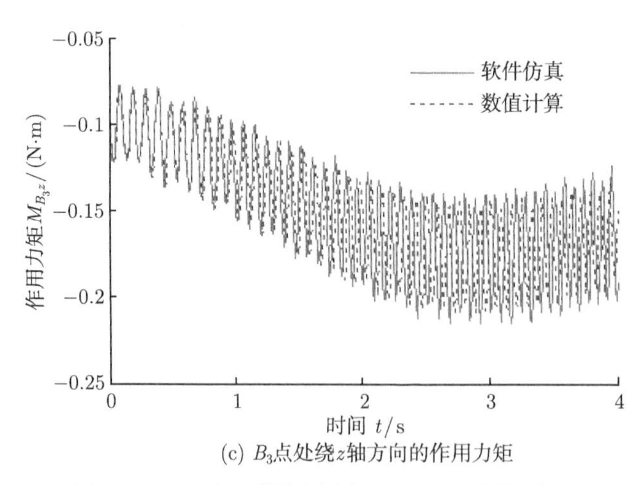

(c) B_3点处绕z轴方向的作用力矩

图 6-20　B_3 点处的作用力矩 (B_3-xyz 坐标系中)

表 6-3 作用力对比

类别		沿 x 轴方向的作用力		沿 y 轴方向的作用力		沿 z 轴方向的作用力	
		最大值/N	最小值/N	最大值/N	最小值/N	最大值/N	最小值/N
端部 B_1 处	数值计算	−0.7958	−2.152	0.03947	−0.7376	0.2453	0.1455
	软件仿真	−0.7538	−2.164	0.04048	−0.7592	0.2514	0.1438
	相对误差	5.57%	0.55%	2.50%	2.85%	2.43%	1.18%
端部 B_2 处	数值计算	−0.8283	−2.159	0.6835	−0.01969	0.2497	0.07217
	软件仿真	−0.7891	−2.202	0.6879	−0.02008	0.2580	0.07091
	相对误差	4.97%	1.95%	0.64%	1.94%	3.22%	1.78%
端部 B_3 处	数值计算	−1.380	−2.510	0.1345	−0.01983	0.2414	−0.00483
	软件仿真	−1.386	−2.579	0.1360	−0.02038	0.2491	−0.00562
	相对误差	0.43%	2.68%	1.10%	2.7%	3.09%	14.06%

表 6-4 作用力矩对比

类别		绕 x 轴方向的作用力矩		绕 y 轴方向的作用力矩		绕 z 轴方向的作用力矩	
		最大值/(N·m)	最小值/(N·m)	最大值/(N·m)	最小值/(N·m)	最大值/(N·m)	最小值/(N·m)
端部B_1 处	数值计算	0.1653	−0.00506	−0.0905	−0.2771	0.0742	−0.0229
	软件仿真	0.1713	−0.00516	−0.0845	−0.2783	0.0758	−0.0226
	相对误差	3.5%	1.94%	7.10%	0.43%	2.11%	1.33%
端部B_2 处	数值计算	0.2105	−0.0731	−0.0864	−0.1732	0.1457	0.0103
	软件仿真	0.2125	−0.0754	−0.0881	−0.1729	0.1482	0.0088
	相对误差	0.94%	3.05%	1.93%	0.17%	1.69%	17.05%
端部B_3 处	数值计算	−0.0890	−0.1761	−0.1221	−0.2421	−0.0769	−0.2086
	软件仿真	−0.0846	−0.1808	−0.1172	−0.2483	−0.0777	−0.2148
	相对误差	5.2%	2.60%	4.18%	2.5%	1.03%	2.89%

图 6-21 和图 6-22 分别给出了 3-$\underline{R}$RS 柔性并联机器人系统基座 $B_1B_2B_3$ 所受到的来自系统支链的反作用合力和相对于基座质心 O 点的反作用合力矩的变化情况，这里的反作用力、反作用力矩与系统的震动力和震动力矩大小相等，方向相反。总之，通过软件仿真分析柔性并联机器人系统构件的动应力状态和系统构件的受力状况非常具有实际意义，这些分析内容对了解系统构件的受力状况、判断构件的疲劳寿命和机构的优化设计等，都具有重要的指导意义。

6.4.3 3-$\underline{R}$SR 柔性并联机器人仿真

3-$\underline{R}$SR 柔性并联机器人的机构简图如图 6-23。它由 1 个动平台 $P_1P_2P_3$、3 条支链 $B_iC_iP_i(i=1,2,3)$ 和 1 个静平台 $B_1B_2B_3$ 组成。其中，动平台通过转动副 (revolute pair，简记为 R) 与各支链连接，静平台也通过转动副 (R 副) 与各支链连接，支链 $B_iC_iP_i(i=1,2,3)$ 中的构件 B_iC_i 与构件 C_iP_i 通过 $C_i(i=1,2,3)$ 处的球面副 (spherical pair，简记为 S) 连接在一起。此并联机构的动平台可以实现空间 2 个转动自由度和 1 个移动自由度共 3 个自由度的运动。

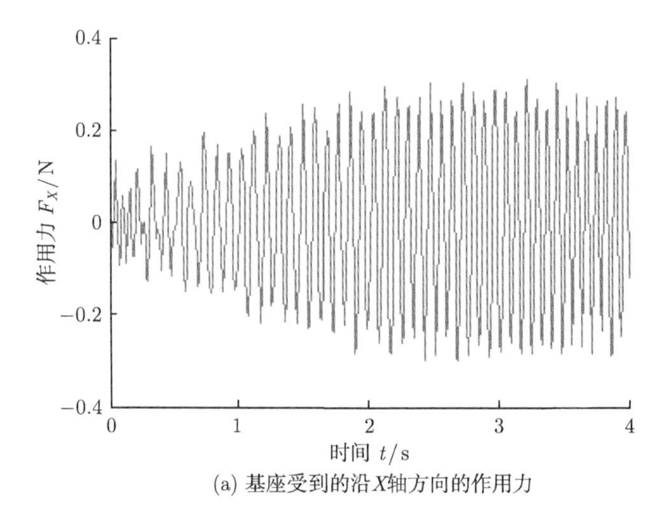

(a) 基座受到的沿 X 轴方向的作用力

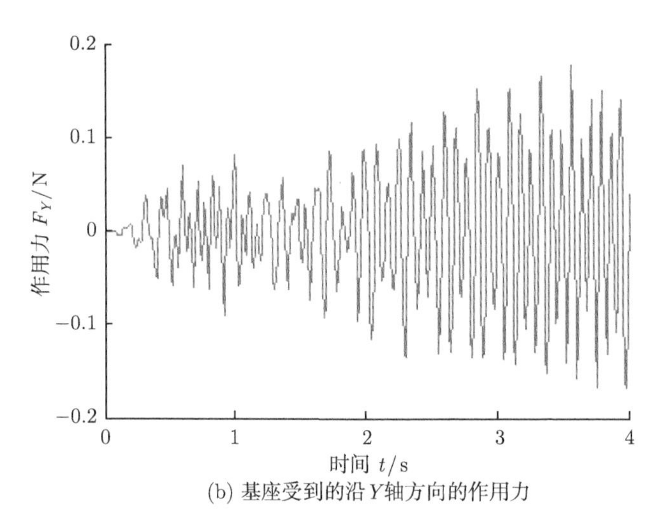

(b) 基座受到的沿 Y 轴方向的作用力

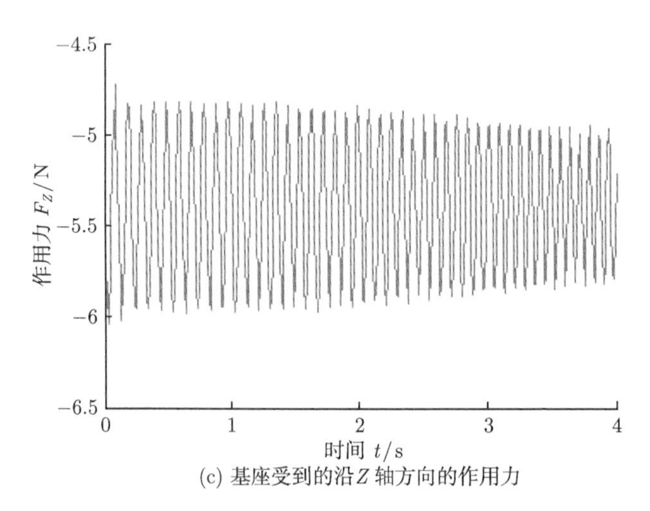

(c) 基座受到的沿 Z 轴方向的作用力

图 6-21　基座受到的作用力 (O-XYZ 坐标系中)

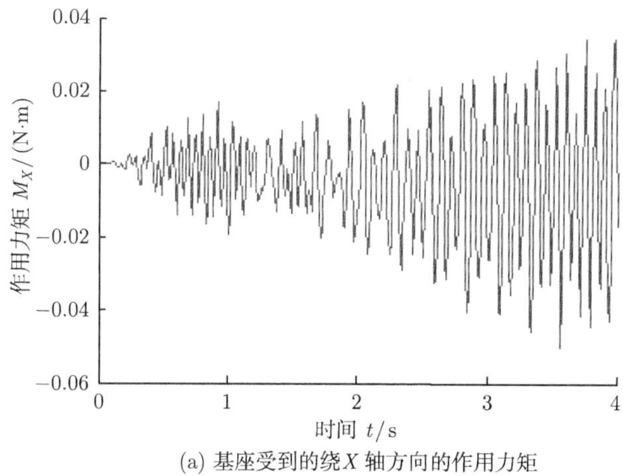

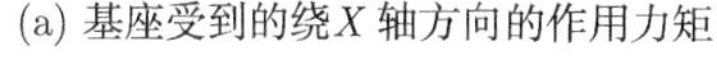

(a) 基座受到的绕X 轴方向的作用力矩

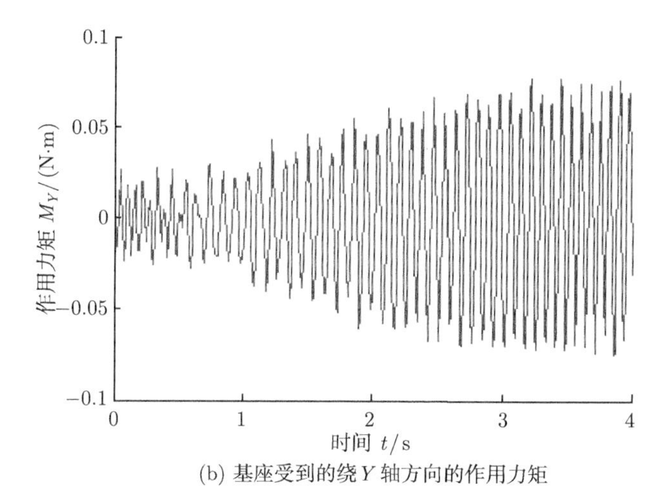

(b) 基座受到的绕Y 轴方向的作用力矩

× 10−3
4
2
0
−2
−4
作用力矩 M_Z/(N·m)
0
1
2
3
4
时间 t/s

(c) 基座受到的绕Z轴方向的作用力矩

图 6-22　基座受到的作用力矩

Dunlop 和 Jones(1997) 研究了一种结构形式的 3-RSR 柔性并联机器人 (上、下平台是正三角形，3 条支链中的构件长度互不相等) 的封闭位置正解和简化的结构形式 (上、下平台是正三角形且相等，每条支链的驱动构件和被动构件的长度分别对应相等) 的封闭位置反解。Hertz 和 Hughes(1998) 根据结构尺寸的不同将 3-RSR 柔性并联机器人分为 4 类：一般机构 (上、下平台是一般三角形且互不相等，支链中的 6 个构件也互不相等)，对称结构 (上、下平台是一般三角形但相等，支链中的驱动构件和被动构件的长度分别对应相等)，规则机构 (上、下平台是正三角形但互不相等，所有驱动构件的长度相等，所有被驱动构件的长度也相等，但驱动构件的长度不等于被驱动构件的长度)，对称规则结构 (上、下平台是正三角形且相等，支链中的所有构件长度相同)；并研究了一般结构的迭代数值正、反解以及对称结构的封闭位置正解和封闭位置反解。此外，国内外还有许多学者相继对 3-RSR 柔性并联机器人的奇异性、工作空间、速度、加速度和动力学等问题进行了研究，为进一步深入分析 3-RSR 柔性并联机器人的运动学和动力学特性奠定了基础。鉴于 3-RSR 柔性并联机器人机构在消防、并联机床、卫星天线等领域存在广泛的应用前景，故对 3-RSR 柔性并联机器人进行弹性动力学分析十分必要。

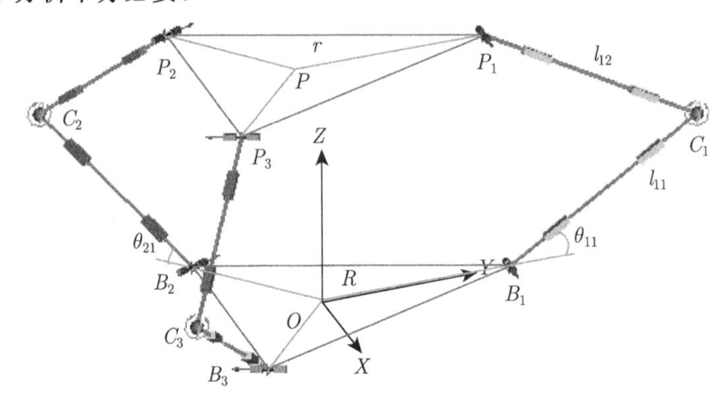

图 6-23　SAMCEF 环境中 3-RSR 柔性并联机器人模型

3-RSR 柔性并联机器人的机构参数和运动规律如下。

系统参数：材质为钢；构件 B_iC_i 的长度 $l_{i1}=0.15$ m，构件 C_iP_i 的长度 $l_{i2}=0.15$ m(i=1,2,3)，矩形截面，厚度 h=1.5 mm，宽度 b=5 mm；动平台为等边三角形，$r=0.12$ m，厚 2 mm；静平台为等边三角形，$R=0.12$ m，厚 2 mm；运动时间 $T=5$ s。

运动规律：系统的运动规律见表 6-5。

表 6-5　3-RSR 并联机器人的运动参数

变量	初始角度/(°)	终止角度/(°)	启动时刻/s	终止时刻/s
θ_{11}	30	75	0	5
θ_{21}	30	50	0	5
θ_{31}	30	60	0	5

3-RSR 柔性并联机器人机构的虚拟样机模型如图 6-23 所示。根据建立的 3-RSR 柔性并联机器人虚拟样机模型，通过设置各个构件的材料属性、有限元网格特性、系统的运动规律和求解参数等，进行系统的动态仿真可以得到动平台中心点 P 在 X 轴、Y 轴和 Z 轴方向的位移、速度和加速度变化曲线，分别如图 6-24、图 6-25 和图 6-26 所示。

把 3-$\underline{\mathrm{R}}$SR 柔性并联机器人操作器 (动平台) 与 3-$\underline{\mathrm{R}}$RS 柔性并联机器人操作器 (动平台) 的运动状态进行对比，可以发现，尽管这两种机器人的机构相似，但由于系统中运动副的布置位置和结构不同，系统操作器 (动平台) 的运动特性发生了巨大变化，如 3-$\underline{\mathrm{R}}$SR 并联机器人在 X 轴方向和 Y 轴方向的运动尺度要比 3-$\underline{\mathrm{R}}$RS 并联机器人的大得多。

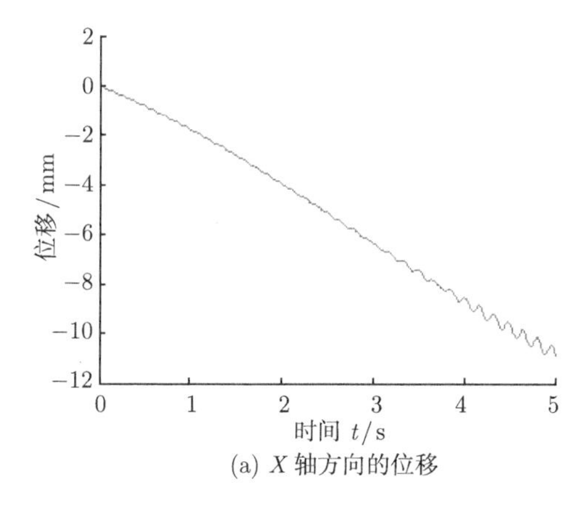

(a) X 轴方向的位移

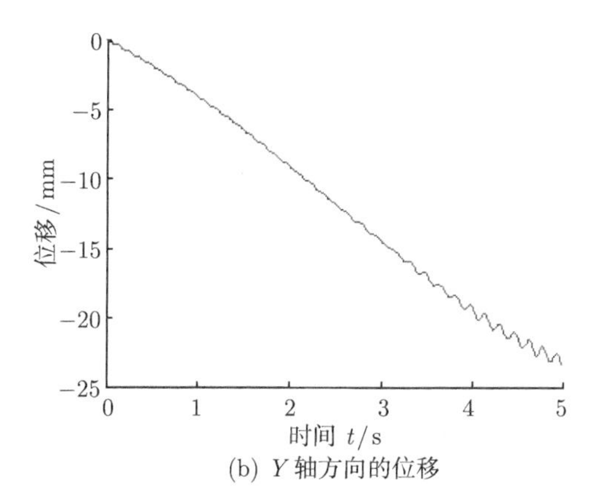

(b) Y 轴方向的位移

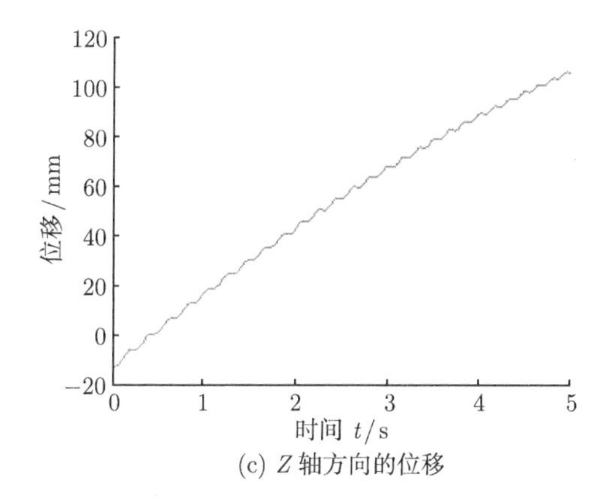

(c) Z 轴方向的位移

图 6-24 动平台中心点位移

(a) X 轴方向的速度

(b) Y 轴方向的速度

(c) Z 轴方向的速度

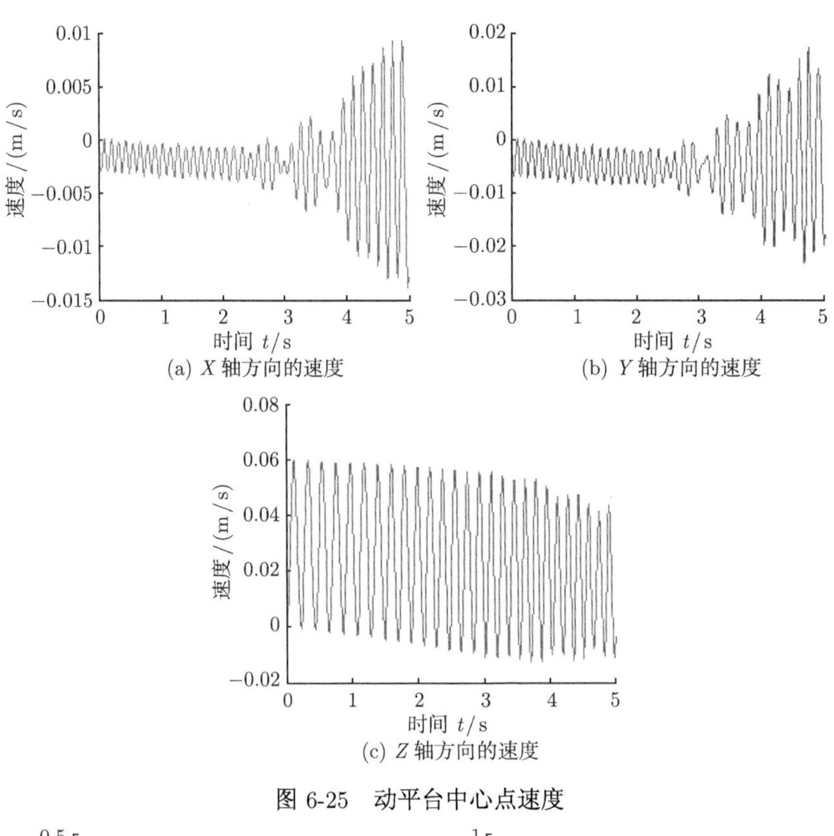

图 6-25 动平台中心点速度

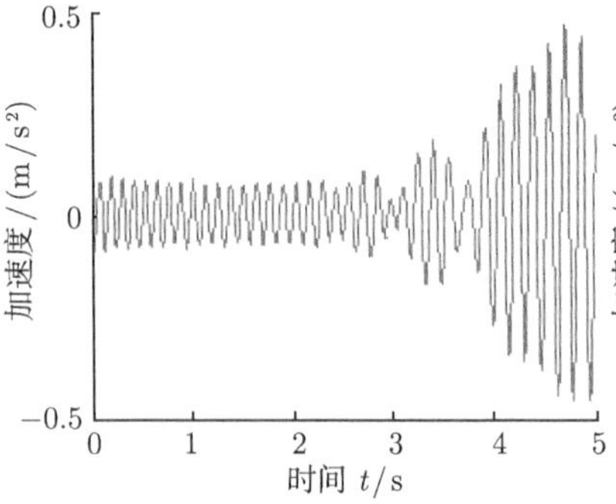

(a) X 轴方向的加速度

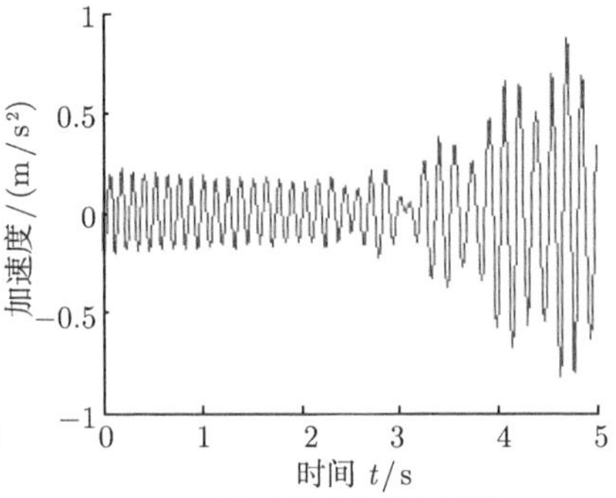

(b) Y 轴方向的加速度

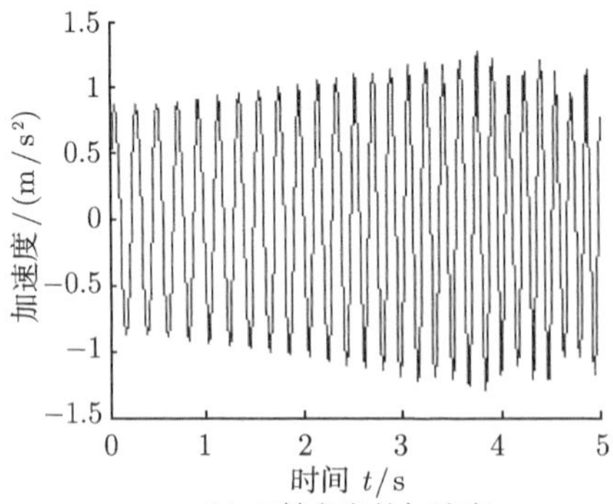

(c) Z 轴方向的加速度

图 6-26 动平台中心点加速度

为了考察 3-RSR 柔性并联机器人在系统运动过程中构件的受力状况，了解机器人的动应力特性，利用 SAMCEF 软件对 3-RSR 柔性并联机器人系统的应力状态作了仿真分析。图 6-27 和图 6-28 分别给出了系统运动过程中 t=0.94 s、t =2.53 s、t =4.8 s 时刻的系统等效应

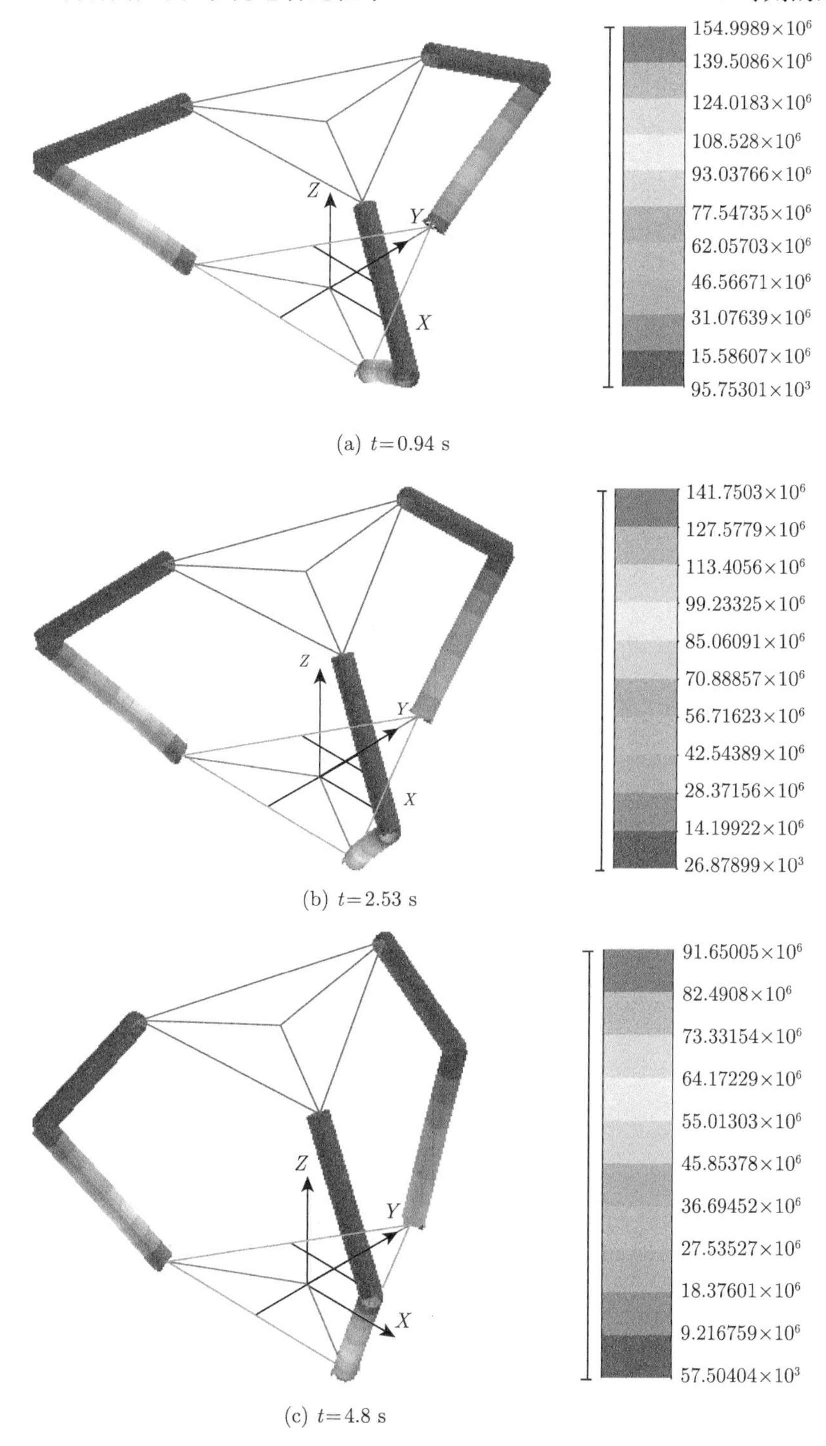

(a) t=0.94 s

(b) t=2.53 s

(c) t=4.8 s

图 6-27 3-RSR 并联机器人系统等效应力 (单位:Pa)

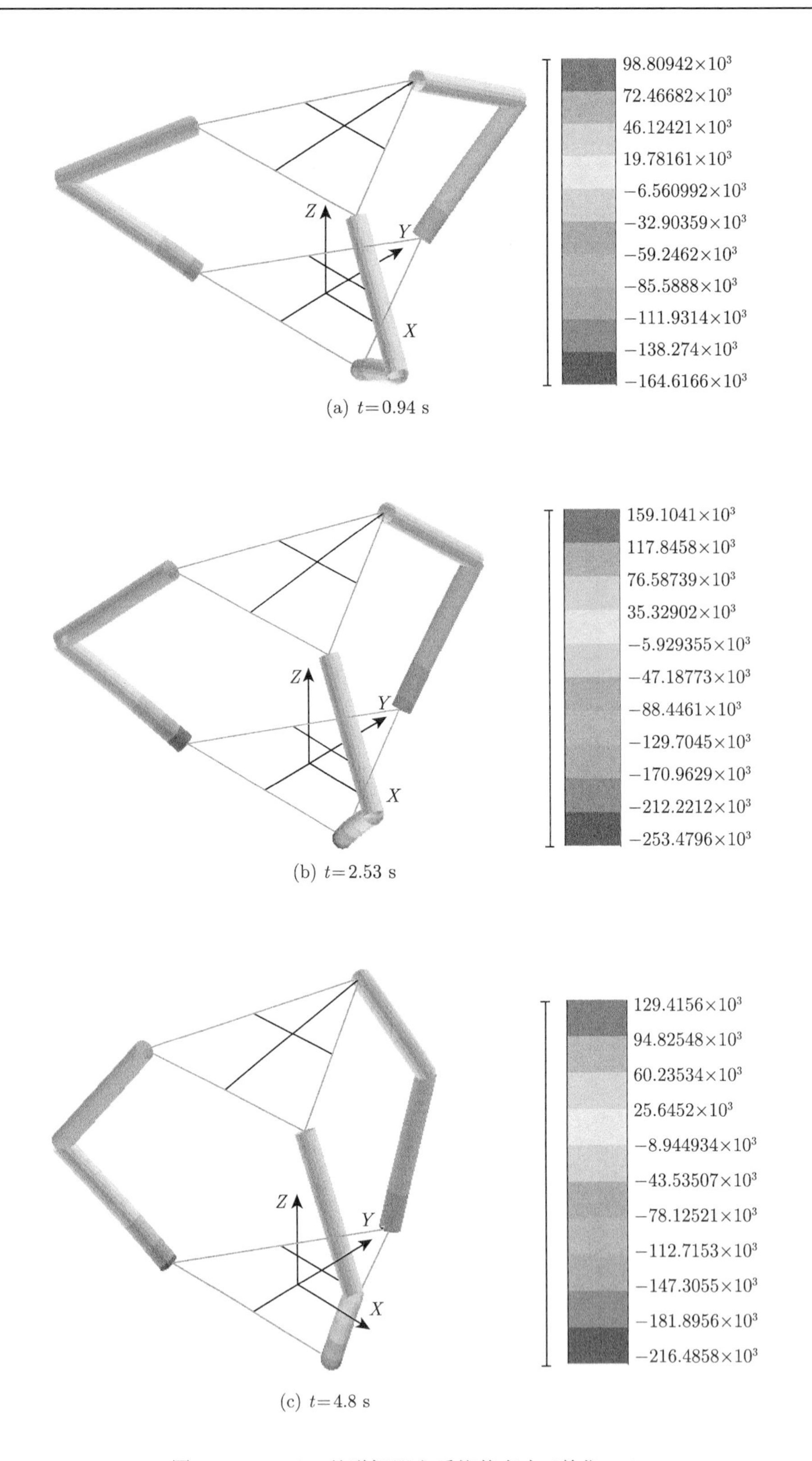

(a) t=0.94 s

(b) t=2.53 s

(c) t=4.8 s

图 6-28　3-$\underline{\text{R}}$SR 并联机器人系统剪应力 (单位:Pa)

力云图和剪应力云图。分析可知，在系统运动的整个过程中，驱动构件根部应力值总为最大，且系统运动的整个过程中所有构件等效应力的最大值和剪应力的最大值分别为 161.00 MPa 和 0.1592 MPa。这些内容可为 3-RSR 柔性并联机器人的疲劳强度分析和系统结构的优化设计等提供重要参考。

6.4.4 3-RRC 柔性并联机器人仿真

一种具有空间 3 维移动自由度的 3-RRC 柔性并联机器人的系统参数 (3-RRC 柔性并联机器人机构简图见图 3-19) 和运动规律如下。

系统参数：构件的材质为钢，密度 ρ=7800 kg/m^3，拉压弹性模量 E=2.1×10^{11} N/m^2，剪切弹性模量 G=8.0×10^{10} N/m^2；构件长度 $l_{i1}=l_{i2}$=0.25 m(i=1,2,3)，矩形截面，厚度 h=4 mm，宽度 b=4 mm；动平台 0.30 m×0.24 m，厚 1.5 mm；静平台 0.30 m×0.24 m，厚 2 mm；b_1=0.15 m，b_2=0.12 m，l_1=0.24 m，l_2=0.24 m；运动时间 $T=5$ s。

运动规律：系统的运动规律如表 6-6。

表 6-6 3-RRC 柔性并联机器人的运动参数

变量	初始角度/(°)	终止角度/(°)	启动时刻/s	终止时刻/s
θ_1	30	70	0	5
θ_2	30	60	0	5
θ_3	30	60	0	5

在 SAMCEF 软件环境下，建立的 3-RRC 柔性并联机器人机构的虚拟样机分析模型，如图 6-29 所示。

在 SAMCEF 软件环境下，设定 3-RRC 柔性并联机器人虚拟样机分析模型的系统参数 (如运动副约束、构件的刚或柔特性、材料等) 和运动规律 (如机构的初始位置、驱动构件的运动变化规律等) 后，通过动态仿真求解可以得到 3-RRC 柔性并联机器人动平台中心点 P 在 X 轴、Y 轴和 Z 轴方向的位移 (相对于起始点位置)、速度和加速度的变化情况，分别如图 6-30、图 6-31 和图 6-32。

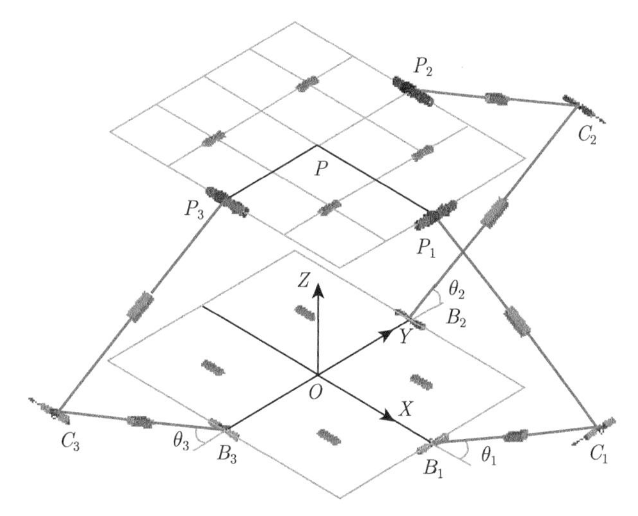

图 6-29 SAMCEF 环境中 3-RRC 并联机器人模型

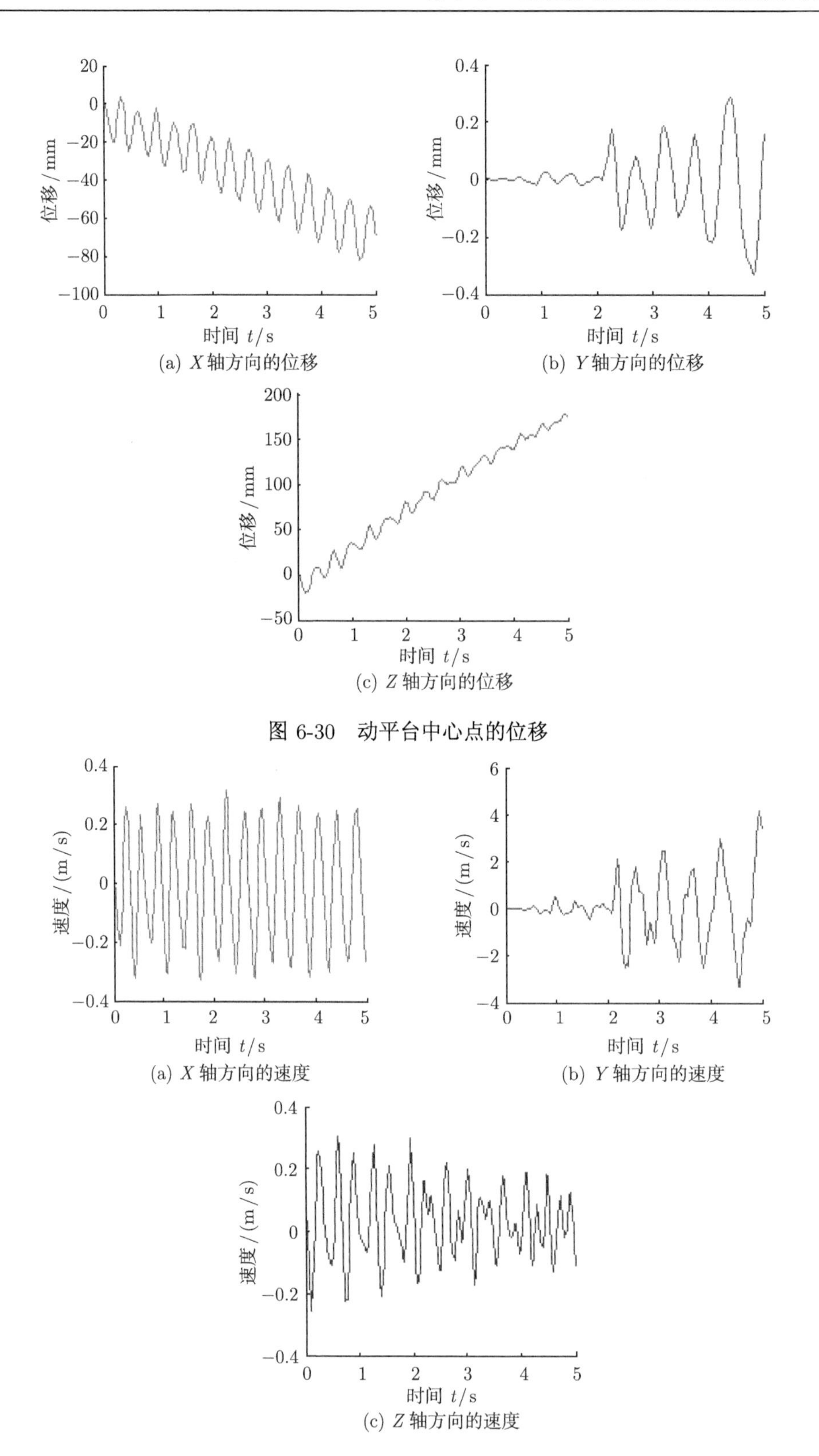

图 6-30　动平台中心点的位移

图 6-31　动平台中心点的速度

通过 SAMCEF 软件内部参数的设置，经过虚拟样机仿真还可以得到 3-$\underline{R}$RC 柔性并联机器人系统中各个构件上每个节点的受力状态。图 6-33 和图 6-34 分别给出了系统构件 B_3C_3 上 B_3 点处在 X 轴、Y 轴、Z 轴方向的受力曲线和绕 X 轴、Y 轴、Z 轴方向的力矩曲线。显然，系统构件的受力仿真和求解分析，对进一步研究柔性并联机器人系统的震动力/力矩、系统的结构设计和构件截面参数的确定等都具有非常重要的指导意义。

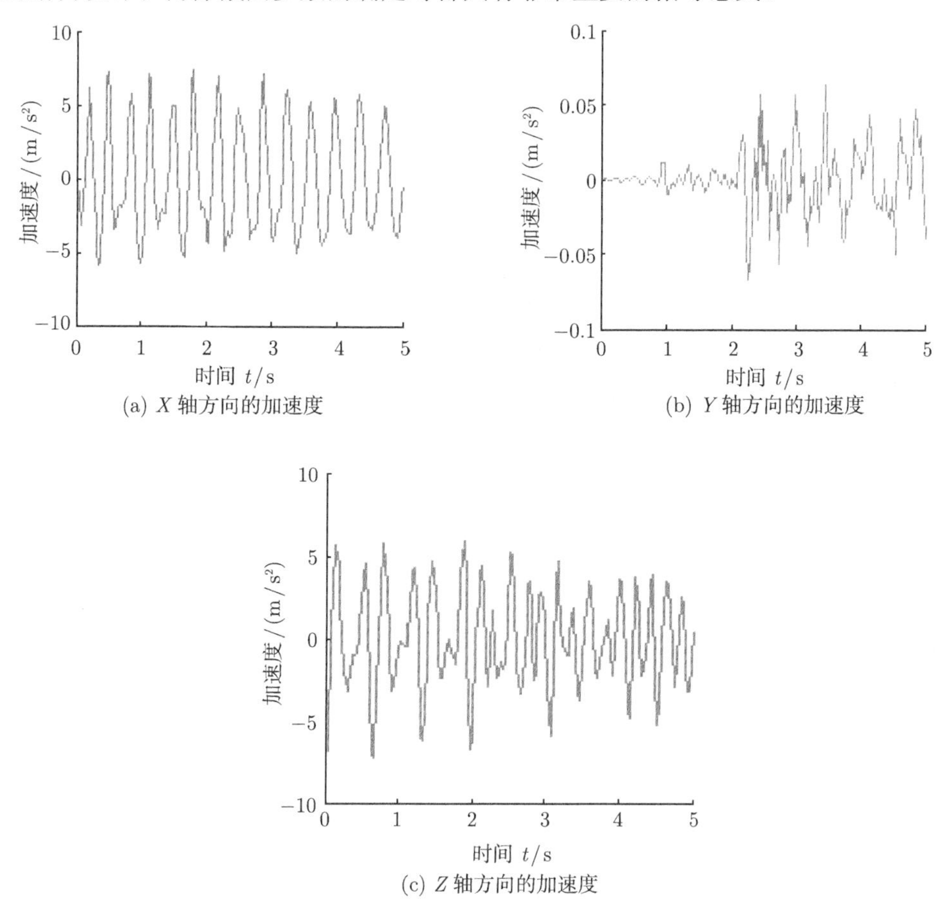

(a) X 轴方向的加速度 (b) Y 轴方向的加速度

(c) Z 轴方向的加速度

图 6-32 动平台中心点的加速度

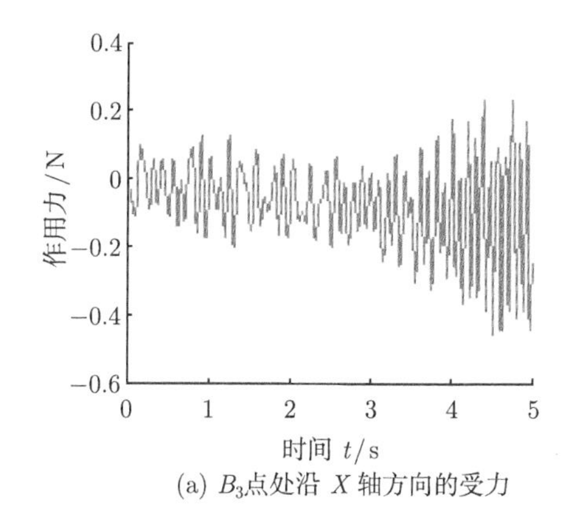

(a) B_3点处沿 X 轴方向的受力

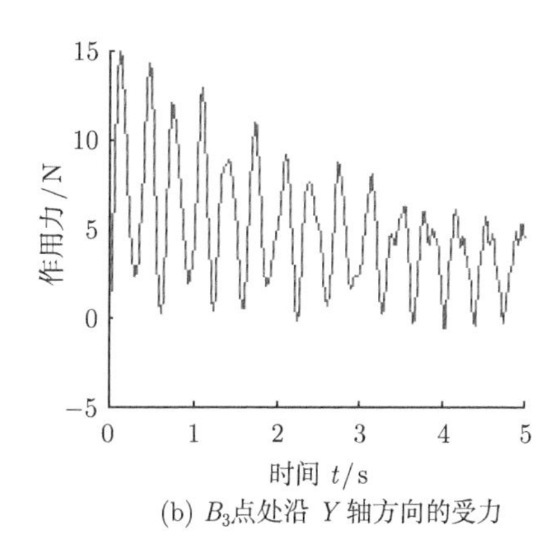

(b) B_3点处沿 Y 轴方向的受力

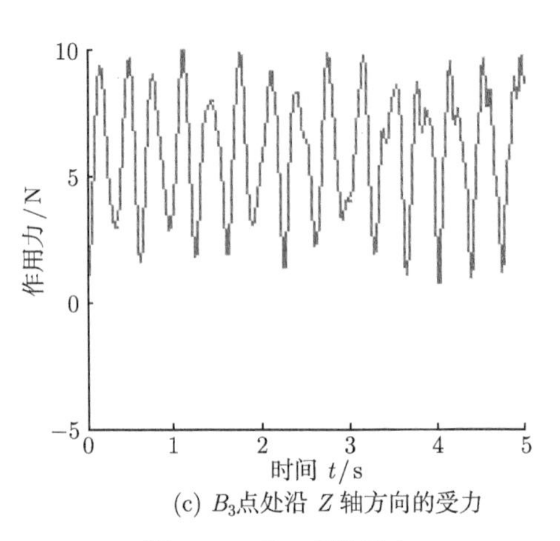

(c) B_3点处沿 Z 轴方向的受力

图 6-33　B_3 点处受力

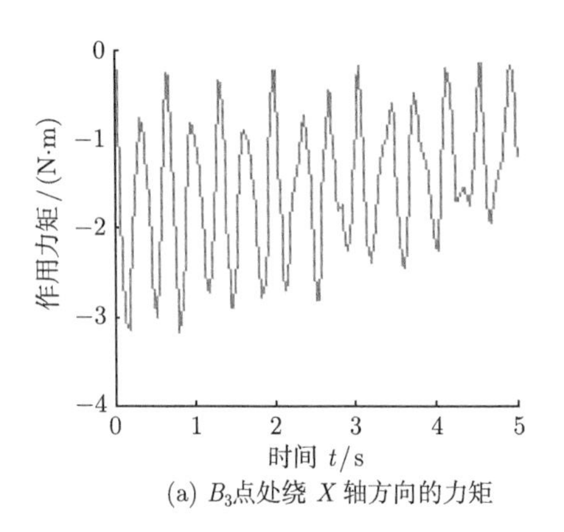

(a) B_3点处绕 X 轴方向的力矩

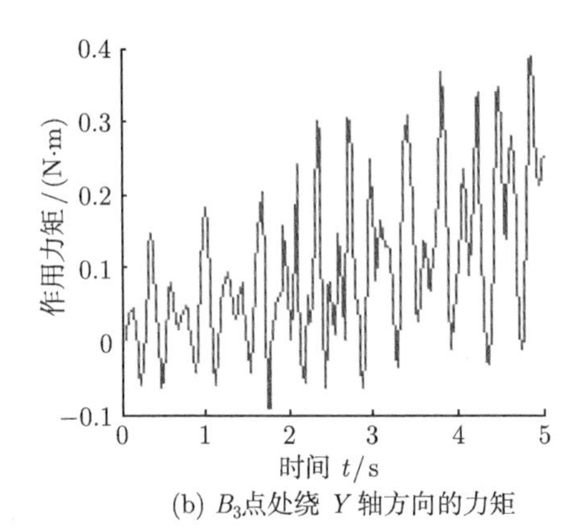

(b) B_3点处绕 Y 轴方向的力矩

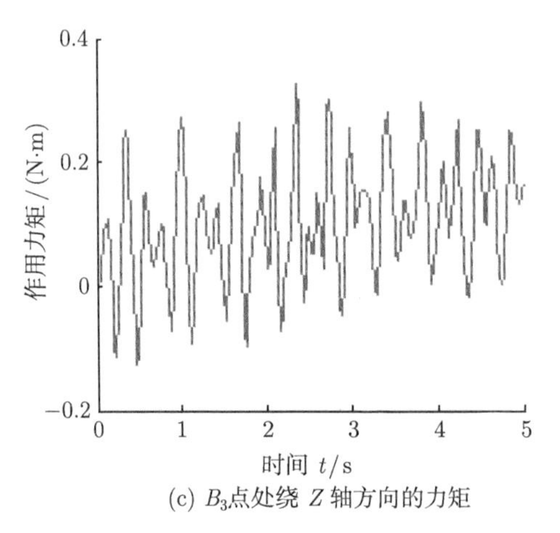

(c) B_3点处绕 Z 轴方向的力矩

图 6-34　B_3 点处力矩

第 7 章　柔性并联机器人机构的动态特性分析与优化设计

7.1　引　　言

通过前几章的分析，可对柔性并联机器人机构的动力学建模和动力学特性等问题有一定的认识。为了更进一步地深刻了解柔性并联机器人的运动学和动力学特性，也为了设计出各方面性能最优的机器人，还需要进一步分析柔性并联机器人的动态特性。其中，柔性并联机器人机构的频率特性是系统动态特性中的一个重要组成部分。分析柔性并联机器人系统的固有频率可以深入理解柔性机器人机构的振动特点、奇异位形和刚度特征等信息，为机器人系统的优化设计、工作任务规划和系统避振等问题的研究奠定基础。同时，分析柔性并联机器人系统的固有频率对了解系统的模态 (或振型) 特性以及探索柔性并联机器人系统运动误差的变化规律性等也具有重要意义。

并联机器人机构的设计一般涉及两个主要问题，即机构综合和参数优化。在并联机器人的设计中，机器人机构的尺寸设计是一项很重要的研究内容，因为机构的尺寸参数决定了系统的工作性能。一般并联机器人机构的设计不是为了执行特定的任务，而是为了满足普遍的性能指标。由于性能指标和设计参数具有多元性、耦合性和非线性，所以并联机构的设计是一个昂贵、费时、复杂和困难的过程。

柔性并联机器人机构的优化设计任务是设计一个以预定速度运转的、考虑构件柔性变形的机构，使之对应的各项运动学和动力学特性部分或全部达到最优。一般柔性并联机构设计中，应考虑系统机构构件的两类尺寸：① 机构的几何尺寸，即对机构的刚体运动有影响的构件长度、运动副类型及空间位置等；②构件的截面尺寸，它一般对刚体运动没有影响，而主要影响构件的变形、动应力、系统的运动精度、驱动力矩和能耗等。

本章内容的分析重点为柔性并联机器人机构的动力学优化问题，主要涉及分析系统构件的截面尺寸参数与构件的变形、动应力和系统运动精度等的优化问题。

7.2　频率特性分析

7.2.1　特性分析

柔性并联机器人系统的固有频率是柔性并联机器人的重要动态特征参数，固有频率体现了柔性并联机器人的振动特性，并且与并联机器人的位形奇异问题、系统刚度问题等密切相关。分析柔性并联机器人系统固有频率的意义如下：

(1) 固有频率总体上表征了柔性并联机器人机构的系统刚度与振动特性；

(2) 固有频率一般为系统构件参量的函数，所以，可以通过优化构件参量调整系统固有频率，改善系统的动态特性；

(3) 固有频率一般与系统的机构位形密切相关，因此，可以根据固有频率选择系统的最优操作工作空间或运动轨迹；

(4) 根据固有频率合理选择系统驱动部件等动力源系统的参数，可以避免机械 - 电系统之间的耦合共振；

(5) 根据固有频率判断外界干扰是否容易激发机器人的低阶谐振或共振，以便采取避振、隔振等措施。

总之，分析柔性并联机器人系统的频率特性可以了解机构的刚度、振动特点等信息，为系统的结构优化设计、工作空间或轨迹规划、控制策略制定以及系统避振等的研究和实际工程应用奠定基础。

通过前面各章分析，可知柔性并联机器人系统的弹性动力学方程可以表示为

$$\boldsymbol{M}\ddot{\boldsymbol{U}}+\boldsymbol{C}\dot{\boldsymbol{U}}+\boldsymbol{K}\boldsymbol{U}=\boldsymbol{Q} \tag{7-1}$$

式中，$\boldsymbol{Q}$ 为系统广义力列阵，包括系统刚性惯性力；$\boldsymbol{C}$ 为阻尼矩阵，一般阻尼矩阵 $\boldsymbol{C}=\gamma_1\boldsymbol{M}+\gamma_2\boldsymbol{K}$，这种阻尼称为 Rayleigh 阻尼；$\gamma_1$ 和 γ_2 是 Rayleigh 阻尼比例系数。

由式 (7-1) 可以得到并联机构系统的无阻尼弹性振动固有频率和振型方程式为

$$\left(\boldsymbol{K}-\omega^2\boldsymbol{M}\right)\boldsymbol{A}=\boldsymbol{0} \tag{7-2}$$

式中，ω 为系统固有频率，对于具有 n 个广义坐标的机构系统，可以求出 n 阶固有频率；$\boldsymbol{A}$ 为固有振型，也称为主振型，为与 ω 对应的特征向量。

由式 (7-2) 可以得到柔性并联机器人机构系统的特征方程为

$$|\boldsymbol{D}-\lambda\boldsymbol{I}|=0 \tag{7-3}$$

$$\boldsymbol{D}=\boldsymbol{K}^{-1}\boldsymbol{M}$$

$$\lambda=\frac{1}{\omega^2}$$

把由式 (7-3) 解出的 n 个特征值中的 ω^2 按升序排列为

$$0<\omega_1^2\leqslant\omega_2^2\leqslant\cdots\leqslant\omega_n^2$$

定义第 i 个特征值 ω_i^2 的算术平方根 ω_i 为系统的第 i 阶固有 (圆) 频率。其中，第一阶固有频率 f_1(或 ω_1，$\omega_i=2\pi f_i$) 又称基频，是机械系统动态特性理论研究和工程应用中的分析重点。

由式 (7-3) 可知，求解柔性并联机器人系统的固有频率可归结为系统总刚度矩阵 $\boldsymbol{K}$ 相对于系统总质量矩阵 $\boldsymbol{M}$ 的广义特征值问题。由于系统总刚度矩阵 $\boldsymbol{K}$ 和系统总质量矩阵 $\boldsymbol{M}$ 一般皆为机构位形的函数，所以，柔性并联机构系统的固有频率一般也是机构位形的函数，需要在系统运动过程中或工作空间内分析系统的频率特性。同时，柔性并联机器人系统的总刚度矩阵 $\boldsymbol{K}$ 和总质量矩阵 $\boldsymbol{M}$ 是系统结构参量的函数。因此，机构系统中各个构件/部件的几何结构型式、横截面形状/尺寸以及材料属性等也就从本质上决定了柔性并联机构系统的频率特性。由于前述原因，理论分析柔性并联机构系统的频率特性变得非常困难，甚至无法实现。目前，只能通过算例计算或软件仿真等分析方式，间接探讨这类刚柔耦合机械系统的频率特性，再通过归纳总结探求系统固有频率与机构基本参量之间存在的内在规律性。

7.2.2　算例分析

以 3-$\underline{\mathrm{R}}$RS 柔性并联机器人为例进行算例分析。

系统参数：材质为钢，构件长度 $l_{i1}=l_{i2}=l$=0.15 m(i=1,2,3)，矩形截面，厚 h=3 mm，宽 b=5 mm；动平台质量 m_0=0.152 kg；$r=R=0.10$ m；$T=1$ s。

材料参量:

钢：ρ=7800kg/m^3，E=2.1×10^{11}N/m^2，G=8.0×10^{10}N/m^2；

铝：ρ=2710kg/m^3，E=7.1×10^{10}N/m^2，G=2.6×10^{10}N/m^2；

铜：ρ=8800kg/m^3，E=1.08×10^{11}N/m^2，G=3.92×10^{10}N/m^2。

操作任务：动平台的运动规律如下 (单位: rad, m)

$$(1)\ \begin{cases}\beta=\dfrac{\pi t}{18}\\ \gamma=\dfrac{\pi t}{12}\\ z_P=0.05t^2+0.05t+0.15\end{cases}\qquad (0\leqslant t\leqslant T)\tag{7-4}$$

$$(2)\ \begin{cases}\beta=\dfrac{[-2+7s(t)]\,\pi}{180}\\ \gamma=\dfrac{[-1+3s(t)]\,\pi}{180}\\ z_P=0.015s^3(t)+0.06s^2(t)+0.18\end{cases}\qquad s(t)=\frac{t}{T}-\frac{1}{2\pi}\sin\frac{2\pi t}{T}\ (0\leqslant t\leqslant T)\tag{7-5}$$

$$(3)\ \begin{cases}\beta=\dfrac{[-10+20s(t)]\,\pi}{180}\\ \gamma=\dfrac{[-2+3s(t)]\,\pi}{180}\\ z_P=0.012s^3(t)+0.08s^2(t)+0.16\end{cases}\qquad s(t)=\frac{t}{T}-\frac{1}{2\pi}\sin\frac{2\pi t}{T}\ (0\leqslant t\leqslant T)\tag{7-6}$$

对于系统给定的运动规律 (1)，图 7-1 给出了柔性构件厚度 h 取 0.003 ～ 0.008 m 的值时，系统第一阶固有频率 (基频)f_1 平均值的变化曲线图 (这里 $f_1=\omega_1/2\pi$)。显然，第一阶固有频率 (基频)f_1 的平均值随着系统构件厚度 h 值的增加而显著变大 (典型数据分析见表 7-1，由于篇幅所限，第二、三阶固有频率平均值与构件厚 h 的变化曲线已略，下同)。这说明随着构件厚度 h 值的增加，柔性并联机器人系统机构的刚度变大了。

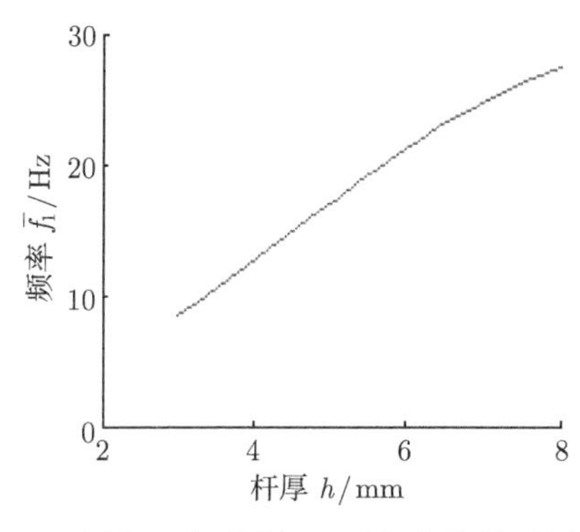

图 7-1　厚度 h 与基频 f_1 平均值的关系图

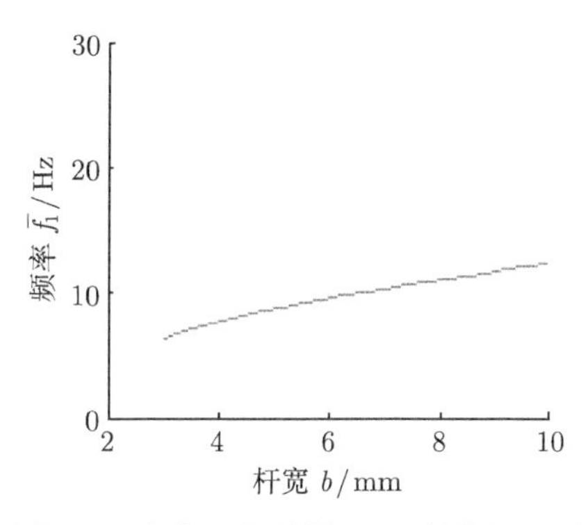

图 7-2　宽度 b 与基频 f_1 平均值的关系图

表 7-1　系统固有频率数据分析

参数		平均值			最大值			最小值		
		f_1/Hz	f_2/Hz	f_3/Hz	f_1/Hz	f_2/Hz	f_3/Hz	f_1/Hz	f_2/Hz	f_3/Hz
原始数据		8.6725	16.0803	27.172	10.4861	17.0470	32.855	8.1876	12.0253	24.4037
h	0.006 m	21.4920	27.616	60.781	23.003	30.0711	63.747	20.9216	27.0832	51.2526
	0.008 m	27.4968	37.4087	69.2819	27.9574	45.1424	71.5143	26.3214	35.6343	62.2088
b	0.003 m	6.3560	8.6470	21.1562	7.1584	8.8770	22.2446	6.0905	8.2113	17.6795
	0.010 m	12.2399	31.3974	36.8861	14.8793	33.8354	43.0859	11.5707	20.6114	30.8743
l	0.20 m	6.3351	12.4487	15.9336	6.9207	12.8653	16.8988	5.7577	12.2232	15.4783
	0.25 m	5.8666	10.1335	11.2585	6.3769	10.6472	12.4946	5.1622	9.7546	10.2663
材料	铝	5.0930	9.4132	18.2241	6.1498	9.9860	21.2828	4.8061	7.0583	15.8863
	铜	6.2069	11.5105	19.8238	7.4979	12.2073	23.0946	5.8608	8.5833	17.1309
m_0	0.10 kg	10.6085	19.7146	32.2870	12.8278	20.8940	37.4820	10.0194	14.6988	27.7839
	0.30 kg	6.2199	11.5076	21.6994	7.5185	12.2025	25.3541	5.8699	8.6329	18.9068

对于系统给定的运动规律 (1)，图 7-2 给出了 3-$\underline{R}$RS 柔性并联机器人系统中构件截面宽度 b 取 0.003 ～ 0.010 m 的值时，系统第一阶固有频率 (基频)f_1 平均值的变化曲线图。显然，基频 f_1 的平均值随着构件宽度 b 的增加也变大了 (典型数据分析见表 7-1)，也就是说，随着构件截面宽度 b 的增加，并联机构的刚度也变大了。然而，系统固有频率对构件宽度 b 的变化率小于固有频率对厚度 h 的变化率，也就是说，系统固有频率对厚度 h 的变化更灵敏，这主要是由 3-$\underline{R}$RS 柔性并联机器人的结构特点与运动特性所决定的。

对于系统给定的运动规律 (1)，图 7-3 给出了柔性构件长度 l 取 0.15 ～ 0.25 m 的值时，系统第一阶固有频率 (基频)f_1 的平均值随构件长度 l 的变化曲线图。显然，基频 f_1 的平均值随着构件长度 l 值的增大而变小 (典型数据分析见表 7-1)。同时可以看出，构件长度 l 对系统频率 f_1 的影响不如构件厚度 h 对系统频率影响显著。总之，可以认为随着柔性并联机器人机构中构件长度的增加，柔性并联机器人系统的柔性增大、刚度降低了。

对于系统给定的运动规律 (1)，图 7-4 给出了构件材料分别为铝、铜和钢时，柔性并联机器人系统第一阶固有频率 (基频)f_1 随机构位形或时间的变化曲线图。显然，固有频率 f_1 的值随着机构位形的不同而改变。同时，f_1 的值随弹性模量 E 的增加而变大 (典型数据分析见表 7-1)。然而，f_1 的值并不随 E/ρ 值 (铜 1.23×10^7、铝 2.62×10^7、钢 2.69×10^7) 的变大而增加。这与串联机构的情形不同，对于并联机构，运动协调关系与动平台质量等因素的影响，使得系统固有频率与构件材料参量的关系变得更加复杂了。图 7-4 中的频率曲线图是材料拉压弹性模量 E 与密度 ρ 等因素共同作用的结果。

对于系统给定的运动规律 (1)，图 7-5 中给出了动平台质量 m_0 取 0.05 ～ 0.45 kg 的值时，系统第一阶固有频率 (基频)f_1 平均值的变化曲线图 (典型数据分析见表 7-1)。显然，随着动平台质量 m_0 的增加，系统第一阶固有频率 f_1 降低了，从图 7-5 中的曲线变化可以看出动平台对系统固有频率的影响较为显著。柔性并联机器人系统的固有频率与动平台质量密切相关的这种性质，在工程应用中具有重要的实际意义。

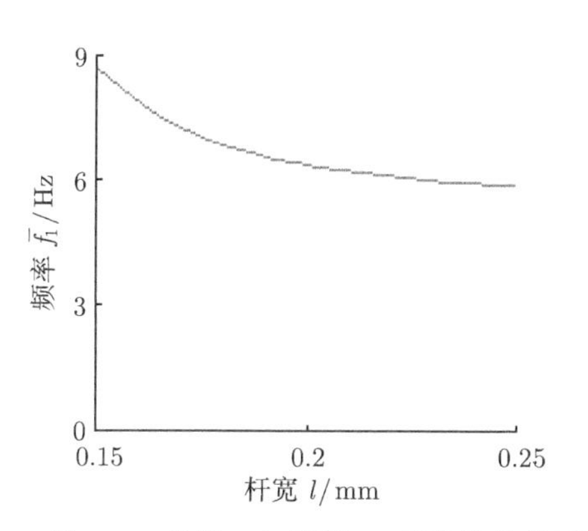

图 7-3 长度 l 与基频 f_1 平均值的关系图

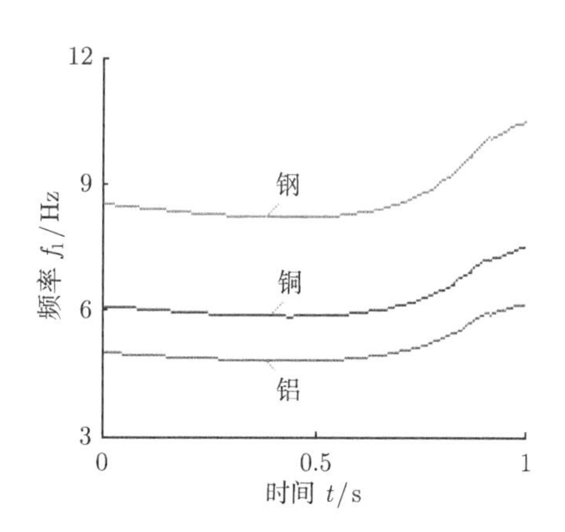

图 7-4 材料与基频 f_1 的关系图

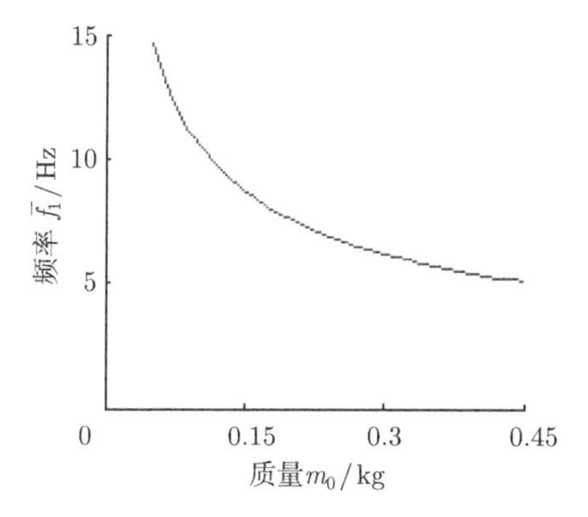

图 7.5 动平台质量 m_0 与基频 f_1 平均值的关系图

通过前述分析，可对柔性并联机器人系统固有频率与机构基本参量之间的关系有初步了解。为了更进一步和更准确地掌握系统固有频率与机构基本参量之间的内在关系，这里对系统固有频率与机构基本参量的关系作了进一步分析，研究了在不同的系统运动规律下，柔性并联机器人系统基频 f_1 与机构基本参量之间的关系，表 7-2 给出了系统基频 f_1 平均值与机构基本参量分别改变 50%时 (指仅其中的一个参量改变 50%，其他参量保持原始数据不变，如构件厚度 h 的原始数据为 3 mm，增加 50%后为 4.5 mm，此时构件厚度 b=5 mm，构件长度 l=0.15 m，动平台质量 m_0=0.152 Kg 为原始数据不变) 的典型数据分析。

表 7-2 系统基频与机构参量数据分析

类别	运动规律 (1)		运动规律 (2)		运动规律 (3)	
	基频 f_1/Hz	增降率	基频 f_1/Hz	增降率	基频 f_1/Hz	增降率
原始数据	8.6725	—	9.1605	—	8.9875	—
h=4.5mm(h 增加 50%后)	15.2452	75.79%	16.1137	75.90%	15.8332	76.17%
b=7.5mm(b 增加 50%后)	10.6505	22.81%	11.2284	22.57%	11.0354	22.79%
l=0.225m(l 增加 50%后)	6.0260	−30.52%	5.9619	−34.92%	6.0147	−33.08%
m_0=0.228Kg(m_0 增加 50%后)	7.1172	−17.93%	7.5217	−17.89%	7.3776	−17.91%

对于系统给定的 3 种不同的运动规律，通过分析表 7-2 中的数据可以发现，在构件厚

度 h 增加 50%的情况下，系统基频 f_1 平均值的增加量都在 75%以上；在构件宽度 b 改变 50%的情况下，系统基频 f_1 平均值的改变量约为 22%；在动平台质量改变 50%的情况下，系统基频 f_1 平均值的改变量基本上为−17.90%左右；在构件长度 l 改变 50%的情况下，对于给定的 3 种运动规律，系统基频 f_1 的平均值的改变量分别为 −30.52%、−34.92%和 −33.08%，造成这种数据差异的原因为构件长度 l 改变的同时也改变了并联机器人系统的机构位形 (系统运动规律不变的情况下)。

总结前面的分析，可以得出如下结论：①系统固有频率随着构件截面设计参数 h(构件厚度) 的增加而显著增大；②系统固有频率随着构件截面设计参数 b(构件宽度) 的增大而平缓增大；③系统固有频率随着机构构件长度 (系统运动规律不变的情况下) 的增加而降低，且改变量的大小与系统运动规律有关；④动平台质量的增加会使系统固有频率有所降低；⑤系统固有频率随着材料弹性模量的变大而有所增加。这些结论，对进一步研究柔性并联机器人的动力学特性和结构优化设计都具有重要的参考意义。

7.3 阻尼振动特性分析

7.3.1 特性分析

一般来讲，阻尼在柔性并联机器人系统运动的过程中，是时刻存在着的，系统的自由振动将在阻尼的作用下衰减并最终停止。因此，在对柔性并联机器人系统作动态响应分析时，阻尼是不可忽视的一个重要方面。

由式 (7-1) 得到阻尼系统自由振动方程为

$$\boldsymbol{M}\ddot{\boldsymbol{U}}+\boldsymbol{C}\dot{\boldsymbol{U}}+\boldsymbol{K}\boldsymbol{U}=\mathbf{0} \tag{7-7}$$

引入如下矩阵恒等式

$$\boldsymbol{M}\dot{\boldsymbol{U}}-\boldsymbol{M}\dot{\boldsymbol{U}}=\mathbf{0} \tag{7-8}$$

将式 (7-7) 和式 (7-8) 合并为如下矩阵方程

$$\boldsymbol{A}\dot{\boldsymbol{Y}}+\boldsymbol{B}\boldsymbol{Y}=\mathbf{0} \tag{7-9}$$

式中

$$\boldsymbol{A}=\begin{bmatrix} 0 & \boldsymbol{M} \\ \boldsymbol{M} & \boldsymbol{C} \end{bmatrix} \quad \boldsymbol{B}=\begin{bmatrix} -\boldsymbol{M} & 0 \\ 0 & \boldsymbol{K} \end{bmatrix} \quad \boldsymbol{Y}=\begin{bmatrix} \dot{\boldsymbol{U}} \\ \boldsymbol{U} \end{bmatrix}$$

式 (7-9) 即为柔性并联机器人机构的齐次状态方程。

一般，方程式 (7-9) 具有如下形式的解

$$\boldsymbol{Y}=\boldsymbol{\varPsi}\mathrm{e}^{pt} \tag{7-10}$$

把式 (7-10) 代入式 (7-9)，得

$$p\boldsymbol{A}\boldsymbol{\varPsi}+\boldsymbol{B}\boldsymbol{\varPsi}=\mathbf{0} \tag{7-11}$$

一般，$\boldsymbol{M}$、$\boldsymbol{K}$ 非奇异，则 $\boldsymbol{B}$ 可逆。用 $\boldsymbol{B}^{-1}$ 左乘式 (7-11)，可得

$$(\boldsymbol{D}-\lambda\boldsymbol{I})\boldsymbol{\varPsi}=\mathbf{0} \tag{7-12}$$

这里，$\lambda = 1/p$，矩阵 $\boldsymbol{D} = -\boldsymbol{B}^{-1}\boldsymbol{A}$ 称为动力矩阵。

齐次方程式 (7-12) 有非零解的条件是

$$\det(\boldsymbol{D} - \lambda \boldsymbol{I}) = 0 \tag{7-13}$$

对于弱阻尼系统，求解式 (7-13) 可得到 $2N$ 个具有负实部的复特征值。设这 $2N$ 个复特征值为 λ_1，$\bar{\lambda}_1$，λ_2，$\bar{\lambda}_2$，$\cdots$，λ_N，$\bar{\lambda}_N$。则第 k 对特征值中的 λ_k 和 $\bar{\lambda}_k$ 必然是成对共轭复数，其特征向量也必然以共轭对出现。因此，λ_k 和 $\bar{\lambda}_k$ 可写为

$$\lambda_k = \mu_k + \mathrm{j}v_k$$

$$\bar{\lambda}_k = \mu_k - \mathrm{j}v_k$$

考虑第 k 个特征值 λ_k，则

$$p_k = \frac{1}{\lambda_k} = n_k + \mathrm{j}\omega_{\mathrm{d}k} \tag{7-14}$$

其中

$$n_k = \frac{\mu_k}{\mu_k^2 + \nu_k^2} \quad \omega_{\mathrm{d}k} = \frac{-\nu_k}{\mu_k^2 + \nu_k^2}$$

由于式 (7-9) 的解具有 $\mathrm{e}^{p_k t}$ 的形式

$$\mathrm{e}^{p_k t} = \mathrm{e}^{n_k t} \cdot \mathrm{e}^{\mathrm{j}\omega_{\mathrm{d}k} t} \tag{7-15}$$

显然，对于阻尼系统，n_k 必为负值，因此 μ_k 也为负值。n_k 称为第 k 阶模态衰减系数，$\omega_{\mathrm{d}k}$ 为第 k 阶阻尼振动频率或阻尼固有频率。可见阻尼将使自由振动的周期增大，频率降低。因此，每一对具有负实部的共轭特征值对应着一种自由衰减振动，特征值的实部和虚部分别确定了这种振动的振幅衰减快慢及振动频率。

7.3.2 算例分析

设 3-$\underline{\mathrm{R}}$RS 柔性并联机器人中动、静平台的几何中心到各个顶点的距离分别为 $PP_i = r$，$OB_i = R(i\text{=}1,2,3)$；各杆件 B_iC_i 和 C_iP_i 的长度分别为 l_{i1} 和 $l_{i2}(i\text{=}1,2,3)$；动平台上点 P 在系统坐标系 $O\text{-}XYZ$ 中的位置坐标为 $(x_p,\ y_p,\ z_p)^{\mathrm{T}}$；动平台 $P_1P_2P_3$ 在坐标系 $P\text{-}X'Y'Z'$ 中绕坐标轴 X'、Y'、Z' 的主转动惯量分别为 $J_{X'}$、$J_{Y'}$ 和 $J_{Z'}$。

系统参数：构件的材质为钢，密度 ρ=7800 kg/m^3，拉压弹性模量 E=21×10^{10}N/m^2，剪切弹性模量 G=8.0×10^{10}N/m^2，阻尼系数γ_1=0.002，γ_2=0.0003；构件长度 $l_{i1} = l_{i2}$=0.15 m $(i\text{=}1,2,3)$；矩形截面，厚 h=0.004 m，宽 b=0.005 m；$r = R = 0.10$ m，动平台质量 m_0=0.152 kg，$J_{X'}$=0.0106 kg·m^2，$J_{Y'}$=0.000274 kg·m^2，$J_{Z'}$=0.0109 kg·m^2；时间 $T = 1$ s。

操作任务：动平台的运动规律如下 (单位: rad, m)

$$\begin{cases} \beta = \dfrac{\pi t}{18} \\ \gamma = \dfrac{\pi t}{12} \\ z_p = 0.10 + 0.12t^3 \end{cases} \qquad (0 \leqslant t \leqslant T) \tag{7-16}$$

对于给定的操作任务，3-$\underline{R}$RS 柔性并联机器人机构的前五阶模态衰减系数 n_k(分别标记 n_k，k=1,2,$\cdots$,5) 的变化曲线如图 7-6。显然，系统的各阶模态衰减系数是随系统机构位形的改变而变化的。分析这些模态衰减系数的变化曲线可知，在机构运动过程中的各个时刻点总有 $n_5 < n_4 < n_3 < n_2 < n_1 < 0$，且各阶模态衰减系数在各个时刻点的值相差悬殊。整个运动过程中各模态衰减系数的平均值 $\bar{n}_k$(k=1,2,$\cdots$,5) 的数据分析见表 7-3。分析这些数据可知，系统自由振动时低阶频率的振幅衰减较慢，而高阶频率的振幅衰减较快。由于这种振幅衰减是按指数规律衰减的，所以即使系统阻尼很小，高阶频率振幅的衰减也会非常显著。

表 7-3 系统振动特性数据分析表

类别	阶次 k				
	1	2	3	4	5
衰减系数平均值 $\bar{n}_k$/(rad/s)	−0.949	−2.526	−9.317	−13.94	−20.74
阻尼频率平均值 $\bar{f}_{dk}$/Hz	12.642	20.640	39.610	48.441	59.034
无阻尼频率平均值 $\bar{f}_k$/Hz	12.643	20.644	39.638	48.492	59.127

对于给定的操作任务，3-$\underline{R}$RS 柔性并联机器人系统的前五阶阻尼固有频率 f_{dk}(实线表示，标记 f_{dk}，k=1,2,$\cdots$,5) 和无阻尼固有频率 f_k(虚线表示，标记 f_k，k=1,2,$\cdots$,5) 的变化曲线如图 7-7，这里的 $f_{dk} = \omega_{dk}/(2\pi)$，$f_k = \omega_k/(2\pi)$。系统前五阶阻尼固有频率的平均值 $\bar{f}_{dk}$ 和无阻尼固有频率的平均值 $\bar{f}_k$ 的数据分析见表 7-3。显然，阻尼使系统自由振动频率降低了，即系统振动周期增大了。前几阶阻尼固有频率 f_{dk} 和无阻尼固有频率 f_k 的变化曲线比较接近，如前五阶频率平均值 $\bar{f}_k$ 和 $\bar{f}_{dk}$ 的最大偏差为 0.093 Hz，最大相对偏差为 0.16%。所以，当阻尼较少时，计算系统固有频率可以不考虑阻尼的影响而得到其近似解。

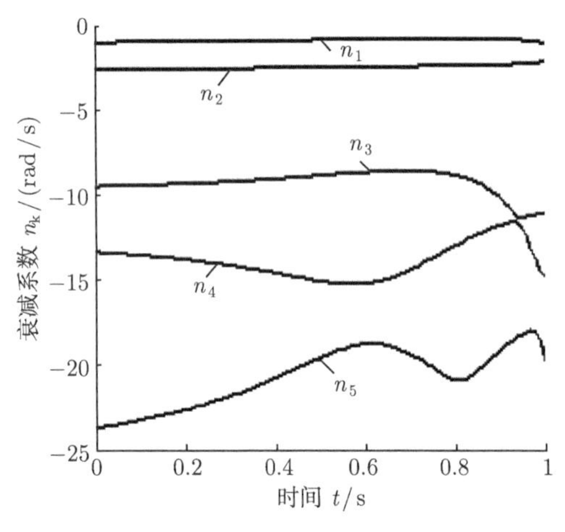

图 7-6 模态衰减系数变化曲线图

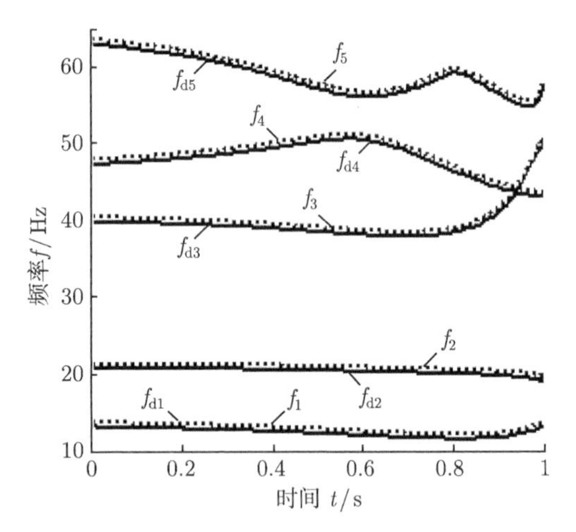

图 7-7 系统振动频率变化曲线图

7.4 构件截面参数的优化设计

选择合适的构件截面形状对减轻柔性并联机器人系统的重量和优化动力学特性都具有

重大意义。在确定了柔性并联机器人系统的几何参数之后，接下来的重要设计工作就是确定系统构件的截面形状和参数。一般机械结构中常常采用的截面形状有矩形截面、实心或空心的圆形截面等。另外，选择截面形状时还要考虑工艺性、经济性以及构件之间的连接型式和受力状况等因素。与前文提出的空间梁单元形状相对应，这里选用具有一般意义的矩形截面构件作为柔性并联机器人机构构件优化设计的参数模型，为了便于叙述，本章节仍以 3-$\underline{R}$RS 柔性并联机器人为例进行分析。

在柔性并联机器人动平台 (或末端) 实现预定的轨迹，同时系统的弹性变形运动误差和各个构件受到的最大应力均满足规定约束的条件下，柔性并联机器人机构所能承受的最大载荷质量与机器人系统自身质量之比，称为机器人的载荷质量比，它是评价机器人性能的一个重要因素。例如 3-$\underline{R}$RS 并联机器人系统的自身总质量可以表示为

$$M_{\mathrm{s}}=\sum_{i=1}^{3}\left(\rho_{i1}b_{i1}h_{i1}l_{i1}+\rho_{i2}b_{i2}h_{i2}l_{i2}\right)+m_0+m^* \tag{7-17}$$

式中，ρ_{i1}为系统构件B_iC_i的材料密度 (i=1,2,3)，ρ_{i2}为系统构件C_iP_i的材料密度 (i=1,2,3)；b_{i1}为系统构件B_iC_i的宽度 (i=1,2,3)，b_{i2}为系统构件C_iP_i的宽度 (i=1,2,3)；h_{i1}为系统构件B_iC_i的厚度 (i=1,2,3)，h_{i2}为系统构件C_iP_i的厚度 (i=1,2,3)；l_{i1}为系统构件B_iC_i的长度 (i=1,2,3)，l_{i2}为系统构件C_iP_i的长度 (i=1,2,3)；m_0为系统动平台质量，m^* 为系统机构的其他附件质量。

显然，可以通过优化柔性并联机器人机构的结构设计参数提高柔性机器人的承载能力 (载荷质量比)。对并联机器人的优化设计来说，一般设计的主要内容为系统中构件尺寸 (即参量 b_{i1}、h_{i1}、l_{i1} 和 b_{i2}、h_{i2}、l_{i2} 的大小) 的确定。然而，由于系统构件长度 l_{i1} 和 l_{i2} 一般由系统工作条件和任务决定不宜改变，因此，进行构件截面尺寸参数的优化就成了并联机器人机构设计的主要内容。又考虑到并联机器人操作任务的多样性和工作情况的复杂多变性 (如载荷变化、系统运行速度和加速度的改变等) 等，所以，纯粹以单一操作任务进行的系统构件优化设计的应用具有很大的局限性。因此，下文柔性并联机器人构件优化设计的主要内容为在构件截面面积一定 (即并联机器人的质量一定) 的条件下，寻求最佳的构件厚度、宽度以达到提高系统整体性能 (包括提高系统的承载能力) 的目的。为了便于分析和求解，引入构件厚宽比的概念，即定义构件厚宽比系数为

$$\mu_{i1}=\frac{h_{i1}}{b_{i1}}\quad(i=1,2,3) \tag{7-18}$$

$$\mu_{i2}=\frac{h_{i2}}{b_{i2}}\quad(i=1,2,3) \tag{7-19}$$

这样，柔性并联机器人系统构件截面参数的优化设计问题，就转化为求解系统构件厚宽比系数 μ_{i1} 和 $\mu_{i2}(i$=1,2,3) 的最优解问题。

7.4.1 截面参数优化的数学模型

对于柔性并联机器人来说，系统固有频率是评估其动态特性的一个重要指标。显然，在构件长度和截面形状选定之后，进一步进行基于系统固有频率的截面参数优化是并联机器人优化设计的基本任务。设 $\mu(b,h)$ 为系统截面参数 b_{i1}、b_{i2} 和 h_{i1}、h_{i2} 的函数，$f_1[t,\mu(b,h)]$ 为系统第一阶固有频率函数。由于系统的第一阶固有频率 f_1(基频) 对系统的动态特性起主

导作用，为此，对于 3-$\underline{R}$RS 柔性并联机器人机构，给出如下构件截面参数优化 (机器人的质量一定) 的数学模型

$$\mathrm{Max}\bar{f}_1=\frac{\displaystyle\int_{t_0}^{t_\mathrm{f}} f_1\left[t,\mu(b,h)\right]\mathrm{d}t}{t_\mathrm{f}-t_0} \tag{7-20}$$

$$\begin{gathered}\text{s.t.}\quad b_{i1}\cdot h_{i1}=\mathrm{const}_{i1}(\text{常量})\\ b_{i2}\cdot h_{i2}=\mathrm{const}_{i2}(\text{常量})\\ \sigma_{i1\max}\leqslant[\sigma_{i1}]\\ \sigma_{i2\max}\leqslant[\sigma_{i2}]\\ \tau_{i1\max}\leqslant[\tau_{i1}]\\ \tau_{i2\max}\leqslant[\tau_{i2}]\\ \boldsymbol{\varepsilon}_{\max}\leqslant[\boldsymbol{\varepsilon}]\end{gathered}$$

式中，$\sigma_{i1\max}$ 为系统中构件 B_iC_i 的最大正应力 (i=1,2,3)，$\tau_{i1\max}$ 为系统中构件 B_iC_i 的最大剪应力 (i=1,2,3)；$\sigma_{i2\max}$ 为系统中构件 C_iP_i 的最大正应力 (i=1,2,3)，$\tau_{i2\max}$ 为系统中构件 C_iP_i 的最大剪应力 (i=1,2,3)；b_{i1} 为系统中构件 B_iC_i 的宽度 (i=1,2,3)，b_{i2} 为系统中构件 C_iP_i 的宽度 (i=1,2,3)；h_{i1} 为系统中构件 B_iC_i 的厚度 (i=1,2,3)，h_{i2} 为系统中构件 C_iP_i 的厚度 (i=1,2,3)；$[\sigma_{i1}]$ 为系统中构件 B_iC_i 的材料许用应力，$[\sigma_{i2}]$ 为系统中构件 C_iP_i 的材料许用应力；$[\tau_{i1}]$ 为系统中构件 B_iC_i 的材料许用剪力，$[\tau_{i2}]$ 为系统中构件 C_iP_i 的材料许用剪力；$\boldsymbol{\varepsilon}_{\max}$ 为动平台 (或末端) 的最大弹性运动误差向量，$[\boldsymbol{\varepsilon}]$ 为动平台 (或末端) 最大允许误差向量；t_0 为系统运动的起始时刻，t_f 为系统运动的终止时刻。

7.4.2　算例分析

以 3-$\underline{R}$RS 柔性并联机器人为例进行数值仿真计算。考虑到系统构件的加工成本和整体系统的协调美观性，这里取 3-$\underline{R}$RS 柔性并联机器人系统中所有构件的厚宽比相同，即 $\mu_{i1}=\mu_{i2}=\mu(i$=1,2,3)。

系统参数: 材质为钢，密度 ρ=7800 kg/m^3，拉压弹性模量 E!=2.1×10^{11}N/m^2，剪切弹性模量 G=8.0×10^{10}N/m^2；构件长度 $l_{i1}=l_{i2}$=0.15 m(i=1, 2, 3)，矩形截面，截面积 A=7.5×10^{-6}m^2，构件厚度分别为h_{i1}和h_{i2}，构件宽度分别为b_{i1}和b_{i2}；动平台质量 m_0=0.152 kg；r = 0.10 m，R=0.12 m；$[\sigma_{i1}]=[\sigma_{i2}]$=105 MPa，$[\tau_{i1}]=[\tau_{i2}]$=80 MPa，$[\varepsilon]$=[2, 2, 4, 0.1, 0.1, 0.1]$^\mathrm{T}$；t_0=0，t_f=1 s。

操作任务: 动平台的运动规律如下 (单位: rad, m):

$$\begin{cases}\beta=\dfrac{[-2+7s(t)]\,\pi}{180}\\ \gamma=\dfrac{[-1+3s(t)]\,\pi}{180}\\ z_P=0.015s^3(t)+0.01s^2(t)+0.18\end{cases} \tag{7-21}$$

其中，$s(t)$ 的表达式如下

$$s(t)=\frac{t}{t_{\mathrm{f}}}-\frac{1}{2\pi}\sin\frac{2\pi t}{t_{\mathrm{f}}}(t_0\leqslant t\leqslant t_{\mathrm{f}})$$

图 7-8 为系统基频平均值 $\bar{f}_1$ 与构件厚宽比 μ 的关系曲线图。表 7-4 给出了一些系统基频平均值和厚宽比的典型数据分析。显然，系统的固有频率 (基频) 与系统构件的厚宽比存在着密切的关系。选择设计初值 μ_0=1.0，通过 MATLAB 优化程序求解可以得到 μ=1.7237 时，基频平均值最大，为 7.4551 Hz(见表 7-5)，这与图 7-8 的曲线相符合。

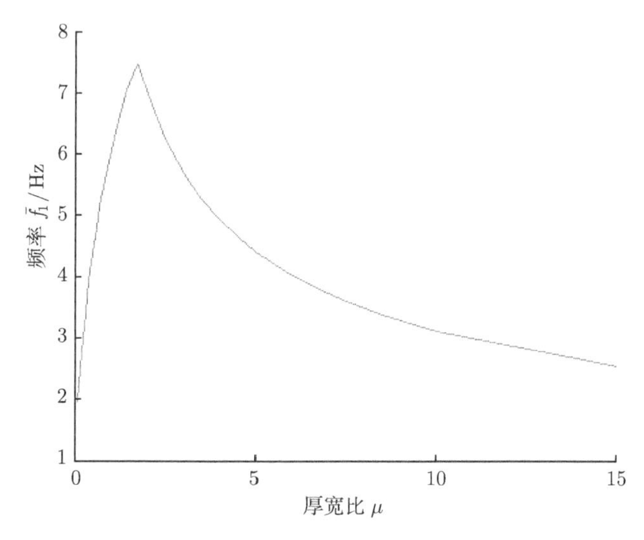

图 7-8　系统基频平均值与构件厚宽比的关系曲线图

表 7-4　系统基频平均值和厚宽比的典型数据分析

类别	序号					
	1	2	3	4	5	6
截面面积 A/m^2	7.5×10^{-6}					
构件厚度 h/mm	1.936	2.739	3.595 9	4.330	7.746	10.607
构件宽度 b/mm	3.873	2.739	2.085 7	1.732	0.968	0.707
构件厚宽比 μ	0.5	1	1.724	2.5	8	15
基频平均值 $\bar{f}_1$/Hz	4.3778	6.0552	7.455	6.2354	3.4861	2.5459

表 7-5　系统基频平均值和厚宽比的数据分析

类别	构件厚宽比 μ	构件厚度 h/mm	构件宽度 b/mm	基频平均值/Hz	增加幅度
初始值	1	2.7386	2.7386	6.0552	23.12%
优化后	1.7237	3.5959	2.0857	7.4551	

图 7-9 给出了构件厚宽比 μ 分别取 1 和 1.7237 时，系统基频 f_1 的变化曲线图。通过观察优化前后系统基频的变化曲线可知，系统的固有频率 (基频) 随着构件厚宽比 μ 值的不同发生了显著变化。

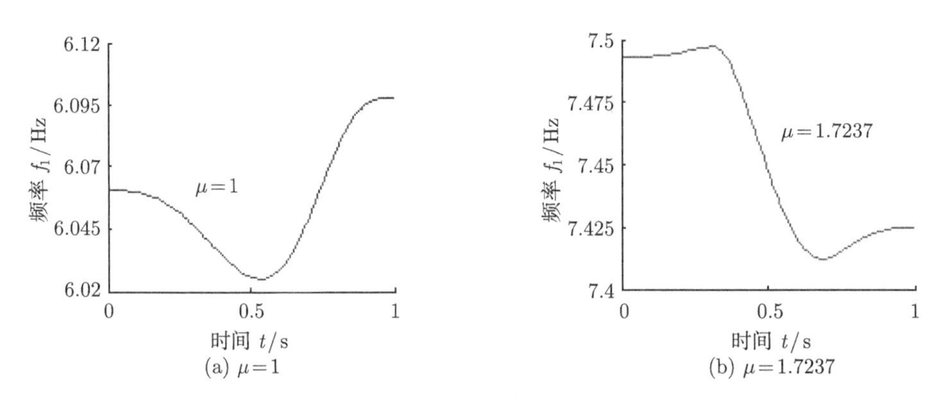

(a) $\mu=1$　　(b) $\mu=1.7237$

图 7-9　系统基频与构件厚宽比的关系曲线图

图 7-10 给出了系统构件截面参数优化前后，构件 B_1C_1 最大动应力 $\sigma_{\max}$ 的变化情况。在系统运动的整个过程中，构件 B_1C_1 最大动应力 $\sigma_{\max}$ 的平均值由构件截面参数优化前的 31.443 MPa 降为优化后的 23.699 MPa，减少了 24.63%。这说明柔性构件的参数对柔性并联机器人机构系统动态特性的影响是多方面的，如机构的频率特性、构件的受力特征以及系统的运动精度等。

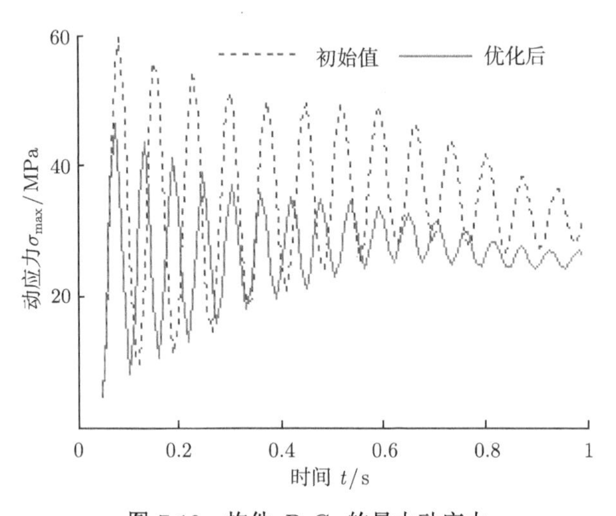

图 7-10　构件 B_1C_1 的最大动应力

图 7-11 给出了系统构件截面参数优化前后，系统动平台的绝对运动误差的变化情况，动平台绝对运动误差的平均值由截面参数优化前的 1.6mm 降为优化后的 1.3mm，降低了 18.75%。

由前述分析可知，系统构件的横截面积一定或系统机构质量一定时，仍然可以通过优化空间柔性并联机器人系统构件的截面尺度使系统的整体刚度得到加强，从而提高系统的运动精度和降低构件的动应力，达到改善系统的运动特性和动态特性的目的。这说明以系统固有频率为优化目标，进行机构构件的截面参数优化设计具有重要的理论分析意义和实际应用价值。

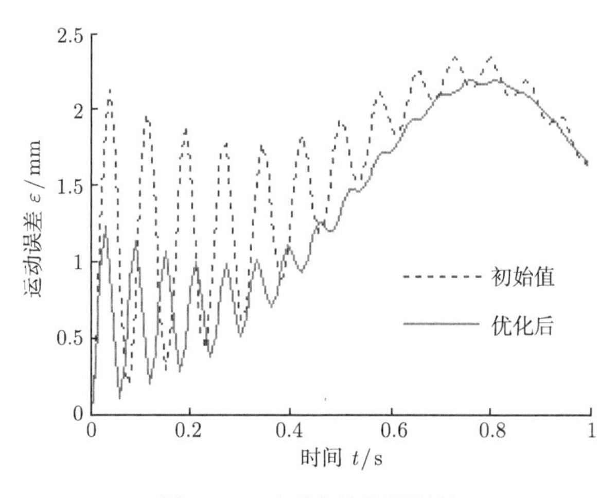

图 7-11　动平台的位置误差

第 8 章　柔性并联机器人机构的运动规划与动力规划

8.1　引　　言

通过前述各章节对柔性并联机器人机构的运动学分析、动力学建模、方程求解、动力特性研究和虚拟样机仿真等的深入探讨，读者可对柔性并联机器人系统的运动学和动力学特性等有较深刻的认识。由于构件的弹性变形使得柔性并联机器人动平台 (或操作器) 产生了非常严重的运动误差，从而造成系统无法精确地实现预定的运动轨迹，因此，对于要求高精度运行的并联机构系统来说，如何降低或消除由构件弹性变形产生的系统运动误差，提高柔性并联机器人的运动精度，就成了一个关系到柔性并联机器人能否走向实用化的关键问题，必须予以重视和解决。

在机器人的研究中，已有多种方案可实现高精度的运动轨迹控制。例如，① 采用闭环控制方法，通过信息反馈在控制方案中进行误差补偿；② 采用冗余驱动方法，通过在原机器人系统中添加冗余驱动，利用机器人的冗余度特性改善运动精度，等等。张绪平 (1999) 以机器人末端弹性变形运动误差为目标，采用自运动规划法、关节初始位形规划法、冗余位形规划法和末端位置规划法等进行了空间柔性 4R 机器人的运动规划。数值模拟结果显示：末端位置 (操作位置) 规划法在保证机器人末端运动轨迹的大小、形状、方向不变的条件下，优化机器人末端的初始运动位置，能更加有效地降低柔性机器人末端的弹性变形运动误差。然而，首先，柔性并联机器人是一个强耦合、高度非线性的多闭环系统，运动学和动力学特性非常复杂；其次，由于引入了表征构件弹性变形的广义坐标，系统的维数非常庞大，产生了新的耦合项和非线性因素，使得系统动力学方程规模较大、构成复杂，难以求解与分析；同时，一般柔性并联机器人系统的运动速度和加速度较高，导致各种耦合因素和非线性因素更加明显。因此，对一般机器人系统有效的运动轨迹控制和运动规划方法对柔性并联机器人未必可行或达不到预期的运动效果，需要有针对性地研究柔性并联机器人运动误差控制的新方法。

与刚性并联机器人相比，柔性并联机器人具有轻质、能耗低、结构紧凑和运动速度快等优点。但是，柔性并联机器人中构件的弹性变形，一方面使机器人系统产生较强的振动，严重影响操作精度；另一方面又会使系统的驱动力/力矩产生剧烈的波动，使机构的摆动力/力矩等显著增加，给机器人系统的控制带来困难，并容易造成构件的磨损和疲劳破坏等。因此，为了使柔性并联机器人能顺利地完成系统预定的任务并降低构件的磨损和破坏等，对机器人系统进行动力规划非常具有实际意义。

本章主要讨论柔性并联机器人系统的运动规划和动力规划等问题。主要包括：①讨论柔性并联机器人系统的初始位形问题；②讨论系统输入运动规划问题；③讨论基于拾放操作的动力规划问题，以便达到使系统运动误差最小或降低系统驱动力矩和能耗的目的。

8.2 初始位形优化

衡量柔性并联机器人性能好坏的一个重要指标就是其操作器 (或动平台) 质心在 X 轴、Y 轴、Z 轴方向的位置误差 ε_X、ε_Y 和 ε_Z 的大小。因此，以系统操作器在 X 轴、Y 轴、Z 轴方向的运动误差 ε_X、ε_Y 和 ε_Z 的大小为运动精度的改善目标具有重要意义。显然，运动误差 ε_X、ε_Y 和 ε_Z 的大小是由系统的弹性变形位移决定的。由柔性并联机器人的系统动力学方程可知，系统的弹性变形位移是机器人机构位形、外力和运动轨迹等的函数。所以，ε_X、ε_Y、ε_Z 与机器人机构位形必然密切相关。因此，在机器人实现预定操作任务的条件下，可以通过选择合适的系统运动初始位形 (即选择合适的关节空间变量、驱动空间变量或操作空间变量等) 达到提高机器人运动精度的目的，这种方法具有简单且易于控制和实现的特点。

对于空间机器人，已知系统操作器在 X 轴、Y 轴、Z 轴 3 个方向的运动误差 ε_X、ε_Y 和 ε_Z，则机器人在操作空间中的绝对运动误差为

$$\varepsilon=\sqrt{\varepsilon_X^2+\varepsilon_Y^2+\varepsilon_Z^2} \tag{8-1}$$

为了克服运动误差求解的局部性，确保机器人在整个运动过程中弹性变形误差尽量减少，选择具有全局性的优化规划目标，即选择机器人在整个运动过程中的弹性变形运动误差的平均值作为优化目标。假设将机器人整个运动时间离散为 N 个时间点，对应于第 i 个时间点的机器人系统的运动误差 ε_i 为

$$\varepsilon_i=\sqrt{\varepsilon_{Xi}^2+\varepsilon_{Yi}^2+\varepsilon_{Zi}^2} \tag{8-2}$$

式中，ε_i 为第 i 个时间点机器人系统的运动误差；ε_{Xi} 为第 i 个时间点机器人系统的运动误差在 X 轴方向的分量；ε_{Yi} 为第 i 个时间点机器人系统的运动误差在 Y 轴方向的分量；ε_{Zi} 为第 i 个时间点机器人系统的运动误差在 Z 轴方向的分量。

一些文献中提到了在保证机器人末端初始位姿 $\boldsymbol{X}_0$ 给定 (或初始驱动变量 $\boldsymbol{q}_0$ 给定) 的条件下，进行机器人运动规划以降低机器人运动误差的分析。显然，这种给定系统初始位姿的运动规划的求解范围具有很大的局限性。其实，在实际应用中，只要机器人操作器的运动轨迹的形状、大小和方向保持不变 (如工业弧焊、气割等)，机器人操作器从哪里开始运动并不是关心的要点 (即系统操作器的初始位姿不必是 $\boldsymbol{X}_0$)。因为，一般通过调节其他设备的位置 (如焊接构件的位置等)，仍然可以使机器人完成规定的任务。这样，机器人的初始位姿就不必受到约束，扩大了系统运动规划的求解范围，可以在更大程度上降低系统操作器的运动误差。

那么，以系统运动误差为优化目标的初始位形选择的函数模型可以定义为

$$\operatorname{Min}\varepsilon\left(\boldsymbol{q}_0,\boldsymbol{X}_0\right)=\frac{\sum\limits_{i=1}^{N}\varepsilon_i}{N} \tag{8-3}$$

式中，$\boldsymbol{q}_0$ 为机器人驱动构件初始位移变量或初始关节空间变量；$\boldsymbol{X}_0$ 为机器人末端在操作空间的初始位姿变量；ε_i 为第 i 个时间点的机器人系统运动误差；N 为机器人运动过程离散时间点的个数。

8.2.1　插值函数分析

由机器人的正逆运动学可知，当机器人不出现奇异时，就可以将连续的关节变量映射到操作变量，反之亦然。这样，只要在轨迹上没有奇异点，在关节空间给出的光滑轨迹，就同时保证了在操作空间也具有光滑的连续轨迹，反之亦然。

对于给定的操作任务，一般情况下必须把工件的起始和终止的位姿映射到关节空间，假设工件刚性地固定在操作器上，其运动状态通过操作器的位姿来描述。设在起始和终止时刻，机器人位形的关节变量分别为 $\boldsymbol{\theta}_0$ 和 $\boldsymbol{\theta}_T$。进而，在操作空间的起始位姿定义为操作器上操作点 P 的位置矢量 $\boldsymbol{P}_0$ 和一个旋转矩阵 $\boldsymbol{Q}_0$；同样，在操作空间的终止位姿定义为操作器上操作点 P 的位置矢量 $\boldsymbol{P}_T$ 和一个旋转矩阵 $\boldsymbol{Q}_T$。在起始姿态下，分别用 $\dot{\boldsymbol{P}}_0$ 和 $\ddot{\boldsymbol{P}}_0$ 表示点 P 的速度和加速度，分别用 $\boldsymbol{\omega}_0$ 和 $\dot{\boldsymbol{\omega}}_0$ 表示操作器的角速度和角加速度。类似地，用以表示终止姿态时，这些变量只需要将下角标“0”替换为“T”。假设从起始姿态开始计时，也就是在起始姿态 t=0，操作时间为 T，即到达终止姿态时 $t=T$。为了保证机器人从起始姿态到终止姿态的运动是平滑的，必须满足下列条件:

$$\begin{cases}\boldsymbol{P}(0)=\boldsymbol{P}_0\\ \dot{\boldsymbol{P}}(0)=\boldsymbol{0}\\ \ddot{\boldsymbol{P}}(0)=\boldsymbol{0}\\ \boldsymbol{P}(T)=\boldsymbol{P}_T\\ \dot{\boldsymbol{P}}(T)=\boldsymbol{0}\\ \ddot{\boldsymbol{P}}(T)=\boldsymbol{0}\end{cases} \tag{8-4}$$

$$\begin{cases}\boldsymbol{Q}(0)=\boldsymbol{Q}_0\\ \boldsymbol{\omega}(0)=\boldsymbol{0}\\ \dot{\boldsymbol{\omega}}(0)=\boldsymbol{0}\\ \boldsymbol{Q}(T)=\boldsymbol{Q}_T\\ \boldsymbol{\omega}(T)=\boldsymbol{0}\\ \dot{\boldsymbol{\omega}}(T)=\boldsymbol{0}\end{cases} \tag{8-5}$$

在不出现奇异的情况下，操作器的速度和加速度为零的条件意味着关节的速度和加速度也为零，因而

$$\begin{cases}\boldsymbol{\theta}(0)=\boldsymbol{\theta}_0\\ \dot{\boldsymbol{\theta}}(0)=\boldsymbol{0}\\ \ddot{\boldsymbol{\theta}}(0)=\boldsymbol{0}\\ \boldsymbol{\theta}(T)=\boldsymbol{\theta}_T\\ \dot{\boldsymbol{\theta}}(T)=\boldsymbol{0}\\ \ddot{\boldsymbol{\theta}}(T)=\boldsymbol{0}\end{cases} \tag{8-6}$$

分析式 (8-4)～式 (8-6)，可以得到，对起始和终止位形进行线性插值是不能工作的，采用二次插值也不行，它只能保证一个点满足条件。因此，需要更高阶次的插值。另一方面，这些条件表明，对任何关节轨迹有 6 个条件，如果应用的插值多项式满足所有关节的运动条件，多项式的次数最小是 5 次。为了便于插值计算，提高运行速度，这里采用具有在有限区

间的端点产生零速度和零加速度的摆线运动 (cycloidal motion) 作为插值函数。在正则形式下，摆线运动由下式给出:

$$s(\tau) = \tau - \frac{1}{2\pi}\sin(2\pi\tau) \tag{8-7}$$

这里

$$0 \leqslant s(\tau) \leqslant 1(0 \leqslant \tau \leqslant 1)$$
$$\tau = \frac{t}{T} \tag{8-8}$$

容易得到摆线运动函数的各阶导数为

$$s'(\tau) = 1 - \cos(2\pi\tau) \tag{8-9}$$

$$s''(\tau) = 2\pi\sin(2\pi\tau) \tag{8-10}$$

$$s'''(\tau) = 4\pi^2\cos(2\pi\tau) \tag{8-11}$$

图 8-1 给出了摆线运动和它的前 3 阶导数在正则区间 $[-1,1]$ 的曲线。摆线运动在定义域 $0\leqslant \tau \leqslant 1$ 的两个端点的速度和加速度为零，它的急动 (jerk) 在端点上不为零，这表示在摆线运动定义域的端点是跳跃不连续的。

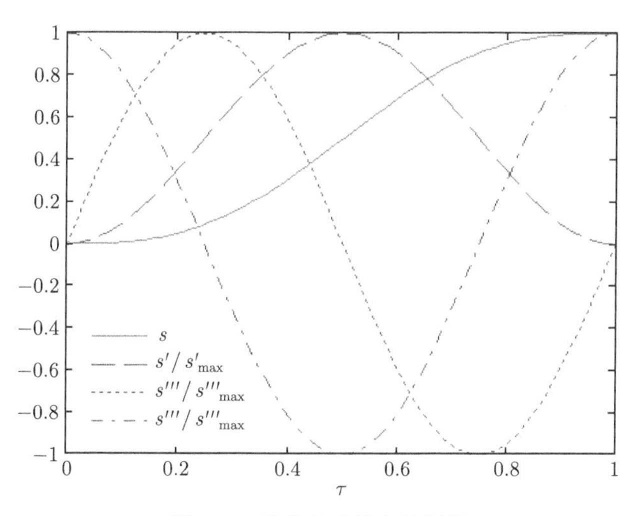

图 8-1 摆线运动和它的导数

对于给定的操作任务，当选定摆线运动为其插值函数时，对于第 j 个关节 (操作变量亦然)，有

$$\theta_j(t) = \theta_0^j + \left(\theta_T^j - \theta_0^j\right)s\left(\tau\right) \tag{8-12}$$

$$\dot{\theta}_j(t) = \frac{\theta_T^j - \theta_0^j}{T}s'\left(\tau\right) \tag{8-13}$$

$$\ddot{\theta}_j(t) = \frac{\theta_T^j - \theta_0^j}{T^2}s''\left(\tau\right) \tag{8-14}$$

而且，容易验证，当 $\theta_T^j > \theta_0^j$ 时，此运动在区间的中间达到最大速度，即 τ=0.5 时，最大值为

$$s'_{\max} = s'(0.5) = 2$$

因此

$$\left(\dot{\theta}_j\right)_{\max} = \frac{2}{T}\left(\theta_T^j - \theta_0^j\right) \tag{8-15}$$

同样地，第 j 个关节的加速度在 τ=0.25 和 τ=0.75 时分别达到最大值和最小值，也就是

$$s''_{\max} = s''(0.25) = 2\pi$$

$$s''_{\min} = s''(0.75) = -2\pi$$

因此

$$\left(\ddot{\theta}_j\right)_{\max} = \frac{2\pi}{T^2}\left(\theta_T^j - \theta_0^j\right) \tag{8-16}$$

$$\left(\ddot{\theta}_j\right)_{\min} = -\frac{2\pi}{T^2}\left(\theta_T^j - \theta_0^j\right) \tag{8-17}$$

此外，$s'''(\tau)$ 在区间端点达到极值，即

$$s'''_{\max} = s'''(0) = s'''(1) = 4\pi^2$$

因此

$$\left(\dddot{\theta}_j\right)_{\max} = \frac{4\pi^2}{T^3}\left(\theta_T^j - \theta_0^j\right) \tag{8-18}$$

这样，如果关节运动被系统电动机的最大运行速度所约束，第 j 个关节完成给定操作的最短时间 T_j 可由式 (8-15) 导出

$$T_j = \frac{2\left(\theta_T^j - \theta_0^j\right)}{\left(\dot{\theta}_j\right)_{\max}} \tag{8-19}$$

因此，可以求出操作执行的最短时间为

$$T_{\min} = 2\max_j\left\{\frac{\left(\theta_T^j - \theta_0^j\right)}{\left(\dot{\theta}_j\right)_{\max}}\right\} \tag{8-20}$$

如果加入关节加速度约束，可以通过相似的推导过程求得实现预定操作的最短时间。这些内容为机器人的实际应用设计和运动规划奠定了基础。

8.2.2 算例分析

现以 3-$\underline{R}$RS 柔性并联机器人为例进行数值算例分析。

系统参数：各构件的材质为钢，密度 ρ=7800 kg/m^3，拉压弹性模量E=2.1×10^{11}N/m^2，剪切弹性模量G=8.0×10^{10}N/m^2；构件长度$l_{i1}=l_{i2}$=0.15 m(i=1, 2, 3)，矩形截面，厚h=0.0015 m，宽 b=0.005 m；动平台质量 m_0=0.152 kg；r = 0.10 m，R = 0.12 m；T = 1 s。

操作任务：在给定的时间 T 内，机器人动平台需要完成的运动为绕 Y 轴转动 7°，绕 X 轴转动 3°，沿 Z 轴方向移动 0.025 m。

根据操作任务要求以及式 (8-7)、式 (8-8) 和式 (8-12) 等的分析，此初始位形的求解函数可以设为 (单位: rad, m)

$$\left\{\begin{array}{l}\beta=\dfrac{[\beta_0+7s(t)]\pi}{180}\\ \gamma=\dfrac{[\gamma_0+3s(t)]\pi}{180}\\ z_P=z_0+0.025s(t)\end{array}\right. \tag{8-21}$$

其中

$$s(t)=\frac{t}{T}-\frac{1}{2\pi}\sin\frac{2\pi t}{T}(0\leqslant t\leqslant T)$$

式中，β_0、γ_0 和 z_0 为系统初始位形选择的待求参数，即为系统优化变量。

在保证机器人末端 (操作) 运动轨迹的大小、形状和方向不变的条件下，以操作器的绝对运动误差最小为求解优化目标函数，对 3-$\underline{R}$RS 柔性并联机器人的最优初始位姿进行求解。表 8-1 给出了系统初始位形选择前后动平台质心位置误差的数值以及降幅。

表 8-1 动平台质心位置误差

类别	(β_0/(°), γ_0/(°), z_0/m)	误差最大值/mm	误差平均值/mm
初始值	(−2, −1, 0.18)	7.228	4.415
优选后	(−1.4141, 0.9091, 0.2258)	5.739	3.201
优选后降幅		20.60%	27.50%

图 8-2 给出了 3-$\underline{R}$RS 柔性并联机器人初始位形选择前后的误差变化曲线。机器人运动初始位姿和运动轨迹的改变，改变了机器人中各个构件的运动规律，使得机器人运动过程中构件的速度和加速度也随之发生了较大变化，这对系统的运动位置误差产生了很大影响。同时，机器人运动初始位姿和运动轨迹的改变，改变了系统机构的运动位形，又柔性并联机器人动力学方程中的系统质量矩阵、刚度矩阵等都是机构位形的函数，这必将对系统的位置误差产生严重影响。对比系统初始位形选择前后的运动误差变化曲线可以发现，初始位形优化后系统的误差最大值减少了 1.507 mm，初始位形优化后系统误差的平均值减少了 1.217 mm，获得了良好的优化效果。前述仿真结果表明，对于柔性并联机器人系统来说，选择合适的系统运动初始位形对提高系统的运动精度非常有利，这为柔性并联机器人系统的运动规划奠定了基础。

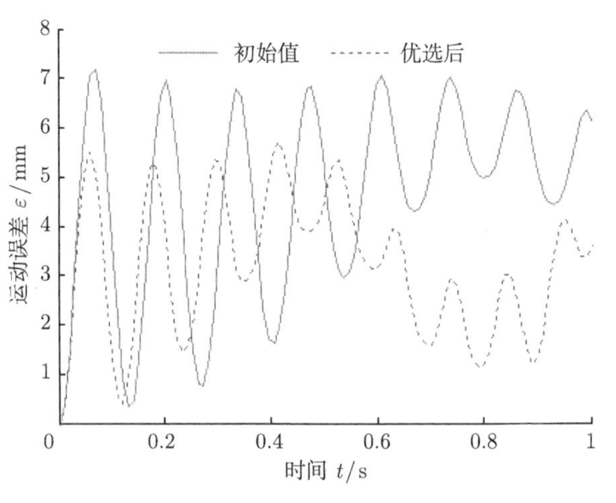

图 8-2　动平台质心位置误差

8.3　输入运动规划

8.3.1　输入运动规划分析

输入运动规划的基本含义为在系统原有输入运动的基础之上，通过预加一个附加输入运动，使动平台产生的附加输出运动尽可能地与动平台的运动误差相抵消，从而达到提高并联机器人系统运动精度的目的。

设柔性并联机器人的输入运动向量为 $\boldsymbol{\theta}$，目标点 (如动平台中心点) 的名义运动向量为 $\boldsymbol{p}_0$，目标点的输出运动向量为 $\boldsymbol{p}_{\mathrm{e}}$，则系统的运动误差为 $\boldsymbol{p}_{\mathrm{e}}-\boldsymbol{p}_0=\boldsymbol{\varepsilon}$。加上附加的输入运动变量 $\Delta\boldsymbol{\theta}$ 后，目标点的输入运动向量变为 $\boldsymbol{\theta}_0+\Delta\boldsymbol{\theta}$，这时目标点的输出运动向量变为 $\boldsymbol{p}_{\mathrm{e}}+\Delta\boldsymbol{p}_{\mathrm{e}}$。输入运动规划的目的就是利用附加的输入运动改变目标点的刚性运动向量及弹性运动向量，从而改变目标点的实际输出运动向量，以补偿或抵消系统的弹性运动误差，也就是说，使得 $\boldsymbol{\varepsilon}+\Delta\boldsymbol{p}_{\mathrm{e}}=\mathbf{0}$ 或 $\boldsymbol{\varepsilon}+\Delta\boldsymbol{p}_{\mathrm{e}}\leqslant[\varepsilon]$，$[\varepsilon]$ 为系统精度允许误差。

根据机器人运动学和动力学分析可知，机器人动力学方程中的质量矩阵、阻尼矩阵、刚度矩阵和广义力向量等都是机器人运动参数的函数。因此，当输入运动向量发生微小变化 (如附加上 $\Delta\boldsymbol{\theta}$) 后，机器人的弹性动力学方程变为

$$\left(\boldsymbol{M}+\frac{\partial\boldsymbol{M}}{\partial\boldsymbol{\theta}}\Delta\boldsymbol{\theta}\right)\ddot{\boldsymbol{U}}+\left(\boldsymbol{C}+\frac{\partial\boldsymbol{C}}{\partial\boldsymbol{\theta}}\Delta\boldsymbol{\theta}\right)\dot{\boldsymbol{U}}+\left(\boldsymbol{K}+\frac{\partial\boldsymbol{K}}{\partial\boldsymbol{\theta}}\Delta\boldsymbol{\theta}\right)\boldsymbol{U}=\boldsymbol{F}-\left(\boldsymbol{M}+\frac{\partial\boldsymbol{M}}{\partial\boldsymbol{\theta}}\Delta\boldsymbol{\theta}\right)\left(\ddot{\boldsymbol{U}}_r+\frac{\partial\ddot{\boldsymbol{U}}_r}{\partial\boldsymbol{\theta}}\Delta\boldsymbol{\theta}\right) \tag{8-22}$$

当输入运动向量变化后，式 (8-22) 中的 $\boldsymbol{U}$、$\dot{\boldsymbol{U}}$ 和 $\ddot{\boldsymbol{U}}$ 均发生变化，其中，除了与运动误差直接相关的部分分量以外，其余分量均为未知量。从理论上讲，通过机器人的运动学和动力学分析可以求出 $\Delta\boldsymbol{\theta}$，但由于式 (8-22) 的强非线性，求解会非常困难。而且，即便能够由此求解出 $\Delta\boldsymbol{\theta}$，但输出运动误差 $\boldsymbol{\varepsilon}$ 中含有高频项，使得 $\Delta\boldsymbol{\theta}$ 中也含有高频项，导致根本无法据此进行实际操作。因此，为了便于求解及确保实用性，需要舍弃 $\Delta\boldsymbol{\theta}$ 中的高频项，求出 $\Delta\boldsymbol{\theta}$ 的近似值，以抵消或补偿输出运动误差 $\boldsymbol{\varepsilon}$ 中的低频项，达到提高柔性机器人运动精度的目的。

为了使附加输入运动能够达到减振又便于控制的目的，这里选用傅里叶 (Fourier) 级数作为附加输入运动的规划变量。设附加输入运动变量为 $\Delta\theta$，则有

$$\Delta\theta = \sum_{i=1}^{n} a_i \sin(\omega_i \pi t) + b_i \cos(\omega_i \pi t) \tag{8-23}$$

式中，a_i、b_i 和 $\omega_i(i=1,2,\cdots,n)$ 为傅里叶级数的控制变量；t 为时间变量。

根据前面的分析，可以定义以系统运动误差为目标的附加输入运动规划的数学模型为

$$\text{Min}\ \varepsilon(\Delta\theta) = \frac{\sum\limits_{i=1}^{N} \varepsilon_i}{N} \tag{8-24}$$

$$\Delta\theta = \sum_{i=1}^{n} a_i \sin(\omega_i \pi t) + b_i \cos(\omega_i \pi t)$$

式中，a_i、b_i 和 $\omega_i(i=1,2,\cdots,n)$ 为系统优化变量或傅里叶级数的控制变量；ε_i 为第 i 个时间点机器人系统运动误差；N 为机器人运动过程离散时间点的个数；$\Delta\theta$ 为系统附加输入运动变量。

从理论上讲，选择的傅里叶级数的级数越多，减振效果越好。但是，空间柔性并联机器人系统是一个非常复杂的高度非线性和强耦合的动态系统，动力学方程的维数庞大，优化变量的增加将会使得优化计算变得非常困难，更不便于实际应用。鉴于此，为了简化运算和便于实际应用，此算例中的傅里叶级数仅取一级级数 (i=1)，下面分两种情况进行讨论：

1) 规划 1

傅里叶级数仅取一级级数 (i=1)，且令 b_i=0，即用正弦函数构造附加输入运动变量，也就是说，$\Delta\theta_j = a_j \sin(\omega_j \pi t)$，$a_j$、$\omega_j$ >0 (j=1,2,3) 为优化变量。

2) 规划 2

傅里叶级数仅取一级级数 (i=1)，即用正弦函数和余弦函数构造附加输入运动变量，也就是说，$\Delta\theta_j = a_j \sin(\omega_j \pi t) + b_j \cos(\omega_j \pi t)$，$a_j$、$b_j$、$\omega_j$ >0 (j=1,2,3) 为优化变量。

8.3.2 算例分析

为了便于比较，以 8.2 节中经过初始位形优化后的 3-$\underline{R}$RS 柔性并联机器人为例进行数值算例分析，系统参数同 8.2.2 节。初始位形优化后的系统名义运动规律为

$$\begin{cases} \beta = \dfrac{[-1.4141 + 7s(t)]\pi}{180} \\ \gamma = \dfrac{[0.9091 + 3s(t)]\pi}{180} \\ z_P = 0.2258 + 0.025s(t) \end{cases} \tag{8-25}$$

其中

$$s(t) = \frac{t}{T} - \frac{1}{2\pi}\sin\frac{2\pi t}{T}(0 \leqslant t \leqslant T)$$

由式 (8-25) 对 3-$\underline{R}$RS 柔性并联机器人的运动学反解，可得到系统中各个运动支链的初始运动输入的变化情况，如图 8-3。根据前述输入运动规划的目标函数，分别选取待求优化变量的

初始值为 $(a_1^0,\omega_1^0;a_2^0,\omega_2^0;a_3^0,\omega_3^0)=(-0.1,15;0.1,15;0.1,10)$ 和 $(a_1^0,\omega_1^0,b_1^0;a_2^0,\omega_2^0,b_2^0;a_3^0,\omega_3^0,b_3^0)=(-0.1,20,0.1;0.1,20,0.1;0.05,20,0.05)$，通过优化函数程序的求解，就可以求得规划 1 时 a_1、ω_1、a_2、ω_2、a_3 和 ω_3 的优化数值分别为 -0.0568、31.142、0.0331、20.244、-0.0715 和 29.795；规划 2 时 a_1、ω_1、b_1、a_2、ω_2、b_2、a_3、ω_3 和 b_3 的优化数值分别为 -0.0552、33.230、0.0315、-0.0276、32.931、0.0984、0.00789、34.512 和 0.0894。图 8-4 给出了经过运动规划后的支链输入运动。表 8-2 给出了系统运动规划前后动平台质心绝对位置误差的数值以及降幅。

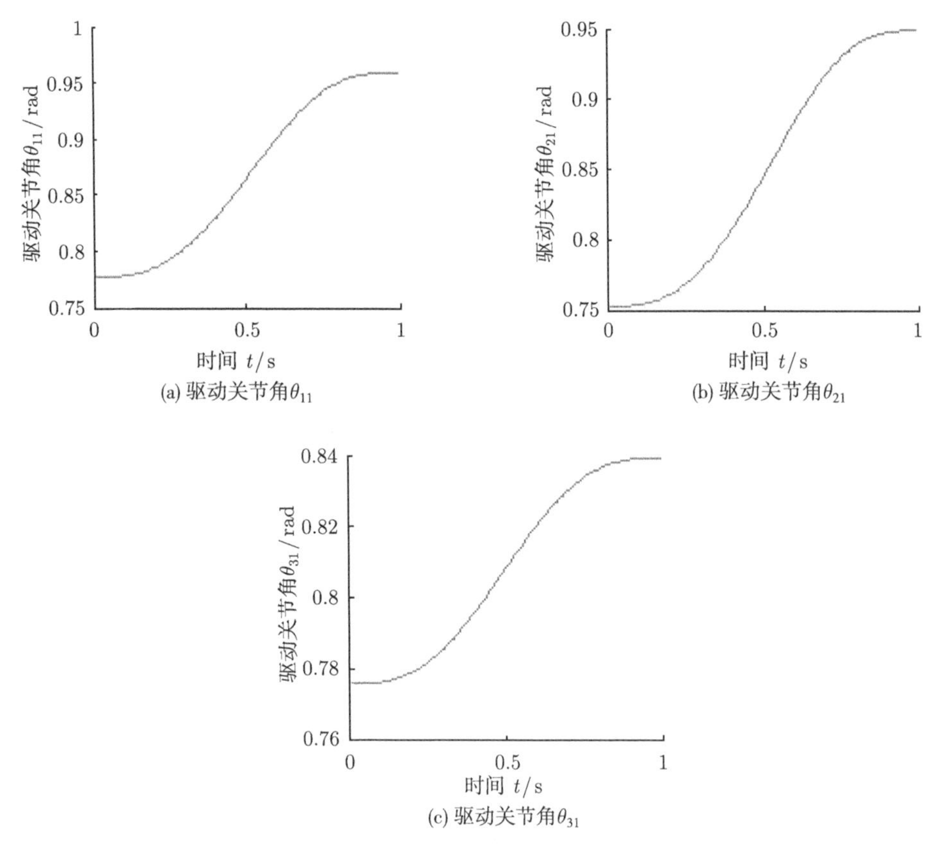

(a) 驱动关节角θ_{11}　(b) 驱动关节角θ_{21}　(c) 驱动关节角θ_{31}

图 8-3　支链初始输入运动

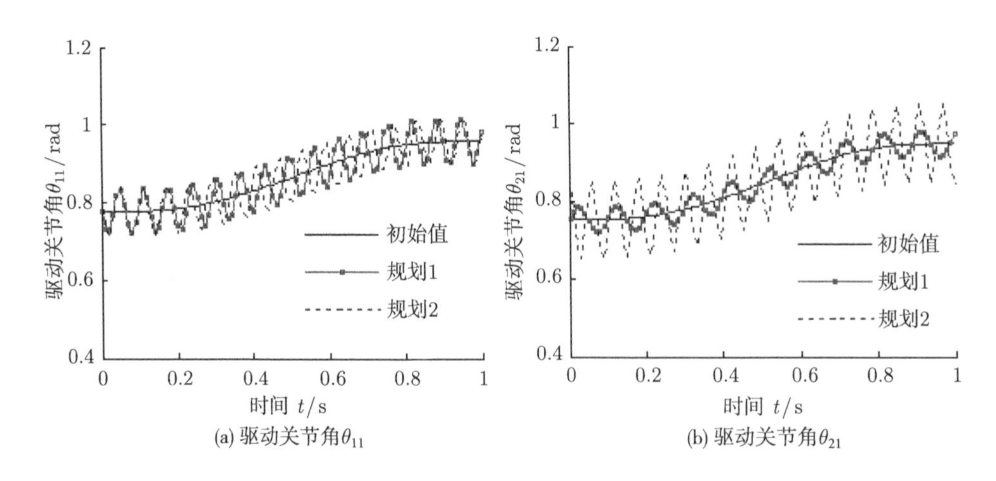

(a) 驱动关节角θ_{11}　(b) 驱动关节角θ_{21}

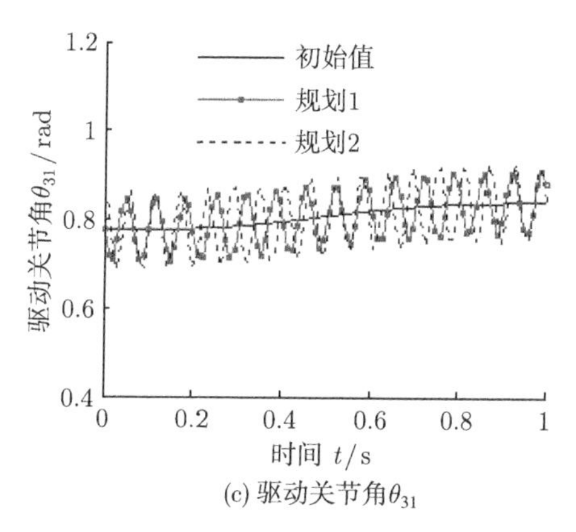

(c) 驱动关节角θ_{31}

图 8-4 支链输入运动

表 8-2 动平台质心的位置误差

类别	误差最大值/mm	误差平均值/mm
规划前	5.739	3.201
规划 1	4.562	2.215
规划 2	3.933	1.893
规划 1 后降幅	20.51%	30.80%
规划 2 后降幅	31.47%	40.86%

图 8-5 给出了 3-RRS 柔性并联机器人进行输入运动规划前后的误差变化曲线。机器人输入运动的改变，改变了机器人中各个构件的运动规律，补偿了系统动平台的运动误差，从而提高了系统的运动精度。对比输入运动规划前后的运动误差变化曲线可以发现，对规划 1 来说，系统输入运动规划后的误差平均值减少了 0.986 mm，降幅为 30.80%；对规划 2 来说，系统输入运动规划后的误差平均值减少了 1.308 mm，降幅为 40.86%；规划 1 和规划 2 的系统误差最大值的降幅分别为 20.51%和 31.47%，取得了良好的优化效果。总之，采用附加输入运动规划的办法进行柔性并联机器人的运动规划，对提高系统的运动精度是比较有效的，也是可行的。

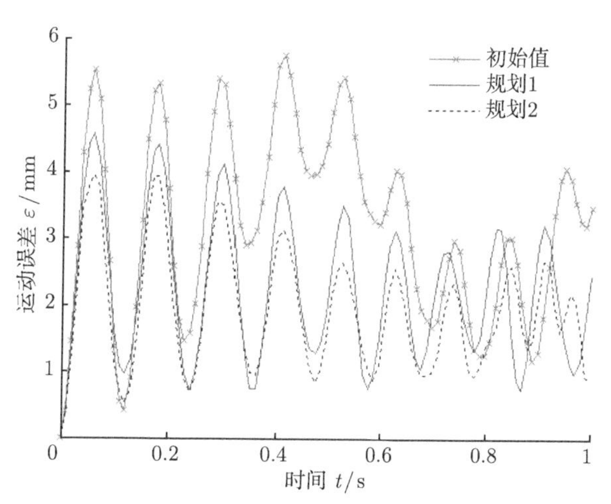

图 8-5 动平台质心位置误差

8.4 动力规划

8.4.1 动力规划分析

在机器人的运动规划问题中包含了两种典型的操作任务，即拾放操作 (pick-and-place operation, PPO) 和连续路径 (continuous path, CP)。拾放操作意味着一个机器人操作手从起始的位姿到终止的位姿去取放工件，这个起始位姿 (initial pose) 通过在一个确定的坐标系中的点的位置和方向来表示，终止位姿类似。如何完成从起始姿态到终止姿态的移动并不重要，只要系统的运动是平滑的，并且没有碰撞产生就行了。拾放操作是执行加工作业的基本操作，例如带式输送机的装载和卸载、机床的工具更换以及简单的装配作业等。

本章前述内容在系统动平台的名义运动规律给定的情况下，从提高系统运动精度方面进行了柔性并联机器人系统的运动规划。然而，对于在工业生产中广泛存在的拾放操作，降低系统驱动力矩的大小和减少系统驱动力矩的振动幅度就成了这种操作任务的首要规划任务。降低系统驱动力矩的大小可以达到节约能耗的目的，减少系统驱动力矩的振动幅度有利于系统实际控制策略的实现。

基于前述分析，即可定义以柔性并联机器人系统驱动力矩为规划目标的数学模型为

$$\text{Min}\ \tau(\boldsymbol{q},\boldsymbol{X})=\sum_{j=1}^{m}w_j\sqrt{\frac{1}{N-1}\sum_{i=1}^{N}\left(\tau_{ji}-\bar{\tau}_j\right)^2} \tag{8-26}$$

$$\text{s.t.}\quad \boldsymbol{X}_{t=t_0}=\boldsymbol{X}_0\quad \boldsymbol{X}_{t=t_\text{f}}=\boldsymbol{X}_{t_\text{f}}$$

$$\boldsymbol{q}_{t=t_0}=\boldsymbol{q}_0\quad \boldsymbol{q}_{t=t_\text{f}}=\boldsymbol{q}_{t_\text{f}}$$

式中，$\boldsymbol{q}_0$、$\boldsymbol{q}_{t_\text{f}}$ 分别为系统初始和终止时刻的关节变量；$\boldsymbol{X}_0$、$\boldsymbol{X}_{t_\text{f}}$ 分别为系统初始和终止时刻的操作位姿变量；$\tau(\boldsymbol{q},\boldsymbol{X})$ 为系统驱动力矩，其是系统关节变量 $\boldsymbol{q}$ 和位姿变量 $\boldsymbol{X}$ 的函数；N 为机器人运动过程离散时间点的个数；m 为机器人系统驱动构件的数目；τ_{ji} 为在第 i 个时间点，系统第 j 个驱动构件的驱动力矩值；$\bar{\tau}_j$ 为系统第 j 个驱动构件的驱动力矩平均值；$\boldsymbol{q}$ 为机器人驱动构件位移变量或关节空间变量；$\boldsymbol{X}$ 为机器人末端在操作空间的位姿变量；w_j 为系统驱动力矩波动加权系数；t_0、t_f 分别为系统的起始和终止时刻。

8.4.2 算例分析

以 3-$\underline{\text{R}}$RS 柔性并联机器人为例进行数值算例分析。3-$\underline{\text{R}}$RS 柔性并联机器人的系统参数与 8.2.2 节相同，原始运动规律与 7.4.2 节相同。系统预实现的拾放操作任务为：起始位姿 $(\beta,\gamma,z_P)_{t=t_0}=(-2^\circ,-1^\circ,0.18\,\text{m})$；终止位姿为 $(\beta,\gamma,z_P)_{t=t_\text{f}}=(5^\circ,2^\circ,0.205\,\text{m})$；$\dot{\beta}(0)=0$，$\dot{\gamma}(0)=0$，$\dot{z}_P(0)=0$；$\dot{\beta}(t_\text{f})=0$，$\dot{\gamma}(t_\text{f})=0$，$\dot{z}_P(t_\text{f})=0$；$\ddot{\beta}(t_\text{f})=0$，$\ddot{\gamma}(t_\text{f})=0$，$\ddot{z}_P(t_\text{f})=0$；$t_0=0$，$t_\text{f}=1\text{s}$；$w_1=w_2=w_3=1$。考虑到机器人系统运动轨迹的平滑性以及起始和终止时刻的操作速度为零等条件，这里的运动轨迹曲线采用 5 次多项式函数。具体运动规律为

$$\beta(t)=a_1t^5+b_1t^4+c_1t^3+d_1t^2+e_1t+f_1 \tag{8-27}$$

$$\gamma(t) = a_2t^5 + b_2t^4 + c_2t^3 + d_2t^2 + e_2t + f_2 \tag{8-28}$$

$$z_P(t) = a_3t^5 + b_3t^4 + c_3t^3 + d_3t^2 + e_3t + f_3 \tag{8-29}$$

将系统操作任务的已知条件分别代入式 (8-27) ～式 (8-29) 进行求解和化简，可以得到如下各式：

$$\begin{cases} 3a_1 + 2b_1 + c_1 + 14 = 0 \\ 2a_1 + b_1 - d_1 + 21 = 0 \\ 10a_1 + 6b_1 + 3c_1 + d_1 = 0 \\ e_1 = 0 \\ f_1 = -2 \end{cases} \tag{8-30}$$

$$\begin{cases} 3a_2 + 2b_2 + c_2 + 6 = 0 \\ 2a_2 + b_2 - d_2 + 9 = 0 \\ 10a_2 + 6b_2 + 3c_2 + d_2 = 0 \\ e_2 = 0 \\ f_2 = -1 \end{cases} \tag{8-31}$$

$$\begin{cases} 3a_3 + 2b_3 + c_3 + 0.05 = 0 \\ 2a_3 + b_3 - d_3 + 0.075 = 0 \\ 10a_3 + 6b_3 + 3c_3 + d_3 = 0 \\ e_3 = 0 \\ f_3 = 0.18 \end{cases} \tag{8-32}$$

通过分析式 (8-27)～式 (8-32) 可以得到，系统需要优化的求解变量为 a_i、b_i、c_i 和 $d_i(i=1,2,3,4)$。其中，式 (8-30)～式 (8-32) 为系统优化求解时的等式约束条件。

根据系统动力规划的优化目标函数模型和导出的 3-$\underline{\text{R}}$RS 柔性并联机器人系统的等式约束条件，选定待求优化变量的初值如下：$(a_1^0, b_1^0, c_1^0, d_1^0)=(22,-45,10,20)$，$(a_2^0, b_2^0, c_2^0, d_2^0)=(-2,15,-30,20)$，$(a_3^0, b_3^0, c_3^0, d_3^0)=(-0.85,2.625,-2.75,1)$。通过调用优化求解程序，就可以求得 a_1、b_1、c_1 和 d_1 的优化数值分别为 16.6455、−28.9366、−6.0634 和 25.3545；a_2、b_2、c_2 和 d_2 的优化数值分别为 5.4479、−7.3436、−7.6564 和 12.5521；a_3、b_3、c_3 和 d_3 的优化数值分别为 3.9990、−11.9221、11.7971 和 −3.8490。

表 8-3 给出了 3-$\underline{\text{R}}$RS 柔性并联机器人系统进行动力规划前后各个驱动构件的驱动力矩 τ_1、τ_2、τ_3 和系统合力矩 $\tau=|\tau_1|+|\tau_2|+|\tau_3|$ 的数值大小，以及系统进行动力规划前后的驱动力矩降低幅度。

表 8-3 驱动力矩数据分析

类别	驱动力矩 $\tau_1/(\text{N}\cdot\text{m})$		驱动力矩 $\tau_2/(\text{N}\cdot\text{m})$		驱动力矩 $\tau_3/(\text{N}\cdot\text{m})$		合力矩 $\tau/(\text{N}\cdot\text{m})$	
	最大值	平均值	最大值	平均值	最大值	平均值	最大值	平均值
规划前	0.200 7	0.102 8	0.199 9	0.103 5	0.207 3	0.100 8	0.607 9	0.307 1
规划后	0.128 8	0.0868	0.1272	0.0859	0.1338	0.0854	0.3897	0.2581
规划后降幅	35.82%	15.56%	36.37%	17.00%	35.46%	15.28%	35.89%	15.96%

图 8-6 为 3-$\underline{R}$RS 柔性并联机器人系统动力规划前后的输入运动对比曲线图。图 8-7 给出了 3-$\underline{R}$RS 柔性并联机器人进行动力规划前后，系统驱动力矩的对比曲线。系统动力规划前后的驱动力矩数据分析见表 8-3。通过分析系统动力规划前后各个驱动力矩的变化曲线和数据可以得出，经过柔性并联机器人系统的动力规划，系统驱动力矩的大小和振幅都得到了明显的改善，如系统动力规划前后各个驱动构件的驱动力矩τ_1、τ_2 和τ_3 的最大值分别降低了 35.82%、36.37%和 35.46%，而系统合力矩τ的平均值由动力规划前的 0.3071 N·m 降为动力规划后的 0.2581 N·m，降幅为 15.96%。因此，对柔性并联机器人系统进行动力规划对降低系统的驱动能耗具有较大的实际意义。

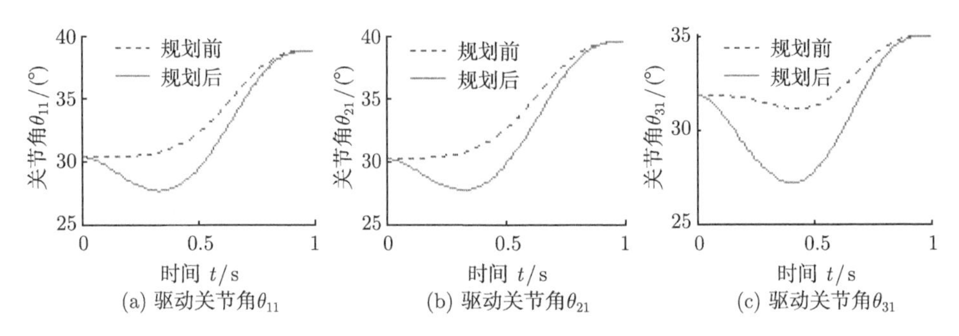

图 8-6　系统的输入运动对比曲线

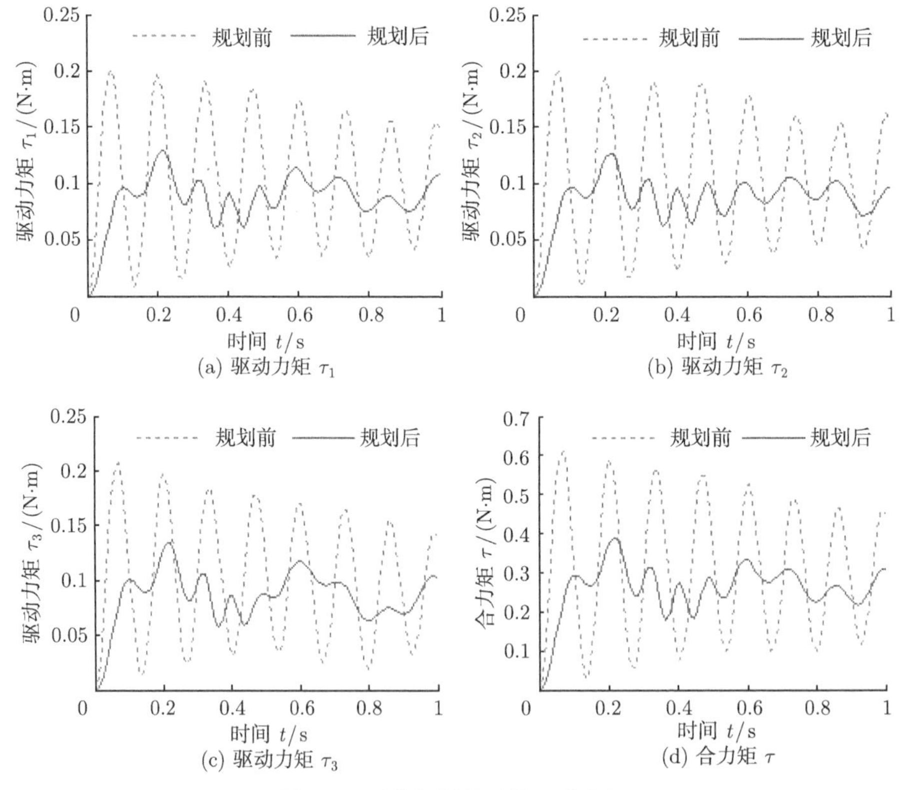

图 8-7　系统规划前后的驱动力矩

主要参考文献

巴特 K J, 威尔逊 E L. 1985. 有限元分析中的数值方法. 林公豫, 罗恩, 译. 北京: 科学出版社.

白师贤, 等. 1988. 高等机构学. 上海: 上海科学技术出版社.

白志富, 韩先国, 陈五一. 2004. 基于 Lagrange 方程三自由度并联机构动力学研究. 北京航空航天大学学报, 30(1): 51-54.

边宇枢, 陆震. 1999. 柔性机器人动力学建模的一种方法. 北京航空航天大学学报, 25(4): 486-490.

蔡胜利, 余跃庆, 白师贤. 1997a. 弹性并联机器人输入运动规划. 机械设计与研究, 13(3): 24-25.

蔡胜利, 余跃庆, 白师贤. 1997b. 弹性平面并联机器人的 KED 分析. 机械科学与技术, 16(2): 261-265.

曹彤, 孙杏初. 1995. 机器人弹性动力学研究及结构综合优化. 机械工程学报, 31(5): 64-69.

陈炜, 余跃庆, 张绪平, 等. 2006. 欠驱动柔性机器人的动力学建模与耦合特性. 机械工程学报, 42(6): 16-23.

陈文凯. 2006. 3-RSR 并联机器人运动学和动力学建模及仿真. 上海: 华东交通大学.

陈学生, 陈在礼, 孔民秀. 2002. 并联机器人研究的进展与现状. 机器人, 112(9): 464-470.

陈永, 严静. 1997. 同伦迭代法及应用于一般 6-SPS 并联机器人机构正位置问题. 机械科学与技术, 16(2): 189-194.

戴建生. 2014. 机构学与机器人学的几何基础与旋量代数. 北京: 高等教育出版社.

丁希仑, Mark S J, 戴建生. 2005. 具有空间复合变形构件的机械系统分析方法. 机械工程学报, 41(8): 63-68.

丁希仑, Selig J M. 2005. 空间弹性变形构件的李群和李代数分析方法. 机械工程学报, 41(1): 16-23.

窦建武. 2001. 柔性机器人协调操作的运动学和动力学研究. 北京: 北京工业大学.

杜兆才. 2008. 平面柔性并联机器人动力学分析与综合. 北京: 北京工业大学.

范守文, 徐礼钜, 周肇飞. 2002. 基于数学 —— 符号法的空间 4 自由度并联机构位置正解. 机械工程学报, 38(9): 57-60.

冯志友, 李永刚, 张策, 等. 2006. 并联机器人机构运动与动力分析研究现状及展望. 中国机械工程, 17(9): 979-984.

甘东明, 廖启征, 王品, 等. 2007. 新型 6-CCS 并联机器人机构的运动学正解及仿真. 中国机械工程, 18(24): 2903-2906.

管贻生, 安永辰. 1992. 机器人手臂弹性动力学分析的 Kane 方法. 机器人, 14(1): 45-51.

郭祖华, 陈五一. 2002. 6-UPS 型并联机构的刚体动力学模型. 机械工程学报, 38(11): 53-57.

哈尔滨工业大学理论力学教研室. 2006. 理论力学（Ⅰ、Ⅱ). 6 版. 北京: 高等教育出版社.

韩书葵, 方跃法, 郭盛. 2009. 少自由度并联机构真实运动分析. 机械工程学报, 45(9): 58-63.

黄田, 李江. 1995. 空间机构运动学的网络分析方法. 天津大学学报, 28(5): 600-604.

黄田, 汪劲松, Whitehouse D J. 1998. Stewart 并联机器人位置空间解析. 中国科学 (E 辑), 28(2): 136-145.

黄真, 方跃法. 1989. 六自由度并联机器人的随机位姿误差分析. 东北重型机械学院报, 13(3): 1-9.

黄真, 方跃法. 1991. 并联机器人的弹性位姿误差分析. 机械科学与技术, 12(2): 54-61.

黄真, 孔令富, 方跃法. 1997. 并联机器人机构学理论及控制. 北京: 机械工业出版社.

黄真, 孔宪文. 1995. 具有冗余度空间并联机构的运动分析. 机械工程学报, 31(3): 44-50.

黄真, 刘婧芳, 李艳文. 2011. 论机构自由度 —— 寻找了 150 年的自由度通用公式. 北京: 科学出版社.

黄真, 赵永生, 赵铁石. 2006. 高等空间机构学. 北京: 高等教育出版社.

机械工程师手册编委会. 1990. 机械工程师手册 (上册). 北京: 机械工业出版社.

金振林, 何小静. 2011. 一种新型 3-UPS 并联机构及其工作空间分析. 燕山大学学报, 35(3): 203-207, 227.

靳春梅, 邱阳, 樊灵, 等. 2001. 基于 FMD 理论的间隙机构动力学研究. 机械工程学报, 37(7): 19-23.

克来格. 2006. 机器人学导轮. 3 版. 负超, 等译. 北京: 机械工业出版社.

孔令富, 张世辉, 肖文辉, 等. 2004. 基于牛顿 - 欧拉方法的 6-PUS 并联机构刚体动力学模型. 机器人, 26(5): 395-399.

孔宪文. 1991. 六自由度并联机器人动力学方程. 机器人, 13(5): 42-45.

李德葆. 1989. 振动模态分析及其应用. 北京: 宇航出版社.

李嘉, 陈恳, 董怡, 等. 1999. 并联柔性铰机器人的静刚度研究. 清华大学学报 (自然科学版), 39(8): 16-20.

李剑锋. 2001. 并联机床曲面加工的刀轨规划及动力学建模研究. 北京: 清华大学.

李剑锋, 王新华, 魏源迁, 等. 2003. 3-RSR 并联机构的微分运动学及动力学分析. 北京工业大学学报, 29(4): 418-423.

李维嘉. 1997. 六自由度并联运动机构正向解的研究. 华中理工大学学报, 25(4): 38-40.

李艳文. 2005. 几类空间并联机器人的奇异研究. 秦皇岛: 燕山大学.

刘安心, 杨廷力. 1996. 求一般 6-SPS 并联机器人机构的全部位置正解. 机械科学与技术, 15(4):543-546.

刘才山, 陈滨, 阎绍泽, 等. 1999. 基于 Hamilton 原理的柔性多体系统动力学建模方法. 导弹与航天运载技术, 5: 32-36.

刘才山, 王建明, 阎绍泽, 等. 1999. 滑模变结构控制在柔性机械臂中的应用. 天津大学学报 (自然科学与工程技术版), 32(2): 244-247.

刘敏杰, 李从心. 2000. 基于速度变换的 Stewart 平台机械手动力学分析. 机械工程学报, 36(5): 38-41.

刘敏杰, 田涌涛, 李从心. 2001. 并联机器人动力学的子结构 Kane 方法. 上海交通大学学报, 35(7): 1032-1035.

刘善增. 2008. 平面 2 自由度并联机器人的动力学设计. 机械科学与技术, 27(2): 230-233.

刘善增. 2009. 三自由度空间柔性并联机器人动力学研究. 北京: 北京工业大学.

刘善增. 2013. 3-RRS 与 3-RRC 并联机构的动力学研究和特性分析. 徐州: 中国矿业大学.

刘善增, 余跃庆. 2008. 平面三自由度并联机器人的动力学设计. 机械工程学报, 44(4): 47-52.

刘善增, 余跃庆, 杜兆才, 等. 2007a. 并联机器人的研究进展与现状 (连载). 组合机床与自动化加工技术, 401(7): 4-10.

刘善增, 余跃庆, 杜兆才, 等. 2007b. 并联机器人的研究进展与现状 (连载). 组合机床与自动化加工技术, 401(8): 5-13.

刘善增, 余跃庆, 杜兆才, 等. 2008. 3-RRS 并联柔性机器人的振动特性分析. 机械科学与技术, 27(7): 861-865.

刘善增, 余跃庆, 刘庆波, 等. 2009. 3-RRC 并联机器人的动力学分析. 机械工程学报, 45(5): 220-224.

刘善增, 余跃庆, 佀国宁, 等. 2009. 三自由度并联机器人的运动学特性与动力学分析. 机械工程学报, 45(8): 11-17.

刘善增, 朱真才, 余跃庆, 等. 2011. 空间刚柔耦合并联机构系统的频率特性分析. 机械工程学报, 47(23): 39-48.

刘迎春. 2004. 冗余度柔性协调操作机器人的运动学和动力学研究. 北京: 北京工业大学.

陆启韶. 1989. 常微分方程的定性方法和分叉. 北京: 北京航空航天大学出版社.

陆佑方. 1996. 柔性多体系统动力学. 北京: 高等教育出版社.

吕英民, 陈海亮, 仇伟德. 1994. 材料力学. 东营: 中国石油大学出版社.

马承文, 邹慧君. 2001. 平面闭链五杆机构动力学的研究. 机械设计与研究, 18(1): 22-24.

倪振华. 振动力学. 1989. 西安: 西安交通大学出版社.

清华大学工程力学系固体力学教研组振动组. 1978. 机械振动 (上册). 机械工业出版社.

曲义远, 黄真. 1989. 空间六自由度并联机构位置的三维搜索方法. 机器人, 3(5): 25-29.

饶青, 陈宁新, 白师贤. 1994. 6-6 型 Stewart 并联机器人的正向位移分析. 机械科学与技术, 51(3):46-52.

日本机械学会. 1984. 机械技术手册 (上). 北京: 机械工业出版社.

荣莉莉, 范懋基. 1992. 机器人弹性手臂的模型与控制. 机器人, 14(1): 32-37.

宋伟刚, 张国伟. 2004. 基于径向基函数神经网络的并联机器人运动学正解问题. 东北大学学报, 25(4): 386-389.

宋轶民, 余跃庆, 张策, 等. 2003. 柔性机器人动力学分析与振动控制研究综述. 机械设计, 20(4): 1-5.

苏文敬, 吴立成, 孙富春, 等. 2003. 空间柔性双臂机器人系统建模、控制与仿真研究. 系统仿真学报, 15(8): 1098-1105.

孙桓, 陈作模, 葛文杰. 2006. 机械原理. 7 版. 北京: 高等教育出版社.

孙立宁, 丁庆勇, 刘新宇. 2005. 2 自由度高速高精度并联机器人的运动学优化设计. 机械工程学报, 41(7): 94-98.

孙立宁, 董为, 杜志江. 2005. 基于几何非线性方法的大行程柔性并联机器人位置解. 机械工程学报, 41(10): 71-74.

唐国宝, 黄田. 2003. Delta 并联机构精度标定方法研究. 机械工程学报, 39(8): 55-60.

唐锡宽, 金德闻. 1984. 机械动力学. 北京: 高等教育出版社.

王大龙, 陆佑方, 郭九大. 1998. 单连杆柔性机械臂动力学模型分析. 吉林工业大学 (自然科学学报), 28(2): 51-56.

王树新, 员今天, 石菊荣, 等. 2002. 柔性机械臂建模理论与控制方法研究综述. 机器人, 24(1): 86-91.

文福安, 李静宜, 梁崇高. 1993. 一般 6-6 型平台并联机器人机构位置正解. 机械科学与技术, 5(1):41-47.

夏富杰. 1998. 空间并联机构运动分析的有限元法. 机械科学与技术, 17(1): 60-62.

熊有伦, 丁汉, 刘恩沧. 1993. 机器人学. 北京: 机械工业出版社.

杨桂通. 2006. 弹性力学简明教程. 北京: 清华大学出版社.

杨廷力. 2004. 机器人机构拓扑结构学. 北京: 机械工业出版社.

杨义勇, 金德闻. 2009. 机械系统动力学. 北京: 清华大学出版社.

杨志永, 赵学满, 黄田, 等. 2004. 并联机构动力学建模及伺服系统参数辨识. 天津大学学报, 37(6): 475-479.

姚建新, 陈永. 1996. 并联型工业机器人的运动弹性动力学研究. 机器人, 18(6): 328-331.

叶敏, 肖龙翔. 2001. 分析力学. 天津: 天津大学出版社.

殷学纲, 蹇开林, 黄尚廉. 1998. 运动柔性梁振动主动控制的有限段分析. 应用力学学报, 15(4): 22-26.

于靖军, 刘辛军, 丁希伦, 等. 2009. 机器人机构学的数学基础. 北京: 机械工业出版社.

约翰 · J. 克拉格. 2005. 机器人学导轮. 英文版. 3 版. 北京: 机械工业出版社.

张策. 2008. 机械动力学. 2 版. 北京: 高等教育出版社.

张策. 2009. 机械动力学史. 北京: 高等教育出版社.

张策, 黄永强, 王子良, 等. 1997. 弹性连杆机构的分析与设计. 2 版. 北京: 机械工业出版社.

张承龙, 王从庆. 2005. 空间柔性双臂机器人的动力学建模及控制. 南京理工大学学报, 29(增刊): 70-72.

张春林. 2005. 高等机构学. 北京: 北京理工大学出版社.

张国伟, 宋伟刚. 2004. 并联机器人动力学问题的 Kane 方法. 系统仿真学报, 16(7): 1386-1391.

张克涛, 方跃法, 郭盛. 2009. 新型 3 自由度并联机构的设计与分析. 机械工程学报, 45(1): 68-72.

张立杰, 刘辛军. 2002. 平面 2 自由度驱动冗余并联机器人的机构设计. 机械工程学报, 38(12): 49-53.

张启先. 1984. 空间机构的分析与综合 (上册). 北京: 机械工业出版社.

张汝清, 殷学纲, 董明. 1987. 计算结构动力学. 重庆: 重庆大学出版社.

张绪平. 1999. 空间柔性冗余度机器人动力学分析与综合. 北京: 北京工业大学.

章定国, 周胜丰. 2006. 柔性杆柔性铰机器人动力学分析. 应用数学和力学, 27(5): 615-623.

赵平, 薛克宗. 1996. 空间柔性机械臂三维动力学数值仿真. 工程力学, 13(1): 103-114.

赵铁石, 黄真. 2000. 一种新型四自由度并联平台机构及其位置分析. 机械科学与技术, 19(6): 927-929.

赵新华, 解宁, 温殿英. 2000. 并联六自由度平台机械误差识别算法. 机械工程学报, 36(12): 25-28.

周传月. 2009. SAMCEF 有限元分析与应用实例. 北京: 机械工业出版社.

邹豪, 王启义, 余晓流, 等. 2000. 并联 Stewart 机构位姿误差分析. 东北大学学报 (自然科学版), 21(3): 301-304.

邹慧君, 高峰. 2007. 现代机构学进展 (第 1 卷). 北京: 高等教育出版社.

邹慧君, 高峰. 2011. 现代机构学进展 (第 2 卷). 北京: 高等教育出版社.

Angeles J. 2004. 机器人机械系统原理理论、方法和算法. 宋伟刚译. 北京: 机械工业出版社.

Arsenault M, Boudreau R. 2006. Synthesis of planar parallel mechanisms while considering workspace, dexterity, stiffness and singularity avoidance. ASME Journal of Mechanical Design, 128(1): 69-78.

Bathe K J, Wilson E L. 1976. Numerical Methods in Finite Element Analysis. Englewood Cliffs, New Jersey: Prentice-Hall Inc.

Bhattacharya S. 1995. On the optimum design of Stewart platform type parallel manipulators. Robotics, 13(2): 133-140.

Bricout J N, Debus J C, Micheau P. 1990. A finite element model for the dynamics of flexible manipulators. Mechanism and Machine Theory, 25(1): 119-128.

Chang L W, Hamilton J F. 1991. Dynamic of robotic manipulator with flexible links. ASME Journal Dynamic System Modelling and Control, 113(1): 54-59.

Choi B, Lee H B. 1995. Compliant control of joint constrained flexible manipulator. Proc. of the American Control Conference, Seattle, WA, USA: 356-371.

Cleghorn W L, Fenton R G. 1981. Finite element analysis of high-speed flexible mechanism. Mechanism and Machine Theory, 16(4): 407-424.

Codourey A. 1998. Dynamic modeling of parallel robots for computed-torque control implementation. The International Journal of Robots Research, 17(12): 12-18.

Coelho T A H, Liang Y, Alves V F A. 2004. Decoupling of dynamic equations by means of adaptive balancing of 2-dof open-loop mechanisms. Mechanism and Machine Theory, 39(8): 871-881.

Dasgupta B, Choudhury P. 1999. A general strategy based on the Newton-Euler approach for the dynamic formulation of parallel manipulators. Mechanism and Machine Theory, 34(6): 801-824.

Dasgupta B, Mruthyunjaya T S. 1998a. A Newton-Euler formulation for the inverse dynamics of the Stewart platform manipulator. Mechanism and Machine Theory, 33(8): 1135-1152.

Dasgupta B, Mruthyunjaya T S. 1998b. Closed-form dynamic equations of the general Stewart platform through the Newton-Euler approach. Mechanism and Machine Theory, 33(7): 993-1012.

de Luca A, Sicilano B. 1991. Closed-form dynamic model of planar multilink light weight robots. IEEE Transactions on System, Man, and Cyhernetics, 21(4): 826-839.

Diken H. 1995. Effect of mass balancing on the actuator torques of a manipulator. Mechanism and Machine Theory, 30(4): 495-500.

Diken H. 1997. Trajectory control of mass balanced manipulators. Mechanism and Machine Theory, 32(3): 313-322.

Ding H F, Cao W A, Cai C W, et al. 2015. Computer-aided structural synthesis of 5-DOF parallel mechanisms and the establishment of kinematic structure databases. Mechanism and Machine Theory, 83(1): 14-30.

Do W Q D, Yang D C H. 1988. Inverse dynamic analysis and simulation of a platform type of robot. Journal of Robotic Systems, 5(3): 209-227.

Du H, Lim M K, Liew K M. 1996. A nonliner finite element model for dynamics of flexible manipulators. Mechanism and Machine Theory, 31(8): 1109-1119.

Dunlop G R, Jones T P. 1997. Position analysis of a 3-DOF parallel manipulator. Mechanism and Machine Theory, 32(8): 903-920.

Fallahi B, Lai H Y. 1994. A study of the workspace of five-bar closed loop manipulator. Mechanism and Machine Theory, 29(5): 759-765.

Faugere J C, Lazard D. 1995. Combinatorial classes of parallel manipulators. Mechanism and MachineTheory, 30(6): 765-776.

Fichter E F. 1986. A Stewart platform based manipulator: general theory and practical construction. The International Journal of Robotics Research, 5(2): 157-182.

Fuan W, Liang C G. 1994. Displacement analysis of the 6-6 Stewart platform mechanisms. Mechanism and Machine Theory, 29(4): 547-557.

Gao F, Li W M, Zhao X C, et al. 2002. New kinematic structures for 2-, 3-, 4-, and 5-DOF parallel-manipulator designs. Mechanism and Machine Theory, 37(11): 1395-1411.

Gao X C, King Z Y, Zhang Q X. 1989. A hybrid beam element for mathematical modeling of high-speed flexible linkages. Mechanism and Machine Theory, 24(1): 29-36.

Ge S S, Lee T H. 1997. Nonlinear feedback controller for a single-link flexible manipulator based finite element model. Journal of Robotic Systems, 14(3): 165-178.

Geng Z, Haynes L S, Lee J D, et al. 1992. On the dynamic model and kinematic analysis of a class of Stewart platforms. Robotics and Autonomous Systems, 9(4): 237-254.

Gere J M. 2004. Mechanics of Materials. Beijing: China Machine Press.

Goseelin C. 1992. The optimum design of robotic manipulators using dexterity indices. Journal of Robotics and Autonomous Systems, 9(4): 213-226.

Gosselin C M. 1990. Determination of the workspace of 6-DOF parallel manipulators. Journal of Mechanism Design, 112(3): 331-336.

Gosselin C M, Angeles J. 1988. The optimum kinematic design of a planar 3-DOF parallel manipulator. ASME Journal of Mechanisms Transmissions and Automations in Design, 110(1): 35-41.

Gosselin C M, Angeles J. 1990a. Kinematic inversion of parallel manipulator in the presence of incompletely specified tasks. ASME Journal of Mechanical Design, 112(2): 454-500.

Gosselin C M, Angeles J. 1990b. Singularity analysis of closed-loop kinematic chains. IEEE Transactions on Robotics and Automation, 6(3): 281-290.

Gosselin C M, Angels J. 1991. A globe performance index for the kinematic optimization of robotic manipulators. ASME Journal of Mechanical Design, 113(3): 220-226.

Han K, Hung Y, Youm W Y. 1996. New resolution scheme of the forward kinematics of parallel manip-ulators using extra sensors. ASME Journal of Mechanical Design, 118(1): 214-219.

Hertz R B, Hughes P C. 1998. Kinematic analysis of a general double-tripod parallel manipulator. Mechanism and Machine Theory, 33(6): 683-696.

Howell L L. 2007. 柔顺机构学. 余跃庆译. 北京: 高等教育出版社.

Huang Z, Chen L H, Li Y W. 2003. The singularity principle and property of Stewart parallel manipulator. Journal of Robotic Systems, 20(4): 163-176.

Huang Z, Du X. 1999, General-linear-complex special configuration analysis of 3/6-SPS Stewart parallel manipulator. China Mechanical Engineering, 10(9): 997-1000.

Huang Z, Zhao Y S, Wang J, et al. 1999. Kinematic principle and geometrical condition of general-linear-complex special configuration of parallel manipulators. Mechanism and Machine Theory, 34(8): 1171-1186.

Hunt K H. 1983. Structural kinematic of in-parallel-actuated robot arms. Journal of Mechanism, Transmissions and Automation in Design, 105(4): 705-712.

Husty M L. 1996. An algorithm for solving the direct kinematics of general Stewart-Gough platforms. Mechanism and Machine Theory, 31(4): 365-379.

Ilian A B, Jeha R. 2000. A new method for solving the direct kinematics of general 6-6 Stewart platform using three linear extra sensors. Mechanism and Machine Theory, 35(2): 423-436.

Innocenti C, Castelli V P. 1993. Forward kinematics of the general 6-6 fully parallel mechanism: anexhaustive numerical approach via a mono-dimensional-search algorithm. ASME Journal of Me-chanical Design, 115(1): 932-937.

Innocenti C, Parenti-Castelli V. 1990. Direct position analysis of the Stewart platform mechanism. Mech-anism and Machine Theory, 25(6): 611-621.

Kane T R, Ryan R R, Banerjee A K. 1987. Dynamics of a cantilever beam attached to a moving base. Journal of Guidance, Control and Dynamics, 10(2): 139-151.

Konno A, Uehiyama M. 1994. Modeling of a flexible manipulator dynamics based on the Holzer's method. Journal of Japan Robot Institute, 12(7): 1021-1028.

Kumar V. 1992. Characterization of workspaces of parallel manipulators. ASME Journal of Mechanical Design, 114(2): 368-375.

Lee K M, Shan D K. 1988a. Dynamic analysis of a three-degrees-of-freedom in-parallel actuated manipulator. IEEE Journal of Robotics and Automation, 4(3): 361-367.

Lee K M, Shan D K. 1988b. Kinematic analysis of a three-degrees-of-freedom in-parallel actuated manipulator. IEEE Journal of Robotics and Automation, 4(3): 354-360.

Li C J, Sankar T S. 1993. Systemic methods for efficient modeling and dynamics computation of flexible robotic manipulators. IEEE Transactions on Systems, Man and Cybernetics, 23(1): 77-94.

Li J F. 2003. Inverse kinematic and dynamic analysis of 3-DOF parallel mechanism. Chinese Journal of Mechanical Engineering, 16(1): 54-58.

Liu S Z, Li Z K, Zhu Z C, et al. 2010. Virtual prototype simulation of a 3-RRS flexible parallel manipulator. IEEE the International Workshop on Mechanic Automation and Control Engineering (MACE2010), June 26-28, 2010 in Wuhan, China: 6292-6295.

Liu S Z, Yu Y Q, Zhu Z C, et al. 2010. Dynamic modeling and analysis of a 3-RRS parallel manipulator with flexible links. Journal of Central South University of Technology, 45(4): 12-15.

Liu S Z, Zhang L J, Zhu Z C, et al. 2010. Dynamic simulation of 3-RSR flexible parallel robot. 2nd International Conference on Information Science and Engineering, ICISE2010 – Proceedings, December 4-6, Hangzhou, China: 5091-5094.

Long P, Khalil W, Martinet P. 2014. Dynamic modeling of parallel robots with flexible platforms. Mechanism and Machine Theory, 81(11): 21-35.

Low K H, Vidyasagar M A. 1988. Lagranian formulation of the dynamic model for flexible manipulator systems. ASME Journal Dunamic System Modelling and Control, 110(2): 175-181.

Ma O, Angeles J. 1992. Architecture singularities of parallel manipulators. Int. Journal of Robotics and Automation, 7(1): 23-29.

Merlet J P. 1988. Parallel Manipulators Part 2: Theory Singular Configurations and Grassmann Geometry. Technical report, INRIA, Sophia Antipolis, France: 66-70.

Merlet J P. 1989. Singular configurations of parallel manipulators and Grassmann geometry. The International Journal of Robotics Research, 8(5): 45-56.

Merlet J P. 1992. On the Infinitesimal Motion of a Parallel Manipulator in Singular Configuration. IEEE International Conference on Robotics and Automation, 12-14 May 1992, Nice, France, IEEE Comput. Soc. Press, 1: 338-343.

Merlet J P. 2006. Jacobian, manipulability, condition number, and accuracy of parallel robots. Journal of Mechanical Design, Transactions of the ASME, 128(1): 199-206.

Merlet J P. 2014. 并联机器人. 2 版. 黄远灿译. 北京: 机械工业出版社.

Midha A, Frohrib D A, Erdman A G. 1977. Finite element approach to mathematical modeling of high-speed elastic linkages. Mechanism and Machine Theory, 13(6): 603-618.

Naganathan G, Soni A H. 1987a. An analytical and experimental investigation of flexible manipulator performance. Proceedings of IEEE International Conference on Robotics and Automation, Raleigh, NC, IEEE, New York, NY, USA: 767-773.

Naganathan G, Soni A H. 1987b. Coupling effects of kinematics and flexibility in manipulators. Int. Journal of Robotics Research, 6(1): 75-84.

Naganathan G, Soni A H. 1988. Nonlinear modeling of kinematic and flexibility effects in manipulator design. ASME Journal of Mechanism, Transmissions and Automation in Design, 3: 110-120.

Pennock G R, Kassner D J. 1992. Kinematic analysis of a planar eight-bar linkage: application to a platform-type robot. ASME Journal of Mechanical Design, 114(3): 87-95.

Piras G. 2003. Dynamic finite-element analysis of a planar high-speed, high-precision parallel manipulator with flexible links. Canada, Toronto: Graduate Department of Mechanical and Industrial Engineering University of Toronto.

Piras G, Cleghorn W L, Mills J K. 2005. Dynamic finite-element analysis of a planar high-speed, high-precision parallel manipulator with flexible links. Mechanism and Machine Theory, 40(7): 849-862.

Raghavan M. 1993. The Stewart platform of general geometry has 40 configurations. Transactions of the ASME, Journal of Mechanical Design, 115(2): 277-282.

Rezaei A, Akbarzadeh A, Akbarzadeh-T M. 2012. An investigation on stiffness of a 3-PSP spatial parallel mechanism with flexible moving platform using invariant form. Mechanism and Machine Theory, 51(5): 195-216.

Sefrioui J, Gosselin C M. 1992. Singularity analysis and representation of planar parallel manipulators. Robotics and Autonomous System, 115(10): 209-224.

Shao H, Wang J S, Wang L P, et al. 2010. Dynamic manipulability and optimization of a two DOF parallel mechanism. Chinese Journal of Mechanical Enginering, 23(4): 403-409.

Sorin M D, Epureanu B I. 2002. Finite-element modeling in flexible-mechanism dynamics. Transactions of the Canadian Society for Mechanical Engineering, 26(1): 57-73.

St-Onge B M, Gosselin C M. 2000. Singularity analysis and representation of the general Gough-Stewart platform. The International Journal of Robotics Research, 19(3): 271-288.

Stonghton R S, Arai T. 1993. A modified Stewart platform manipulators with improved dexterity. IEEE Journal of Robotics and Automation, 9(2): 166-172.

Sunada W H, Dubowsky S. 1983. On the dynamic analysis and behavior of industrial robotic manipulators with elastic members. ASME Journal of Mechanisms, Transmission and Automation in Design, 105(1): 42-51.

Surdilovic D, Vukobratovic M. 1996. One method for efficient dynamic modeling of flexible manipulators. Mechanism and Machine Theory, 31(3): 297-315.

Theodore R J, Ghosal A. 1995. Comparision of the assumed modes and finite element models for flexible multi-link manipulators. International Journal of Robotics Research, 14(2): 91-111.

Tsai L W. 2000. Solving the inverse dynamics of a Stewart-Grough manipulator by the principle of virtual work. ASME Journal of Mechanical Design, 122(5): 3-9.

Vinod K M, Asnani N T. 1994. Computational techniques for finite element method based kineto-elasto dynamic analysis of mechanisms. Machine Element and Machine Dynamics, ASME, 71(10): 81-87.

Wang J G, Gosselin C M. 1997. Kinematic analysis and singularity representation of spatial five-degree-of-freedom parallel manipulators. Journal of Robotic Systems, 14(12): 851-869.

Wang J G, Gosselin C M. 1998. A new approach for the dynamic analysis of parallel manipulators. Multibody System Dynamics, 2(3): 317-334.

Wang J G, Gosselin C M. 1999. Static balancing of spatial three-degree-of-freedom parallel mechanisms. Mechanism and Machine Theory, 34(3): 437-452.

Wang S C, Hikita H, Kubo H, et al. 2003. Kinematics and dynamics of a 6 degree-of-freedom fully parallel manipulator with elastic joints. Mechanism and Machine Theory, 38(5): 439-461.

Wang X Y, Mills J K. 2006. Dynamic modeling of a flexible-link planar parallel platform using a substructuring approach. Mechanism and Machine Theory, 41(6): 671-687.

Yang Z J J, Sadler J P. 1990. Large-displacement finite element analysis of flexible linkages. ASME Journal of Mechanical Design, 112(2): 175-182.

Yue S G, Yu Y Q, Bai S X. 1997. Flexible rotor beam element for the manipulators with joint and link flexibility. Mechanism and Machine Theory, 32(2): 209-219.

Zanganeh K E, Angeles J. 1997. Kinematic isotropy and the optimum design of parallel manipulator. The International Journal of Robotics Research, 16(2): 185-197.

Zhang D J, Liu Y W, Yun C, et a1. 1994. Flexible multibody system dynamics-finite segment method. Chinese Journal of Mechanical Engineering, 7(2): 156-162.

Zhang Y, Liao Q Z, Su H J, et al. 2012. A new closed-form solution to the forward displacement analysis of a 5-5 in-parallel platform. Mechanism and Machine Theory, 52(6): 47-58.

附录A　数学基础知识

随着机器人机构学的发展，数学方法在机器人机构的运动学、动力学以及机构综合方面的应用变得日益重要，并发挥着巨大的作用。本书把机器人机构运动学、动力学研究过程中经常用到的数学知识进行了简要汇编，以方便读者查阅参考。

A.1　代　　数

A.1.1　幂与对数

A.1.1.1　幂

(1) $a^m a^n = a^{m+n}$

(2) $\dfrac{a^m}{a^n} = a^{m-n}$

(3) $a^2 - b^2 = (a+b)(a-b)$

(4) $a^3 \pm b^3 = (a \pm b)\left(a^2 \mp ab + b^2\right)$

(5) $\dfrac{a^n - b^n}{a-b} = a^{n-1} + a^{n-2}b + a^{n-3}b^2 + \cdots + ab^{n-2} + b^{n-1}$

(6) $\dfrac{a^{2n+1} + b^{2n+1}}{a+b} = a^{2n} - a^{2n-1}b + a^{2n-2}b^2 - \cdots + b^{2n}$

(7) $\dfrac{a^{2n} - b^{2n}}{a+b} = a^{2n-1} - a^{2n-2}b + a^{2n-3}b^2 - \cdots - b^{2n-1}$

(8) $(a \pm b)^2 = a^2 \pm 2ab + b^2$

(9) $(a \pm b)^3 = a^3 \pm 3a^2b + 3ab^2 \pm b^3$

(10) 二项式定理：

$$(a \pm b)^n = a^n \pm na^{n-1}b + \frac{n(n-1)}{1\cdot 2}a^{n-2}b^2 \pm \frac{n(n-1)(n-2)}{1\cdot 2\cdot 3}a^{n-3}b^3 + \cdots + (\pm)^n b^n$$

当 n 不是整数时，变为无穷级数。右边第 $r+1$ 个系数为

$$\mathrm{C}_n^r = \frac{n(n-1)(n-2)\cdot\ \cdots\ \cdot(n-r+1)}{1\cdot 2\cdot 3\cdot\ \cdots\ \cdot r}$$

(11) $1\cdot 2\cdot 3\cdot\ \cdots\ \cdot n = n!$

(12) 多项式定理：

$$(a+b+c+\cdots)^n = \sum_{p+q+r+\cdots=n} \frac{n!}{p!q!r!\cdots}a^p b^q c^r \cdots$$

A.1.1.2 根式

(1) $\sqrt[m]{a} = a^{\frac{1}{m}}$

(2) $\sqrt[m]{ab} = \sqrt[m]{a}\sqrt[m]{b}$

(3) $\sqrt[m]{\dfrac{a}{b}} = \dfrac{\sqrt[m]{a}}{\sqrt[m]{b}}$

(4) $\sqrt[m]{a}\sqrt[n]{a} = \sqrt[mn]{a^{m+n}}$

(5) $\sqrt[m]{a^n} = (\sqrt[m]{a})^n = a^{\frac{n}{m}}$

A.1.1.3 对数

(1) $\log_b a = c$ 的含义为 $b^c = a$，$b > 0$ 且 $b \neq 1$。b 叫作底，a 叫作真数，c 叫作对数。

(2) $\log_b (ac) = \log_b a + \log_b c$

(3) $\log_b \left(\dfrac{a}{c}\right) = \log_b a - \log_b c$

(4) $\log_b a^n = n \log_b a$

(5) $\log_b x = \log_a x \log_b a = \dfrac{\log_a x}{\log_a b}$

(6) $\log_a b \log_b a = 1$

(7) 以 $\mathrm{e} = 2.718281828459\cdots$ 为底的对数叫作自然对数，以 10 为底的对数叫作常用对数。有时将 $\log_{\mathrm{e}} a$ 记为 $\ln a$ 或 $\log a$，将 $\log_{10} a$ 记作 $\lg a$。

A.1.2 排列与组合

A.1.2.1 排列

从 n 个元素中取出 r 个，按某种顺序排起来，就叫作从 n 个元素中取出 r 个的排列，或 n 个元素的 r 排列。

(1) n 个不同元素的 r 排列的个数，记为 P_n^r 或 A_n^r。

$$\mathrm{P}_n^r = n(n-1)(n-2) \cdot \cdots \cdot (n-r+1) = \frac{n!}{(n-r)!}$$

特别地，当 $r = n$ 时，$\mathrm{P}_n^n = n!$。

(2) 在 n 个元素中，有 p 个相同，q 个相同，r 个相同 (以下一样)，这时这些元素全体所作的排列数为

$$\frac{n!}{p!q!r!\cdots}$$

(3) 如果允许从 n 个元素中反复取同一个，那么取出 r 个的排列数为 n^r。

A.1.2.2 组合

从 n 个元素中取出 r 个元素，不考虑元素的排序，就叫作从 n 个元素中取出 r 个的组合，或 n 个元素的 r 组合。

(1) n 个不同元素的 r 组合数，记为 C_n^r，即

$$\mathrm{C}_n^r = \frac{n(n-1) \cdot \cdots \cdot (n-r+1)}{r!} = \frac{n!}{(n-r)!r!}$$

(2) 从 n 个不同元素中允许反复取同一个元素时，取 r 个的组合数为

$$\mathrm{H}_n^r = \mathrm{C}_{n+r-1}^r = \frac{n(n+1)(n+2)\cdot\cdots\cdot(n+r-1)}{r!}$$

A.1.3 矩阵与行列式

A.1.3.1 矩阵的定义

由 $n \times m$ 个元素或分量 $a_{ij}(i=1, 2, \cdots, n; j=1, 2, \cdots, m)$ 排成 n 行 m 列的数表叫作 n 行 m 列矩阵，简称 $n \times m$ 矩阵。其中，a_{ij} 为矩阵的第 i 行第 j 列元素。矩阵表示如下：

$$\boldsymbol{A} = \begin{bmatrix} a_{11} & a_{12} & \cdots & a_{1j} & \cdots & a_{1m} \\ a_{21} & a_{22} & \cdots & a_{2j} & \cdots & a_{2m} \\ \vdots & \vdots & & \vdots & & \vdots \\ a_{i1} & a_{i2} & \cdots & a_{ij} & \cdots & a_{im} \\ \vdots & \vdots & & \vdots & & \vdots \\ a_{n1} & a_{n2} & \cdots & a_{nj} & \cdots & a_{nm} \end{bmatrix}$$

当 $n \neq m$ 时，矩阵为长方阵，当 $n = m$ 时为 n 阶方阵。$m = 1$、$n > 1$ 时，得到的一列的矩阵

$$\boldsymbol{A} = \begin{bmatrix} a_{11} \\ a_{21} \\ \vdots \\ a_{n1} \end{bmatrix}$$

称为列矩阵，或列向量。而当 $n = 1$、$m > 1$ 时，得到的一行的矩阵

$$\boldsymbol{A} = \begin{bmatrix} a_{11} & a_{12} & \cdots & a_{1m} \end{bmatrix}$$

称为行矩阵，或行向量。

将矩阵 $\boldsymbol{A}$ 的 i 行 j 列分量 a_{ij} 重新排为 j 行 i 列而得到的矩阵称为矩阵 $\boldsymbol{A}$ 的转置矩阵，记为 $\boldsymbol{A}^{\mathrm{T}}$ 或 A'。对于方阵，$a_{ij} = a_{ji}$ 时，称为对称阵；$a_{ij} = -a_{ji}$ 时，称为反对称矩阵或斜对称矩阵。又当 $a_{ij} = 0(i \neq j)$，只在对角线 $(i = j)$ 上存在非零分量时，称为对角矩阵；$a_{ij} = 0(i > j)$ 的矩阵称为上三角矩阵，$a_{ij} = 0(i < j)$ 的矩阵称为下三角矩阵。单位矩阵

$$\boldsymbol{I} = \begin{bmatrix} 1 & 0 & \cdots & 0 & \cdots & 0 \\ 0 & 1 & \cdots & 0 & \cdots & 0 \\ \vdots & \vdots & & \vdots & & \vdots \\ 0 & 0 & \cdots & 1 & \cdots & 0 \\ \vdots & \vdots & & \vdots & & \vdots \\ 0 & 0 & \cdots & 0 & \cdots & 1 \end{bmatrix}$$

为对角矩阵的特殊情况。对于方阵 $\boldsymbol{A}$，当 $\boldsymbol{A}\boldsymbol{A}^{\mathrm{T}} = \boldsymbol{A}^{\mathrm{T}}\boldsymbol{A} = \boldsymbol{I}$ 成立时，矩阵 $\boldsymbol{A}$ 称为正交矩阵。所有元素都为零的矩阵称为零矩阵，用 $\mathbf{0}$ 表示。

A.1.3.2 逆矩阵

对于方阵 $\boldsymbol{A}$，满足关系

$$\boldsymbol{AB} = \boldsymbol{CA} = \boldsymbol{I}$$

式中，$\boldsymbol{I}$ 为单位矩阵。矩阵 $\boldsymbol{B}$ 或 $\boldsymbol{C}$ 称为矩阵 $\boldsymbol{A}$ 的逆矩阵，记作 $\boldsymbol{A}^{-1}$。如果矩阵 $\boldsymbol{A}$ 是对称矩阵，则 $\boldsymbol{A}^{-1}$ 也是对称矩阵。

A.1.3.3 矩阵的运算性质

(1) $(\boldsymbol{AB})\boldsymbol{C} = \boldsymbol{A}(\boldsymbol{BC})$
(2) $\boldsymbol{A}(\boldsymbol{B} \pm \boldsymbol{C}) = \boldsymbol{AB} \pm \boldsymbol{AC}$
(3) $(\boldsymbol{A} \pm \boldsymbol{B})\boldsymbol{C} = \boldsymbol{AC} \pm \boldsymbol{BC}$
(4) $(\boldsymbol{A} + \boldsymbol{B}) + \boldsymbol{C} = \boldsymbol{A} + (\boldsymbol{B} + \boldsymbol{C})$
(5) $\boldsymbol{A} + \boldsymbol{B} = \boldsymbol{B} + \boldsymbol{A}$
(6) $\boldsymbol{AI} = \boldsymbol{IA}$
(7) $(\boldsymbol{AB})^{\mathrm{T}} = \boldsymbol{B}^{\mathrm{T}}\boldsymbol{A}^{\mathrm{T}}$
(8) $(\boldsymbol{ABC})^{\mathrm{T}} = \boldsymbol{C}^{\mathrm{T}}\boldsymbol{B}^{\mathrm{T}}\boldsymbol{A}^{\mathrm{T}}$
(9) $(\boldsymbol{AB})^{-1} = \boldsymbol{B}^{-1}\boldsymbol{A}^{-1}$
(10) $\boldsymbol{AA}^{-1} = \boldsymbol{A}^{-1}\boldsymbol{A} = I$
(11) 矩阵之积的顺序一般不能交换，即一般 $\boldsymbol{AB} \neq \boldsymbol{BA}$。

A.1.3.4 矩阵的行列式

由 n 阶方阵 $\boldsymbol{A}$ 的元素构成的行列式 (各元素的位置不变)，叫作方阵 $\boldsymbol{A}$ 的行列式，记为 $|\boldsymbol{A}|$ 或 $\det\boldsymbol{A}$。对于 $n = 3$ 的方阵有

$$\begin{vmatrix} a_{11} & a_{12} & a_{13} \\ a_{21} & a_{22} & a_{23} \\ a_{31} & a_{32} & a_{33} \end{vmatrix} = a_{11}a_{22}a_{33} - a_{11}a_{23}a_{32} + a_{13}a_{21}a_{32} - a_{12}a_{21}a_{33} + a_{12}a_{23}a_{31} - a_{13}a_{22}a_{31}$$

特别是 $|\boldsymbol{A}| = 0$ 的矩阵 $\boldsymbol{A}$ 称为奇异矩阵。设 $\boldsymbol{A}$、$\boldsymbol{B}$ 为 n 阶方阵，c 为常数，则矩阵行列式的重要性质有

(1) $|\boldsymbol{A}| = \left|\boldsymbol{A}^{\mathrm{T}}\right|$
(2) $|\boldsymbol{AB}| = |\boldsymbol{A}|\,|\boldsymbol{B}|$
(3) $|c\boldsymbol{A}| = c^n\,|\boldsymbol{A}|$

A.1.3.5 一次方程组

对于 n 元一次方程组

$$\begin{cases} a_{11}x_1 + a_{12}x_2 + \cdots + a_{1n}x_n = b_1 \\ a_{21}x_1 + a_{22}x_2 + \cdots + a_{2n}x_n = b_2 \\ \qquad\vdots \\ a_{n1}x_1 + a_{n2}x_2 + \cdots + a_{nn}x_n = b_n \end{cases}$$

用矩阵可表示为

$$\boldsymbol{A}\boldsymbol{X}=\boldsymbol{B}$$

$$\boldsymbol{A}=\begin{bmatrix} a_{11} & a_{12} & \cdots & a_{1n} \\ a_{21} & a_{22} & \cdots & a_{2n} \\ \vdots & \vdots & & \vdots \\ a_{n1} & a_{n2} & \cdots & a_{nn} \end{bmatrix},\boldsymbol{X}=\begin{bmatrix} x_1 \\ x_2 \\ \vdots \\ x_n \end{bmatrix},\boldsymbol{B}=\begin{bmatrix} b_1 \\ b_2 \\ \vdots \\ b_n \end{bmatrix}$$

矩阵 $\boldsymbol{A}$ 是 n 阶方阵，$\boldsymbol{X}$ 和 $\boldsymbol{B}$ 是列矩阵，$\boldsymbol{X}$ 有唯一解的充要条件是 $|\boldsymbol{A}|\neq 0$，这时称 $\boldsymbol{A}$ 是正规的。对于正规的 $\boldsymbol{A}$，存在逆矩阵 $\boldsymbol{A}^{-1}$，则一次方程的解可表示为

$$\boldsymbol{X}=\boldsymbol{A}^{-1}\boldsymbol{B}$$

或

$$x_i=\frac{\overset{\text{第 } i \text{ 列}}{\begin{vmatrix} a_{11} & \cdots & b_1 & \cdots & a_{1n} \\ a_{21} & \cdots & b_2 & \cdots & a_{2n} \\ \vdots & & \vdots & & \vdots \\ a_{n1} & \cdots & b_n & \cdots & a_{nn} \end{vmatrix}}}{|\boldsymbol{A}|}$$

上边解的表达式叫克拉姆 (Cramer) 公式。

(1) 一次方程的解

$ax+b=0$ 的解为 $x=-\dfrac{b}{a}$。

(2) 一次方程组的解

① $\begin{cases} a_1x+b_1y=c_1 \\ a_2x+b_2y=c_2 \end{cases}$ 的解为 $\begin{cases} x=\begin{vmatrix} c_1 & b_1 \\ c_2 & b_2 \end{vmatrix}\div\begin{vmatrix} a_1 & b_1 \\ a_2 & b_2 \end{vmatrix}=\dfrac{c_1b_2-c_2b_1}{a_1b_2-a_2b_1} \\ y=\begin{vmatrix} a_1 & c_1 \\ a_2 & c_2 \end{vmatrix}\div\begin{vmatrix} a_1 & b_1 \\ a_2 & b_2 \end{vmatrix}=\dfrac{a_1c_2-a_2c_1}{a_1b_2-a_2b_1} \end{cases}$

如果 $a_1b_2-a_2b_1=0$，那么方程组不是无解，就是有一组以上的解。

② $\begin{cases} a_1x+b_1y+c_1z=d_1 \\ a_2x+b_2y+c_2z=d_2 \\ a_3x+b_3y+c_3z=d_3 \end{cases}$ 的解为 $\begin{cases} x=\dfrac{D_1}{D} \\ y=\dfrac{D_2}{D} \\ z=\dfrac{D_3}{D} \end{cases}$

其中 $D=\begin{vmatrix} a_1 & b_1 & c_1 \\ a_2 & b_2 & c_2 \\ a_3 & b_3 & c_3 \end{vmatrix}$ $D_1=\begin{vmatrix} d_1 & b_1 & c_1 \\ d_2 & b_2 & c_2 \\ d_3 & b_3 & c_3 \end{vmatrix}$ $D_2=\begin{vmatrix} a_1 & d_1 & c_1 \\ a_2 & d_2 & c_2 \\ a_3 & d_3 & c_3 \end{vmatrix}$ $D_3=\begin{vmatrix} a_1 & b_1 & d_1 \\ a_2 & b_2 & d_2 \\ a_3 & b_3 & d_3 \end{vmatrix}$

③ $\begin{cases} a_1x+b_1y+c_1z=0 \\ a_2x+b_2y+c_2z=0 \\ a_3x+b_3y+c_3z=0 \end{cases}$ 若有 $\begin{cases} x=0 \\ y=0 \\ z=0 \end{cases}$ 以外的解，则必须满足 $D=\begin{vmatrix} a_1 & b_1 & c_1 \\ a_2 & b_2 & c_2 \\ a_3 & b_3 & c_3 \end{vmatrix}=0$

A.1.3.6　矩阵的三角分解

设矩阵 $\boldsymbol{A}$ 为 $|\boldsymbol{A}| \neq 0$ 的正规 n 阶方阵，则 $\boldsymbol{A}$ 能分解为

$$\boldsymbol{A} = \boldsymbol{L}^{\mathrm{T}}\boldsymbol{D}\boldsymbol{U}$$

这里，$\boldsymbol{L}^{\mathrm{T}}$ 与 $\boldsymbol{U}$ 分别为对角元素是 1 的下三角矩阵和上三角矩阵，也分别叫单位下三角矩阵和单位上三角矩阵；$\boldsymbol{D}$ 为对角矩阵。

当 $\boldsymbol{A}$ 为对称矩阵时，$\boldsymbol{U} = \boldsymbol{L}$ 成立，$\boldsymbol{A}$ 的分解变为

$$\boldsymbol{A} = \boldsymbol{L}^{\mathrm{T}}\boldsymbol{D}\boldsymbol{L}$$

又当 $\boldsymbol{A}$ 为正定对称矩阵时，则存在某个上三角矩阵 $\boldsymbol{G}$，使得 $\boldsymbol{A}$ 可分解为

$$\boldsymbol{A} = \boldsymbol{G}^{\mathrm{T}}\boldsymbol{G}$$

的形式，也称克雷斯基 (Cholesky) 分解。

A.1.3.7　矩阵的分块

将矩阵 $\boldsymbol{A}$ 用若干条纵线和横线分成许多个小矩阵，每个小矩阵称为 $\boldsymbol{A}$ 的子块或子矩阵，以子块为元素的形式上的矩阵称为分块矩阵。在原矩阵的记号上加上两个下标表示矩阵子块，如 $\boldsymbol{A}_{ij}$。例如

$$\boldsymbol{A} = \begin{bmatrix} \boldsymbol{A}_{11} & \boldsymbol{A}_{12} \\ \boldsymbol{A}_{21} & \boldsymbol{A}_{22} \end{bmatrix}$$

设矩阵 $\boldsymbol{B}$ 与矩阵 $\boldsymbol{A}$ 的行数相同、列数相同，采用相同的分块方法，则有

(1) $\boldsymbol{A}+\boldsymbol{B} = \begin{bmatrix} \boldsymbol{A}_{11}+\boldsymbol{B}_{11} & \boldsymbol{A}_{12}+\boldsymbol{B}_{12} \\ \boldsymbol{A}_{21}+\boldsymbol{B}_{21} & \boldsymbol{A}_{22}+\boldsymbol{B}_{22} \end{bmatrix}$

(2) $\boldsymbol{A}\boldsymbol{B} = \begin{bmatrix} \boldsymbol{A}_{11}\boldsymbol{B}_{11}+\boldsymbol{A}_{12}\boldsymbol{B}_{21} & \boldsymbol{A}_{11}\boldsymbol{B}_{12}+\boldsymbol{A}_{12}\boldsymbol{B}_{22} \\ \boldsymbol{A}_{21}\boldsymbol{B}_{11}+\boldsymbol{A}_{22}\boldsymbol{B}_{21} & \boldsymbol{A}_{21}\boldsymbol{B}_{12}+\boldsymbol{A}_{22}\boldsymbol{B}_{22} \end{bmatrix}$

(3) $c\boldsymbol{A} = \begin{bmatrix} c\boldsymbol{A}_{11} & c\boldsymbol{A}_{12} \\ c\boldsymbol{A}_{21} & c\boldsymbol{A}_{22} \end{bmatrix}$

(4) 如果 $\boldsymbol{C} = \begin{bmatrix} 0 & \boldsymbol{C}_{12} \\ \boldsymbol{C}_{21} & 0 \end{bmatrix}$ 可逆，则 $\boldsymbol{C}^{-1} = \begin{bmatrix} 0 & \boldsymbol{C}_{21}^{-1} \\ \boldsymbol{C}_{12}^{-1} & 0 \end{bmatrix}$

(5) 如果 $\boldsymbol{A} = \begin{bmatrix} \boldsymbol{B} & \boldsymbol{D} \\ 0 & \boldsymbol{C} \end{bmatrix}$ 可逆，则 $\boldsymbol{A}^{-1} = \begin{bmatrix} \boldsymbol{B}^{-1} & -\boldsymbol{B}^{-1}\boldsymbol{D}\boldsymbol{C}^{-1} \\ 0 & \boldsymbol{C}^{-1} \end{bmatrix}$

A.1.3.8　矩阵的导数与积分

矩阵的导数与积分可通过分别求原矩阵各元素的导数与积分得到。例如

$$\boldsymbol{A} = \begin{bmatrix} x & x^2 \\ x^3 & x^4 \end{bmatrix}$$

则矩阵 $\boldsymbol{A}$ 的导数与积分分别为

$$\frac{\mathrm{d}\boldsymbol{A}}{\mathrm{d}x}=\begin{bmatrix}1 & 2x\\ 3x^2 & 4x^3\end{bmatrix}\quad \int \boldsymbol{A}\mathrm{d}x=\begin{bmatrix}\frac{1}{2}x^2 & \frac{1}{3}x^3\\ \frac{1}{4}x^4 & \frac{1}{5}x^5\end{bmatrix}$$

矩阵之和与矩阵之积的导数公式为

(1) $\dfrac{\mathrm{d}}{\mathrm{d}x}(\boldsymbol{A}\pm\boldsymbol{B})=\dfrac{\mathrm{d}\boldsymbol{A}}{\mathrm{d}x}\pm\dfrac{\mathrm{d}\boldsymbol{B}}{\mathrm{d}x}$

(2) $\dfrac{\mathrm{d}}{\mathrm{d}x}(\boldsymbol{A}\boldsymbol{B})=\dfrac{\mathrm{d}\boldsymbol{A}}{\mathrm{d}x}\boldsymbol{B}+\boldsymbol{A}\dfrac{\mathrm{d}\boldsymbol{B}}{\mathrm{d}x}$

A.1.4　代数方程

A.1.4.1　二次方程

$ax^2+bx+c=0$ 的解为 $x_1=\dfrac{-b+\sqrt{b^2-4ac}}{2a}$，$x_2=\dfrac{-b-\sqrt{b^2-4ac}}{2a}$；二根之和为 $x_1+x_2=\dfrac{-b}{a}$，二根之积为 $x_1x_2=\dfrac{c}{a}$。

A.1.4.2　三次方程

对三次方程 $z^3+az^2+bz+c=0$ 可进行 $z=x-\dfrac{a}{3}$ 的代换，则原方程变为

$$x^3+3px+2q=0$$

其中，$p=-\left(\dfrac{a}{3}\right)^2+\dfrac{b}{3}$，$q=\left(\dfrac{a}{3}\right)^3-\dfrac{a}{3}\cdot\dfrac{b}{2}+\dfrac{c}{2}$。此方程的 3 个根为

$$x_1=\sqrt[3]{-q+\sqrt{q^2+p^3}}+\sqrt[3]{-q-\sqrt{q^2+p^3}}$$

$$x_2=\mu_1\sqrt[3]{-q+\sqrt{q^2+p^3}}+\mu_2\sqrt[3]{-q-\sqrt{q^2+p^3}}$$

$$x_3=\mu_2\sqrt[3]{-q+\sqrt{q^2+p^3}}+\mu_1\sqrt[3]{-q-\sqrt{q^2+p^3}}$$

其中，μ_1、μ_2 为 1 的共轭虚立方根

$$\mu_1=-\frac{1}{2}\left(1+\sqrt{3}\mathrm{i}\right),\mu_2=-\frac{1}{2}\left(1-\sqrt{3}\mathrm{i}\right)$$

当原方程 $z^3+az^2+bz+c=0$ 的系数为实数时，则

(1) 如果 $q^2+p^3>0$，那么方程有 1 个实根与 2 个共轭虚根。

(2) 如果 $q^2+p^3=0$，那么方程有 3 个实根，其中有 2 个相等。

(3) 如果 $q^2+p^3<0$，那么方程有 3 个实根，此时一般需要在前述根中处理复数的立方根问题。若采用三角函数的三分法，则方程 $x^3+3px+2q=0$ 的解可表示为

$$x_1=2\sqrt{-p}\cos\frac{\theta}{3}\quad x_2=2\sqrt{-p}\cos\left(\frac{\theta}{3}+120^\circ\right)\quad x_3=2\sqrt{-p}\cos\left(\frac{\theta}{3}+240^\circ\right)$$

这里，$\cos\theta=\dfrac{q}{p\sqrt{-p}}$，$0<\theta<180^\circ$。

A.1.4.3　四次方程

对四次方程 $z^4+az^3+bz^2+cz+d=0$ 可进行 $z=x-\dfrac{a}{4}$ 的代换，则原方程变为不含三次项的形式

$$x^4+px^2+qx+r=0$$

设三次方程 $y^3+2py^2+\left(p^2-4r\right)y-q^2=0$ 的 3 个根为 y_1、y_2 和 y_3。则此四次方程的根为

$$x_1=\frac{1}{2}\left(\sqrt{y_1}+\sqrt{y_2}+\sqrt{y_3}\right)$$

$$x_2=\frac{1}{2}\left(\sqrt{y_1}-\sqrt{y_2}-\sqrt{y_3}\right)$$

$$x_3=\frac{1}{2}\left(-\sqrt{y_1}+\sqrt{y_2}-\sqrt{y_3}\right)$$

$$x_4=\frac{1}{2}\left(-\sqrt{y_1}-\sqrt{y_2}+\sqrt{y_3}\right)$$

一般情况下，五次和五次以上的方程很难用代数方法求解。目前，对于五次和五次以上的方程常采用数值算法进行方程的求解。

A.1.5　常见函数的级数展开

(1) $\mathrm{e}^x=1+\dfrac{x}{1!}+\dfrac{x^2}{2!}+\dfrac{x^3}{3!}+\dfrac{x^4}{4!}+\cdots(|x|<\infty)$

(2) $a^x=1+\dfrac{\ln a}{1!}x+\dfrac{(\ln a)^2}{2!}x^2+\dfrac{(\ln a)^3}{3!}x^3+\cdots(|x|<\infty)$

(3) $\ln(1+x)=x-\dfrac{x^2}{2}+\dfrac{x^3}{3}-\dfrac{x^4}{4}+\dfrac{x^5}{5}-\cdots(-1<x\leqslant 1)$

(4) $\ln(1-x)=-x-\dfrac{x^2}{2}-\dfrac{x^3}{3}-\dfrac{x^4}{4}-\dfrac{x^5}{5}-\cdots(-1\leqslant x<1)$

(5) $\ln\dfrac{x+1}{x-1}=2\left(\dfrac{1}{x}+\dfrac{1}{3x^3}+\dfrac{1}{5x^5}+\dfrac{1}{7x^7}+\cdots\right)(|x|>1)$

(6) $\ln x=2\left[\dfrac{x-1}{x+2}+\dfrac{1}{3}\left(\dfrac{x-1}{x+1}\right)^3+\dfrac{1}{5}\left(\dfrac{x-1}{x+1}\right)^5+\cdots\right](x>0)$

(7) $\ln(a+x)=\ln a+2\left[\dfrac{x}{2a+x}+\dfrac{1}{3}\left(\dfrac{x}{2a+x}\right)^3+\dfrac{1}{5}\left(\dfrac{x}{2a+x}\right)^5+\cdots\right](a>0,x>-a)$

(8) $\sin x=x-\dfrac{x^3}{3!}+\dfrac{x^5}{5!}-\dfrac{x^7}{7!}+\dfrac{x^9}{9!}-\dfrac{x^{11}}{11!}+\cdots(|x|<\infty)$

(9) $\cos x=1-\dfrac{x^3}{2!}+\dfrac{x^4}{4!}-\dfrac{x^6}{6!}+\dfrac{x^8}{8!}-\dfrac{x^{10}}{10!}+\cdots(|x|<\infty)$

(10) $\mathrm{sh}\ x=x+\dfrac{x^3}{3!}+\dfrac{x^5}{5!}+\dfrac{x^7}{7!}+\dfrac{x^9}{9!}+\cdots(|x|<\infty)$

(11) $\mathrm{ch}\ x=1+\dfrac{x^2}{2!}+\dfrac{x^4}{4!}+\dfrac{x^6}{6!}+\dfrac{x^8}{8!}+\cdots(|x|<\infty)$

A.2 三角函数与双曲函数

A.2.1 三角函数公式

(1) $\sin^2\alpha+\cos^2\alpha=1$

(2) $\tan\alpha=\dfrac{\sin\alpha}{\cos\alpha}$

(3) $\cot\alpha=\dfrac{\cos\alpha}{\sin\alpha}$

(4) $\sin(\alpha\pm\beta)=\sin\alpha\cos\beta\pm\cos\alpha\sin\beta$

(5) $\cos(\alpha\pm\beta)=\cos\alpha\cos\beta\mp\sin\alpha\sin\beta$

(6) $\tan(\alpha\pm\beta)=\dfrac{\tan\alpha\pm\tan\beta}{1\mp\tan\alpha\tan\beta}$

(7) $\sin\alpha+\sin\beta=2\sin\dfrac{\alpha+\beta}{2}\cos\dfrac{\alpha-\beta}{2}$

(8) $\sin\alpha-\sin\beta=2\cos\dfrac{\alpha+\beta}{2}\sin\dfrac{\alpha-\beta}{2}$

(9) $\cos\alpha+\cos\beta=2\cos\dfrac{\alpha+\beta}{2}\cos\dfrac{\alpha-\beta}{2}$

(10) $\cos\alpha-\cos\beta=-2\sin\dfrac{\alpha+\beta}{2}\sin\dfrac{\alpha-\beta}{2}$

(11) $\cos(2\theta)=2\cos^2\theta-1$

(12) $\sin(2\theta)=2\sin\theta\cos\theta$

(13) $\tan(2\theta)=\dfrac{2\tan\theta}{1-\tan^2\theta}$

(14) $\tan\dfrac{\theta}{2}=\dfrac{\sin\theta}{1+\cos\theta}=\dfrac{1-\cos\theta}{\sin\theta}$

(15) $\sin\theta=\dfrac{2\tan\dfrac{\theta}{2}}{1+\tan^2\dfrac{\theta}{2}}$

(16) $\cos\theta=\dfrac{1-\tan^2\dfrac{\theta}{2}}{1+\tan^2\dfrac{\theta}{2}}$

A.2.2 三角函数方程的求解

形如 $a\cos\theta+b\sin\theta+c=0$ 的三角函数方程，可通过下面代换

$$\sin\theta=\frac{2\tan\dfrac{\theta}{2}}{1+\tan^2\dfrac{\theta}{2}}\quad\cos\theta=\frac{1-\tan^2\dfrac{\theta}{2}}{1+\tan^2\dfrac{\theta}{2}}$$

求解得到原方程的解为 $\theta=2\mathrm{arctan}\dfrac{b\pm\sqrt{a^2+b^2-c^2}}{a-c}$。

A.2.3 平面三角形

设平面三角形的各边长分别为 a、b 和 c，各边对应的角度分别为 α、β 和 γ，且 $a+b+c=2s$。则

(1) $\alpha+\beta+\gamma=180^\circ$

(2) $a=b\cos\gamma+c\cos\beta$

(3) $a^2=b^2+c^2-2bc\cos\alpha$

(4) $\dfrac{a}{\sin\alpha}=\dfrac{b}{\sin\beta}=\dfrac{c}{\sin\gamma}$

(5) $\sin\dfrac{\alpha}{2}=\sqrt{\dfrac{(s-b)(s-c)}{bc}}$

(6) $\cos\dfrac{\alpha}{2}=\sqrt{\dfrac{s(s-a)}{bc}}$

(7) 三角形面积 $S=\dfrac{1}{2}bc\sin\alpha=\sqrt{s(s-a)(s-b)(s-c)}$

A.2.4 反三角函数

三角函数的反函数叫作反三角函数。例如 $x=\sin y$ 的反函数记作 $y=\arcsin x$。特别是在 $-\dfrac{\pi}{2}\leqslant\arcsin x\leqslant\dfrac{\pi}{2}$，$0\leqslant\arccos x\leqslant\pi$，$-\dfrac{\pi}{2}<\arctan x<\dfrac{\pi}{2}$，$0<\operatorname{arccot}x<\pi$ 范围内的 y 值称为主值。关于主值反三角函数，存在如下关系：

(1) $\arcsin x+\arccos x=\dfrac{\pi}{2}$

(2) $\arctan x+\operatorname{arccot}x=\dfrac{\pi}{2}$

(3) $\arcsin(-x)=-\arccos x$

(4) $\arccos(-x)=\pi-\arccos x$

(5) $\arctan(-x)=-\arctan x$

(6) $\operatorname{arccot}(-x)=\pi-\operatorname{arccot}x$

A.2.5 双曲函数

(1) $\operatorname{sh}x=\dfrac{1}{2}(\mathrm{e}^x-\mathrm{e}^{-x})$

(2) $\operatorname{ch}x=\dfrac{1}{2}(\mathrm{e}^x+\mathrm{e}^{-x})$

(3) $\operatorname{th}x=\dfrac{\mathrm{e}^x-\mathrm{e}^{-x}}{\mathrm{e}^x+\mathrm{e}^{-x}}$

(4) $\operatorname{cth}x=\dfrac{\mathrm{e}^x+\mathrm{e}^{-x}}{\mathrm{e}^x-\mathrm{e}^{-x}}$

(5) $\operatorname{ch}^2x-\operatorname{sh}^2x=1$

(6) $\operatorname{ch}x+\operatorname{sh}x=\mathrm{e}^x$

(7) $\operatorname{ch}x-\operatorname{sh}x=\mathrm{e}^{-x}$

A.2.6 三角函数与指数函数及双曲函数的关系

(1) 欧拉公式：$\mathrm{e}^{\mathrm{i}\theta} = \cos\theta + \mathrm{i}\sin\theta$

(2) $\sin\theta = \dfrac{1}{2i}\left(\mathrm{e}^{\mathrm{i}\theta} - \mathrm{e}^{-\mathrm{i}\theta}\right)$

(3) $\cos\theta = \dfrac{1}{2}\left(\mathrm{e}^{\mathrm{i}\theta} + \mathrm{e}^{-\mathrm{i}\theta}\right)$

(4) $\sin(\mathrm{i}\theta) = \mathrm{ish}\ \theta$

(5) $\cos(\mathrm{i}\theta) = \mathrm{ch}\ \theta$

A.3 导数与微分

A.3.1 一般公式

设 u，v，w，$\cdots$ 为 x 的函数，a 为常数。

(1) $\dfrac{\mathrm{d}}{\mathrm{d}x}(a+u) = \dfrac{\mathrm{d}u}{\mathrm{d}x}$

(2) $\dfrac{\mathrm{d}}{\mathrm{d}x}(au) = a\dfrac{\mathrm{d}u}{\mathrm{d}x}$

(3) $\dfrac{\mathrm{d}}{\mathrm{d}x}(u+v) = \dfrac{\mathrm{d}u}{\mathrm{d}x} + \dfrac{\mathrm{d}v}{\mathrm{d}x}$

(4) $\dfrac{\mathrm{d}}{\mathrm{d}x}(uv) = \dfrac{\mathrm{d}u}{\mathrm{d}x}v + u\dfrac{\mathrm{d}v}{\mathrm{d}x}$

(5) $\dfrac{\mathrm{d}}{\mathrm{d}x}\left(\dfrac{u}{v}\right) = \dfrac{v\dfrac{\mathrm{d}u}{\mathrm{d}x} - u\dfrac{\mathrm{d}v}{\mathrm{d}x}}{v^2}$

(6) $\dfrac{\mathrm{d}}{\mathrm{d}x}u^v = u^v\left(\ln u\dfrac{\mathrm{d}v}{\mathrm{d}x} + \dfrac{v}{u}\cdot\dfrac{\mathrm{d}u}{\mathrm{d}x}\right)$

(7) 当 $y = f(z)$、$z = g(x)$ 时，$\dfrac{\mathrm{d}y}{\mathrm{d}x} = \dfrac{\mathrm{d}y}{\mathrm{d}z}\cdot\dfrac{\mathrm{d}z}{\mathrm{d}x} = f'(z)\,g'(x)$。

(8) 当 $y = f(x)$、$x = \phi(y)$ 时，$\dfrac{\mathrm{d}y}{\mathrm{d}x} = \dfrac{1}{\mathrm{d}x/\mathrm{d}y}$，$f'(x) = \dfrac{1}{\phi'(y)}$。

(9) 当 $x = \phi(t)$、$y = \psi(t)$ 时，则 $\dfrac{\mathrm{d}y}{\mathrm{d}x} = \dfrac{\mathrm{d}y/\mathrm{d}t}{\mathrm{d}x/\mathrm{d}t} = \dfrac{\psi'(t)}{\phi'(t)}$。

(10) 若两自变量函数 $z = f(x,y)$，则全微分为 $\mathrm{d}z = \dfrac{\partial z}{\partial x}\mathrm{d}x + \dfrac{\partial z}{\partial y}\mathrm{d}y$。

(11) $z = f(x,y)$，则

$$\frac{\partial^2 z}{\partial x^2} = \frac{\partial}{\partial x}\left(\frac{\partial z}{\partial x}\right) = f_{xx}(x,y) \quad \frac{\partial^2 z}{\partial y^2} = \frac{\partial}{\partial y}\left(\frac{\partial z}{\partial y}\right) = f_{yy}(x,y)$$

$$\frac{\partial^2 z}{\partial y\partial x} = \frac{\partial}{\partial y}\left(\frac{\partial z}{\partial x}\right) = f_{yx}(x,y) \quad \frac{\partial^2 z}{\partial x\partial y} = \frac{\partial}{\partial x}\left(\frac{\partial z}{\partial y}\right) = f_{xy}(x,y)$$

(12) 若 $z = f(x_1, x_2, \cdots, x_n)$，则全微分为 $\mathrm{d}z = \dfrac{\partial z}{\partial x_1}\mathrm{d}x_1 + \dfrac{\partial z}{\partial x_2}\mathrm{d}x_2 + \cdots + \dfrac{\partial z}{\partial x_n}\mathrm{d}x_n$。

(13) 若 $u=f(x,y,z)$，$x=x(t)$，$y=y(t)$，$z=z(t)$，则

$$\frac{\mathrm{d}u}{\mathrm{d}t}=\frac{\partial u}{\partial x}\cdot\frac{\mathrm{d}x}{\mathrm{d}t}+\frac{\partial u}{\partial y}\cdot\frac{\mathrm{d}y}{\mathrm{d}t}+\frac{\partial u}{\partial z}\cdot\frac{\mathrm{d}z}{\mathrm{d}t}$$

$$\frac{\mathrm{d}^2u}{\mathrm{d}t^2}=\frac{\partial^2u}{\partial x^2}\left(\frac{\mathrm{d}x}{\mathrm{d}t}\right)^2+\frac{\partial u}{\partial x}\cdot\frac{\mathrm{d}^2x}{\mathrm{d}t^2}+\frac{\partial^2u}{\partial y^2}\left(\frac{\mathrm{d}y}{\mathrm{d}t}\right)^2+\frac{\partial u}{\partial y}\cdot\frac{\mathrm{d}^2y}{\mathrm{d}t^2}+\frac{\partial^2u}{\partial z^2}\left(\frac{\mathrm{d}z}{\mathrm{d}t}\right)^2+\frac{\partial u}{\partial z}\cdot\frac{\mathrm{d}^2z}{\mathrm{d}t^2}$$

(14) 若 $u=f(x,y)$，$x=x(s,t)$，$y=y(s,t)$，则

$$\frac{\partial u}{\partial s}=\frac{\partial u}{\partial x}\cdot\frac{\partial x}{\partial s}+\frac{\partial u}{\partial y}\cdot\frac{\partial y}{\partial s}\quad \frac{\partial^2u}{\partial s^2}=\frac{\partial^2u}{\partial x^2}\left(\frac{\partial x}{\partial s}\right)^2+\frac{\partial u}{\partial x}\cdot\frac{\partial^2x}{\partial s^2}+\frac{\partial^2u}{\partial y^2}\left(\frac{\partial y}{\partial s}\right)^2+\frac{\partial u}{\partial y}\cdot\frac{\partial^2y}{\partial s^2}$$

$$\frac{\partial u}{\partial t}=\frac{\partial u}{\partial x}\cdot\frac{\partial x}{\partial t}+\frac{\partial u}{\partial y}\cdot\frac{\partial y}{\partial t}\quad \frac{\partial^2u}{\partial t^2}=\frac{\partial^2u}{\partial x^2}\left(\frac{\partial x}{\partial t}\right)^2+\frac{\partial u}{\partial x}\cdot\frac{\partial^2x}{\partial t^2}+\frac{\partial^2u}{\partial y^2}\left(\frac{\partial y}{\partial t}\right)^2+\frac{\partial u}{\partial y}\cdot\frac{\partial^2y}{\partial t^2}$$

$$\frac{\partial^2u}{\partial s\partial t}=\frac{\partial^2u}{\partial x^2}\cdot\frac{\partial^2x}{\partial s\partial t}+\frac{\partial u}{\partial x}\cdot\frac{\partial^2x}{\partial s\partial t}+\frac{\partial^2u}{\partial y^2}\cdot\frac{\partial^2y}{\partial s\partial t}+\frac{\partial u}{\partial y}\cdot\frac{\partial^2y}{\partial s\partial t}$$

(15) 若 $F(x,y)=0$，则 y 关于 x 的导数为

$$\frac{\mathrm{d}y}{\mathrm{d}x}=-\frac{\dfrac{\partial F}{\partial x}}{\dfrac{\partial F}{\partial y}}\quad \frac{\mathrm{d}^2y}{\mathrm{d}x^2}=\frac{2\dfrac{\partial F}{\partial x}\cdot\dfrac{\partial F}{\partial y}\cdot\dfrac{\partial F}{\partial x\partial y}-\left(\dfrac{\partial F}{\partial y}\right)^2\dfrac{\partial^2F}{\partial x^2}-\left(\dfrac{\partial F}{\partial x}\right)^2\dfrac{\partial^2F}{\partial y^2}}{\left(\dfrac{\partial F}{\partial y}\right)^3}$$

(16) 已知方程组 $\begin{cases}F(x,y,z)=0\\G(x,y,z)=0\end{cases}$，则 y 与 z 关于 x 的导数可由方程组

$$\begin{cases}\dfrac{\partial F}{\partial x}+\dfrac{\partial F}{\partial y}\cdot\dfrac{\mathrm{d}y}{\mathrm{d}x}+\dfrac{\partial F}{\partial z}\cdot\dfrac{\mathrm{d}z}{\mathrm{d}x}=0\\[2ex]\dfrac{\partial G}{\partial x}+\dfrac{\partial G}{\partial y}\cdot\dfrac{\mathrm{d}y}{\mathrm{d}x}+\dfrac{\partial G}{\partial z}\cdot\dfrac{\mathrm{d}z}{\mathrm{d}x}=0\end{cases}$$

解得

$$\frac{\mathrm{d}y}{\mathrm{d}x}=\frac{\dfrac{\partial F}{\partial z}\cdot\dfrac{\partial G}{\partial x}-\dfrac{\partial F}{\partial x}\cdot\dfrac{\partial G}{\partial z}}{\dfrac{\partial F}{\partial y}\cdot\dfrac{\partial G}{\partial z}-\dfrac{\partial F}{\partial z}\cdot\dfrac{\partial G}{\partial y}}\quad \frac{\mathrm{d}z}{\mathrm{d}x}=\frac{\dfrac{\partial F}{\partial x}\cdot\dfrac{\partial G}{\partial y}-\dfrac{\partial F}{\partial y}\cdot\dfrac{\partial G}{\partial x}}{\dfrac{\partial F}{\partial y}\cdot\dfrac{\partial G}{\partial z}-\dfrac{\partial F}{\partial z}\cdot\dfrac{\partial G}{\partial y}}$$

A.3.2 基本公式

设 m、a 为常数。

(1) $\dfrac{\mathrm{d}(x^m)}{\mathrm{d}x}=mx^{m-1}$

(2) $\dfrac{\mathrm{d}}{\mathrm{d}x}\left(\dfrac{1}{x}\right)=-\dfrac{1}{x^2}$

(3) $\dfrac{\mathrm{d}\mathrm{e}^x}{\mathrm{d}x}=\mathrm{e}^x$

(4) $\dfrac{\mathrm{d}a^x}{\mathrm{d}x} = a^x \ln a$

(5) $\dfrac{\mathrm{d}\ln x}{\mathrm{d}x} = \dfrac{1}{x}$

(6) $\dfrac{\mathrm{d}\sin x}{\mathrm{d}x} = \cos x$

(7) $\dfrac{\mathrm{d}\cos x}{\mathrm{d}x} = -\sin x$

(8) $\dfrac{\mathrm{d}\csc x}{\mathrm{d}x} = -\csc x \cot x$

(9) $\dfrac{\mathrm{d}\sec x}{\mathrm{d}x} = \sec x \tan x$

(10) $\dfrac{\mathrm{d}\tan x}{\mathrm{d}x} = \sec^2 x$

(11) $\dfrac{\mathrm{d}\cot x}{\mathrm{d}x} = -\csc^2 x$

(12) $\dfrac{\mathrm{d}\arcsin x}{\mathrm{d}x} = \dfrac{1}{\sqrt{1-x^2}}$

(13) $\dfrac{\mathrm{d}\arccos x}{\mathrm{d}x} = -\dfrac{1}{\sqrt{1-x^2}}$

A.4　积　分

设 u、v 为 x 的函数，a、b、p、q、m、n、A、B 为常数。

A.4.1　不定积分

A.4.1.1　一般公式

(1) $\int au\mathrm{d}x = a\int u\mathrm{d}x$

(2) $\int (u+v)\,\mathrm{d}x = \int u\mathrm{d}x + \int v\mathrm{d}x$

(3) 分部积分法：$\int u\dfrac{\mathrm{d}v}{\mathrm{d}x}\mathrm{d}x = uv - \int v\dfrac{\mathrm{d}u}{\mathrm{d}x}\mathrm{d}x$

(4) 换元法：$\int f(x)\,\mathrm{d}x = \int f[\varphi(y)]\,\dfrac{\mathrm{d}\varphi}{\mathrm{d}y}\mathrm{d}y$，$x = \varphi(y)$

A.4.1.2　基本公式

(1) $\int x^p\mathrm{d}x = \dfrac{x^{p+1}}{p+1}\ (p \neq -1)$

(2) $\int \dfrac{1}{x}\mathrm{d}x = \ln x$

(3) $\int \mathrm{e}^x\mathrm{d}x = \mathrm{e}^x$

(4) $\int a^x\mathrm{d}x = \dfrac{a^x}{\ln a}$

(5) $\int \sin x \mathrm{d}x = -\cos x$

(6) $\int \cos x \mathrm{d}x = \sin x$

(7) $\int \frac{1}{\sin^2 x}\mathrm{d}x = -\cot x$

(8) $\int \frac{1}{\cos^2 x}\mathrm{d}x = \tan x$

(9) $\int \frac{1}{\sqrt{1-x^2}}\mathrm{d}x = \arcsin x$ 或 $-\arccos x$

(10) $\int \frac{1}{\sqrt{1+x^2}}\mathrm{d}x = \arctan x$ 或 $-\mathrm{arccot}x$

A.4.1.3　有理函数的积分

(1) $\int (a+bx)^p\,\mathrm{d}x = \frac{(a+bx)^{p+1}}{(p+1)\,b}\ (p \neq -1)$

(2) $\int \frac{1}{a+bx}\mathrm{d}x = \frac{1}{b}\ln(a+bx)$

(3) $\int \frac{1}{a+bx^2}\mathrm{d}x = \frac{1}{\sqrt{ab}}\arctan\left(x\sqrt{\frac{b}{a}}\right)\ (ab>0)$

(4) $\int \frac{1}{a-bx^2}\mathrm{d}x = \frac{1}{\sqrt{ab}}\mathrm{arth}\left(x\sqrt{\frac{b}{a}}\right)$ 或 $\frac{1}{2\sqrt{ab}}\ln\frac{\sqrt{ab}+bx}{\sqrt{ab}-bx}\left(ab>0, x^2<\frac{a}{b}\right)$ 或 $\frac{1}{\sqrt{ab}}\mathrm{arcth}\left(x\sqrt{\frac{b}{a}}\right)$ 或 $\frac{1}{2\sqrt{ab}}\ln\frac{bx+\sqrt{ab}}{bx-\sqrt{ab}}\ \left(ab>0, x^2>\frac{a}{b}\right)$

(5) $\int \frac{1}{a^2+x^2}\mathrm{d}x = \frac{1}{a}\arctan\frac{x}{a}$ 或 $-\frac{1}{a}\mathrm{arccot}\frac{x}{a}$

(6) $\int \frac{1}{a^2-x^2}\mathrm{d}x = \frac{1}{a}\mathrm{arth}\frac{x}{a}$ 或 $\frac{1}{2a}\ln\frac{a+x}{a-x}\ (x^2<a^2)$

(7) $\int \frac{1}{x^2-a^2}\mathrm{d}x = -\frac{1}{a}\mathrm{arcth}\frac{x}{a}$ 或 $\frac{1}{2a}\ln\frac{x-a}{x+a}\ (x^2>a^2)$

(8) $$\int \frac{1}{a+bx+cx^2}\mathrm{d}x = \begin{cases} \frac{1}{\sqrt{b^2-4ac}}\ln\frac{2cx+b-\sqrt{b^2-4ac}}{2cx+b+\sqrt{b^2-4ac}} & (\text{当}b^2>4ac) \\ -\frac{2}{b+2cx} & (\text{当}b^2=4ac) \end{cases}$$

(9) $$\int \frac{1}{a+bx-cx^2}\mathrm{d}x = \begin{cases} \frac{1}{\sqrt{b^2+4ac}}\ln\frac{\sqrt{b^2+4ac}+2cx-b}{\sqrt{b^2+4ac}-2cx+b} & (\text{当}c>0) \\ \frac{2}{\sqrt{4ac-b^2}}\arctan\frac{2cx+b}{\sqrt{4ac-b^2}} & (\text{当}b^2<4ac) \end{cases}$$

(10) $\int \frac{A+Bx}{a+bx+cx^2}\mathrm{d}x = \frac{B}{2c}\ln\left(a+bx+cx^2\right) + \frac{2Ac-Bb}{2c}\int \frac{1}{a+bx+cx^2}\mathrm{d}x$

(11) $\int \frac{1}{(a+bx+cx^2)^p}\mathrm{d}x = \frac{1}{(p-1)(4ac-b^2)} \cdot \frac{b+2cx}{(a+bx+cx^2)^{p-1}} + \frac{2c(2p-3)}{(p-1)(4ac-b^2)}\int \frac{1}{(a+bx+cx^2)^{p-1}}\mathrm{d}x$

(12) $\int \frac{A+Bx}{(a+bx+cx^2)^p}\mathrm{d}x = -\frac{B}{2c(p-1)} \cdot \frac{1}{(a+bx+cx^2)^{p-1}} + \frac{2Ac-Bb}{2c}\int \frac{1}{(a+bx+cx^2)^p}\mathrm{d}x$

(13) $\int \frac{1}{a+bx^3}\mathrm{d}x = \frac{k}{3a}\left(\frac{1}{2}\ln\frac{(k+x)^2}{k^2-kx+x^2} + \sqrt{3}\arctan\frac{2x-k}{k\sqrt{3}}\right)$，这里 $k^3 = \frac{a}{b}$

(14) $\int \frac{x}{a+bx^3}\mathrm{d}x = \frac{1}{3bk}\left(-\frac{1}{2}\ln\frac{(k+x)^2}{k^2-kx+x^2} + \sqrt{3}\arctan\frac{2x-k}{k\sqrt{3}}\right)$，这里 $k^3 = \frac{a}{b}$

A.4.1.4　无理函数的积分

(1) $\int \sqrt{a+bx}dx = \frac{2}{3b}(a+bx)^{\frac{3}{2}}$

(2) $\int \frac{1}{\sqrt{a+bx}}\mathrm{d}x = \frac{2}{b}\sqrt{a+bx}$

(3) $\int \frac{1}{\sqrt{a^2-x^2}}\mathrm{d}x = \arcsin\frac{x}{a}$ 或 $-\arccos\frac{x}{a}$

(4) $\int \frac{1}{\sqrt{x^2\pm a^2}}\mathrm{d}x = \ln\left(x+\sqrt{x^2\pm a^2}\right)$

(5) $\int \sqrt{a^2-x^2}\mathrm{d}x = \frac{x}{2}\sqrt{a^2-x^2} + \frac{a^2}{2}\arcsin\frac{x}{a}$

(6) $\int \sqrt{x^2\pm a^2}dx = \frac{x}{2}\sqrt{x^2\pm a^2} \pm \frac{a^2}{2}\ln\left(x+\sqrt{x^2\pm a^2}\right)$

(7) $\int \frac{1}{x+\sqrt{a^2\pm x^2}}\mathrm{d}x = -\frac{1}{a}\ln\frac{a+\sqrt{a^2\pm x^2}}{x}$

(8) $\int \frac{1}{x\sqrt{x^2-a^2}}\mathrm{d}x = \frac{1}{a}\mathrm{arcsec}\frac{x}{a}$ 或 $-\frac{1}{a}\mathrm{arccsc}\frac{x}{a}$

(9) $\int \frac{\sqrt{a^2\pm x^2}}{x}\mathrm{d}x = \sqrt{a^2\pm x^2} - a\ln\frac{a+\sqrt{a^2\pm x^2}}{x}$

(10) $\int \frac{\sqrt{x^2-a^2}}{x}\mathrm{d}x = \sqrt{x^2-a^2} - a\,\mathrm{arcsec}\frac{x}{a}$

(11) $\int \sqrt{2ax-x^2}\mathrm{d}x = \frac{x-a}{2}\sqrt{2ax-x^2} + \frac{a^2}{2}\arcsin\frac{x-a}{a}$

(12) $\int \frac{1}{\sqrt{2ax-x^2}}\mathrm{d}x = \arccos\left(1-\frac{x}{a}\right)$

(13) $\int \frac{1}{\sqrt{a+bx+cx^2}}\mathrm{d}x = \frac{1}{\sqrt{c}}\ln\left(b+2cx+2\sqrt{c}\sqrt{a+bx+cx^2}\right)\ (c>0)$

(14) $\int \frac{1}{\sqrt{a+bx-cx^2}}\mathrm{d}x = \frac{1}{\sqrt{c}}\arcsin\frac{2cx-b}{\sqrt{b^2+4ac}}\ (c>0)$

A.4.1.5 超越函数的积分

(1) $\int \mathrm{e}^{ax}\mathrm{d}x = \frac{1}{a}\mathrm{e}^{ax}$

(2) $\int x\mathrm{e}^{ax}\mathrm{d}x = \frac{\mathrm{e}^{ax}}{a}\left(x-\frac{1}{a}\right)$

(3) $\int \ln x\mathrm{d}x = x\ln x - x$

(4) $\int x^p\ln x\mathrm{d}x = \frac{x^{p+1}}{p+1}\ln x - \frac{x^{p+1}}{(p+1)^2}\ (p\neq -1)$

(5) $\int \frac{1}{x\ln x}\mathrm{d}x = \ln(\ln x)$

(6) $\int \frac{(\ln x)^p}{x}\mathrm{d}x = \frac{(\ln x)^{p+1}}{p+1}\ (p\neq -1)$

(7) $\int \sin(px)\mathrm{d}x = -\frac{1}{p}\cos(px)$

(8) $\int \cos(px)\mathrm{d}x = \frac{1}{p}\sin(px)$

(9) $\int \sin(px)\sin(qx)\mathrm{d}x = \frac{\sin(p-q)x}{2(p-q)} - \frac{\sin(p+q)x}{2(p+q)}\ (p\neq q)$

(10) $\int \sin(px)\cos(qx)\mathrm{d}x = -\frac{\cos(p-q)x}{2(p-q)} - \frac{\cos(p+q)x}{2(p+q)}\ (p\neq q)$

(11) $\int \cos(px)\cos(qx)\mathrm{d}x = \frac{\sin(p-q)x}{2(p-q)} + \frac{\sin(p+q)x}{2(p+q)}\ (p\neq q)$

(12) $\int \sin^2(px)\mathrm{d}x = \frac{1}{2p}\left[px-\frac{1}{2}\sin(2px)\right]$

(13) $\int \cos^2(px)\mathrm{d}x = \frac{1}{2p}\left[px+\frac{1}{2}\sin(2px)\right]$

(14) $\int \tan(px)\mathrm{d}x = -\frac{1}{p}\ln[\cos(px)]$

(15) $\int \cot(px)\mathrm{d}x = \frac{1}{p}\ln[\sin(px)]$

(16) $\int \frac{1}{\sin(px)}\mathrm{d}x = \frac{1}{p}\ln\left(\tan\frac{px}{2}\right)$

(17) $\int \frac{1}{\cos(px)}\mathrm{d}x = \frac{1}{p}\ln\left[\tan\left(\frac{px}{2}+\frac{\pi}{4}\right)\right]$

(18) $\int \frac{1}{a+b\sin x}\mathrm{d}x = \begin{cases} \frac{2}{\sqrt{a^2-b^2}} \arctan \frac{b+a\tan\left(\frac{x}{2}\right)}{\sqrt{a^2-b^2}} \ (a^2>b^2) \\ \frac{1}{\sqrt{b^2-a^2}} \ln \frac{b+a\sin x-\sqrt{b^2-a^2}\cos x}{a+b\sin x} \ (a^2<b^2) \end{cases}$

(19) $\int \frac{1}{a+b\cos x}\mathrm{d}x = \begin{cases} \frac{2}{\sqrt{a^2-b^2}} \arctan\left(\sqrt{\frac{a-b}{a+b}}\tan\frac{x}{2}\right) (a^2>b^2) \\ \frac{1}{\sqrt{b^2-a^2}} \ln \frac{b+a\cos x+\sqrt{b^2-a^2}\sin x}{a+b\cos x} \ (a^2<b^2) \end{cases}$

(20) $\int \frac{1}{a^2\sin^2 x+b^2\cos^2 x}\mathrm{d}x = \frac{1}{ab}\arctan\left(\frac{a}{b}\tan x\right)$

(21) $\int \mathrm{e}^{ax}\sin(px)\mathrm{d}x = \frac{a\sin(px)-p\cos(px)}{a^2+p^2}\mathrm{e}^{ax}$

(22) $\int \mathrm{e}^{ax}\cos(px)\mathrm{d}x = \frac{a\cos(px)+p\sin(px)}{a^2+p^2}\mathrm{e}^{ax}$

(23) $\int \arcsin x\mathrm{d}x = x\arcsin x+\sqrt{1-x^2}$

(24) $\int \arccos x\mathrm{d}x = x\arccos x-\sqrt{1-x^2}$

(25) $\int \arctan x\mathrm{d}x = x\arctan x-\frac{1}{2}\ln\left(1+x^2\right)$

(26) $\int \mathrm{arccot}\, x\mathrm{d}x = x\mathrm{arccot}\, x+\frac{1}{2}\ln\left(1+x^2\right)$

(27) $\int \mathrm{sh}\, x\mathrm{d}x = \mathrm{ch}\, x$

(28) $\int \mathrm{ch}\, x\mathrm{d}x = \mathrm{sh}\, x$

(29) $\int \mathrm{th}\, x\mathrm{d}x = \ln(\mathrm{ch}x)$

(30) $\int \mathrm{cth}\, x\mathrm{d}x = \ln(\mathrm{sh}x)$

(31) $\int R\left(\sin x,\cos x,\tan x\right)\mathrm{d}x$，$R$ 为有理函数。令 $\tan\frac{x}{2}=t$，则得 $\mathrm{d}x=\frac{2}{1+t^2}\mathrm{d}t$，$\sin x=\frac{2t}{1+t^2}$，$\cos x=\frac{1-t^2}{1+t^2}$，$\tan x=\frac{2t}{1-t^2}$，给定的积分变为 t 的有理函数的积分。

A.4.2 定积分

(1) $\int_{-\pi}^{\pi}\cos(nx)\mathrm{d}x=\int_{-\pi}^{\pi}\sin(nx)\mathrm{d}x=0$

(2) $\int_{-\pi}^{\pi}\cos(mx)\sin(nx)\mathrm{d}x=0$

(3) $\int_{-\pi}^{\pi}\cos(mx)\cos(nx)\mathrm{d}x=\int_{-\pi}^{\pi}\sin(mx)\sin(nx)\mathrm{d}x=\begin{cases}0 \ (\text{当}m\neq n\text{时})\\ \pi \ (\text{当}m=n\text{时})\end{cases}$

(4) $\int_{0}^{\pi}\cos(mx)\cos(nx)\mathrm{d}x=\int_{0}^{\pi}\sin(mx)\sin(nx)\mathrm{d}x=\begin{cases}0 \ (\text{当}m\neq n\text{时})\\ \dfrac{\pi}{2} \ (\text{当}m=n\text{时})\end{cases}$

(5) $I_n=\int_0^{\frac{\pi}{2}}\sin^n x\mathrm{d}x=\int_0^{\frac{\pi}{2}}\cos^n x\mathrm{d}x$，则 $I_0=\frac{\pi}{2}$，$I_1=1$，$I_2=\frac{\pi}{4}$，$I_3=\frac{2}{3}$，$I_4=\frac{3\pi}{16}$，$I_5=\frac{8}{15}$，$I_n=\frac{n-1}{n}I_{n-2}$，$I_n=\begin{cases}\dfrac{n-1}{n}\cdot\dfrac{n-3}{n-2}\cdot\dfrac{n-5}{n-4}\cdot\ \cdots\ \cdot\dfrac{4}{5}\cdot\dfrac{2}{3} \ (\text{当}n\text{为正奇数时})\\ \dfrac{n-1}{n}\cdot\dfrac{n-3}{n-2}\cdot\dfrac{n-5}{n-4}\cdot\ \cdots\ \cdot\dfrac{3}{4}\cdot\dfrac{1}{2}\cdot\dfrac{\pi}{2} \ (\text{当}n\text{为正偶数时})\end{cases}$

(6) $\int_0^{\frac{\pi}{2}}\sin^{2m+1}x\cos^n x\mathrm{d}x=\dfrac{2\cdot4\cdot6\cdot\ \cdots\ \cdot2m}{(n+1)(n+3)(n+5)\cdots(n+2m+1)}$

(7) $\int_0^{\frac{\pi}{2}}\sin^{2m}x\cos^{2n}x\mathrm{d}x=\dfrac{1\cdot3\cdot5\cdot\ \cdots\ \cdot(2n-1)\cdot1\cdot3\cdot5\cdot\ \cdots\ \cdot(2m-1)}{2\cdot4\cdot6\cdot8\cdot\ \cdots\ \cdot(2n+2m)}\cdot\dfrac{\pi}{2}$

(8) $\int_0^{\pi}\sin(mx)\cos(nx)\mathrm{d}x=\begin{cases}\dfrac{2m}{m^2-n^2} \ (\text{当}m-n\text{为奇数时})\\ 0 \ (\text{当}m-n\text{为偶数时})\end{cases}$

(9) $\int_0^{\pi}\sin^2(mx)\mathrm{d}x=\int_0^{\pi}\cos^2(mx)\mathrm{d}x=\dfrac{\pi}{2}$ (m为正整数)

(10) $\int_0^{2\pi}\sin^2(mx)\mathrm{d}x=\int_0^{2\pi}\cos^2(mx)\mathrm{d}x=\pi$ (m为正整数)

(11) $\int_0^{\frac{\pi}{2}}\cos^n x\sin(nx)\mathrm{d}x=\dfrac{1}{2^{n+1}}\sum_{k=1}^{n}\dfrac{2^k}{k}$

(12) $\int_0^{\frac{\pi}{2}}\cos^n x\cos(nx)\mathrm{d}x=\dfrac{\pi}{2^{n+1}}$

(13) $\int_0^{\frac{\pi}{2}}\dfrac{\sin x}{\sqrt{1-k^2\sin^2 x}}\mathrm{d}x=\dfrac{1}{2k}\ln\dfrac{1+k}{1-k}$ ($|k|<1$)

(14) $\int_0^{\frac{\pi}{2}}\dfrac{\cos x}{\sqrt{1-k^2\sin^2 x}}\mathrm{d}x=\dfrac{1}{k}\arcsin k$ ($|k|<1$)

(15) $\int_0^{\frac{\pi}{2}}\dfrac{1}{a+b\cos x}\mathrm{d}x=\dfrac{\arccos\dfrac{b}{a}}{\sqrt{a^2-b^2}}$ ($a>b$)

(16) $\int_0^{\pi}\dfrac{1}{a+b\cos x}\mathrm{d}x=\dfrac{\pi}{\sqrt{a^2-b^2}}$ ($a>b>0$)

(17) $\int_0^{\frac{\pi}{2}}\dfrac{1}{a^2\cos^2 x+b^2\sin^2 x}\mathrm{d}x=\dfrac{\pi}{2ab}$

(18) $\int_0^a \frac{1}{\sqrt{a^2-x^2}}\mathrm{d}x = \frac{\pi}{2}$

(19) $\int_0^\infty \frac{\sin x}{x}\mathrm{d}x = \int_0^\infty \frac{\tan x}{x}\mathrm{d}x = \frac{\pi}{2}$

(20) $\int_0^\infty \frac{1}{a^2+x^2}\mathrm{d}x = \frac{\pi}{2a}$

(21) $\int_0^\infty \frac{\sin x}{\sqrt{x}}\mathrm{d}x = \int_0^\infty \frac{\cos x}{\sqrt{x}}\mathrm{d}x = \sqrt{\frac{\pi}{2}}$

(22) $\int_0^\infty \frac{1}{(a^2+x^2)^{n+1}}\mathrm{d}x = \frac{1\cdot 3\cdot 5\cdot\ \cdots\ \cdot(2n-1)}{2\cdot 4\cdot\ \cdots\ \cdot 2n}\cdot\frac{\pi}{2a^{2n+1}}$

(23) $\int_0^\pi \ln(\sin x)\mathrm{d}x = \int_0^\pi \ln(\cos x)\mathrm{d}x = -\pi\ln 2$

(24) $\int_0^\infty \cos x^2\mathrm{d}x = \int_0^\infty \sin x^2\mathrm{d}x = \frac{\sqrt{\pi}}{2\sqrt{2}}$

(25) $\int_0^\pi \ln\left(1\pm 2p\cos x+p^2\right)\mathrm{d}x = \begin{cases} 0\ (\text{当}0<p<1\text{时}) \\ 2\pi\ln p\ (\text{当}p>1\text{时}) \end{cases}$

(26) $\int_0^\infty \frac{x^{p-1}}{1+x}\mathrm{d}x = \frac{\pi}{\sin(p\pi)}\ (0<p<1)$

A.5 矢量及其运算

一般 n 维矢量 (也称向量)$\boldsymbol{a}$ 的坐标表达式为

$$\boldsymbol{a} = (a_1, a_2, \cdots, a_n)$$

其中，a_i 为 $\boldsymbol{a}$ 的第 i 个坐标或分量，通常取实数或复数。

A.5.1 矢量代数

A.5.1.1 矢量的模 $|\boldsymbol{a}|$ 与方向余弦 $\cos\alpha_i$

$$|\boldsymbol{a}| = \sqrt{a_1^2+a_2^2+\cdots+a_n^2} \quad \cos\alpha_i = \frac{a_i}{|\boldsymbol{a}|}\ (|\boldsymbol{a}|\neq 0)$$

A.5.1.2 矢量的加减法与数乘

设两个矢量 $\boldsymbol{a} = (a_1, a_2, \cdots, a_n)$、$\boldsymbol{b} = (b_1, b_2, \cdots, b_n)$，$k$ 为常数，则矢量的加减法与数乘规定如下：

$$\boldsymbol{a}+\boldsymbol{b} = (a_1+b_1, a_2+b_2, \cdots, a_n+b_n)$$

$$\boldsymbol{a}-\boldsymbol{b} = \boldsymbol{a}+(-\boldsymbol{b}) = (a_1-b_1, a_2-b_2, \cdots, a_n-b_n)$$

$$k\boldsymbol{a} = (ka_1, ka_2, \cdots, ka_n)$$

矢量的加减法与数乘满足下列运算规律：

(1) $\boldsymbol{a}+\boldsymbol{b}=\boldsymbol{b}+\boldsymbol{a}$

(2) $(\boldsymbol{a}+\boldsymbol{b})+\boldsymbol{c}=\boldsymbol{a}+(\boldsymbol{b}+\boldsymbol{c})$

(3) $\boldsymbol{a}+\mathbf{0}=\boldsymbol{a}$

(4) $(k_1+k_2)\,\boldsymbol{a}=k_1\boldsymbol{a}+k_2\boldsymbol{a}$

(5) $k_1\,(k_2\boldsymbol{a})=(k_1k_2\boldsymbol{a})$

(6) $k\,(\boldsymbol{a}+\boldsymbol{b})=k\boldsymbol{a}+k\boldsymbol{b}$

(7) $|\boldsymbol{a}+\boldsymbol{b}|\leqslant|\boldsymbol{a}|+|\boldsymbol{b}|$

(8) $|k\boldsymbol{a}|=|k|\cdot|\boldsymbol{a}|$

A.5.1.3　矢量的乘法

1) 内积 (也称数量积)$\boldsymbol{a}\cdot\boldsymbol{b}$

假定矢量 $\boldsymbol{a}=(a_1,a_2,\cdots,a_n)$ 和 $\boldsymbol{b}=(b_1,b_2,\cdots,b_n)$ 之间的夹角为 θ，则

$$\boldsymbol{a}\cdot\boldsymbol{b}=a_1b_1+a_2b_2+\cdots+a_nb_n=|\boldsymbol{a}|\,|\boldsymbol{b}|\,cos\theta$$

内积满足下列运算规律:

(1) $\boldsymbol{a}\cdot\boldsymbol{b}=\boldsymbol{b}\cdot\boldsymbol{a}$

(2) $\boldsymbol{a}\cdot(\boldsymbol{b}+\boldsymbol{c})=\boldsymbol{a}\cdot\boldsymbol{b}+\boldsymbol{a}\cdot\boldsymbol{c}$

(3) $(k\boldsymbol{a})\cdot\boldsymbol{b}=\boldsymbol{a}\cdot(k\boldsymbol{b})=k\,(\boldsymbol{a}\cdot\boldsymbol{b})$

(4) $|\boldsymbol{a}\cdot\boldsymbol{b}|\leqslant|\boldsymbol{a}|\cdot|\boldsymbol{b}|$

2) 三维矢量的外积 (也称矢量积或向量积)$\boldsymbol{a}\times\boldsymbol{b}$

设两个三维矢量 $\boldsymbol{a}=(a_1,a_2,a_3)$，$\boldsymbol{b}=(b_1,b_2,b_3)$，其之间的夹角为 θ，则矢量 $\boldsymbol{a}$ 与 $\boldsymbol{b}$ 的外积 $\boldsymbol{c}=\boldsymbol{a}\times\boldsymbol{b}$ 仍是一个三维矢量，$\boldsymbol{c}$ 的模等于以 $\boldsymbol{a}$ 和 $\boldsymbol{b}$ 为边的平行四边形的面积，$\boldsymbol{c}$ 的方向垂直于 $\boldsymbol{a}$ 与 $\boldsymbol{b}$ 所决定的平面 (即 $\boldsymbol{c}$ 既垂直于 $\boldsymbol{a}$，又垂直于 $\boldsymbol{b}$)，$\boldsymbol{c}$ 的指向按右手规则从 $\boldsymbol{a}$ 转向 $\boldsymbol{b}$ 来确定，如图 A-1。即

$$\boldsymbol{c}=\boldsymbol{a}\times\boldsymbol{b},|\boldsymbol{c}|=|\boldsymbol{a}||\boldsymbol{b}|\sin\theta$$

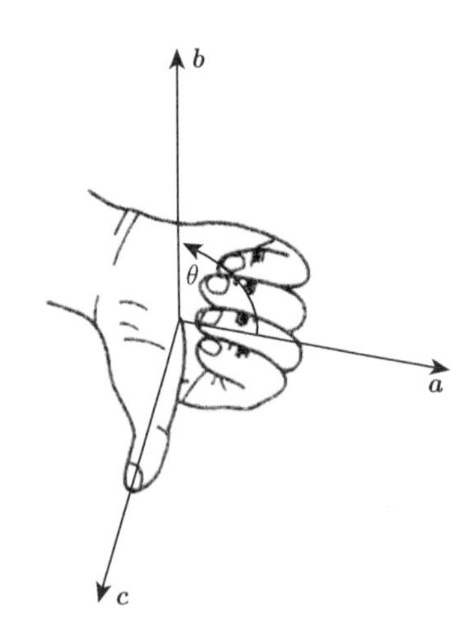

图 A-1

外积的坐标表示式为

$$\boldsymbol{c}=\boldsymbol{a}\times\boldsymbol{b}=(a_2b_3-a_3b_2,a_3b_1-a_1b_3,a_1b_2-a_2b_1)$$

利用三阶行列式，矢量 $\boldsymbol{a}$、$\boldsymbol{b}$ 的外积 $\boldsymbol{a}\times\boldsymbol{b}$ 也可表示为

$$\boldsymbol{a}\times\boldsymbol{b}=\begin{vmatrix}\boldsymbol{i} & \boldsymbol{j} & \boldsymbol{k}\\ a_1 & a_2 & a_3\\ b_1 & b_2 & b_3\end{vmatrix}$$

式中，$\boldsymbol{i}=(1,0,0)$、$\boldsymbol{j}=(0,1,0)$、$\boldsymbol{k}=(0,0,1)$ 为单位坐标矢量。

外积满足下列运算规律:

(1) $\boldsymbol{a}\times\boldsymbol{a}=\boldsymbol{0}$

(2) $\boldsymbol{a}\times\boldsymbol{b}=-(\boldsymbol{b}\times\boldsymbol{a})$

(3) $\boldsymbol{a}\times(\boldsymbol{b}+\boldsymbol{c})=\boldsymbol{a}\times\boldsymbol{b}+\boldsymbol{a}\times\boldsymbol{c}$

(4) $(k\boldsymbol{a})\times\boldsymbol{b}=\boldsymbol{a}\times(k\boldsymbol{b})=k(\boldsymbol{a}\times\boldsymbol{b})$

3) 三维矢量的多重积

(1) 三重积 $(\boldsymbol{a}\times\boldsymbol{b})\times\boldsymbol{c}=(\boldsymbol{a}\cdot\boldsymbol{c})\boldsymbol{b}-(\boldsymbol{b}\cdot\boldsymbol{c})\boldsymbol{a}$

(2) 混合积 $(\boldsymbol{a}\times\boldsymbol{b})\cdot\boldsymbol{c}=\boldsymbol{a}\cdot(\boldsymbol{b}\times\boldsymbol{c})$，混合积 $(\boldsymbol{a}\times\boldsymbol{b})\cdot\boldsymbol{c}$ 也记作 $[\boldsymbol{abc}]$ 或 $\boldsymbol{abc}$，即

$$[\boldsymbol{abc}]=(\boldsymbol{a}\times\boldsymbol{b})\cdot\boldsymbol{c}=\begin{vmatrix}a_1 & a_2 & a_3\\ b_1 & b_2 & b_2\\ c_1 & c_2 & c_3\end{vmatrix}$$

(3) $(\boldsymbol{a}\times\boldsymbol{b})\cdot(\boldsymbol{c}\times\boldsymbol{d})=(\boldsymbol{a}\cdot\boldsymbol{c})(\boldsymbol{b}\cdot\boldsymbol{d})-(\boldsymbol{a}\cdot\boldsymbol{d})(\boldsymbol{b}\cdot\boldsymbol{c})$

(4) $(\boldsymbol{a}\times\boldsymbol{b})\cdot(\boldsymbol{c}\times\boldsymbol{d})=[\boldsymbol{abd}]\cdot\boldsymbol{c}-[\boldsymbol{abc}]\cdot\boldsymbol{d}=[\boldsymbol{acd}]\cdot\boldsymbol{b}-[\boldsymbol{bcd}]\cdot\boldsymbol{a}$

A.5.1.4 两矢量的夹角

设两个矢量 $\boldsymbol{a}$、$\boldsymbol{b}$ 之间的夹角为 θ，则

$$\cos\theta=\cos(\boldsymbol{a},\boldsymbol{b})=\frac{\boldsymbol{a}\cdot\boldsymbol{b}}{|\boldsymbol{a}|\,|\boldsymbol{b}|}\sin\theta=\sin(\boldsymbol{a},\boldsymbol{b})=\frac{|\boldsymbol{a}\times\boldsymbol{b}|}{|\boldsymbol{a}|\,|\boldsymbol{b}|}$$

A.5.1.5 矢量的导数与积分

矢量函数 $\boldsymbol{a}(t)=a_x(t)\boldsymbol{i}+a_y(t)\boldsymbol{j}+a_z(t)\boldsymbol{k}$，其中 $\boldsymbol{i}$、$\boldsymbol{j}$、$\boldsymbol{k}$ 分别是坐标轴 x、y、z 上的单位矢量，则矢量函数 $\boldsymbol{a}(t)$ 的导数为

$$\frac{\mathrm{d}\boldsymbol{a}(t)}{\mathrm{d}t}=a'_x(t)\boldsymbol{i}+a'_y(t)\boldsymbol{j}+a'_z(t)\boldsymbol{k}$$

若矢量函数 $\boldsymbol{a}(t)$、$\boldsymbol{b}(t)$ 满足如下关系

$$\frac{\mathrm{d}\boldsymbol{a}(t)}{\mathrm{d}t}=\boldsymbol{b}(t)$$

则 $\boldsymbol{a}(t)$ 称为 $\boldsymbol{b}(t)$ 的一个不定积分，$\boldsymbol{b}(t)$ 的不定积分记为

$$\int\boldsymbol{b}(t)\,\mathrm{d}t+\boldsymbol{c}\ (\boldsymbol{c}\text{为任意常数矢量})$$

矢量函数的定积分为

$$\int_{t_1}^{t_2} \boldsymbol{b}(t)\,\mathrm{d}t = \boldsymbol{a}(t_2) - \boldsymbol{a}(t_1)$$

矢量函数定积分的坐标表示式为

$$\int_{t_1}^{t_2} \boldsymbol{b}(t)\,\mathrm{d}t = \boldsymbol{i}\int_{t_1}^{t_2} b_x(t)\,\mathrm{d}t + \boldsymbol{j}\int_{t_1}^{t_2} b_y(t)\,\mathrm{d}t + \boldsymbol{k}\int_{t_1}^{t_2} b_z(t)\,\mathrm{d}t$$

这里，$\boldsymbol{b}(t) = b_x(t)\,\boldsymbol{i} + b_y(t)\,\boldsymbol{j} + b_z(t)\,\boldsymbol{k}$。

矢量函数的求导公式:

(1) $\dfrac{\mathrm{d}\boldsymbol{c}}{\mathrm{d}t} = 0$ ($\boldsymbol{c}$ 为常数矢量)

(2) $\dfrac{\mathrm{d}k\boldsymbol{a}}{\mathrm{d}t} = k\dfrac{\mathrm{d}\boldsymbol{a}}{\mathrm{d}t}$ (k 为常数)

(3) $\dfrac{\mathrm{d}}{\mathrm{d}t}(\boldsymbol{a}+\boldsymbol{b}+\boldsymbol{c}) = \dfrac{\mathrm{d}\boldsymbol{a}}{\mathrm{d}t} + \dfrac{\mathrm{d}\boldsymbol{b}}{\mathrm{d}t} + \dfrac{\mathrm{d}\boldsymbol{c}}{\mathrm{d}t}$

(4) $\dfrac{\mathrm{d}\varphi\boldsymbol{a}}{\mathrm{d}t} = \dfrac{\mathrm{d}\varphi}{\mathrm{d}t}\boldsymbol{a} + \varphi\dfrac{\mathrm{d}\boldsymbol{a}}{\mathrm{d}t}$ (φ 为 t 的标量函数)

(5) $\dfrac{\mathrm{d}}{\mathrm{d}t}(\boldsymbol{a}\cdot\boldsymbol{b}) = \dfrac{\mathrm{d}\boldsymbol{a}}{\mathrm{d}t}\cdot\boldsymbol{b} + \boldsymbol{a}\cdot\dfrac{\mathrm{d}\boldsymbol{b}}{\mathrm{d}t}$

(6) $\dfrac{\mathrm{d}}{\mathrm{d}t}(\boldsymbol{a}\times\boldsymbol{b}) = \dfrac{\mathrm{d}\boldsymbol{a}}{\mathrm{d}t}\times\boldsymbol{b} + \boldsymbol{a}\times\dfrac{\mathrm{d}\boldsymbol{b}}{\mathrm{d}t}$

(7) $\dfrac{\mathrm{d}}{\mathrm{d}t}(\boldsymbol{abc}) = \left(\dfrac{\mathrm{d}\boldsymbol{a}}{\mathrm{d}t}\boldsymbol{bc}\right) + \left(\boldsymbol{a}\dfrac{\mathrm{d}\boldsymbol{b}}{\mathrm{d}t}\boldsymbol{c}\right) + \left(\boldsymbol{ab}\dfrac{\mathrm{d}\boldsymbol{c}}{\mathrm{d}t}\right)$

(8) $\dfrac{\mathrm{d}}{\mathrm{d}t}\boldsymbol{a}[\varphi(t)] = \dfrac{\mathrm{d}\boldsymbol{a}}{\mathrm{d}\varphi}\cdot\dfrac{\mathrm{d}\varphi}{\mathrm{d}t}$

A.6　平面与直线

A.6.1　平面及其方程

1) 平面的一般方程

平面的一般方程表达式为

$$Ax + By + Cz + D = 0$$

其中，x、y、z 的系数就是该平面的法线向量 $\boldsymbol{n}$ 的坐标，即 $\boldsymbol{n} = (A, B, C)$。

2) 平面的点法式方程

已知平面上一点 $M_0(x_0, y_0, z_0)$ 以及垂直于平面的法线向量 $\boldsymbol{n} = (A, B, C)$，则平面的点法式方程为

$$A(x-x_0) + B(y-y_0) + C(z-z_0) = 0$$

3) 平面的截距式方程

已知平面与 x 轴、y 轴、z 轴的交点依次为 $P(a,0,0)$、$Q(0,b,0)$、$R(0,0,c)$ 三点，则平面的截距式方程为

$$\frac{x}{a} + \frac{y}{b} + \frac{z}{c} = 1$$

其中，a、b、c 依次叫作平面在 x 轴、y 轴、z 轴上的截距。

4) 两平面的夹角

两平面的法线向量的夹角 (通常指锐角) 称为两平面的夹角。

已知两平面的法线向量分别为 $\boldsymbol{n}_1=(A_1,B_1,C_1)$ 和 $\boldsymbol{n}_2=(A_2,B_2,C_2)$，则两平面之间的夹角 θ 可由

$$\cos\theta=\frac{|A_1A_2+B_1B_2+C_1C_2|}{\sqrt{A_1^2+B_1^2+C_1^2}\cdot\sqrt{A_2^2+B_2^2+C_2^2}}$$

来确定。

5) 点到平面的距离

已知点 $P_0(x_0,y_0,z_0)$ 和平面 $Ax+By+Cz+D=0$，则点 P_0 到此平面的距离 d 为

$$d=\frac{|Ax_0+By_0+Cz_0+D|}{\sqrt{A^2+B^2+C^2}}$$

A.6.2 直线及其方程

1) 直线的一般方程

空间直线的一般方程为

$$\begin{cases}A_1x+B_1y+C_1z+D_1=0\\A_2x+B_2y+C_2z+D_2=0\end{cases}$$

即空间直线可以看作是两个平面的交线。

2) 直线的对称式方程与参数方程

如果一个非零向量平行于一条已知直线，这个向量就叫作这条直线的方向向量。若已知直线上一点 $M_0(x_0,y_0,z_0)$ 和直线的方向向量 $\boldsymbol{s}=(m,n,p)$，则直线的对称式方程 (也称点向式方程) 为

$$\frac{x-x_0}{m}=\frac{y-y_0}{n}=\frac{z-z_0}{p}$$

直线的任一方向向量 $\boldsymbol{s}$ 的坐标 m、n、p 称为此直线的一组方向数，而向量 $\boldsymbol{s}$ 的方向余弦叫作该直线的方向余弦。

由直线的对称式方程容易导出直线的参数方程。如设

$$\frac{x-x_0}{m}=\frac{y-y_0}{n}=\frac{z-z_0}{p}=t$$

则可得到直线的参数方程为

$$\begin{cases}x=x_0+mt\\y=y_0+mt\\z=z_0+mt\end{cases}$$

3) 两直线的夹角

两直线的方向向量的夹角 (通常指锐角) 叫作两直线的夹角。

已知两直线的方向向量分别为 $\boldsymbol{s}_1=(m_1,n_1,p_1)$ 和 $\boldsymbol{s}_2=(m_2,n_2,p_2)$，则两直线之间的夹角 φ 可由

$$\cos\varphi=\frac{|m_1m_2+n_1n_2+p_1p_2|}{\sqrt{m_1^2+n_1^2+p_1^2}\cdot\sqrt{m_2^2+n_2^2+p_2^2}}$$

来确定。

4) 直线与平面的夹角

当直线与平面不垂直时，直线和它在平面上的投影直线的夹角 $\varphi(0\leqslant\varphi<90^\circ)$ 称为直线与平面的夹角。当直线与平面垂直时，规定直线与平面的夹角为 90°。

已知直线的方向向量为 $\boldsymbol{s}=(m,n,p)$，平面的法线向量为 $\boldsymbol{n}=(A,B,C)$，则直线与平面的夹角为

$$\sin\varphi=\frac{|Am+Bn+Cp|}{\sqrt{A^2+B^2+C^2}\cdot\sqrt{m^2+n^2+p^2}}$$

附录B　物体的转动惯量

物体的转动惯量 (moment of inertia/mass moment of inertia，也称惯量矩) 是物体转动时惯性的度量，它不仅与物体质量的大小有关，而且与质量的分布情况有关。例如，设计飞轮时，为了获得较大的转动惯量，总是将大部分质量集中在轮缘；相反，某些仪表中的转动部件，总是使较多的质量尽量靠近转动轴，以减少其转动惯量，从而提高仪表的灵敏度。

B.1　物体转动惯量的一般理论

B.1.1　转动惯量的定义

物体对一点 O 的极转动惯量就是该物体的微元质量 $\mathrm{d}m$ 与其到点 O 的距离 r 的平方的乘积总和，即

$$J_O = \int r^2 \mathrm{d}m \tag{B-1}$$

物体对轴 k 的转动惯量是指该物体的微元质量 $\mathrm{d}m$ 与其到轴 k 的距离 a 的平方的乘积总和，即

$$J_k = \int a^2 \mathrm{d}m \tag{B-2}$$

物体对平面 E 的转动惯量是指该物体的微元质量 $\mathrm{d}m$ 与其到平面 E 的距离 d 的平方的乘积总和，即

$$J_E = \int d^2 \mathrm{d}m \tag{B-3}$$

若物体是均质的，设其密度为 γ，微元体积为 dv，则 $dm = \gamma d\nu$。那么式 (B-1)~ 式 (B-3) 中的右端项可将密度 γ 作为因子提到积分号外面，则

$$\int r^2 \mathrm{d}v \quad \int a^2 \mathrm{d}v \quad \int d^2 \mathrm{d}v$$

称为几何形体的惯矩。

B.1.2　惯性半径

惯性半径 (也称回转半径) 的定义为

$$\rho = \sqrt{\frac{J}{m}} \tag{B-4}$$

由式 (B-4)，有

$$J = m\rho^2 \tag{B-5}$$

式 (B-5) 表明物体的转动惯量等于该物体的质量与惯性半径平方的乘积。

B.1.3 转动惯量的定理

(1) 设 3 个轴线 k_1、k_2 和 k_3 正交于 O 点，平面 E_1、E_2 和 E_3 是以轴线 k_1、k_2 和 k_3 为交线的 3 个互相正交的平面，则存在

$$J_O = J_{E_1} + J_{E_2} + J_{E_3} = \frac{1}{2}\left(J_{k_1} + J_{k_2} + J_{k_3}\right) \tag{B-6}$$

若轴线 k 垂直于平面 E 于 O 点，则

$$J_O = J_E + J_k \tag{B-7}$$

若轴线 k 为平面 E_1 和 E_2 的交线，则

$$J_k = J_{E_1} + J_{E_2} \tag{B-8}$$

(2) 设轴线 k_G 和平面 E_G 分别为通过物体质心点 O 的轴线和平面，若轴线 $k//k_G$，平面 $E//E_G$，则存在

$$J_k = J_{k_G} + me^2 \tag{B-9}$$

$$J_E = J_{E_G} + me^2 \tag{B-10}$$

$$J_O = J_{O_G} + me^2 \tag{B-11}$$

式中，m 为物体的总质量；e 为两轴线、两平面或两点间的距离。式 (B-9) 即大家熟知的平行轴定理，平行轴定理表述为物体对于任一轴的转动惯量，等于物体对于通过质心并与该轴平行的轴的转动惯量，加上物体的质量与两轴间距离平方的乘积。

从式 (B-9)～ 式 (B-11) 可以看出，在所有平行轴和平行面当中，或在所有的点里面，以通过物体质心的轴和平面或质心点的转动惯量值为最小。

(3) 设质量分别为 m_1、m_2 的两物体，绕通过各自质心并相互平行的轴线 k_1、k_2 的转动惯量分别为 J_{k_1}、J_{k_2}，则绕通过两物体总质心的平行轴线 k 的合转动惯量为

$$J_k = J_{k_1} + J_{k_2} + \frac{m_1 m_2 e^2}{m_1 + m_2} \tag{B-12}$$

式中，e 表示分别通过两物体质心的两平行轴线之间的距离。

B.1.4 惯量积

物体对两个平面的惯量积 (mass products of inertia，也称惯性积) 是该物体的微元质量 $\mathrm{d}m$ 与其到两平面垂直距离 x、y 的连乘积之总和，即

$$J_{xy} = \int xy\mathrm{d}m \tag{B-13}$$

通常两平面正交，所以 x、y 就是直角坐标值。惯量积的值可能为正、负或零。

假定一物体对直角坐标系 O'-$x'y'z'$ 的 3 个惯量积分别为 $J_{y'z'}$、$J_{z'x'}$、$J_{x'y'}$，物体的质心坐标为 (a, b, c)。建立一新坐标系 O-xyz，其坐标原点 O 与物体的质心重合，其坐标轴 x、y、z

分别平行于 x' 轴、y' 轴、z' 轴。设物体对坐标系 $O\text{-}xyz$ 的 3 个惯量积分别为 J_{yz}、J_{zx}、J_{xy}，则

$$\begin{cases} J_{y'z'} = J_{yz} + mbc \\ J_{z'x'} = J_{zx} + mca \\ J_{x'y'} = J_{xy} + mab \end{cases} \tag{B-14}$$

B.1.5 惯量椭圆体

设物体对坐标系 $O\text{-}xyz$ 的 3 个惯量积分别为 J_{yz}、J_{zx}、J_{xy}，对坐标轴 x、y、z 的转动惯量分别为 J_x、J_y、J_z，则物体对与 x 轴、y 轴、z 轴分别成 α、β、γ 角的任意轴 k 的转动惯量为

$$\begin{aligned} J_k =& J_x \cos^2\alpha + J_y \cos^2\beta + J_z \cos^2\gamma - 2J_{yz}\cos\beta\cos\gamma \\ & - 2J_{zx}\cos\gamma\cos\alpha - 2J_{xy}\cos\alpha\cos\beta \end{aligned} \tag{B-15}$$

物体的各点上都有使其惯量积为零的 3 个互相正交的轴。这 3 个轴称为惯量主轴。对惯量主轴的转动惯量称为主转动惯量。因此，若取坐标轴为惯量主轴，则对任意轴 k 的转动惯量可由式 (B-15) 简化得到，即

$$J_k = J_x \cos^2\alpha + J_y \cos^2\beta + J_z \cos^2\gamma \tag{B-16}$$

物体有对称面时，总有一个垂直于该平面的轴为惯量主轴；物体具有对称轴时，该轴就是惯量主轴。

若在各轴上选取距坐标原点 $1/\sqrt{J_k}$ 的点，则这些点描绘出泊松惯量椭圆体。该惯量椭圆体的主轴与惯量主轴重合时，其方程为

$$J_x x^2 + J_y y^2 + J_z z^2 = 1 \tag{B-17}$$

式中，J_x、J_y、J_z 分别为物体的 3 个主转动惯量。也就是说，椭圆体的主轴长度分别为 $1/\sqrt{J_x}$、$1/\sqrt{J_y}$ 和 $1/\sqrt{J_z}$。以物体质心为中心的惯量椭圆体称为中心惯量椭圆体，其主轴称为自由轴。

B.2 面积惯性矩的一般理论

面积惯性矩 (area moment of inertia / moment of inertia of an area / moment of inertia for area) 通常被用作描述截面抵抗弯曲的性质。面积惯性矩的国际单位为 m^4，也称面积二次矩 (second moment of area)，它与质量惯量矩 (即转动惯量) 是不同的概念。

B.2.1 面积惯性矩的定义

任意平面面积对于该平面上一点 O 的极惯性矩等于该平面的微元面积 $\mathrm{d}A$ 与其到点 O 的距离平方 r^2 的乘积之总和，即

$$I_O = \int r^2 \mathrm{d}A \tag{B-18}$$

平面面积对位于该平面内轴 k 的惯性矩等于该平面的微元面积 $\mathrm{d}A$ 与其到轴 k 的距离平方 a^2 的乘积之总和，即

$$I_k = \int a^2 \mathrm{d}A \tag{B-19}$$

平面面积对该平面上两个相交轴的惯性积等于该平面的微元面积 $\mathrm{d}A$ 与其到两轴的距离 x、y 的乘积之总和，即

$$I_{xy} = \int xy \mathrm{d}A \tag{B-20}$$

面积惯性积为零的两个轴称为共轭轴，若此二轴正交，则称为惯性主轴。

B.2.2　面积惯性矩的定理

(1) 任意平面面积的极惯性矩 I_O 等于通过极点 O 的任意两个正交轴 x、y 的惯性矩 I_x、I_y 之和，即

$$I_O = \int r^2 \mathrm{d}A = \int (x^2 + y^2) \mathrm{d}A = I_x + I_y \tag{B-21}$$

(2) 平面面积对任意点 O 的极惯性矩 I_O 等于其对形心的惯性矩 I_{OC} 加上点 O 到质心距离 e 的平方与全面积 A 的积，即

$$I_O = I_{OC} + e^2 A \tag{B-22}$$

(3) 平面面积对任意轴 k 的惯性矩 I_k 等于其对通过形心并平行于轴 k 的惯性矩 I_{kC} 加上全面积 A 乘两轴间距离 e 的平方，即

$$I_k = I_{kC} + e^2 A \tag{B-23}$$

(4) 假定直角坐标系 $O\text{-}xy$ 的坐标原点与平面面积的形心重合，坐标系 $O\text{-}xy$ 的各坐标轴与坐标系 $O'\text{-}x'y'$ 各坐标轴对应平行，平面面积的形心在坐标系 $O'\text{-}x'y'$ 中的坐标为 (a, b)。则平面面积对直角坐标系 $O'\text{-}x'y'$ 的惯性积 $I_{x'y'}$ 等于其对坐标系 $O\text{-}xy$ 的惯性矩 I_{xy} 加上全面积 A 乘以形心坐标 a、b 的积，即

$$I_{x'y'} = I_{xy} + abA \tag{B-24}$$

B.2.3　惯性椭圆

设平面面积对直角坐标系 $O\text{-}xy$ 两坐标轴的面积惯性矩为 I_x、I_y，面积惯性积为 I_{xy}，则该平面面积对与 x 轴成 α 角的任意轴 k 的惯性矩为

$$I_k = I_x \cos^2\alpha + I_y \sin^2\alpha - I_{xy}\sin(2\alpha) \tag{B-25}$$

平面面积中一对使其惯性积为零的正交轴称为该面积的主惯轴。对主惯轴的惯性矩称为主惯性矩。如果两个正交轴 x、y 为主惯轴，则平面面积对与 x 轴成 α 角的任意轴 k 的惯性矩为

$$I_k = I_x \cos^2\alpha + I_y \sin^2\alpha \tag{B-26}$$

设平面面积对任意两直角坐标轴的惯性矩和惯性积分别为 $I_{x'}$、$I_{y'}$ 和 $I_{x'y'}$，则主惯轴的方向 α_0 和 $\alpha_0+90°$(对应两个主惯轴) 可由下式求得

$$\tan(2\alpha_0) = -\frac{2I_{x'y'}}{I_{x'} - I_{y'}} \tag{B-27}$$

其主惯性矩的值 I_x、I_y 分别为

$$I_x = \frac{I_{x'} + I_{y'}}{2} + \sqrt{\left(\frac{I_{x'} - I_{y'}}{2}\right)^2 + I_{x'y'}^2} \tag{B-28}$$

$$I_y = \frac{I_{x'} + I_{y'}}{2} - \sqrt{\left(\frac{I_{x'} - I_{y'}}{2}\right)^2 + I_{x'y'^2}} \tag{B-29}$$

在各轴上选取距原点 $1/\sqrt{I_k}$ 的点，这些点描绘出一个椭圆，称之为第一惯性椭圆 (另外，还有第二惯性椭圆 (即 Culmann 惯性椭圆) 等)。当其主轴与主惯性轴重合时，该椭圆的方程为

$$I_x x^2 + I_y y^2 = 1 \tag{B-30}$$

式中，I_x、I_y 为平面面积的主惯性矩。以平面面积的形心为中心的椭圆称为中心椭圆。

B.3 简单形状物体的转动惯量计算

1) 均质细直杆对于 z 轴的转动惯量

设一均质细直杆 (图 B-1) 杆长为 l，单位长度的质量为 ρ_l，取杆上一微段 $\mathrm{d}x$，其质量为 $\rho_l\mathrm{d}x$，则此杆对于 z 轴的转动惯量为

$$J_z = \int_0^l \rho_l \mathrm{d}x \cdot x^2 = \frac{1}{3}\rho_l x^3 \tag{B-31}$$

如果杆的总质量为 $m = \rho_l l$，则

$$J_z = \frac{1}{3}ml^2 \tag{B-32}$$

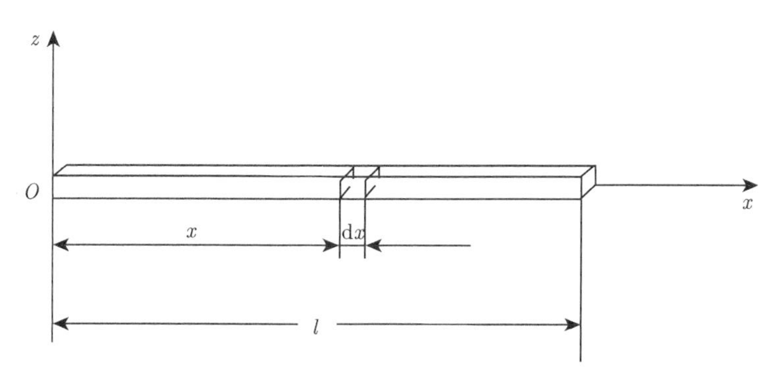

图 B-1 均质细直杆

2) 均质薄圆环对于其中心轴的转动惯量

设一圆环总质量为 m(图 B-2)，质量 m_i 到中心轴的距离都等于其半径 R，所以圆环对于其中心轴 z 的转动惯量为

$$J_z = \sum m_i R^2 = R^2 \sum m_i = mR^2 \tag{B-33}$$

3) 均质圆板对于其中心轴的转动惯量

设一均质圆板的半径为 R，总质量为 m，单位面积的质量为 ρ_A。将圆板分为无数同心的薄圆环，任一圆环的半径为 r_i，宽度为 $\mathrm{d}r_i$(图 B-3)，则薄圆环的质量为

$$m_i = 2\pi r_i \mathrm{d}r_i \cdot \rho_A \tag{B-34}$$

圆板对于其中心轴的转动惯量为

$$J_O = \int_0^R 2\pi r \rho_A \mathrm{d}r \cdot r^2 = \frac{1}{2}\pi \rho_A R^4 \tag{B-35}$$

或

$$J_O = \frac{1}{2}mR^2 \tag{B-36}$$

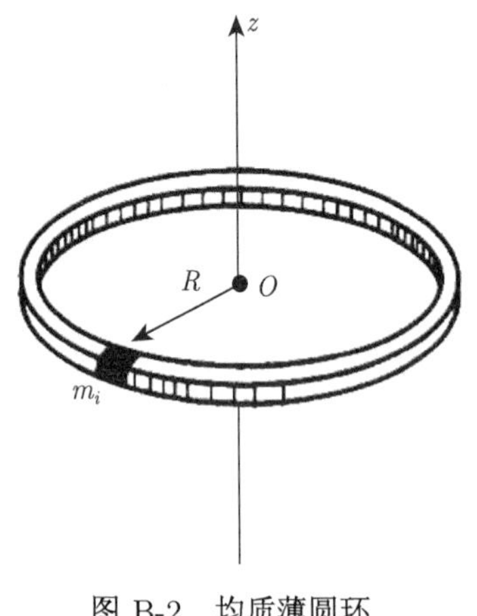

图 B-2　均质薄圆环

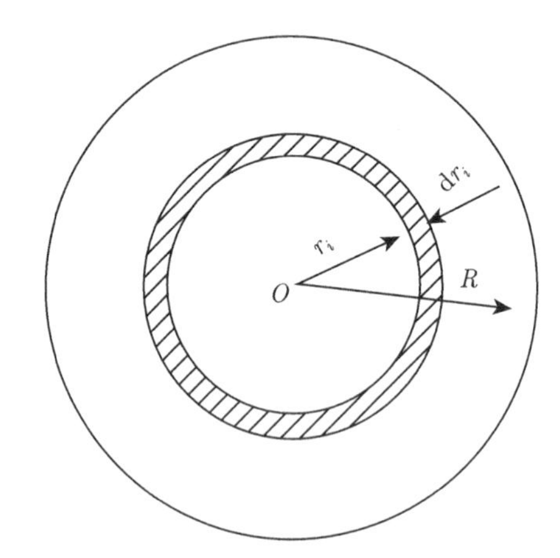

图 B-3　均质圆板

B.4　转动惯量的测定

工程中，对于几何形状复杂的物体，常用实验方法测定其转动惯量，常用方法有摆动法、扭振法、滚摆法和落体法等。例如，欲求曲柄或连杆对于过点 O 轴线的转动惯量，可将曲柄或连杆在轴线 O 处悬挂起来，并使其做微副摆动 (所以称为摆动法)，如图 B-4 所示。则

$$T = 2\pi \sqrt{\frac{J_O}{mgl}} \tag{B-37}$$

式中，mg 为曲柄或连杆重量；l 为构件重心到其轴心 O 的距离；T 为摆动周期。

由式 (B-37) 可以得到曲柄或连杆的转动惯量为

$$J_O = \frac{mglT^2}{4\pi^2} \tag{B-38}$$

又如，欲求圆轮对于中心轴的转动惯量，可用单轴扭振 (图 B-5)、三线悬挂扭振 (图 B-6) 等方法测定其扭振周期，再根据周期与转动惯量之间的关系计算转动惯量，具体计算公式可参阅相关机械工程手册。

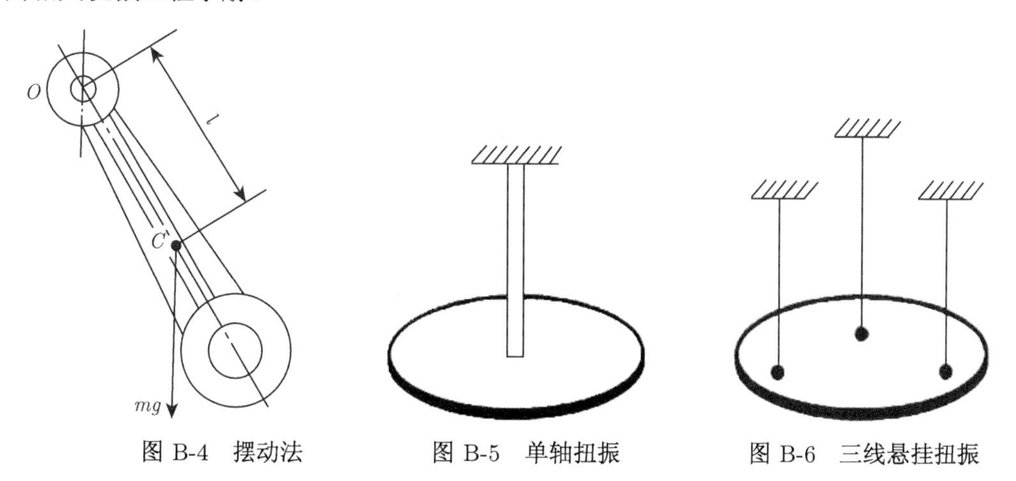

图 B-4 摆动法　　图 B-5 单轴扭振　　图 B-6 三线悬挂扭振

表 B-1 列出了一些常见均质物体的转动惯量和惯性半径。

表 B-1 常见均质物体的转动惯量

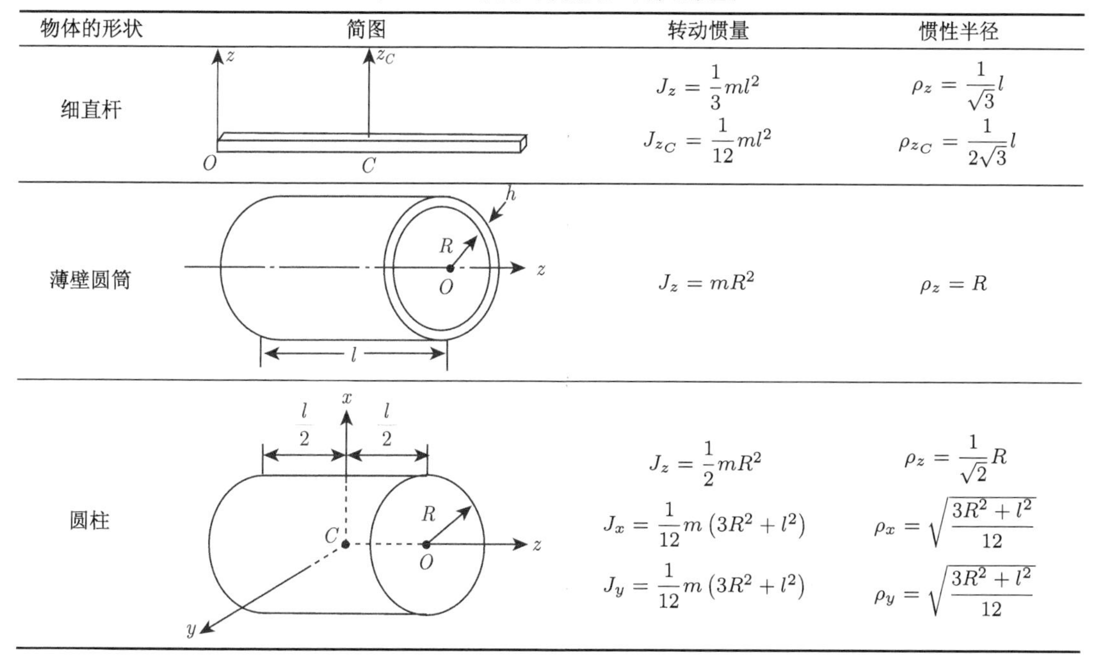

物体的形状	简图	转动惯量	惯性半径
细直杆	z, z_C, O, C	$J_z = \frac{1}{3}ml^2$ $J_{z_C} = \frac{1}{12}ml^2$	$\rho_z = \frac{1}{\sqrt{3}}l$ $\rho_{z_C} = \frac{1}{2\sqrt{3}}l$
薄壁圆筒	h, R, O, z, l	$J_z = mR^2$	$\rho_z = R$
圆柱	$\frac{l}{2}$, $\frac{l}{2}$, x, R, C, O, z, y	$J_z = \frac{1}{2}mR^2$ $J_x = \frac{1}{12}m\left(3R^2 + l^2\right)$ $J_y = \frac{1}{12}m\left(3R^2 + l^2\right)$	$\rho_z = \frac{1}{\sqrt{2}}R$ $\rho_x = \sqrt{\frac{3R^2 + l^2}{12}}$ $\rho_y = \sqrt{\frac{3R^2 + l^2}{12}}$

续表

物体的形状	简图	转动惯量	惯性半径
空心圆柱	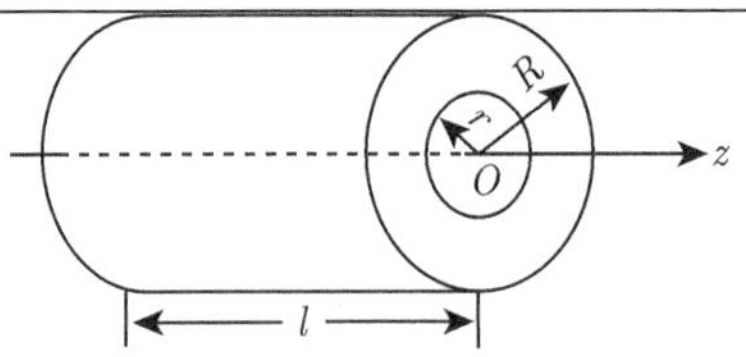	$J_z=\frac{1}{2}m\left(R^2+r^2\right)$	$\rho_z=\sqrt{\frac{R^2+r^2}{2}}$
薄壁空心球	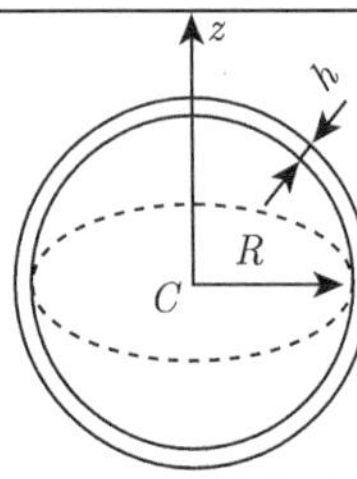	$J_z=\frac{2}{3}mR^2$	$\rho_z=\sqrt{\frac{2}{3}}R$
实心球	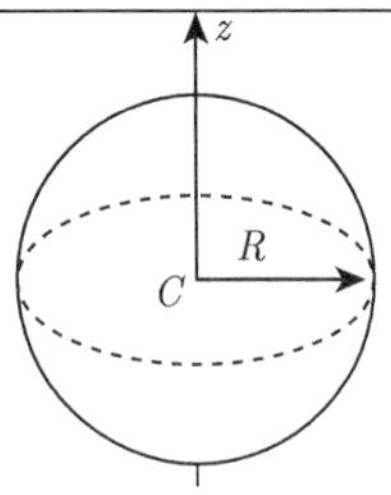	$J_z=\frac{2}{5}mR^2$	$\rho_z=\sqrt{\frac{2}{5}}R$
圆锥体	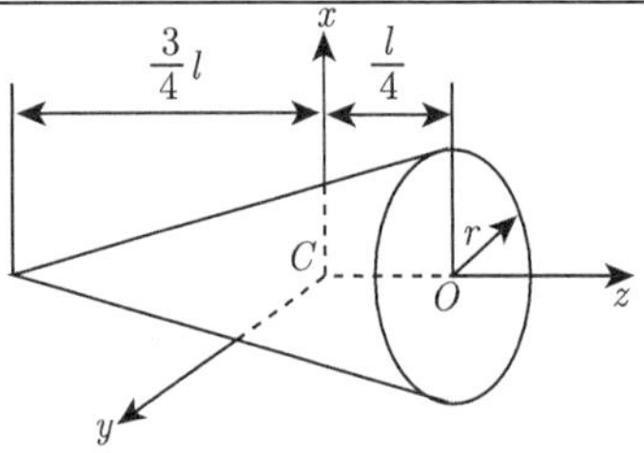	$J_z=\frac{3}{10}mr^2$ $J_x=\frac{3}{80}m\left(4r^2+l^2\right)$ $J_y=\frac{3}{80}m\left(4r^2+l^2\right)$	$\rho_z=\sqrt{\frac{3}{10}}r$ $\rho_x=\rho_y$ $=\sqrt{\frac{3\left(4r^2+l^2\right)}{80}}$
圆环	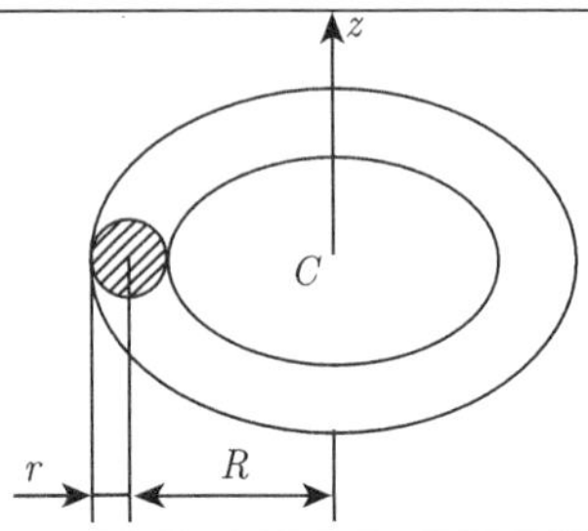	$J_z=m\left(R^2+\frac{3}{4}r^2\right)$	$\rho_z=\sqrt{R^2+\frac{3}{4}r^2}$
椭圆形薄板	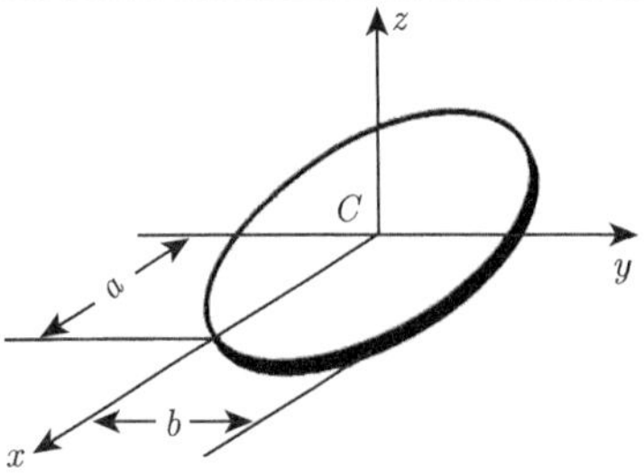	$J_z=\frac{m}{4}\left(a^2+b^2\right)$ $J_x=\frac{m}{4}b^2$ $J_y=\frac{m}{4}a^2$	$\rho_z=\frac{1}{2}\sqrt{a^2+b^2}$ $\rho_x=\frac{b}{2}$ $\rho_y=\frac{a}{2}$

续表

物体的形状	简图	转动惯量	惯性半径
长方体	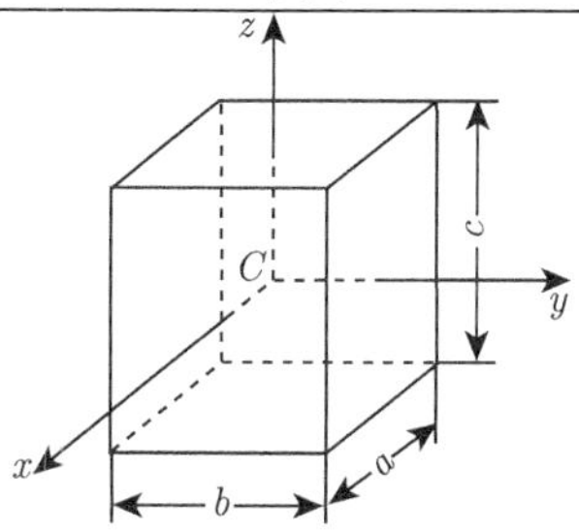	$J_z = \frac{m}{12}(a^2+b^2)$ $J_x = \frac{m}{12}(b^2+c^2)$ $J_y = \frac{m}{12}(a^2+c^2)$	$\rho_z = \sqrt{\frac{a^2+b^2}{12}}$ $\rho_x = \sqrt{\frac{b^2+c^2}{12}}$ $\rho_y = \sqrt{\frac{a^2+c^2}{12}}$
矩形薄板	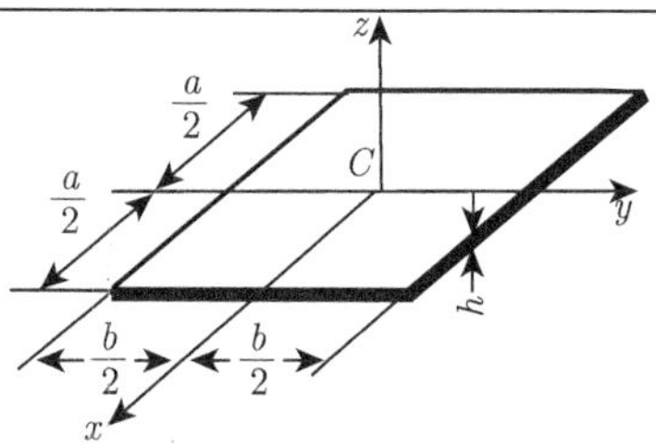	$J_z = \frac{m}{12}(a^2+b^2)$ $J_x = \frac{m}{12}b^2$ $J_y = \frac{m}{12}a^2$	$\rho_z = \sqrt{\frac{a^2+b^2}{12}}$ $\rho_x = \frac{1}{2\sqrt{3}}b$ $\rho_y = \frac{1}{2\sqrt{3}}a$
薄圆板	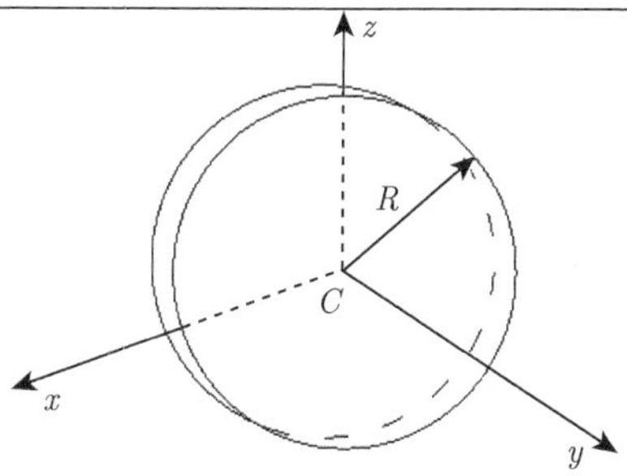	$J_z = \frac{1}{4}mR^2$ $J_x = \frac{1}{4}mR^2$ $J_y = \frac{1}{2}mR^2$	$\rho_z = \frac{1}{2}R$ $\rho_x = \frac{1}{2}R$ $\rho_x = \sqrt{\frac{1}{2}}R$
三角形薄板	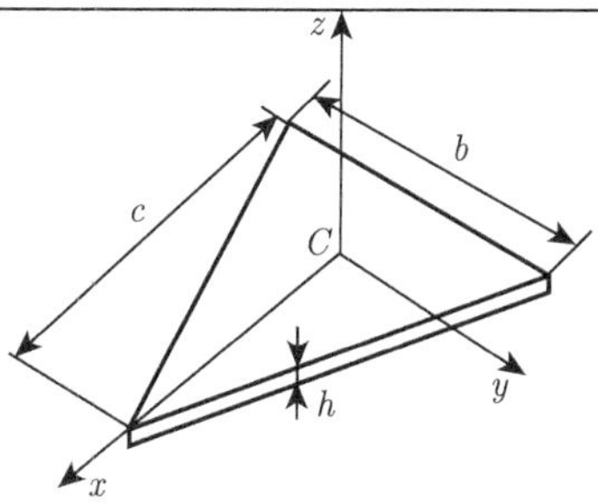	$J_z = \frac{m}{18}(a^2+b^2+c^2-ab)$ $J_x = \frac{m}{18}(a^2+b^2-ab)$ $J_y = \frac{m}{18}c^2$	$\rho_z = \sqrt{\frac{a^2+b^2+c^2-ab}{18}}$ $\rho_x = \sqrt{\frac{a^2+b^2-ab}{18}}$ $J_y = \frac{c}{3\sqrt{2}}$

附录C　角坐标系表示法的 24 种等价旋转矩阵

C.1　12 种欧拉角表示法的旋转矩阵

$$\boldsymbol{R}_{XYZ}(\alpha,\beta,\gamma)=\begin{bmatrix}\cos\beta\cos\gamma & -\cos\beta\sin\gamma & \sin\beta\\ \sin\alpha\sin\beta\cos\gamma+\cos\alpha\sin\gamma & \cos\alpha\cos\gamma-\sin\alpha\sin\beta\sin\gamma & -\sin\alpha\cos\beta\\ \sin\alpha\sin\gamma-\cos\alpha\sin\beta\cos\gamma & \cos\alpha\sin\beta\sin\gamma+\sin\alpha\cos\gamma & \cos\alpha\cos\beta\end{bmatrix}$$

$$\boldsymbol{R}_{XZY}(\alpha,\beta,\gamma)=\begin{bmatrix}\cos\beta\cos\gamma & -\sin\beta & \cos\beta\sin\gamma\\ \cos\alpha\sin\beta\cos\gamma+\sin\alpha\sin\gamma & \cos\alpha\cos\beta & \cos\alpha\sin\beta\sin\gamma-\sin\alpha\cos\gamma\\ \sin\alpha\sin\beta\cos\gamma-\cos\alpha\sin\gamma & \sin\alpha\cos\beta & \sin\alpha\sin\beta\sin\gamma+\cos\alpha\cos\gamma\end{bmatrix}$$

$$\boldsymbol{R}_{YXZ}(\alpha,\beta,\gamma)=\begin{bmatrix}\sin\alpha\sin\beta\sin\gamma+\cos\alpha\cos\gamma & \sin\alpha\sin\beta\cos\gamma-\cos\alpha\sin\gamma & \sin\alpha\cos\beta\\ \cos\beta\sin\gamma & \cos\beta\cos\gamma & -\sin\beta\\ \cos\alpha\sin\beta\sin\gamma-\sin\alpha\cos\gamma & \cos\alpha\sin\beta\cos\gamma+\sin\alpha\sin\gamma & \cos\alpha\cos\beta\end{bmatrix}$$

$$\boldsymbol{R}_{YZX}(\alpha,\beta,\gamma)=\begin{bmatrix}\cos\alpha\cos\beta & \sin\alpha\sin\gamma-\cos\alpha\sin\beta\cos\gamma & \cos\alpha\sin\beta\sin\gamma+\sin\alpha\cos\gamma\\ \sin\beta & \cos\beta\cos\gamma & -\cos\beta\sin\gamma\\ -\sin\alpha\cos\beta & \sin\alpha\sin\beta\cos\gamma+\cos\alpha\sin\gamma & \cos\alpha\cos\gamma-\sin\alpha\sin\beta\sin\gamma\end{bmatrix}$$

$$\boldsymbol{R}_{ZXY}(\alpha,\beta,\gamma)=\begin{bmatrix}\cos\alpha\cos\gamma-\sin\alpha\sin\beta\sin\gamma & -\sin\alpha\cos\beta & \sin\alpha\sin\beta\cos\gamma+\cos\alpha\sin\gamma\\ \cos\alpha\sin\beta\sin\gamma+\sin\alpha\cos\gamma & \cos\alpha\cos\beta & \sin\alpha\sin\gamma-\cos\alpha\sin\beta\cos\gamma\\ -\cos\beta\sin\gamma & \sin\beta & \cos\beta\cos\gamma\end{bmatrix}$$

$$\boldsymbol{R}_{ZYX}(\alpha,\beta,\gamma)=\begin{bmatrix}\cos\alpha\cos\beta & \cos\alpha\sin\beta\sin\gamma-\sin\alpha\cos\gamma & \cos\alpha\sin\beta\cos\gamma+\sin\alpha\sin\gamma\\ \sin\alpha\cos\beta & \sin\alpha\sin\beta\sin\gamma+\cos\alpha\cos\gamma & \sin\alpha\sin\beta\cos\gamma-\cos\alpha\sin\gamma\\ -\sin\beta & \cos\beta\sin\gamma & \cos\beta\cos\gamma\end{bmatrix}$$

$$\boldsymbol{R}_{XYX}(\alpha,\beta,\gamma)=\begin{bmatrix}\cos\beta & \sin\beta\sin\gamma & \sin\beta\cos\gamma\\ \sin\alpha\sin\beta & \cos\alpha\cos\gamma-\sin\alpha\cos\beta\sin\gamma & -\sin\alpha\cos\beta\cos\gamma-\cos\alpha\sin\gamma\\ -\cos\alpha\sin\beta & \cos\alpha\cos\beta\sin\gamma+\sin\alpha\cos\gamma & \cos\alpha\cos\beta\cos\gamma-\sin\alpha\sin\gamma\end{bmatrix}$$

$$\boldsymbol{R}_{XZX}(\alpha,\beta,\gamma)=\begin{bmatrix}\cos\beta & -\sin\beta\cos\gamma & \sin\beta\sin\gamma\\ \cos\alpha\sin\beta & \cos\alpha\cos\beta\cos\gamma-\sin\alpha\sin\gamma & -\cos\alpha\cos\beta\sin\gamma-\sin\alpha\cos\gamma\\ \sin\alpha\sin\beta & \sin\alpha\cos\beta\cos\gamma+\cos\alpha\sin\gamma & -\sin\alpha\cos\beta\sin\gamma+\cos\alpha\cos\gamma\end{bmatrix}$$

$$\boldsymbol{R}_{YXY}(\alpha,\beta,\gamma)=\begin{bmatrix}-\sin\alpha\cos\beta\sin\gamma+\cos\alpha\cos\gamma & \sin\alpha\sin\beta & \sin\alpha\cos\beta\cos\gamma+\cos\alpha\sin\gamma\\ \sin\beta\sin\gamma & \cos\beta & -\sin\beta\cos\gamma\\ -\cos\alpha\cos\beta\sin\gamma-\sin\alpha\cos\gamma & \cos\alpha\sin\beta & \cos\alpha\cos\beta\cos\gamma-\sin\alpha\sin\gamma\end{bmatrix}$$

$$\boldsymbol{R}_{YZY}(\alpha,\beta,\gamma)=\begin{bmatrix}\cos\alpha\cos\beta\cos\gamma-\sin\alpha\sin\gamma & -\cos\alpha\sin\beta & \cos\alpha\cos\beta\sin\gamma+\sin\alpha\cos\gamma\\ \sin\beta\cos\gamma & \cos\beta & \sin\beta\sin\gamma\\ -\sin\alpha\cos\beta\cos\gamma-\cos\alpha\sin\gamma & \sin\alpha\sin\beta & \cos\alpha\cos\gamma-\sin\alpha\cos\beta\sin\gamma\end{bmatrix}$$

$$\boldsymbol{R}_{ZXZ}(\alpha,\beta,\gamma)=\begin{bmatrix}\cos\alpha\cos\gamma-\sin\alpha\cos\beta\sin\gamma & -\sin\alpha\cos\beta\cos\gamma-\cos\alpha\sin\gamma & \sin\alpha\sin\beta\\ \cos\alpha\cos\beta\sin\gamma+\sin\alpha\cos\gamma & \cos\alpha\cos\beta\cos\gamma-\sin\alpha\sin\gamma & -\cos\alpha\sin\beta\\ \sin\beta\sin\gamma & \sin\beta\cos\gamma & \cos\beta\end{bmatrix}$$

$$\boldsymbol{R}_{ZYZ}(\alpha,\beta,\gamma)=\begin{bmatrix}\cos\alpha\cos\beta\cos\gamma-\sin\alpha\sin\gamma & -\cos\alpha\cos\beta\sin\gamma-\sin\alpha\cos\gamma & \cos\alpha\sin\beta\\ \sin\alpha\cos\beta\cos\gamma+\cos\alpha\sin\gamma & -\sin\alpha\cos\beta\sin\gamma+\cos\alpha\cos\gamma & \sin\alpha\sin\beta\\ -\sin\beta\cos\gamma & \sin\beta\sin\gamma & \cos\beta\end{bmatrix}$$

C.2 12 种绕固定轴旋转的旋转矩阵

$$\boldsymbol{R}_{ZYX}(\gamma,\beta,\alpha)=\begin{bmatrix}\cos\beta\cos\gamma & -\cos\beta\sin\gamma & \sin\beta\\ \sin\alpha\sin\beta\cos\gamma+\cos\alpha\sin\gamma & \cos\alpha\cos\gamma-\sin\alpha\sin\beta\sin\gamma & -\sin\alpha\cos\beta\\ \sin\alpha\sin\gamma-\cos\alpha\sin\beta\cos\gamma & \cos\alpha\sin\beta\sin\gamma+\sin\alpha\cos\gamma & \cos\alpha\cos\beta\end{bmatrix}$$

$$\boldsymbol{R}_{YZX}(\gamma,\beta,\alpha)=\begin{bmatrix}\cos\beta\cos\gamma & -\sin\beta & \cos\beta\sin\gamma\\ \cos\alpha\sin\beta\cos\gamma+\sin\alpha\sin\gamma & \cos\alpha\cos\beta & \cos\alpha\sin\beta\sin\gamma-\sin\alpha\cos\gamma\\ \sin\alpha\sin\beta\cos\gamma-\cos\alpha\sin\gamma & \sin\alpha\cos\beta & \sin\alpha\sin\beta\sin\gamma+\cos\alpha\cos\gamma\end{bmatrix}$$

$$\boldsymbol{R}_{ZXY}(\gamma,\beta,\alpha)=\begin{bmatrix}\sin\alpha\sin\beta\sin\gamma+\cos\alpha\cos\gamma & \sin\alpha\sin\beta\cos\gamma-\cos\alpha\sin\gamma & \sin\alpha\cos\beta\\ \cos\beta\sin\gamma & \cos\beta\cos\gamma & -\sin\beta\\ \cos\alpha\sin\beta\sin\gamma-\sin\alpha\cos\gamma & \cos\alpha\sin\beta\cos\gamma+\sin\alpha\sin\gamma & \cos\alpha\cos\beta\end{bmatrix}$$

$$\boldsymbol{R}_{XZY}(\gamma,\beta,\alpha)=\begin{bmatrix}\cos\alpha\cos\beta & \sin\alpha\sin\gamma-\cos\alpha\sin\beta\cos\gamma & \cos\alpha\sin\beta\sin\gamma+\sin\alpha\cos\gamma\\ \sin\beta & \cos\beta\cos\gamma & -\cos\beta\sin\gamma\\ -\sin\alpha\cos\beta & \sin\alpha\sin\beta\cos\gamma+\cos\alpha\sin\gamma & \cos\alpha\cos\gamma-\sin\alpha\sin\beta\sin\gamma\end{bmatrix}$$

$$\boldsymbol{R}_{YXZ}(\gamma,\beta,\alpha)=\begin{bmatrix}\cos\alpha\cos\gamma-\sin\alpha\sin\beta\sin\gamma & -\sin\alpha\cos\beta & \sin\alpha\sin\beta\cos\gamma+\cos\alpha\sin\gamma\\ \cos\alpha\sin\beta\sin\gamma+\sin\alpha\cos\gamma & \cos\alpha\cos\beta & \sin\alpha\sin\gamma-\cos\alpha\sin\beta\cos\gamma\\ -\cos\beta\sin\gamma & \sin\beta & \cos\beta\cos\gamma\end{bmatrix}$$

$$\boldsymbol{R}_{XYZ}(\gamma,\beta,\alpha)=\begin{bmatrix}\cos\alpha\cos\beta & \cos\alpha\sin\beta\sin\gamma-\sin\alpha\cos\gamma & \cos\alpha\sin\beta\cos\gamma+\sin\alpha\sin\gamma\\ \sin\alpha\cos\beta & \sin\alpha\sin\beta\sin\gamma+\cos\alpha\cos\gamma & \sin\alpha\sin\beta\cos\gamma-\cos\alpha\sin\gamma\\ -\sin\beta & \cos\beta\sin\gamma & \cos\beta\cos\gamma\end{bmatrix}$$

$$\boldsymbol{R}_{XYX}(\gamma,\beta,\alpha)=\begin{bmatrix}\cos\beta & \sin\beta\sin\gamma & \sin\beta\cos\gamma\\ \sin\alpha\sin\beta & \cos\alpha\cos\gamma-\sin\alpha\cos\beta\sin\gamma & -\sin\alpha\cos\beta\cos\gamma-\cos\alpha\sin\gamma\\ -\cos\alpha\sin\beta & \cos\alpha\cos\beta\sin\gamma+\sin\alpha\cos\gamma & \cos\alpha\cos\beta\cos\gamma-\sin\alpha\sin\gamma\end{bmatrix}$$

$$\boldsymbol{R}_{XZX}(\gamma,\beta,\alpha)=\begin{bmatrix}\cos\beta & -\sin\beta\cos\gamma & \sin\beta\sin\gamma\\ \cos\alpha\sin\beta & \cos\alpha\cos\beta\cos\gamma-\sin\alpha\sin\gamma & -\cos\alpha\cos\beta\sin\gamma-\sin\alpha\cos\gamma\\ \sin\alpha\sin\beta & \sin\alpha\cos\beta\cos\gamma+\cos\alpha\sin\gamma & -\sin\alpha\cos\beta\sin\gamma+\cos\alpha\cos\gamma\end{bmatrix}$$

$$\boldsymbol{R}_{YXY}(\gamma,\beta,\alpha)=\begin{bmatrix}-\sin\alpha\cos\beta\sin\gamma+\cos\alpha\cos\gamma & \sin\alpha\sin\beta & \sin\alpha\cos\beta\cos\gamma+\cos\alpha\sin\gamma\\ \sin\beta\sin\gamma & \cos\beta & -\sin\beta\cos\gamma\\ -\cos\alpha\cos\beta\sin\gamma-\sin\alpha\cos\gamma & \cos\alpha\sin\beta & \cos\alpha\cos\beta\cos\gamma-\sin\alpha\sin\gamma\end{bmatrix}$$

$$\boldsymbol{R}_{YZY}(\gamma,\beta,\alpha)=\begin{bmatrix}\cos\alpha\cos\beta\cos\gamma-\sin\alpha\sin\gamma & -\cos\alpha\sin\beta & \cos\alpha\cos\beta\sin\gamma+\sin\alpha\cos\gamma\\ \sin\beta\cos\gamma & \cos\beta & \sin\beta\sin\gamma\\ -\sin\alpha\cos\beta\cos\gamma-\cos\alpha\sin\gamma & \sin\alpha\sin\beta & \cos\alpha\cos\gamma-\sin\alpha\cos\beta\sin\gamma\end{bmatrix}$$

$$\boldsymbol{R}_{ZXZ}(\gamma,\beta,\alpha)=\begin{bmatrix}\cos\alpha\cos\gamma-\sin\alpha\cos\beta\sin\gamma & -\sin\alpha\cos\beta\cos\gamma-\cos\alpha\sin\gamma & \sin\alpha\sin\beta\\ \cos\alpha\cos\beta\sin\gamma+\sin\alpha\cos\gamma & \cos\alpha\cos\beta\cos\gamma-\sin\alpha\sin\gamma & -\cos\alpha\sin\beta\\ \sin\beta\sin\gamma & \sin\beta\cos\gamma & \cos\beta\end{bmatrix}$$

$$\boldsymbol{R}_{ZYZ}(\gamma,\beta,\alpha)=\begin{bmatrix}\cos\alpha\cos\beta\cos\gamma-\sin\alpha\sin\gamma & -\cos\alpha\cos\beta\sin\gamma-\sin\alpha\cos\gamma & \cos\alpha\sin\beta\\ \sin\alpha\cos\beta\cos\gamma+\cos\alpha\sin\gamma & -\sin\alpha\cos\beta\sin\gamma+\cos\alpha\cos\gamma & \sin\alpha\sin\beta\\ -\sin\beta\cos\gamma & \sin\beta\sin\gamma & \cos\beta\end{bmatrix}$$

附录D　机构运动微分方程的求解

含柔/弹性元件的机械系统的动力学方程，一般可以表示为如下形式

$$\boldsymbol{M}\ddot{\boldsymbol{U}}+\boldsymbol{C}\dot{\boldsymbol{U}}+\boldsymbol{K}\boldsymbol{U}=\boldsymbol{R} \tag{D-1}$$

式中，$\boldsymbol{U}$ 为系统广义坐标列阵；$\boldsymbol{M}$ 为系统总质量矩阵；$\boldsymbol{K}$ 为系统总刚度矩阵；$\boldsymbol{C}$ 为系统阻尼矩阵；$\ddot{\boldsymbol{U}}$ 为系统广义坐标对时间的二阶导数列阵，即弹性加速度列阵；$\dot{\boldsymbol{U}}$ 为系统广义坐标对时间的一阶导数列阵，即弹性速度列阵；$\boldsymbol{R}$ 为系统广义力列阵，包括系统刚性惯性力。

一般方程式 (D-1) 是通过考虑在时刻 t 的静力平衡而推导出来的，即式 (D-1) 可以写成

$$\boldsymbol{F}_{\mathrm{I}}(t)+\boldsymbol{F}_{\mathrm{D}}(t)+\boldsymbol{F}_{\mathrm{E}}(t)=\boldsymbol{R}(t) \tag{D-2}$$

其中，$\boldsymbol{F}_{\mathrm{I}}(t)$ 为惯性力，$\boldsymbol{F}_{\mathrm{I}}(t)=\boldsymbol{M}\ddot{\boldsymbol{U}}$；$\boldsymbol{F}_{\mathrm{D}}(t)$ 为阻尼力，$\boldsymbol{F}_{\mathrm{D}}(t)=\boldsymbol{C}\dot{\boldsymbol{U}}$；$\boldsymbol{F}_{\mathrm{E}}(t)$ 为弹性力，$\boldsymbol{F}_{\mathrm{E}}(t)=\boldsymbol{K}\boldsymbol{U}$。$\boldsymbol{F}_{\mathrm{I}}(t)$、$\boldsymbol{F}_{\mathrm{D}}(t)$、$\boldsymbol{F}_{\mathrm{E}}(t)$ 等均与时间 t 有关。因此，在动力分析中，原则上可以认为是考虑与加速度有关的惯性力和与速度有关的阻尼力的作用在时刻 t 的静力平衡。同理，在静力分析中的方程可以认为是在式 (D-1) 中忽略惯性力和阻尼力的作用的运动方程。

由于式 (D-1) 中的系数矩阵 (即系统总质量矩阵 $\boldsymbol{M}$ 和系统总刚度矩阵 $\boldsymbol{K}$ 等) 都是机构运动位形的函数，也就是说式 (D-1) 是一个耦合的变系数二阶微分方程组，所以一般很难对其进行精确求解。在机械动力学分析中，一般采用时间离散化的方法进行式 (D-1) 的分析求解，即把机构的运动时间 T 分为若干个时间单元 (即 $\Delta t=T/n$)，在每个时间单元 Δt 内，把式 (D-1) 作为常系数二阶微分方程组进行处理求解。

在实用的有限元分析中，针对如式 (D-1) 类的方程 (组)，常用的有效求解方法有振型叠加法、直接积分法等。直接积分法中较常用的方法有中心差分法、Houbolt 法、Wilson θ 法和 Newmark 法等。

振型叠加法是机械振动问题的传统求解方法。当机械系统的阻尼满足一定条件或阻尼较小可当作振型阻尼处理时，实振型叠加法是十分有效的方法。对于一般黏性阻尼系统，可采用复振型叠加法求解，但该方法需要求解具有复特征值的特征值问题，当自由度数目较多时，计算量较大。

直接积分法包括状态空间法和逐步积分法，其中，逐步积分法不需要求解振型和频率，因此，对方程的各系数矩阵的形式没有限制，缺点是容易产生较大的误差，有时会出现数值不稳定现象。所谓算法的稳定性是指差分方程的解对计算过程中所产生的舍入误差的敏感性。在不稳定的情况下，计算误差将恶性发展，以致整个计算结果失去意义。

逐步积分法的基本思想是把时间离散化，将本来要在任何时刻都应满足微分方程的解，简化为只需要在时间离散点上满足方程。当由 t 时刻的位移、速度、加速度等状态向量求出 $t+\Delta t$ 时刻的状态向量时，需要对每一时间间隔的位移、速度和加速度的变化规律作出某种

假设。根据假设条件的不同，逐步积分法又分为线性加速度法、Wilson θ 法和 Newmark 法。线性加速度法假设在时间间隔 $t\sim(t+\Delta t)$ 内，加速度按线性规律变化，该方法是条件稳定的。Wilson θ 法是对线性加速度法的一种修正，这种方法假设在一个延伸步长 $\theta\Delta t(\theta>1)$ 内，加速度呈线性变化。当 $\theta \geqslant 1.37$ 时，Wilson θ 法是无条件稳定的；若 $\theta=1$，就变成了线性加速度法；若 $\theta=2$，则变成双步长法。Newmark 法根据 Lagrange 中值定理对 $t+\Delta t$ 时刻的速度向量作近似假设，在参数满足一定条件时，Newmark 法是无条件稳定的。

D.1　直接积分法

在直接积分法中对方程式 (D-1) 的求解是通过逐步进行数值积分来获得的。“直接” 的意思是进行数值积分前没有对方程进行变换。实质上，直接积分基于下面的两种想法。第一个想法是，只在相隔 Δt 的一些离散的时间区间上而不是在任一时刻 t 上满足方程式 (D-1)，即包含有惯性力和阻尼力作用的 (静力) 平衡是在求解区间上的一些离散时刻点上获得的。因此，在静力分析中所使用的一些求解方法，在直接积分法中或许也能有效地使用。第二个想法是假定位移、速度、加速度在每一时间区间 Δt 内变化。因此，位移、速度、加速度在每一个时间区间内采用什么样的变化形式，就决定了方程求解的精度、稳定性和求解过程的繁简程度。

这里分别用 $\boldsymbol{U}_0$、$\dot{\boldsymbol{U}}_0$、$\ddot{\boldsymbol{U}}_0$ 来表示系统初始时刻 (即 $t=0$ 时) 的位移、速度、加速度向量，且假定 $\boldsymbol{U}_0$、$\dot{\boldsymbol{U}}_0$、$\ddot{\boldsymbol{U}}_0$ 为已知量，来求解方程式 (D-1) 从 $t=0$ 到 $t=T$ 的解。在求解时，把时间全程 T 划分为一些时间相等的区间 Δt(即 $\Delta t=T/n$)，所用的积分格式是在时刻 0、Δt、$2\Delta t$、$3\Delta t$、$\cdots$、t、$t+\Delta t$、$\cdots$、T 上确定方程的近似解。由于计算下一个时刻的解的算法要考虑到前面各个时刻的解，因此假定在时刻 0、Δt、$2\Delta \mathrm{t}$、$3\Delta t$、$\cdots$、t 的解已知，来推导求解时刻 $t+\Delta t$ 的解的算法。计算求解时刻 $t+\Delta t$ 的解，对于计算自此以后的时刻 Δt 上的解是有代表意义的。这样就可方便地得到用来计算所有离散时间点上的解的一般算法。

D.1.1　中心差分法

若把式 (D-1) 的平衡关系看作是一个常系数常微分方程组，便可以用任一种有限差分表达式通过位移来近似表示速度和加速度。因此，理论上讲，许多不同的有限差分表达式均可使用，但是我们要求求解格式必须是有效的。这样便只需考虑少数几种计算格式。中心差分法就是一种对某些问题求解非常有效的方法之一。

中心差分法假定

$$\ddot{\boldsymbol{U}}_t=\frac{1}{\Delta t^2}\left(\boldsymbol{U}_{t-\Delta t}-2\boldsymbol{U}_t+\boldsymbol{U}_{t+\Delta t}\right) \tag{D-3}$$

展开式 (D-3) 的误差是属于 $(\Delta t)^2$ 阶的，且速度的展开式与其具有同阶的误差。于是有

$$\dot{\boldsymbol{U}}_t=\frac{1}{2\Delta t}\left(-\boldsymbol{U}_{t-\Delta t}+\boldsymbol{U}_{t+\Delta t}\right) \tag{D-4}$$

下面分析利用方程式 (D-1) 在时刻 t 的解 $\boldsymbol{U}_t$，求得方程式 (D-1) 在时刻 $t+\Delta t$ 的位移解 $\boldsymbol{U}_{t+\Delta t}$。方程式 (D-1) 在时刻 t 的解 $\boldsymbol{U}_t$ 应能满足方程，即

$$\boldsymbol{M}\ddot{\boldsymbol{U}}_t+\boldsymbol{C}\dot{\boldsymbol{U}}_t+\boldsymbol{K}\boldsymbol{U}_t=\boldsymbol{R}_t \tag{D-5}$$

将式 (D-3) 和式 (D-4) 中关于 $\ddot{\boldsymbol{U}}_t$ 与 $\dot{\boldsymbol{U}}_t$ 的关系式代入式 (D-5) 中，经过化简可得

$$\left(\frac{1}{\Delta t^2}\boldsymbol{M}+\frac{1}{2\Delta t}\boldsymbol{C}\right)\boldsymbol{U}_{t+\Delta t}=\boldsymbol{R}_t-\left(\boldsymbol{K}-\frac{2}{\Delta t^2}\boldsymbol{M}\right)\boldsymbol{U}_t-\left(\frac{1}{\Delta t^2}\boldsymbol{M}-\frac{1}{2\Delta t}\boldsymbol{C}\right)\boldsymbol{U}_{t-\Delta t} \quad \text{(D-6)}$$

由式 (D-6) 即可求得 $\boldsymbol{U}_{t+\Delta t}$。首先应该注意到，$\boldsymbol{U}_{t+\Delta t}$ 的解是基于在时刻 t 的平衡条件而推算得到的，即 $\boldsymbol{U}_{t+\Delta t}$ 的求解计算利用了式 (D-5)。因此，该积分过程称为显示积分方法，且这样的积分格式在逐步解法中不需要对 (等效) 刚度矩阵进行分解。而 Houbolt 法、Wilson θ 法和 Newmark 法等在求解过程中则要利用在时刻 $t+\Delta t$ 上的平衡条件，因而称为隐式积分方法。

同时还应注意到，应用中心差分法时，$\boldsymbol{U}_{t+\Delta t}$ 的计算包含有 $\boldsymbol{U}_t$ 和 $\boldsymbol{U}_{t-\Delta t}$。因此，在计算时刻 Δt 的解时，必须用一个具体的起始过程 (即确定初始条件)。由于 $\boldsymbol{U}_0$、$\dot{\boldsymbol{U}}_0$、$\ddot{\boldsymbol{U}}_0$ 都是已知的 (若 $\boldsymbol{U}_0$ 和 $\dot{\boldsymbol{U}}_0$ 已知，$\ddot{\boldsymbol{U}}_0$ 可由式 (D-1) 在 t=0 时求出)，由式 (D-3) 和式 (D-4) 可求得 $\boldsymbol{U}_{-\Delta t}$，即

$$U_{-\Delta t}^{(i)}=U_0^{(i)}-\Delta t\dot{U}_0^{(i)}+\frac{\Delta t^2}{2}\ddot{U}_0^{(i)} \quad \text{(D-7)}$$

式 (D-7) 中右上角的角标 (i) 表示所考虑的是向量的第 i 个元素。

使用中心差分法时还需要注意的一个问题是，一般该积分方法要求时间步长 Δt 小于一个临界值 t_{cr}，t_{cr} 可由整体单元集合体的刚度和质量的性质来算出。更准确地说，方程要得到有效的解必须满足

$$\Delta t\leqslant\Delta t_{\mathrm{cr}}=\frac{T_n}{\pi} \quad \text{(D-8)}$$

式中，T_n 是有限元集合体的最小周期，n 是单元系统的阶 (t_{cr} 的确定见 Bathe 和 Wilson(1976)、巴特和威尔逊 (1985) 的文献)。

要求使用的时间步长 Δt 小于临界时间步长 t_{cr} 的差分格式，如中心差分法，则称为是条件稳定的。如果使用一个大于 t_{cr} 的时间步长，则积分是不稳定的，这意味着由数值积分或在计算机上的舍入所导致的误差都会增大，并且在许多情形下会使响应的计算失去意义。

表 D-1 中概括了中心差分法在计算机上实现的具体步骤，这里的质量矩阵 $\boldsymbol{M}$ 和阻尼矩阵 $\boldsymbol{C}$ 可以为一般矩阵。

假设所考虑的系统没有物理阻尼，即阻尼矩阵 $\boldsymbol{C}$ 为零矩阵，在这种情况下式 (D-6) 可简化为

$$\left(\frac{1}{\Delta t^2}\boldsymbol{M}\right)\boldsymbol{U}_{t+\Delta t}=\hat{\boldsymbol{R}}_t \quad \text{(D-9)}$$

其中

$$\hat{\boldsymbol{R}}_t=\boldsymbol{R}_t-\left(\boldsymbol{K}-\frac{2}{\Delta t^2}\boldsymbol{M}\right)\boldsymbol{U}_t-\left(\frac{1}{\Delta t^2}\boldsymbol{M}\right)\boldsymbol{U}_{t-\Delta t} \quad \text{(D-10)}$$

因此，如果质量矩阵是对角形的，则解方程组 (D-1) 时就不需要进行矩阵的分解，即只需要进行矩阵相乘便可求得右端项的等效载荷向量 $\hat{\boldsymbol{R}}_t$，从而利用

$$U_{t+\Delta t}^{(i)}=\hat{R}_t^{(i)}\left(\frac{\Delta t^2}{m_{ii}}\right) \quad \text{(D-11)}$$

得出位移向量的各个分量，这里 $U_{t+\Delta t}^{(i)}$ 和 $\hat{R}_t^{(i)}$ 分别表示向量 $\boldsymbol{U}_{t+\Delta t}$ 和 $\hat{\boldsymbol{R}}_t$ 的第 i 个分量，m_{ii} 是质量矩阵的第 i 个对角线元素，并且有 $m_{ii}>0$。

表 D-1　中心差分的逐步积分法

1) 初始计算

(1) 形成刚度矩阵 $\boldsymbol{K}$、质量矩阵 $\boldsymbol{M}$、阻尼矩阵 $\boldsymbol{C}$

(2) 计算初始值 $\boldsymbol{U}_0$、$\dot{\boldsymbol{U}}_0$、$\ddot{\boldsymbol{U}}_0$

(3) 选取时间步长 Δt，使 $\Delta t < \Delta t_{\mathrm{cr}}$(时间步长临界值)，并计算积分常数

$$a_0 = \frac{1}{\Delta t^2} a_1 = \frac{1}{2\Delta t} a_2 = 2a_0 a_3 = \frac{1}{a_2}$$

(4) 计算 $\boldsymbol{U}_{-\Delta t} = \boldsymbol{U}_0 - \Delta t\dot{\boldsymbol{U}}_0 + a_3\ddot{\boldsymbol{U}}_0$

(5) 形成等效质量矩阵 $\hat{\boldsymbol{M}} = a_0\boldsymbol{M} + a_1\boldsymbol{C}$

(6) 对等效质量矩阵 $\hat{\boldsymbol{M}}$ 作三角分解：$\hat{\boldsymbol{M}} = \boldsymbol{LDL}^{\mathrm{T}}$

2) 对每一时间步长

(1) 计算在时刻 t 的等效载荷

$$\hat{\boldsymbol{R}}_t = \boldsymbol{R}_t - (\boldsymbol{K} - a_2\boldsymbol{M})\boldsymbol{U}_t - (a_0\boldsymbol{M} - a_1\boldsymbol{C})\boldsymbol{U}_{t-\Delta t}$$

(2) 求解在时刻 $t+\Delta t$ 的位移

$$\boldsymbol{LDL}^{\mathrm{T}}\boldsymbol{U}_{t+\Delta t} = \hat{\boldsymbol{R}}_t$$

(3) 如果需要，计算在时刻 t 的加速度和速度

$$\ddot{\boldsymbol{U}}_t = a_0(\boldsymbol{U}_{t-\Delta t} - 2\boldsymbol{U}_t + \boldsymbol{U}_{t+\Delta t})$$

$$\dot{\boldsymbol{U}}_t = a_1(-U_{t-\Delta t} + U_{t+\Delta t})$$

如果总刚度矩阵和质量矩阵都不需要进行三角分解，也就不必形成总体的刚度矩阵 $\boldsymbol{K}$、质量矩阵 $\boldsymbol{M}$。因为这时有

$$\begin{cases} \boldsymbol{K} = \sum\limits_i \boldsymbol{K}_i \\ \boldsymbol{M} = \sum\limits_i \boldsymbol{M}_i \end{cases} \tag{D-12}$$

式中，矩阵 $\boldsymbol{K}_i$ 是第 i 个单元的刚度矩阵，矩阵 $\boldsymbol{M}_i$ 是第 i 个单元的质量矩阵。求和是遍及集合体中的全部单元。

所以，这就意味着，为了求得式 (D-6) 或式 (D-10) 中所需的 $\boldsymbol{KU}_t$、$(2\boldsymbol{M}/\Delta t^2)\boldsymbol{U}_t$ 和 $(\boldsymbol{M}/\Delta t^2)\boldsymbol{U}_{t-\Delta t}$，可在单元一级上将每个单元对有效载荷向量的贡献相加而得到，这有利于提高方程求解时的计算速度。这时，式 (D-10) 中 $\hat{\boldsymbol{R}}_t$ 的求解可简化为

$$\hat{\boldsymbol{R}}_t = \boldsymbol{R}_t - \sum_i(\boldsymbol{K}_i\boldsymbol{U}_i) - \sum_i \frac{1}{\Delta t^2}\boldsymbol{M}_i(\boldsymbol{U}_{t-\Delta t} - 2\boldsymbol{U}_t) \tag{D-13}$$

D.1.2　Houbolt 法

Houbolt 积分格式与中心差分法是有联系的，因为 Houbolt 积分方法也是根据标准的有限差分表达式用位移的各个分量来近似地表示速度和加速度的各个分量。Houbolt 积分法采用了如下的有限差分展开式

$$\ddot{\boldsymbol{U}}_{t+\Delta t} = \frac{1}{\Delta t^2}(2\boldsymbol{U}_{t+\Delta t} - 5\boldsymbol{U}_t + 4\boldsymbol{U}_{t-\Delta t} - \boldsymbol{U}_{t-2\Delta t}) \tag{D-14}$$

$$\dot{\boldsymbol{U}}_{t+\Delta t} = \frac{1}{6\Delta t}(11\boldsymbol{U}_{t+\Delta t} - 18\boldsymbol{U}_t + 9\boldsymbol{U}_{t-\Delta t} - 2\boldsymbol{U}_{t-2\Delta t}) \tag{D-15}$$

这是两个误差为 $(\Delta t)^2$ 阶的向后差分公式。

为了得到方程在时刻 $t+\Delta t$ 的解，现在考虑在时刻 $t+\Delta t$ 的式 (D-1)，其表达式为

$$\boldsymbol{M}\ddot{\boldsymbol{U}}_{t+\Delta t}+\boldsymbol{C}\dot{\boldsymbol{U}}_{t+\Delta t}+\boldsymbol{K}\boldsymbol{U}_{t+\Delta t}=\boldsymbol{R}_{t+\Delta t} \tag{D-16}$$

把式 (D-14) 和式 (D-15) 代入式 (D-16)，经过简单整理可以得到

$$\hat{\boldsymbol{K}}\boldsymbol{U}_{t+\Delta t}=\hat{\boldsymbol{R}}_{t+\Delta t} \tag{D-17}$$

式中，$\hat{\boldsymbol{K}}=\dfrac{2}{\Delta t^2}\boldsymbol{M}+\dfrac{11}{6\Delta t}\boldsymbol{C}+\boldsymbol{K}$ 称为等效刚度矩阵；$\hat{\boldsymbol{R}}_{t+\Delta t}=\boldsymbol{R}_{t+\Delta t}+\left(\dfrac{5}{\Delta t^2}\boldsymbol{M}+\dfrac{3}{\Delta t}\boldsymbol{C}\right)\boldsymbol{U}_t-\left(\dfrac{4}{\Delta t^2}\boldsymbol{M}+\dfrac{3}{2\Delta t}\boldsymbol{C}\right)\boldsymbol{U}_{t-\Delta t}+\left(\dfrac{1}{\Delta t^2}\boldsymbol{M}+\dfrac{1}{3\Delta t}\boldsymbol{C}\right)\boldsymbol{U}_{t-2\Delta t}$ 称为等效载荷向量。

显然，通过式 (D-17) 求解 $\boldsymbol{U}_{t+\Delta t}$，需要先知道 $\boldsymbol{U}_t$、$\boldsymbol{U}_{t-\Delta t}$ 和 $\boldsymbol{U}_{t-2\Delta t}$。虽然知道 $\boldsymbol{U}_0$、$\dot{\boldsymbol{U}}_0$ 和 $\ddot{\boldsymbol{U}}_0$ 对开始进行 Houbolt 积分格式是有用的，但用其他方法计算 $\boldsymbol{U}_{\Delta t}$ 和 $\boldsymbol{U}_{2\Delta t}$ 可能会更精确，即采用特殊的起始方法。用来积分式 (D-1) 以得到 $\boldsymbol{U}_{\Delta t}$ 和 $\boldsymbol{U}_{2\Delta t}$ 的具体方法，可选择用一个不同的积分格式并尽可能用以 Δt 的几分之一为时间步长来求解 $\boldsymbol{U}_{\Delta t}$ 和 $\boldsymbol{U}_{2\Delta t}$，如用中心差分格式那样的条件稳定的方法进行 $\boldsymbol{U}_{\Delta t}$ 和 $\boldsymbol{U}_{2\Delta t}$ 的求解。表 D-2 概括了 Houbolt 积分法在计算机上实现的具体过程。

表 D-2　Houbolt 积分方法的逐步解法

1) 初始计算

(1) 形成刚度矩阵 $\boldsymbol{K}$、质量矩阵 $\boldsymbol{M}$、阻尼矩阵 $\boldsymbol{C}$

(2) 计算初始值 $\boldsymbol{U}_0$、$\dot{\boldsymbol{U}}_0$、$\ddot{\boldsymbol{U}}_0$

(3) 选取时间步长 Δt，并计算积分常数

$$a_0=\frac{2}{\Delta t^2}\quad a_1=\frac{11}{6\Delta t}\quad a_2=\frac{5}{\Delta t^2}\quad a_3=\frac{3}{\Delta t}$$

$$a_4=-2a_0\quad a_5=-\frac{a_3}{2}\quad a_6=\frac{a_0}{2}\quad a_7=\frac{a_3}{9}$$

(4) 使用特别的初始过程计算 $\boldsymbol{U}_{\Delta t}$ 和 $\boldsymbol{U}_{2\Delta t}$

(5) 计算等效刚度矩阵 $\hat{\boldsymbol{K}}$：$\hat{\boldsymbol{K}}=\boldsymbol{K}+a_0\boldsymbol{K}+a_1\boldsymbol{K}$

(6) 对等效刚度矩阵 $\hat{\boldsymbol{K}}$ 作三角分解：$\hat{\boldsymbol{K}}=\boldsymbol{LDL}^{\mathrm{T}}$

2) 对每一时间步长

(1) 计算在时刻 $t+\Delta t$ 的等效载荷

$$\hat{\boldsymbol{R}}_{t+\Delta t}=\boldsymbol{R}_{t+\Delta t}+\boldsymbol{M}\left(a_2\boldsymbol{U}_t+a_4\boldsymbol{U}_{t-\Delta t}+a_6\boldsymbol{U}_{t-2\Delta t}\right)+\boldsymbol{C}\left(a_3\boldsymbol{U}_t+a_5\boldsymbol{U}_{t-\Delta t}+a_7\boldsymbol{U}_{t-2\Delta t}\right)$$

(2) 求解在时刻 $t+\Delta t$ 的位移

$$\boldsymbol{LDL}^{\mathrm{T}}\boldsymbol{U}_{t+\Delta t}=\hat{\boldsymbol{R}}_{t+\Delta t}$$

(3) 如果需要，计算在时刻 $t+\Delta t$ 的加速度和速度

$$\ddot{\boldsymbol{U}}_{t+\Delta t}=a_0\boldsymbol{U}_{t+\Delta t}-a_2\boldsymbol{U}_t-a_4\boldsymbol{U}_{t-\Delta t}-a_6\boldsymbol{U}_{t-2\Delta t}$$

$$\dot{\boldsymbol{U}}_{t+\Delta t}=a_1\boldsymbol{U}_{t+\Delta t}-a_3\boldsymbol{U}_t-a_5\boldsymbol{U}_{t-\Delta t}-a_7\boldsymbol{U}_{t-2\Delta t}$$

表 D-2 所示的 Houbolt 积分法与表 D-1 所示的中心差分法的一个基本差别在于，刚度矩阵 $\boldsymbol{K}$ 是作为所求位移 $\boldsymbol{U}_{t+\Delta t}$ 的因子出现的。$\boldsymbol{K}\boldsymbol{U}_{t+\Delta t}$ 项的出现是因为在式 (D-16) 中取的是时刻 $t+\Delta t$ 的平衡，而不像中心差分法中取的是时刻 t 的平衡。因此，Houbolt 积分法是一种隐式积分格式，而中心差分法则是一个显示过程。Houbolt 积分法是无条件稳定的，其所用时间步长 Δt 不存在临界时间步长限制，一般时间步长 Δt 可以选得比式 (D-8) 所给中心差分法的步长大一些。

Houbolt 积分法的一个特点是，如果忽略质量和阻尼的影响，其逐步积分格式可直接简化为静力分析。但是表 D-1 中的中心差分法解法则不能这样做。换言之，若 $\boldsymbol{C}=\boldsymbol{0}$、$\boldsymbol{M}=\boldsymbol{0}$，利用表 D-2 的求解方法就可得出与时间有关的载荷作用下的静力解。

D.1.3　线性加速度法

线性加速度法假定在时间间隔 t 到 $t+\Delta t$ 区间内，$\ddot{\boldsymbol{U}}$ 按线性规律变化 (图 D-1)，即

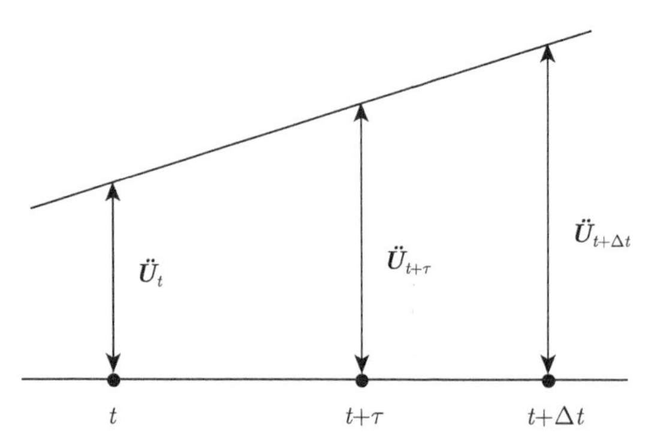

图 D-1　线性加速度法的加速度假定

$$\ddot{\boldsymbol{U}}_{t+\tau}=\ddot{\boldsymbol{U}}_t+\frac{\tau}{\Delta t}\left(\ddot{\boldsymbol{U}}_{t+\Delta t}-\ddot{\boldsymbol{U}}_t\right)\quad(0\leqslant\tau\leqslant\Delta t)\tag{D-18}$$

由式 (D-18) 对 τ 求积分，可以得到

$$\dot{\boldsymbol{U}}_{t+\tau}=\dot{\boldsymbol{U}}_t+\ddot{\boldsymbol{U}}_t\tau+\frac{\tau^2}{2\Delta t}\left(\ddot{\boldsymbol{U}}_{t+\Delta t}-\ddot{\boldsymbol{U}}_t\right)\tag{D-19}$$

再由式 (D-19) 对 τ 求积分，可以得到

$$\boldsymbol{U}_{t+\tau}=\boldsymbol{U}_t+\dot{\boldsymbol{U}}_t\tau+\frac{\tau^2}{2}\ddot{\boldsymbol{U}}_t+\frac{\tau^3}{6\Delta t}\left(\ddot{\boldsymbol{U}}_{t+\Delta t}-\ddot{\boldsymbol{U}}_t\right)\tag{D-20}$$

由式 (D-18) 和式 (D-19)，令 $\tau=\Delta t$，可以得到

$$\ddot{\boldsymbol{U}}_{t+\Delta t}=\frac{6}{\Delta t^2}\left(\boldsymbol{U}_{t+\Delta t}-\boldsymbol{U}_t\right)-\frac{6}{\Delta t}\dot{\boldsymbol{U}}_t-2\ddot{\boldsymbol{U}}_t\tag{D-21}$$

$$\dot{\boldsymbol{U}}_{t+\Delta t}=\frac{3}{\Delta t}\left(\boldsymbol{U}_{t+\Delta t}-\boldsymbol{U}_t\right)-2\dot{\boldsymbol{U}}_t-\frac{\Delta t}{2}\ddot{\boldsymbol{U}}_t\tag{D-22}$$

又在时刻 $t+\Delta t$，$\boldsymbol{U}_{t+\Delta t}$、$\dot{\boldsymbol{U}}_{t+\Delta t}$ 和 $\ddot{\boldsymbol{U}}_{t+\Delta t}$ 应满足方程式 (D-1)，所以有

$$\boldsymbol{M}\ddot{\boldsymbol{U}}_{t+\Delta t}+\boldsymbol{C}\dot{\boldsymbol{U}}_{t+\Delta t}+\boldsymbol{K}\boldsymbol{U}_{t+\Delta t}=\boldsymbol{R}_{t+\Delta t}\tag{D-23}$$

将式 (D-21) 和式 (D-22) 代入式 (D-23)，经过整理可以得到以位移向量 $\boldsymbol{U}_{t+\Delta t}$ 为未知量的线性方程组，即

$$\hat{\boldsymbol{K}}\boldsymbol{U}_{t+\Delta t}=\hat{\boldsymbol{R}}_{t+\Delta t}\tag{D-24}$$

式中，$\hat{\boldsymbol{K}}=\boldsymbol{K}+\frac{3}{\Delta t}\boldsymbol{C}+\frac{6}{\Delta t^2}\boldsymbol{M}$ 称为等效刚度矩阵，$\hat{\boldsymbol{R}}_{t+\Delta t}=\boldsymbol{R}_{t+\Delta t}+\boldsymbol{M}\left(\frac{6}{\Delta t^2}\boldsymbol{U}_t+\frac{6}{\Delta t}\dot{\boldsymbol{U}}_t+2\ddot{\boldsymbol{U}}_t\right)+\boldsymbol{C}\left(\frac{3}{\Delta t}\boldsymbol{U}_t+2\dot{\boldsymbol{U}}_t+\frac{\Delta t}{2}\ddot{\boldsymbol{U}}_t\right)$ 称为等效载荷向量。

求解式 (D-24)，即可得到位移向量 $\boldsymbol{U}_{t+\Delta t}$。然后，由式 (D-21) 和式 (D-22) 可以求得速度向量 $\dot{\boldsymbol{U}}_{t+\Delta t}$ 和加速度向量 $\ddot{\boldsymbol{U}}_{t+\Delta t}$。

线性加速度法如中心差分法一样，也是条件稳定的。为了保证解的精度和稳定性，必须使积分时间步长 Δt 足够小。

D.1.4 Wilson θ 法

Wilson θ 法实质上是线性加速度法的推广。线性加速度法假定加速度从时刻 t 到时刻 $t+\Delta t$ 为线性变化。Wilson θ 方程则假定加速度从时刻 t 到时刻 $t+\theta\Delta t$ 为线性变化，其中 $\theta \geqslant 1.0$，如图 D-2。当 $\theta=1.0$ 时，这个方法就简化为线性加速度格式。Wilson θ 法要达到无条件稳定，则必须满足 $\theta \geqslant 1.37$，通常取 $\theta=1.40$。

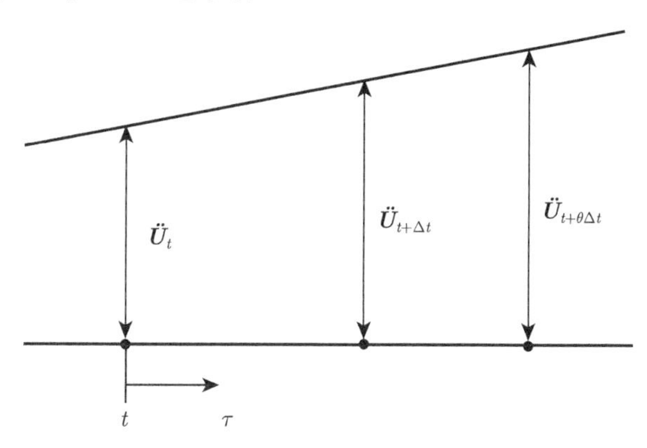

图 D-2 Wilson θ 法的线性加速度假定

用 τ 表示时间的增量，$0\leqslant \tau \leqslant \theta\Delta t$，对从时刻 t 到时刻 $t+\theta\Delta t$ 的时间区间，Wilson θ 法假定

$$\ddot{\boldsymbol{U}}_{t+\tau}=\ddot{\boldsymbol{U}}_t+\frac{\tau}{\theta\Delta t}\left(\ddot{\boldsymbol{U}}_{t+\theta\Delta t}-\ddot{\boldsymbol{U}}_t\right) \tag{D-25}$$

对式 (D-25) 进行积分，可以得到

$$\dot{\boldsymbol{U}}_{t+\tau}=\dot{\boldsymbol{U}}_t+\ddot{\boldsymbol{U}}_t\tau+\frac{\tau^2}{2\theta\Delta t}\left(\ddot{\boldsymbol{U}}_{t+\theta\Delta t}-\ddot{\boldsymbol{U}}_t\right) \tag{D-26}$$

$$\boldsymbol{U}_{t+\tau}=\boldsymbol{U}_t+\dot{\boldsymbol{U}}_t\tau+\frac{1}{2}\ddot{\boldsymbol{U}}_t\tau^2+\frac{1}{6\theta\Delta t}\left(\ddot{\boldsymbol{U}}_{t+\theta\Delta t}-\ddot{\boldsymbol{U}}_t\right)\tau^3 \tag{D-27}$$

利用式 (D-26) 和式 (D-27)，则在时刻 $t+\theta\Delta t$ 上有

$$\dot{\boldsymbol{U}}_{t+\theta\Delta t}=\dot{\boldsymbol{U}}_t+\frac{\theta\Delta t}{2}\left(\ddot{\boldsymbol{U}}_{t+\theta\Delta t}+\ddot{\boldsymbol{U}}_t\right) \tag{D-28}$$

$$\boldsymbol{U}_{t+\theta\Delta t}=\boldsymbol{U}_t+\theta\Delta t\dot{\boldsymbol{U}}_t+\frac{\theta^2\Delta t^2}{6}\left(\ddot{\boldsymbol{U}}_{t+\theta\Delta t}+2\ddot{\boldsymbol{U}}_t\right) \tag{D-29}$$

由此，就可以利用 $\boldsymbol{U}_{t+\theta\Delta t}$ 来求解 $\ddot{\boldsymbol{U}}_{t+\theta\Delta t}$ 和 $\dot{\boldsymbol{U}}_{t+\theta\Delta t}$，即

$$\ddot{\boldsymbol{U}}_{t+\theta\Delta t}=\frac{6}{\theta^2\Delta t^2}\left(\boldsymbol{U}_{t+\theta\Delta t}-\boldsymbol{U}_t\right)-\frac{6}{\theta\Delta t}\dot{\boldsymbol{U}}_t-2\ddot{\boldsymbol{U}}_t \tag{D-30}$$

$$\dot{\boldsymbol{U}}_{t+\theta\Delta t}=\frac{3}{\theta\Delta t}\left(\boldsymbol{U}_{t+\theta\Delta t}-\boldsymbol{U}_t\right)-2\dot{\boldsymbol{U}}_t-\frac{\theta\Delta t}{2}\ddot{\boldsymbol{U}}_t \tag{D-31}$$

这样，要得到在时刻 $t+\theta\Delta t$ 的位移、速度和加速度的解，就只需考虑在时刻 $t+\theta\Delta t$ 的平衡方程 (D-1)。然而，因为假定加速度为线性变化，故所用的投影载荷向量是线性变化的，即所用的方程是

$$\boldsymbol{M}\ddot{\boldsymbol{U}}_{t+\theta\Delta t}+\boldsymbol{C}\dot{\boldsymbol{U}}_{t+\theta\Delta t}+\boldsymbol{K}\boldsymbol{U}_{t+\theta\Delta t}=\overline{\boldsymbol{R}}_{t+\theta\Delta t} \tag{D-32}$$

其中

$$\overline{\boldsymbol{R}}_{t+\theta\Delta t}=\boldsymbol{R}_t+\theta\left(\boldsymbol{R}_{t+\Delta t}-\boldsymbol{R}_t\right) \tag{D-33}$$

把式 (D-30) 和式 (D-31) 代入到式 (D-32)，就可得到一个方程，由此便可求出 $\boldsymbol{U}_{t+\theta\Delta t}$，即

$$\hat{\boldsymbol{K}}\boldsymbol{U}_{t+\theta\Delta t}=\overline{\boldsymbol{R}}_{t+\theta\Delta t}$$

式中

$$\hat{\boldsymbol{K}}=\boldsymbol{K}+a_0\boldsymbol{M}+a_1\boldsymbol{C}$$

$$\overline{\boldsymbol{R}}_{t+\theta\Delta t}=\boldsymbol{R}_t+\theta\left(\boldsymbol{R}_{t+\Delta t}-\boldsymbol{R}_t\right)+\boldsymbol{M}\left(a_0\boldsymbol{U}_t+a_2\dot{\boldsymbol{U}}_t+2\ddot{\boldsymbol{U}}_t\right)+\boldsymbol{C}\left(a_1\boldsymbol{U}_t+2\dot{\boldsymbol{U}}_t+a_3\ddot{\boldsymbol{U}}_t\right)$$

$$a_0=\frac{6}{(\theta\Delta t)^2}\quad a_1=\frac{3}{\theta\Delta t}\quad a_2=2a_1\quad a_3=\frac{\theta\Delta t}{2}$$

于是把 $\boldsymbol{U}_{t+\theta\Delta t}$ 代入式 (D-30)，即可求出 $\ddot{\boldsymbol{U}}_{t+\theta\Delta t}$，将 $\ddot{U}_{t+\theta\Delta t}$ 代入式 (D-25)、式 (D-26) 和式 (D-27)，并取 $\tau=\Delta t$ 进行计算，便可得到 $\ddot{\boldsymbol{U}}_{t+\Delta t}$、$\dot{\boldsymbol{U}}_{t+\Delta t}$ 和 $\boldsymbol{U}_{t+\Delta t}$。即

$$\ddot{\boldsymbol{U}}_{t+\Delta t}=a_4\left(\boldsymbol{U}_{t+\theta\Delta t}-\boldsymbol{U}_t\right)+a_5\dot{\boldsymbol{U}}_t+a_6\ddot{\boldsymbol{U}}_t$$

$$\dot{\boldsymbol{U}}_{t+\Delta t}=\dot{\boldsymbol{U}}_t+a_7\left(\ddot{\boldsymbol{U}}_{t+\Delta t}+\ddot{\boldsymbol{U}}_t\right)$$

$$\boldsymbol{U}_{t+\Delta t}=\boldsymbol{U}_t+\Delta t\dot{\boldsymbol{U}}_t+a_8\left(\ddot{\boldsymbol{U}}_{t+\Delta t}+2\ddot{\boldsymbol{U}}_t\right)$$

$$a_4=\frac{a_0}{\theta}\quad a_5=-\frac{a_2}{\theta}\quad a_6=1-\frac{3}{\theta}\quad a_7=\frac{\Delta t}{2}\quad a_8=\frac{\Delta t^2}{6}$$

表 D-3 给出了 Wilson θ 法积分的算法。正如前面所指出的，Wilson θ 法也是一种隐式积分方法，因为刚度矩阵 $\boldsymbol{K}$ 是未知位移向量的系数矩阵。另外，Wilson θ 法不需要特别的初始过程，因为在时刻 $t+\Delta t$ 的位移、速度和加速度只是利用在时刻 t 的相同的量来表示。

Wilson θ 法要达到无条件稳定，则必须满足 $\theta\geqslant 1.37$，通常取 $\theta=1.40$；若取 $\theta=1.0$，便是普通线性加速度法；若取 $\theta=2.0$，则是双步长法。

表 D-3 Wilson θ 积分方法的逐步解法

1) 初始计算

(1) 形成刚度矩阵 $\boldsymbol{K}$、质量矩阵 $\boldsymbol{M}$、阻尼矩阵 $\boldsymbol{C}$

(2) 计算初始值 $\boldsymbol{U}_0$、$\dot{\boldsymbol{U}}_0$、$\ddot{\boldsymbol{U}}_0$

(3) 选取时间步长 Δt，并取 $\theta = 1.40$(通常取法)，计算积分常数

$$a_0 = \frac{6}{(\theta\Delta t)^2} a_1 = \frac{3}{\theta\Delta t} a_2 = 2a_1 a_3 = \frac{\theta\Delta t}{2}$$

$$a_4 = \frac{a_0}{\theta} a_5 = -\frac{a_2}{\theta} a_6 = 1 - \frac{3}{\theta} a_7 = \frac{\Delta t}{2} a_8 = \frac{\Delta t^2}{6}$$

(4) 形成等效刚度矩阵 $\hat{\boldsymbol{K}}$：$\hat{\boldsymbol{K}} = \boldsymbol{K} + a_0\boldsymbol{M} + a_1\boldsymbol{C}$

(5) 对等效刚度矩阵 $\hat{\boldsymbol{K}}$ 作三角分解：$\hat{\boldsymbol{K}} = \boldsymbol{LDL}^{\mathrm{T}}$

2) 对每一时间步长

(1) 计算在时刻 $t+\theta\Delta t$ 的等效载荷

$$\overline{\boldsymbol{R}}_{t+\theta\Delta t} = \boldsymbol{R}_t + \theta\left(\boldsymbol{R}_{t+\Delta t} - \boldsymbol{R}_t\right) + \boldsymbol{M}\left(a_0\boldsymbol{U}_t + a_2\dot{\boldsymbol{U}}_t + 2\ddot{\boldsymbol{U}}_t\right) + \boldsymbol{C}\left(a_1\boldsymbol{U}_t + 2\dot{\boldsymbol{U}}_t + a_3\ddot{\boldsymbol{U}}_t\right)$$

(2) 求解在时刻 $t+\theta\Delta t$ 的位移

$$\boldsymbol{LDL}^{\mathrm{T}}\boldsymbol{U}_{t+\theta\Delta t} = \overline{\boldsymbol{R}}_{t+\theta\Delta t}$$

(3) 计算在时刻 $t+\Delta t$ 的加速度、速度和位移

$$\ddot{\boldsymbol{U}}_{t+\Delta t} = a_4\left(\boldsymbol{U}_{t+\theta\Delta t} - \boldsymbol{U}_t\right) + a_5\dot{\boldsymbol{U}}_t + a_6\ddot{\boldsymbol{U}}_t$$

$$\dot{\boldsymbol{U}}_{t+\Delta t} = \dot{\boldsymbol{U}}_t + a_7\left(\ddot{\boldsymbol{U}}_{t+\Delta t} + \ddot{\boldsymbol{U}}_t\right)$$

$$\boldsymbol{U}_{t+\Delta t} = \boldsymbol{U}_t + \Delta t\dot{\boldsymbol{U}}_t + a_8\left(\ddot{\boldsymbol{U}}_{t+\Delta t} + 2\ddot{\boldsymbol{U}}_t\right)$$

D.1.5 Newmark 法

Newmark 积分法也可以认为是线性加速度法的推广。当已知系统方程式 (D-1) 在时刻 t 的解，推导 $t+\Delta t$ 时刻方程的解时，Newmark 积分法所采用的假定为

$$\dot{\boldsymbol{U}}_{t+\Delta t} = \dot{\boldsymbol{U}}_t + \left[(1-\delta)\ddot{\boldsymbol{U}}_t + \delta\ddot{\boldsymbol{U}}_{t+\Delta t}\right]\Delta t \tag{D-34}$$

$$\boldsymbol{U}_{t+\Delta t} = \boldsymbol{U}_t + \dot{\boldsymbol{U}}_t\Delta t + \left[\left(\frac{1}{2}-\alpha\right)\ddot{\boldsymbol{U}}_t + \alpha\ddot{\boldsymbol{U}}_{t+\Delta t}\right]\Delta t^2 \tag{D-35}$$

式中，α 和 δ 是参数，根据积分的精度和稳定性的要求来确定这两个参数。当 $\delta = \dfrac{1}{2}$ 和 $\alpha = \dfrac{1}{6}$ 时，式 (D-34) 和式 (D-35) 相应于线性加速度法 (它也可由 Wilson θ 法取 $\theta = 1.0$ 得到)。Newmark 积分法最初提出以恒定-平均-加速度法作为无条件稳定的格式，在这种情形下，$\delta = \dfrac{1}{2}$、$\alpha = \dfrac{1}{4}$，如图 D-3。

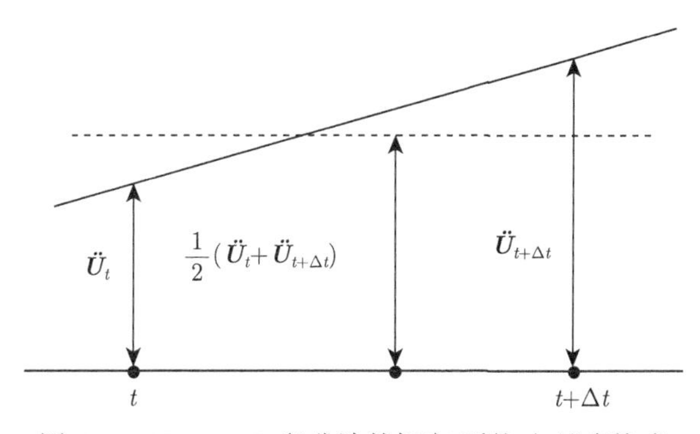

图 D-3 Newmark 积分法的恒定-平均-加速度格式

除了式 (D-34) 和式 (D-35) 外，为了得到时刻 $t+\Delta t$ 的位移、速度和加速度的解，仍需考虑时刻 $t+\Delta t$ 的平衡方程式 (D-1)，即

$$\boldsymbol{M}\ddot{\boldsymbol{U}}_{t+\Delta t}+\boldsymbol{C}\dot{\boldsymbol{U}}_{t+\Delta t}+\boldsymbol{K}\boldsymbol{U}_{t+\Delta t}=\boldsymbol{R}_{t+\Delta t} \tag{D-36}$$

由式 (D-35) 可通过 $\boldsymbol{U}_{t+\Delta t}$ 求出 $\ddot{\boldsymbol{U}}_{t+\Delta t}$。然后，把 $\ddot{\boldsymbol{U}}_{t+\Delta t}$ 代入式 (D-34) 中，就可得到关于 $\ddot{\boldsymbol{U}}_{t+\Delta t}$ 和 $\dot{\boldsymbol{U}}_{t+\Delta t}$ 的方程，它们仅仅通过未知位移 $\boldsymbol{U}_{t+\Delta t}$ 来表示。即

$$\hat{\boldsymbol{K}}\boldsymbol{U}_{t+\Delta t}=\hat{\boldsymbol{R}}_{t+\Delta t}$$

式中

$$\hat{\boldsymbol{K}}=\boldsymbol{K}+a_0\boldsymbol{M}+a_1\boldsymbol{C}$$

$$\hat{\boldsymbol{R}}_{t+\Delta t}=\boldsymbol{R}_{t+\Delta t}+\boldsymbol{M}\left(a_0\boldsymbol{U}_t+a_2\dot{\boldsymbol{U}}_t+a_3\ddot{\boldsymbol{U}}_t\right)+\boldsymbol{C}\left(a_1\boldsymbol{U}_t+a_4\dot{\boldsymbol{U}}_t+a_5\ddot{\boldsymbol{U}}_t\right)$$

$$a_0=\frac{1}{\alpha\Delta t^2}\quad a_1=\frac{\delta}{\alpha\Delta t}\quad a_2=\frac{1}{\alpha\Delta t}\quad a_3=\frac{1}{2\alpha}-1\quad a_4=\frac{\delta}{\alpha}-1\quad a_5=\frac{\Delta t}{2}\left(\frac{\delta}{\alpha}-2\right)$$

把这两个关于 $\ddot{\boldsymbol{U}}_{t+\Delta t}$ 和 $\dot{\boldsymbol{U}}_{t+\Delta t}$ 的关系式代入式 (D-36) 中求出 $\boldsymbol{U}_{t+\Delta t}$，再利用式 (D-34) 和式 (D-35) 就可以算出 $\ddot{\boldsymbol{U}}_{t+\Delta t}$ 和 $\dot{\boldsymbol{U}}_{t+\Delta t}$。

$$\ddot{\boldsymbol{U}}_{t+\Delta t}=a_0\left(\boldsymbol{U}_{t+\Delta t}-\boldsymbol{U}_t\right)-a_2\dot{\boldsymbol{U}}_t-a_3\ddot{\boldsymbol{U}}_t$$

$$\dot{\boldsymbol{U}}_{t+\Delta t}=\dot{\boldsymbol{U}}_t+a_6\ddot{\boldsymbol{U}}_t+a_7\ddot{\boldsymbol{U}}_{t+\Delta t}$$

式中

$$a_6=\Delta t\left(1-\delta\right)\quad a_7=\delta\Delta t$$

Newmark 积分法的整个算法见表 D-4。应该注意 Newmark 法和 Wilson θ 法在计算机上执行时的密切关系，利用这个关系就有可能在一个简单的计算机程序中方便地使用这两个积分格式。

表 D-4　Newmark 积分法的逐步解法

1) 初始计算

(1) 形成刚度矩阵 $\boldsymbol{K}$、质量矩阵 $\boldsymbol{M}$ 和阻尼矩阵 $\boldsymbol{C}$

(2) 计算初始值 $\boldsymbol{U}_0$、$\dot{\boldsymbol{U}}_0$ 和 $\ddot{\boldsymbol{U}}_0$

(3) 选择时间步长 Δt、参数 α 和 δ，计算积分常数

$$\delta\geqslant 0.50\quad \alpha=0.25\left(0.5+\delta\right)^2$$

$$a_0=\frac{1}{\alpha\Delta t^2}\quad a_1=\frac{\delta}{\alpha\Delta t}\quad a_2=\frac{1}{\alpha\Delta t}\quad a_3=\frac{1}{2\alpha}-1\quad a_4=\frac{\delta}{\alpha}-1$$

$$a_5=\frac{\Delta t}{2}\left(\frac{\delta}{\alpha}-2\right)\quad a_6=\Delta t\left(1-\delta\right)\quad a_7=\delta\Delta t$$

(4) 形成等效刚度矩阵 $\hat{\boldsymbol{K}}$：$\hat{\boldsymbol{K}}=\boldsymbol{K}+a_0\boldsymbol{M}+a_1\boldsymbol{C}$

(5) 对等效刚度矩阵 $\hat{\boldsymbol{K}}$ 作三角分解：$\hat{\boldsymbol{K}}=\boldsymbol{L}\boldsymbol{D}\boldsymbol{L}^{\mathrm{T}}$

2) 对每一时间步长

(1) 计算在时刻 $t+\Delta t$ 的等效载荷

$$\hat{\boldsymbol{R}}_{t+\Delta t}=\boldsymbol{R}_{t+\Delta t}+\boldsymbol{M}\left(a_0\boldsymbol{U}_t+a_2\dot{\boldsymbol{U}}_t+a_3\ddot{\boldsymbol{U}}_t\right)+\boldsymbol{C}\left(a_1\boldsymbol{U}_t+a_4\dot{\boldsymbol{U}}_t+a_5\ddot{\boldsymbol{U}}_t\right)$$

(2) 求解在时刻 $t+\Delta t$ 的位移

$$\boldsymbol{L}\boldsymbol{D}\boldsymbol{L}^{\mathrm{T}}\boldsymbol{U}_{t+\Delta t}=\hat{\boldsymbol{R}}_{t+\Delta t}$$

(3) 计算在时刻 $t+\Delta t$ 的加速度和速度

$$\ddot{\boldsymbol{U}}_{t+\Delta t}=a_0\left(\boldsymbol{U}_{t+\Delta t}-\boldsymbol{U}_t\right)-a_2\dot{\boldsymbol{U}}_t-a_3\ddot{\boldsymbol{U}}_t$$

$$\dot{\boldsymbol{U}}_{t+\Delta t}=\dot{\boldsymbol{U}}_t+a_6\ddot{\boldsymbol{U}}_t+a_7\ddot{\boldsymbol{U}}_{t+\Delta t}$$

对于 Newmark 积分法来说，当 $\delta \geqslant 0.50$ 和 $\alpha = 0.25\,(0.5+\delta)^2$ 时，积分求解是无条件稳定的；当 δ=0.50 和 α=0.25 时，即为平均加速度法。

D.2 实振型叠加法

表 D-1～表 D-4 概括了几种直接积分格式，并表明了如果假定质量矩阵是对角形的且无阻尼，则对一个时间步长的运算次数稍多于 $2nm_k$，这里 n 和 m_k 分别是所考虑的刚度矩阵的阶和半带宽。在中心差分法中，刚度矩阵与位移向量相乘需要 $2nm_k$ 次运算；而在 Houbolt 积分法、Wilson θ 积分法和 Newmark 积分法中，在每个时间步长求解方程组时约需要 $2nm_k$ 次运算。有效刚度矩阵的初始三角分解也要求一些附加的运算。并且，如果在分析中使用一致质量矩阵或考虑阻尼矩阵，对其中任一情形，每一时间步长所需要的附加运算次数正比于 nm_k。因此，若略去初始计算的运算次数，则整个积分所要求的总运算次数约为 $\alpha nm_k s$，这里 α 与所用的矩阵的性质有关，$\alpha \geqslant 2$，而 s 是时间步长的步数。

上面的分析说明，直接积分所需要的运算次数直接正比于分析中的时间步数。因此，一般说来，当要求较短时间 (即 n 个时间步数) 的响应时，可以预料，使用直接积分法是有效的。但是，如果积分必须对许多时间步数进行，则先把平衡方程 (D-1) 变换，使之能以较少的代价进行逐步求解就可能更有效。具体地说，由于所需要的运算次数直接正比于刚度矩阵的半带宽 m_k，因而 m_k 的减少会按比例地降低逐步解法的费用。然而，对于由有限元法建立的动力学方程 (D-1) 来说，刚度矩阵 $\boldsymbol{K}$、质量矩阵 $\boldsymbol{M}$ 和阻尼矩阵 $\boldsymbol{C}$ 的带宽是由有限元结点的编号决定的 (与有限元网格的拓扑结构有关)，因此，通过减少带宽 m_k 来降低方程求解的费用是有限度的。

下面将探讨求解式 (D-1) 的另一种途径，即振型叠加法。振型叠加法是求解振动问题的传统方法。当系统阻尼满足一定条件或阻尼较小可做振型阻尼处理时，实振型叠加法是十分有效的方法。对于一般黏性阻尼系统，可采用复振型叠加法求解，复振型叠加法需要求解具有复特征值的特征值问题，计算量较大。

D.2.1 振型的广义位移

为了把平衡方程式 (D-1) 变换为一个对直接积分更有效的形式，给出如下变换：

$$\boldsymbol{U}(t) = \boldsymbol{P}\boldsymbol{X}(t) \tag{D-37}$$

式中，$\boldsymbol{P}$ 为一方阵，$\boldsymbol{X}(t)$ 是与时间有关的 n 阶向量。变换矩阵 $\boldsymbol{P}$ 是未知的而且需要确定。$\boldsymbol{X}(t)$ 的各个分量称为广义位移。

把式 (D-37) 代入式 (D-1)，并左乘 $\boldsymbol{P}^{\mathrm{T}}$，可以得到

$$\tilde{\boldsymbol{M}}\ddot{\boldsymbol{X}}(t) + \tilde{\boldsymbol{C}}\dot{\boldsymbol{X}}(t) + \tilde{\boldsymbol{K}}\boldsymbol{X}(t) = \tilde{\boldsymbol{R}}(t) \tag{D-38}$$

其中

$$\begin{cases} \tilde{\boldsymbol{M}} = \boldsymbol{P}^{\mathrm{T}}\boldsymbol{M}\boldsymbol{P} \\ \tilde{\boldsymbol{C}} = \boldsymbol{P}^{\mathrm{T}}\boldsymbol{C}\boldsymbol{P} \\ \tilde{\boldsymbol{K}} = \boldsymbol{P}^{\mathrm{T}}\boldsymbol{K}\boldsymbol{P} \\ \tilde{\boldsymbol{R}} = \boldsymbol{P}^{\mathrm{T}}\boldsymbol{R} \end{cases} \tag{D-39}$$

进行上述变换是为了得到新的系统刚度矩阵 $\tilde{\boldsymbol{K}}$、质量矩阵 $\tilde{\boldsymbol{M}}$ 和阻尼矩阵 $\tilde{\boldsymbol{C}}$，使它们的带宽比原来系统矩阵的带宽小，同时也应适当地选择变换矩阵 $\boldsymbol{P}$。此外还应注意，为了使式 (D-37) 所表示的任何向量 $\boldsymbol{U}$ 和 $\boldsymbol{X}$ 之间有唯一的关系，$\boldsymbol{P}$ 必须是非奇异的 (即 $\boldsymbol{P}$ 的秩必须是 n)。

在理论上有许多不同的变换矩阵 $\boldsymbol{P}$ 可以减少原来系统矩阵的带宽。但在实际应用中，一个有效的变换矩阵是由无阻尼自由振动平衡方程

$$\boldsymbol{M}\ddot{\boldsymbol{U}}+\boldsymbol{K}\boldsymbol{U}=\boldsymbol{0} \tag{D-40}$$

的位移来建立的。

方程 (D-40) 的解可假定为如下形式

$$\boldsymbol{U}=\boldsymbol{\phi}\sin[\omega\,(t-t_0)] \tag{D-41}$$

式中，$\boldsymbol{\phi}$ 是一个 n 阶向量，t 是时间变量，t_0 是时间常数，ω 是向量 $\boldsymbol{\phi}$ 的振动频率 (rad/s) 的常量。

把式 (D-41) 代入方程 (D-40)，得到广义特征问题

$$\boldsymbol{K}\boldsymbol{\phi}=\omega^2\boldsymbol{M}\boldsymbol{\phi} \tag{D-42}$$

从中必须确定 $\boldsymbol{\phi}$ 和 ω。特征问题式 (D-42) 有 n 个特征解 $(\omega_1^2, \boldsymbol{\phi}_1)$，$(\omega_2^2, \boldsymbol{\phi}_2)$，$\cdots$，$(\omega_n^2, \boldsymbol{\phi}_n)$，其中特征向量 $\boldsymbol{M}$ 是正交的，即

$$\boldsymbol{\phi}_i^{\mathrm{T}}\boldsymbol{M}\boldsymbol{\phi}_j=\begin{cases}1 & (i=j)\\ 0 & (i\neq j)\end{cases} \tag{D-43}$$

而

$$0\leqslant\omega_1^2\leqslant\omega_2^2\leqslant\omega_3^2\leqslant\cdots\leqslant\omega_n^2 \tag{D-44}$$

向量 $\boldsymbol{\phi}_i$ 称为第 i 阶振型向量，ω_i 是相应的振动频率 (rad/s)。应该指出，n 个位移解 $\boldsymbol{\phi}_i\sin[\omega_i(t-t_0)](i=1,2,3,\cdots,n)$ 中的任何一个均满足方程 (D-40)。

定义一个矩阵 $\boldsymbol{\Phi}$，它的各列为特征向量 $\boldsymbol{\phi}_i$，并定义一个矩阵 $\boldsymbol{\Omega}^2$，其对角线上的元素为特征值 ω_i^2，即

$$\begin{cases}\boldsymbol{\Phi}=[\boldsymbol{\phi},\boldsymbol{\phi}_2,\boldsymbol{\phi}_3,\cdots,\boldsymbol{\phi}_n]\\ \boldsymbol{\Omega}^2=\begin{bmatrix}\omega_1^2 & & & \\ & \omega_2^2 & & \\ & & \ddots & \\ & & & \omega_n^2\end{bmatrix}\end{cases} \tag{D-45}$$

于是，式 (D-42) 可以改写为

$$\boldsymbol{K}\boldsymbol{\Phi}=\boldsymbol{M}\boldsymbol{\Phi}\boldsymbol{\Omega}^2 \tag{D-46}$$

由于特征向量 $\boldsymbol{M}$ 是正交的，可得

$$\begin{cases}\boldsymbol{\Phi}^{\mathrm{T}}\boldsymbol{K}\boldsymbol{\Phi}=\boldsymbol{\Omega}^2\\ \boldsymbol{\Phi}^{\mathrm{T}}\boldsymbol{M}\boldsymbol{\Phi}=\boldsymbol{I}\end{cases} \tag{D-47}$$

显然，矩阵 $\boldsymbol{\Phi}$ 就是式 (D-37) 中一个合适的变换矩阵 $\boldsymbol{P}$。利用

$$\boldsymbol{U}(t)=\boldsymbol{\Phi X}(t) \tag{D-48}$$

可得到对应于振型广义位移的平衡方程

$$\ddot{\boldsymbol{X}}(t)+\boldsymbol{\Phi}^{\mathrm{T}}\boldsymbol{C\Phi}\dot{\boldsymbol{X}}(t)+\boldsymbol{\Omega}^2\boldsymbol{X}(t)=\boldsymbol{\Phi}^{\mathrm{T}}\boldsymbol{R}(t) \tag{D-49}$$

$\boldsymbol{X}(t)$ 上的初始条件可利用式 (D-48) 和 $\boldsymbol{\Phi}$ 的 $\boldsymbol{M}$ 正交性质得出，即在 $t=0$ 时有

$$\begin{cases}\boldsymbol{X}_0=\boldsymbol{\Phi}^{\mathrm{T}}\boldsymbol{M}\boldsymbol{U}_0\\ \dot{\boldsymbol{X}}_0=\boldsymbol{\Phi}^{\mathrm{T}}\boldsymbol{M}\dot{\boldsymbol{U}}_0\end{cases} \tag{D-50}$$

方程 (D-49) 表明，若在分析中不包含阻尼矩阵，当利用系统自由振动的振型向量组成变换矩阵 $\boldsymbol{P}$ 时，平衡方程组是不耦合的。由于在许多情形下阻尼矩阵不能明显确定而只能近似地考虑阻尼的影响，采用下述阻尼矩阵是合理的：它包含所有要求的影响，同时又能有效地求出平衡方程的解。在许多分析中则完全忽略阻尼的影响。

D.2.2 忽略阻尼的分析

若在分析中不考虑与速度有关的阻尼的影响，方程 (D-49) 可以简化为

$$\ddot{\boldsymbol{X}}(t)+\boldsymbol{\Omega}^2\boldsymbol{X}(t)=\boldsymbol{\Phi}^{\mathrm{T}}\boldsymbol{R}(t) \tag{D-51}$$

即下面形式的几个独立的方程

$$\begin{cases}\ddot{x}_i(t)+\omega_i^2x_i(t)=r_i(t)\\ r_i(t)=\boldsymbol{\phi}_i^{\mathrm{T}}\boldsymbol{R}(t)\end{cases}\quad(i=1,2,3,\cdots,n) \tag{D-52}$$

这里应注意到，式 (D-52) 中的第 i 个典型方程是一个具有单位质量和刚度 ω_i^2 的单自由度系统的平衡方程。这个系统运动时的初始条件可以由式 (D-50) 得出

$$\begin{cases}x_i\,|_{t=0}=\boldsymbol{\Phi}_i^{\mathrm{T}}\boldsymbol{M}\boldsymbol{U}_0\\ \dot{x}_i\,|_{t=0}=\boldsymbol{\Phi}_i^{\mathrm{T}}\boldsymbol{M}\dot{\boldsymbol{U}}_0\end{cases} \tag{D-53}$$

式 (D-52) 中的每一个方程的解可用表 D-1~表 D-4 中的积分算法或 Duhamel 积分求得，即

$$x_i(t)=\frac{1}{\omega_i}\int_0^t r_i(t)\sin[\omega_i(t-\tau)]\mathrm{d}\tau+\alpha_i\sin(\omega_it)+\beta_i\cos(\omega_it) \tag{D-54}$$

式中，α_i 和 β_i 由初始条件式 (D-53) 确定。式 (D-54) 中的 Duhamel 积分一般必须用数值积分来计算。

对于完整的响应，必须算出式 (D-52) 中的所有的 n 个方程的解。然后，将每一振型的响应叠加就得到有限元的结点或广义坐标位移，即利用式 (D-48) 得到

$$\boldsymbol{U}(t)=\sum_{i=1}^n\boldsymbol{\phi}_ix_i(t) \tag{D-55}$$

式 (D-55) 表明 $\boldsymbol{U}(t)$ 是各阶振型贡献的叠加。由于无阻尼系统的特征值和特征向量都是实数或实向量，因此这种方法也称为实振型叠加法。

因此，概括地讲，用振型叠加的响应分析要求：首先，求解方程 (D-42) 的特征值和特征向量；然后，求解不耦合的平衡方程组 (D-52)；最后，如式 (D-55) 所示，将每一个特征向量的响应进行叠加。实际上，高阶振型的影响通常很小。一般只需取较低的几个 (如常取 1~5) 固有频率和主振型计算已能满足精度要求。

D.2.3　有阻尼的分析

以特征向量 $\phi_i(i=1, 2, 3, \cdots, n)$ 为基的系统平衡方程的一般形式由式 (D-49) 给出。式 (D-49) 表明，若略去阻尼的影响，平衡方程就互不耦合，即可以对所有方程逐个地进行时间积分。对于不能略去阻尼影响的系统，仍然希望基本上能使用相同的计算过程去处理互不耦合的平衡方程 (D-49)，而不论是否考虑阻尼影响。通常不能像形成单元集合体的质量矩阵和刚度矩阵那样由单元阻尼矩阵形成系统阻尼矩阵 $\boldsymbol{C}$，而它的用处在于近似表示出系统响应期间的全部能量的消耗。如果能够假定阻尼是成比例的，则振型叠加分析特别有效，该假定为

$$\boldsymbol{\phi}_i^{\mathrm{T}}\boldsymbol{C}\boldsymbol{\phi}_j = 2\omega_i\xi_i\delta_{ij} \tag{D-56}$$

式中，ξ_i 是振型阻尼参数，δ_{ij} 是 Kronecker 符号 (当 $i=j$ 时，$\delta_{ij}=1$；当 $i\neq j$ 时，$\delta_{ij}=0$)。因此，利用式 (D-56)，假定特征向量 $\phi_i(i=1, 2, 3, \cdots, n)$ 也是 $\boldsymbol{C}$ 正交的，则方程 (D-49) 简化为下面形式的 n 个方程：

$$\ddot{x}_i(t) + 2\omega_i\xi_i\dot{x}_i(t) + \omega_i^2x_i(t) = r_i(t) \tag{D-57}$$

这里，$r_i(t)$ 和 $x_i(t)$ 的初始条件已在式 (D-52) 和式 (D-53) 中确定过。方程 (D-57) 是式 (D-52) 所考虑的单自由度系统当阻尼比为 ξ_i 时的运动平衡方程。

如果用式 (D-56) 计算阻尼的影响，平衡方程 (D-49) 的求解过程与忽略阻尼的情形时相同。只是每个振型的响应要由式 (D-57) 解出。这个响应可以利用表 D-1~表 D-4 中的积分算法计算或通过 Duhamel 积分求得，即

$$x_i(t) = \frac{1}{\overline{\omega}_i}\int_0^t r_i(\tau)\mathrm{e}^{-\xi_i\omega_i(t-\tau)}\sin[\overline{\omega}_i(t-\tau)]\mathrm{d}\tau + \mathrm{e}^{-\xi_i\omega_i t}\left[\alpha_i\sin(\overline{\omega}_i t) + \beta_i\cos(\overline{\omega}_i t)\right] \tag{D-58}$$

式中

$$\overline{\omega}_i = \omega_i\sqrt{1-\xi_i^2} \tag{D-59}$$

而 α_i 和 β_i 可利用初始式 (D-53) 算出。

如前所述，若满足式 (D-56)，在振型叠加分析中就易于考虑阻尼的影响。然而，假设利用逐步直接积分在数值上更有效，且真实的阻尼比 $\xi_i(i=1,2,\cdots,p)$ 为已知，此时，则需要用显式算出阻尼矩阵 $\boldsymbol{C}$，把它代入式 (D-56) 中即可得出确定的阻尼比 ξ_i。如果 $p=2$，可假定 Rayleigh 阻尼为如下形式

$$\boldsymbol{C} = \alpha\boldsymbol{M} + \beta\boldsymbol{K} \tag{D-60}$$

式中，α 和 β 是常数，由对应于两个不等的振动频率的两个给定的阻尼比来确定。

如果用两个以上的阻尼比来建立矩阵 $\boldsymbol{C}$，就要采用更为复杂的阻尼矩阵形式。设用 p 个阻尼比 $\xi_i(i=1,2,\cdots,p)$ 来定义阻尼矩阵 $\boldsymbol{C}$，则可用 Caughey 级数来得到满足关系式 (D-56) 的阻尼矩阵，即

$$\boldsymbol{C}=\boldsymbol{M}\sum_{k=0}^{p-1}a_k\left[\boldsymbol{M}^{-1}\boldsymbol{K}\right]^k \tag{D-61}$$

式中，系数 $a_k(k=0,1,\cdots,p-1)$ 由 p 个联立方程式

$$\xi_i=\frac{1}{2}\left(\frac{a_0}{\omega_i}+a_1\omega_i+a_2\omega_i^3+\cdots+a_{p-1}\omega_i^{2p-3}\right) \tag{D-62}$$

算出。

当 p=2 时，式 (D-61) 简化为式 (D-60) 所表示的 Rayleigh 阻尼。如果 $p>2$，则式 (D-61) 的阻尼矩阵 $\boldsymbol{C}$ 一般是满矩阵。由于阻尼矩阵不是带状时，分析费用会大大增加，因此，大多数采用直接积分的实际分析仍采用 Rayleigh 阻尼的假定。Rayleigh 阻尼的一个缺点是高阶振型衰减大于低阶振型，因为 Rayleigh 阻尼的常数是按低阶振型选定的。

D.3　复振型叠加法

对于一般黏性阻尼系统，阻尼矩阵将不满足正交条件，采用前述实振型矩阵作为坐标变换矩阵的方法不能使阻尼矩阵对角化，因而不能达到使运动微分方程组解耦的目的。但是可以将上述方法扩展，构造一变换矩阵，实现方程解耦还是可能的，这时的变换矩阵不再是实阵而是复阵。变换矩阵的每一列为一特征状态向量，反映某一振动型式，由于特征状态向量的各元素均为复量，因此称为复振型叠加法。

D.3.1　阻尼系统特征值问题

由式 (D-1) 可以得到阻尼系统的自由振动方程为

$$\boldsymbol{M}\ddot{\boldsymbol{U}}+\boldsymbol{C}\dot{\boldsymbol{U}}+\boldsymbol{K}\boldsymbol{U}=\boldsymbol{0} \tag{D-63}$$

式中，质量矩阵 $\boldsymbol{M}$、阻尼矩阵 $\boldsymbol{C}$、刚度矩阵 $\boldsymbol{K}$ 均为 n 阶实对称矩阵，其中质量矩阵 $\boldsymbol{M}$ 正定。

引入如下矩阵恒等式，即

$$\boldsymbol{M}\dot{\boldsymbol{U}}-\boldsymbol{M}\dot{\boldsymbol{U}}=\boldsymbol{0} \tag{D-64}$$

将式 (D-63) 和式 (D-64) 合并为如下 $2n$ 阶矩阵方程

$$\boldsymbol{A}\dot{\boldsymbol{Y}}+\boldsymbol{B}\boldsymbol{Y}=\boldsymbol{0} \tag{D-65}$$

式中

$$\boldsymbol{A}=\begin{bmatrix}\boldsymbol{0} & \boldsymbol{M}\\ \boldsymbol{M} & \boldsymbol{C}\end{bmatrix}\quad \boldsymbol{B}=\begin{bmatrix}-\boldsymbol{M} & \boldsymbol{0}\\ \boldsymbol{0} & \boldsymbol{K}\end{bmatrix}\quad \boldsymbol{Y}=\begin{bmatrix}\dot{\boldsymbol{U}}\\ \boldsymbol{U}\end{bmatrix}\quad \dot{\boldsymbol{Y}}=\begin{bmatrix}\ddot{\boldsymbol{U}}\\ \dot{\boldsymbol{U}}\end{bmatrix}$$

这里，$\boldsymbol{A}$ 和 $\boldsymbol{B}$ 皆为 $2n$ 阶实对称矩阵。这样就把式 (D-63) 转化为式 (D-65)，式 (D-65) 可以看作是由 $2n$ 个一阶微分方程组成的方程组。

一般，方程式 (D-65) 具有如下形式的解：

$$\boldsymbol{Y}=\boldsymbol{\psi}\mathrm{e}^{pt} \tag{D-66}$$

把式 (D-66) 代入式 (D-65)，可以得到

$$p\boldsymbol{A}\boldsymbol{\psi}+\boldsymbol{B}\boldsymbol{\psi}=\boldsymbol{0} \tag{D-67}$$

一般 $\boldsymbol{M}$、$\boldsymbol{K}$ 非奇异，则 $\boldsymbol{B}$ 可逆，即

$$\boldsymbol{B}^{-1}=\begin{bmatrix} -\boldsymbol{M}^{-1} & \boldsymbol{0} \\ \boldsymbol{0} & \boldsymbol{K}^{-1} \end{bmatrix} \tag{D-68}$$

用 $\boldsymbol{B}^{-1}$ 左乘式 (D-67)，可得

$$(\boldsymbol{D}-\lambda\boldsymbol{I})\boldsymbol{\psi}=\boldsymbol{0} \tag{D-69}$$

$$\boldsymbol{D}=-\boldsymbol{B}^{-1}\boldsymbol{A}=\begin{bmatrix} \boldsymbol{0} & \boldsymbol{I} \\ -\boldsymbol{K}^{-1}\boldsymbol{M} & -\boldsymbol{K}^{-1}\boldsymbol{C} \end{bmatrix}$$

$$\lambda=\frac{1}{p}$$

这里，矩阵 $\boldsymbol{D}$ 称为动力矩阵，一般不是对称阵。

齐次方程式 (D-69) 有非零解的条件是

$$\det(\boldsymbol{D}-\lambda\boldsymbol{I})=0 \tag{D-70}$$

对于弱阻尼系统，求解式 (D-70) 可得到 $2n$ 个具有负实部的复特征值。由于特征多项式的系数都是实数，根据多项式根的特点，如果存在复特征值，则共轭必然成对出现。设这 $2n$ 个复特征值分别为 λ_1，$\overline{\lambda}_1$，λ_2，$\overline{\lambda}_2$，$\cdots$，λ_n，$\overline{\lambda}_n$，将每一个特征值代入式 (D-67)，可求出相应的 $2n$ 个复特征向量。设这 $2n$ 个复特征向量 (称为复模态或复振型) 分别为 $\boldsymbol{\psi}_1$，$\overline{\boldsymbol{\psi}}_1$，$\boldsymbol{\psi}_2$，$\overline{\boldsymbol{\psi}}_2$，$\cdots$，$\boldsymbol{\psi}_n$，$\overline{\boldsymbol{\psi}}_n$，则第 k 对特征值中的 λ_k 和 $\overline{\lambda}_k$ 必然是成对共轭复数，其特征向量也必然以共轭对出现。因此，λ_k 和 $\overline{\lambda}_k$ 可写为

$$\lambda_k=\mu_k+\mathrm{j}\upsilon_k$$

$$\overline{\lambda}_k=\mu_k-\mathrm{j}\upsilon_k$$

考虑第 k 个特征值 λ_k，则

$$p_k=\frac{1}{\lambda_k}=n_k+\mathrm{j}\omega_{\mathrm{d}k} \tag{D-71}$$

其中

$$n_k=\frac{\mu_k}{\mu_k^2+\nu_k^2}\quad \omega_{\mathrm{d}k}=\frac{-\nu_k}{\mu_k^2+\nu_k^2}$$

由于式 (D-65) 的解具有 $\mathrm{e}^{p_k t}$ 的形式，所以

$$\mathrm{e}^{p_k t}=\mathrm{e}^{n_k t}\cdot\mathrm{e}^{\mathrm{j}\omega_{\mathrm{d}k}t}$$

显然，对于阻尼系统，n_k 必为负值，因此 μ_k 也为负值。n_k 称为第 k 阶模态衰减系数，$\omega_{\mathrm{d}k}$ 为第 k 阶阻尼振动频率或阻尼固有频率。n_k 与 $\omega_{\mathrm{d}k}$ 之间的关系为

$$\omega_{\mathrm{d}k}=\sqrt{\omega_k^2-n_k^2}=\omega_k\sqrt{1-\xi_k^2} \tag{D-72}$$

式中，ω_k 为系统的第 k 阶无阻尼固有频率；ξ_k 为系统的第 k 阶振型阻尼比。

可见系统的阻尼将使系统自由振动的周期增大，频率降低。因此，每一对具有负实部的共轭特征值对应着一种自由衰减振动，特征值的实部和虚部分别确定了这种振动的振幅衰减快慢及振动频率。

D.3.2 阻尼系统振型的正交性

对于式 (D-67)，考虑第 r 阶和第 s 阶特征向量 $\boldsymbol{\psi}_r$ 和 $\boldsymbol{\psi}_s$，其相应特征值分别为 λ_r 和 λ_s。则

$$p_r\boldsymbol{A}\boldsymbol{\psi}_r+\boldsymbol{B}\boldsymbol{\psi}_r=\boldsymbol{0} \tag{D-73}$$

$$p_s\boldsymbol{A}\boldsymbol{\psi}_s+\boldsymbol{B}\boldsymbol{\psi}_s=\boldsymbol{0} \tag{D-74}$$

用 $\boldsymbol{\psi}_s^{\mathrm{T}}$ 左乘式 (D-73)，并进行转置运算，又由于 $\boldsymbol{A}$ 和 $\boldsymbol{B}$ 皆为对称阵，所以，经过整理可以得到

$$p_r\boldsymbol{\psi}_r^{\mathrm{T}}\boldsymbol{A}\boldsymbol{\psi}_s+\boldsymbol{\psi}_r^{\mathrm{T}}\boldsymbol{B}\boldsymbol{\psi}_s=0 \tag{D-75}$$

用 $\boldsymbol{\psi}_r^{\mathrm{T}}$ 左乘式 (D-74)，则可得到

$$p_s\boldsymbol{\psi}_r^{\mathrm{T}}\boldsymbol{A}\boldsymbol{\psi}_s+\boldsymbol{\psi}_r^{\mathrm{T}}\boldsymbol{B}\boldsymbol{\psi}_s=0 \tag{D-76}$$

式 (D-75) 与式 (D-76) 相减，并进行化简，可以得到

$$(p_r-p_s)\,\boldsymbol{\psi}_r^{\mathrm{T}}\boldsymbol{A}\boldsymbol{\psi}_s=0 \tag{D-77}$$

于是有

$$\boldsymbol{\psi}_r^{\mathrm{T}}\boldsymbol{A}\boldsymbol{\psi}_s=\begin{cases}0 & (r\neq s)\\ a_r & (r=s)\end{cases} \tag{D-78}$$

同理，可以得到

$$\boldsymbol{\psi}_r^{\mathrm{T}}\boldsymbol{B}\boldsymbol{\psi}_s=\begin{cases}0 & (r\neq s)\\ b_r & (r=s)\end{cases} \tag{D-79}$$

式 (D-78) 与式 (D-79) 表明了具有黏性阻尼系统特征向量的正交关系。将 $2n$ 个复特征向量组合起来，得到复振型矩阵 $\boldsymbol{\psi}=[\boldsymbol{\psi}_1,\ \overline{\boldsymbol{\psi}}_1,\ \boldsymbol{\psi}_2,\ \overline{\boldsymbol{\psi}}_2,\ \cdots,\ \boldsymbol{\psi}_n,\ \overline{\boldsymbol{\psi}}_n]$。利用上述正交关系，可将矩阵 $\boldsymbol{A}$ 和矩阵 $\boldsymbol{B}$ 进行对角化，从而达到使方程组 (D-65) 解耦的目的。

D.3.3 响应的求解

当激振力作用于系统时，系统动力学方程为式 (D-1) 的形式，即

$$\boldsymbol{M}\ddot{\boldsymbol{U}}+\boldsymbol{C}\dot{\boldsymbol{U}}+\boldsymbol{K}\boldsymbol{U}=\boldsymbol{R}$$

式中，$\boldsymbol{R}$ 为系统广义力列阵。

如式 (D-65) 所示，式 (D-1) 也可转化为 $2n$ 个一阶微分方程，即

$$\boldsymbol{A}\dot{\boldsymbol{Y}}+\boldsymbol{B}\boldsymbol{Y}=\boldsymbol{E} \tag{D-80}$$

式中

$$\boldsymbol{A}=\begin{bmatrix}\boldsymbol{0} & \boldsymbol{M}\\ \boldsymbol{M} & \boldsymbol{C}\end{bmatrix}\quad \boldsymbol{B}=\begin{bmatrix}-\boldsymbol{M} & \boldsymbol{0}\\ \boldsymbol{0} & \boldsymbol{K}\end{bmatrix}\quad \boldsymbol{Y}=\begin{bmatrix}\dot{\boldsymbol{U}}\\ \boldsymbol{U}\end{bmatrix}\quad \dot{\boldsymbol{Y}}=\begin{bmatrix}\ddot{\boldsymbol{U}}\\ \dot{\boldsymbol{U}}\end{bmatrix}\quad \boldsymbol{E}=\begin{bmatrix}\boldsymbol{0}\\ \boldsymbol{R}\end{bmatrix}$$

以复振型矩阵 ψ 为坐标变换矩阵，作如下变换

$$\boldsymbol{Y}=\boldsymbol{\psi}\boldsymbol{Z} \tag{D-81}$$

代入式 (D-80)，得

$$\boldsymbol{A}\boldsymbol{\psi}\dot{\boldsymbol{Z}}+\boldsymbol{B}\boldsymbol{\psi}\boldsymbol{Z}=\boldsymbol{E} \tag{D-82}$$

对式 (D-82) 两端左乘 ψ^{T}，可以得到

$$\hat{\boldsymbol{A}}\dot{\boldsymbol{Z}}+\hat{\boldsymbol{B}}\boldsymbol{Z}=\boldsymbol{N} \tag{D-83}$$

$$\hat{\boldsymbol{A}}=\boldsymbol{\psi}^{\mathrm{T}}\boldsymbol{A}\boldsymbol{\psi}\quad \hat{\boldsymbol{B}}=\boldsymbol{\psi}^{\mathrm{T}}\boldsymbol{B}\boldsymbol{\psi}\quad \boldsymbol{N}=\boldsymbol{\psi}^{\mathrm{T}}\boldsymbol{E}$$

根据式 (D-78) 和式 (D-79) 的正交关系，可知式 (D-83) 中的矩阵 $\hat{\boldsymbol{A}}$、$\hat{\boldsymbol{B}}$ 为对角阵。所以，式 (D-83) 是一个由 $2n$ 个方程组成的解耦的一阶微分方程组。

对于式 (D-83)，考虑其第 r 个方程有

$$a_r\dot{Z}_r+b_rZ_r=N_r \tag{D-84}$$

$$a_r=\boldsymbol{\psi}_r^{\mathrm{T}}\boldsymbol{A}\boldsymbol{\psi}_r\quad b_r=\boldsymbol{\psi}_r^{\mathrm{T}}\boldsymbol{B}\boldsymbol{\psi}_r\quad N_r=\boldsymbol{\psi}_r^{\mathrm{T}}\boldsymbol{E}$$

在式 (D-75) 中，令 $r=s$，可以得到如下关系：

$$p_ra_r+b_r=0 \tag{D-85}$$

把式 (D-85) 代入式 (D-84)，得

$$\dot{Z}_r-p_rZ_r=\frac{N_r}{a_r} \tag{D-86}$$

如果 ψ_r 是一复列阵，则必有一与之共轭的列阵 $\overline{\psi}_r$ 与式 (D-84) 对应，即也存在

$$\overline{a}_r=\overline{\boldsymbol{\psi}}_r^{\mathrm{T}}\boldsymbol{A}\overline{\boldsymbol{\psi}}_r\quad \overline{b}_r=\overline{\boldsymbol{\psi}}_r^{\mathrm{T}}\boldsymbol{B}\overline{\boldsymbol{\psi}}_r\quad \overline{N}_r=\overline{\boldsymbol{\psi}}_r^{\mathrm{T}}\boldsymbol{E}$$

这里，$\bar{a}_r$、$\bar{b}_r$ 分别是 a_r、b_r 的共轭复数。

同理，也对应存在如式 (D-85) 和式 (D-86) 的关系，即有

$$\bar{p}_r\bar{a}_r+\bar{b}_r=0 \tag{D-87}$$

$$\dot{Z}_r^*-\bar{p}_rZ_r^*=\frac{\overline{N}_r}{\bar{a}_r} \tag{D-88}$$

为了完成对解耦方程式 (D-86) 和式 (D-88) 的求解，这里对式 (D-86) 取 Laplace 变换有

$$SZ_r\left(s\right)-Z_r\left(t=0\right)-p_rZ_r\left(s\right)=\frac{N_r\left(s\right)}{a_r} \tag{D-89}$$

对式 (D-89) 进行整理，得

$$Z_r\left(s\right)=\frac{1}{a_r}\cdot\frac{N_r\left(s\right)}{S-p_r}+\frac{Z_r\left(t=0\right)}{S-p_r} \tag{D-90}$$

对式 (D-90) 取 Laplace 反变换，得

$$Z_r\left(t\right)=\mathrm{e}^{p_rt}Z_r\left(0\right)+\frac{1}{a_r}\int_0^t\mathrm{e}^{p_r\left(t-\tau\right)}N_r\left(\tau\right)\mathrm{d}\tau \tag{D-91}$$

同理，式 (D-88) 的解可表示为

$$Z_r^*\left(t\right)=\overline{Z}_r\left(t\right) \tag{D-92}$$

式 (D-91) 中的初始条件 $Z_r\left(0\right)$ 可由变换式 (D-81) 求得。式 (D-81) 也可表示为

$$\boldsymbol{Y}=\sum_{k=1}^{2n}\boldsymbol{\psi}_k\boldsymbol{Z}_k \tag{D-93}$$

用 $\boldsymbol{\psi}_r^{\mathrm{T}}\boldsymbol{A}$ 左乘式 (D-93) 两端，得

$$\boldsymbol{\psi}_r^{\mathrm{T}}\boldsymbol{AY}=\boldsymbol{\psi}_r^{\mathrm{T}}\boldsymbol{A}\sum_{k=1}^{2n}\boldsymbol{\psi}_k\boldsymbol{Z}_k \tag{D-94}$$

由式 (D-78) 和式 (D-93)，得

$$\boldsymbol{\psi}_r^{\mathrm{T}}\boldsymbol{AY}=a_r\boldsymbol{Z}_r \tag{D-95}$$

也即

$$\boldsymbol{Z}_r=\frac{1}{a_r}\boldsymbol{\psi}_r^{\mathrm{T}}\boldsymbol{AY} \tag{D-96}$$

如式 (D-80) 中的 $\boldsymbol{Y}(0)$ 给定，则由式 (D-96) 便可求出 $\boldsymbol{Z}_r(0)$。

以原始广义坐标表示的系统对广义力 $\boldsymbol{R}$ 的响应可通过式 (D-81) 求得，即

$$\begin{bmatrix}\dot{\boldsymbol{U}}\\ \boldsymbol{U}\end{bmatrix}=\boldsymbol{Y}=\boldsymbol{\psi}\boldsymbol{Z} \tag{D-97}$$

或写成

$$\boldsymbol{Y}=\sum_{r=1}^{n}\left(\boldsymbol{\psi}_k\boldsymbol{Z}_k+\overline{\boldsymbol{\psi}}_k\overline{\boldsymbol{Z}}_k\right)=2\sum_{r=1}^{n}\mathrm{Re}\left(\boldsymbol{\psi}_k\boldsymbol{Z}_k\right) \tag{D-98}$$

式 (D-98) 表明，系统的响应由各阶振型响应叠加而成。复振型叠加法的整个求解过程与实振型叠加法类似，但复振型叠加法需要求解具有复特征值的特征值问题，因此计算量较大。

附录E　平面柔性并联机器人机构动力学方程的相关矩阵

$$
\overline{\boldsymbol{m}}=\rho A\begin{bmatrix}
\dfrac{L_{\mathrm{e}}}{3} & 0 & 0 & 0 & \dfrac{L_{\mathrm{e}}}{6} & 0 & 0 & 0\\
 & \dfrac{181L_{\mathrm{e}}}{462} & \dfrac{311L_{\mathrm{e}}^{2}}{4620} & \dfrac{281L_{\mathrm{e}}^{3}}{55440} & 0 & \dfrac{25L_{\mathrm{e}}}{231} & -\dfrac{151L_{\mathrm{e}}^{2}}{4620} & \dfrac{181L_{\mathrm{e}}^{3}}{55440}\\
 & & \dfrac{52L_{\mathrm{e}}^{3}}{3465} & \dfrac{23L_{\mathrm{e}}^{4}}{18480} & 0 & \dfrac{151L_{\mathrm{e}}^{2}}{4620} & -\dfrac{19L_{\mathrm{e}}^{3}}{1980} & \dfrac{13L_{\mathrm{e}}^{4}}{13860}\\
 & & & \dfrac{L_{\mathrm{e}}^{5}}{9240} & 0 & \dfrac{181L_{\mathrm{e}}^{3}}{55440} & -\dfrac{13L_{\mathrm{e}}^{4}}{13860} & \dfrac{L_{\mathrm{e}}^{5}}{11088}\\
 & & & & \dfrac{L_{\mathrm{e}}}{3} & 0 & 0 & 0\\
 & & & & & \dfrac{181L_{\mathrm{e}}}{462} & -\dfrac{311L_{\mathrm{e}}^{2}}{4620} & \dfrac{281L_{\mathrm{e}}^{3}}{55440}\\
 & & \text{对称} & & & & \dfrac{52L_{\mathrm{e}}^{3}}{3465} & -\dfrac{23L_{\mathrm{e}}^{4}}{18480}\\
 & & & & & & & \dfrac{L_{\mathrm{e}}^{5}}{9240}
\end{bmatrix}
$$

$$
\boldsymbol{b}=\begin{bmatrix}
0 & -\dfrac{5L_{\mathrm{e}}}{14} & -\dfrac{13L_{\mathrm{e}}^{2}}{210} & -\dfrac{L_{\mathrm{e}}^{3}}{210} & 0 & -\dfrac{L_{\mathrm{e}}}{7} & \dfrac{4L_{\mathrm{e}}^{2}}{105} & -\dfrac{L_{\mathrm{e}}^{3}}{280}\\
 & 0 & 0 & 0 & \dfrac{L_{\mathrm{e}}}{7} & 0 & 0 & 0\\
 & & 0 & 0 & \dfrac{4L_{\mathrm{e}}}{105} & 0 & 0 & 0\\
 & & & 0 & \dfrac{L_{\mathrm{e}}^{3}}{280} & 0 & 0 & 0\\
 & & & & 0 & -\dfrac{5L_{\mathrm{e}}}{14} & \dfrac{13L_{\mathrm{e}}^{2}}{210} & -\dfrac{L_{\mathrm{e}}^{3}}{210}\\
 & & & & & 0 & 0 & 0\\
 & & \text{反对称} & & & & 0 & 0\\
 & & & & & & & 0
\end{bmatrix}
$$

$$
\boldsymbol{F}=\begin{bmatrix}0\\ -\rho J\dot{\gamma}\\ 0\\ 0\\ 0\\ \rho J\dot{\gamma}\\ 0\\ 0\end{bmatrix}\quad
\boldsymbol{Z}_{J}=\begin{bmatrix}0\\ 0\\ J_{A}\\ 0\\ 0\\ 0\\ J_{B}\\ 0\end{bmatrix}
$$

$$
\boldsymbol{Z}=\begin{bmatrix}
\dfrac{L_\mathrm{e}}{2}v_{Ax}\\
\dfrac{L_\mathrm{e}}{2}v_{Ay}+\dfrac{L_\mathrm{e}^2}{7}\dot{\gamma}\\
\dfrac{L_\mathrm{e}^2}{10}v_{Ay}+\dfrac{4L_\mathrm{e}^3}{105}\dot{\gamma}\\
\dfrac{L_\mathrm{e}^3}{120}v_{Ay}+\dfrac{L_\mathrm{e}^4}{280}\dot{\gamma}\\
\dfrac{L_\mathrm{e}}{2}v_{Ax}\\
\dfrac{L_\mathrm{e}}{2}v_{Ay}+\dfrac{5L_\mathrm{e}^2}{14}\dot{\gamma}\\
-\dfrac{L_\mathrm{e}^2}{10}v_{Ay}-\dfrac{13L_\mathrm{e}^3}{210}\dot{\gamma}\\
\dfrac{L_\mathrm{e}^3}{120}v_{Ay}+\dfrac{L_\mathrm{e}^4}{210}\dot{\gamma}
\end{bmatrix}\rho A\quad
\boldsymbol{Y}=\begin{bmatrix}
\dfrac{L_\mathrm{e}}{2}v_{Ay}+\dfrac{L_\mathrm{e}^2}{6}\dot{\gamma}\\
-\dfrac{L_\mathrm{e}}{2}v_{Ax}\\
-\dfrac{L_\mathrm{e}^2}{10}v_{Ax}\\
-\dfrac{L_\mathrm{e}^3}{120}v_{Ax}\\
\dfrac{L_\mathrm{e}}{2}v_{Ay}+\dfrac{L_\mathrm{e}^2}{3}\dot{\gamma}\\
-\dfrac{L_\mathrm{e}}{2}v_{Ax}\\
\dfrac{L_\mathrm{e}^2}{10}v_{Ax}\\
-\dfrac{L_\mathrm{e}^3}{120}v_{Ax}
\end{bmatrix}\rho A\dot{\gamma}
$$

$$
\overline{\boldsymbol{m}}_\mathrm{r}=\begin{bmatrix}
0 & 0 & 0 & 0 & 0 & 0 & 0 & 0\\
 & \dfrac{10}{7L_\mathrm{e}} & \dfrac{3}{14} & \dfrac{L_\mathrm{e}}{84} & 0 & -\dfrac{10}{7L_\mathrm{e}} & \dfrac{3}{14} & -\dfrac{L_\mathrm{e}}{84}\\
 & & \dfrac{8L_\mathrm{e}}{35} & \dfrac{L_\mathrm{e}^2}{60} & 0 & -\dfrac{3}{14} & -\dfrac{L_\mathrm{e}}{70} & \dfrac{L_\mathrm{e}^2}{210}\\
 & & & \dfrac{L_\mathrm{e}^3}{630} & 0 & -\dfrac{L_\mathrm{e}}{84} & -\dfrac{L_\mathrm{e}^2}{210} & \dfrac{L_\mathrm{e}^3}{1260}\\
 & & & & 0 & 0 & 0 & 0\\
 & & & & & \dfrac{10}{7L_\mathrm{e}} & -\dfrac{3}{14} & \dfrac{L_\mathrm{e}}{84}\\
 & & \text{对称} & & & & \dfrac{8L_\mathrm{e}}{35} & -\dfrac{L_\mathrm{e}^2}{60}\\
 & & & & & & & \dfrac{L_\mathrm{e}^3}{630}
\end{bmatrix}\rho J
$$

$$
\overline{\boldsymbol{m}}_\mathrm{c}=\begin{bmatrix}
m_A & & & & & & & \\
 & m_A & & & & & 0 & \\
 & & 0 & & & & & \\
 & & & 0 & & & & \\
 & & & & m_B & & & \\
 & & & & & m_B & & \\
 & 0 & & & & & 0 & \\
 & & & & & & & 0
\end{bmatrix}
$$

$$
\boldsymbol{b}_{\mathrm{c}}=\begin{bmatrix}
0 & -m_A & & & & & & \\
m_A & 0 & & & & & \text{0} & \\
 & & 0 & & & & & \\
 & & & 0 & & & & \\
 & & & & 0 & & & \\
 & & & & & 0 & -m_B & \\
 & \text{0} & & & & m_B & 0 & \\
 & & & & & & & 0
\end{bmatrix}
$$

$$
\overline{\boldsymbol{m}}_J=\begin{bmatrix}
0 & & & & & & & \\
 & 0 & & & & & \text{0} & \\
 & & J_A & & & & & \\
 & & & 0 & & & & \\
 & & & & 0 & & & \\
 & & & & & 0 & & \\
 & \text{0} & & & & & J_B & \\
 & & & & & & & 0
\end{bmatrix}
$$

$$
\boldsymbol{Y}_{\mathrm{c}}=\begin{bmatrix}
m_A\dot{\gamma}v_{Ay} \\
-m_A\dot{\gamma}v_{Ax} \\
0 \\
0 \\
m_B\dot{\gamma}v_{Ay}+m_BL_{\mathrm{e}}\dot{\gamma} \\
-m_B\dot{\gamma}v_{Ax} \\
0 \\
0
\end{bmatrix}
\quad
\boldsymbol{Z}_{\mathrm{c}}=\begin{bmatrix}
m_Av_{Ax} \\
m_Av_{Ay} \\
0 \\
0 \\
m_Bv_{Ax} \\
m_Bv_{Ay}+m_BL_{\mathrm{e}}\dot{\gamma} \\
0 \\
0
\end{bmatrix}
$$

$$
\boldsymbol{\varOmega}=\begin{bmatrix}
0 & 0 & 0 & 0 & 0 & 0 & 0 & 0 \\
 & \dfrac{120}{7L_{\mathrm{e}}^3} & \dfrac{60}{7L_{\mathrm{e}}^2} & \dfrac{3}{7L_{\mathrm{e}}} & 0 & -\dfrac{120}{7L_{\mathrm{e}}^3} & \dfrac{60}{7L_{\mathrm{e}}^2} & -\dfrac{3}{7L_{\mathrm{e}}} \\
 & & \dfrac{192}{35L_{\mathrm{e}}} & \dfrac{11}{35} & 0 & -\dfrac{60}{7L_{\mathrm{e}}^2} & \dfrac{108}{35L_{\mathrm{e}}} & -\dfrac{4}{35} \\
 & & & \dfrac{3L_{\mathrm{e}}}{35} & 0 & -\dfrac{3}{7L_{\mathrm{e}}} & \dfrac{4}{35} & \dfrac{L_{\mathrm{e}}}{70} \\
 & & & & 0 & 0 & 0 & 0 \\
 & & & & & \dfrac{120}{7L_{\mathrm{e}}^3} & -\dfrac{60}{7L_{\mathrm{e}}^2} & \dfrac{3}{7L_{\mathrm{e}}} \\
 & & \text{对称} & & & & \dfrac{192}{35L_{\mathrm{e}}} & -\dfrac{11}{35} \\
 & & & & & & & \dfrac{3L_{\mathrm{e}}}{35}
\end{bmatrix}
$$

$$\overline{\boldsymbol{k}}_{\lambda}=\overline{\boldsymbol{k}}_{\lambda1}+\overline{\boldsymbol{k}}_{\lambda2}+\overline{\boldsymbol{k}}_{\lambda3}$$

$$\overline{\boldsymbol{k}}_{\lambda1}=\lambda\begin{bmatrix}
0 & 0 & 0 & 0 & 0 & 0 & 0 & 0\\
 & -\dfrac{720}{L_{\mathrm{e}}^{5}} & -\dfrac{360}{L_{\mathrm{e}}^{4}} & 0 & 0 & \dfrac{720}{L_{\mathrm{e}}^{5}} & -\dfrac{360}{L_{\mathrm{e}}^{4}} & 0\\
 & & -\dfrac{192}{L_{\mathrm{e}}^{3}} & 0 & 0 & \dfrac{360}{L_{\mathrm{e}}^{4}} & -\dfrac{168}{L_{\mathrm{e}}^{3}} & 0\\
 & & & \dfrac{9}{L_{\mathrm{e}}} & 0 & 0 & 0 & -\dfrac{3}{L_{\mathrm{e}}}\\
 & & & & 0 & 0 & 0 & 0\\
 & & & & & -\dfrac{720}{L_{\mathrm{e}}^{5}} & \dfrac{360}{L_{\mathrm{e}}^{4}} & 0\\
 & & \text{对称} & & & & -\dfrac{192}{L_{\mathrm{e}}^{3}} & 0\\
 & & & & & & & \dfrac{9}{L_{\mathrm{e}}}
\end{bmatrix}$$

这里，$\lambda=\dfrac{EJ_z}{GA^*}$ 为梁单元横截面的抗弯刚度与抗切刚度比，G 为剪切弹性模量。对于矩形截面梁 $A^*=\dfrac{5}{6}A$，A 为梁单元横截面的面积。对于其他形状的横截面，一般 $A^*=K_{\mathrm{s}}A$，K_{s} 为剪切形式系数，对于圆形截面 $K_{\mathrm{s}}=\dfrac{9}{10}$。

$$\bar{\boldsymbol{k}}_{\lambda2}=\lambda^2\begin{bmatrix}
0 & 0 & 0 & 0 & 0 & 0 & 0 & 0\\
 & \dfrac{43200}{L_{\mathrm{e}}^{7}} & \dfrac{21600}{L_{\mathrm{e}}^{6}} & \dfrac{4320}{L_{\mathrm{e}}^{5}} & 0 & -\dfrac{43200}{L_{\mathrm{e}}^{7}} & \dfrac{21600}{L_{\mathrm{e}}^{6}} & -\dfrac{4320}{L_{\mathrm{e}}^{5}}\\
 & & \dfrac{10944}{L_{\mathrm{e}}^{5}} & \dfrac{2232}{L_{\mathrm{e}}^{4}} & 0 & -\dfrac{21600}{L_{\mathrm{e}}^{6}} & \dfrac{10656}{L_{\mathrm{e}}^{5}} & -\dfrac{2088}{L_{\mathrm{e}}^{4}}\\
 & & & \dfrac{456}{L_{\mathrm{e}}^{3}} & 0 & -\dfrac{4320}{L_{\mathrm{e}}^{5}} & \dfrac{2088}{L_{\mathrm{e}}^{4}} & -\dfrac{384}{L_{\mathrm{e}}^{3}}\\
 & & & & 0 & 0 & 0 & 0\\
 & & & & & \dfrac{43200}{L_{\mathrm{e}}^{7}} & -\dfrac{21600}{L_{\mathrm{e}}^{6}} & \dfrac{4320}{L_{\mathrm{e}}^{5}}\\
 & & \text{对称} & & & & \dfrac{10944}{L_{\mathrm{e}}^{5}} & -\dfrac{2232}{L_{\mathrm{e}}^{4}}\\
 & & & & & & & \dfrac{456}{L_{\mathrm{e}}^{3}}
\end{bmatrix}$$

$$
\overline{\boldsymbol{k}}_{\lambda 3}=10^2\lambda^3\begin{bmatrix}
0 & 0 & 0 & 0 & 0 & 0 & 0 & 0\\
 & \dfrac{5184}{L_{\mathrm{e}}^9} & \dfrac{2592}{L_{\mathrm{e}}^8} & \dfrac{432}{L_{\mathrm{e}}^7} & 0 & -\dfrac{5184}{L_{\mathrm{e}}^9} & \dfrac{2592}{L_{\mathrm{e}}^8} & -\dfrac{432}{L_{\mathrm{e}}^7}\\
 & & \dfrac{1296}{L_{\mathrm{e}}^7} & \dfrac{216}{L_{\mathrm{e}}^6} & 0 & -\dfrac{2592}{L_{\mathrm{e}}^8} & \dfrac{1296}{L_{\mathrm{e}}^7} & -\dfrac{216}{L_{\mathrm{e}}^6}\\
 & & & \dfrac{36}{L_{\mathrm{e}}^5} & 0 & -\dfrac{432}{L_{\mathrm{e}}^7} & \dfrac{216}{L_{\mathrm{e}}^6} & -\dfrac{36}{L_{\mathrm{e}}^5}\\
 & & & & 0 & 0 & 0 & 0\\
 & & & & & \dfrac{5184}{L_{\mathrm{e}}^9} & -\dfrac{2592}{L_{\mathrm{e}}^8} & \dfrac{432}{L_{\mathrm{e}}^7}\\
 & & \text{对称} & & & & \dfrac{1296}{L_{\mathrm{e}}^7} & -\dfrac{216}{L_{\mathrm{e}}^6}\\
 & & & & & & & \dfrac{36}{L_{\mathrm{e}}^5}
\end{bmatrix}
$$

$$
\boldsymbol{\chi}=\begin{bmatrix}
\dfrac{1}{L_e} & 0 & 0 & 0 & -\dfrac{1}{L_e} & 0 & 0 & 0\\
 & 0 & 0 & 0 & 0 & 0 & 0 & 0\\
 & & 0 & 0 & 0 & 0 & 0 & 0\\
 & & & 0 & 0 & 0 & 0 & 0\\
 & & & & \dfrac{1}{L_e} & 0 & 0 & 0\\
 & & & & & 0 & 0 & 0\\
 & \text{对称} & & & & & 0 & 0\\
 & & & & & & & 0
\end{bmatrix}
$$

$$
\boldsymbol{k}_{\mathrm{N}}=\left[N_B-\rho A L_{\mathrm{e}}\left(a_{Ax}-\frac{1}{2}\dot{\gamma}^2 L_{\mathrm{e}}\right)\right]\boldsymbol{k}_a+\rho A a_{Ax}\boldsymbol{k}_b-\frac{1}{2}\rho A\dot{\gamma}^2\boldsymbol{k}_c
$$

这里，N_B 为梁单元右结点 B 处的轴向作用力；a_{Ax} 为梁单元左结点 A 处 x 轴方向的加速度分量。

$$
\boldsymbol{k}_a=\begin{bmatrix}
0 & 0 & 0 & 0 & 0 & 0 & 0 & 0\\
 & \dfrac{10}{7L_{\mathrm{e}}} & \dfrac{3}{14} & \dfrac{L_{\mathrm{e}}}{84} & 0 & -\dfrac{10}{7L_{\mathrm{e}}} & \dfrac{3}{14} & -\dfrac{L_{\mathrm{e}}}{84}\\
 & & \dfrac{8L_{\mathrm{e}}}{35} & \dfrac{L_{\mathrm{e}}^2}{60} & 0 & -\dfrac{3}{14} & -\dfrac{L_{\mathrm{e}}}{70} & \dfrac{L_{\mathrm{e}}^2}{210}\\
 & & & \dfrac{L_{\mathrm{e}}^3}{630} & 0 & -\dfrac{L_{\mathrm{e}}}{84} & -\dfrac{L_{\mathrm{e}}^2}{210} & \dfrac{L_{\mathrm{e}}^3}{1260}\\
 & & & & 0 & 0 & 0 & 0\\
 & & & & & \dfrac{10}{7L_{\mathrm{e}}} & -\dfrac{3}{14} & \dfrac{L_{\mathrm{e}}}{84}\\
 & & \text{对称} & & & & \dfrac{8L_{\mathrm{e}}}{35} & -\dfrac{L_{\mathrm{e}}^2}{60}\\
 & & & & & & & \dfrac{L_{\mathrm{e}}^3}{630}
\end{bmatrix}
$$

$$
\boldsymbol{k}_b = \begin{bmatrix}
0 & 0 & 0 & 0 & 0 & 0 & 0 & 0 \\
 & \dfrac{5}{7} & \dfrac{13L_{\mathrm{e}}}{84} & \dfrac{L_{\mathrm{e}}^2}{84} & 0 & -\dfrac{5}{7} & \dfrac{5L_{\mathrm{e}}}{84} & 0 \\
 & & \dfrac{13L_{\mathrm{e}}^2}{210} & \dfrac{29L_{\mathrm{e}}^3}{5040} & 0 & -\dfrac{13L_{\mathrm{e}}}{84} & -\dfrac{L_{\mathrm{e}}^2}{140} & \dfrac{13L_{\mathrm{e}}^3}{5040} \\
 & & & \dfrac{L_{\mathrm{e}}^4}{1680} & 0 & -\dfrac{L_{\mathrm{e}}^2}{84} & -\dfrac{11L_{\mathrm{e}}^3}{5040} & \dfrac{L_{\mathrm{e}}^4}{2520} \\
 & & & & 0 & 0 & 0 & 0 \\
 & & & & & \dfrac{5}{7} & -\dfrac{5L_{\mathrm{e}}}{84} & 0 \\
 & & \text{对称} & & & & \dfrac{L_{\mathrm{e}}^2}{6} & -\dfrac{11L_{\mathrm{e}}^3}{1008} \\
 & & & & & & & \dfrac{L_{\mathrm{e}}^4}{1008}
\end{bmatrix}
$$

$$
\boldsymbol{k}_c = \begin{bmatrix}
0 & 0 & 0 & 0 & 0 & 0 & 0 & 0 \\
 & \dfrac{30L_{\mathrm{e}}}{77} & \dfrac{23L_{\mathrm{e}}^2}{231} & \dfrac{2L_{\mathrm{e}}^3}{231} & 0 & -\dfrac{30L_{\mathrm{e}}}{77} & \dfrac{L_{\mathrm{e}}^2}{231} & \dfrac{L_{\mathrm{e}}^3}{308} \\
 & & \dfrac{16L_{\mathrm{e}}^3}{495} & \dfrac{29L_{\mathrm{e}}^4}{9240} & 0 & -\dfrac{23L_{\mathrm{e}}^2}{231} & -\dfrac{31L_{\mathrm{e}}^3}{3465} & \dfrac{L_{\mathrm{e}}^4}{495} \\
 & & & \dfrac{L_{\mathrm{e}}^5}{3080} & 0 & -\dfrac{2L_{\mathrm{e}}^3}{231} & -\dfrac{L_{\mathrm{e}}^4}{616} & \dfrac{L_{\mathrm{e}}^5}{3696} \\
 & & & & 0 & 0 & 0 & 0 \\
 & & & & & \dfrac{30L_{\mathrm{e}}}{77} & -\dfrac{L_{\mathrm{e}}^2}{231} & -\dfrac{L_{\mathrm{e}}^3}{308} \\
 & & \text{对称} & & & & \dfrac{95L_{\mathrm{e}}^3}{693} & -\dfrac{23L_{\mathrm{e}}^4}{2772} \\
 & & & & & & & \dfrac{L_{\mathrm{e}}^5}{1386}
\end{bmatrix}
$$

$$
\dot{\boldsymbol{R}}_{\mathrm{e}} = \begin{bmatrix}
-\sin\gamma & \cos\gamma & 0 & 0 & 0 & 0 & 0 & 0 \\
-\cos\gamma & -\sin\gamma & 0 & 0 & 0 & 0 & 0 & 0 \\
0 & 0 & 0 & 0 & 0 & 0 & 0 & 0 \\
0 & 0 & 0 & 0 & 0 & 0 & 0 & 0 \\
0 & 0 & 0 & 0 & -\sin\gamma & \cos\gamma & 0 & 0 \\
0 & 0 & 0 & 0 & -\cos\gamma & -\sin\gamma & 0 & 0 \\
0 & 0 & 0 & 0 & 0 & 0 & 0 & 0 \\
0 & 0 & 0 & 0 & 0 & 0 & 0 & 0
\end{bmatrix} \dot{\gamma}
$$

$$\ddot{\boldsymbol{R}}_{\mathrm{e}}=\begin{bmatrix}-\cos\gamma & -\sin\gamma & 0 & 0 & 0 & 0 & 0 & 0\\ \sin\gamma & -\cos\gamma & 0 & 0 & 0 & 0 & 0 & 0\\ 0 & 0 & 0 & 0 & 0 & 0 & 0 & 0\\ 0 & 0 & 0 & 0 & 0 & 0 & 0 & 0\\ 0 & 0 & 0 & 0 & -\cos\gamma & -\sin\gamma & 0 & 0\\ 0 & 0 & 0 & 0 & \sin\gamma & -\cos\gamma & 0 & 0\\ 0 & 0 & 0 & 0 & 0 & 0 & 0 & 0\\ 0 & 0 & 0 & 0 & 0 & 0 & 0 & 0\end{bmatrix}\dot{\gamma}^2$$

$$+\begin{bmatrix}-\sin\gamma & \cos\gamma & 0 & 0 & 0 & 0 & 0 & 0\\ -\cos\gamma & -\sin\gamma & 0 & 0 & 0 & 0 & 0 & 0\\ 0 & 0 & 0 & 0 & 0 & 0 & 0 & 0\\ 0 & 0 & 0 & 0 & 0 & 0 & 0 & 0\\ 0 & 0 & 0 & 0 & -\sin\gamma & \cos\gamma & 0 & 0\\ 0 & 0 & 0 & 0 & -\cos\gamma & -\sin\gamma & 0 & 0\\ 0 & 0 & 0 & 0 & 0 & 0 & 0 & 0\\ 0 & 0 & 0 & 0 & 0 & 0 & 0 & 0\end{bmatrix}\ddot{\gamma}$$

$$\boldsymbol{R}_{\mathrm{e}}=\begin{bmatrix}\cos\gamma & \sin\gamma & 0 & 0 & 0 & 0 & 0 & 0\\ -\sin\gamma & \cos\gamma & 0 & 0 & 0 & 0 & 0 & 0\\ 0 & 0 & 1 & 0 & 0 & 0 & 0 & 0\\ 0 & 0 & 0 & 1 & 0 & 0 & 0 & 0\\ 0 & 0 & 0 & 0 & \cos\gamma & \sin\gamma & 0 & 0\\ 0 & 0 & 0 & 0 & -\sin\gamma & \cos\gamma & 0 & 0\\ 0 & 0 & 0 & 0 & 0 & 0 & 1 & 0\\ 0 & 0 & 0 & 0 & 0 & 0 & 0 & 1\end{bmatrix}$$

附录 F　空间柔性并联机器人机构动力学方程的相关矩阵

F.1　单元质量矩阵$\boldsymbol{M}_{\mathrm{e}}$

$$
\boldsymbol{M}_{\mathrm{e}}=\rho A\begin{bmatrix}
\frac{L}{3} & 0 & 0 & 0 & 0 & 0 & 0 & 0 & 0 & \frac{L}{6} & 0 & 0 & 0 & 0 & 0 & 0 & 0 & 0 \\
 & \frac{181L}{462} & 0 & 0 & 0 & \frac{311L^2}{4620} & 0 & 0 & \frac{281L^3}{55440} & 0 & \frac{25L}{231} & 0 & 0 & 0 & \frac{-151L^2}{4620} & 0 & 0 & \frac{181L^3}{55440} \\
 & & \frac{181L}{462} & 0 & \frac{311L^2}{4620} & 0 & 0 & \frac{281L^3}{55440} & 0 & 0 & 0 & \frac{25L}{231} & 0 & \frac{-151L^2}{4620} & 0 & 0 & \frac{181L^3}{55440} & 0 \\
 & & & \frac{49I_{\mathrm{p}}L}{5} & 0 & 0 & \frac{7I_{\mathrm{p}}L^2}{30} & 0 & 0 & 0 & 0 & 0 & \frac{9I_{\mathrm{p}}L}{5} & 0 & 0 & \frac{-109I_{\mathrm{p}}L^2}{168} & 0 & 0 \\
 & & & & \frac{52L^3}{3465} & 0 & 0 & \frac{23L^4}{18480} & 0 & 0 & 0 & \frac{151L^2}{4620} & 0 & \frac{-19L^3}{1980} & 0 & 0 & \frac{13L^4}{13860} & 0 \\
 & & & & & \frac{52L^3}{3465} & 0 & 0 & \frac{23L^4}{18480} & 0 & \frac{151L^2}{4620} & 0 & 0 & 0 & \frac{-19L^3}{1980} & 0 & 0 & \frac{13L^4}{13860} \\
 & & & & & & \frac{I_{\mathrm{p}}L^3}{105} & 0 & 0 & 0 & 0 & 0 & \frac{13I_{\mathrm{p}}L^2}{420} & 0 & 0 & \frac{-I_{\mathrm{p}}L^3}{252} & 0 & 0 \\
 & & & & & & & \frac{L^5}{9240} & 0 & 0 & 0 & \frac{181L^3}{55440} & 0 & \frac{-13L^4}{13860} & 0 & 0 & \frac{L^5}{11088} & 0 \\
 & & & & & & & & \frac{L^5}{9240} & 0 & \frac{181L^3}{55440} & 0 & 0 & 0 & \frac{-13L^4}{13860} & 0 & 0 & \frac{L^5}{11088} \\
 & & & & & & & & & \frac{L}{3} & 0 & 0 & 0 & 0 & 0 & 0 & 0 & 0 \\
 & & & & & & & & & & \frac{181L}{462} & 0 & 0 & 0 & \frac{-311L^2}{4620} & 0 & 0 & \frac{281L^3}{55440} \\
 & & & & & & & & & & & \frac{181L}{462} & 0 & \frac{-311L^2}{4620} & 0 & 0 & \frac{281L^3}{55440} & 0 \\
 & & & & & & & & & & & & \frac{13I_{\mathrm{p}}L}{35} & 0 & 0 & \frac{-11I_{\mathrm{p}}L^2}{72} & 0 & 0 \\
 & & & & & & & & & & & & & \frac{52L^3}{3465} & 0 & 0 & \frac{-23L^4}{18480} & 0 \\
 & & & \text{对称} & & & & & & & & & & & \frac{52L^3}{3465} & 0 & 0 & \frac{-23L^4}{18480} \\
 & & & & & & & & & & & & & & & \frac{I_{\mathrm{p}}L^3}{11} & 0 & 0 \\
 & & & & & & & & & & & & & & & & \frac{L^5}{9240} & 0 \\
 & & & & & & & & & & & & & & & & & \frac{L^5}{9240}
\end{bmatrix}
$$

F.2　单元刚度矩阵 $\boldsymbol{K}_{\mathrm{e}}$

$$
\boldsymbol{K}_{\mathrm{e}}=\left[\begin{array}{cccccccccccccccccc}
\frac{EA}{L} & 0 & 0 & 0 & 0 & 0 & 0 & 0 & 0 & \frac{-EA}{L} & 0 & 0 & 0 & 0 & 0 & 0 & 0 & 0 \\
 & \frac{120EI_z}{7L^3} & 0 & 0 & 0 & \frac{60EI_z}{7L^2} & 0 & 0 & \frac{3EI_z}{7L} & 0 & \frac{-120EI_z}{7L^3} & 0 & 0 & 0 & \frac{60EI_z}{7L^2} & 0 & 0 & \frac{-3EI_z}{7L} \\
 & & \frac{120EI_y}{7L^3} & 0 & \frac{60EI_y}{7L^2} & 0 & 0 & \frac{3EI_y}{7L} & 0 & 0 & 0 & \frac{-120EI_y}{7L^3} & 0 & \frac{60EI_y}{7L^2} & 0 & 0 & \frac{-3EI_y}{7L} & 0 \\
 & & & \frac{12GI_{\mathrm{p}}}{L} & 0 & 0 & \frac{GI_{\mathrm{p}}}{2} & 0 & 0 & 0 & 0 & 0 & \frac{3GI_{\mathrm{p}}}{L} & 0 & 0 & -GI_{\mathrm{p}} & 0 & 0 \\
 & & & & \frac{192EI_y}{35L} & 0 & 0 & \frac{11EI_y}{35} & 0 & 0 & 0 & \frac{-60EI_y}{7L^2} & 0 & \frac{108EI_y}{35L} & 0 & 0 & \frac{-4EI_y}{35} & 0 \\
 & & & & & \frac{192EI_z}{35L} & 0 & 0 & \frac{11EI_z}{35} & 0 & \frac{-60EI_z}{7L^2} & 0 & 0 & 0 & \frac{108EI_z}{35L} & 0 & 0 & \frac{-4EI_z}{35} \\
 & & & & & & \frac{2GI_{\mathrm{p}}L}{15} & 0 & 0 & 0 & 0 & 0 & \frac{-GI_{\mathrm{p}}}{10} & 0 & 0 & \frac{4GI_{\mathrm{p}}L}{21} & 0 & 0 \\
 & & & & & & & \frac{3EI_yL}{35} & 0 & 0 & 0 & \frac{-3EI_y}{7L} & 0 & \frac{4EI_y}{35} & 0 & 0 & \frac{EI_yL}{70} & 0 \\
 & & & & & & & & \frac{3EI_zL}{35} & 0 & \frac{-3EI_z}{7L} & 0 & 0 & 0 & \frac{4EI_z}{35} & 0 & 0 & \frac{EI_zL}{70} \\
 & & & & & & & & & \frac{EA}{L} & 0 & 0 & 0 & 0 & 0 & 0 & 0 & 0 \\
 & & & & & & & & & & \frac{120EI_z}{7L^3} & 0 & 0 & 0 & \frac{-60EI_z}{7L^2} & 0 & 0 & \frac{3EI_z}{7L} \\
 & & & & & & & & & & & \frac{120EI_y}{7L^3} & 0 & \frac{-60EI_y}{7L^2} & 0 & 0 & \frac{3EI_y}{7L} & 0 \\
 & & & & & & & & & & & & \frac{6GI_{\mathrm{p}}}{5L} & 0 & 0 & \frac{-5GI_{\mathrm{p}}}{7} & 0 & 0 \\
 & & & & & & & & & & & & & \frac{192EI_y}{35L} & 0 & 0 & \frac{-11EI_y}{35} & 0 \\
 & & & & \text{对称} & & & & & & & & & & \frac{192EI_z}{35L} & 0 & 0 & \frac{-11EI_z}{35} \\
 & & & & & & & & & & & & & & & \frac{25GI_{\mathrm{p}}L}{9} & 0 & 0 \\
 & & & & & & & & & & & & & & & & \frac{3EI_yL}{35} & 0 \\
 & & & & & & & & & & & & & & & & & \frac{3EI_zL}{35}
\end{array}\right]
$$

F.3 支链 $B_iC_iP_i$ 的系统广义坐标与单元构件 B_iC_i 的系统广义坐标之间的转换关系

$$
\begin{bmatrix} 0 \\ 0 \\ 0 \\ 0 \\ 0 \\ 0 \\ u_{i1} \\ u_{i2} \\ u_{i3} \\ u_{i4} \\ u_{i5} \\ u_{i6} \\ u_{i7} \\ u_{i8} \\ u_{i9} \\ 0 \\ u_{i13} \\ u_{i14} \end{bmatrix}
=
\left[\begin{array}{cccccccccccccccccccccc}
0 & 0 & 0 & 0 & 0 & 0 & 0 & 0 & 0 & 0 & 0 & 0 & 0 & 0 & 0 & 0 & 0 & 0 & 0 & 0 & 0 & 0 \\
0 & 0 & 0 & 0 & 0 & 0 & 0 & 0 & 0 & 0 & 0 & 0 & 0 & 0 & 0 & 0 & 0 & 0 & 0 & 0 & 0 & 0 \\
0 & 0 & 0 & 0 & 0 & 0 & 0 & 0 & 0 & 0 & 0 & 0 & 0 & 0 & 0 & 0 & 0 & 0 & 0 & 0 & 0 & 0 \\
0 & 0 & 0 & 0 & 0 & 0 & 0 & 0 & 0 & 0 & 0 & 0 & 0 & 0 & 0 & 0 & 0 & 0 & 0 & 0 & 0 & 0 \\
0 & 0 & 0 & 0 & 0 & 0 & 0 & 0 & 0 & 0 & 0 & 0 & 0 & 0 & 0 & 0 & 0 & 0 & 0 & 0 & 0 & 0 \\
0 & 0 & 0 & 0 & 0 & 0 & 0 & 0 & 0 & 0 & 0 & 0 & 0 & 0 & 0 & 0 & 0 & 0 & 0 & 0 & 0 & 0 \\
1 & 0 & 0 & 0 & 0 & 0 & 0 & 0 & 0 & 0 & 0 & 0 & 0 & 0 & 0 & 0 & 0 & 0 & 0 & 0 & 0 & 0 \\
0 & 1 & 0 & 0 & 0 & 0 & 0 & 0 & 0 & 0 & 0 & 0 & 0 & 0 & 0 & 0 & 0 & 0 & 0 & 0 & 0 & 0 \\
0 & 0 & 1 & 0 & 0 & 0 & 0 & 0 & 0 & 0 & 0 & 0 & 0 & 0 & 0 & 0 & 0 & 0 & 0 & 0 & 0 & 0 \\
0 & 0 & 0 & 1 & 0 & 0 & 0 & 0 & 0 & 0 & 0 & 0 & 0 & 0 & 0 & 0 & 0 & 0 & 0 & 0 & 0 & 0 \\
0 & 0 & 0 & 0 & 1 & 0 & 0 & 0 & 0 & 0 & 0 & 0 & 0 & 0 & 0 & 0 & 0 & 0 & 0 & 0 & 0 & 0 \\
0 & 0 & 0 & 0 & 0 & 1 & 0 & 0 & 0 & 0 & 0 & 0 & 0 & 0 & 0 & 0 & 0 & 0 & 0 & 0 & 0 & 0 \\
0 & 0 & 0 & 0 & 0 & 0 & 1 & 0 & 0 & 0 & 0 & 0 & 0 & 0 & 0 & 0 & 0 & 0 & 0 & 0 & 0 & 0 \\
0 & 0 & 0 & 0 & 0 & 0 & 0 & 1 & 0 & 0 & 0 & 0 & 0 & 0 & 0 & 0 & 0 & 0 & 0 & 0 & 0 & 0 \\
0 & 0 & 0 & 0 & 0 & 0 & 0 & 0 & 1 & 0 & 0 & 0 & 0 & 0 & 0 & 0 & 0 & 0 & 0 & 0 & 0 & 0 \\
0 & 0 & 0 & 0 & 0 & 0 & 0 & 0 & 0 & 0 & 0 & 0 & 0 & 0 & 0 & 0 & 0 & 0 & 0 & 0 & 0 & 0 \\
0 & 0 & 0 & 0 & 0 & 0 & 0 & 0 & 0 & 0 & 0 & 0 & 1 & 0 & 0 & 0 & 0 & 0 & 0 & 0 & 0 & 0 \\
0 & 0 & 0 & 0 & 0 & 0 & 0 & 0 & 0 & 0 & 0 & 0 & 0 & 1 & 0 & 0 & 0 & 0 & 0 & 0 & 0 & 0
\end{array}\right]
\begin{bmatrix} u_{i1} \\ u_{i2} \\ u_{i3} \\ u_{i4} \\ u_{i5} \\ u_{i6} \\ u_{i7} \\ u_{i8} \\ u_{i9} \\ u_{i10} \\ u_{i11} \\ u_{i12} \\ u_{i13} \\ u_{i14} \\ u_{i15} \\ u_{i16} \\ u_{i17} \\ u_{i18} \\ u_{i19} \\ u_{i20} \\ u_{i21} \\ u_{i22} \end{bmatrix}
$$

F.4　支链 $B_iC_iP_i$ 的系统广义坐标与单元构件 C_iP_i 的系统广义坐标之间的转换关系

$$
\begin{bmatrix} u_{i4} \\ u_{i5} \\ u_{i6} \\ u_{i10} \\ u_{i11} \\ u_{i12} \\ 0 \\ u_{i15} \\ u_{i16} \\ u_{i17} \\ u_{i18} \\ u_{i19} \\ u_{i20} \\ u_{i21} \\ u_{i22} \\ 0 \\ 0 \\ 0 \end{bmatrix}
=
\begin{bmatrix}
0&0&0&1&0 & 0&0&0&0&0 & 0&0&0&0&0 & 0&0&0&0&0 & 0&0 \\
0&0&0&0&1 & 0&0&0&0&0 & 0&0&0&0&0 & 0&0&0&0&0 & 0&0 \\
0&0&0&0&0 & 1&0&0&0&0 & 0&0&0&0&0 & 0&0&0&0&0 & 0&0 \\
0&0&0&0&0 & 0&0&0&0&1 & 0&0&0&0&0 & 0&0&0&0&0 & 0&0 \\
0&0&0&0&0 & 0&0&0&0&0 & 1&0&0&0&0 & 0&0&0&0&0 & 0&0 \\
0&0&0&0&0 & 0&0&0&0&0 & 0&1&0&0&0 & 0&0&0&0&0 & 0&0 \\
0&0&0&0&0 & 0&0&0&0&0 & 0&0&0&0&0 & 0&0&0&0&0 & 0&0 \\
0&0&0&0&0 & 0&0&0&0&0 & 0&0&0&0&1 & 0&0&0&0&0 & 0&0 \\
0&0&0&0&0 & 0&0&0&0&0 & 0&0&0&0&0 & 1&0&0&0&0 & 0&0 \\
0&0&0&0&0 & 0&0&0&0&0 & 0&0&0&0&0 & 0&1&0&0&0 & 0&0 \\
0&0&0&0&0 & 0&0&0&0&0 & 0&0&0&0&0 & 0&0&1&0&0 & 0&0 \\
0&0&0&0&0 & 0&0&0&0&0 & 0&0&0&0&0 & 0&0&0&1&0 & 0&0 \\
0&0&0&0&0 & 0&0&0&0&0 & 0&0&0&0&0 & 0&0&0&0&1 & 0&0 \\
0&0&0&0&0 & 0&0&0&0&0 & 0&0&0&0&0 & 0&0&0&0&0 & 1&0 \\
0&0&0&0&0 & 0&0&0&0&0 & 0&0&0&0&0 & 0&0&0&0&0 & 0&1 \\
0&0&0&0&0 & 0&0&0&0&0 & 0&0&0&0&0 & 0&0&0&0&0 & 0&0 \\
0&0&0&0&0 & 0&0&0&0&0 & 0&0&0&0&0 & 0&0&0&0&0 & 0&0 \\
0&0&0&0&0 & 0&0&0&0&0 & 0&0&0&0&0 & 0&0&0&0&0 & 0&0
\end{bmatrix}
\begin{bmatrix} u_{i1} \\ u_{i2} \\ u_{i3} \\ u_{i4} \\ u_{i5} \\ u_{i6} \\ u_{i7} \\ u_{i8} \\ u_{i9} \\ u_{i10} \\ u_{i11} \\ u_{i12} \\ u_{i13} \\ u_{i14} \\ u_{i15} \\ u_{i16} \\ u_{i17} \\ u_{i18} \\ u_{i19} \\ u_{i20} \\ u_{i21} \\ u_{i22} \end{bmatrix}
$$